地方电厂岗位运行培训教材

热工控制与运行

辽宁省电力工业局 组编 张本贤 主编

中国电力出版社
www.cepp.com.cn

内容提要

近10多年来，全国有一大批地方电厂、企业自备电厂和热电厂的6～100MW火力发电机组相继投产，运行岗位新职工和生产人员迅速增加。为了搞好运行生产人员岗位技术培训和技能鉴定，按照部颁《国家职业技能鉴定规范·电力行业》、《电力工人技术等级标准》和《火力发电厂运行岗位规范》以及运行规程的要求，突出岗位重点、注重操作技能、便于考核培训等，组织专家对1995年出版的第一版内容进行了全面修订和出版了《地方电厂岗位运行培训教材》（第二版），分为锅炉运行、汽轮机运行、电气运行、热工控制与运行和电厂化学5册。

本书是《地方电厂岗位运行培训教材》（热工控制与运行），共五篇28章，主要内容有：第一篇热工检测，介绍热工测量方法、误差、品质指标、组成分类和热工计量，温度测量及仪表、温度变送器，压力测量及仪表、压力变送器，流量测量及仪表，水位测量及仪表，汽轮机监测仪表，其他测量仪表等；第二篇自动控制原理，介绍自动控制概念、组成分类、系统特性、环节特性、动态特性、连接方式、等效变换、性能指标，调节对象动态特性，控制器控制规律及控制过程分析，自动控制系统整定；第三篇自动控制装置，介绍自动控制装置组成原理、信号制、供电方式、抗干扰，电动单元组合仪表、温度变送器，组件组装仪表，可编程序调节器，可编程序控制器PLC，调节器与执行机构；第四篇自动控制系统，介绍汽包锅炉、过热蒸汽温度、再热蒸汽温度、给水和燃烧过程等自动控制系统，汽轮机控制系统、运行工况与系统功能，单元机组负荷自动控制系统，计算机控制基础，分散控制系统结构、硬件、软件和通信，数据采集系统特点功能、事件顺序记录、数据采集系统调试及运行；第五篇热工保护与顺序控制，介绍热工报警和保护系统，锅炉系统热工保护，汽轮机超速保护、甩负荷保护、凝汽器真空低保护、轴承润滑油压低保护、轴向位移过大保护和其他保护，单元机组热工保护，顺序控制系统及实例等。

本书适用于全国地方电厂、企业自备电厂和热电厂6～100MW火力发电机组、具有高中及以上文化程度的热工控制与运行的生产人员、工人、技术人员、管理干部以及有关电气专业师生等的岗位技能和技能鉴定的培训教材。

图书在版编目（CIP）数据

热工控制与运行/张本贤主编；辽宁省电力工业局组编.—北京：中国电力出版社.2006.5（2018.3重印）
地方电厂岗位运行培训教材
ISBN 978-7-5083-4087-6

Ⅰ.热…　Ⅱ.①张…　②辽…　Ⅲ.火电厂-热力工程-控制系统-技术培训-教材　Ⅳ.TM621.4

中国版本图书馆CIP数据核字（2006）第007176号

中国电力出版社出版、发行
（北京市东城区北京站西街19号　100005　http://www.ceep.com.cn）
北京雁林吉兆印刷有限公司印刷
各地新华书店经售
*
2006年5月第一版　　2018年3月北京第六次印刷
787毫米×1092毫米　16开本　24.5印张　660千字
印数13001—14000册　　定价**85.00**元

电力工业部水电开发与农村电气化司关于推荐《地方电厂岗位运行培训教材》一书的通知

（办农电［1993］155号）

各省、市、自治区电力局（农电局）：

近些年来，一大批小型供热发电机组相继投产，运行岗位新人员迅速增加。尽快提高运行人员技术素质，是确保地方电厂和电网安全经济运行的当务之急。

为了搞好运行人员技术培训，按部颁《国家职业技能鉴定规范·电力行业》、《电力工人技术等级标准》（火力发电部分）和《火力发电厂运行岗位规范》的要求，我司委托辽宁省电力工业局，组织有较深造诣和现场经验丰富的技术人员，经过三年多的时间，编写出一套《地方电厂岗位运行培训教材》，分锅炉、汽轮机、电气、热工、化学等五个专业分册。本教材在收集近年来许多电厂运行资料的基础上，结合地方电厂运行人员的实际水平，在理论上由浅入深，在实际上注重可操作性，是小型火力发电厂运行人员岗位培训和技能鉴定的理想教材。本教材将配有初、中、高三个技术等级的考核题库，可作为认定和晋升技术等级的考核依据。

1993年6月2日

《地方电厂岗位运行培训教材》
编　委　会

前言

近10多年来，有一大批地方电厂、企业自备电厂和小型供热发电厂的发电机组相继投产，运行岗位新职工和生产人员迅速增加。尽快提高运行人员的技术水平，是确保地方电厂和电网安全经济运行的当务之急。

为了搞好运行人员技术培训和技能鉴定，参照部颁《国家职业技能鉴定规范·电力行业》、《电力工人技术等级标准》（火力发电部分）和《火力发电厂运行岗位规范》的要求，1993年受电力工业部水电开发和农村电气化司委托，辽宁省电力工业局组织大连电力学校和一些地方电厂具有丰富现场运行经验和教学经验的工程技术人员和教师，经过三年多的时间，于1995年4月编写并由中国电力出版社出版了本套《地方电厂岗位运行培训教材（第一版）》，本次是对第一版进行全面修订，并增加《热工控制与运行》分册，现将本套教材分为锅炉运行、汽轮机运行、电气运行、热工控制与运行和电厂化学五个分册。

本套教材根据地方电厂发电设备运行的实际情况和运行人员的特点，从实用性出发，在系统、全面的基础上，依据规范标准，理论突出重点，实践注重技能操作，便于自学、培训和考核，对地方电厂运行工人和生产人员掌握应知专业理论知识和应会操作技能将起很大作用。

本套教材作为从事6～100MW火力发电机组运行工作、具有高中文化程度的运行人员培训教材，也可作为电力中等职业学校和技工学校的教材。

为配合本套教材的教学、考核命题以及运行生产人员平时带着问题自学的需要，我们还将对1996年底与《地方电厂岗位运行培训教材（第一版）》相配套编写出版的一套《地方电厂运行人员技术等级考核题库（第一版）》进行全面修订，也分为锅炉运行、汽轮机运行、电气运行、热工控制与运行和电厂化学五个分册，并与本套教材的第二版相配套，以满足培训和考核需要。

《地方电厂岗位运行培训教材》（热工控制与运行）是根据部颁《国家职业技能鉴定规范·电力行业》、《电力工人技术等级标准》（火力发电部分）和《火力发电厂运行岗位规范》的要求，结合地方电厂现状进行编写的，是作为地方电厂、企业自备电厂和热电厂6～100MW火力发电机组电气运行岗位技能和技能鉴定的培训教材。

《地方电厂岗位运行培训教材》（热工控制与运行）由大连电力学校（东北电网大连培训中心）张木贤主编，并编写了第一篇和第三篇；李晓明编写了第二篇和第四篇；王晓滨编写了第五篇。全书由张正芝主审。

由于编者水平和经历有限，书中难免存在不妥之处，希望读者批评指正。

编　者

2005年12月

目 录

第二篇　自动控制原理

第三篇 自动控制装置

第四篇 自动控制系统

第一篇 热工检测

第一章 热工测量概述

第一节 热工测量概念及方法

一、概述

测量技术是研究测量原理、测量方法和测量器具的技术学科。热工测量技术是所有热工生产过程中极为重要的基础环节，它是了解生产过程中的物质变化和状态的手段，其目的在于监视、控制和调节生产过程，使之在预定的条件下，确保生产的优质、高效和安全。具体的热工测量是指在热力生产过程中对诸如温度、压力、流量、含氧量、振动、位移和物位等参数及物理量的测量。

在火力发电厂中，为了保证热力设备的安全、经济运行，必须对热力过程中的各种参数，如温度、压力、流量、物位等热工参数以及某些物质成分进行检查和测量，使运行值班人员能够及时了解主辅设备及热力系统的运行情况，以便有效地进行调整和操作。而且，只有正确的测量，才能为实现生产过程自动化提供可靠的依据。对于采用计算机控制的设备和机组，为保证控制水平，更要求测量的准确性。

通常，把用来检测热工参数的仪表称为热工测量仪表，简称热工仪表。也就是应用于热力生产过程的工业自动化仪表，它是工业生产自动化的主要技术工具之一。随着工业生产的发展和自动化水平的提高，无论对测量技术和仪表的品种、质量以及数量诸方面，都将不断提出更高的要求。

在火电厂热力过程中，需要检测的参数项目是根据机组及其辅助设备的型式、结构特点，汽水系统和燃烧系统的组成以及运行控制方式的要求等方面，从保证其安全、经济运行出发来确定的。一般可按用途及其重要性的不同，将热工仪表分为以下四类：

一类是为了机组或设备的安全、经济运行或仅为安全运行而必须检测的重要参数。缺少其中任一参数的仪表，或不能保证其测量的准确性，都不允许机组（或辅助设备）投入运行。

二类是为经营管理、经济分析或费用结算而进行测量的参数，一般称为次要参数。缺少这类参数的仪表，将不能准确即时地掌握最经济的运行工况，从而影响机组的效率和费用结算。

三类是为分析上述两类参数中的问题而提供的相关参数，一般称为辅助参数。

四类是仅为机组启停过程中特别需要监视的参数。

还有一系列专门为进行热效率试验的而检测参数，一般都是在进行试验时，临时选择和装设测量设备。

二、测量及其分类

1. 测量定义

测量是人对自然界的客观事物的一种定量认识过程。任何测量过程都必须借助于专门的测量设备或器具，通过实验方法，将被测量与同性质的标准量（测量单位）进行比较，求得以所选用的测量单位表示的被测参数的数值。这个专门的测量设备——测量仪表，就是实现上述比较的工具。如果在测量过程中，将被测的未知量与经过精确确定并经国家计量部门认可作为标准的单位相比较来加以测定时，则这种过程便属于计量的范畴。因此，从这个意义上来说，计量是测量的一种特殊形式。

2. 测量方法

测量作为一项实验性工作，必须正确选择测量方法。根据测量结果获得的方式不同，可将测量方法分为直接测量、间接测量和组合测量三种。

直接测量是将被测量与标准量直接进行比较，用预先定度好的测量器具进行测量，从而直接求得未知量的数值。例如，用尺测量物体的长度、用测温计测量工质的温度以及用接入电路的电压表测量供电电压等等都属于直接测量。

间接测量是通过未知量与另外一个或几个变量相联系的函数关系式，先分别对各变量进行直接测量，然后将所测得的数值代入该关系式进行计算，从而求得未知量的数值。例如，要确定导线的电阻系数 ρ，则先分别直接测量导线的长度 l、直径 d 和导线的电阻值 R，然后通过它们之间的关系式即欧姆定律计算求得该导线的电阻系数。又如，用直尺测量矩形的长和宽计算面积。后面人们要接触到用差压式流量计测量介质流量时，也是把所测得的节流装置前后压差代入流量公式进行计算，才能求得被测介质的流量。

组合测量是使各个被测的未知量以不同的组合形式出现，根据直接测量和间接测量所得的数据，通过求解方程组以求得被测未知量的数值。

一般说来，组合测量方法只是在实验室工作中采用。

3. 测量方法其他分类

按被测量与测量单位的比较方式来分，测量方法可分类为偏差测量法和零值测量法两种。按仪表是否与被测对象相接触可分为接触式测量法和非接触式测量法两种。

第二节 测 量 误 差

在工程技术及科研领域中，测量工作作为基础性工作，应力求得到的测量结果尽可能反映被测参数的真实数值，同时要正确地估计它的可信程度如何。

随着实践经验的积累和科学技术的发展,人们对于被测参数的认识将愈来愈接近其真实值,但决不可能达到绝对精确的程度。这是因为在测量中总是存在着各种各样的影响因素。这些因素包括对被测对象本质认识的局限性、测量方法不完善、测量设备不准确和客观条件的变化等等。测量操作中的疏忽或错误以及对测量结果的多种偶然因素的影响,也会使所测得的数值与被测参数的真实值之间存在着一定的差距。可以肯定地说,在实际测量工作中,测量误差的存在是不可避免的。

这里所说的真实值（或真值）是指被测参数本身所具有的真实大小。在不同的时间和空间，被测参数具有不同的大小，即真实值具有时间和空间的涵义。根据误差理论，对于等精度测量，即在同一条件下所进行的一系列无限多次重复测量，在排除了系统误差的前提下，测量结果的算术平均值极其接近于真实值，故可将它看作是被测参数的真实值。在工业测量中，由于系统误差不可能完全排除，通常只能把由更高一级的标准仪器所测得的值作为真实值。由于它并非真正的真实值，可以称为实际值。

一、误差概念

仪表测量值与被测量的真实值之间的差值，称为绝对误差。如果用 X 表示由测量显示装置指示出来的被测参数值，即测量仪表的示值，而用 X_0 表示被测参数的真实值，那么绝对误差 δ 可用公式表示为

$$\delta = X - X_0 \tag{1-1}$$

绝对误差值的数值和它的符号（正或负），表明了测量仪表的示值偏离真实值（实际值）的程度和方向。因此，在测量工作中，应力求使测量仪表的示值 X 尽可能地接近于被测参数的真实值 X_0，以减小测量误差，提高测量结果的可信程度。

如果用一个与绝对误差值大小相同，符号相反的量值 a 和测量仪表的示值代数相加，便可得到被测参数的真实值。通常，把 a 称为修正值（或校正值）。若将测量仪表刻度范围内各点示值的修正值连成曲线，即可得到该测量仪表的修正曲线（或校正曲线）。

绝对误差在许多场合下不能确切地反映测量的精确程度。例如，一支医用体温计的绝对误差为±1℃，则这支体温计应当报废。而对于测量锅炉炉膛内1000℃以上的火焰温度时所用的温度表，却是很难达到绝对误差为±1℃这样高的精确程度。因此，为了正确地表示仪表测量的精确程度，必须引用相对的概念。

相对误差 γ 定义为绝对误差与实际值之比，可用百分数来表示，即

$$\gamma = \frac{\delta}{X_0} \times 100\% = \frac{X - X_0}{X_0} \times 100\% \tag{1-2}$$

式中　X——仪表指示值（被校仪表的读数值）；

X_0——被测真实值（标准仪表的读数值）。

另一种相对的误差是折合误差。折合误差为绝对误差与所用仪表的量程之比，也用百分数表示，即

$$\gamma_0 = \frac{\delta}{X_{max} - X_{min}} \times 100\% \tag{1-3}$$

式中　X_{max}和 X_{min}——测量仪表刻度的上限值和下限值。

在上述绝对误差比较的举例中，虽然两支温度表示值的绝对误差均为±1℃，但由于它们的示值不同或仪表的刻度范围不同，其测量的精确程度差别很大。通常，体温表的刻度范围为32℃～42℃，测锅炉炉膛温度的温度表选用刻度范围为600℃～1600℃，那么它们的折合误差则分别为

体温表　$$\gamma_0 = \frac{\pm 1}{42 - 32} \times 100\% = \pm 10\%$$

炉温表　$$\gamma_0 = \frac{\pm 1}{1600 - 600} \times 100\% = \pm 0.1\%$$

这两支温度表在示值的绝对误差相等的情况下，刻度范围大的温度表的测量精确程度要比刻度范围小的温度表高。因此，一般都采用相对误差来判断和比较测量的精确程度，具有同样相对误差的示值，其精确程度也是相同的。

二、测量误差分类

测量误差按其产生的原因和本身最基本的性质和特点不同，可分为以下三类。

1. 系统误差

系统误差（也称为确定性误差）是由于仪表使用不当或测量时外界客观条件变化等原因所引起的测量误差。它的数值是固定的或按一定的规律（方向）变化的，有时可用一定的公式或曲线表示出来。系统误差的大小表明了一个测量结果偏离真实值的程度，可用“正确度”来表示。由

于系统误差具有规律性，因此可以通过实验的方法或引入修正值的方法来消除。例如，采用标准孔板测量蒸汽流量时，若实际的蒸汽状态参数与设计计算孔板时所用的数据不一致，将会引起测量的误差，这种误差就属于系统误差。如果测量时蒸汽的状态参数为已知，就可通过一定的关系式进行计算，对仪表的示值加以修正，便可减小或消除此项误差。

系统误差的存在决定了测量的准确度，系统误差越小，测量结果越准确。因此，在测量工作中，发现和消除系统误差是十分重要的。

2. 疏忽误差

疏忽误差是由于测量工作中测量人员的操作错误和疏忽大意而造成的测量误差，包括读数或记录错误、操作仪器不正确，测量过程中的失误以及计算错误等。这类误差的数值很难估计，可能会远远超过同一客观条件下的其他误差而明显地歪曲了测量结果。因此要求测量工作人员在测量工作中，必须认真细心，避免发生疏忽误差，并能及时发现和剔除含有疏忽误差的测量数据。

3. 偶然误差

偶然误差也叫随机误差，是由于在测量过程中的一些偶然因素的影响而引起的。这些因素的出现没有一定的规律，其误差数值的大小和性质也不固定。偶然误差的出现服从于统计规律，即绝对值相等的正误差和负误差出现的次数相同，绝对值较小的误差比绝对值较大的误差出现的次数多，而且误差越小的出现次数越多，误差越大的出现次数越少。可以从概率理论来估计偶然误差对测量结果的影响。

偶然误差是由于人们认识事物有一定的局限性，对某些复杂的微小变化因素一时还无法控制而引起的。偶然误差决定了测量的精密度，偶然误差越小，测量结果的精密度越高。精密度是说明在一个测量过程中，在同一条件下进行重复测量时，所得到的测量结果之间的一致程度。而准确度是说明测量结果与真实值的偏离程度。因此，精密不一定准确，准确也不一定精密。一般用精确度来综合反映测量结果的精密与准确的程度，精确度高就意味着偶然误差和系统误差都很小。所有测量工作的精密和准确程度，都应力求达到精确度的要求。

三、减少和消除测量误差方法

首先要消除系统误差产生的根源。在测量时尽量使测量环境符合仪表要求的使用条件。要熟悉仪表的各种性能，正确地安装和调试仪表，可以使系统误差尽可能地减小。

随机误差要通过统计规律来处理，通过反复多次的测量，并通过计算算术平均值作为测量结果。可以通过改进测量技术来减小随机误差。

可以对测量结果进行修正。要求在测量前即确定出修正值，可以利用修正公式、修正曲线和修正表格，可以采取补偿措施，可以采用标准测量方法和典型测量技术。

第三节　热工测量仪表主要品质指标

热工测量仪表的品质指标是用来衡量仪表质量的标准。它的项目很多，除了前面提到的绝对误差、相对误差和折合误差外，还有如下几项指标。

1. 基本误差

仪表的基本误差是指在规定条件（即正常工作条件，包括环境温度、湿度、电源电压、频率等）下，仪表示值误差的最大值。它通常用引用相对误差的形式表示

$$基本误差 = \frac{\delta_{max}}{X_{max} - X_{min}} \times 100\% \tag{1-4}$$

式中，$\delta_{max}=(X-X_0)_{max}$，因为在校验仪表时，常以标准仪表的示值作为被测参数的真实值，所以 δ_{max}就表示被校仪表与标准仪表示值之间的最大绝对误差。

例如，用标准压力表校验 0～10MPa 的弹簧管压力表时，得到的最大绝对误差为 0.1MPa，那么这块弹簧管压力表的基本误差为 1%。由于 δ_{max}可能出现在仪表刻度范围内的任何一点上，因此用这块压力表测量 1MPa 的压力时和测量 10MPa 的压力时，都可能产生 0.1MPa 的最大绝对误差，而对于前者其实际相对误差为 10%，对于后者的实际相对误差仅为 1%，这就说明了选用 0～10MPa 的压力表测量 1MPa 的压力是很不合适的，因为其相对误差过大。当然，用 0～10MPa 的压力表测量 10MPa 的压力也是不合适的，因为一旦被测压力超过 10MPa，就可能损坏压力表，甚至酿成生产事故。

所以，从保证实际测量的精确度和生产安全考虑，一般建议在选用仪表刻度范围时，对压力表应保证其经常工作在刻度范围的 1/2～2/3 处；对其他检测仪表可在其刻度范围的 2/3～3/4 处工作。

2. 精度等级

仪表的精度等级是按国家统一规定的允许误差大小来划分的，仪表的允许误差大小表明了保证该仪表所能达到的精确程度，这与仪表的精度等级是同义的。或者说，仪表的精度等级决定了仪表的允许误差。一般仪表的精度等级就是用允许误差去掉百分号后的数字表示的。例如，某仪表的允许误差为 ±1.5%，则该仪表的精度等级为 1.5 级。

国家精度等级序列为：0.005、0.01、0.02、（0.035）、0.04、0.05、0.1、0.2、0.35、0.5、1.0、1.5、2.5、4.0、5.0。级数越小，精度越高。其中工业用仪表的精度等级一般为 0.5～5.0 级。仪表的精度等级通常以一个圆圈（或括弧）内的数字标明在仪表刻度盘上。

仪表的精度等级是在规定条件（或正常使用条件）下仪表本身的质量指标和计量特性。若仪表不是在这样的条件下使用，由于外界条件变动的影响而引起有额外误差（称为附加误差）时，其测量精度就不可能达到仪表的精度等级。

3. 变差

仪表的变差又称为滞后误差。是指在外界条件不变的情况下，用同一仪表对某一参数进行正反行程（上下行程）测量时，在相同被测参数值上仪表示值的最大差值，如图 1－1 所示。它出现在仪表标尺上的任一点处。仪表的变差也可用相对的形式来表示，即

$$变差=\frac{(X_p-X_n)_{max}}{X_{man}-X_{min}}\times 100\%=\frac{\Delta_{max}}{X_{max}-X_{min}}\times 100\% \tag{1-5}$$

式中 X_p——在某一被测参数值上仪表正行程的示值；

X_n——在此被测参数值上仪表反行程的示值。

造成仪表变差的原因很多，如传动机构的间隙、运动件的摩擦、弹性元件的弹性滞后的影响以及电磁元件的滋滞影响等。一般规定仪表的变差也不得超过仪表的允许误差。

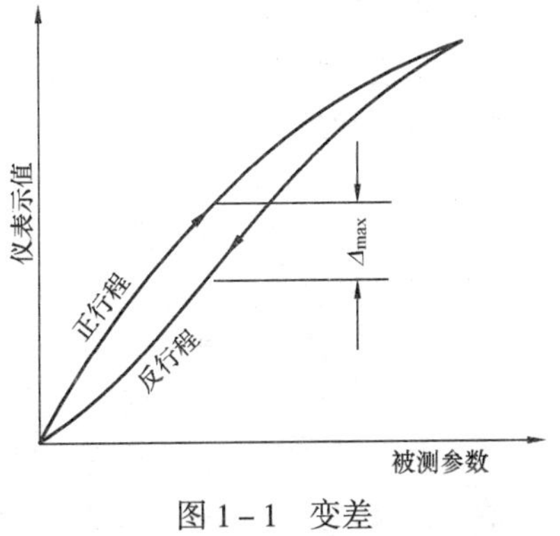

图 1－1 变差

4. 灵敏度

仪表灵敏度的定义是仪表输出端的信号变化与引起变化的被测量的变化之比，如被测量变化 ΔX 引起仪表指针产生的位移（直线或转角）为 Δl，则该仪表的灵敏度为

$$灵敏度=\frac{\Delta l}{\Delta X} \tag{1-6}$$

仪表的灵敏度是表示仪表对下限测量值反应能力的指标，仪表的灵敏度愈高，就愈能反应被测量的微小变化。采用增大放大系统的放大倍数或是减小仪表量程的办法，可以提高仪表的灵敏度。但仪表的性能主要决定于仪表的基本误差，如果一味地追求提高仪表的灵敏度，反而可能会导致其精确度下降，尤其要注意小于允许误差绝对值的精确读数是毫无意义的。因此，通常规定仪表刻度标尺上的分格值不应小于仪表允许误差的绝对值。

5. 分辨力

分辨力是指仪表可能检测出被测量最小变化的能力。可用能引起仪表指针发生动作的被测参数的最小（极限）变化量来表示。分辨力也称为分辨率或灵敏限，它表示仪表的不灵敏区的大小。分辨力和灵敏度都与仪表的测量范围有关，并与仪表的精确度相适应。一般仪表分辨力的数值应不大于仪表允许误差绝对值的一半。

6. 重复性

重复性是指在同一工作条件下，按同一方向输入信号，并在全量程范围内多次变化信号时，对于同一输入值，仪表输出值的一致性。它是以全量程上最大的不一致值相对于量程的百分数来表示的。

7. 漂移

在一定的环境和工作条件下，保持输入信号不变，经过一段时间后，输出的变化称为漂移。一般是由元件的老化、失效、磨损和污染等原因引起的，可以用仪表全量程上输出的最大变化量对量程的百分数表示。

第四节　工业自动化仪表组成和分类

一、工业自动化仪表组成

工业自动化仪表是对生产过程自动化或半自动化所需要收集的信息进行检测与显示或控制的仪表。这些仪表在工作过程中，一般都是根据各种物理的或化学的原理，将被测参数变换成为易于测量、显示、记录和传送的信号。所以工业测量仪表的组成，包括敏感元件、传输与变换部件、显示装置等主要环节，这些环节可以分立，也可以组成一个整体。

1. 敏感元件

敏感元件又称为传感器，检测元件或检测部件等。它的作用是感受被测参数的大小，并能输出一个与被测参数相应的信号，以便于进行测量和显示。因此，要求敏感元件的输出信号与被测参数的变化之间，具有单值的函数关系，而且这种函数关系最好是线性的，以使仪表的刻度均匀，便于读数；敏感元件的输出特性，还应具有足够的灵敏度和稳定性，以保证测量的精确性。另外，对于与被测对象直接接触的敏感元件，还要求尽量减小引起被测对象的能量消耗和对被测对象生产工艺过程的干扰。由于被测参数的测取是加工运算和处理的前提，所以敏感元件已成为实现自动检测和控制的重要环节。

2. 传输与变换部件

传输与变换部件的作用是将敏感元件输出的测量信号传输到显示装置。根据显示装置的不同要求，除信号的直接传输方式外，有时还需要将测量信号放大、变换信号的形式或者变换成统一的标准信号，以便于传输和集中显示。这种放大信号或变换信号的功能是由变换器（或称转换器）来完成的。最常见的导线、压力信号导管等都是信号的传输部件，对它们都有一定的要求，如导线的材料、电阻值，导管的材料，直径、长度以及它们的安装方式等，都应符合规定条件，以免信号传输失真造成测量误差。对于信号的变换部件，则要求经放大或变换后的信号仍与被测参数的变化有确定的函数关系。

3. 显示装置

显示装置的作用是显示被测参数的测量结果，按其显示的方式不同，可分为模拟式、数字式和图像式三种。模拟式显示装置是通过指示器（如指针）在仪表刻度标尺上的位置来显示被测参数的数值，这种显示装置结构比较简单，使用和维修方便，造价低，但容易产生读数误差（视差）。数字式显示装置是以数字形式显示测量结果，因此便于读数，避免视差，显示的精度较高，而且便于与程控装置或计算机相连接，但这种显示装置结构比较复杂。图像式显示装置是利用显像管来显示被测参数的测量结果，它可以用模拟式显示也可以用数字式显式，还可以显示被测参数的分布图像，因此，图像式显示装置能快速地综合显示测量结果，并能在屏幕上显示出大量的数据。另外，在模拟式仪表与数字式仪表之间，可以通过模/数转换器或数/模转换器来互相联系。

对用于自动调节和控制的仪表，其组成与上述工业测量仪表相仿，其中敏感元件在目前来说，大体上是一致的，只是对测量信号的“加工处理”的手段不同，它是根据调节和控制的要求，把测量信号变换成为调节和控制所需要的形式。

二、仪表分类

热工测量仪表的分类方法很多，可按仪表的用途、原理及结构的不同进行分类，一般常用的主要分类有以下几种。

1. 按被测量的参数类型来分类

热工测量仪表有以下几种：

（1）热工量仪表（包括温度、压力、流量）；

（2）物位检测仪表（包括液位检测仪表和料位检测仪表）；

（3）机械（物理）量仪表（包括位移、厚度、应力、振动、速度等参数的测量仪表）；

（4）电量仪表（如电流表、电压表、相位仪、频率计等）；

（5）成分分析仪表（如测定物质酸度、黏度、电导率、浓度等的仪表和分析气体成分的分析器等）。

2. 按仪表的作用来分类

热工测量仪表包括指示式仪表、记录式仪表、积算式仪表和调节式仪表等。

3. 按仪表的安装地点来分类

热工测量仪表有就地式仪表和远距离传送式仪表。

4. 按仪表采用的信号能源来分类

热工测量仪表有气动式仪表、液动式仪表、电动式仪表和电子式仪表。

5. 按仪表的结构情况来分类

热工测量仪表有基地式仪表和单元组合式仪表。

6. 按仪表在自动化系统中所具有的功能来分类

热工测量仪表有检测仪表、显示仪表、调节仪表和执行器。

7. 按仪表的基本工作原理来分类

热工测量仪表有力平衡（或力矩平衡）式、位移平衡式和电平衡式等仪表。

8. 按仪表的用途不同分类

热工测量仪表可分为标准用仪表、实验室用仪表和工程用仪表。

第五节 热 工 计 量

一、计量分类

1. 科学计量

科学计量主要指的是基础性、探索性、先行性的计量科学研究，如关于计量单位与单位制、计量基准、标准、物理常数以及误差理论与数据处理等。科学计量通常是国家计量科学研究单位的主要任务。

2. 工程计量

工程计量亦称工业计量，系指各种工程、工业企业中的实用计量，如关于能源、原材料的消耗，工艺流程的监控以及产品品质与性能的测试等。工程计量涉及面甚广，是各行各业普遍开展的一种计量。

3. 法制计量

法制计量，是为了保证公众安全、国民经济和社会发展，根据法制、技术和行政管理的需要，由政府或官方授权进行强制管理的计量，包括对计量单位、计量器具（特别是计量基准、标准）、计量方法和计量准确度（或不确定度）以及计量人员的专业技能等都有明确规定和具体要求。

从实际检测来看，法制计量主要是涉及安全防护、医疗卫生、环境监测和贸易结算等有利害冲突或需要特殊信任领域的强制计量，如关于衡器、压力表、电表、水表、煤气表、血压计以及血液中酒精含量（司机和高空作业者上岗前不得饮酒）等的计量。

计量的上述分类，是相对的。有人把科学计量称为基础计量，而将工程计量和法制计量统称为应用计量。这看来似乎更加概括，但实际上却造成了混淆。因为法制计量的特殊性是工程计量不能比拟的，两者必须分别对待，不能相提并论。

二、计量范围和领域

计量的范围，在相当长的历史时期内，主要是各种物理量的计量测试。随着科技的进步、经济和社会的发展，计量已突破了传统的物理量的范畴，扩展到化学量以及工程量的计量测试。近年来，计量的发展更加迅速，以至囊括了生理量和心理量等的计量测试。因此可以说，一切可测量的计量测试，皆属于计量的范围。计量所涉及的科学领域，已从自然科学扩展到社会科学。

当前，比较成熟和普遍开展的计量科技领域有几何量（亦称长度）、热工、力学、电磁、无线电、时间频率、声学、光学、化学和电离辐射，即所谓“十大计量”。

另外，随着现代科技的发展，一些新的计量领域，如生物工程、环保工程、宇航工程等的计量测试，也正在逐渐形成。

上述计量科技领域的划分是相对的，并无严格规定，如有的国家将电磁（主要是关于直流和低频电磁量的计量测试）和无线电合在一起称为“电学”，也有的国家将电磁、无线电和时间频率合在一起统称为“电学计量”。再者，各个计量领域也不是孤立的，而是彼此联系、相互影响的。许多实际的计量测试问题，往往可能涉及两个甚至更多的计量领域。

三、计量基本内容

计量的基本内容可概括为以下几方面：

(1) 计量单位与单位制；

(2) 计量器具，包括复现计量单位的计量基准、标准器具以及普通（工作）计量器具；

(3) 量值传递、溯源与检定测试；

（4）物理常数以及材料与物质特性的测定；

（5）误差理论与数据处理以及计量人员的专业技能；

（6）计量管理。

四、计量及其特点

计量，过去在我国称为“度量衡”，其原始含义是关于长度、容积和质量的测量，主要器具是尺、斗和秤。尽管随着时代的前进，“度量衡”的概念和内容在不断地变化和充实，但仍难以摆脱历史遗留的局限性，不能适应科技、经济和社会发展的需要。于是，我国从20世纪50年代开始，便逐渐以“计量”取代了“度量衡”。可以说，“计量”是度量衡的发展；也有人称计量为“现代度量衡”。

为了认识计量，首先了解一下“量”。量是现象、物体或物质可定性区别和定量确定的一种属性。这是当前国际公认的说法。换句话说，自然界的一切事物都是由一定的“量”组成的，而且是通过“量”来体现的。因此，要认识自然、利用自然、改造自然为人类造福，就必须对各种量进行分析和确认，既要分清量的性质，又要确定其具体量值；而计量正是达到这种目的的重要手段。所以可以说，计量是对“量”的定性分析和定量确定的过程。

计量的特点，可包括如下几点。

1. 准确性（精确性）

准确性是计量的基本特点。它表征的是计量结果与被测量的真值的接近程度。严格地说，只有量值，而无准确程度的结果，不是计量结果。也就是说，计量不仅应明确给出被测量的量值，而且还应给出该量值的不确定度（或误差范围），即准确性。更严格地说，还应注明计量结果的影响量的值或范围。否则，计量结果便不具备充分的社会实用价值。所谓量值的统一，也是指在一定准确程度内的统一。

2. 一致性

计量单位的统一是量值一致的重要前提。无论在任何时间、任何地点，采用任何方法、使用任何器具以及任何人进行计量，只要符合有关计量的要求，计量结果就应在给定的不确定度（或误差范围）内一致。否则，计量将失去其社会意义。计量的一致性，不仅限于国内，而且也适用于国际。

3. 溯源性

在实际工作中，由于目的和条件的不同，对计算结果的要求亦各不相同。但是，为使计量结果准确一致，所有的同种量值都必须由同一个计量基准（或原始标准）传递而来。换句话说，任何一个计量结果，都能通过连续的比较链溯源到计量基准，这就是溯源性。可以说，“溯源性”是“准确性”和“一致性”的技术归宗。因为任何准确、一致都是相对的，是与当代的科技水平和人们的认识能力密切相关的。也就是说，“溯源”可以使计量科技与人们的认识相对统一，从而使计量的“准确”和“一致”得到技术保证。就一国而论，所有的量值都应溯源于国家计量基准；就国际而论，则应溯源于国际计量基准或约定的计量标准。否则，量值出于多源，不仅无准确一致可言，而且势必造成技术上和应用上的混乱，以致酿成严重的后果。

4. 法制性

计量本身的社会性就要求有一定的法制保障。也就是说，量值的准确一致，不仅要有一定的技术手段，而且还要有相应的法律、法规的行政管理，特别是那些对国计民生有明显影响的计量，诸如社会安全、医疗保健、环境保护以及贸易结算中的计量，更必须有法制保障。否则，量值的准确一致便不能实现，计量的作用也就无法发挥。

可见，计量与一般的测量不同。测量是为确定量值而进行的全部操作，通常不具备、也无需具备上述的计量特点。所以，计量属于测量，而又严于一般测量；也可以说，计量是量值确切统一的测量。当然，在实际工作或文献资料中，一般没有必要去严格区分“计量”与“测量”。国内如此，国际亦如此。顺便提一下，在翻译外文资料时，如英文 measurement，可译为“测量”，也可译为“计量”，视具体情况和惯例而定。

至于“测试”，测试具有一定试验性（探索性）的测量。近年来，往往将不是严格按照约定规程或成熟方案进行的测量统称为测试，甚至有时也可以将测试理解为测量和试验的综合。

五、计量基本概念

1. 精密度

计量的精密度（precision of measurement），系指在相同条件下，对被测量进行多次反复测量，测得值之间的一致（符合）程度。从测量误差的角度来说，精密度所反映的是测得值的随机误差。精密度高，不一定准确度（见下）高。也就是说，测得值的随机误差小，不一定其系统误差亦小。

2. 准确度

计量的准确度（correctness of measurement），系指被测量的测得值与其“真值”的接近程度。从测量误差的角度来说，准确度所反映的是测得值的系统误差。准确度高，不一定精密度高。也就是说，测得值的系统误差小，不一定其随机误差亦小。

3. 精确度

计量的精确度亦称准确度（accuracy of measurement），系指被测量的测得值之间的一致程度以及与其“真值”的接近程度，即是精密度和正确度的综合概念。从测量误差的角度来说，精确度（准确度）是测得值的随机误差和系统误差的综合反映。

复习思考题

1. 什么是热工测量技术?
2. 什么是热工测量仪表?
3. 按用途及其重要性的不同，热工仪表可分为哪四类?
4. 测量的方法有哪几种?
5. 解释下列名词：误差、绝对误差、相对误差、系统误差、疏忽误差、偶然误差。
6. 热工测量仪表的品质指标有哪些?
7. 基本误差的概念是什么?
8. 热工测量仪表是由哪些部分组成的?
9. 仪表是如何分类的?
10. 计量的特点有哪些?
11. 计量的基本概念有哪些?

第二章 温度测量及仪表

温度是一个物理参数，它表征物体的冷热程度。人们在利用各种能源时，其能量的传递或能量形式的转换往往是通过某些介质的温度变化来实现的，即一切热工过程都伴随着温度的变化。工程上大多数的构件、材料的几何尺寸、密度、黏度、强度、弹性、导电性能、导热能力、辐射强度以及抗腐蚀等物理性质和化学性质，也都与温度有关。因此，在生产和科学实验等领域所涉及的过程中，有大量的有关温度和温度测量的问题。实现精确的温度测量和远距离的温度测量，对现代化大规模的生产及自动控制具有相当重要的意义。

在火电厂热力过程中，各种工质或设备及其部件温度总是在变化着的，对其进行监控尤其重要，这一点是有着十分充足的理由的。

温度决定着蒸汽的作功能力，是蒸汽质量的重要指标之一。蒸汽是热力发电厂最重要的工质，蒸汽品质的优劣，一般是用蒸汽的温度、压力及含盐量等来表示的，在运行过程中应保持这些参数在离给定值偏差很小的范围之内。

以蒸汽为工质的热力循环的热效率与其高、低温热源的温差有关，保证工质在进入和排出汽轮机时的温度差，充分有效地利用工质的热能使其转变为机械能，可有效地提高热机热效率。在火电厂中，汽轮机进汽温度的降低意味着汽轮机效率的显著下降。因此，蒸汽温度是火电厂运行监控的重要参数。

所有的传热过程都是在有温差的条件下进行的，因此温度是影响传热过程的重要因素。只有严格监督传热介质的温度，才能保证各种热交换器的传热过程正常进行。

热力发电厂各种设备所用材料的耐热能力是有限的，因此温度是保证热力设备安全的重要参数。在火电厂中，热力设备及管道的金属温度、汽轮机主轴承和推力轴承的温度以及发电机的绕组温度等如果超过允许值，会造成重大事故。

温度检测对于保证生产过程的安全、经济运行，提高产品的产量和质量，以及减轻工人的劳动强度，改善劳动条件具有极其重要的意义。测温领域十分广阔，要想获得对温度的精确而又方便的测量，就必须根据对所测温度的范围、精度和显示形式的不同要求以及使用条件等，选用不同的测温方法和测温仪表。

第一节 概 述

一、温度和温度测量

温度是表示物体冷热程度的物理量。一定的温度代表物质的一个确定的热状态。某部分物质或某个物体的温度在变化（升高或降低），意味着其被加热或冷却，或是有热量的传入或传出。从微观上讲，温度的高低反映了物质内部分子热运动的激烈程度。因为物体的分子是处于不断地运动状态，分子运动越是激烈，物体的温度就越高，反之亦然。

温度定义的本身并没有提供判别温度高低的数值标准。物质的温度通常是用专门的仪器——温度计采进行测量的。温度的测量都是基于热平衡的诸物体具有相同温度的规律和物体的某些物理性质随温度不同而变化的特性来直接或间接测量的。测量温度的物体，最好是其某种物理性质与温度之间具有连续、单值的函数关系，如果这种物理性质还与其他因素有关，则要排除或忽略其他因素变化的影响。还要求其物理性质与温度的关系要稳定，具有足够的灵敏度和线性度。这样才能保证测量的复现性和精确性。目前，比较成熟的用来实现测温的物理性质有五种，即：①液体的热膨胀性质（玻璃管酒精温度计和水银体温计）；②液体、气体或某种液体的饱和蒸汽受热后体积膨胀或压力变化的性质（如压力表式温度计）；③物体的热电效应（如热电高温计）；④物体的导电率随温度变化的性质（如电阻温度计）；⑤物体的热辐射性质（如光学高温计、全辐射式高温计和光电高温计）。

此外，还有利用声速随传声介质的温度变化和晶体的振动频率随温度变化等物理性质实现温度测量的，新的测温方法和技术有射流、激光、微波、核磁感应、核磁共振……

二、温标

国际上建立了多种度量温度高低的分度标尺，这个“标尺”称为温标。温标是温度的数值表示法。它规定了温度的读数起点（零点）和测量温度的基本单位。温度计的刻度数值均由温标确定。

目前，在多种温标中比较普遍采用的有摄氏温标（℃）、华氏温标（℉）和热力学温标(K)，其中热力学温标，是国际统一的基本温标。热力学温标是纯理论的，只能针对理想气体、借助于气体温度计等仪器来实现。为了找到一种既符合热力学温标又简便实用的温标，各国科学家经过努力，于20世纪20年代建立起一种与热力学温标相近的、复现准确度高的、使用简便的实用温标，称为国际实用温标。

国际实用温标不能取代热力学温标，而是用来复现热力学温标的。它本身不存在规定参考点和测量单位等问题，其中心任务是根据上述基本原则选择合适的标准仪器，并找出测温物质的物理参数与热力学温度的对应关系。这个对应关系就是插补公式，需要给出公式的形式，并通过各固定点温度的给定值确定插补公式中的系数。因此，固定点、标准仪器和插补公式是构成国际实用温标的三个要素。

1990年国际温标（ITS－90），或国标温标1990CIPM是按照1987年第18届CGPM的第7项决议，于1989年决定采用的，我国于1994年7月1日起实施。

“1968年国际实用温标”规定以热力学温度为基本温度，用符号 T 表示，温度的单位是开尔文，符号为 K。定义单位开尔文等于水的三相点热力学温度的1/273。

热力学温度和摄氏温度分别用符号 T 和 t 加以区别，两者的关系仍为

$$t = T - 273.15 \tag{2-1}$$

三、温度测量仪表分类和比较

按测量方法一般可把温度测量仪表分为接触式和非接触式两大类。接触式测温仪表比较简单、可靠和准确，缺点是感温元件必须与被测介质相接触，其测量上限要受到材料耐温能力的限制，且热平衡过程会产生测温的迟延现象。非接触式测温仪表的测量原理是通过热辐射来测量温度的，其反应速度快、不破坏温度场、理论上没有测温上限的限制，还可以测量处于运动状态的物体温度。但受发射率、对象到仪表之间的距离、烟尘和水蒸气的影响等，其测量误差较大。

温度测量仪表可以按其测温范围分为低温温度计（测量550℃以下，通称温度计）和高温温度计（测量550℃以上，通称高温计），按其用途可分为基准温度计、标准温度计和工业用温度计等。

常用温度表的测温原理、特点和测温范围，如表2－1所示。

表 2-1　　常用温度表的测温原理、特点和测温范围

种类	型式	原理	优点	缺点	测温范围（℃）
接触式温度表	玻璃管液体高温计	液体体积随温度的变化	结构简单、准确度高、价格便宜	容易破损、读数不便、信号不能远传	-80～600
	压力式温度表	定容气体或液体随温度的变化	结构简单可靠、信号能远传（60m 以内）	准确度低、受环境温度影响大	-100～600
	双金属温度表	固体热胀变形量随温度的变化	结构简单可靠	准确度低、信号不能远传	-80～600
	热电偶温度表	金属导体的热电效应	测温范围宽、准确度高、信号能远传	测低温准确度低、需冷端补偿	-200～1800
	热电阻温度表	金属半导体或半导体的热电阻效应	准确度高、性能稳定、信号远传	传感器结构复杂、外接电源	-200～800
非接触式温度表	光学高温计	物体单色辐射能随温度的性质	结构简单、携带方便、不破坏对象	受环境温度影响大	-300～3200
	辐射高温计	物体全辐射能随温度的变化	结构简单、性能稳定	受环境温度影响大	700～2000
	光电高温计	光电效应	反应速度快、不破坏对象、可测运动物	结构复杂、价格高、读数不便、环境条件影响	700～1500

第二节　热电偶测温

热电偶的测温原理是特定材料的热电效应原理。热电偶是目前应用最为广泛的一种温度电测仪表。可以测量较高的温度，便于远距离传送和多点测量，性能稳定，准确可靠，结构简单，维护方便，热容量和热惯性小，可用来测量点的温度或表面温度。它的基本组成通常包括热电偶、电气测量仪表（显示仪表）和连接导线（热电偶冷端温度补偿装置）三个部分。

热电偶是用两根不同的导体或半导体材料（称为热电极）将其一端焊接、绞接或粘合而成的。两个热电极的焊接端为热电偶的热端，又称为工作端或测量端；非焊接端为热电偶的冷端，又可以称为自由端或参考端。

测量温度时，将感温元件（热电偶）插入需要测量的设备或管道中，使其热端感受被测介质的温度，其冷端置于设备或管道外面，并通过连接导线与电气测量仪表相连。由于热电偶两端所处的温度不同，在热电偶回路中就会产生热电势，这个热电势的大小取决于热电偶热电极材料的性质和两端的温度，而与热电极的几何尺寸及沿热电极长度上的温度分布无关。在选定了热电极材料的情况下，保持热电偶的冷端温度 t_0 不变，那么热电偶产生的热电势 E 就只随热端温度 t 而变化，即此时热电偶产生的热电势 E 只是被测介质温度 t 的函数，用电气测量仪表测得热电势 E 的数值后，便可求出对应的温度数值，或者直接由电气测量仪表指示温度，见图 2-1。

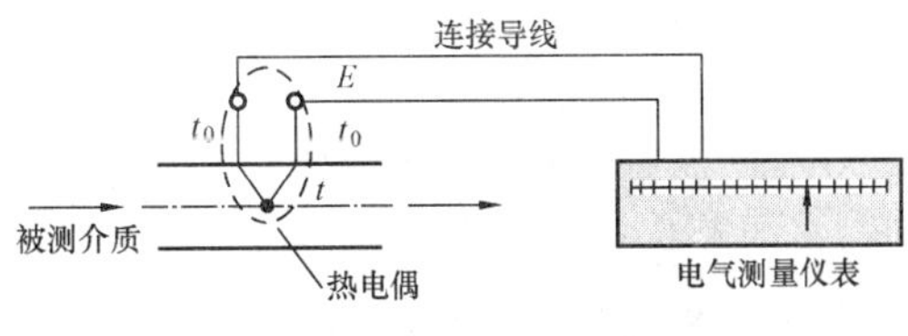

图 2-1　热电偶测量温度的原理线路图

一、热电偶测温基本原理

把热电偶作为温度测量的感温元件所依据的基本原理是 1821 年塞贝克发现的热电现象。随

着半导体技术一百多年的发展，这个原理已经可以被用来使热能直接转换为电能和用来制冷等。

（一）热电现象及其在测温中的应用

当两种不同材料的导体（或半导体）A 和 B（见图 2－2）接成如图 2－1 所示的闭合回路时，在两个触点温度不同（假定 $t>t_0$）的情况下，回路中就会产生电流。只要两个触点的温差（$t-t_0$）存在，回路中的电流就不会消失。电流的存在表明回路中有电动势 E。这个物理现象称为热电效应或塞贝克效应。相应的电动势称为塞贝克温差电势，简称为热电势。热电偶回路中的热电势 $E_{AB}(t, t_0)$，实际上是由接触电势和温差电势两部分组成的。

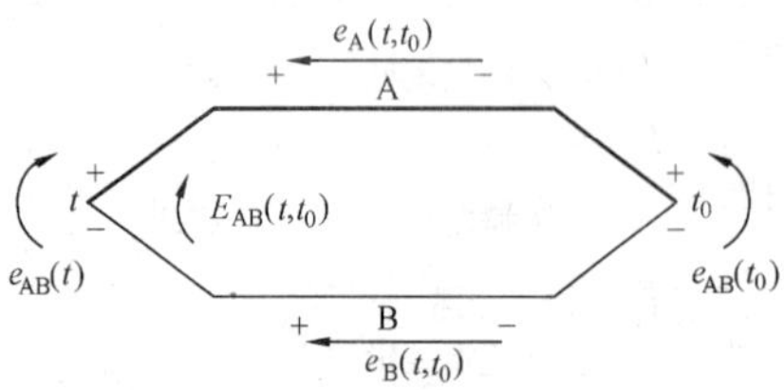

图 2－2　热电偶的热电效应示意图

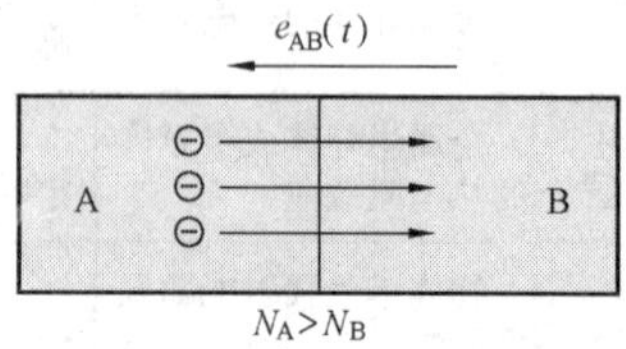

图 2－3　接触电势原理图

1．接触电势

接触电势是在两种不同的导体相接触时在接触之处产生的。根据物理学电子论的观点，任何金属内部由于电子与晶格内正电荷间的相互作用，使得电子在通常温度下，只作不规则的热运动，不会从金属中挣脱出来。若要把电子从金属中取出，须消耗一定的功，这个功叫做金属的逸出功。当两种不同的金属导体 A、B 连接在一起时，在其接触处将会发生自由电子的扩散现象。电子扩散的原因有两点：一点原因是两种金属的逸出功不同。假定金属 A 的逸出功比金属 B 的逸出功小，则电子就比较容易从金属 A 转移到金属 B；另一点原因是两种金属具有不同的自由电子密度。若用 N_A 和 N_B 分别表示金属 A、B 的自由电子密度，假定 $N_A>N_B$，则在单位时间内由金属 A 扩散到金属 B 的电子数要比由金属 B 扩散到金属 A 的电子数为多。由于以上两点原因所形成的电子扩散，使得金属 A 因失去电子而带正电，金属 B 则因得到电子而带负电。于是在金属 A、B 之间就产生了电位差，即在其接触处形成了一个由 A 到 B 的静电场，如图 2－3 所示。这个静电场将阻止电子扩散的继续进行，并加速电子向相反的方向转移。当电子扩散的能力与上述电场的阻力平衡时，接触处的自由电子扩散就达到了动平衡状态。此时，A、B 之间形成的电位差，称为接触电势，其数值不仅取决于两种不同金属导体的性质，还和接触点的温度（t）有关。用符号 $e_{AB}(t)$ 表示金属导体 A 和 B 的接触点在温度为 t 时的接触电势，其脚注 AB 的顺序代表电位差的方向。若顺序改变，则电势前面的符号也应随之改变，即 $e_{AB}(t)=-e_{BA}(t)$。

2．温差电势

在同一导体内会产生温差电势。当一根均质金属导体上存在温度梯度时，处于高温端电子的能量比低温端电子的能量大，因而从高温端向低温端扩散的电子数比从低温端向高温端扩散的电子数要来得多，结果高温端因失去电子而带正电，低温端因得到电子而带负电。因此，在高、低温两端之间形成一个从高温端指向低温端的静电场，如图 2－4 所示。同样，这个静电场也要阻止电子继续从高温端向低温端扩散，并加速电子向相反的方向转移，而建立起相对的动态平衡。此时，在导体两端便产生一个相应的电位差，称为温差电势。用符号 $e_A(t, t_0)$ 表示导体 A 在其两端温度分别为 t 和 t_0 时的温差电势，括号中温度 t 和 t_0 的顺序决定了电势的方向，若改变这一顺序，则要相应改变串势前面的符号，即 $e_A(t, t_0)=-e_A(t_0, t)$。

温差电势的大小与导体材料的性质及导体两端的温度有关，而与导体的几何尺寸及沿导体的温度分布无关。如果导体两端温度相同，则温差电势就等于零。

3. 热电势

综合接触电势原理和温差电势原理，当两种不同的均质导体 A 和 B 相接组成如图 2－2 所示的闭合回路时，如果 $N_A > N_B$，而且 $t > t_0$，则在这个回路内，将会产生两个接触电势 $e_{AB}(t)$ 和 $e_{AB}(t_0)$ 以及两个温差电势 $e_A(t,t_0)$ 和 $e_B(t,t_0)$。因此，总的电势 $E_{AB}(t,t_0)$ 为这些电势的代数和，即

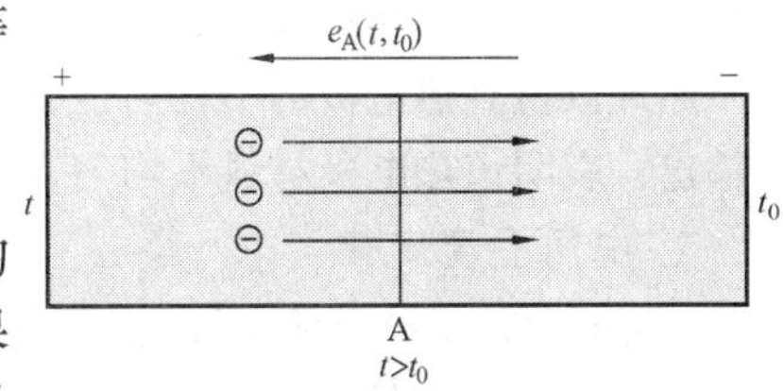

图 2－4　温差电势原理

$$\begin{aligned}E_{AB}(t,t_0) &= e_{AB}(t) - e_A(t,t_0) - e_{AB}(t_0) + e_B(t,t_0)\\ &= e_{AB}(t) - [e_A(t) - e_A(t_0)] - e_{AB}(t_0) + [e_B(t) - e_B(t_0)]\\ &= [e_{AB}(t) - e_A(t) + e_A(t_0)] - [e_{AB}(t_0) + e_B(t) + e_B(t_0)]\\ &= f_{AB}(t) - f_{AB}(t_0)\end{aligned} \tag{2-2}$$

由于温差电势比接触电势小，而又有 $t > t_0$，所以在总电势 $E_{AB}(t,t_0)$ 中，以导体 A、B 在 t 端的接触电势 $e_{AB}(t)$ 所占的比例最大，总电势 $E_{AB}(t,t_0)$ 的方向将取决于 $e_{AB}(t)$ 的方向。

回路的总电势 $E_{AB}(t,t_0)$ 与两个触点的温度 t、t_0 及两种导体的电子密度 N_A、N_B 有关。电子密度不仅取决于导体材料的性质，还随温度变化而变化。

热电偶回路产生热电势的必备条件是：

(1) 必须选用两种不同性质的材料作热电极；

(2) 热电偶的两个触点必须具有不同的温度。

当热电极的材料一定时，热电偶的总电势 $E_{AB}(t,t_0)$ 就仅是两个触点温度 t 和 t_0 的函数。如果能保持热电偶的冷端温度 t_0 固定，对一定的热电偶材料则 $f(t_0)$ 亦为常数（可用常数 C 代替），其总电势就只与热电偶热端的温度 t 成单值函数关系，即 $E_{AB}(t,t_0) = f_{AB}(t) - C = f_{AB}(t)$。在实际测温中，保持热电偶冷端温度 t_0 为恒定的已知数，再用仪表测出热电势 $E_{AB}(t,t_0)$，而间接地求得热电偶热端的温度，即为被测的温度 t。

通常，热电偶的热电势与温度的关系，都是规定热电偶冷端温度为 0℃时，按热电偶的不同类型，分别列成表格形式，这些表格就称为热电偶的分度表。分度表不是由理论计算，而是通过大量的科学实验摸索和总结出来的，并且这项工作现在和今后仍将继续进行下去。

（二）基本定律及其应用

利用热电偶测量温度时，必须在热电偶回路中引入连接导线和测量热电势的仪表，即在热电偶回路中加入第三、第四、……种导体（或半导体），由此所引起的问题，由热电偶的一些基本定律来解决。

1. 均质导体定律

由一种均质导体（或半导体）组成的闭合回路，不论导体（或半导体）的截面尺寸和长度尺寸如何以及各处的温度分布如何，都不会产生热电势。这一条基本定律，已在前面原理分析中得到证明，即 $E_{AA}(t,t_0) = 0$。

从这一条基本定律可以得到如下推论：

(1) 任何热电偶都必须用两种性质不同的热电极构成；

(2) 热电偶所产生的热电势仅与热电极材料的性质和热电偶两个触点的温度有关，而与热电极的几何尺寸及沿热电极的温度分布无关。若 $t = t_0$，则 $E_{AB}(t,t_0) = 0$。

(3) 若热电极材料的性质不均匀，当沿热电极的温度分布情况不同时，将会产生无法确定的

附加热电势，造成测量误差。因此，热电极材料的均匀性是衡量热电偶质量的主要指标，可根据这一原理以检查热电极的不均匀性，因为当由一种热电极组成的闭合回路存在温差时，若有热电势输出，表明该热电极材料不均匀，热电势越大，说明热电极成分和应力分布越不均匀。

2. 中间温度定律

热电偶 AB 在触点温度为 t_1、t_3 时的热电势 $E_{AB}(t_1, t_3)$ 等于热电偶 AB 在触点温度为 t_1、t_2 和 t_2、t_3 时热电势 $E_{AB}(t_1, t_2)$ 和 $E_{AB}(t_2, t_3)$ 的代数和，即 $E_{AB}(t_1, t_3) = E_{AB}(t_1, t_2) + E_{AB}(t_2, t_3)$，其中 t_2 为中间温度。

中间温度定律是制订热电偶分度表的理论基础。根据这一定律，只要列出冷端温度为0℃时的热电势和热端温度的关系，那么对于冷端温度不等于0℃时的热电势，都可以通过计算求得，这样就可以对热电偶冷端温度进行修正。

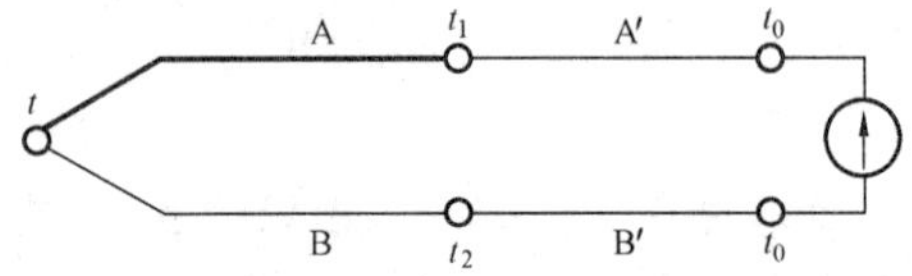

图 2－5　热电偶补偿导线接线图

中间温度定律也是在工业测温中应用补偿导线的理论依据，因为只要匹配与热电偶的热电性质相同的补偿导线，便可使热电偶的冷端远离热源，而不影响热电偶的精度，如图 2－5 所示。

3. 中间导体定律

在热电偶回路中接入第三、第四种均质材料的导体后，只要中间接入的导体两端具有相同的温度，就不会影响热电偶的热电势。

这条基本定律十分重要，有了这条基本定律，人们可以在热电偶回路中引入各种测量仪表和连接导线，也可以采用各种焊接方法来焊制热电偶，只要保证引入的中间导体本身两端的温度相同，就不致影响热电偶的总热电势。同时，根据这一基本定律，还可以采用开路热电偶测量液态金属和金属壁面的温度。

4. 参考电极定律

当热电偶热端和冷端温度分别为 t、t_0 时，用导体 A、B 组成热电偶所产生的热电势，等于用导体 A、C 组成热电偶产生的热电势与用导体 C、B 组成热电偶产生的热电势之代数和。

二、热电偶标准化

（一）热电极材料

在实际应用中，对于测温用热电偶的热电极材料必须进行严格的选择。一般在选配热电极材料时应考虑以下主要要求。

（1）物理和化学性质的稳定性要高。即在测温范围内，其热电特性不随时间而变化，以保证其测量的准确性；还要有较好的耐热性、抗氧化性、抗还原性和抗腐蚀性，以保证在高温下能可靠地工作。

（2）组成的热电偶应产生较大的热电势率。可以降低对测量仪表灵敏度的要求，相应地提高了测温的精度。

（3）热电势与温度之间呈线性关系或近似线性的单值函数关系。这样可提高测量仪表的精度，使刻度工作简便。

（4）电导率要高，电阻温度系数和比热容要小。

（5）材料的复现性要好。复现性是指用同种成分的材料制成的热电偶，其热电特性的一致性。便于成批生产制作热电偶时，而且在使用上也可以保证有良好的互换性。

（6）材料组织要均匀，要有较好的韧性，焊接性能要好，便于加工制作。

（7）资源丰富，价格低廉。

在实际生产中很难找到一种能够完全满足上述要求的材料，应根据具体情况，在不同的测温条件下，选用不同的热电极材料。一般来说，纯金属的热电偶容易复制，但其热电势率小；非金属热电偶的热电势率大，熔点高，但是它的复现性和稳定性都较差。合金热电极的热电性能和工艺性能均介于纯金属和非金属之间。目前常用的热电偶一般是用纯金属与合金相配，或者是合金与合金相配。

（二）热电偶标准化

目前，国际上被公认为有代表性的或者比较普遍采用的热电偶材料，有贵重金属、廉价金属、非金属和半导体等。按照工业标准化的情况，可将热电偶分为标准化热电偶和非标准化热电偶两大类。

所谓标准化热电偶是指定型生产的通用型热电偶。同一型号的标准化热电偶互换性好，具有统一的分度表，并有与其配套的显示仪表可供选用。而非标准化热电偶无论在使用范围或数量上都不及标准化热电偶，一般也没有统一的分度表。但在某些特殊的条件（高温、低温、超低温、高真空或有核辐射的环境中）下，这种热电偶具有某些特别良好的性能。有些非标准化热电偶在节约贵重金属和稀有金属等方面也有重要意义。

标准化热电偶目前有以下几种。

1. 铂铑$_{10}$—铂热电偶（分度号为 S）

这是一种贵重金属热电偶，由直径为 0.5mm 以下的铂铑合金丝（铂 90%，铑 10%）和纯铂丝制成。其中铂铑丝为正极，铂丝为负极。由于它的热电性能稳定，容易得到高纯度的铂铑和铂，其复现性和测量精度较高，可用于精密温度测量和作为基准热电偶。在工业测温中，一般可长期使用在 1300℃以下的温度，在良好的使用环境条件下，可短期测量 1600℃的温度。这种热电偶的物理化学性质较稳定，具有良好的高温抗氧化性，可在氧化性、中性介质和真空中使用。缺点是成本较高，机械强度稍差，热电势较小，需配用灵敏度较高的显示仪表。此外，热电极在高温时易受还原性气体（如氢、一氧化碳），二氧化碳以及硫、硅、碳和碳化合物所发出的蒸汽和金属蒸汽的侵害而变质，而且铂铑丝中的铑分子在长期使用后，因受高温作用而产生挥发现象，使铂丝受到污染而变质，因此会引起热电偶特性的变化，失去测量的准确性。

2. 镍铬—镍硅热电偶（分度号为 K）

这是一种能测量温度高、成本低廉的金属热电偶。以镍铬合金为正极，镍硅（或镍铝）合金为负极。热电极的直径一般为 0.3～0.2mm。由于这种合金具有较好的高温抗氧化性，可适用于氧化性或中性介质之中。这种热电偶可长期用于 1200℃的温度，短期可用至 1300℃；但在弱氧化性气氛中，由于正极中的铬优先氧化而腐蚀电极，而且还原性气体和含硫气体对电极也有严重破坏作用，使热电极发脆、热电势降低，因此在这种情况下，只能用丁测量 500℃以下的温度，或需加装保护套管。

这种热电偶具有复现性好，产生的热电势大，其热电势率比铂铑$_{10}$—铂热电偶高 4～5 倍，热电势和温度的关系近似直线，以及成本低等优点，虽然其测量精度偏低，但完全能满足工业测温的要求，是工业上最常用的热电偶。经过挑选的优质镍铬—镍硅热电偶也可作为标准热电偶。

3. 镍铬—铜镍热电偶（分度号为 E）

这是一种能测量低温的热电偶，由镍铬合金和镍铜合金材料构成，以镍铬合金丝为正极，铜镍合金丝为负极。这种热电偶的最大特点是热电势率相当大，在目前常用的热电偶中，除了半导体热电偶材料外，它的热电势率最大，而且由于含镍量少，因而成本低。但是，这种材料的质地坚硬，不易得到均匀的线径，还由于负极考铜在高温下易受氧化而变质，其长期使用最高温度仅为 600℃，短期使用可达 800℃。它具有较好的低温性能，可用于－200℃以下的低温测量，是一种重要的低温热电偶。

用于工业测温的热电偶还有铂铑$_{30}$—铂铑$_6$（B 型）、铜—铜镍（T 型）、铁—铜镍（J 型）和铂铑$_{13}$—铂（R 型），总计 7 种。热电偶简易分度，如表 2-2 所示。

表 2-2　　热电偶简易分度表

温度（℃）	μV					
	S	B	W	T	E	K
-200				-5603	-8824	-5891
-150				-4648	-7279	-4912
-100				-3378	-5237	-3553
-50	-236			-1819	-2787	-1889
0	0	0	0	0	0	0
50	299	2	699	2035	3047	2022
100	645	33	1451	4277	6317	4095
150	1029	92	2250	6702	9787	6137
200	1440	178	3089	9286	13419	8137
250	1873	291	3962	12011	17178	10151
300	2323	431	4864	14860	21033	12207
350	2786	596	5788	17816	24961	14292
400	3260	786	6731	20869	28943	16395
450	3743	1002	7688		32960	18513
500	4234	1241	8655		36999	20640
550	4732	1505	9629		41045	22772
600	5237	1791	10608		45085	24902
650	5751	2100	11584		49109	27022
700	6274	2430	12559		53110	29128
750	6805	2782	13530		57083	31214
800	7345	3154	14494		61022	33277
850	7892	3546	15451		64924	35314
900	8448	3957	16397		68783	37325
950	9012	4386	17333		72593	39310
1000	9585	4833	18257		76358	41269
1050	10165	5297	19169			43202
1100	10754	5777	20066			45108
1150	11348	6273	20950			46985
1200	11947	6783	21820			48828
1250	12550	7308	22674			50633
1300	13155	7845	23514			52398
1350	13761	8393	24339			54125
1400	14368	8952	25149			
1450	14973	9519	25943			
1500	15576	10094	26723			
1550	16176	10674	27487			
1600	16771	11257	28236			
1650	17360	11842	28970			
1700	17942	12426	29688			
1750	18504	13008	30391			
1800		13585	31079			

（三）非标准化热电偶

非标准化热电偶目前已有钨铼系热电偶、铱铑系热电偶、镍铬—金铁热电偶、镍钴—镍铝热电偶及非金属热电偶等，它们都是用于测量超高温（2000℃及其以上的温度）或低温、超低温（2K～273K）以及特殊用途的热电偶，有的是作为高温试验和宇航技术中的测温工具，在此不作详述。

三、热电偶结构及其类型

根据其用途和安装位置来分类，热电偶的结构型式有很多。它们的结构和外形虽然不尽相同，但其基本组成部分大致都是由热电极、绝缘材料、保护套管和接线盒等主要部分所构成。

（一）普通型（装配型）热电偶

普通型（装配型）热电偶的结构，如图 2－6 所示。

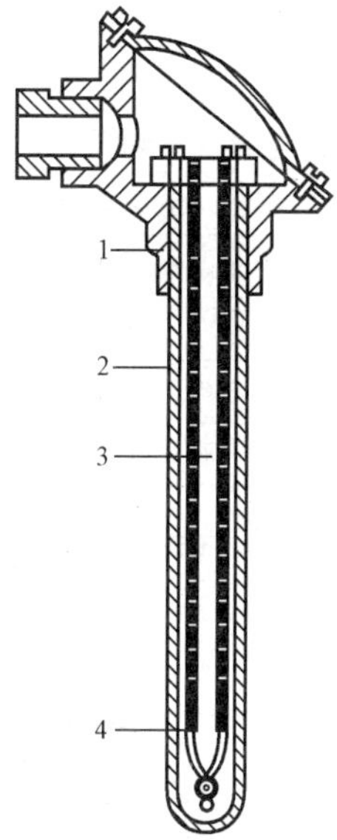

图 2－6　普通型热电偶结构图

1—接线盒；2—保护套管；3—绝缘套管；4—热电偶丝

1. 热电极

热电偶热电极（见图 2－7 中 3）的直径由材料的价格、机械强度、导电率以及热电偶的用途和测量范围等所决定。其长度由安装条件，特别是热电偶热端在被测介质中的插入深度来决定。

热电偶热端的连接一般采用电弧焊和乙炔焊等焊接方法，把两个热电极的一端焊接在一起。要求焊接牢固，焊接点具有金属光泽、表面圆滑、无沾污变质、夹渣和裂纹等，否则会影响热电偶测温的可靠性。还要应尽量缩小焊接点的尺寸，以减小其热惯性和与周围环境的辐射热交换能力。焊接点的形式有点焊、对焊和绞状点焊等。

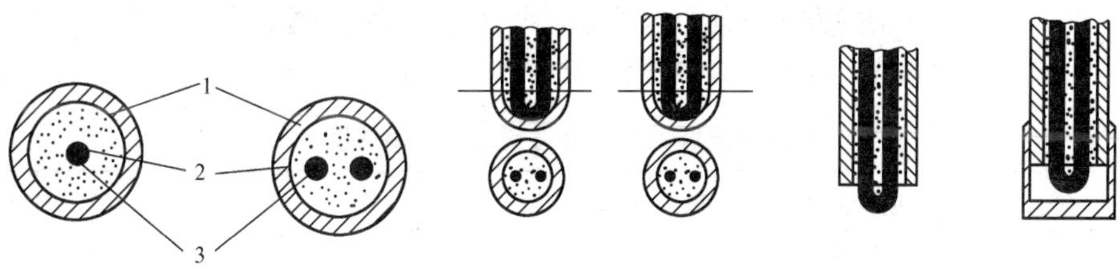

(a)　(b)　(c)　(d)

图 2－7　铠装热电偶结构图

（a）碰底型；（b）不碰底型；（c）露头型；（d）帽型

1—金属套管；2—绝缘材料；3—热电极

2. 绝缘材料（绝缘管）

为了防止两根热电极之间发生短路，需将两热电极用绝缘材料隔开。常用的绝缘材料列于表 2－3，根据使用的温度范围来选用。为了使用方便，可将一些绝缘材料制成圆形或椭圆形截面的绝缘管，有单孔、双孔、四孔以及其他特殊规格。孔的大小视热电极的直径而定。

3. 保护套管

为避免热电极受有害介质的侵蚀和意外的机械伤害，通常将热电极（包括绝缘管）装入保护套管内，这样就可以使热电极和被测介质不直接接触，也可以防止和减少火焰和气流的冲刷和辐射，而且还起着固定和支撑热电极的作用。同时，在压力管道或压力容器中测温时，保护套管使热电极与高压介质隔绝，防止介质渗漏。因此，保护套管可延长热电偶的使用寿命和提高测温的准确性。

表 2－3 常用绝缘材料

材料名称	长期使用温度（℃）	材料名称	长期使用温度（℃）
橡皮、塑料	60～80	陶 瓷	1200
丝、绝缘漆	100～130	氧化铝	1600
聚四氟乙烯	250	氧化镁	2000
珐 琅	100～150	氧化铂	2100
石棉、玻璃	500 以下	氧化钍	2500
石 英	1100		

保护套管的材料和结构型式有很多，可根据测温范围、加热区长度、环境气氛、测温的时间常数以及安装位置等条件来选用的。对制作保护套管的材料有以下要求。

(1) 有良好的气密性。防止外部介质的渗透而使热电极损坏或变质。

(2) 有足够的机械强度。能抗弯和抗压，不易损坏。

(3) 化学稳定性好。在长期使用过程中不会分解出对热电极有害的气体，也不致和外部介质、绝缘材料、热电极材料相互作用而变质。

(4) 导热性能好。保证保护套管内外温差不会太大，以减小热电偶的测温迟延。

某些特定的使用场合，对保护套管还有特殊要求，如用于高温的保护套管材料应具有耐高温和抗热震的综合性能；对在强腐蚀环境中使用的保护套管材料，还必须耐腐蚀等。

保护套管的材料主要有金属和非金属两类。有时为了提高机械强度和便于安装，在非金属保护套管的非工作部分，可再套上一段金属套管。常用的保护套管材料及其适用的温度列于表 2－4 中。

根据热电偶安装时连接的方式不同，保护套管可分为无固定装置、有固定螺纹和带法兰连接等类型。可用锥形保护套管，以减小热惯性和增加保护套管的机械强度。

表 2－4 常用热电偶保护套管材料及其适用温度

材料名称	长期使用温度（℃）	短期使用温度（℃）	材料名称	长期使用温度（℃）	短期使用温度（℃）
铜或铜合金	350		石 英	1100	1200
20 号碳钢	600		高温陶瓷	1300	1400
1Cr18Ni9Ti 耐酸不锈钢	900	1000	含钛氧化铝	1500	1700
Cr25Ti 不锈钢	1000	1100	高纯氧化铝	1700	1800

4. 接线盒

为了与补偿导线的连接和防水、防尘的需要，热电偶设置接线盒，可用铝合金制成，分为普通式和密封式两种，接线盒的出线孔和盖子均用垫片或垫圈加以密封。

国产装配型热电偶的外形，如图 2－8 所示。

(二) 铠装热电偶（又称套管热电偶）

热电偶由热电极、绝缘材料和金属套管三者组合加工而成的坚实组合体，称为铠装热电偶或套管热电偶，如图 2－7 所示。

铠装热电偶的制造工艺方法有多种，采用多道拉伸法加工出来的产品表面质量好，尺寸精确，热电势稳定，成品率较高。金属套管是对热电偶起支撑和保护作用的，因此要根据使用温度和环境条件来选择金属套管的材料。一般中温范围常用不锈钢（如 1Cr18Ni9Ti）和镍基高温合金（如 GH130）；低温下可用铜作套管，高温下可用钼、铂、钽、铱和铱合金等。绝缘材料是用来保证热电极之间、热电极与套管之间电气绝缘的，在常温、常压下其绝缘电阻应大于 20MΩ。常用的绝缘材料有氧化铝、氧化镁，氧化铍、氧化锆等，其中以氧化镁用得最多。铠装热电偶的测量端一般有如图 2－7 所示的几种型式。

图 2－8　装配型热电偶外形图

铠装热电偶具有如下特点。

（1）热惯性小，反应快。以直径为 1.6mm 的铠装热电偶为例，其时间常数 τ 分别为：露头型 $\tau=0.06s$；碰底型 $\tau=0.6s$；不碰底型 $\tau=1.2s$。

（2）体积小，因此热容量小。由于铠装热电偶的外径可以做得很细，在热容量较小的被测物体上，也能测得较准确的温度。

（3）挠性好。套管材料经退火处理后，具有良好的柔性。它可以安装在狭小的，需要弯曲的测温部位，能适应复杂结构上的安装要求。

（4）寿命长。由于热电极有外套管的气密性保护和化学性能稳定的绝缘材料的牢固覆盖，因此其寿命较普通型热电偶为长。

（5）适应性强。由于组合体结构坚实，机械性能好，耐压，耐强烈震动和冲击，适用于多种工况使用。

（6）品种多。铠装热电偶的长度可根据需要来制作，最长可达 100m 以上，最短可作成 100mm 以下，套管外径从 12mm 到 0.25mm，除常用的双芯铠装热电偶外，还可以制作成单芯或四芯等型式。

（三）热套式热电偶

为了保证热电偶测温元件在高温、高压、大流量条件下的安全，达到准确测量和快速反应的目的，有一种专门在主蒸汽管道上测量蒸汽温度用的新型高强度热电偶，称为热套式热电偶。它也可在其技术性能允许的其他工业部门中用来测量气态或液态介质的温度。

热套式热电偶的特点是采用了锥形套管、三角锥面支撑和热套保温的焊接式安装结构。这种结构型式既保证了热电偶的测温精度和灵敏度，又提高了热电偶保护套管的机械强度和热冲击性能。其结构与安装方式如图 2－9 所示。

热套式热电偶的长度是根据测温精度、经受冲击与振动负荷所必需的机械强度和稳定性等要求来选择的。热套式热电偶的保护套管与露出部分较长，有较大的散热，尤其是在机组启动过程中，由于蒸汽流量小、流速低，介质对流换热量小，热套的加热作用还不显著，以致会造成较大的散热损失，使温度测量的指示偏低。为此，应加厚热套与露出部分的保温，或者在热套处增设外加热装置，以提高在机组启动过程中的测温精度。

四、热电偶冷端（参考端）温度补偿方法

根据热电偶测温基本原理，当选定热电偶的热电极之后，其热电势的大小仅仅与两个触点温度有关。只有当热电偶冷端温度保持不变并为已知数时，热电势才是热电偶热端温度（亦即被测温度）的单值函数。因此，要用测量电势的仪表直接指示温度的数值（即直接用温度刻度），就必须保持热电偶冷端温度为仪表进行温度刻度时所规定的温度值。否则，将会引入测量误差，如

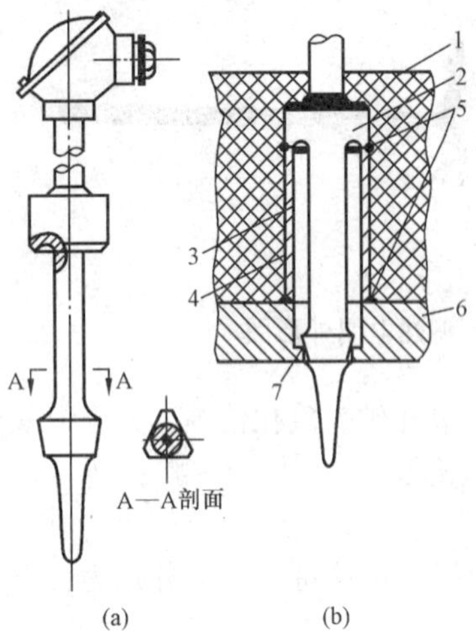

图 2-9 热套式热电偶的结构和安装图

(a) 结构图；(b) 安装图

1—保温层；2—传感器；3—热套；4—安全套管；5—电感接口；6—主蒸汽管壁；7—卡紧固定

在主蒸汽管道上测量主蒸汽温度的热电偶，与其配用的仪表刻度范围为 0～600℃。当保持热电偶冷端温度为 0℃时，若热电偶产生的热电势为 21.08mV，则仪表指示为 510℃，表示此时主蒸汽的温度为 510℃。如果在主蒸汽温度不变的情况下，而热电偶冷端温度升高为 30℃（环境温度），则热电偶产生的热电势就会下降到 19.08mV，此时仪表将指示为 482℃，比实际温度低 28℃。这就是因为热电偶冷端温度不等于仪表规定韵数值（0℃）所引入的测量指示误差。热电偶冷端温度偏离规定值越远，造成的测量指示误差就越大。因此，热电偶冷端的温度对测温的准确性有着十分重要的影响。

工程实际中用热电偶测温时，要保持其冷端温度为 0℃是比较麻烦的。热电偶的冷端温度大都随其所处的环境温度而波动，不能保持恒定，通常是采取修正或补偿等措施，消除因冷端温度变化所引起的误差，以保证测温的准确性。

下面介绍几种常用的热电偶冷端温度的修正和处理方法。

（一）用冰点器保持热电偶冷端温度恒为 0℃的方法（冰点槽恒温法）

热电偶的分度表都是在热电偶冷端温度规定为 0℃的情况下，得到的热电势 $E(t, 0)$ 和热电偶热端温度 t 的关系。如果在测温时，也能保持热电偶冷端温度等于 0℃，那就不需要进行冷端温度的修正，所用的温度显示仪表就可根据相应的热电偶分度表进行刻度。

在实验室中作精密温度测量时，一般要求热电偶的冷端温度保持为 0℃。常用清洁的水制成冰屑与清洁的水相混合盛于保温瓶内，并使它们达到热平衡，即构成一个温度恒为 0℃的冰点器。实际上这种冰点器所实现的冰点平衡温度稍低于 0℃，约为 -0.06℃，但对于热电偶测温的影响已可忽略，可以认为是 0℃。使用时将热电偶的冷端放在插入冰点器中的试管底部，并与试管底部的少量清洁水银相接触，水银上面应充以少许蒸馏水或变压器油，最好再用石蜡封结，以防止水银蒸汽逸出影响人体健康，如图 2-10 所示。这样就可保持热电偶的冷端温度恒为 0℃，热电偶产生的热电势 $E(t, 0)$ 就成为其热端温度的单值函数了。

冰点槽恒温法仅仅适用于实验室中。在生产现场常使用电加热恒温箱。这种恒温箱通过触点控制或其他控制方法维持箱内温度恒定在 50℃。

（二）公式修正法

热电偶冷端温度不等于 0℃，而是一个恒定不变的 t_n 时，所造成的测量误差，可用热电势或温度值等方法进行修正。

1. 热电势修正法

热电偶热端温度为 t（$t>0$℃），而热电偶冷端温度为 0℃时，热电偶产生的热电势则为 $E_{AB}(t, 0)$，若热电偶冷端温度为 t_n，其热电势则为 $E_{AB}(t, t_n)$。根据中间温度定律，$E_{AB}(t,0) = E_{AB}(t, t_n) + E_{AB}(t_n, 0)$。由此可见，当热电偶冷端温度 $t_n>0$℃时，$E_{AB}(t_n, 0)$ 为正值，热电偶产生的热电势 $E_{AB}(t, t_n)$ 将小于冷端温度为 0℃时所产生的热电势 $E_{AB}(t, 0)$，反之，若 $t_n<0$℃时，$E_{AB}(t_n, 0)$ 为负值，热电偶产生的热电势 $E_{AB}(t, t_n)$ 将大于冷端温度为 0℃时所产生的热电势 $E_{AB}(t, 0)$。如果热电偶冷端温度 t_n 是恒定不变的，则可直接从相应的热电偶

分度表中查得 E_{AB}（t_n，0）值，此时只要测出热电偶产生的热电势 E_{AB}（t，t_n），再加上一个修正值 E_{AB}（t_n，0），就可得到冷端温度为0℃时的热电势 E_{AB}（t，0）。然后再从相应的热电偶分度表中查得对应于 E_{AB}（t，0）的温度 t，即为被测介质的实际温度。

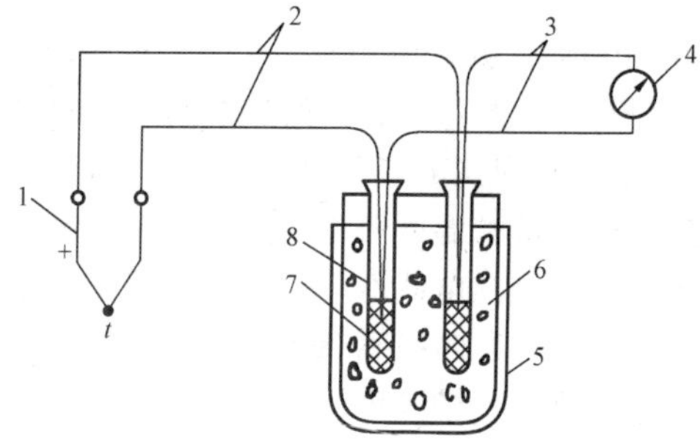

图 2-10　冰点槽

1—热电偶；2—补偿导线；3—铜导线；4—显示仪表；5—冰点器；6—冰水混合器；7—变压器油；8—试管

在本节前述用热电偶测量蒸汽温度一例中，由于使用时热电偶冷端温度 $t_n = 30℃$，若将热电偶产生的热电势 E（t，t_n）送入温度显示仪表后，仪表的指示温度必然比实际温度偏低。又因为所配用的仪表刻度起始点（即仪表的机械零点）为0℃，表明该仪表是在热电偶冷端温度规定为0℃的条件下进行刻度的。此时，仪表指示温度为 $t_m = 482℃$，则相当于仪表所接受的热电势值为 E（t_m，0），由分度表可查得$E(482,0) = 19.88\text{mV}$。实际上，输入仪表的热电势是由热电偶在其两端温度分别为 t 和 t_n 的情况下产生的，因此，$E(t_m,0)$和 $E(t,t_n)$是同一电势的两种表示形式，即 $E(t_m,0) = E(t,t_n)$，$E(482,0) = E(t,30) = 19.88\text{mV}$。所以，从分度表查得 $E(30,0) = 1.20\text{mV}$ 后，便可求得 $E(t,0) = E(t,30) + E(30,0) = 19.88 + 1.20 = 21.08\text{mV}$。再从分度表查得热电势为21.08mV所对应的温度，即被测蒸汽的温度为510℃。

用热电势修正法修正的准确度主要决定于对热电偶冷端温度 t_n 测取的精确程度。这种修正法对于配用温度刻度的直读式仪表，需要多次查表计算，很不方便，因此在现场很少采用。

2. 温度修正法

温度修正法是一种不需将冷端温度 t_n 换算成热电势，而直接用冷端温度的变化进行修正的方法。如果 $t > 0℃$，$t_n > 0℃$，则热电偶产生的热电势比 E_{AB}（t，0）小，其值为$E_{AB}(t,t_n) = E_{AB}(t,0) - E_{AB}(t_n,0)$。这一热电势送入温度显示仪表后，使仪表指示的温度 t_m 将比被测温度 t 低 Δt，即 $t = t_m + \Delta t$。

如果热电偶的热电势与温度呈线性关系，即在使用温度范围内各点具有相同的热电势率。此时，由于热电偶冷端温度变化引起的热电势变化量和仪表指示温度的偏差所对应的热电势大小是相等的，因此可以直接用冷端温度的变化（$t_n - 0$），作为温度修正值，加在仪表的指示温度值上，求得被测的实际温度t，即 $t = t_m + (t_n - 0)$。但由于一般的热电偶其热电势-温度关系并非线性，最好的情况也只是近似于线性关系。那么，直接用冷端温度进行修正时，就不可能得到准确的结果。因此，温度修正法只允许在准确性要求不高的场合使用。

虽然温度修正法修正的准确度比热电势修正法稍低，但对于直读式温度显示仪表，采用温度修正法比较方便。根据各种热电偶在不同温度范围内的平均热电势率的差别，可以归纳成一个简化的修正方法。

3. 调整仪表机械零点法

仪表的机械零点是输入仪表的热电势为0（仪表输入端开路）时，仪表指针停留的刻度位置。在正常情况下，仪表的机械零点就是仪表的刻度起始点。一只以0℃为刻度起始点的温度显示仪表，说明它在进行温度刻度时规定了热电偶冷端温度应为0℃。只有当被测温度 $t = 0℃$时，输入仪表的热电势$E_{AB}(t,0) = 0$，仪表指针应指在刻度起始点0℃处。如在测量线路开路（即无电势输入）的情况下，将仪表指针调定在刻度为 t_n 的位置，则 t_n 为仪表的机械零点，它同样表示只有当热电偶冷端和热端温度都等于 t_n 时，输入仪表的热电势$E_{AB}(t_n,t_n) = 0$，仪表指针则指在新

的机械零点 t_n 刻度处。由于仪表指示值 t_n 所对应的热电势为$E_{AB}(t_n,0)$,则将仪表的机械零点调定在刻度为 t_n 处，就相当于事先给仪表加了一个电势，此电势就等于 E_{AB}（t_n，0）。当接通测量线路进行温度测量时，虽然热电偶产生的热电势仍为 E_{AB}（t，t_n），但送入仪表后就与 E_{AB}（t_n，0）迭加，其和就正好等于 E_{AB}（t，0）。因此，仪表的指示温度即为被测温度 t。用调整仪表机械零点进行冷端温度修正的方法比较简便，但当热电偶冷端温度变化时，应及时重新调整仪表的机械零点。在热电偶冷端温度波动频繁、变化较大的情况下，不宜采用这种修正法。

（三）热电偶冷端温度波动时的修正方法

热电偶本身的长度有限，在使用中其冷端温度在直接受到被测介质和周围环境温度的影响下，不能保持在0℃，还经常波动。为消除因冷端温度变化引起的测量误差，可延伸热电偶冷端的位置，使其远离热源，以便于进行热电偶冷端温度的修正。

1. 补偿导线

考虑进行热电偶冷端温度的修正和集中监控的需要，可以把热电偶的冷端置于远离热源和温度波动较小的地方。但若把热电极本身延长，则不便于安装和使用，而且要消耗许多贵重的金属材料，显然是不可行的。由于热电极的延长部分不在高温下工作，可以代用以廉价的金属材料做导线，把热电偶的冷端延伸出来，如图 2 - 5 所示。这部分导线材料的选择是有一定条件的，因为在热电偶测量回路中接入其他导体后，对回路中的热电势将会产生影响。

热电偶补偿导线的作用只是用来延伸热电极，达到移动热电偶冷端位置的目的。它本身并不能消除冷端温度变化的影响。因此还应该配用以其他修正方法，才能解决热电偶冷端温度的处理问题。

在使用热电偶补偿导线时，必须注意以下几个方面。

（1）各种补偿导线只能与相应型号的热电偶配用。

（2）补偿导线也有正、负极之分，使用时极性不可接错。否则，会引入比不用补偿导线时还要大一倍的误差。

（3）热电偶与补偿导线连接点的温度不得超过规定的使用温度范围。否则，将会因两者热电特性不同而加大误差。

（4）由于补偿导线与热电偶热电极的材料并不完全相同（除了用与热电极相同的材料制成的补偿导线以外），所以要求其连接处的两个触点温度必须相同，否则将会引入测量误差。

2. 冷端恒温器及补偿热电偶

将热电偶冷端用补偿导线引入恒温器中，可以使热电偶冷端恒定于某一温度，这样就消除了因环境温度波动的影响。若恒温于0℃，则仪表输入的热电势为 E_{AB}（t，0），就不需再作修正，若是恒定在 t_n 时，则需采用前述方法进行冷端温度的修正。

一般在工程上需要测量多点温度时，常把几支或十几支相同型号的热电偶通过切换开关接到同一只显示仪表上。此时，可以采用加装补偿热电偶的方法，进行冷端温度的修正。所采用的补偿热电偶材料必须和测温用热电偶的材料相同，也可以用相应的补偿导线代替。

3. 冷端温度补偿器

前面已分析了当热电偶冷端温度不是规定的 t_0 值，而是波功的 t_n 时，将使热电偶输出的热电势发生变化，其变化量为 E_{AB}（t_n，t_0）。如果在热电偶测量线路中串接一个等于 E_{AB}（t_n，t_0）的直流电压 U，就可以消除冷端温度变化的影响，使冷端温度得到完全补偿。显然，这个直流电压应随着热电偶冷端温度 t_n 的变化而变化，并且在补偿的温度范围内，该直流电压和 t_n 的关系应与所配用热电偶的热电特性相一致。这个直流电压可由图 2 - 11 所示的冷端温度补偿装置来产生。

采用冷端温度补偿器比其他修正方法方便，其补偿的精确度也能满足工程上测量的要求，因此它是目前工业生产中广泛使用的热电偶冷端温度处理方法。使用冷端温度补偿器时，应注意下列事项：

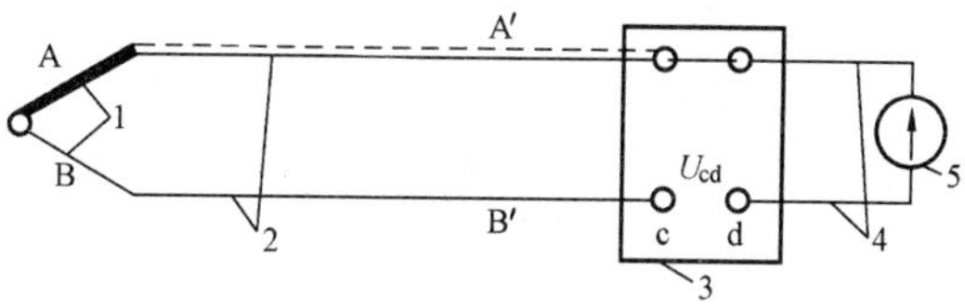

图 2－11　具有冷端温度补偿装置的热电偶测量线路图

1—热电偶；2—补偿导线；3—补偿装置；4—连接导线；5—显示仪表

(1) 各种冷端温度补偿器只能在规定的温度范围内，和与其型号对应的热电偶配套使用；

(2) 冷端温度补偿器与热电偶连接时，极性不能接错，否则反而会加大测量误差。

(3) 冷端温度补偿器电桥平衡的温度应与温度显示仪表的机械零点相一致。

(4) 冷端温度补偿器必须定期检查与校验。若其输出电压与所配用的热电偶热电特性不一致，并超过其补偿误差时，应停止使用。

(四) 冷端温度不需要修正的热电偶

为了消除热电偶冷端温度变化的影响，采用上述修正方法时，不仅要增加设备，而且使热电偶的使用和维护复杂化。这就促使人们去研制冷端温度不需要修正的热电偶，它的特点是在某一温度范围内（包括0℃）的热电势等于零或趋近于零。这些热电偶的冷端温度只要维持在一定的温度范围内，而不加修正，也不会影响温度显示仪表的测温精确性。

五、热电偶安装

热电偶的安装，应尽量做到使测温准确、安全可靠及维修方便。

1. 测温准确

(1) 为了使热电偶测量端与被测介质能够进行充分的热交换，应合理地选择测点位置，而且热电偶应具有足够的插入深度。一般在管道上安装热电偶时，热电偶保护套管的端部应超过管道中心线约5～10mm，必要时可倾斜安装。

(2) 热电偶的安装地点，应尽量避开有其他热物体和强磁场、强电场等。必要时应采取屏蔽等措施，防止外来干扰的影响。

(3) 在负压管道（设备）上安装热电偶时，应保证其密封性，以免外界冷空气进入，而影响测量的准确性。

(4) 热电偶的接线盒不可与被测介质的管、器壁相接触，保证接线盒内的温度不得超过0～100℃范围。接线盒的出线孔应朝下安装，以防止因密封不良而使水汽、灰尘与脏物等沉积而引起接线端子短路，影响测温的准确性。

2. 安全可靠

(1) 热电偶安装于压力管道（容器）上，或被测介质为有害介质时，必须保证其保护套管和接口的密封性。

(2) 在高温下工作的热电偶，应尽可能垂直安装，以防止保护套管在高温下产生变形。若必须水平安装时，则应采用耐火粘土或耐热金属制成的支架加以支撑。

(3) 在介质流速较大的管道中，热电偶必须倾斜安装，以免受到过大的冲蚀。

(4) 在含有尘粒、粉物的介质中安装热电偶时，应加装保护屏（如煤粉管道）防止磨损保护套管。

(5) 带瓷和氧化铝保护套管的热电偶，要选择适当的安装位置，防止损坏保护套管。在插入和从被测介质中取出热电偶时，应避免骤冷骤热，以免保护套骨爆裂。

3. 维修方便

热电偶安装的方法及部位应该便于装拆维修。热电偶周围应无障碍和便于操作，对于较长的热电偶还应注意在它外面要留有足够的空间，以便于热电偶的插入和取出。

第三节 热电阻测温

热电阻温度计是利用导体或半导体在温度变化时，其电阻值随之发生变化的特性来测量温度的。这种温度计具有测量精度高，便于远距离、多点、集中测量和控制，灵敏度高等多个优点，在测温领域中得到了十分广泛的应用。与热电偶相比，热电阻元件的结构复杂、体积大、热惯性大，不能及时反映被测温度的瞬变，也不能测量点的温度。另外，受电阻材料耐热能力的限制，不能用于高温测量。一般金属热电阻可在 -200~500℃范围内使用，半导体热敏电阻可用于测量 -100~300℃范围的温度。在火力发电厂中，锅炉给水、排烟、轴承回油和循环水等温度都是由热电阻温度计来测量的。

热电阻温度计是由热电阻元件、显示仪表及连接导线所组成。将热电阻置于被测介质中，其电阻值随被测温度而变化，用显示仪表反映出来，从而达到测温的目的。

一、热电阻测温原理

物质的电阻值随物质本身的温度而变化的物理现象，称为热电效应。实验证明，大多数的金属当温度升高1℃时，其电阻值约增加0.4%~0.6%；而半导体的电阻值在温度升高1℃时，要减小3%~6%。电阻与温度的函数关系比较简单。根据这一特性，用金属导体或半导体制成感温元件——热电阻或热敏电阻，并配以测量电阻的显示仪表，便构成了电阻温度计。

对于金属导体，在一定的温度范围内，其电阻与温度的关系可表示为

$$R_t = R_0[1+\alpha(t-t_0)]$$

式中 R_t——温度为 t 时的电阻值，Ω；

R_0——温度为 t_0 时的电阻值，Ω；

α——温度在 $t_0 \sim t$ 之间金属导体的平均电阻温度系数，1/℃。

绝大多数的金属材料，其电阻温度系数并不是常数，它在不同的温度下有不同的数值，但在一定的温度范围内可取其平均值。若要使仪表具有较高的灵敏度，热电阻材料就要具有较大的电阻温度系数。

二、热电阻材料

作为热电阻的材料，一般应满足以下要求：

(1) 要有较大的电阻温度系数。

(2) 要有较大的电阻率。因为电阻率越大，同样电阻值的热电阻体积越小，从而可减小其热容量和热惯性，提高对温度变化的反应速度。

(3) 在测温范围内，应具有稳定的物理和化学性质。

(4) 电阻与温度的关系最好近于线性，或为平滑的曲线。

(5) 复现性好，易于加工，价格低廉。

一般纯金属的电阻温度系数较大，也易于复制。目前应用最广泛的热电阻材料是铂和铜，并已作成标准化的热电阻。近年来，半导体材料热敏电阻已经用于感温元件。半导体热敏电阻的阻值与温度之间通常为指数关系，其电阻温度系数 α 大多为负值。半导体热敏电阻的优点有：电阻温度系数大、灵敏度高、电阻率大、热容量小、可测量点的温度；缺点有性能不稳定、测量准确

度低、电阻温度关系非线性严重。测量范围为 - 100 ~ 300℃。

（一）铂电阻

用铂热电阻材料是比较理想的。在高温及氧化性介质中其物理化学性质都非常稳定，容易得到高纯度的铂。用做测量温度时精度很高，性能可靠。在工业上用于 - 200 ~ 500℃的温度测量。铂在还原性介质中，特别是在高温下很容易被从氧化物中还原出来的蒸汽所污染，而使铂丝变质发脆，并导致其电阻与温度的关系发生变化。须采用密封等保护措施。

铂电阻与温度的关系是近似线性的，在 0 ~ 650℃范围内，铂的电阻值与温度的关系为 $R_t = R_0(1 + At + Bt^2)$。在 - 200 ~ 0℃范围内，铂的电阻值与温度的关系可表示为

$$R_t = R_0[1 + At + Bt^2 + C(t - 100)t^3]$$

式中　R_t——温度为 t 时的铂电阻值，Ω；

R_0——温度为 0℃时的铂电阻值，Ω；

A、B、C——分度常数，由实验求得。

当 R_0 的数值不同时，在一定的温度下，将得到不同的 R_t 值。R_0 数值的选择应从以下几方面综合考虑：为了减小引出线和连接导线的电阻值因环境温度变化所引起的测量误差，应取较大的 R_0 值，从减小热电阻的体积以减小热容量和热惯性，提高热电阻对温度变化的反应速度来看，R_0 值越小越好，而且 R_0 值越小，在测量时电流通过热电阻使金属丝加热产生的热量越小，因此而引起的附加误差也越小。目前，按照国内的统一设计标准，一般工业上常用的铂电阻采用的 R_0 值有 100Ω 和 50Ω 两种，并将热电阻值 R_t 与温度 t 的对应关系统一列成表格形式即为热电阻的分度表，其分度号分别为 Pt100 和 Pt50。Pt100（RTD）热电阻分度表，如表 2 - 5 所示。

标准铂电阻温度计分为基准、工作基准、一等标准和二等标准四种。

表 2 - 5　　Pt100（RTD）热电阻分度表（℃）

温度（℃）	0	1	2	3	4	5	6	7	8	9
	电阻值（Ω）									
- 200	18.52									
- 190	22.83	22.40	21.97	21.54	21.11	20.68	20.25	19.82	19.38	18.95
- 180	27.10	26.67	26.24	25.82	25.39	24.97	24.54	24.11	23.68	23.25
- 170	31.34	30.91	30.49	30.07	29.64	29.22	28.80	28.37	27.95	27.52
- 160	35.54	35.12	34.70	34.28	33.86	33.44	33.02	32.60	32.18	31.76
- 150	39.72	39.31	38.89	38.47	38.05	37.64	37.22	36.80	36.38	35.96
- 140	43.88	43.46	43.05	42.63	42.22	41.80	41.39	40.97	40.56	40.14
- 130	48.00	47.59	47.18	46.77	46.36	45.94	45.53	45.12	44.70	44.29
- 120	52.11	51.70	51.29	50.88	50.47	50.06	49.65	49.24	48.83	48.42
- 110	56.19	55.79	55.38	54.97	54.56	54.15	53.75	53.34	52.93	52.52
- 100	60.26	59.85	59.44	59.04	58.63	58.23	57.82	57.41	57.01	56.60
- 90	64.30	63.90	63.49	63.09	62.68	62.28	61.88	61.47	61.07	60.66
- 80	68.33	67.92	67.52	67.12	66.72	66.31	65.91	65.51	65.11	64.70
- 70	72.33	71.93	71.53	71.13	70.73	70.33	69.93	69.53	69.13	68.73
- 60	76.33	75.93	75.53	75.13	74.73	74.33	73.93	73.53	73.13	72.73
- 50	80.31	79.91	79.51	79.11	78.72	78.32	77.92	77.52	77.12	76.73

续表

温度（℃）	0	1	2	3	4	5	6	7	8	9
	电阻值（Ω）									
-40	84.27	83.87	83.48	83.08	82.69	82.29	81.89	81.50	81.10	80.70
-30	88.22	87.83	87.43	87.04	86.64	86.25	85.85	85.46	85.06	84.67
-20	92.16	91.77	91.37	90.98	90.59	90.19	89.80	89.40	89.01	88.62
-10	96.09	95.69	95.30	94.91	94.52	94.12	93.73	93.34	92.95	92.55
0	100.00	99.61	99.22	98.83	98.44	98.04	97.65	97.26	96.87	96.48
0	100.00	100.39	100.78	101.17	101.56	101.95	102.34	102.73	103.12	103.51
10	103.90	104.29	104.68	105.07	105.46	105.85	106.24	106.63	107.02	107.40
20	107.79	108.18	108.57	108.96	109.35	109.73	110.12	110.51	110.90	111.29
30	111.67	112.06	112.45	112.83	113.22	113.61	114.00	114.38	114.77	115.15
40	115.54	115.93	116.31	116.70	117.08	117.47	117.86	118.24	118.63	119.01
50	119.40	119.78	120.17	120.55	120.94	121.32	121.71	122.09	122.47	122.86
60	123.24	123.63	124.01	124.39	124.78	125.16	125.54	125.93	126.31	126.69
70	127.08	127.46	127.84	128.22	128.61	128.99	129.37	129.75	130.13	130.52
80	130.90	131.28	131.66	132.04	132.42	132.80	133.18	133.57	133.95	134.33
90	134.71	135.09	135.47	135.85	136.23	136.61	136.99	137.37	137.75	138.13
100	138.51	138.88	139.26	139.64	140.02	140.40	140.78	141.16	141.54	141.91
110	142.29	142.67	143.05	143.43	143.80	144.18	144.56	144.94	145.31	145.69
120	146.07	146.44	146.82	147.20	147.57	147.95	148.33	148.70	149.08	149.46
130	149.83	150.21	150.58	150.96	151.33	151.71	152.08	152.46	152.83	153.21
140	153.58	153.96	154.33	154.71	155.08	155.46	155.83	156.20	156.58	156.95
150	157.33	157.70	158.07	158.45	158.82	159.19	159.56	159.94	160.31	160.68
160	161.05	161.43	161.80	162.17	162.54	162.91	163.29	163.66	164.03	164.40
170	164.77	165.14	165.51	165.89	166.26	166.63	167.00	167.37	167.74	168.11
180	168.48	168.85	169.22	169.59	169.96	170.33	170.70	171.07	171.43	171.80
190	172.17	172.54	172.91	173.28	173.65	174.02	174.38	174.75	175.12	175.49
200	175.86	176.22	176.59	176.96	177.33	177.69	178.06	178.43	178.79	179.16
210	179.53	179.89	180.26	180.63	180.99	181.36	181.72	182.09	182.46	182.82
220	183.19	183.55	183.92	184.28	184.65	185.01	185.38	185.74	186.11	186.47
230	186.84	187.20	187.56	187.93	188.29	188.66	189.02	189.38	189.75	190.11
240	190.47	190.84	191.20	191.56	191.92	192.29	192.65	193.01	193.37	193.74
250	194.10	194.46	194.82	195.18	195.55	195.91	196.27	196.63	196.99	197.35
260	197.71	198.07	198.43	198.79	199.15	199.51	199.87	200.23	200.59	200.95
270	201.31	201.67	202.03	202.39	202.75	203.11	203.47	203.83	204.19	204.55
280	204.90	205.26	205.62	205.98	206.34	206.70	207.05	207.41	207.77	208.13
290	208.48	208.84	209.20	209.56	209.91	210.27	210.63	210.98	211.34	211.70
300	212.05	212.41	212.76	213.12	213.48	213.83	214.19	214.54	214.90	215.25
310	215.61	215.96	216.32	216.67	217.03	217.38	217.74	218.09	218.44	218.80
320	219.15	219.51	219.86	220.21	220.57	220.92	221.27	221.63	221.98	222.33
330	222.68	223.04	223.39	223.74	224.09	224.45	224.80	225.15	225.50	225.85
340	226.21	226.56	226.91	227.26	227.61	227.96	228.31	228.66	229.02	229.37

续表

温度（℃）	0	1	2	3	4	5	6	7	8	9
	电阻值（Ω）									
350	229.72	230.07	230.42	230.77	231.12	231.47	231.82	232.17	232.52	232.87
360	233.21	233.56	233.91	234.26	234.61	234.96	235.31	235.66	236.00	236.35
370	236.70	237.05	237.40	237.74	238.09	238.44	238.79	239.13	239.48	239.83
380	240.18	240.52	240.87	241.22	241.56	241.91	242.26	242.60	242.95	243.29
390	243.64	243.99	244.33	244.68	245.02	245.37	245.71	246.06	246.40	246.75
400	247.09	247.44	247.78	248.13	248.47	248.81	249.16	249.50	245.85	250.19
410	250.53	250.88	251.22	251.56	251.91	252.25	252.59	252.93	253.28	253.62
420	253.96	254.30	254.65	254.99	255.33	255.67	256.01	256.35	256.70	257.04
430	257.38	257.72	258.06	258.40	258.74	259.08	259.42	259.76	260.10	260.44
440	260.78	261.12	261.46	261.80	262.14	262.48	262.82	263.16	263.50	263.84
450	264.18	264.52	264.86	265.20	265.53	265.87	266.21	266.55	266.89	267.22
460	267.56	267.90	268.24	268.57	268.91	269.25	269.59	269.92	270.26	270.60
470	270.93	271.27	271.61	271.94	272.28	272.61	272.95	273.29	273.62	273.96
480	274.29	274.63	274.96	275.30	275.63	275.97	276.30	276.64	276.97	277.31
490	277.64	277.98	278.31	278.64	278.98	279.31	279.64	279.98	280.31	280.64
500	280.98	281.31	281.64	281.98	282.31	282.64	282.97	283.31	283.64	283.97
510	284.30	284.63	284.97	285.30	285.63	285.96	286.29	286.62	286.85	287.29
520	287.62	287.95	288.28	288.61	288.94	289.27	289.60	289.93	290.26	290.59
530	290.92	291.25	291.58	291.91	292.24	292.56	292.89	293.22	293.55	293.88
540	294.21	294.54	294.86	295.19	295.52	295.85	296.18	296.50	296.83	297.16
550	297.49	297.81	298.14	298.47	298.80	299.12	299.45	299.78	300.10	300.43
560	300.75	301.08	301.41	301.73	302.06	302.38	302.71	303.03	303.36	303.69
570	304.01	304.34	304.66	304.98	305.31	305.63	305.96	306.28	306.61	306.93
580	307.25	307.58	307.90	308.23	308.55	308.87	309.20	309.52	309.84	310.16
590	310.49	310.81	311.13	311.45	311.78	312.10	312.42	312.74	313.06	313.39
600	313.71	314.03	314.35	314.67	314.99	315.31	315.64	315.96	316.28	316.60
610	316.92	317.24	317.56	317.88	318.20	318.52	318.84	319.16	319.48	319.80
620	320.12	320.43	320.75	321.07	321.39	321.71	322.03	322.35	322.67	322.98
630	323.30	323.62	323.94	324.26	324.57	324.89	325.21	325.53	325.84	326.16
640	326.48	326.79	327.11	327.43	327.74	328.06	328.38	328.69	329.01	329.32
650	329.64	329.96	330.27	330.59	330.90	331.22	331.53	331.85	332.16	332.48
660	332.79									

（二）铜电阻

铂是贵重金属，虽然是比较理想的热电阻材料，但价格昂贵。在一些测量精度要求不是很高，且温度在 - 50 ~ 150℃范围内的情况下，可采用铜作为热电阻的材料。铜电阻的优点是在测量范围内有很好的稳定性，有较大的电阻温度系数，其电阻值与温度几乎呈线性关系，而且容易加工和提纯，价格便宜。其缺点是铜的电阻率小（$\rho_{Cu} = 0.017\Omega\cdot mm^2/m$），做成与铂电阻相同电阻值的热电阻时，铜电阻丝要求得细或长，降低了热电阻的机械强度，或使得制成的热电阻体积较大。另外，铜的温度超过 100℃时容易被氧化，故只能在较低温度和无浸蚀性介质中使用，且要加装保护套管。在 - 50 ~ 150℃范围内，铜电阻值与温度的关系为

$$R_t = R_0(1 + At + Bt^2 + Ct^3)$$

式中 R_t——温度为 t 时的铜电阻值，Ω；

R_0——温度为 0℃时的铜电阻值，Ω；

A、B、C ——分度常数。

三、热电阻结构

热电阻温度计能否有较高的精度，并做到无热应力、无感应电势、热惯性小和工作可靠，需要从其结构上加以考虑。根据使用的环境条件和具体要求的不同，热电阻温度计有多种结构型式。总体上都是由绝缘骨架、热电阻丝、引出线和保护套管等四部分所组成。

（一）绝缘骨架

热电阻体是由热电阻丝均匀地绕制在绝缘材料制成的骨架上做成的。作为骨架的材料应具有耐高温、体膨胀系数小、绝缘性能和机械性能好等特点。常用的绝缘材料有：塑料、胶木骨架，用于 100℃以下（铜电阻）；云母、玻璃骨架，用于 500℃以下（铂电阻）；石英骨架，用于 500℃以上（标准铂电阻）。一般说来，标准铂电阻温度计和实验室用铂电阻温度计多用螺旋形骨架，工业用铂电阻温度计多用平板形骨架，圆柱形骨架用于绕制铂电阻时，因铂电阻丝较短，又是裸线，骨架上应刻有螺纹线槽。而铜电阻丝一般都很长又有绝缘层，可以直接分层密绕在圆柱形骨架上。

（二）热电阻丝和引出线

热电阻丝一般均采用双线无感绕法，以避免热电阻体产生电感而造成附加误差。热电阻丝的线端需用引出线将其引至接线盒内的端子上，和连接导线相连。一般要求引出线与金属热电阻丝及连接导线（铜导线）不会产生很大的热电势，且化学稳定性好。另外，为了减少引出线电阻变化的影响，引出线的直径应比热电阻丝的直径大得多。

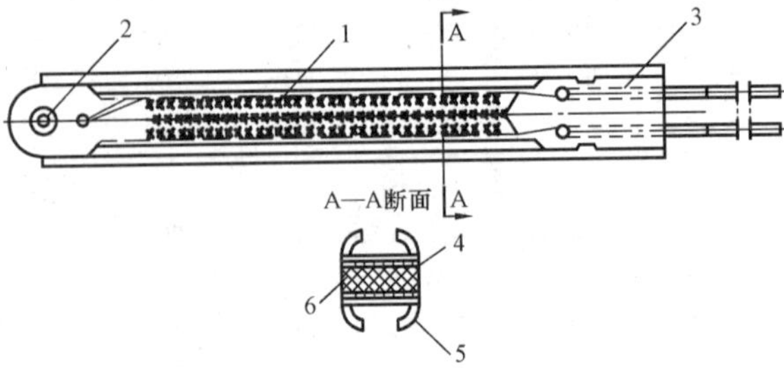

图 2－12 铂电阻元件

1—铂电阻丝；2—铆钉；3—银引出线；4—绝缘片；5—夹持件；6—骨架

一般工业用铂电阻多采用直径为 0.03～0.07mm 的纯铂丝绕在云母制成的平板形骨架上，如图 2－12 所示。云母片的边缘呈锯齿形，铂丝绕在齿缝内，以防短路。铂丝绕组两面再盖以云母片绝缘。为了改善热电阻的动态特性和增加机械强度，再在其两侧用花瓣形金属薄片制成的夹持件与它们铆合在一起。铂丝绕组的线端与直径为 0.5mm 或 1mm 的银丝引出线焊牢，并穿以瓷套管加以绝缘和保护。

工业用铂电阻有三线制和四线制之分，四线制的标准铂电阻常以电位差计作为测量显示仪表。

铜电阻是用直径为 0.1mm 的绝缘铜丝双绕在圆柱形塑料骨架上制成的，如图 2－13 所示。为了防止铜丝松散和被氧化以及提高其导热性和机械紧固程度，整个元件要经过酚醛树脂（或环氧树脂）的浸渍处理。铜丝绕组的线端与镀银铜丝制成的引出线焊牢，并穿以绝缘瓷管，或者直接

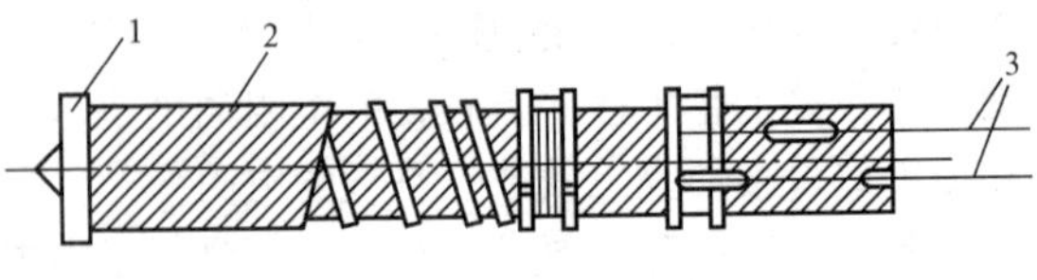

图 2－13 铜电阻体元件

1—塑料骨架；2—铜电阻丝；3—铜引出线

用绝缘导线与其焊牢。

（三）保护套管

一般热电阻体外面均套有保护套管，以使其免受腐蚀性介质的侵蚀和外来的机械损伤，延长其使用寿命。保护套管的结构和要求与热电偶相同。为了减小热电阻的热惯性，改善其动态特性，常在热电阻体与保护套管之间填充导热性能良好的填充料，或装以紫铜、银制成的弹簧片。铜电阻可在热电阻与保护套管之间装有镀银铜片制成的内套管。保护套管上的接线盒，除了普通式和密封式两种外，还有做成便于装拆的插头座的形式。热电阻的结构型式还有薄片型铂电阻、小型铜电阻和铠装热电阻等。

第四节　热辐射式高温计

在温度高于热电偶测温上限以及不适于安装热电偶的情况下，可采用热辐射式高温计。

热辐射式高温计根据物体的热辐射作用随物体温度而变化的关系来测量温度，是典型的非接触式测温仪表。这种温度计在测量温度时，其感温元件不与被测对象直接接触，不会扰乱被测对象的温度场，也不受高温气体的氧化和腐蚀，从原理上讲没有测温上限。

热辐射式高温计是靠热辐射来传热的，感温元件不必和被测对象达到热平衡，因而传热速度快，热惯性小。这种高温计非常适用于测量锅炉炉膛火焰温度。在国际实用温标中也规定采用基准光学高温计作为1064.430℃以上温标复制的标准仪器。

一、辐射测温一般概念

物体的热辐射现象是物体常见的物理现象。任何温度下的物体都在产生与其自身温度相对应的热辐射。温度越高，其发射热辐射的能力越强。所有的物体都在以电磁波的方式向四周辐射辐射能，将能量从高能位的物体传递给低能位的物体。物体热辐射的电磁波波长从理论上说可以包括整个电磁波谱的范围。其中波长从0.8～40μm的红外光波和波长从0.4～0.8μm的可见光波能被物体所吸收，而且在吸收时其辐射能又可以重新转变为热能。因此，把波长从0.4～40μm的辐射能称为热辐射能。热辐射式高温计就是利用这部分热辐射能来工作的。

物体的热辐射能力和物体的温度、物体本身的性质以及辐射波长有关。物体在单位时间内，每单位辐射面积上所发射出来的包含着波长从0～∞的所有波长的总辐射能量，称为全辐射能力或辐射力，以符号E表示。物体在各个波长下具有不同的辐射能力，表征物体在某一特定波长下的辐射能力的物理量称为物体的单色辐射强度，以符号E_λ表示。两者的关系为$E=\int_0^\infty E_\lambda \mathrm{d}\lambda$。在自然界中的所有物体对热辐射能都有吸收、反射和透射的能力，这三种作用的程度常以吸收系数或吸收率ε来表示。绝对黑体能全部吸收落在它上面的热辐射能，其吸收系数$\varepsilon=1$，一般物体的吸收系数均小于1，即使最黑的石油煤烟，其吸收系数也只有0.9～0.99。因此，在工程上所遇到的实际物体都不是绝对黑体，它对热辐射能均有吸收、反射和透射的能力，故称之为灰体。物体表面越黑，越粗糙，其吸收系数就越大，也就越近于绝对黑体。

根据传热学中的克希荷夫定律可知，物体的辐射能力和吸收能力成正比，因此在任何温度下各种实际物体的辐射能力都小于同温度下绝对黑体的辐射能力。由于各种物体的吸收能力不同，根据物体放出的热辐射能来测定物体温度的热辐射式高温计，就只能按绝对黑体来进行仪表刻度的分度，在用于实际物体（灰体）时，则必须加以修正。但是，由于实际物体的吸收系数难以准确测定，而且还会随物体的表面状态而变化，不便于修正计算，因此在使用热辐射式高温计测量温度时，应尽量创造绝对黑体的条件。

物体的热辐射能力与物体的温度、物体的性质以及辐射波长等有关，它们之间的关系对于绝对黑体有以下几个基本定律。

1. 普朗克定律

普朗克定律描述了绝对黑体的单色辐射强度随波长和温度而变化的规律。

2. 斯蒂芬—波尔兹曼定律

这个定律确定了绝对黑体的全辐射能力与物体温度的关系。它是由斯蒂芬等用实验方法求得，而后又经波尔兹曼等在理论上予以证实的。$E_0 = \int_0^\infty E_{0\lambda} d\lambda = \sigma T^4$，这个公式表明，绝对黑体的全辐射能力和它的绝对温度的四次方成正比，这就是全辐射式高温计测量温度的理论基础。

目前，在工业上所使用的根据被测物体辐射能力来测量温度的热辐射式高温计，主要有光学高温计、全辐射式高温计、比色高温计和光电高温计，其中前面两种高温计的使用较为普遍。

二、光学高温计

光学高温计是利用受热物体的单色辐射强度随温度升高而增大的原理来进行温度测量的，但它不是直接测量物体的，而是利用与单色辐射强度有关系的亮度进行比较来实现温度的测量。受热物体的亮度大小也反映了物体的温度高低。根据普朗克定律，在某一固定的波长下，物体的亮度（辐射强度）只和物体的温度有关。在光学高温计中采用的是 $\lambda = 0.65\mu m$ 的红光，因为人眼对红光的灵敏度较高，而且红光的颜色随波长的变化程度小于其他颜色的可见光，这样可以减小由于有效波长变化而引起的亮度平衡的附加误差。利用已知温度的单色亮度（高温计灯泡灯丝的亮度）与被测物体的单色亮度进行比较，当两者的亮度一样时，灯丝的温度就可代表被测物体的温度。

实际应用中光学高温计是采用亮度均衡法进行温度测量的。它是利用物镜使被物体清晰地成像在高温计灯泡的灯丝平面上，通过光学系统在光谱的有效波长 λ 约为 $0.65\mu m$ 范围内，比较灯丝与被测物体的表面亮度。调节电测系统中的滑线电阻，可改变灯丝的亮度，使其与被测物体的亮度相均衡，此时灯丝轮廓就隐灭于被测物体的影像中，根据灯丝亮度所对应的电流大小，由仪表直接指示出被测物体的亮度温度。因此，这种高温计也称为灯丝隐灭式光学高温计。

三、全辐射式高温计

全辐射式高温计是利用斯蒂芬—波尔兹曼定律为基础的。这个定律表明绝对黑体的全辐射能力和它的绝对温度的 4 次方成正比，即 $E_0 = \sigma T^4$。所以，只要测得全辐射能力 E_0，即可求得物体的温度 T。在全辐射式高温计中，用来接收全辐射能的敏感元件是热电堆（即由多支热电偶串联而成，以提高其灵敏度）。通过目镜和物镜系统，将被测物体的热辐射能聚集在热电堆的测量端，热电堆就会发生与全辐射能力成正比的热电势，由动圈式仪表或自动电子电位差计指示或记录被测物体的温度。

由于全辐射式高温计也同样是按绝对黑体进行温度刻度的，在用于测量实际物体的温度时，必然会有测量误差，因此对测量结果也应进行修正。

第五节　温度测量显示仪表

热电偶、热电阻及辐射感温器等作为温度测量仪表的感温元件，它们的作用都是将被测对象的温度值（非电量）转变为相应的热电势值或电阻值（电量），然后通过与之配用的显示仪表指示或记录被测对象的温度。目前，在工业上广泛使用的温度测量显示仪表按其原理、结构、规格及功能的不同，可分为动圈式和自动平衡式两类。

一、动圈式指示仪表

为了便于仪表的制造、使用和维修，仪表产品应向通用化、系列化和标准化的方向发展，我国统一设计和生产了新型的动圈式仪表，并已在工业上得到极为广泛的应用。动圈式仪表无论在结构设计、制造工艺和技术性能方面，或是在品种类型方面都比原有的同类产品有很大提高。尤其是现代磁性材料和半导体技术的应用，使这种仪表正朝着高性能、小型化的方向发展。目前有XC、XF、XJ等几个系列，每个系列中又分为指示型（Z）和指示调节型（T）。与热电偶配套的动圈型仪表型号为X_F^CZ-101或X_F^CT-101等；与热电阻配套的动圈型仪表型号为X_F^CZ-102或X_F^CT-102等。

（一）动圈式仪表特点

动圈式仪表是一种测量电流的仪表。因为它与热电偶、热电阻或其他变送器相配合使用时，被测参数通过上述感受元件被转换成相应的电势或电阻信号，而后又都经过仪表的测量电路转换成为流过动圈的微安级电流。动圈的偏转角度，即仪表的指示就是由这个电流的大小所决定的。

动圈式显示仪表的特点可归纳如下。

（1）磁电式动圈测量机构容易将微小的直流信号转换成较大的仪表指针的角位移，而且不受外界电磁场的影响。

（2）结构比较简单、体积小、价格低、易于维护。

（3）这类仪表能同时看出被测参数的大小及其与给定值偏差的大小和方向，从而掌握被测参数变化的动向。

（4）在同一测量机构上，配以不同的测量电路就可配接不同的感受元件，实现不同参数的测量。

（5）在同一测量机构上，配置不同的调节电路或控制机构，即可构成不同调节方式的简易式调节器，实现自动调节的作用。

（6）由于采用张丝或轴尖支承，仪表不耐震，同时由于仪表指针在测量过程中要稳定下来，需要一定的时间，对于要求快速调节的工业调节对象，其调节质量不够理想，所以这种仪表的应用范围受到一定的限制。

（二）动圈式指示仪表工作原理

动圈式仪表测量机构的核心部分是一个磁电式毫伏表。表内的动线圈是用绝缘细铜线绕成的矩形框，它处于永久磁铁形成的磁场中。当有电流流过动圈时，由于该电流与永久磁场的相互作用，在动圈与磁场方向垂直的两个有效边上就会产生大小相等、方向相反的力F，其方向可用左手定则来确定。这两个力所形成的力矩，迫使动圈在磁场中绕其纵轴旋转。

动圈的旋转力矩M不仅与电流I有关，还与磁力线与动圈平面的夹角φ有关，随着动圈在磁场中的不同位置，夹角φ也不同；因此仪表的刻度将是非线性的。为了保证仪表有均匀的刻度，应消除夹角φ的影响。为此，都把仪表永久磁铁的极瓦做成同心径向形状。使动圈在不同位置时，夹角φ均为0°，因为$\cos 0° = 1$，则动圈的旋转力矩M与流过动圈的电流成正比。为了使动圈偏转的每一位置（偏转角度）对应于一定的电流强度，必须在动圈上加上一个大小与其偏转角度成正比的反作用力矩M_n，以此与动圈的旋转力矩M相平衡。这个反作用力矩是由动圈的支承系统产生的，在轴尖轴承的支承系统中，其反作用力矩靠螺旋弹簧形游丝的卷曲而产生，在张丝支承系统中，其反作用力矩是靠张丝的扭曲而产生。显然，这个反作用力矩的大小不仅决定于动圈的偏转角度，还与游丝或张丝的材料性质（弹性模数）、几何尺寸（长、宽、厚）以及张丝的工作张力有关。

当动圈测量机构的运动系统达到平衡时，仪表的指针即停留在一定的位置上，此时两个力矩相等，即 $M = M_n$。

当磁感应强度、动圈的结构、游丝或张丝的材料及几何尺寸和张丝的工作张力都一定时，动圈和与之连在一起的指针偏转的角度 α 与流过动圈的电流 I 成正比。所以，可直接由指针偏转的位置反映出输入信号电流的大小。

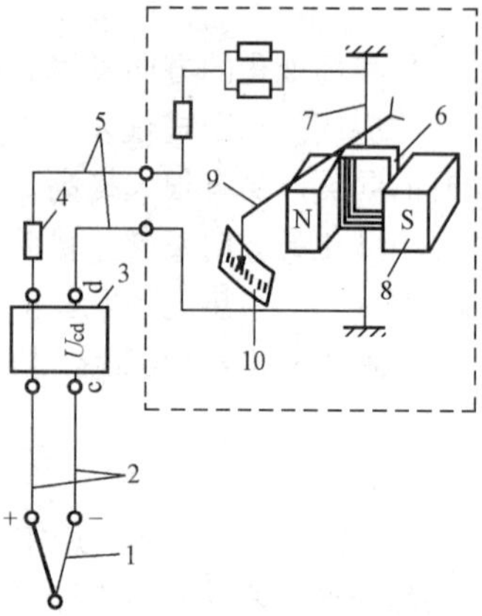

图 2-14 XCZ101 动圈式仪表配接热电偶的测量线路

1—热电偶；2—补偿导线；3—冷端补偿装置；4—外接电阻；5—连接导线；6—动圈；7—张丝；8—磁钢；9—指针；10—刻度面板

（三）动圈式指示仪表配接热电偶的测量线路（XCZ-101型）

动圈式指示仪表要求的输入量是直流毫伏信号，因此与热电偶配接时不需要附加转换装置，而是将热电偶通过补偿导线等直接与动圈测量机构相连接，其测量线路如图 2-14 所示。

根据前面分析热电偶测温中对热电偶冷端的处理原则，必须使用补偿导线将热电偶接至冷端温度补偿器（或恒温器），冷端温度补偿器与仪表之间可用普通导线连接，这样才能使热电偶冷端温度 t_0 符合仪表刻度的技术条件。

在安装使用仪表时，要注意到热电偶和连接导线部分所处的环境温度不同，应分别按其经常使用温度下的电阻值来调整外接线路电阻，使之符合规定值，还应尽量减少铜导线的长度，并在许可的条件下，选用线径较大的导线，以减小外接线路电阻随环境温度变化所引起的仪表示值误差。

（四）动圈式指示仪表配接热电阻的测量线路（XCZ-102 型）

动圈式指示仪表与热电阻配接时，必须将随被测温度变化的热电阻值转换成直流毫伏信号，然后与动圈测量机构相连接，以指示被测对象的温度。为此，采用了不平衡电桥测量线路，如图 2-15 所示。

当被测温度为仪表刻度起始点温度 t_0 时，电桥处于平衡状态，无电压输出，流过动圈的电流为零，仪表指针指“零”（刻度起始点），当被测温度升高（$t > t_0$）时，热电阻的阻值随之增大，电桥失去平衡，此时桥路有不平衡电压输出，于是动圈中就有电流流过，使指针偏转。根据不平衡电桥的原理可知，电桥不平衡电流的大小和方向，由电桥电源电压及各桥臂的电阻值所决定，在电桥电源电压恒定和桥臂中其他电阻的阻值不变的情况下，电桥的不平衡电流只随热电阻 t_T 而变化，因此指针将停留在对应于 t_T 的位置上，指示出被测温度的数值。被测温度越高，电桥输出的不平衡电压越大，流过动圈的电流就越大，仪表指针的偏转角度也将越大。

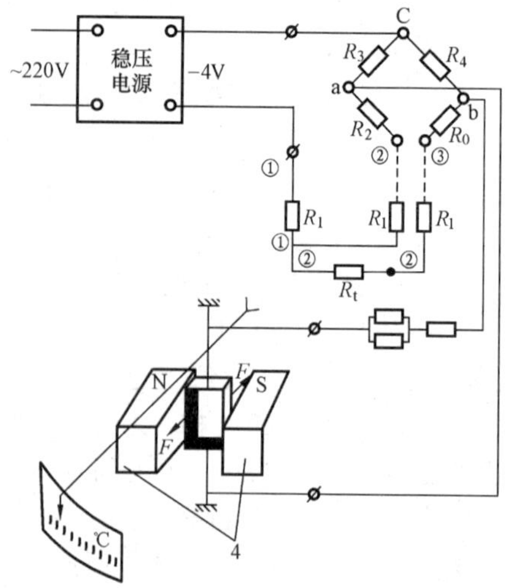

图 2-15 XCZ-102 型动圈式指示仪表配接热电阻的测量线路图

电桥电源电压为稳定的 4V 直流电压，电桥电源电压基本上不受环境温度的影响。这种稳压电源的稳压效果，一般当电源电压波动 ±10%时，稳压 4V 的变化为 ±0.005%。

测量桥路的参数是根据仪表量程确定的，用锰铜丝电阻电气零点校正电阻，保证当 $R_t = R_{t0}$ 时，电桥应处于平衡状态，如果指针位置稍低于刻度起始点或稍高于刻度起始点，须通过调整，最终应将仪表指针调整到刻度起始点位置为止。

热电阻接入测量桥路的方式，常采用三线制连接，这种连接方式的特点是把两根连接导线分别接入电桥的两个桥臂上，当连接导线的电阻值随环境温度而变化时，将同时引起两个相邻桥臂电阻的变化，这个变化对桥路的影响可以互相抵消一部分，从而减小了对仪表示值的影响，但从不平衡电桥的原理可知，只有在仪表刻度起始点，即电桥处于平衡状态时，连接导线电阻变化的影响才能完全互相抵消，而不会引起温度附加误差，如图 2－16 所示。但在仪表刻度的其他各点，由于电桥已处于不平衡状态，连接导线电阻的变化会影响桥臂电流，而使连接导线的温度附加误差依然存在。当仪表指针位于满刻度点时，此项温度附加误差为最大值。不过 XC 系列仪表采用了三线制连接，在规定的连接导线电阻为 5Ω 的情况下，环境温度在 0～50℃范围内变化时，因连接导线电阻变化所引起的附加误差不超过 0.5%。三只锰铜电阻 R_1 是仪表的附加电阻，分别用来调整三根连接导线的阻值达到仪表所规定的 5±0.01Ω。

此外，不平衡电桥测量线路还应考虑到电源引线受环境温度影响而引起的温度附加误差。一般说来，当环境温度在 0～50℃范围内变化时，此项温度附加误差不会超过 0.2%。

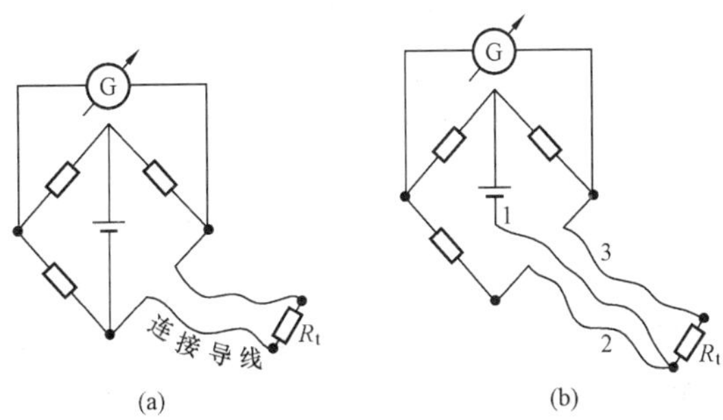

图 2－16　热电阻连接法

（a）二线制接法；（b）三线线制接法

二、电子自动平衡式显示仪表概述

动圈式显示仪表具有结构简单、价格便宜、易于维护等优点，但它的精度和灵敏度的提高均受到限制，在很大程度上还会受环境温度变化的影响。而且它的测量机构转动力矩小，不便于实现自动记录，阻尼时间较大，结构脆弱，抗震性能也较差。因此，在自动化程度较高的火力发电生产过程中，要求对微弱信号进行准确的或快速的测量，实现自动记录或控制时，广泛采用了电子自动平衡式显示仪表。

（一）电子自动平衡式显示仪表原理结构

电子自动平衡式显示仪表都是应用电平衡法（也称补偿法或零值法）的原理进行工作的。这种显示仪表能够自动地进行平衡调整，连续地自动指示和记录被测参数的变化。而且附加一定的装置后，还可实现积算、报警、调节等功能。

电子自动平衡式显示仪表的原理结构方框如图 2－17 所示，它主要是由测量电路、放大器、可逆电动机、同步电动机、机械传动机构、指示机构、记录机构和调节机构等部分组成。

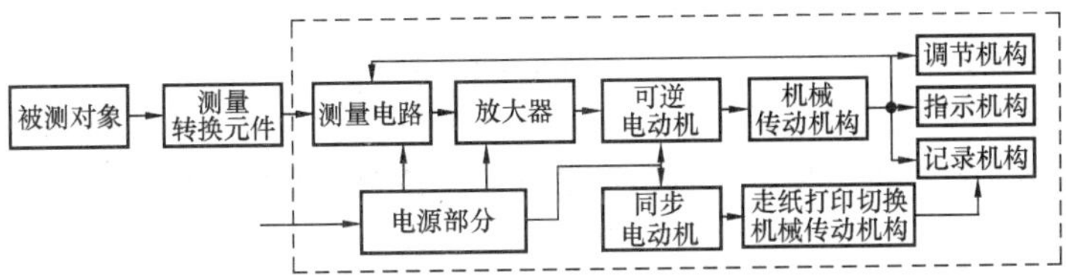

图 2－17　电子自动平衡式显示仪表的原理结构方框图

被测参数转换成相应的电量信号后送入仪表的测量电路。当测量电路处于平衡状态时，无电压信号输出，仪表的指针和记录笔将停留在对应于被测参数值的刻度点上。当被测参数的变化使仪表的输入信号发生相应的变化时，就破坏了原来的平衡状态，测量电路将输出一个不平衡电压，经过放大器放大后，驱动可逆电动机旋转。可逆电动机通过一组机械传动系统带动指针、记录笔和测量电路中的滑线电阻的滑动臂，从而改变了滑线电阻滑动臂的位置，直至测量电路消除不平衡电压达到新的平衡时，可逆电动机即停止转动。在这个平衡过程中，指针和记录笔沿着各自的或统一的刻度标尺滑行，最后停留在新的平衡点所对应的位置，显示出被测参数的瞬时值。同步电动机通过机械传动系统带动记录纸，按预先给定的速度连续移动，于是记录笔就在记录纸上以画线或打点的形式，把被测参数对应于时间的变化过程描绘成曲线。

自动平衡式显示仪表是一个随动装置，它总是随着输入信号（被测参数）的变化，从一种平衡状态过渡到另一种新的平衡状态。

（二）电子自动平衡式显示仪表特点

(1) 自动平衡式显示仪表是应用电压平衡法进行测量的，可以具有较高的精度、灵敏度和快速性。

(2) 自动平衡式显示仪表测量电路可以接受电压、电阻等电量信号，可以与各种电量或非电量的变送器配套使用，显示直流电压（电势）、电流以及压力、流量、物位、成分、浓度等参数的变化。

(3) 自动平衡式显示仪表的系列型谱已统一制定，使仪表的规格统一，互换性好，便于制造生产和使用维修。

(4) 自动平衡式显示仪表的结构比较复杂，价格较高，而且对于外界电、磁的干扰比较敏感，必须采取相应的抗干扰措施，才能保证仪表的正常工作。

虽然电子自动平衡式显示仪表的类型品种繁多，但是就其构成的原理来讲，基本上是相似的。因此，只要重点剖析一两个典型产品，对其他类型的产品也就不难分析了。本节仅以目前国内火电厂中广泛应用的 XWD 型电子自动电位差计和 XDD 型电子自动平衡电桥为典型，进行原理和结构的分析。

（三）电子自动电位差计

电子自动电位差计是电子自动平衡式显示仪表的一种主要类型，可以和各种热电偶、辐射感温器或者直流毫伏变送器配合使用，可作为温度、直流电压或电势等参数的显示仪表。其测量原理和实验室常用的电位差计相仿，所以先介绍一下手动电位差计的基本原理，然后来分析电子自动电位差计的各个组成部分。

1. 手动电位差计

电位差计的工作原理和用天平称量物体质量的原理相类似，都是根据平衡法（或称补偿法、零值法）的原理，用已知的标准量（砝码或电势）与被测量（物体质量或电势）相比较，当两者的差值等于零即达到平衡时，指针指零，此时的已知标准量就等于被测量的数值。它的原理线路如图 2－18 所示。利用电池 E_B 可以在阻值均匀的滑线电阻 R 上产生电流 I，根据电流表的指示用可变电阻 R_S 将这个电流 I 调整到规定的数值。当需要测量未知电势 E_t 时，把被测电势 E_t 通过一个很灵敏的检流计 G 接入电路，与电流 I 在电阻 R 的 BA 段上产生的电压降相比较，由于两者的极性相反，移动电阻 R 的滑动触点 B 的位置，可使检流计指零，此时就达到了电压平衡，则被测电势就等于 R_{AB}上的电压降，即 $E_x = IR_{AB}$。由于电流 I 是已知的规定值，而电阻 R 又是一个阻值均匀的滑线电阻，其阻值也是已知的，所以根据滑动触点刀的位置，便可在以电势刻度的标尺上直接读取被测电势的数值。

为确保电位差计的测量准确性，必须保持工作电流 I 恒定。在上述原理线路中用电流表测量和检查工作电流，其结果显然是不够准确的，因为电流表（磁电式仪表）本身的精度就有限，不可能测得十分精确的电流值。因此，在实用的电位差计线路中引入了校准工作电流的回路，使“工作电流标准化”。

2. 电子自动电位差计的测量电路

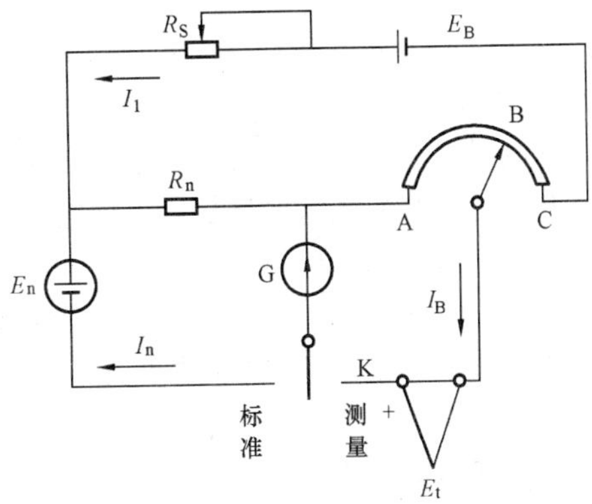

图 2－18　手动电位差计

电子自动电位差计是利用电子放大器和由它所控制的平衡机构等组成的一套自动装置，代替了手动电位差计在测量过程中的判断、调整、指示和记录的人工操作，从而实现了连续自动的指示和记录，见图 2－19。从原理上讲，相当于检流计的位置被放大器所取代。放大器的输入信号就是被测电势 E_x 和电阻 R_{AB} 上的电压降 IR_{AB} 反向串接后的差值 ΔU，它的输出信号用以控制可逆电动机带动平衡机构，可以改变滑动触点刀的位置。当 $E_x = IR_{AB}$ 时，$\Delta U = 0$，放大器无输出信号，可逆电动机不会转动，若 $E_x \neq IR_{AB}$，则 $\Delta U \neq 0$，经过放大以后就有一个控制信号驱动可逆电动机转动。其转动方向由 ΔU 的极性所决定。可逆电动机通过传动机构带动滑动触点 B 向减小 ΔU 的方向移动，直至测量电路达到平衡，即 $\Delta U = 0$ 为止。此时，与滑动触点刀联动的指针就在刻度标尺上指示出被测的电势值。至于自动记录的功能，同样是用与滑动触点 B 联动的或与指针装在一起的记录笔来反映被测电势的大小，并在由同步电动机带动的、按预定速度连续移动的记录纸上，画出被测电势随时间变化的曲线。

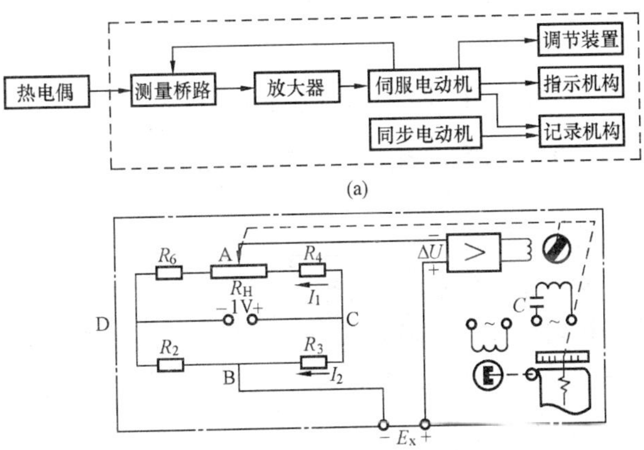

图 2－19　电子自动电位差计原理和组成方框图

（a）方框图；（b）原理图

电子自动电位差计和手动电位差计具有相同的测量原理，但由于电子自动电位差计不仅能用来测量直流电势，而且也能与热电偶配用直接显示温度的数值。

（四）电子自动平衡电桥

电子自动平衡电桥也是电子自动平衡式显示仪表的一种主要类型。它与热电阻配套使用时，可作为温度测量的自动显示仪表。当它和其他电阻型变送器相配套时，也可以测量显示其他一些参数。“电桥”又称为“桥式线路”，在热工检测中应用很广泛，它既可以作为测量电阻的仪表，在许多情况下又可以作为某些仪表中的一部分线路来使用的。因此，掌握电桥的基本工作原理是十分重要的。

1. 手动平衡电桥基本原理

在实验室进行电阻值的精密测量时，常用手动平衡电桥，其基本原理如图 2－20 所示。图 2－20 中 4 个电阻各代表一个桥臂，R_x 为被测电阻叫做待测臂，其余三个已知电阻中有一个是可变电阻 R_4 叫做比较臂，另外两个固定电阻 R_2 和 R_3 叫做比例臂。当电源接通后，调节 R_4 的阻值，可以使 A、B 两点的电位相等，则检流计 G 指零。这时电桥处于平衡状态，即 $I_1R_x = I_2R_2$，$I_4nR_4 = I_3R_3$，其中 n 为可调电阻 R_4 的位置系数，$n = 0 \sim 1$。用上面两个式子相除，并考虑 $R_2 = R_3$，可得 $n = \frac{1}{R_4}R_X$，即待测电阻 R_X 可用 R_4 滑触点在标尺上的位置 n 来表示。

2. 电子自动平衡电桥

电子自动平衡电桥也是一种自动平衡式仪表，其测量电路也是利用平衡电桥的基本原理进行工作的，由检零放大器、可逆电动机、机械传动机构、指示记录机构、同步电动机和测量桥路构成。与电子电位差计不同的是，电子自动平衡电桥是测量电阻的仪表，其测量桥路是一个平衡电桥。凡是能变换成电阻的量都可以用电子自动平衡电桥来测量。电子自动电位差计是测量直流电压的仪表，它的测量桥路是一个不平衡电桥。

图 2-21 是电子自动平衡电桥的测量原理图。为了减小热电阻连接导线的电阻值随环境温度变化而引起的测量误差，一般热电阻与电子自动平衡电桥的连接方式均采用三线制接法。图 2-21 中 R_t 为热电阻，R_1 是连接导线的等值电阻。为了便于调整电桥的平衡，提高其灵敏度，并能在整个滑线电阻的有效长度上线性地反映被测电阻 R_t 的变化，应将滑线电阻 R_H 置于两个桥臂之间，改变滑动触点 A 的位置，即可同时改变滑动触点 A 两侧相邻的两个桥臂的阻值。

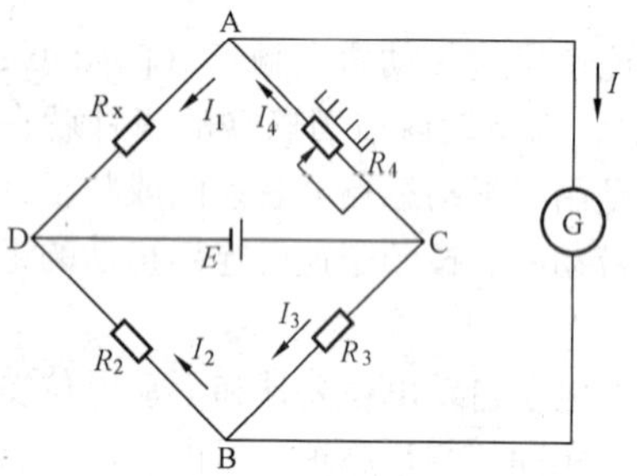

图 2-20 手动平衡电桥基本原理图

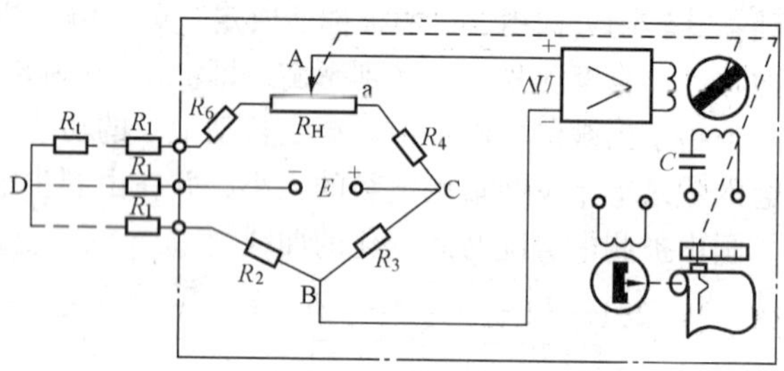

图 2-21 电子自动平衡电桥测量原理图

当被测温度为仪表刻度范围内的任意温度值时，将滑动触点 A 移至某一相应的位置，可使电桥达到平衡，此时各桥臂电阻的关系应为：当被测温度为仪表刻度的起始值时，热电阻的阻值最小，$R_t=R_{t,min}$，滑动触点 A 应移至滑线电阻的最右端。当被测温度为仪表刻度的终点值时，热电阻的阻值最大，$R_t=R_{t,max}$，滑动触点 A 应移至滑线电阻的最左端。

因此，在所测温度范围内，当电桥达到平衡时，每一个热电阻值 R_t，都对应着一个滑动触点 A 的位置。若在滑线电阻的分度盘上按温度刻度，就可以直接指示出对应于 R_t 的被测温度值。

平衡电桥采用三线制连接后，两根连接导线被分置于相邻的两个桥臂上，因此它们的阻值的变化对读数的影响可以相互补偿。但是必须指出，当采用三线制连接时，只有在电桥中不包含连接导线的两个桥臂的电阻值完全相等的特定点上，才能完全补偿连接导线电阻值随温度变化的影响，偏离此点愈远，补偿效果就愈差。

电子自动平衡电桥的测量桥路，还要考虑到适应制造工艺和仪表调整的需要，实际上要比上述原理线路稍微复杂一些，基本上与前面对电子自动电位差计测量电路的分析相同。

（五）ER180 系列自动平衡式显示仪表

ER180 系列自动平衡式显示仪表结构简单，功能完善，品种多样，应用广泛。

ER180 系列自动平衡式显示仪表是以集成运算放大器为核心的自动平衡式指示记录仪表。主要用于直流电压和直流电流的测量，既可以与热电阻相配合，也可以与热电偶相配合，进行温度的显示和记录。还可以与各种直流毫安变送器配合，用于温度、压力、流量、差压、水位、pH 值、SO_2 和 NO_2 浓度、风向、风速等参数的测量。特殊的 ER180 系列仪表还设有报警单元和调节单元，用于参数的调节及越限报警。

根据功能的不同，ER180 仪表有单笔记录仪（如 ER181 型）、双笔记录仪（如 ER182 型）和多笔（如 ER187 型）记录仪，这种仪表可以接受多种输入信号，包括直流电压输入、直流电流输入、同步信号输入（直流 1～5V，0～10mA 及 4～2A）输入、热电偶输入、热电阻输入等。根据报警的种类可分为无报警、上限（或下限）报警及上下限报警等多个品种和规格。

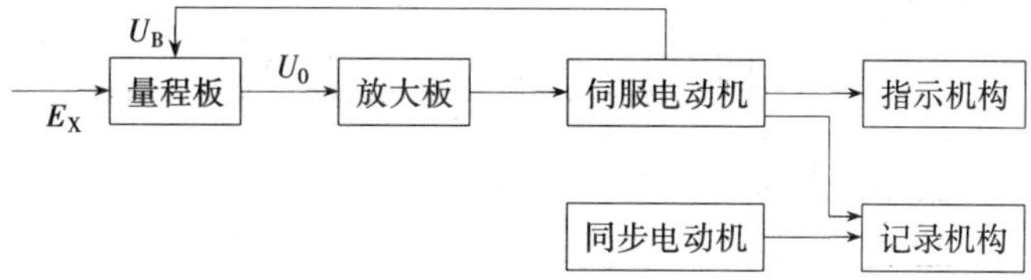

图 2－22　ER180 系列自动平衡仪表组成方框图

如图 2－22 所示，ER180 系列自动平衡式仪表由量程板、放大板、伺服电动机、同步电动机和指示记录机构等组成。其原理线路实际上是一个按电压平衡原理工作的电位差计电路。各种敏感元件传送来的输入电势 E_x 与电压 U_B 进行比较，比较的结果送入放大器放大，以驱动伺服电动机转动，使滑线电阻上滑动点开始移动，以改变 U_B 的大小，直到 $U_B = E_x$，此时量程板输出电压 $U_0 = 0$，放大板的输出电压也为零，伺服电动机停止转动，与滑动点相连接的指针在仪表刻度盘上指示出被测参数的大小。同时，同步电动机通过一套机构带动记录纸按一定速度连续移动，与指针装在一起的记录笔就在记录纸上画出被测参数随时间变化的连续曲线，完成自动记录。

在实际使用 ER180 系列自动平衡式仪表与热电偶配合测温时，要注意在量程板内增加了两部分电路，即热电偶参比端温度补偿电路和断偶保护电路。

热电偶参比端温度补偿电路的作用是当热电偶参比端温度变化时，保持输出电压 U_0 不变，伺服电动机不会转动，仪表仍处于平衡状态，仪表的示值不随参比端温度的变化而变化，从而实现了参比端温度的自动补偿。

断偶保护电路的作用是判断热电偶是否断路，当发生热电偶断路时，仪表指针将根据仪表电源电压的极性移至标尺的上限或下限处。

ER180 系列自动平衡式仪表与热电阻配合测温时，仪表量程板内设置一个恒流源 I 和连接导线补偿电路，以测低温。恒流源电路的作用是将热电阻信号转换为相应的电压信号，再进行测量和比较。连接导线补偿电路可以消除连接导线因环境温度变化而引起的测量误差。

三、温度巡测仪

现代火力发电厂需要监测的温度点多达几百个甚至上千个。如果每个点都安装一台温度计，会大大增加显示仪表的数量，表盘的面积也会增大。这样既增加了控制室的面积，也会使运行人员的操作和监视工作量大大增加，对机组的安全经济运行不利。为此，需要采用数字温度巡测仪。数字温度巡测仪是一种数字显示仪表，能快速、自动地巡回测量和显示生产设备的测点温度，有的还具有报警功能。在巡回检测过程中，当发现有温度越限，就自动发出声、光报警，提示运行人员的注意并及时处理。

数字温度巡测仪种类很多，图 2－23 所示的是 XSW－10 型。它的测温敏感元件是 Cu100 型铜电阻元件，其测量温度的范围是 －50～150℃；温度每变化 1℃，热电阻的阻值变化 0.428Ω。热电阻的阻值与温度之间的关系为线性关系。用一个恒定在 2.34mA 的恒流源给 R_t 提供电流，温度每变化 1℃，R_t 上的电压变化为 1mV。

在 0℃时送到 A/D 转换器的输入电压应该为 0，为此专门在电路中设置了比较电压。图 2－23 中的 R_0 为锰铜丝绕制的阻值为 100Ω 固定电阻，调整可调电阻 R_W，可使通过 R_0 的电流为 2.34mA，则在 0℃时 R_0 上的电压和热电阻 R_t 上的电压相等，从而保证了 A/D 转换器输入端的电

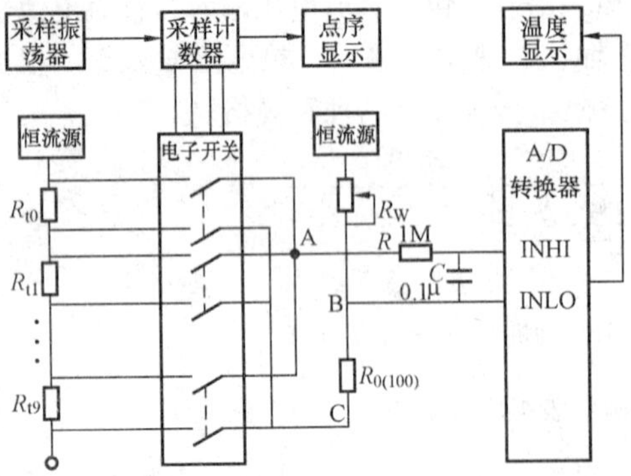

图 2-23　数字温度巡测仪原理简图

压为零，温度显示也为 0℃。当被测温度升高到高于 0℃，R_t 上的电压随之增大，使得 A 点电位高于 B 点电位，温度显示器显示正的温度；反之，当被测温度低于 0℃时，R_t 上的电压随之减小，这时 A 点电位低于 B 点电位，温度显示器显示负的温度。

由采样振荡器和采样计数器共同决定的采样周期为 2s。由于有 10 个测点，其采样计数器可只用一位 2—10 进制计数器即可。随着采样脉冲的不断进入，采样计数器的状态不断变化，其 BCD 码送至寄存器、译码器和点序显示器，显示测点序号；另一路送至模拟电子开关的控制电路，将测点的热电阻依次接到 A/D 转换器的输入端。开关依次导通，每隔 2s 切化一个测点，在点序显示器和温度显示器就分别将 10 个测点的序号和温度值依次显示出来。

第六节　温 度 变 送 器

温度变送器一般由测温探头（热电偶或热电阻传感器）和两线制固体电子单元组成。采用固体模块形式将测温探头直接安装在接线盒内，从而形成一体化的变送器。一体化温度变送器一般分为热电阻和热电偶型两种类型。

热电阻温度变送器是由基准单元、R/V 转换单元、线性电路、反接保护、限流保护、*U/I* 转换单元等组成。测温热电阻信号转换放大后，再由线性电路对温度与电阻的非线性关系进行补偿，经 *U/I* 转换电路后输出一个与被测温度成线性关系的 4～20mA 的恒流信号。

热电偶温度变送器一般由基准源、冷端补偿、放大单元、线性化处理、*U/I* 转换、断偶处理、反接保护、限流保护等电路单元组成。它是将热电偶产生的热电势经冷端补偿放大后，再由线性电路消除热电势与温度的非线性误差，最后放大转换为 4～20mA 电流输出信号。为防止热电偶测量中由于电偶断丝而使控温失效造成事故，变送器中还设有断电保护电路。当热电偶断丝或接解不良时，变送器会输出最大值（28mA）以使仪表切断电源。

温度变送器具有结构简单、节省引线、输出信号大、抗干扰能力强、线性好、显示仪表简单、固体模块抗震防潮、有反接保护和限流保护、工作可靠等优点。

温度变送器的输出为统一的 4～20mA 信号，可与微机系统或其他常规仪表匹配使用，也可用户要求做成防爆型或防火型测量仪表。

复 习 思 考 题

1. 解释下列名词：温度、温标、接触电势、温差电势。
2. 火力发电厂常用的温度测量仪表有哪几种？它们各自的测温范围是多少？
3. 热电偶从结构上可分为哪几种集中类型？
4. 热电偶的测温原理是什么？
5. 热电偶测温的冷端温度补偿方法有哪几种？
6. 热套式热电偶的结构是怎样的？

7. 热电偶的安装应注意哪些问题?
8. 热电阻的测温原理是什么?
9. 对热电阻的材料有哪些要求?
10. 热电阻的结构是怎样的?
11. 温度测量显示仪表有哪些?
12. 动圈式指示仪表的工作原理是什么?

第三章 压力测量及仪表

压力是热力生产过程中的一个重要参数。从工程热力学的意义上说，压力是表征工质状态的基本参数之一；从工程流体力学的意义上说，又是输送工质过程中所必须始终监视的参数。机炉运行人员必须严密监视工质压力的变化，随时采取措施，以保证机炉的安全经济运行。因此，作为测量压力用的压力表，在热力生产过程中起着很重要的作用。一台125MW的火力发电机组，需要指示压力的就有100多处，而直接影响主设备安全、经济运行的压力参数测量就有十几处，包括主蒸汽压力、汽包压力、给水压力、汽轮机监视段压力、汽轮机调速汽门压力、凝汽器真空等。

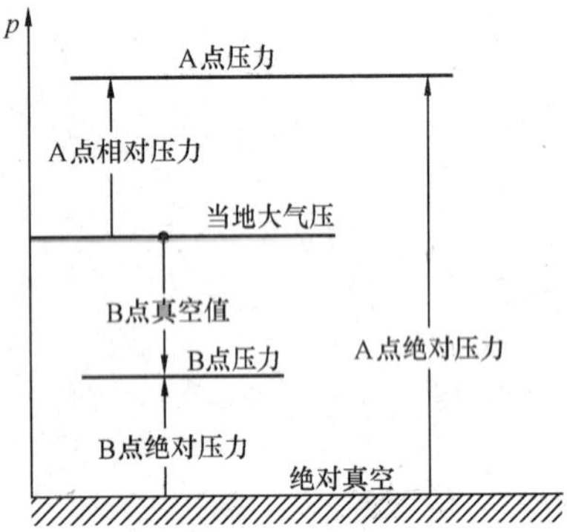

图3－1 绝对压力、相对压力和真空

压力表的种类很多，目前工程上经常使用的有液柱式压力计、弹性压力计、活塞式压力计和电气式压力计等。

不同的压力测量仪表，会有不同的测量结果，这是因为压力有不同的表示方法，具体的有相对压力、绝对压力、真空值和真空度等，详见图3－1。

按照国家法定计量单位有关压力单位的规定，我国现在执行国际单位制，压力单位为帕斯卡(Pa)。有时感觉这个单位太小，经常会使用兆帕（MPa），$1MPa = 10^6 Pa$。现存的一些老旧压力表可能还在使用一些其他的压力单位，其换算关系如表3－1所示。

表3－1　压力单位换算表

基本单位 \ 换算单位	Pa	bar	kgf/cm^2	atm	at	$mm\ H_2O$	mmHg
1 Pa（帕斯卡）	1	0.00001	1.102×10^{-5}	9.869×10^{-6}	1.102×10^{-5}	0.10197	0.0075
1 bar（巴）	100000	1	1.01972	0.9869	1.01972	10.1972	750.062
1 kgf/cm^2（千克力/平方厘米）	98066.5	0.98067	1	0.9678	1	10.000	735.6
1 atm（标准大气压）	101325	1.01325	1.033	1	1.033	10.332	760
1 at（工程大气压）	98067	0.98067	1	0.9678	1	10.000	735.6
$1mmH_2O$（毫米水柱）	9.8067	0.000098	0.0001	0.0000968	0.0001	1	0.07356
1 mmHg（毫米汞柱）	133.322	0.00133	0.00136	0.00132	0.00136	13.5951	1

第一节 液柱式压力计

液柱式压力计是测量压力或负压的常用仪表，以液柱高度来表示被测压力的数值。液柱式压力计按结构形式不同，可分为U形管压力计、单管压力计和倾斜式微压计。

一、U形管压力计

U形管压力计是用来测量正负压力和压差的最简单而又比较准确的压力计，被广泛地用于工业生产和实验室中，其外形如图3-2所示。由两根玻璃管和下面的连通管组成的U形管固定在垂直安装的底板上，两管之间装有刻度标尺。玻璃管内注入工作液体到零点处。工作液体有两个作用：①使处于不同压力下的介质隔开；②用工作液体的液柱高度差来表示被测压力的数值。

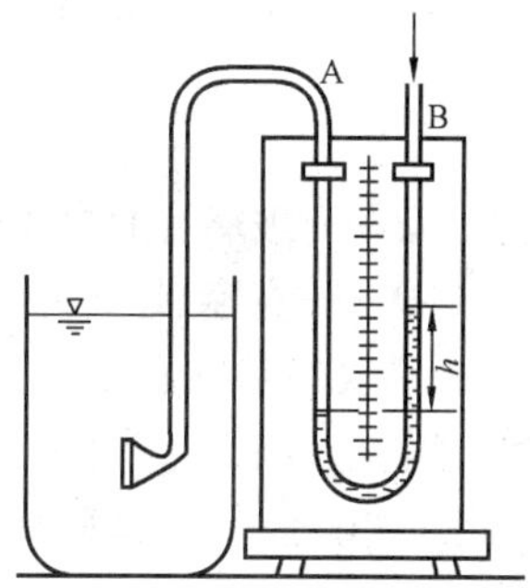

图3-2　U形管压力计外形图

将被测介质与玻璃管A连通，玻璃管B接通大气，由于被测介质的压力与大气压力不同，玻璃管A中的液面将向下移动，玻璃管B中的液面将向上移动，根据流体静力学的原理可以列出下列平衡式为

$$p_x = h(\rho_3 - \rho_1)g$$

式中　h——两管中的工作液体的液面高度差；

ρ_3——工作液体的密度；

ρ_1——进入U形管中的被测介质的密度；

g——空气重度；

p_x——被测介质的压力（表压力）。

从上述内容，可以看出以下几点：

（1）被测压力 p_x 与液面高度差 h 成线性关系。因此可以利用U形管的液面高度差 h 来表示被测压力。

（2）工作液体的密度 ρ_3 越大，在同一压力作用下液面高度差 h 越小。因此，当被测压力较大时，应选用密度大的工作液体（如水银），以免液面高度差太大，致使液面高度差超过U形管的长度而无法测量。当被测压力较小时，应选用重度较小的工作液体（如水、酒精等）。

（3）当U形管两端分别接两个压力时，可用来测量该两个压力之差，简称压差。

（4）选用的工作液体不应与被测介质发生化学反应和互溶。工程上最常用的工作液体为水和水银。

在使用U形管压力计时，由于毛细管现象和表面张力的存在，管内液面呈月牙状态，人们在读数时一般应以月面的水平切线作为读数的基准。为了减小读数误差，在制作U形管时，应选择粗细均匀的管子，而且管子内径不宜太细。一般用水做工作液体时，管了内径不小于8mm，用水银做工作液体时，管子内径不小于5mm。

如果U形管压力计的刻度标尺每个分格是1mm，那么读数误差为分格的一半，即±0.5mm。由于两根玻璃管管径难以制造得完全相等，U形管压力计的两个液面高度需要分别读数，所以可能产生的最大误差为±1mm。误差大而且需要两次读数，是U形管压力计的缺点。

二、单管压力计

单管压力计和U形管压力计的区别仅在于以较宽的金属容器代替一根玻璃管，玻璃管与宽容器的底部相通，内盛有工作液体。在玻璃管外面装有刻度标尺，整个仪表装在垂直底板上。测量压力时，被测介质用连接管引入宽容器，玻璃管与大气相通。在被测压力的作用下，假设玻璃管中的工作液体上升了 h_1，宽容器内的工作液体下降了 h_2，则液面高度差为 $h = h_1 + h_2$。由于从宽容器中排出的工作液体的体积等于进入玻璃管内的工作液体的体积，即

$$A_1 h_1 = A h_2$$

式中　A_1——玻璃管的内截面积；

A——宽容器的内截面积。

若容器和玻璃管的横断面都为圆形，最后可推导出

$$h = h_1\left(1 + \frac{d^2}{D^2}\right)$$

式中　d——玻璃管的内径；

D——宽容器的内径。

一般宽容器的直径 D 比玻璃管的内径 d 大的多，因此 d^2/D^2 很小，可以忽略。这时 $h \approx h_1$，被测压力 $p \approx h_1\rho g$。例如，当 $D=100\text{mm}$，$d=5\text{mm}$ 时，$d^2/D^2=0.0025$，$h=h_1\ (1+d^2/D^2)\ =h_1\ (1+0.0025)$，在这种情况下，用 h_1 来代替 h 已经足够准确。所以在单管压力计时，只要一次读出 h_1 即可。

三、倾斜式微压计

用U形管压力计或单管压力计测量较小的压力信号时，因液面高度变化很小，读数比较困难，可能造成大的误差。例如，水为工作液体的U形管压力计测量 $10\text{mmH}_2\text{O}$ 的压力，由于表面张力的存在，一次读数最大误差为 ±0.5mm，两次读数最大误差可达 ±1mm，相对误差为10%。即使用单管压力计一次读数，相对误差也有5%。这时可采用倾斜式微压计。

倾斜式微压计是一个把玻璃管安装成有倾斜角为 α 的单管压力计。测量压力时，被测压力通入宽容器；测负压时通入倾斜管；在测压差时，高压通入宽容器，低压通入倾斜管。当宽容器受压力的作用液面下降 h_2 而测量管内的液面上升 h_1 时，管内液柱长度变化了 l，液柱的高度变化了 $h=h_1+h_2$，其中 $h_1=h\sin\alpha$，$l=\dfrac{h_1}{\sin\alpha}$。如宽容器的内截面积为 A，玻璃管的内截面积为 f，则 $lf=h_2F$。最后经简化后可得所测量的压力为

$$p = h(\rho_3 - \rho_1)g = l\left(\sin\alpha + \frac{A_1}{A}\right)(\rho_3 - \rho_1)g$$

式中　γ_3——工作液体重度；

γ_1——被测介质重度。

由此可得出如下结论。

(1) 倾斜管中的液柱变化值与单管压力计的相比放大了 $1/\sin\alpha$ 倍，提高了仪表的灵敏度。倾斜角 α 越小，对于相同的被测压力，l 的数值越大，仪表的灵敏度越高。但 α 也不宜太小（不得小于15°），否则管内液面拉的太长，读数不易准确。

(2) 倾斜式微压计只能用来测量较小的压力。其测量范围一般为0～1960Pa。

酒精的重度小，又有较低的表面张力，因而常用作倾斜式微压计的工作液体。因工程上都用水柱表示微压或负压，所以用酒精做工作液体的微压计，其刻度标尺仍按毫米水柱刻度。

第二节　弹性压力计

弹性压力计是根据弹性敏感元件的变形量与所受压力的大小成比例的关系而制成的仪表。这种仪表结构简单，造价低廉，精度较高，便于携带和安装，又有较宽的测量范围（低到0.98Pa，高到上百个兆帕，且可以测量真空），能远距离传送信号和自动记录，还可以制成准确度较高的标准仪表。因此，目前工业测量上应用最为广泛。

弹性压力计的敏感元件种类很多，目前比较成熟的弹性元件有薄膜式（包括膜盒式）、波纹管式、弹簧管式三种类型，分别可以制成弹簧管压力计、波纹管差压计和膜盒差压计。薄膜式和波纹管式弹性元件一般用于微压和低压的测量，弹簧管式的弹性元件一般用来测量高压或中压，

有的也用它来测量真空。单圈弹簧管压力计和膜盒式风压表在电厂中应用最广。

一、单圈弹簧管压力计

单圈弹簧管压力计的结构主要由弹簧管和放大机构两部分组成。

单圈弹簧管工作原理如图3－3所示，它是一根弯成270°圆弧的具有扁圆环形或椭圆环形截面的空心金属管。管子的自由端B封闭，另一端A固定不动并与传压管相连。当弹簧管内通入压力以后，弹簧管内部受压，其截面有变圆的趋势，即长轴 a 变小，短轴 b 变大。反之，当内部通入负压时，管子外部受压，管子截面有变扁的趋势，即长轴 a 变大，短轴 b 变小。

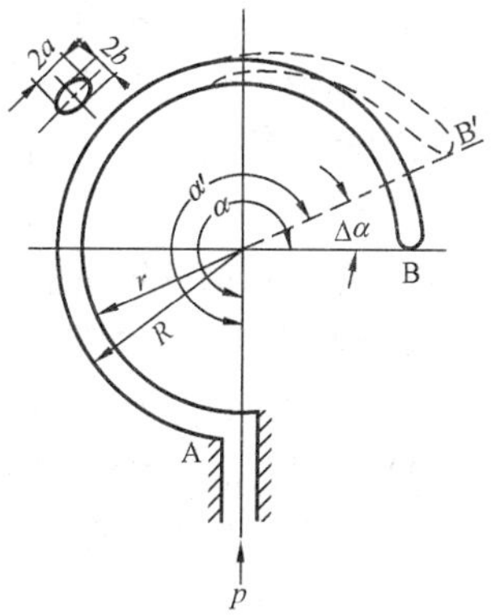

图3－3　单圈弹簧管工作原理图

设弹簧管未受压变形前的尺寸分别为：R（圆弧的外半径）；r（圆弧的内半径）；b（椭圆环形截面弹簧管的短轴）；α（圆弧形管的中心角）。变形后相应的尺寸分别以 R_1、r_1、α_1 和 b_1 表示。可以认为受压前后管子的弧长不变，即 $R\alpha=R_1\alpha_1$；$r\alpha=r_1\alpha_1$。两式相减可得 $(R-r)\alpha=(R_1-r_1)\alpha_1$。因为 $R-r=b$，$R_1-r_1=b_1$，所以 $b\alpha=b_1\alpha_1$。由于椭圆环形截面弹簧管内部受压时有截面变圆的趋势，即 $b>b_1$，引起 $\alpha>\alpha_1$，即弹簧管的自由端产生角位移 $\Delta\alpha$，$\Delta\alpha=\alpha_1-\alpha$。

从以上分析得出结论：当弹簧管通入压力时，在压力的作用下，椭圆环形截面的短轴增大，弹簧管的中心角变小，自由端产生位移，位移的大小与被测压力成正比，因此测出位移量的大小，可得知压力的大小。

弹簧管的原始中心角 α_1 越大，椭圆环形截面积的短轴越短，即管子越扁，在同样压力作用下产生的角位移 $\Delta\alpha$ 越大，压力计越灵敏。

刚度意味着变形的难易程度。刚度大的弹簧管受压后变形小，可用于测量较高的压力。刚度小的弹簧管受压后容易变形，可用来测量较低的压力。刚度与管子材料和壁厚有关，管壁厚刚度大，管壁薄刚度小。磷青铜、不锈钢做的弹簧管刚度大，可用来测高压，黄铜做的弹簧管刚度小，可用来测量低压。工业上定型的各种弹簧管，具有不同的材料和不同的几何形状，因此有不同的测量范围。

弹簧管压力计在测量压力时，弹簧管自由端位移很小，一般只有2～3mm，必须用一套机械传动机构将此位移放大才能实现压力显示。常用的传动机构有齿轮机构和拉杆机构两种，今以齿轮机构为例来加以说明。

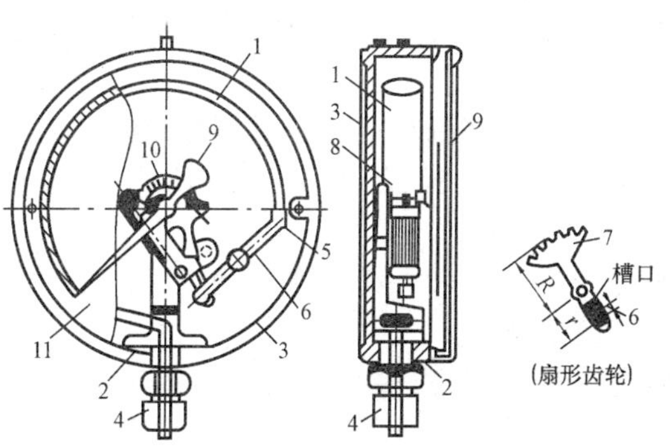

图3－4　弹簧管压力计结构图

1—弹簧管；2—支座；3—外壳；4—表接头；5—带有铰轴的销子；6—拉杆；7—扇形齿轮；8—小齿轮；9—指针；10—游丝；11—刻度盘

以齿轮为传动机构的弹簧管压力计的结构如图3－4所示。弹簧管1的一端焊在支座2上，支座固定在压力计外壳3之中。用接头4进行表计安装和引入被测压力。弹簧管自由端用带有铰轴的销子5封焊并由拉杆6与扇形齿轮7相连。扇形齿轮与小齿轮互相啮合，在小齿轮的轴上装有指针9。为了减小扇形齿轮与小齿轮之间的间隙所引起的变差，在小齿轮的轴上装有游丝10。当被测压力变化时，弹簧管自由端产生位移，通过扇形齿轮传动并放大，带动小齿轮转动，和小齿轮同轴的指针，便在刻度盘 11 上指示出被测压力的数值。改变拉杆在扇形齿轮上的相对位置，可以改变放大机构的放大倍数，调整仪表的测量范围。

单圈弹簧管压力表应用最为广泛，一般的准确度等级为 1.0 ~ 2.5 级，精密的为 0.35 ~ 0.5 级。

弹性压力计的选用是根据生产过程所提出的技术要求，本着节约的原则，合理地选择压力计的种类、型号、量程和精度等级等。

选用压力计的依据主要有以下几点。

(1) 生产过程对压力测量的要求，如压力测量的精度、被测压力的高低；

(2) 被测介质的性质，如被测介质温度高低、粘度大小、腐蚀性及脏污程度、易燃易爆等；

(3) 现场环境条件，如高温、腐蚀、潮湿、振动等。

除此以外，为了保证弹性元件能在弹性变形的安全范围内可靠的工作，在选择压力计量程时，必须考虑应留有足够的余地。一般在被测压力较稳定的情况下，最高压力值不应超过仪表量程的 3/4。在被测压力波动较大的情况下，最高压力值不应超过仪表量程的 2/3。为保证测量精度，被测压力最小值应不低于仪表量程的 1/3。

二、膜盒式微压计

常用膜盒式微压计来测量不太大的正压和负压。在火力发电厂中，它经常被用来测量送风和制粉系统的空气压力、炉膛负压、空气预热器进出口风压等。

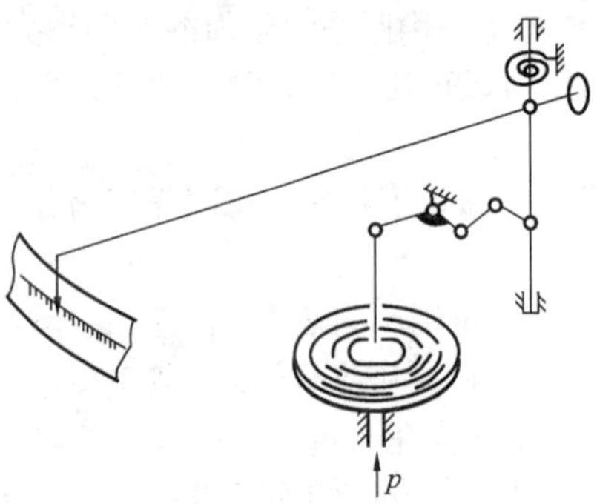

图 3 – 5　膜盒式微压计构造图

膜盒式微压计的构造如图 3 – 5 所示，它主要由膜盒和传动机构两部分组成。当被测压力（或负压）通过接头和导管进入膜盒时，在被测压力（或负压）的作用下，膜盒产生弹性变形，推动连杆并通过铰链块带动微调支板绕轴逆时针方向转动，同时通过拉杆带动固定在指针轴上的调节板使指针偏转一个角度，指针便在刻度盘上指示出被测压力（或负压）的数值。

膜盒式微压计的敏感元件是一个金属膜盒，它由两片金属膜片焊接而成。根据所测压力大小不同，膜片的厚度、大小、形状和材料也不一样。一般风压表属于低压仪表，其膜盒是用坡青铜或磷青铜膜片焊接成形。膜盒焊接质量的好坏对仪表的性能影响很大，因此焊接时要注意温度不可过高和避免虚焊。虚焊膜盒容易漏气，温度过高将使膜片变形，弹性变坏，影响仪表测量的准确性。

膜盒式微压计的传动机构主要由拉杆、双金属片和调节板组成。双金属片可绕轴转动。当膜盒内引入被测压力时，膜盒产生的弹性变形使拉杆向上移动，使双金属片绕轴转动了一个角度，然后通过拉杆拉动调节板转动一个角度。

在仪表出厂时，拉杆在调节板上的位置已经调好，校验仪表时一般不要再动。调节微调螺钉可改变双金属片的夹角，即可在一定范围内改变仪表的量程。

膜盒式微压计的测量范围为 150 ~ 40000Pa，精度等级一般为 2.5 级，较高的可达到 1.5 级。

三、电触点压力计

在火力发电厂的生产过程中，不仅仅有很多个点的压力需要显示，还有很多个点的压力必须被控制在一个安全的范围内，如像汽包压力和过热蒸汽压力等，若高于或低于某个限制值时就会影响到机组的安全经济运行，这时就必须发出报警或跳闸信号。电触点压力计就可以用作这样的发信设备，发出报警信号，引起运行人员注意，及时地进行调整操作，使压力尽快地恢复到给定值上；也可以作为连锁机构和自动操动机构。

这里所介绍的电触点压力计的工作原理同弹簧管压力计完全相同，外加一套发信机构。在指针的前面还有两个指针，一个为高压给定指针，另一个为低压给定指针。这两个给定指针上都带有点触点，如图 3－6 所示。

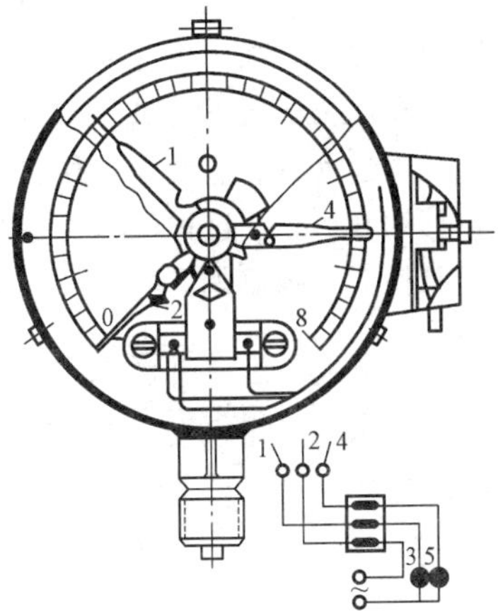

图 3－6 电触点压力计
1—低压给定指针及触点；2—指针及触点；3—绿灯；4—高压给定指针及触点；5—红灯

当指针位与高、低压给定指针之间时，三个电触点彼此断开，不发信号。当指针位于低压给定指针的下方时，低压触点接通，低压指示灯亮，表示压力过低。当压力达到上限（即指针位于高压给电指针下方）时，高压触点接通、灯亮，表示压力过高。电触点压力计除了发信报警提醒运行人员注意外，还可以直接将信号送至自动控制系统中，由自控系统完成相应的控制动作。触点部分的容量为最大容量 10VA；电压为交流在 380V 以内，直流在 220V 以内；通过的电流应在 1A 以内。

电触点压力计的准确度登记一般为 1.5～2.5 级。

第三节 压力变送器

在火力发电厂的生产过程中，为了实现对压力（差压）信号的集中检测，以适应热工保护、自动调节等热工测量和自动化的需求，须将测压弹性元件输出的位移信号或力信号变换成统一的电信号，这项工作由压力（差压）变送器来完成。压力（差压）变送器提高了测压仪表的准确性和可靠性，并使压力（差压）测量仪表的结构实现了小型化。根据工作原理的不同，压力信号的变送方法主要有电容式压力变送器、振弦式压力变送器、扩散硅式压力变送器、力平衡式压力变送器等。

一、电容式压力（差压）变送器

（一）概述

电容式变送器可将连续介质的压力（差压）、流量、液位等参数转换成直流电流。其类型分为差动电容式和单端电容式两种。

这里介绍 1151 系列差动式变送器。

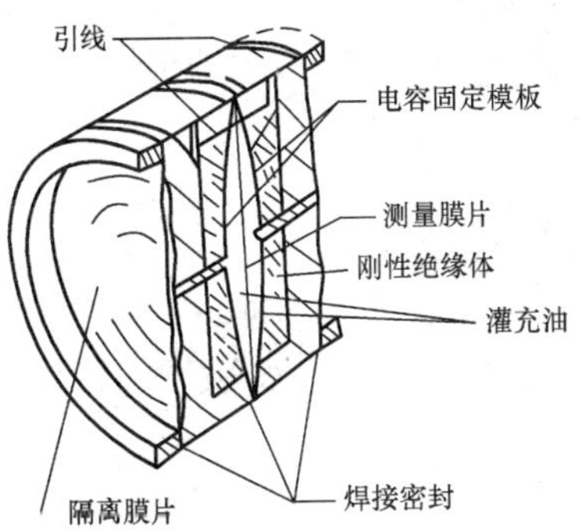

图 3－7 1151 电容式压力变送器原理结构（δ室）

1151 系列电容式变送器是引进美国罗斯蒙特公司先进技术和设备，采用进口关键原材料、元器件和零部件，经过严格组装和测试的具有设计原理先进、品种规格齐全、安装使用简便（规格、尺寸与原装 1151 完全兼容）和外形美观等特点。1151 系列压力/差压变送器针对不同测量的要求，有 E 型（普通模拟型）、G 型（常规智能型）和 S 型（标准智能型）三种型号规格。广泛应用于石油、化工、冶金、电力、食品、造纸、医药、机械制造等行业。

1151 系列电容式变送器的特点有：①精度高、稳定性好；②二线制；③小型、重量轻、坚固抗振；④量程、零点外部连续可调；⑤阻尼可调；⑥单向过载保护特性好；⑦无机械可动部件，维修工作量少；⑧全系列结构统一，互换性强；⑨接触介质的膜片材料可选择；⑩防爆结构，全天候使用。

1151系列电容式变送器的工作原理，如图3-7所示。

被测压力通过两侧或一侧的隔离膜片、灌充液传至δ室的中心测量膜片。中心膜片是一个张紧的弹性元件，它对于作用在其上的两侧压力差产生相应变形位移，其位移与差压成正比，最大位移约0.1mm，这种位移转变为电容极板上形成的差动电容（C_L和C_H），由电子线路把差动电容转换成二线制的4～20mADC输出信号。

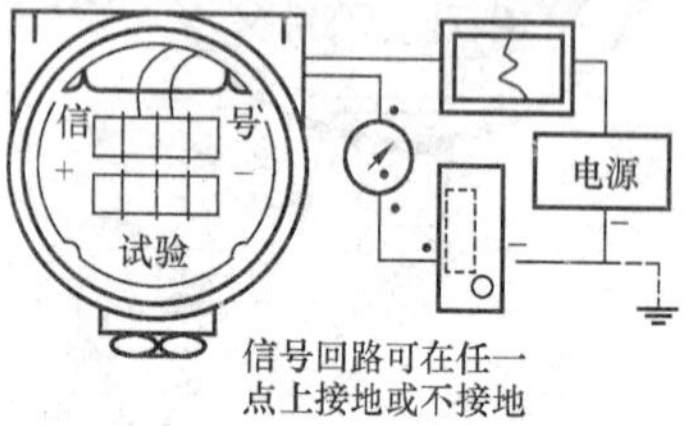

图3-8　1151电容式压力变送器接线图

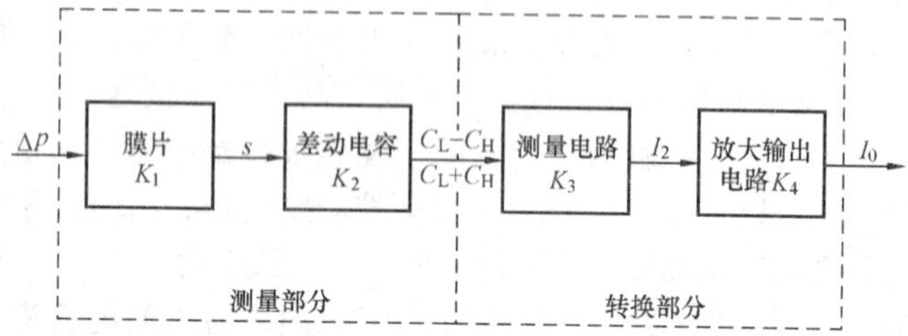

图3-9　1151电容式压力变送器的总体结构框图

1151电容式压力变送器接线图见图3-8。电容式变送器由测量和转换两部分串联构成，总体结构框图如图3-9所示，电路框图如图3-10所示，装配图如图3-11所示。

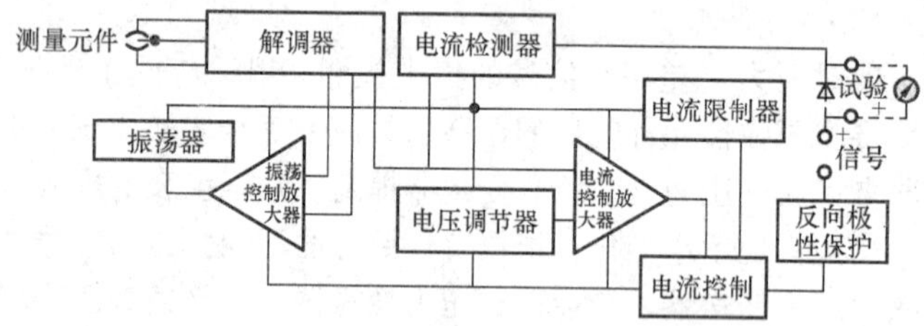

图3-10　1151电容式压力变送器电路框图

1151电容式压力变送器在结构方面很有其特点的。因为采用微位移式工作原理，并以差动电容（C_L和C_H）作为检测元件，整个变送器无机械传动和机械调整部分。感测部分零部件很少，测量电路也不复杂。整个仪表重量很轻，因此结构简单，体积小。另外，变送器结构组件化，线路板插件化，基型品种的外型尺寸统一，压力、差压感测部分只采用一种结构形式，对于不同的测量范围，只需改变测量膜片的厚度即可，所以通用化、系列化程度，安装维护方便。

变送器除中央测量膜片作为可动电极产生微小位移之外，无其他可动零部件，而且电容的相对变化量较大，测量膜片采用预先张紧工艺，所受压力与位移呈线性关系。故准确度高（±0.2%～±0.5%），线性度好。测量膜片的质量小，故动态响应快，耐振动、冲击。固定电极采用球面形状，过载保护性能好。敏感部件采用全焊接对称式结构，可承受环境温度影响以及介质温度、压力急剧变化的影响。此外，静压影响也极小。

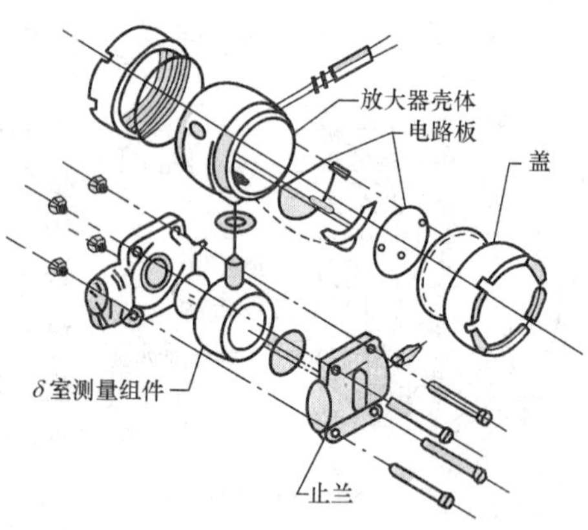

图3-11　1151电容式压力变送器装配图

电容式变送器品种齐全，测量范围为0.123kPa～7MPa，最高工作压力为32MPa；被测压力最高可达到42MPa。仪表的调整使用也方便。

（二）测量部分的结构原理

测量部分的作用是把被测压力或差压的变化转换成差动电容值的变化。

1. 测量部分的结构

图 3－12 所示为变送器的结构示意，测量部分主要由测量膜片、固定电极、刚性绝缘体、隔离膜片、基体、充灌液、引线等组成。有测量膜片与固定结构两个电容器 C_L 和 C_H。当被测差压 Δp 进入变送器的高低压室时，经隔离膜片和充灌液的传递而作用在测量膜片上，使测量膜片发生挠曲，产生与差压成比例的微小位移 S。因此测量膜片与固定电极之间距离发生变化使 C_L 和 C_H 变化。这样就将被测差压转换成电容量的变化。

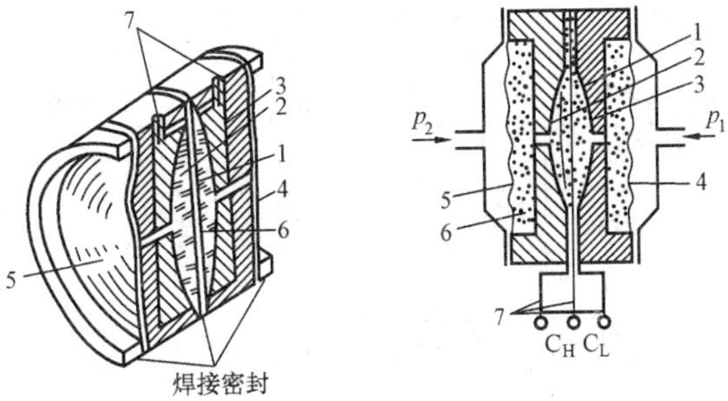

图 3－12　测量部分结构原理

1—测量膜片（可动极板）；2、3—固定极板；4、5—隔离膜片；6—工作液体；7—引线

2. 差压—位移转换

这种变送器无论测量的差压高还是低，都采用金属平膜片做敏感元件以得到相应的位移。平膜片形状简单，根据它的压力——位移物质性和微小位移的情况，在测量较高压力时采用结构尺寸恰当的厚膜片，测量较低压力时采用张紧的（具有预紧应力的）薄膜片。两种情况下均可得到良好的线性特性。设测量膜片位移为 S，被测差压为 Δp，则有 $S = K_1\Delta p$，其中 K_1 为与膜片结构尺寸的材料性质有关的比例数。

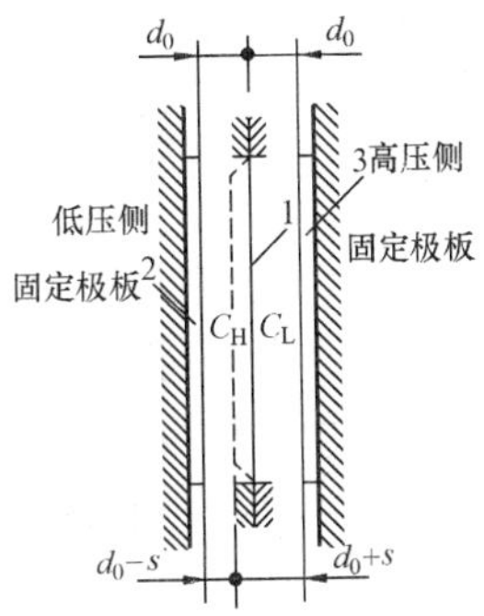

图 3－13　差动平行板电容器

3. 位移—电容转换

固定电极都是部分球面形的。它们与平膜片分别构成球面电容 C_L 和 C_H。由于固定电极球面的球体半径较大，固定电极与可动电极间距离较小，所以球面容器的特性近似于平行板电容器的特征。下面用平行板电容器来讨论位移 S 与电容间的转换关系。

差动平行板电容器如图 3－13 所示，其电容量可表示为 C_L 和 C_H。C_L 和 C_H 的大小与极板间介质的介电常数 ε、电容极板的有效面积 A、极板间初始距离 d_0 和可动电极的位移 S 有关。

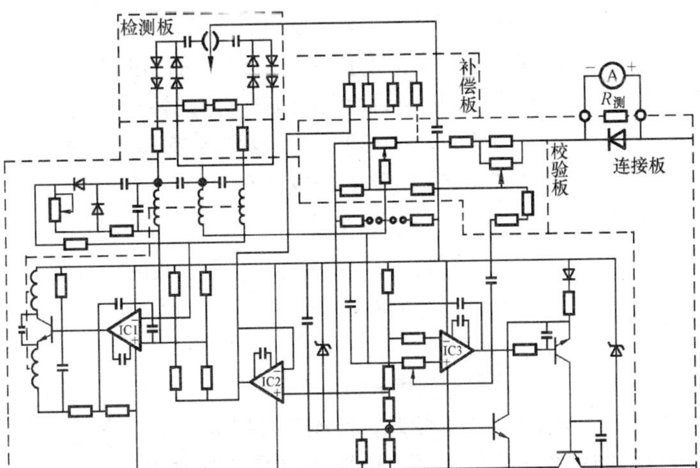

图 3－14　1151 系列电容式差压变送器的转换部分电路图

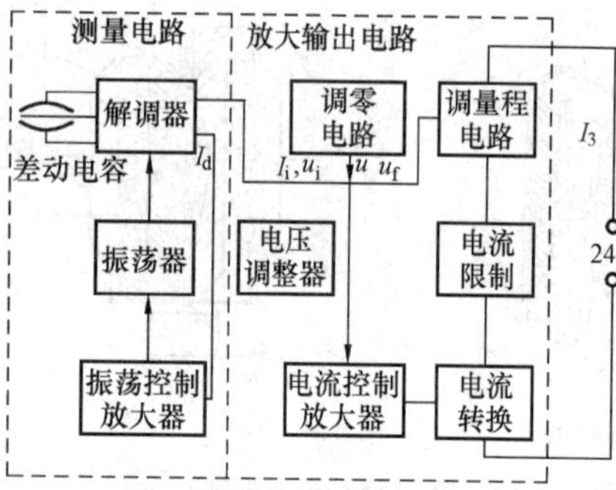

图 3－15 转换电路方框图

(三) 转换部分的工作原理

转换部分的作用是将电容的变化转换成标准输出电流信号（4～20mA），同时还具有零点调整、零点迁移、量程调整和阻尼调整、线性调整等功能。

1151 系列电容式差压变送器的转换部分电路如图 3－14 所示，转换电路方框图如图 3－15 所示。转换部分电路又可分为测量电路和放大输出电路两部分。测量电路包括振荡器、解调器和振荡放大器。任务是将电容转换成电流信号 I_i。放大输出电路包括电流控制放大器、电流转换器、调零电路、调量程电路、电流限制器和电压调整器。放大输出电路的作用是将 I_i 转换成 4～20mADC 的统一信号。

(四) 测量电路的工作原理

测量电路原理图，如图 3－16 所示。

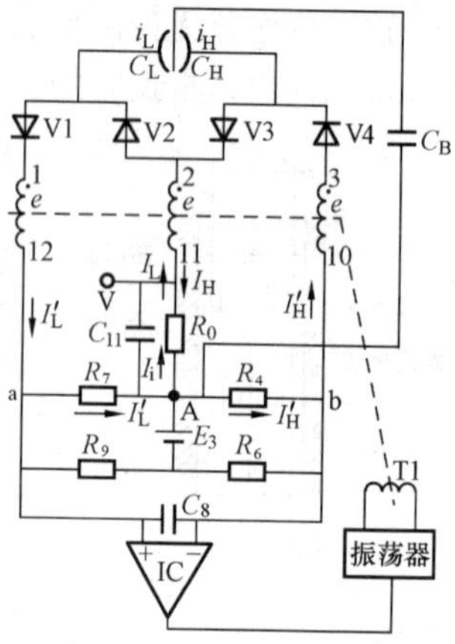

图 3－16 测量电路原理图

振荡器的原理如图 3－17 所示，振荡器由晶体管 V3、差动电容 C_L 和 C_H、耦合变压器 T1、电阻 R_{29} 和 R_{30}、电容 C_{19} 和 C_{20} 等组成，其作用是产生交流激磁电压 e，为测量电路提供电源。振荡器的振荡频率的大小是由测量部分的电容 $C_L + C_H$ 和副边绕组 L_2 的大小来决定的，约为 32kHz。

当被测差压 Δp 增大使膜片位移 S 增大时，电容量 $C_L + C_H$ 也增大，所以振荡频率是随被测差压增大而减小的。振荡器振荡的条件是很容易满足的。

解调器由二极管 V1、V2、V3 和 V4 等组成。振荡器产生的交流电压 e 经变压器 T1 向测量电路提供电源，于是在电容 C_L 和 C_H 中便有交流电流 I_L 和 I_H 流过。解调器的作用是将交流电流 I_L 和 I_H 解调成直流电流 I_L 和 I_H，并把差动信号 $I_L - I_H$ 送往后面的放大输出电路，把共模信号 $I_L + I_H$ 送至振荡控制放大器 IC。

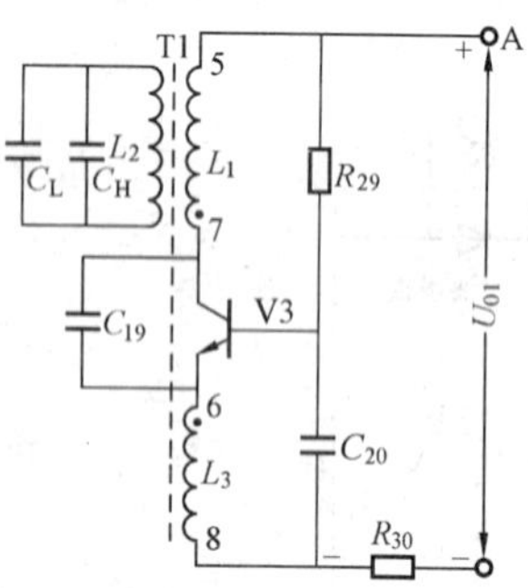

图 3－17 振荡器原理图

振荡控制放大器 IC1 电路如图 3－18 所示。它与解调器、振荡器连接成一个深度负反馈控制电路，以保证测量电路的电流 $I_d = I_L + I_H$ 为常数，从而保证测量电路的输出电流 I_i 与差压 Δp 成线性关系。因此，振荡控制放大器是转换部分的核心。振荡控制放大器 IC1 的输入端接受两个电压信号，一个是基准电压 E_s 产生的电压 U_1，另一个是电流 I_L 和 I_H 产生的比较电压 U_2。

振荡控制放大器 IC1 使 I_d 为常数的过程如下：当振荡器产生的交流电压 e 增大时，测量电路电流 I'_L 和 I'_H 也增大，电压 U_2 随之增大，则 IC1 同相端电位升高。

放大输出电路线路图如图 3－19 所示。它的主要作用是将测量电路输出电流 I_i 转换成变送器的输出电路 I_o，并有量程调整、零点调整、零点迁移和电流限制的作用。放大输出电路由电流控制放大器、电流转换器、调零电路、量程调整电路和电流限制器等组成。IC3 为电流控制放大器。

输出电流 I_0 的大小，由运算放大器 IC3 及后面的电流转换器控制。变送器在正常状态时，相应的晶体管处于饱和导通状态，对 I_o 没有影响；但在变送器超压时，电流限制器的晶体管限制 I_o 使其不大于 30mA。

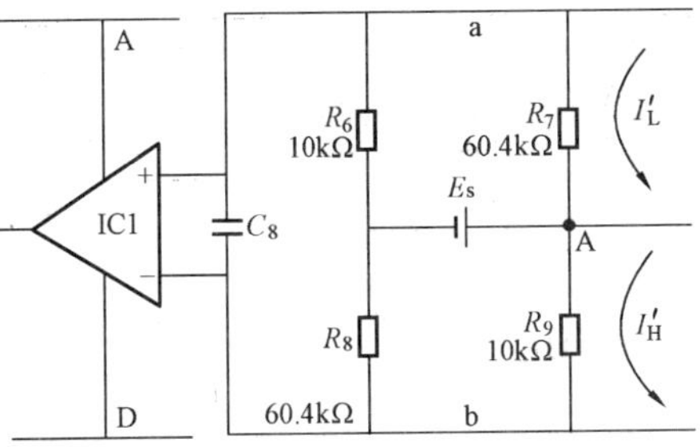

图 3－18　振荡控制放大器

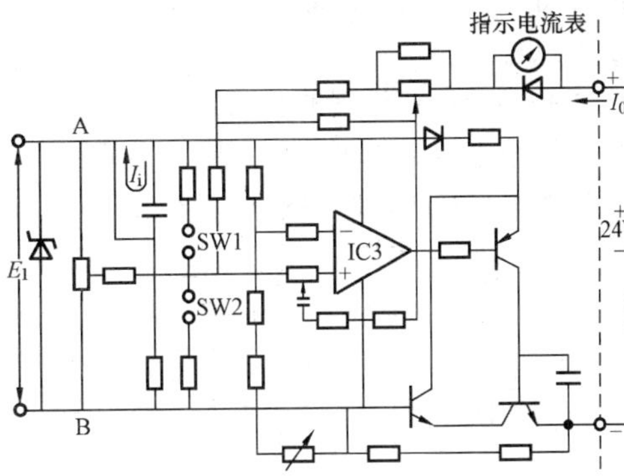

图 3－19　放大输出电路线路图

在运算放大器 IC3 的反相输入端加有基准电压。在 IC3 的同相输入端加有三个电压信号：一个是测量电路输出电流 I_i 在电容 C_{11} 两端形成的电压信号 U_i；一个是从调零电位器引出的调零电压 U_z；一个是从量程调整电路引出的由输出电流 I_o 产生的反馈电压信号 U_f，三者在 IC3 同相端并联相加。因反馈信号电压 U_f 与测量信号电压 U_i 是反极性并联在 IC3 同相端上，所以这种反馈是负反馈。

当测量信号电压 U_i 增大为某一数值时，运算放大器 IC3 同相端电位 U_T 下降，造成 $U_T \neq U_F$，使 IC3 输出端电位下降，使变送器输出电流 I_o 增大。同时，因 I_o 增大而使反馈电压增大，则又引起 IC3 同相端电位 U_T 上升，直到 U_T 重新与反相端电位 U_F 相等时，I_o 才有新的稳定值。

转换电路输出 I_o 与输入 I_i 间的关系为

$$I_o = \frac{R_0}{\alpha \cdot R_f} I_i + \frac{1}{\alpha \cdot R_f}(U_z - U_f)$$

变送器输出电流变化量为

$$\Delta I_o = \frac{R_0}{\alpha \cdot R_f} I_i = K_4 I_i = K_4 K_3 K_2 K_1 \Delta p$$

由上两式可以得出如下结论：

(1) 在 K_1、K_2、K_3、K_4 均为常数时，变送器输出电流 ΔI_o 与差压 Δp 成线性关系。

(2) K_1、K_2、K_3 均为不可调的常数，只有 K_4 是可调的。用电位器改变等效电阻 R_f 之值，可以改变放大输出电路闭环放大倍数 K_4，以调整变送器的量程。

(3) 通过改变 R_f 进行量程调整时，$(U_z - U_f) / R_f$ 也变化，所以调量程对变送器的零点有影响。故在调整变送器的量程之后，必须重新调整零位。

(4) 调整变送器的零位是通过电位器改变调零电压 U_z 的大小来实现的。调整变送器的零位对量程没有影响。

(5) 变送器是由测量膜片、差压电容、测量电路和放大输出电路四个环节串联而构成的。因此变送器的误差是由这四个环节的误差造成的。在设计和制造时，将各个环节的误差限制在一定范围内，使变送器的精度达到 0.25 级。

调零电路如图 3－20 所示。恒定电压 U_{AB} 加在电位器两端，再由电位器可动触点引出，并经分压而得到调零电压 U_z。改变可动触点的位置，可以改变 U_z 的大小。变送器零点迁移是通过插接件 SW 来实现的。所谓“零点迁移”，就是把变送器的零点所对应的被测参数，迁移到某一不为零的数值上，当插接件 SW1 使两个电阻并联时，使调零电压 U_z 增大，则变送器输出电流 I_o 增大，即使得零位升高，因此需要给差压变送器加一个正差压，才能使输出电流升至零点，这就是实现了零点正迁移。

1151 系列差压变送器的负荷特性如图 3－21 所示。由图 3－21 可见，变送器允许的负荷电阻最大值因供电电压高低不同而不同，在使用变送器时必须注意这一问题。如果负荷电阻超过允许数值，将造成变送器输出电流达不到 20mA。

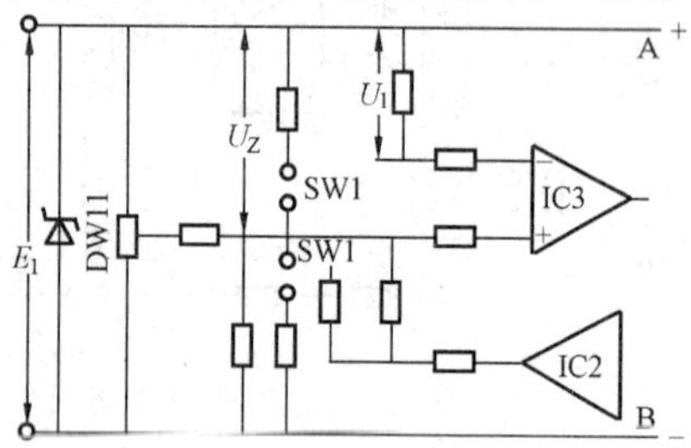

图 3－20　调零电路图

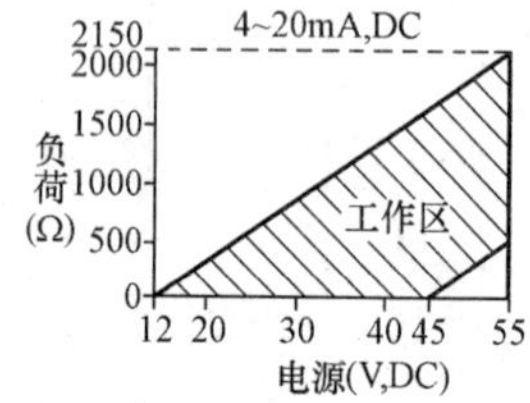

图 3－21　1151 系列差压变送器负荷特性

（五）远传式压力/差压变送器

远传压力、差压变送器是一种通过安装在管道或容器上的远传装置来感受被测压力，该压力经毛细管内的灌充硅油（或其他液体）传递至变送器的主体，然后由变送器主体内的 δ 室和放大线路板，将压力或差压转换成 4～20mADC 信号输出，其结构原理见图 3－22。

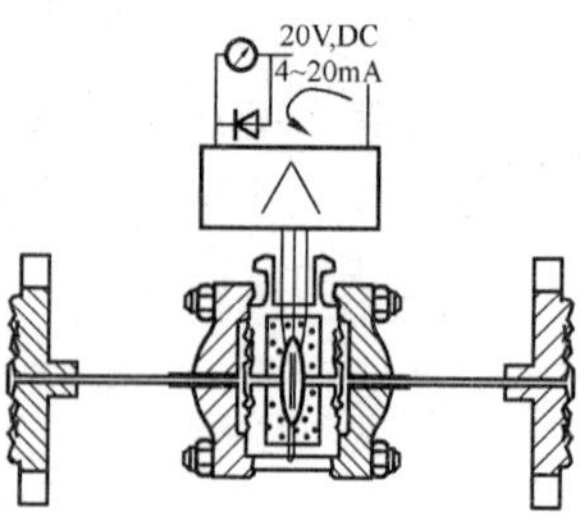

图 3－22　远传压力、差压变送器结构原理图

远传压力、差压变送器与智能放大板组合，可构成智能远传压力、差压变送器，与符合 HART 协议的手操器配合，可以相互通讯，进行设定和监控。

二、电阻式压力变送器

电阻式压力变送器的工作原理是在弹簧管压力表中装了一个滑线电阻，当被测压力变化时，压力表中指针轴的转动带动滑线电阻的可动触点移动，改变滑线电阻两边的电阻比。这样就把压力的变化转换为电阻的变化，而电阻的变化可用电桥（二次仪表）测量。测量结果（压力）可从二次仪表上直接读出。

电阻式压力变送器的型号为 YCD－150（符号 Y—压力；C—远传；D—电阻式）。与之配套的动圈指示仪表的型号为 XCZ－104。

当压力为零时，电桥处于平衡状态，二次仪表指示为零。当压力变化时，弹簧管产生弹性变形，滑线电阻可动触点移动，电桥失去平衡，输出不平衡电压，该不平衡电压的大小与被测压力成正比，由动圈指示仪测量和显示被测压和的数值。

这种变送器结构简单，外形尺寸小。但由于存在摩擦，在测量波动频繁的压力时，滑线电阻磨损严重，引起测量误差。另外，可动触点和滑线电阻容易污染和腐蚀，降低了仪表的可靠性。

三、霍尔压力变送器

霍尔电势是这样产生的。把一块通有电流的半导体片放在磁感应强度为一定值的磁场中，当电流沿着垂直于磁场的方向通过的时候，在垂直于磁场方向和电流方向的半导体片的两个侧面之间，将产生电位差。霍尔现象是在1879年发现的，称为霍尔效应。电位差称为霍尔电势。半导体片称作霍尔片。实验证明，霍尔电势的大小与电流强度成正比，与磁感应强度成正比，而与霍尔片的厚度成反比，与霍尔片的材料有关。

霍尔压力变送器的工作原理是这样的。将霍尔片固定在弹簧管的自由端，并处于具有线性变化的不均匀磁场中，使通过霍尔片的电流保持不变，则当弹簧管自由端产生位移，霍尔片处于磁场中的不同位置时，由于磁感应强度不同，即可得到与弹簧管自由端位移成正比的霍尔电势。

被测压力由弹簧管引入，弹簧管的自由端与霜尔片相连。在霍尔片的上、下方，垂直安放着两对磁极，霍尔片处于两对磁极形成的线性不均匀磁场之中。霍尔片的4个端面引出4根导线，其中与磁钢相平行的两根接直流稳压电源，使霍尔片通过恒定不变的电流。另两根导线用来输出信号。

当被测压力为零时，霍尔片处于两对极靴间的中间平衡位置，由于霍尔片的两半部分所通过的磁通大小相同，方向相反，因而在两半部分霍尔片上所产生的霍尔电势也是大小相等，方向相反的。所以从霍尔片两端引出的总电势为零。

当被测压力变化时，弹簧管自由端产生位移，并带动霍尔片偏离中间位置，这时霍尔片两半部分通过的磁通不再相等，霍尔片两端所产生的两个极性相反的霍尔电势之和也不再为零。由于沿霍尔片移动的方向上磁感应强度的分布呈线性不均匀状态，故霍尔片两端所导出的电势与被测压力呈线性关系。

为了保持工作电流恒定，采用直流稳压电源供电。

霍尔压力变送器可以和XCZ－103、XCT－103等动圈仪表配套使用，也可以和直流电位差计配套使用。霍尔压力变送器实际上是一个位移—电势转换装置，由于霍尔片的输入电阻和温度系数都比较大，这就决定了霍尔压力变送器对温度非常敏感，因此需要采取相应的措施，对变送器进行恒温或温度补偿，以削弱温度变化对变送器输出特性的影响。

四、力平衡式变送器

力平衡式变送器可作为检测、变送单元，用来连续测量介质的压力、负压、压差、流量、液位等。它是根据力平衡原理工作的，并将各种不同的量转换成统一的直流信号输出，作为显示记录仪表、调节器或其他控制设备的输入信号。

力平衡式变送器的种类很多，用处很广，但它们的工作原理却完全相同。力平衡式变送器的结构主要由测量头、杠杆系统、电子放大器及电磁反馈装置等四部分组成。各种型式的力平衡式变送器，除测量头部分不同外，其余三部分则完全相同且可以互换。

力平衡式变送器的工作原理如下。

被测参数由弹性元件转换成测量力作用在杠杆的A点，使杠杆绕支点按逆时针方向产生一个微小的偏转，于是安装在杠杆另一端上的铝检测片与检测线圈之间的距离减小，从而改变了检测线圈的电感量，该电感量的变化经电子放大器转换并放大为一定大小的毫安级直流电流，作为仪表的输出信号。同时该电流流过安装在杠杆刀端上的反馈动圈。由于动圈处于永久磁钢的磁场之中，当动圈中有电流流过时，动圈受到电磁力的作用，使杠杆顺时针转动，力争恢复到原来的平衡位置，这就是力平衡的作用。当电磁力越大时，杠杆的偏转角度越大，铝检测片与检测线圈之间的距离改变越大，检测线圈电感量的变化也就越大，电子放大器输出的电流也越大。若使输出电流与被测参数之间具有一定的单值函数关系，就可实现非电量的电测量。由于采用了力平衡原理，以及放大器有足够的放大倍数，所以在测量过程中，杠杆的偏转角很小，传动零部件没有显著的位移，由于摩擦阻力引起的误差较小，因而仪表精度较高，一般可达0.5级。

变送器的测量头位于变送器的下方。它的作用是把被测参数如压力、压差、液位、流量等转换成作用于杠杆上的力。力平衡式变送器之所以能够测量性质不同的参数，就在于它有各种相应的测量头。

测量中、低压力用的敏感元件是波纹管，测量高压的敏感元件采用弹簧管。其工作原理与差压变送器的测量头类似。测负压的变送器测量头和测低压的相同。低压力变送器的输入压力作用在波纹管的外面，使波纹管处于压缩状态，负压变送器的输入负压作用在波纹管的内部，波纹管的外面通大气，使波纹管仍然处于被压缩状态。

电磁反馈装置由反馈动圈和永磁系统组成。它的主要作用是把变送器的输出电流转换成电磁力，作用在副杠杆上产生反馈力矩，它与测量部分的输入力矩相平衡，从而起到整机的力负反馈作用。

高频位移检测放大器是一种位移—电流转换器，它将铝检测片的微小位移转换成毫安级直流电流输出，是力平衡式变送器的重要组成部分，对整个变送器的性能起着关键的作用。

检测放大器由铝检测片、检测线圈、高频振荡器、输出桥路、直流功率放大器及电源等部分组成。

DDZ－Ⅱ型仪表的统一信号是0～10mA电流，而高频振荡器的输出电流一般不超过3mA，因此在变送器中，加了一级直流功率放大器。在高频振荡器和直流功率放大器之间采用了特殊的耦合方式——桥式电路。

高频位移检测放大器有三组直流稳压电源：12V串联型可调稳压电源，供高频振荡器和桥路用；65V和17V普通整流滤波电源供功放级用。

复习思考题

1. 解释下列名词：压力、绝对压力、相对压力、真空。
2. 压力的国际单位是什么？
3. 液柱式压力计有哪些类型？
4. 弹性压力计敏感元件的种类有哪些？
5. 压力变送器的种类有哪些？

第四章 流量测量及仪表

第一节 概 述

在火力发电厂电和热的生产过程中，为了及时了解设备的生产能力、控制运行工况以及取得进行热效率计算与成本核算的数据，必须经常检测生产过程中的给水流量、主蒸汽流量、供热蒸汽流量和燃油流量等。因此，流量也是保证火电厂安全、经济运行的重要参数。

一、流量计量意义

计量是工业生产的眼睛。流量计量是计量科学技术的组成部分之一，它与国民经济、国防建设、科学研究有密切的关系。做好这一工作，对保证产品质量、提高生产效率、促进科学技术的发展都具有重要的作用。特别是在能源危机、工业生产自动化程度愈来愈高的当今时代，流量计在国民经济中的地位与作用更加明显。

（一）流量计量在火力发电厂中的应用广泛

流量计量广泛应用于国民经济的各个领域之中。在电力工业生产中，对液体、气体、蒸汽等介质流量的测量和调节占有重要地位。流量计量的准确与否不仅对保证发电厂在最佳参数下运行具有很大的经济意义，而且随着火力发电机组的发展和控制水平的提高，流量测量已成为保证发电厂安全运行的重要环节。如锅炉瞬时给水流量中断或减少，都可能造成严重的干锅或爆管事故。这就要求流量测量装置，不但应做到准确计量，而且要及时地发出报警信号。

流量与温度、压力、物位一样，是火力发电生产过程的重要参数。人们依靠这些参数对生产流程进行监督和控制，并实现生产流程的自动化。这对提高发电量和保证电能质量，保证设备安全和生产运行人员的人身安全，改进操作工艺和生产条件等方面有着极其重要意义。同时，流量计量是发电企业进行经济核算的重要依据，流量计量准确可靠是保证企业生产高效率进行，保证最佳经济效益的重要手段之一。

燃料的计量测试工作是发电企业进行节能技术监督和管理的一项重要技术基础工作。这一工作如果做得不好，节能的效果就难以确定。在生产中的水、油、气及其他流体介质，均属流量测量范畴。做好这一工作对于节能工作具有重要意义。我国电力行业能源利用率也很低，比发达国家约低20%左右，所以节能的潜力是很大。如果能源利用率提高1%，其经济效益将是非常可观的。在节能工作中，计量仪表是基础，流量计量将起到极为重要作用。

（二）流量计量内容

在火力发电厂生产过程中，流量是一个动态量，流量测量是一项复杂的技术。从被测流体来说，包括气体、液体和混合流体这三种具有不同物理特性的流体；从测量流体流量时的条件来说，又是多种多样的，如测量时的温度可以从高温到极低温，测量时的压力可以从高压到低压；被测流量的大小可以从微小流量到大流量；被测流体的流动状态可以是层流、紊流等。此外就液体而言，还存在粘度大小不同等情况。因此，为准确的测量流量，就必须研究不同流体在不同条件下的流量测量方法，并采用相应的测量仪表。这是流量计量的主要工作之一。由于被测流体的特性如此复杂，测量条件又各不相同，从而产生了各种不同的测量方法和测量仪表。流量测量的另一主要内容就是：研究流量单位的发现方法和检定系统，建立流量计量的基准、标准装置，以保证量值传递和流量测量的准确度。

（三）流量测量发展与前景展望

为满足不同种类流体特性，不同流动状态下的流量测量问题，近30年来，先后研制出并投入使用的流量计有差压式流量计、容积流量计、动量式流量计、电磁流量计、超声波流量计等几十种新型流量计。随着科学技术的发展，超声波、激光、电磁、核技术及微计算机等新技术引入流量计量领域，使得无接触无活动部件间接技术大大发展，流量传感器趋向电子化和数字化，为流量测量开拓新的领域。

二、流量计量基本概念

流量就是在单位时间内流体通过一定截面积的量。这个量用流体的体积来表示称为瞬时体积流量（q_V），简称体积流量；用流量的质量来表示称为瞬时质量流量（q_m），简称质量流量。它的表达式是

$$q_V = \frac{dV}{dt} = \lim_{\Delta t \to 0} \frac{\Delta V}{\Delta t}$$

$$q_m = \frac{dm}{dt} = \lim_{\Delta t \to 0} \frac{\Delta m}{\Delta t} = \rho q_V$$

式中　q_V、q_m——在时间间隔 Δt 内通过的流体质量或体积；

ρ——流体密度。

从 t_1 到 t_2 这一段时间内流体体积流量或质量流量的累积值称为累积流量，它们的表达式是

$$V = \int_{t_1}^{t_2} q_V dt \text{ 和 } m = \int_{t_1}^{t_2} q_m dt$$

对在一定通道内流动的流体的流量进行测量统称为流量计量。流量测量的流体是多样化的，如测量对象有气体、液体、混合流体；流体的温度、压力、流量均有较大的差异，要求的测量准确度也各不相同。因此，流量测量的任务就是根据测量目的，被测流体的种类、流动状态、测量场所等测量条件，研究各种相应的测量方法，并保证流量量值的正确传递。

三、流量计量常用物性参数

在流量测量和计算中，要使用到一些流体的物理性质（流体物性），它们对流量测量的准确度及流量计的选用都有很大影响。限于本书篇幅，仅对这些物性参数作基本概念及一些简单计算式的介绍，详细数据资料需到有关手册去查询。

1. 流体密度

流体的密度的定义为 $\rho = \frac{m}{V}$，单位是 kg/m^3，其中 m 为流体的质量，kg；V 为流体的体积，m^3。

通常，压力的变化对液体密度的影响很小，在5MPa以下可以忽略不计，但是特殊条件下，即使在较低压力下，也应进行压力修正。气体的密度在其压力变化不大且流速也不大的情况下也可以认为是常数，或者是按理想气体状态方程式来确定。

2. 流体黏度

流体本身阻滞其质点相对滑动的性质称为流体的黏性。流体黏性的大小用黏度来度量。同一流体的黏度随流体的温度和压力而变化。通常温度上升，液体黏度下降，而气体黏度上升。液体黏度只在很高压力下才需进行压力修正，而气体的黏度与压力、温度的关系十分密切。表征流体黏度常用如下两种：

（1）动力黏度 η，单位 Pa·s；

(2) 运动黏度 ν，$\eta = \rho\nu$，单位 m^2/s。

3. 膨胀系数

$$\beta = \frac{1}{V}\frac{\Delta V}{\Delta T} \qquad (1/℃)$$

式中 V——流体原有体积，m^3；

ΔV——流体因温度变化膨胀的体积，m^3；

ΔT——流体温度变化值，℃。

4. 压缩率

压缩率是指当流体温度不变，所受压力变化时，其体积的变化率，即

$$K = \frac{-1}{V}\frac{\Delta V}{\Delta p}$$

式中 K——流体的压缩系数，1/Pa；

V——压力为 p 时的流体体积，m^3；

ΔV——压力增加 Δp 时流体体积的变化量，m^3。

5. 雷诺数

雷诺数是一个表征流体惯性力与黏性力之比的无量纲量，其定义为

$$R_e = \frac{\rho v l}{\upsilon} = \frac{vl}{\upsilon}$$

式中 v——流体的平均速度，m/s；

l——流速的特征长度，如在圆管中取管内径值，m；

υ——流体的运动黏度，m^2/s。

如雷诺数小，黏性力占主要地位，黏性对整个流场的影响都是重要的。如雷诺数很大，则惯性力是主要的，黏性对流动的影响只有在附面层内或速度梯度较大的区域才是重要的。

四、流量计种类及其特点

测量流体流量的仪表统称为流量计或流量表。流量计是工业测量中重要的仪表之一。随着工业生产的发展，对流量测量的准确度和范围的要求越来越高，流量测量技术日新月异。为了适应各种用途，各种类型的流量计相继问世。目前已投入使用的流量计已超过 100 种。从不同的角度出发，流量计有不同的分类方法。常用的分类方法有两种，一是按流量计采用的测量原理进行归纳分类；二是按流量计的结构原理进行分类。

(一) 按流量计测量原理分类

(1) 力学原理：属于此类原理的仪表有利用伯努利定理的差压式、转子式；利用动量定理的冲量式、可动管式；利用牛顿第二定律的直接质量式；利用流体动量原理的靶式；利用角动量定理的涡轮式；利用流体振荡原理的旋涡式、涡街式；利用总静压力差的皮托管式等。

(2) 电学原理：用于此类原理的仪表有电磁式、差动电容式、电感式、应变电阻式等。

(3) 声学原理：利用声学原理进行流量测量的有超声波式、声学式（冲击波式）等。

(4) 热学原理：利用热学原理测量流量的有热量式、直接量热式、间接量热式等。

(5) 光学原理：激光式、光电式等是属于此类原理的仪表。

(6) 原于物理原理：核磁共振式、核辐射式等是属于此类原理的仪表。

(7) 其他原理：有标记原理（示踪原理、核磁共振原理）、相关原理等。

(二) 按流量计结构原理分类

按当前流量计产品的实际情况，根据流量计的结构原理，大致上可归纳为以下几种类型。

1. 容积式流量计

容积式流量计相当于一个标准容积的容器，它接连不断地对流动介质进行度量。流量越大，度量的次数越多，输出的频率越高。容积式流量计的原理比较简单，适于测量高黏度、低雷诺数的流体。根据回转体形状不同，目前生产的产品分为：适用于测量液体流量的椭圆齿轮流量计、腰轮流量计（罗茨流量计）、旋转活塞和刮板式流量计；适用于测量气体流量的伺服式容积流量计、皮膜式和转筒流量计等。

2. 叶轮式流量计

叶轮式流量计的工作原理是将叶轮置于被测流体中，受流体流动的冲击而旋转，以叶轮旋转的快慢来反映流量的大小。典型的叶轮式流量计是水表和涡轮流量计，其结构可以是机械传动输出式或电脉冲输出式。一般机械式传动输出的水表准确度较低，误差约 ±2%，但结构简单，造价低，国内已批量生产，并标准化、通用化和系列化。电脉冲信号输出的涡轮流量计的准确度较高，一般误差为 ±0.2%～0.5%。

3. 差压式流量计（变压降式流量计）

差压式流量计由一次装置和二次装置组成。一次装置称流量测量元件，它安装在被测流体的管道中，产生与流量（流速）成比例的压力差，供二次装置进行流量显示。二次装置称显示仪表。它接收测量元件产生的差压信号，并将其转换为相应的流量进行显示。差压流量计的一次装置常为节流装置或动压测定装置（如皮托管、均速管等）。二次装置为各种机械式、电子式、组合式差压计配以流量显示仪表。差压计的差压敏感元件多为弹性元件。由于差压和流量呈平方根关系，故流量显示仪表都配有开平方装置，以使流量刻度线性化。多数仪表还设有流量积算装置，以显示累积流量，以便经济核算。这种利用差压测量流量的方法历史悠久，比较成熟，世界各国一般都用在比较重要的场合，约占各种流量测量方式的 70%。发电厂主蒸汽、给水、凝结水等的流量测量都采用这种表计。

4. 变面积式流量计（等压降式流量计）

放在上大下小的锥形流道中的浮子受到自下而上流动的流体的作用力而移动。当此作用力与浮子的“显示质量”（浮子本身的质量减去它所受流体的浮力）相平衡时，浮子即静止。浮子静止的高度可作为流量大小的量度。由于流量计的通流截面积随浮子高度不同而异，而浮子稳定不动时上下部分的压力差相等，因此该型流量计称变面积式流量计或等压降式流量计。该式流量计的典型仪表是转子（浮子）流量计。

5. 动量式流量计

利用测量流体的动量来反映流量大小的流量计称动量式流量计。由于流动流体的动量与流体的密度及流速的平方成正比。当通流截面确定时，流速与体积流量成正比。因此测得动量，即可反映流量。这种型式的流量计，大多利用检测元件把动量转换为压力、位移或力等，然后测量流量。这种流量计的典型仪表是靶式和转动翼板式流量计。

6. 电磁流量计

电磁流量计是应用导电体在磁场中运动产生感应电动势，而感应电动势又与流量大小成正比，通过测电动势来反映管道流量的原理而制成的。其测量精度和灵敏度都较高。多用以测量水、灰浆等介质的流量。可测最大管径达 2m，而且压损极小。但导电率低的介质，如气体、蒸汽等则不能应用。

电磁流量计造价较高，且信号易受外磁场干扰，影响了在管流测量中的广泛应用。

7. 超声波流量计

超声波流量计是基于超声波在流动介质中传播的速度等于被测介质的平均流速和声波本身速

度的几何和的原理而设计的。它也是由测流速来反映流量大小的。超声波流量计虽然在20世纪70年代才出现，但由于它可以制成非接触型式，并可与超声波水位计联动进行开口流量测量，对流体又不产生扰动和阻力，所以很受欢迎，是一种很有发展前途的流量计。

近年来，利用多普勒效应制造的超声多普勒流量计得到广泛的关注，被认为是非接触测量双相流的理想仪表。

8. 流体振荡式流量计

流体振荡式流量计是利用流体在特定流道条件下流动时将产生振荡，且振荡的频率与流速成比例这一原理设计的。当通流截面一定时，流速与容积流量成正比。因此，测量振荡频率即可测得流量。这种流量计是20世纪70年代开发和发展起来的，它兼有无转动部件和脉冲数字输出的优点，很有发展前途。目前典型的产品有涡街流量计、旋进旋涡流量计。

9. 质量流量计

由于流体的容积受温度、压力等参数的影响，用容积流量表示流量大小时需给出介质的参数。在介质参数不断变化的情况下，往往难以达到这一要求，而造成仪表显示值失真。因此，质量流量计就得到广泛的应用和重视。质量流量计分直接式和间接式两种。直接式质量流量计利用与质量流量直接有关的原理进行测量，目前常用的有量热式、角动量式、振动陀螺式、马格努斯效应式和科里奥利力式等质量流量计。间接式质量流量计是用密度计与容积流量直接相乘求得质量流量的。

在现代工业生产中，流动工质的温度、压力等运行参数不断提高，在高温高压的情况下，由于材质和结构等方面的原因，直接式质量流量计的应用遇到困难，而间接式质量流量计由于密度计受湿度和压力适用范围的限制，往往也不好实际应用。因此，在工业生产中广泛采用的是温度压力补偿式质量流量计。可把它看作一种间接式质量流量计，不是配用密度计，而是利用温度、压力与密度间的关系，用温度、压力信号经函数运算为密度信号，与容积流量相乘而得到质量流量。目前温度、压力补偿式质量流量计虽已实用化，但当被测介质参数变化范围很大或很迅速时，正确地补偿将很困难或不可能，因此进一步研究在实际生产中适用的质量流量计和密度计还是一个课题。

流量测量仪表的种类很多，其中差压式流量计比较成熟，已有比较完整的实验资料和实践经验，其主要部件也已标准化，适用于测量稳定流动的流体流量，在火力发电厂中得到了广泛的应用。本章将着重介绍这种流量测量仪表。

第二节 差压式流量计

差压式流量计（简称DPF）是根据安装于管道中流量检测件产生的差压、已知的流体条件和检测件与管道的几何尺寸来测量流量的仪表。DPF由一次装置（检测件）和二次装置（差压转换和流量显示仪表）组成。通常以检测件的型式对DPF分类，如孔扳流量计、文丘里管流量计及均速管流量计等。二次装置为各种机械、电子、机电一体式差压计、差压变送器和流量显示及计算仪表，它已发展为系列化、通用化及标准化程度很高的种类规格庞杂的一大类仪表。差压计既可用于测量流量参数，也可测量其他参数（如压力、物位、密度等）。

DPF按其检测件的作用原理可分为节流式、动压头式、水力阻力式、离心式、动压增益式和射流式等几大类，其中以节流式和动压头式应用最为广泛。

节流式DPF的检测件按其标准化程度分为标准型和非标准型两大类。所谓标准节流装置是指按照标准文件设计、制造、安装和使用，无须经实流校准即可确定其流量值并估算流量测量误

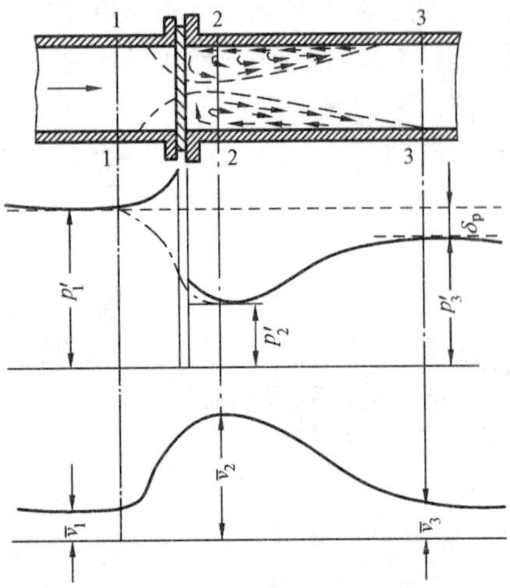

图 4-1　流体流经节流件时的流动情况示意图

差。标准型节流式 DPF 的发展经过漫长的过程。

人们通常称 ISO 5167（GB/T2624）中所列节流装置为标准节流装置，其他的都称为非标准节流装置。应该指出，非标准节流装置不仅是指那些节流装置结构与标准节流装置相异的，如果标准节流装置在偏离标准条件下工作亦应称为非标准节流装置，如标准孔板在混相流或标准文丘里喷嘴在临界流下工作的都是。

节流式 DPF 现场应用的不断拓展必然提出发展非标准节流装置的要求，10 多年来 ISO 亦在不断制定有关非标准节流装置的技术文件，在它们不能成为正式标准之前作为技术报告发表。可以预见，今后有可能若干较为成熟的非标准节流装置会晋升为标准型的。

一、差压式流量计工作原理

流体流经节流装置时，流速与静压力的变化情况如图 4-1 所示。在截面 1-1 之前，流体充满管道，其压力为 p'_1，其平均流速为$\overline{v_1}$。

流体到达 1-1 截面之后，流束开始收缩，位于边缘的流束向中心加速，流束中心速度增加，静压力降低。经过节流装置以后，由于流动的惯性，流束继续收缩，到达截面 2-2 时，流束收缩到最小，流速达到最大。以后流束开始扩大，流速开始降低，到达截面 3-3 时，流束又重新充满管道。流束中心压力的变化情况如图 4-1 中点划线所示。由于流束受到节流装置的阻挡，速度能转换为压力能，使节流装置入口侧的静压力升高到 p_1，出口侧由于涡流的影响，其静压力 p_2 也比中心为高，如图 4-1 中实线所示。流束到达 2-2 截面时，压力降为 p'_2。到达 3-3 截面以后，恢复到节流前的流速，但由于节流损失，静压力只能恢复到 p'_3；$p'_1 - p'_3 = \delta_p$，δ_p 为节流损失。

二、标准节流装置流量方程式

当流体流过节流装置时，流体的压力和流速都会发生变化，从能量的角度来看，在管道的任一截面上流体的总能量总是相等的，对于如图 4-1 所示的水平管道，其伯努利方程式可写为

$$\frac{p'_1}{\rho_1 g} + C_1 \frac{v_1^2}{2g} = \frac{p'_2}{\rho_2 g} + C_2 \frac{v_2^2}{2g} + \xi \frac{v_2^2}{2g} \tag{4-1}$$

经推导后可得

$$q_m = \frac{C}{\sqrt{1-\beta^4}} \varepsilon \frac{\pi}{4} d^2 \sqrt{2\Delta p \rho_1} \tag{4-2}$$

其中　$\beta = d/D$

$$q_m = K\sqrt{\Delta p} \tag{4-3}$$

$$q_V = q_m/\rho$$

式中　q_m——质量流量，kg/s；

q_V——体积流量，m^3/s；

C——流出系数；

ε——可膨胀性系数；

β——直径比；

d——工作条件下节流件的孔径，m；

D——工作条件下上游管道内径，m；

Δp——差压，Pa；

ρ_1——上游流体密度，kg/m^3；

K——与流体性质和管道局部阻力等有关的常数。

由上式可见，流量为 C、ε、d、ρ、Δp、β（D）共 6 个参数的函数，此 6 个参数可分为实测量［d，ρ，Δp，β（D）］和统计量（C、ε）两类。

上述公式是实用流量方程式的基本形式，在实际应用中，根据被测介质不同和选用的差压计型式、测量单位不同，还会有一些相应的变形公式，使用时可查阅有关手册。

从上述公式中可以看出以下几点：

（1）流量和压差的平方根成正比，因此流量计的流量刻度标尺是不均匀的，在刻度标尺的起始部分刻度较密，因而误差较大，这就限制了流量计的测量区域。

（2）在整个测量过程中，必须使相关系数符合设计值，流量和压差才有恒定的对应关系。流量系数 α 在流量较大时，可使其处于定值域而为定值，当流量较小，使介质的雷诺数小于界限雷诺数时，流量系数 α 将随流量而变化，必须加以修正。

在测量可压缩流体（气体或蒸汽）时，ε 值将随流量的增加，$\Delta p/p_1$ 值的增大而减小。

另外，当介质的压力、温度改变时，介质的密度也会变化，因此将会引起较大的测量误差。

由此可见，差压式流量计必须在额定的压力、温度和正常流量之下，才能保证其测量的准确度，否则将会引起流量的测量误差。因此，必须采取对介质压力、温度变化的校正措施。

三、节流式差压流量计主要特点

应用最普遍的节流件标准孔板结构易于复制，简单牢固，性能稳定、可靠，使用期限长，价格低廉。

节流式 DPF 应用范围极广泛，至今尚无任何一类流量计可与之相比。全部单相流体，包括液、气、蒸汽皆可测量，部分混相流，如气固、气液、液固等亦可应用，可适用于热力一般生产过程的管径及不同压力和温度工作状态。

检测件，特别是标准型的，是全世界通用的，并得到国际标准组织的认可。对标准型检测件进行的试验研究是国际性的，而不像其他流量计一般仅依靠个别厂家或研究群体进行，因此其研究的深度和广度不可同日而语。由于上述原因，标准型节流式 DPF 无需实流校准，即可投用，在流量计中亦是惟一的。

目前在各种类型中以节流式和动压头式应用最多，节流式已开发 20 余品种，较成熟的向标准型发展；动压头式以均速管流量计为代表，近年有较快发展，它是插入式流量计的主要品种，其用量在迅速增加。

节流式 DPF 主要存在以下缺点：

（1）测量的重复性、精确度在流量计中属于中等水平，由于众多因素的影响错综复杂，精确度难以提高。

（2）范围度窄，由于仪表信号（差压）与流量为平方关系，一般范围度仅 3:1～4:1。

（3）现场安装条件要求较高，如需较长的直管段（指孔板、喷嘴），一般难以满足。

（4）检测件与差压显示仪表之间引压管线为薄弱环节，易产生泄漏、堵塞、冻结及信号失真等故障。

（5）压损大（指孔板、喷嘴）。

为了弥补上述缺点，近年来采取了一系列的措施，这里不再详细叙述。

五、节流式差压流量计分类

差压式流量计分类，如表 4－1 所示。

表 4－1　　差压式流量计分类表

分类原则	分类类型
按产生差压的作用原理分类	①节流式；②动压头式；③水力阻力式；④离心式；⑤动压增益式；⑥射流式
按结构形式分类	①标准孔板；②标准喷嘴；③经典文丘里管；④文丘里喷嘴；⑤锥形入口孔板；⑥1/4 圆孔板；⑦圆缺孔板；⑧偏心孔板；⑨楔形孔板；⑩整体（内藏）孔板；⑪线性孔板；⑫环形孔板；⑬道尔管；⑭罗洛斯管；⑮弯管；⑯可换孔板节流装置；⑰临界流节流装置
按用途分类	①标准节流装置；②低雷诺数节流装置；③脏污流节流装置；④低压损节流装置；⑤小管径节流装置；⑥宽范围度节流装置；⑦临界流节流装置

1. 按产生差压作用原理分类

（1）节流式：依据流体通过节流件使部分压力能转变为动能以产生差压的原理工作，其检测件称之为节流装置，是 DPF 的主要品种。

（2）动压头式：依据动压转变为静压的原理工作，如均速管流量计。

（3）水力阻力式：依据流体阻力产生的压差原理工作，检测件为毛细管束，又称层流流量计，一般用于微小流量测量。

（4）离心式：依据弯曲管或环状管产生离心力原理形成的压差工作，如弯管流量计、环形管流量计等。

（5）动压增益式：依据动压放大原理工作，如皮托—文丘里管。

（6）射流式：依据流体射流撞击产生原理工作，如射流式差压流量计。

2. 按结构形式分类

（1）标准孔板：又称同心直角边缘孔板，其轴向截面如图 4－2 所示。孔板是一块加工成圆形同心的具有锐利直角边缘的薄板。孔板开孔的上游侧边缘应是锐利的直角。标准孔板有角接、法兰及 D－D/2 三种取压方式，如图 4－3 所示。为从两个方向的任一个方向测量流量，可采用对称孔板，节流孔的两个边缘均符合直角边缘孔板上游边缘的特性，且孔板全部厚度不超过节流孔的厚度。

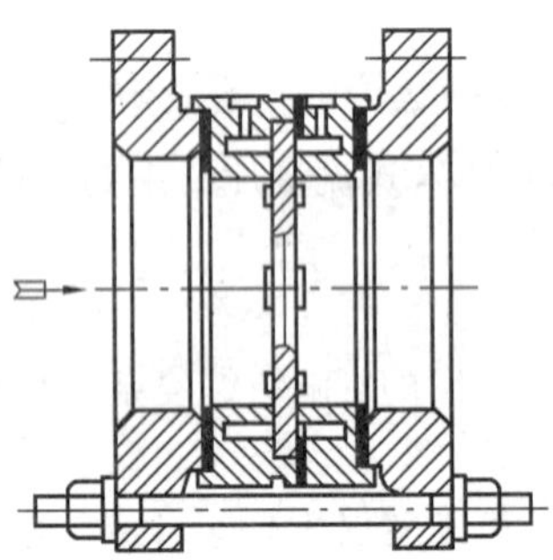

图 4－2　标准孔板轴向截面图

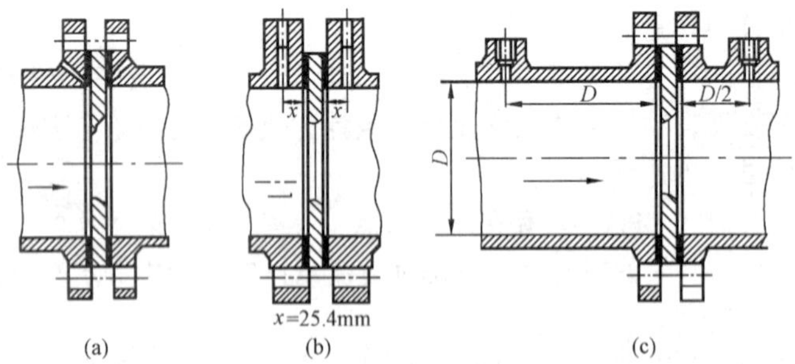

图 4－3　孔板三种取压方式

（a）角接取压；（b）法兰取压；（c）D－D/2 取压

（2）标准喷嘴：有 ISA1932 喷嘴和长径喷嘴两种结构形式，说明如下：

1）ISA1932 喷嘴（见图 4－4）：上游面由垂直于轴的平面、廓形为圆周的两段弧线所确定的收缩段、圆筒形喉部和凹槽组成的喷嘴。ISA1932 喷嘴的取压方式仅角接取压一种。

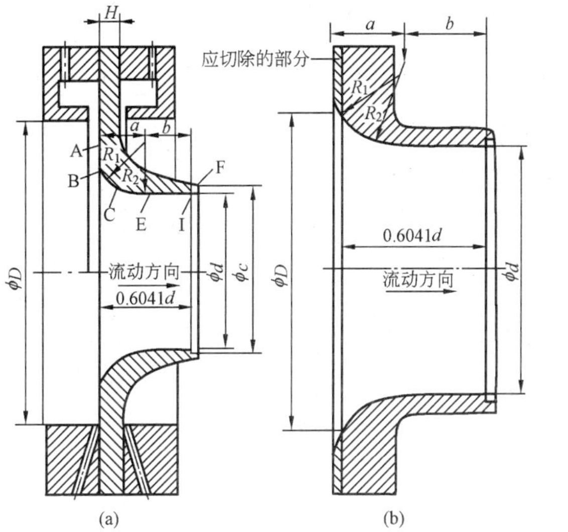

图 4－4 ISA1932 喷嘴结构图

(a) $d < \frac{2}{3}D$；(b) $d > \frac{2}{3}D$

2）长径喷嘴（见图 4－5）：上游面由垂直于轴的平面、廓形为 1/4 椭圆的收缩段、圆筒形喉部和可能有的凹槽或斜角组成的喷嘴。长径喷嘴的取压方式仅 D—$D/2$ 取压一种。

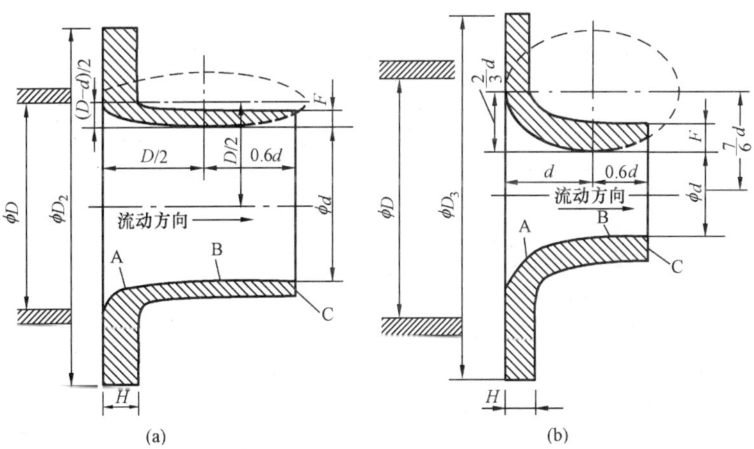

图 4－5 长径喷嘴结构图

(a) 高比值 0.25～0.8；(b) 低比值 0.20～0.5

（3）经典文丘里管：由入口圆筒段 A、圆锥收缩段 B、圆筒形喉部 C 和圆锥扩散段 E 组成，如图 4－6 所示。根据不同的加工方法，有以下结构形式：

1）具有粗铸收缩段的；

2）具有机械加工收缩段的；

3）具有铁板焊接收缩段的。

不同结构形式的 L_1、L_2、R_1、R_2 与 D、d 的关系，如表 4－2 所示。

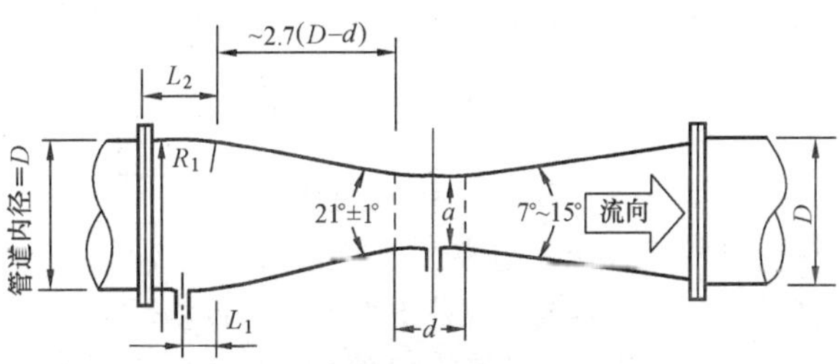

图 4－6 经典文丘里管

表 4 – 2　　　　　　　　　　　L_1、L_2、R_1、R_2 与 D、d 关系

序　号	粗铸入口	机械加工的入口	粗焊的铁板入口
1	$\pm 0.25D$（$100mm < D < 150mm$）	$L_1 = 0.5D \pm 0.05D$	$L_1 = 0.5D \pm 0.05D$
2	$L_2 = 1D$ 或 $0.25D + 250mm$ 两个量中的小者	$L_2 \geqslant D$（入口直径）	$L_2 \geqslant D$（入口直径）
3	$R_1 = 1.375D + 20\%$	$R_1 < 0.25D$	$R_1 = 0$，焊缝除外
4	$R_2 = 3.625d$ 至 $3.8d$	$R_2 < 0.25D$	$R_2 = 0$，焊缝除外

（4）圆缺孔板：其开孔为一个圆的一部分（圆缺部分），这个圆的直径为管道直径的98%，开孔的圆弧部分的圆心应精确定位，使其与管道同心，这样可保证开孔不会被连接的管道或两端的垫片所遮盖，其结构如图 4 – 7 所示。取压方式为法兰取压和缩流取压（或称理论取压）。

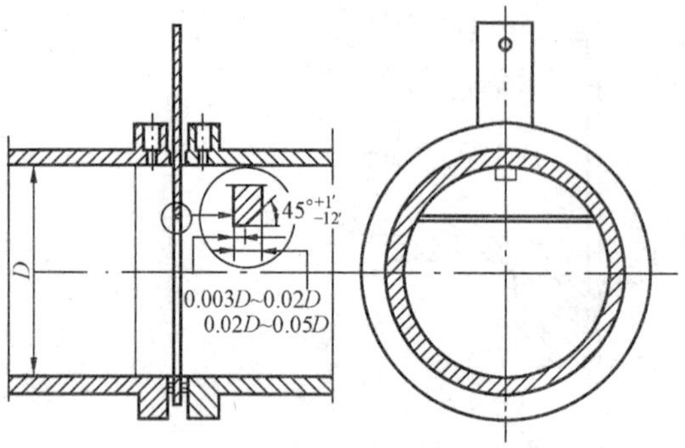

图 4 – 7　圆缺孔板结构图

（5）偏心孔板：这种孔板的孔是偏心的，它与管道同心的圆相切，这个圆的直径等于管道直径的 98%。安装这种孔板必须保证它的孔不会被法兰或垫片遮盖住，其结构如图 4 – 8 所示。它采用法兰取压和缩流取压。

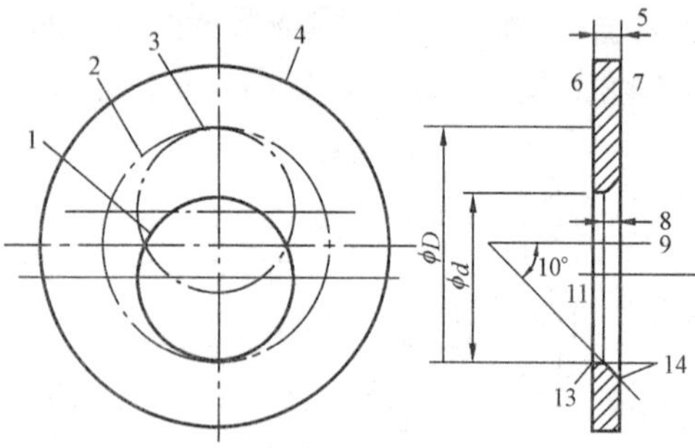

图 4 – 8　偏心孔板结构图

1—孔板开孔；2—管道内径；3—孔板开孔另一位置；4—孔板外径；5—孔板厚度；6—上游端面；7—下游端面；8—孔板开孔厚度；9—孔板轴线；10 – 斜角；11—孔板开孔轴线；12—流向；13—上游边缘；14—下游边缘

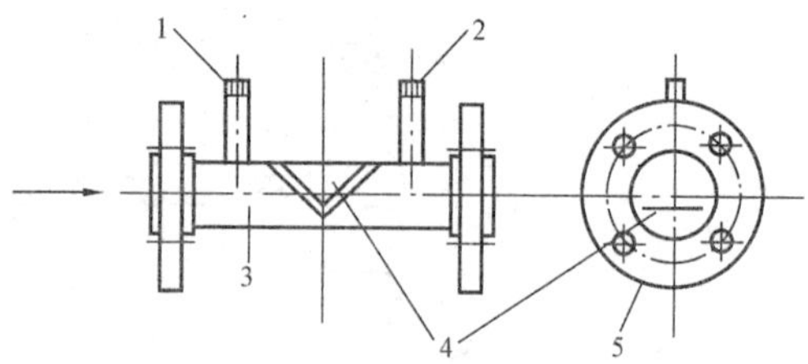

图 4 – 9　楔形孔板结构

1—高压取压口；2—低压取压口；3—测量管；4—楔形孔板；5—法兰

（6）楔形孔板：其结构如图 4 – 9 所示。其检测件为 V 形，设计合适时节流件上下游无滞流区，不会使管道堵塞，取压方式未标准化。

（7）线性孔板：又称弹性加载可变面积可变压头孔板，其结构如图 4 – 10所示，孔隙面积随流量大小而自动变化，曲面圆锥形塞子在差压和弹簧力的作用下来回移动，孔隙的变化使输出信号（差压或位移）与流量成线性关系，并极大地扩大范围度。

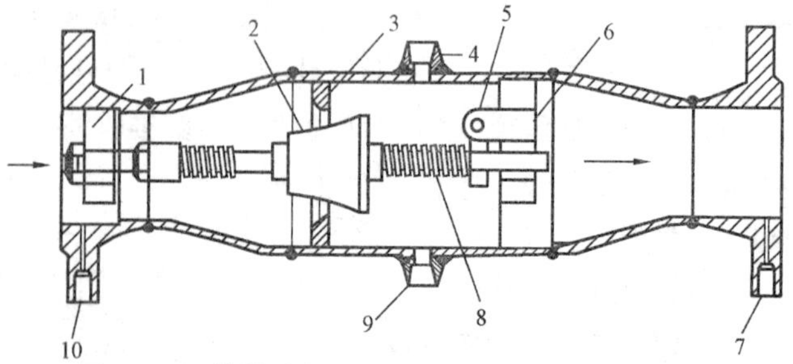

图 4 – 10　线性孔板（GILFLO 型节流装置）结构图

1—稳定装置；2—纺锤形活塞；3—固定孔板；4—排气孔；5—标定和锁定蜗杆装置；6—轴支撑；7—低压侧差压检出接头；8—高张力精密弹簧；9—排水孔；10—高压侧差压检出接头

（8）环形孔板：其结构如图 4 – 11

所示。它由一个被同心固定在测量管中的圆板、三脚支架和中心轴管组成，中心轴管将上下游压力传送到差压变送器。环形孔板的优点是既能疏泄管道底部的较重物质又能使管道中气体或蒸汽沿管道顶部通过。

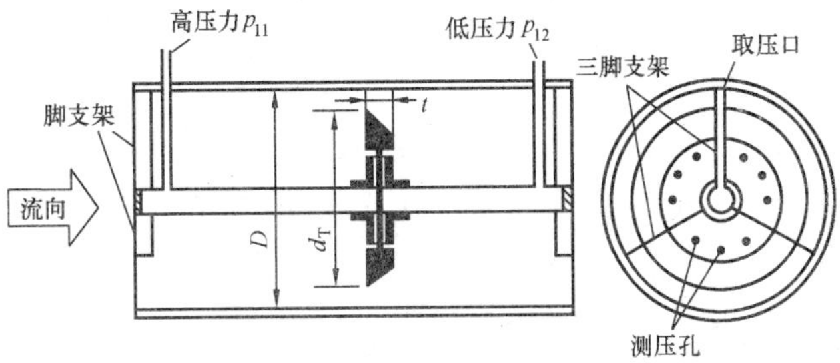

图 4-11　环形孔板结构图

(9) 道尔管：其结构如图 4-12 所示，它由40°入口锥角和15°扩散管组成。流体首先碰到 a 上，再经短而陡的锥体，到达喉部槽两边的两个圆筒形部分，通过短的锥体后在 f 处，突然扩大到管道中，整个长度仅是管径的 1.5～2 倍，是经典文丘里管长度的 17%。道尔管产生的差压比经典文丘里管大，在高差压下却有低的压损。

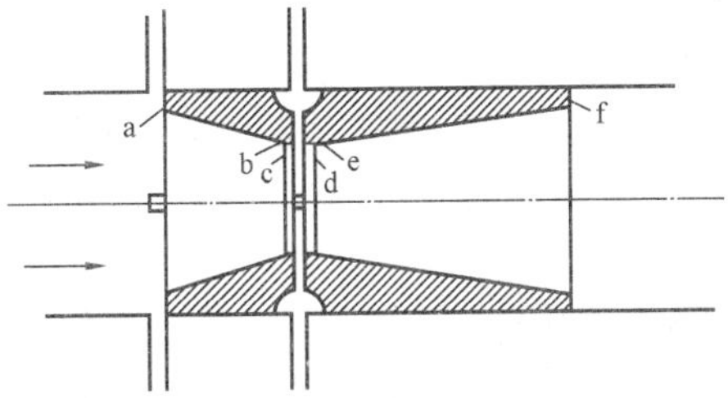

图 4-12　道尔管结构图

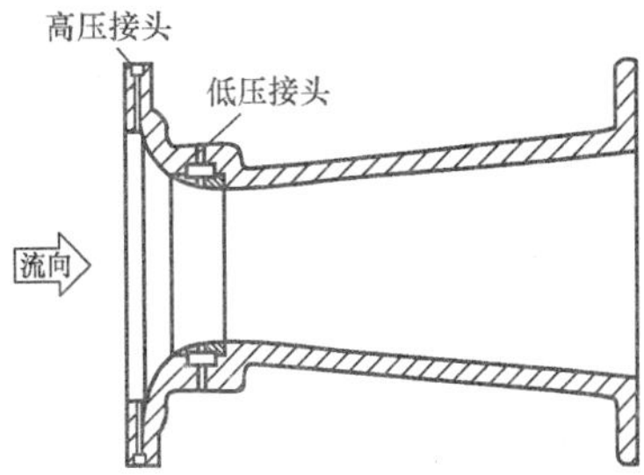

图 4-13　罗洛斯管［低压损（Lo-Loss）管］结构图

(10) 罗洛斯管：其结构如图 4-13 所示。它由入口段、入口锥管、喉部锥管、喉部和扩散管组成。入口锥管的锥角为 40°，喉部锥角为 7°，扩散管锥角为 5°，上游取压口采用角接取压，其取压口紧靠入口锥角处，下游取压口在喉部长度的一半，即 $d/4$ 处。

(11) 弯管：其结构如图 4-14 所示。利用管道系统弯头作检测件，无附加压损及专门安装节流件是其优点，弯管取压口开在 45°或 22.5°处，取压口结构与标准孔板相同，两个平面内的两个取压口对准，使其能处于同一条直线上，弯管内壁应尽量保持光滑。

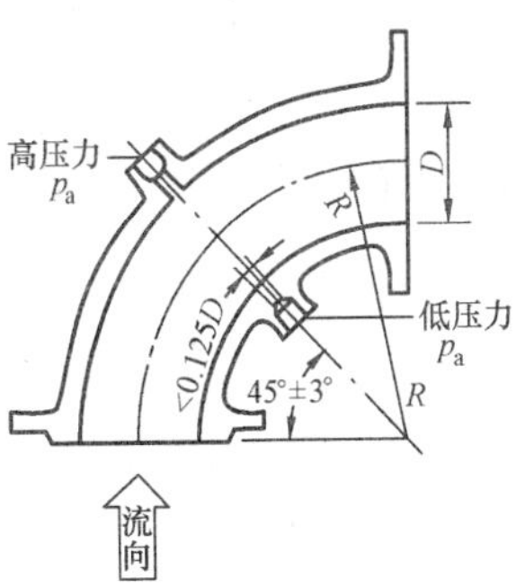

图 4-14　弯管流量传感器

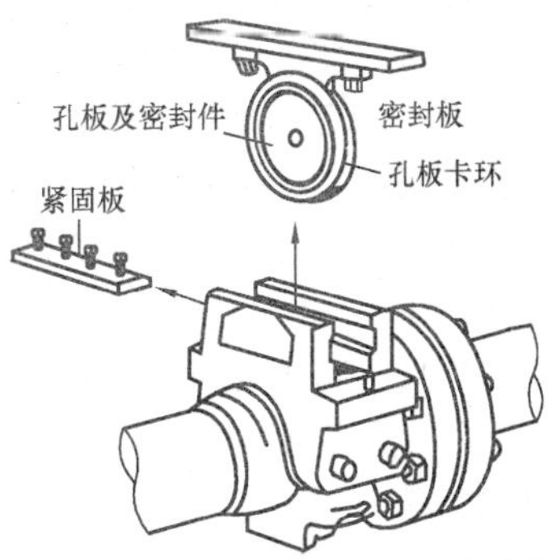

图 4-15　可换孔板节流装置

(12) 可换孔板节流装置：图 4-15 所示为断流取出型可换孔板节流装置。在需要检查孔板或更换孔板时，可无需拆开管道，短时间暂停管道内被测介质的流动，这时就可打开上盖，取出孔板及密封件予以检查或更换。

3. 按用途分类

（1）标准节流装置：ISO 5167 或 GB/T2624 中所包括的节流装置称为标准节流装置，它们是标准孔板、标准喷嘴、经典文丘里管和文丘里喷嘴。在设计、制造、安装及使用方面皆遵循标准规定，可不必个别校准而使用。

（2）低雷诺数节流装置：如 1/4 圆孔板、锥形入口孔板和双重孔板等。

（3）脏污流节流装置：如圆缺孔板、偏心孔板和楔形孔板等。

（4）低压损节流装置：如道尔管、罗洛斯管、弯管及环形管等。

（5）小管径节流装置：如整体（内藏）孔板和一体式流量变送器等。

（6）宽范围度节流装置：如线性孔板等。

六、差压式流量计安装

差压式流量计的安装包括节流装置、连接管路和差压计三个部分。如果安装的不正确或不符合规定的各项技术要求，将对差压式流量计的测量精度和使用带来很大影响，因此必须重视安装工作。

1. 节流装置安装

（1）为了避免由于流束扰动而影响流量系数的准确性，在节流装置前后必须有一段直管段。

（2）节流装置的开孔中心必须和管道中心线同心，节流装置的入口端面应与管道中心线垂直，节流装置不得装反。

（3）节流装置前后长度为 $2D$ 以内的管道内壁上，不应有任何突出部分。这段管道的实际平均内径计算值的最大偏差不得超过允许值。

（4）节流装置在安装之前，应将表面的油污用软布擦净，但应特别保护孔板的尖锐边缘，不得用砂布或锉刀进行辅助加工。

（5）如果节流装置前的管径有突然缩小的情况，由大管径到小管径的一段长度应符合要求；如果节流装置前的管径有锥形扩大时，对流量系数的影响更大，因此应有更长的直管段。

2. 连接管路安装

（1）为了减小迟延，连接管的内径不应小于 8～12mm，连接管路应按最短距离敷设。管路的弯曲处应是均匀的圆角。

（2）应设法排除连接管路中可能积存的气体、水分、液体或固体微粒等，避免它们影响压差传送。为此，连接管路的敷设应保持垂直或大于 1:10 的倾斜度，并加装气体、凝液、微粒的收集器和沉降器等，以定期进行排除。

（3）连接管路应不受外界热源的影响，并应防止冻结。

（4）连接管路中应装有必要的切断、冲洗、灌封液、排污等所需要的阀门。连接管路应保证密封而无渗漏现象。

（5）两根连接管路中的液体温度应该相同，以免由于重度的差别而引起附加的测量误差。

3. 差压计安装及安装示例

差压计的安装主要是安装地点周围条件（如温度、湿度、振动、腐蚀等）的选择，应符合差压计所规定的使用条件。

差压式流量计的安装方式与被测介质有关，在火力发电厂中主要是水和蒸汽流量的测量。

（1）测量液体流量时，为了防止液体中可能有气体进入并积存在连接管路中，以及液体中可能有沉淀物析出，建议将差压计装在节流装置的下方，如果差压计不得不装在节流装置的上方时，建议从节流装置开始引出的连接管先向下而后再弯向上方，以形成 U 形液封。在连接管路的最高点上，应装设集气器。被测介质有沉淀物析出时，差压计前必须装设沉降器。

(2) 测量蒸汽流量时，为了保证两根连接管内凝结水的高度相等，并防止高温蒸汽直接进入差压计，在靠近节流装置的连接管路上，应装设两个平衡容器。两个平衡容器应位于同一水平面上。平衡容器与节流装置之间不应装设切断阀门。差压计应装在节流装置的下方，如果不得不装在其上方时，应在连接管路的最高点上加装集气器。

第三节　差压式流量计显示仪表

差压式流量计是由节流装置与差压计配套组成的。工业上采用的差压计种类很多，目前使用较多的主要是膜片式差压计和双波纹管差压计。根据不同的使用要求，差压计配有指示、记录和总量累计机构，也有附加远传变送、报警以及自动调节装置等。

一、膜片式差压计

膜片式差压计由膜片式差压变送器和显示仪表两部分组成，其产品有 CPC－A 型和 CPC－B 型两种，A 型膜片式差压变送器与 XCZ 系列的动圈式毫伏计配套使用，B 型变送器则与电子差动仪配套使用。

1. 膜片式差压变送器结构及其工作原理

膜片式差压变送器的结构主要由三通导阀、测压容室和差动变压器三部分组成。测压容室分高压室和低压室，高低压室之间由膜片隔开，测压容室内充满工作液体。在和节流装置配合测量流量时，节流装置前后的压力 p_1 和 p_2 分别由导管引入高低压室。当 $p_1 = p_2$ 时，膜片两边所承受的压力相等，膜片停留在中间位置，膜片所带动的小铁芯也停留在差动变压器线圈的中间位置上。

当 $p_1 > p_2$ 时，膜片在 $\Delta p = p_1 - p_2$ 的作用下产生弹性变形并产生反抗力和 Δp 相平衡。Δp 越大，膜片变形所产生的反抗力也越大，当 Δp 所产生的力和反抗力相等时，膜片停止变形，并带动小铁芯移动了一个距离，小铁芯移动的距离和压差 Δp 成正比。

差动变压器由一个一次线圈和两个圈数相等反相串接的二次线圈及小铁芯组成，一次线圈接电源。当小铁芯在两个二次线圈的中间位置时，两个二次线圈感应出来的电压相等，差动变压器的输出电压为零。当 $p_1 > p_2$ 时，在压差 $\Delta p = p_1 - p_2$ 的作用下，膜片带动小铁芯向左移动，于是小铁芯离开了中间位置，差动变压器的一次线圈对二次线圈的耦合情况发生变化。因此，二次线圈感应出来的电压的差值即为差动变压器的输出。压差越大，小铁芯移动的距离越长，输出电压越高，输出电压与 Δp 呈线性关系。

实践证明，差动变压器的灵敏度与电源电压及频率有关，增加电源电压，可以提高差动变压器的灵敏度。但是，如果电源电压太高，将使一次线圈通过的电流加大，引起线圈发热，从而使线圈的阻抗增大。另一方面，通过线圈的电流增大，线圈对铁芯的吸力增加，这将阻碍膜片的正常变形，反而降低了仪表的灵敏度。因此一般差动变压器的电源电压并不高，只有几伏。当频率比较低时，随着频率的升高，差动变压器的灵敏度也在提高，当频率升高到一定高度其灵敏度不再随变化，而是趋近于常数。随着频率的升高，其灵敏度反而降低。为了获得稳定的（不受频率影响）灵敏度，希望供电频率在 200～8000Hz 之间。

以上分析说明，为了提高差动变压器的灵敏度，最好采用低压高频供电。在 CPC 型差压变送器中，利用多谐振荡器将电源电压变为 8V1000Hz 的交流电，供给差动变压器作为电源。

膜片式差压计由于采用单膜片敏感元件，所以它能承受单向静压的能力较弱。根据测量范围的不同，承受单向静压的能力也不一样，一般在 49 ~ 147kPa（0.5 ~ 1.5kgf/cm^2）之间。当被测压差大于规定值或误操作引起单向受压时，膜片将因超过弹性限度而破坏。为此，CPC 型差压计设有单向过载保护装置。

单膜片差压计对被测量的变化反应很灵敏。当被测量波动时（在和节流装置配合测量流量时容易出现），指示仪表的指针容易发生抖动造成读数困难。造成指针抖动的原因，一方面是因膜片的刚度小，易于感受压差的变化，当压差本身有波动时，仪表指针就跟着抖动；另一个原因是从测压口到差压计这段管路里充满液体介质，当压差变化时，膜片产生位移，液体介质也随之移动，因液体介质的惯量较大，在被测量一次波动之后，液体介质就有一个波动过程，如果被测量不断地变化，液体介质就不停地振动，因而引起指针不停地抖动。

要解决指针抖动问题，必须加大测量系统的阻尼。CPC 型差压计的阻尼作用是利用高压侧的截止阀来调整的。在高压侧截止阀内加装了一个活动阀芯，当差压计投入运行时，高低压侧截止阀全部打开，平衡阀完全关闭。然后慢慢关闭高压侧的截止阀，使活动阀芯逐渐被推入阀体通道内，减小流通面积，加大阻尼，直至取得满意的阻尼效果为止。

2.CPC－A 型差压变送器测量电路

CPC－A 型差压变送器的测量电路由电源变压器、整流滤波电路、多谐振荡器、差动变压器、相敏整流电路和动圈式毫伏计等组成。

二、双波纹管差压计

双波纹管差压计是一种固定安装的工业仪表，它与节流装置配合使用可测量流体的流量，也可用来测量压力、真空及液位等。

1. 双波纹管差压计结构及其工作原理

双波纹管差压计的中心基座的左右侧装有两个波纹管，其两端用连接轴连接起来，中心基座和波纹管的内腔都充有工作液体并成封闭状态。当高、低压室内分别引入来自节流装置前后的压力时，高、低压室之间就有一个压差 $\Delta p = p_1 - p_2$，由于 $p_1 > p_2$，波纹管被压缩或膨胀，量程弹簧被拉伸，膨胀变形力和量程弹簧的拉伸变形力逐渐增加。当波纹管和量程弹簧总的变形力等于压差所形成的测量力时，系统在新的位置上达到平衡。这时双波纹管的位移量和 Δp 之间的关系可由力平衡方程式确定。

由于压差值 Δp 与波纹管的位移量成正比，根据位移的变化量可以确定仪表所测的压差值 Δp。

为了克服填充液因受周围介质温度变化而引起的体积膨胀对仪表指示值的影响，在结构上采用了一个波纹管作为温度补偿元件。由于这个波纹管在结构上不与连接轴相连，而是处于自由状态，当温度升高时，利用这个波纹管的自由伸缩而得到体积补偿，从而避免了填充液温度变化对输出信号的影响，使仪表指示值不致受填充液温度变化的影响，达到温度补偿的目的。

双波纹管差压计和膜片式差压计一样，其承受单向静压的能力较差。为了防止在出现单向受压时损坏波纹管，在连接轴左右两边都装有单向受压保护阀。当出现单向受压时，连接轴迅速向右或向左移动，使其相应一侧的单向受压保护阀与中心基座上的阀座压紧，波纹管中的填充液不再流动而互相隔绝。由于液体的不可压缩性，使波纹管不致继续变形而造成损坏。

双波纹管差压计在现场使用时，可能出现因被测量的波动而引起指针摆动的振荡现象。为此在仪表结构上设有阻尼机构。调整阻尼阀的开度即可改变其阻尼时间，可消除振荡现象。但阻尼也不宜过大，一般以既能保证仪表有足够的灵敏度，又不致产生剧烈振荡为宜。

2. 双波纹管差压计显示部分

双波纹管差压计的显示部分有指示、记录和积算三大部分。根据使用的不同要求，同型号的产品其显示部分也不相同。

(1) 指示记录机构。

(2) 积算机构。一段时间内流过节流装置的流体总量，是通过积算机构对瞬时流量的累计而得到的。总量的积算值由机械计数器以数字形式显示出来。由于流量与压差的平方根成正比，为了使计数器的数字能与被测介质的总量成正比，积算机构中设有开方板，以获得与被测介质流量成正比的机械位移，并通过传动机构带动机械计数器。

第四节　其他型式流量计

一、容积式流量计

容积式流量计又称排量流量计（positive displacement flowmeter），简称 PD 流量计或 PDF，在流量仪表中是精度最高的一类。它利用机械测量元件把流体连续不断地分割成单个已知的体积部分，根据计量室逐次、重复地充满和排放该体积部分流体的次数来测量流量体积总量。PD 流量计一般不具有时间基准，为得到瞬时流量值需要另外附加测量时间的装置。定排量测量方法在 20 世纪 30 年代开始普遍使用。

（一）容积式流量计原理

PDF 从原理上讲是一台从流体中吸收少量能量的水力发动机，这个能量用来克服流量检测元件和附件转动的摩擦力，同时在仪表流入与流出两端形成压力降。

典型的椭圆齿轮式 PDF 的工作原理如图 4－16 所示。两个椭圆齿轮具有相互滚动进行接触旋转的特殊形状。p_1 和 p_2 分别表示入口压力和出口压力，显然 $p_1 > p_2$，图 4－16（a）下方齿轮在两侧压力差的作用下，产生逆时针方向旋转，为主动轮；上方齿轮因两侧压力相等，不产生旋转力矩，是从动轮，由下方齿轮带动，顺时针方向旋转。在图 4－16（b）位置时，两个齿轮均在差压作用下产生旋转力矩，继续旋转。选装到图 4－16（c）位置时，上方齿轮变为主动轮，下方齿轮则成为从动轮，继续旋转到与图 4－16（a）相同位置，完成一个循环。一次循环动作排出 4 个由齿轮与壳壁间围成的新月形空腔的流体体积，该体积称作流量计的"循环体积"。

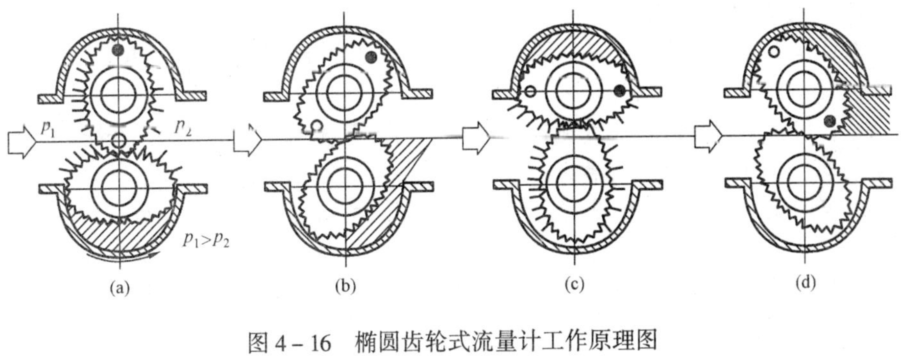

图 4－16　椭圆齿轮式流量计工作原理图

设流量计"循环体积"为 v，一定时间内齿轮转动次数为 N，则在该时间内流过流量计的流体体积为 V，则 $V = Nv$。

椭圆齿轮的转动通过磁性密封联轴器及传动减速机构传递给计数器直接指示出流经流量计的总量。若附加发信装置后，再配以电显示仪表，就可实现远传指示瞬时流量或累积流量。

虽然有许多分割方法形成各种形式的 PDF，但大部分都有相似的基本特征。PDF 产生误差的主要原因是分割单个流体体积的活动测量件和静止测量室之间的缝隙泄漏量所形成。产生泄漏的原因之一是为克服活动件摩擦阻力；之二是受仪表水力学阻力形成压力降。

（二）容积式流量计结构

PDF品种繁多，结构形式亦多种多样，但其主要部件组成大同小异，现举腰轮流量计作为范例说明。

腰轮流量计的构造框图如图4－17所示。流量由测量部和积算部两大部分组成，必要时可附加自动温度补偿器、自动压力补偿器、发信器和高温延伸（散热）件等。

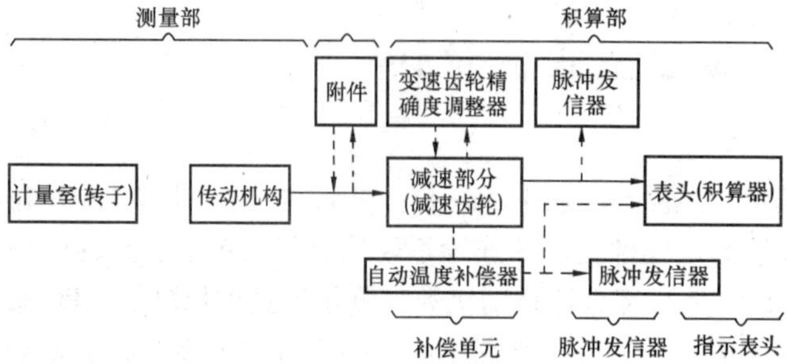

图4－17　腰轮流量计构造框图

（1）计量室：腰轮流量计由一对腰轮和壳体构成，两腰轮是有互为共轭曲线的转子，即罗茨（Roots）轮，与腰轮同轴装有驱动齿轮，被测流量推动转子旋转，转子间由驱动齿轮相互驱动。腰轮、计量室壳体一般由铸铁、铸钢或不锈钢制成，要根据流体腐蚀性及其工作压力、温度选用。计量室也有单独制成，与仪表外壳分离，这样计量室就不承受静压，没有静压引起变形的附加误差。

（2）传动机构：包括磁性联轴器（或机械密封装置）和减速变速机构。变速调整机构由“齿轮对”组合而成。

（3）积算器和指示表头：类型较多，有指针式指示和数字式指示；有不带复位计数器和带复位计数器；也有带瞬时流量指示，带打印机，带设定部等。

（4）自动温度补偿器：对被测介质温度变化影响进行连续自动补偿，有机械式，也有电气电子式。

（5）自动压力补偿器：对被测介质静压变化影响作自动修正。

（6）发信器：有多种形式，有接触式和非接触式。

（三）容积式流量计优点

（1）PDF计量精度高，基本误差一般为±0.5%*R*，特殊的可达±0.2%*R*或更高，通常在昂贵介质或需要精确计量的场合使用。

（2）PDF在旋转流和管道阻流件流速场畸变时对计量精确度没有影响，没有前置直管段要求。这一点在现场使用中有重要的意义。

（3）PDF可用于高黏度流体的测量。范围度宽，一般为10:1到5:1，特殊的可达30:1或更大。

（4）PDF是直读式仪表，无需外部能源，可直接获得累计总量，清晰明了，操作简便。

在以体积流量计组合的间接法质量流量测量中，PDF与速度式等推导体积流量计相比，所得体积是直接几何量，体积量的影响因素要单纯些。

（四）容积式流量计缺点

PDF结构复杂，体积大，笨重，尤其较大口径PDF体积庞大，故一般只适用于中小口径。与其他几类通用流量计（如差压式、浮子式、电磁式等）相比，PDF的被测介质种类、介质工况（如温度、压力）、口径局限性较大，适应范围窄。

由于高温下零件热膨胀、变形和低温下材质变脆等问题，PDF一般不适用于高低温场合。目前可使用温度范围大致在－30～＋160℃，压力最高为10MPa。

大部分 PDF 仪表只适用洁净单相流体，含有颗粒、脏污物时上游需装过滤器，既增加压损，又增加维护工作，如测量含有气体的液体必须装设气体分离器。

PDF 安全性差，如检测活动件卡死，流体就无法通过，断流管系就不能应用。但有些结构设计在壳体内置一旁路，当检测活动元件卡死，流体可从旁路通过。

部分形式 PDF 仪表（如椭圆齿轮式、腰轮式、旋转活塞式等）在测量过程中会给流动带来脉动，较大口径仪表还会产生噪声，甚至是管道产生振动。

（五）容积式流量计分类

PDF 品种繁多，可按不同原则进行分类，按测量元件结构分类有：①转子式；②刮板式；③旋转活塞式；④膜式等。旋转活塞式结构原理如图 4 - 18 所示。

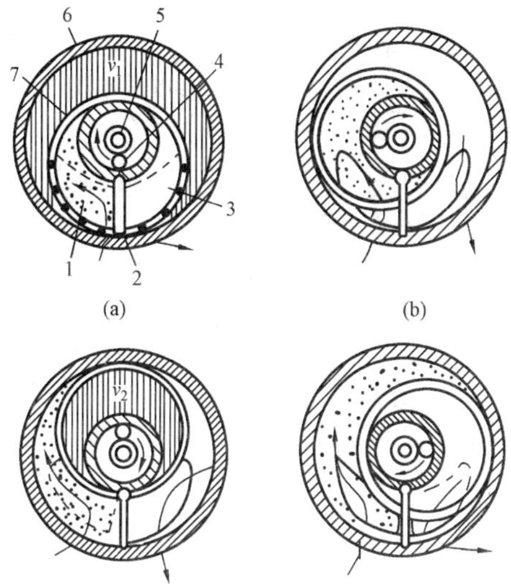

(a) (b) (c) (d)

图 4 - 18 旋转活塞式工作原理图

1—液体入口；2—隔板；3—液体出口；4—活塞轴；5—计量室轴；6—计量室；7—旋转活塞

（六）容积式流量计选用考虑要点

1. 应用概况

PDF 由于具有精确的计量特性，在火力发电厂中主要用于燃油的流量测量。

具有高精度、长期性能保持性和良好重复性的高品质 PDF，在比较法流量标准装置中用作标准流量计（又称校准用流量计，reference flowmeter 或 master flowmeter），作流量量值传递。

PDF 相对庞大笨重，尤其是大流量、大口径仪表，逐渐被涡轮式、电磁式、涡街式和科里奥利质量式替代一部分，然而其优良的重复性和精度长期保持性等性能优势，仍能保持着许多应用领域，在可预见的未来不会全被其他仪表所替代。PDF 还可广泛应用于燃气流量的测量。

2. 选用考虑因素

根据 PDF 的特点，在选用时应着重考虑以下因素：

(1) 使用目的是流程控制/工程管理，还是储运交接/核算？

(2) 操作是连续测量还是间歇测量？使用的最高流量、常用流量、最小流量各为多少？

(3) 最高、常用、最小工作温度和压力，允许的压损各为多少？

(4) 被测介质的种类和特点，包括黏度、腐蚀性、夹带物的量。

(5) 对流量计进行校准方法，离线校准还是现场校准？

(6) 管线泵送种类、能力，有无脉动？

(7) 安装场所可用空间情况。

3. 流量范围、范围度、精确度和重复性

各制造厂通常按被测介质种类（主要区别是黏度）、使用特点（连续使用或间歇使用）及测量精度规定流量范围。为了保持仪表良好的性能和较长的使用寿命，连续使用时的最大流量建议选在仪表最高（上限）流量的 80% 为宜。若制造厂未按介质类别和使用特点明确规定适宜的流量范围，则可参照选定的原则为：以用于中等黏度油品的仪表上限流量为 100%，用于低黏度液体时上限流量降为 70% ~ 80%，用于 100℃左右水时则为 40% ~ 60%，高黏度液体为 75% ~ 85%；间歇使用时的最大流量可为上限流量的 100%；连续使用时的最大流量、中等黏度液体为上限流量的 80%，低黏度液体为 50% ~ 60%，高黏度液体亦为 50% ~ 60%。

大部分结构型号的液体仪表基本误差为 ±0.5%*R*；较高精度仪表的基本误差为 ±（0.1 ~ 0.2）%*R*；较低精度仪表的基本误差为 ±（1 ~ 1.5）%*R*（如弹性刮板式）。

重复性误差一般为基本误差的 1/5 ~ 1/2。

在全部流量仪表中 PDF 是精度最高的一类。在选型及使用中要针对现场可能出现的问题采取措施，以保持良好的测量精度。

流量范围度在（5:1）~（100:1）之间，大部分（10:1）~（20:1）。同一台仪表额定较高精度等级时所得范围度较低，欲得较大范围度则要降低精度等级，如各类转子式液体仪表范围度为 5:1 时，基本误差为 ±0.2%*R*；范围度为 10:1 时，则降为 ±0.5%*R*。

5. 压力损失

PDF 要靠流体能量推动测量元件，因此带来相当高的压力损失。PDF 的压力损失要比同样口径和流量的涡轮式或其他流量计大。液体用仪表在最大流量时黏度为 1 ~ 5mPa·s，液体的压力损失在 20 ~ 100kPa 之间；低气压用仪表，腰轮式为 200 ~ 500Pa，膜式为 130 ~ 400Pa。

6. 压力与温度

仪表均规定了工作温度范围和最大工作压力。最大工作压力是指常温和冲击压力下承受的压力。当用于较高温度时必须降低最大工作压力等级，有些产品使用说明书对此未作说明。急剧关闭或急剧开启阀门会产生水锤效应等冲压力，冲击压力可能超过工作压力，冲击压力还有可能引起虚假读数，必要时装缓冲罐减少这类缺陷影响。

温度影响仪表受压强度外，还因仪表测量元件受热膨胀改变测量室和间隙尺寸，影响测量精度，间隙减小甚至使运动件卡住，因此用于较高温度时要预留特殊尺寸间隙来补偿，特别是不同材料组合使用时更要注意热膨胀系数的差异。温度变化还会改变液体黏度而引起流量示值变化。温度引起的测量元件尺寸变动改变测量室腔体积，如椭圆齿轮流量计计量室和齿轮均为铸铁时，测量值变化 +0.33%10℃；计量室为铸铁，齿轮为铸铝时则为 +0.14%10℃。亦有采用自动温度补偿把计量室体积变化修正到一个认定的标准温度（如 20℃），如用一个输出传动比可作调整的装置来修正。

高温流体进入冷的流量计，在未达到热平衡前就启动，可能因间隙大而增加测量误差；温度超过规定值则运动测量元件可能被卡住。因此使用前要有适合的预热时间，并观察是否能正常运转。

7. 压缩性

通常液体的压缩性可忽略不计，然而在高精度测量油品时则不应忽视。API 标准 1101 所列油品压缩率在（5 ~ 20）$\times 10^{-4}MPa^{-1}$之间，例如重油压力从 0.5MPa 升高到 6MPa 时体积压缩 0.45%。液化石油气的压缩性更大。

气体有很大的压缩性，在低压下其体积缩小与压力增高成比率关系，大部分 PDF 应用于低压状态，可直接换算，但在高压条件下体积缩小与压力增高不成比例，变化率减小，则应考虑使用气体的压缩系数。

（七）安装注意事项

1. 安装场所

流量计安装应选择合适的场所，需注意以下几点事项：

（1）周围温度和湿度应符合制造厂规定，一般温度为 -10 ~ 40℃或 -15 ~ 50℃，湿度为 10% ~ 90%。

（2）日光直射在夏季会使温度升高，接近辐射热的场所，亦会使温度升高，这种场所应采取遮阳或隔热措施。

(3) 非防尘、防浸水型仪表应避开有腐蚀性气氛或潮湿场所，因为积算器减速齿轮等零部件会被腐蚀气体和昼夜温差结露所损坏，如无法避免，可采取内腔用洁净空气吹气（air pruge）方式保持微正压。

(4) 避开振动和冲击的场所。

(5) 要有足够空间便于安装和日常维护。

2. 仪表姿势、流动方向与管道连接

PDF的安装姿势必须做到横平竖直，转子型尽量做到其转子轴与地面平行（垂直结构转子轴设计例外）其他型号按使用说明书规定要求，一般为水平安装。垂直安装为防止垢屑等从管道上方落入流量计，将其装在旁路管。

实际流动方向应与仪表壳体标明方向一致。PDF一般只能作单方向测量，必要时在其下游装止回阀，以免损坏仪表。

要使流量计不承受管线膨胀、收缩、变形和振动；防止系统因阀门及管道设计不合理产生振动，特别要避免谐振。安装时不要使仪表受应力，如上下游管道两法兰平面不平行，法兰面间距离过大，管道不同心等不良管道布置的不合理安装。特别是对无分离测量室，受压壳体和测量室一体的PDF更应注意，因为受较大安装应力会引起变形，影响测量精度，甚至卡死活动测量元件。

3. 防止异相流体进入仪表

PDF计量室与活动检测件的间隙很小，流体中颗粒杂质影响仪表正常运行，造成卡死或过早磨损。仪表上游必须安装过滤器，并定期清洗；测量气体在必要时应考虑加装沉渣器或水吸收器等保护性设备。用于测量液体管道必须避免气体进入管道系统，必要时设置气体分离器。

4. 减小脉动流、冲击流或过载流的危害

虽然有某些装在泵吸入端使用成功的实例，但仪表应装在泵的出口端。脉动流和冲击流会损害PDF，理想的流源是离心泵或高位槽。若必须要用往复泵，或管道易产生过载冲击，或水锤冲击等冲击流的场所，应装缓冲罐、膨胀室或安全阀等保护设备。PDF过载超速运行可能带来无法弥补的危害，如管系有可能发生过量超载流，应在下游安装限流孔板、定流量阀或流量控制器等保护设施。

5. 不断流安装

由于PDF测量元件损坏后会产生管道断流的缺点，在连续生产或不准断流的场所，应配备有自动切换设备的并联系统冗余，也可采取流量常用的并联运行方式，一台出故障另一台仍可流通。

6. 现场校准

若需在现场用车装标准体积管、标准表等流量标准装置校准PDF者，应在现场适当位置预置支管、连接管件和截止阀等。

（八）使用注意事项

1. 清洗管线

新投管线运行前要清扫，往往随后还要用实流冲洗，以去除残留焊屑垢皮等。此时，先应关闭仪表前后截止阀，让液流从旁路管流过；若无旁路管，仪表位置应装短管代替。

2. 排尽气体

通常实液扫线后，管道内还残留较多空气，随着加压运行，空气以较高流速流过PDF，活动测量元件可能过速运转，损伤轴和轴承。因此开始时要缓慢增加流量，使空气渐渐外逸。

3. 旁路管切换顺序

液流从旁路管转入仪表时，启闭要缓慢，特别在高温高压管线上更应注意。启动后通过最低位指针或字轮和秒表，确认未达过度流动，最佳流量应控制在（70～80)%最大流量，以保证仪表使用寿命。

4. 检查过滤器

启动过滤器网最易被打破，试运行后要及时检查网是否完好。同时过滤网清洁无污物时记录下常用流量下的压力损失这两个参数，今后不必卸下检查网堵塞状况，即以压力损失增加程度判断是是否要清洗。

5. 测量高黏度液体

用于高黏度液体，一般均加热后使之流动。当仪表停用后，其内部液体冷却而变稠，再启用时必须先加热待液体黏度降低后才让液体流过仪表，否则会咬住活动测量元件使仪表损坏。

6. 加润滑油

气体用等PDF启用前必须加润滑油，日常运行也经常检查润滑油存量的液位计。

7. 避免急剧流量变化

使用气体腰轮流量计时，应注意不能有急剧的流量变化（如使用快开阀），因腰轮的惯性作用，急剧流量变化将产生较大附加惯性力，使转子损坏。用作控制系统的检测仪表时，若下游控制突然截止流动，转子一时停不下来，产生压气机效应，下游压力升高，然后倒流，发出错误信号。

二、靶式流量计

在火电厂中，燃油（重油或原油）的黏度都比较大，因而在一般流速下其雷诺数 Re 很低。对于这种黏性流体的流量测量，不符合前述标准节流装置的使用条件。而且燃油的黏度随温度的变化很大，在温差为5～10℃时，其黏度可能相差50%。另外，燃油中可能夹杂有悬浮颗粒，在对燃油加温时还可能有可燃气体析出，使它具有多相流体的性质，这对于一般只适用于单相流体的流量计，必然会产生很大的测量误差。目前，用于测量黏性流体流量的仪表有多种型式，如采用非标准节流装置的差压式流量计，采用恒压差变截面的转子流量计、利用流体推力作用的靶式流量计以及容积式流量计等，在火电厂燃油流量的测量中，主要是采用靶式流量计和罗茨流量计两种类型。

（一）概述

靶式流量计是差压流量计的一个品种，它在工业上的开发应用已有数十年的历史。我国于20世纪70年代开发电动、气动靶式流量变送器，它是电动、气动单元组合仪表的检测仪表。由于当时力转换器直接采用差压变送器的力平衡机构，这种流量计使用时不免带来力平衡机构本身所造成的诸多缺陷，如零位易漂移、测量精确度低、杠杆机构可靠性差等。由于力平衡机构性能不佳的拖累，靶式流量计本身的许多优点亦未能得到有效的发挥，至今用户对旧靶式流量计的不良印象仍未消除。

新型靶式流量计的力转换器采用应变式力转换器，它完全消除了上述力平衡机构的缺点，同时还把微电子技术和计算机技术应用到信号转换器和显示部分，流量计具有一系列优点，相信今后在众多流量计中将发挥重要的作用。

（二）靶式流量计原理和结构

1. 工作原理

靶式流量计的测量原理框图，如图4－19所示。

在测量管（仪表表体）中心同轴放置一块圆形靶板，当流体冲击靶板时，靶板上受到一个力

F，它与流速 v、介质密度 ρ 之间关系为

$$F = C_D \frac{\rho v^2}{2}$$

式中，F 为靶板上受的力，N；C_D 为阻力系数；ρ 为流体密度，kg/m^3；v 为流体流速，m/s。

经推导与换算，得出流量计算式为

$$q_m = 4.512\alpha D\left(\frac{1}{\beta} - \beta\right)\sqrt{\rho F} \qquad (\text{kg/h})$$

$$q_V = 4.512\alpha D\left(\frac{1}{\beta} - \beta\right)\sqrt{\frac{F}{\rho}} \qquad (\text{m}^3/\text{h})$$

式中 q_m、q_V——质量流量和体积流量，kg/h、m^3/h；

α——流量系数；

D——测量管内径，mm；

β——直径比，$\beta = d/D$；

d——靶板直径，mm；

其余符号含义同上。

靶板受力经力转换器转换成电信号，经前置放大，AD 转换及计算机处理后，可得到相应的流量和总量，如图 4－19 所示。

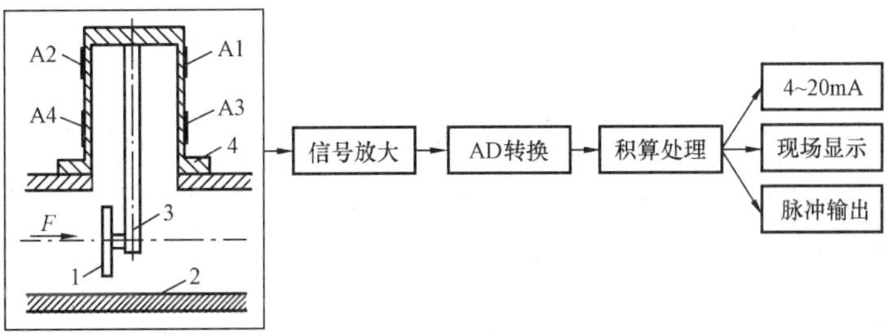

图 4－19 靶式流量计原理框图

1—靶；2—测量管；3—靶杆；4—弹性体；A1 ~ A4—应变片

2. 结构形式

靶式流量计结构简图，如图 4－20 所示。它由检测装置、力转换器、信号处理和显示仪几部分组成。检测装置包括测量管和靶板，力转换器为应变计式传感器，信号处理和显示仪可以就地直读显示或远距标准信号传输等。

靶式流量计的结构形式可分为管道式、夹装式和插入式等，各类结构形式还可分为一体式和分离式两种。一体式为现场直读显示，而分离式则把数码显示仪与检测装置分离（一般不超过 100m）。

（三）靶式流量计主要特点

(1) 感测件为无可动部件，结构简单牢固；

(2) 应用范围和适应性很广泛，一般工业过程中的流体介质，包括液、气和蒸汽，口径范围（DN15 以上），各种工作状态（高温、低温、常压、高压）皆可应用，可以说其应用范围可与孔板流量计相比美。

(3) 可解决困难的流量测量问题，如测量含有杂质（微粒）之类的脏污流体，如原油、污水、高温渣油、浆液、烧碱液、沥青等；

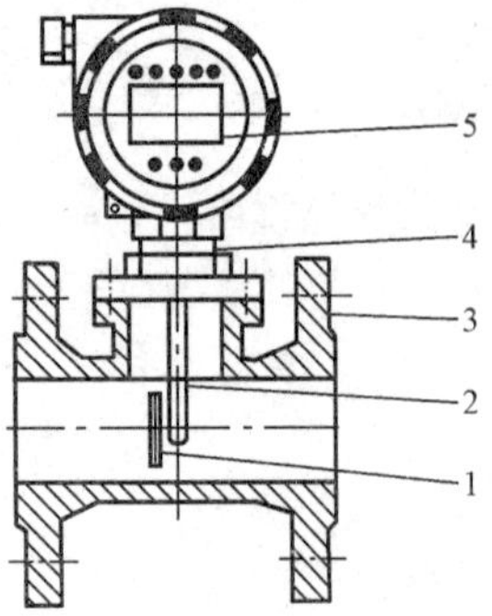

图 4-20　靶式流量计结构简图
1—受力元件（靶板）；2—力感应元件（含温度、压力感应元件）；3—测量管；4—过渡部件；5—积算、显示和输出部件

（4）灵敏度高，能测量微小流量，流速可低至 0.08m/s；

（5）用于小口径（DN15～DN50），低雷诺数（$Re_d = 10^3 \sim 5 \times 10^3$）的流体，它可以弥补标准节流装置难以应用的场合，如小口径蒸汽流量测量等；

（6）可适应高参数流体的测量，压力高达几十个兆帕，温度达 450℃；

（7）可用于双向流动流体的测量；

（8）压力损失较低，约为标准孔板的一半；

（9）直读式仪表无需外能源，清晰明了，操作简便，亦可输出标准信号（脉冲频率或电流信号）；

（10）仪表性能价格比高，为经济实惠的流量计。

（四）选用考虑要点

（1）新型应变式靶式流量计在总体性能上既具有孔板等流量计的结构简单牢固，使用可靠，使用期限长，又具有容积式流量计等总量计量精度高，重复性好等特点，而且性能价格比高，维修使用简便，是一类经济实惠的流量计；

（2）国产 SBL 型应变式靶式流量计既适用于过程工业控制系统，亦可用于能源（如水、天然气、蒸汽、油品等）的贸易结算计量，其主要技术指标可见产品样本中的相关表格。

（3）流量计的选型。

1）确切了解测量对象的实际参数，包括流体名称（组分）、流量范围（最大、最小和常用流量）、流体工作压力、温度、工作状态下密度、黏度、安装处管道内径、允许的压力损失等。

2）进行辅助计算。

3）选型。

三、电磁流量计

电磁流量计（以下简称 EMF）是利用法拉第电磁感应定律制成的一种测量导电液体体积流量的仪表。20 世纪 70 年代以来，出现键控低频矩形波激磁方式，逐渐替代早期应用的工频交流激磁方式，仪表性能有了很大提高，得到更为广泛的应用。

（一）电磁流量计原理与机构

EMF 的基本原理是法拉第电磁感应定律，即导体在磁场中切割磁力线运动时在其两端产生感应电动势。如图 4-21 所示，导电性液体在垂直于磁场的非磁性测量管内流动，与流动方向垂直的方向上产生与流量成比例的感应电势，电动势的方向按“弗来明右手规则”，其值如下

$$E = kBDv$$

式中，E 为感应电动势，即流量信号，V；k 为系数；B 为磁感应强度，T；D 为测量管内径，m；v 为平均流速，m/s。

设液体的体积流量为

$$q_V = \frac{\pi D^2}{4} v \qquad (m^3/h)$$

则

$$E = \frac{4kB}{\pi D} q_V = K q_V$$

$$K = 4KB/\pi D$$

式中　K——仪表常数。

EMF 由流量传感器和转换器两大部分组成。电磁流量传感器典型结构如图 4－22 所示，测量管上下装有激磁线圈，通激磁电流后产生磁场穿过测量管，一对电极装在测量管内壁与液体相接触，引出感应电势，送到转换器。激磁电流则由转换器提供。

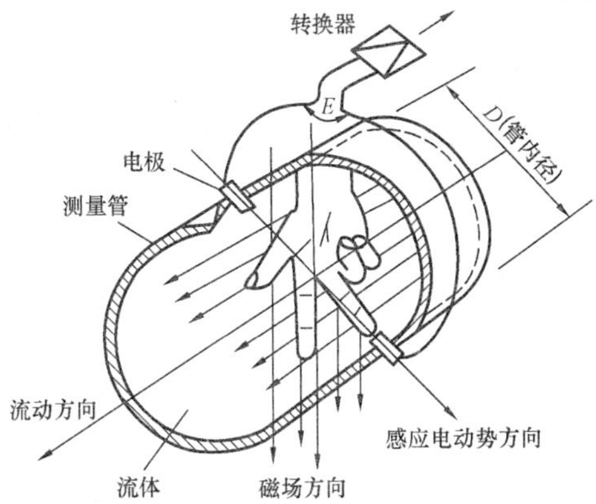

图 4－21　电磁流量计测量原理图

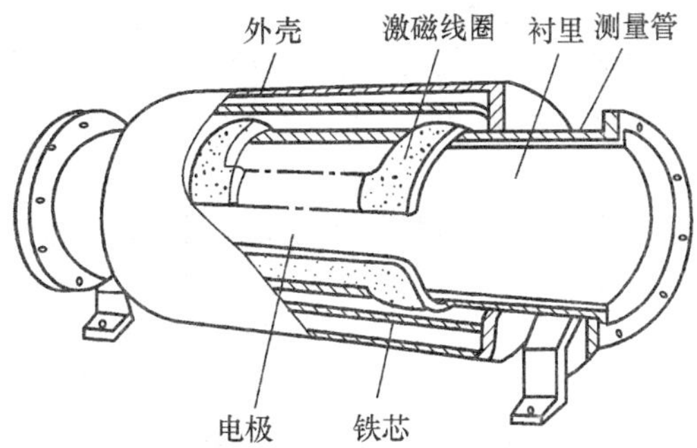

图 4－22　电磁流量传感器结构图

（二）优点和缺点

EMF 的测量通道是一段无阻流检测件的光滑直管，因不易阻塞适用于测量含有固体颗粒或纤维的液固二相流体，如纸浆、煤水浆、矿浆、泥浆和污水等。

EMF 不产生因检测流量所形成的压力损失，仪表的阻力仅是同一长度管道的沿程阻力，节能效果显著，对于要求低阻力损失的大管径供水管道最为适合。

EMF 所测得的体积流量，实际上不受流体密度、黏度、温度、压力和电导率（只要在某阈值以上）变化明显的影响。

与其他大部分流量仪表相比，前置直管段要求较低。

EMF 测量范围度大，通常为 20:1～50:1，可选流量范围宽。满度值液体流速可在 0.5～10m/s 内选定。有些型号仪表可在现场根据需要扩大和缩小流量（如设有 4 位数电位器设定仪表常数）不必取下作离线实流标定。

EMF 的口径范围比其他品种流量仪表宽，从几毫米到 3m。可测正反双向流量，也可测脉动流量，只要脉动频率低于激磁频率很多。仪表输出本质上是线性的。

易于选择与流体接触件的材料品种，可应用于腐蚀性流体。

EMF 不能测量电导率很低的液体，如石油制品和有机溶剂等，不能测量气体、蒸汽和含有较多较大气泡的液体。

通用型 EMF 由于衬里材料和电气绝缘材料限制，不能用于较高温度的液体；有些型号仪表用于过低于室温的液体，因测量管外凝露（或霜）而破坏绝缘。

（三）分类

通用型产品和特殊型仪表可以从以下不同角度来进行分类：

(1) 按激磁电流方式划分，有直流激磁、交流（工频或其他频率）激磁、低频矩形波激磁和双频矩形波激磁。

(2) 按输出信号连线和激磁（或电源）连线的制式分类，有四线制和二线制。

(3) 按转换器与传感器组装方式分类，有分离型和一体型。

(4) 按流量传感器与管道连接方法分类，有法兰连接、法兰夹装连接、卫生型连接和螺纹连接。

(5) 按流量传感器电极是否与被测液体接触分类，有接触型和非接触型。

(6) 按流量传感器结构分类，有短管型和插入型。

(7) 按用途分类，有通用型、防爆型、卫生型、防侵水型和潜水型等。

(四) 选用考虑要点

1. 应用概况

EMF应用领域广泛，大口径仪表较多应用于给排水工程；中小口径常用于固液双相等难测流体或高要求场所，如发电厂的灰浆和煤浆等。

2. 精度等级和功能

通用型EMF的性能有较大差别，有些精度高、功能多，有些精度低、功能简单，精度高的仪表基本误差为（±0.5%～±1%）R，精度低的仪表则为（±1.5%～±2.5%）FS，两者价格相差1～2倍。因此测量精度要求不很高的场所（如非贸易核算仪以控制为目的，只要求高可靠性和优良重复性的场所）选用高精度仪表在经济上是不合算的。

有些型号仪表声称有更高的精确度，基本误差仅（±0.2%～±0.3%）R，但有严格的安装要求和参比条件，如环境温度20～22℃，前后置直管段长度要求分别大于10D，3D（通常为5D、2D）甚至提出流量传感器要与前后置直管组成一体在流量标准装置上作实流校准，以减少夹装不善的影响。因此在多种型号选择比较时不要单纯只看高指标，要详细阅读制造厂样本或说明书做综合分析。

不同型号EMF的功能差别也很大，简单的就只是测量单向流量，只输出模拟信号带动后位仪表；多功能仪表有测双向流、量程切换、上下限流量报警、空管和电源切断报警、小信号切除、流量显示和总量计算、自动核对和故障自诊断、与上位机通信和运动组态等。有些型号仪表的串行数字通信功能可选多种通信接口和专用芯片（ASIC），以连接HART协议系统、PROFTBUS、Modbus、CONFIG、FF现场总线等。

3. 流速、满度流量、范围度和口径

选定仪表口径不一定与管径相同，应视流量而定。流程工业输送水等黏度不同的液体，管道流速一般是经济流速1.5～3m/s。EMF用在这样的管道上，传感器口径与管径相同即可。

EMF满度流量时液体流速可在1～10m/s范围内选用，范围是比较宽的。上限流速在原理上是不受限制的，然而通常建议不超过5m/s，除非衬里材料能承受液流冲刷，实际应用很少超过7m/s，超过10m/s则更为罕见。满度流量的流速下限一般为1m/s，有些型号仪表则为0.5m/s。有些新建工程运行初期流量偏低或在流速偏低的管系，从测量精度角度考虑，仪表口径应改用小于管径，以异径管连接之。

用于有易黏附、沉积、结垢等物质的流体，选用流速不低于2m/s，最好提高到3～4m/s或以上，起到自清扫、防止粘附沉积等作用。用于矿浆等磨耗性强的流体，常用流速应低于2～3m/s，以降低对衬里和电极的磨损。

在测量接近阈值的低电导液体，尽可能选定较低流速（小于0.5～1m/s），因流速提高流动噪声会增加，而出现输出晃动现象。

EMF的范围度是比较大的，通常不低于20，带有量程自动切换功能的仪表，可超过50～100。

国内可以提供的定型产品的口径从10mm到3000mm，虽然实际应用还是以中小口径居多，但与大部分其他原理流量仪表（如容积式、涡轮式、涡街式或科里奥利质量式等）相比，大口径仪

表占有较大比重。如在某企业近万台仪表中，50mm 以下小口径、65 ~ 250mm 中口径、300 ~ 900mm 大口径、1000mm 以上超大口径分别占 37%、45%、15%和 3%。

4. 液体电导率

使用 EMF 的前提是被测液体必须是导电的，不能低于阈值（即下限值）。电导率低于阈值会产生测量误差直至不能使用，超过阈值即使变化也可以测量，示值误差变化不大，通用型 EMF 的阈值在 10^{-4} ~ （5×10^{-6}） S/cm 之间，视型号而异。使用时还取决于传感器和转换器间流量信号线长度及其分布电容，制造厂使用说明书中通常规定电导率相对应的信号线长度。非接触电容耦合大面积电极的仪表，则可测电导率低至 5×10^{-8}S/cm 的液体。

工业用水及其水溶液的电导率大于 10^{-4}S/cm，酸、碱、盐液的电导率在 10^{-4} ~ 10^{-1}S/cm 之间，使用不存在问题，低度蒸馏水为 10^{-5}S/cm 也不存在问题。

5. 液体中含有混入物

混入成泡状流的微小气泡仍可正常工作，但测得的是含气泡体积的混合体积流量，如气体含量增加到形成弹（块）状流，因电极可能被气体盖住使电路瞬时断开，出现输出晃动甚至不能正常工作。

6. 附着和沉淀

附着和沉淀要符合要求。

7. 与流体接触零部件材料的选择

与流体接触的传感器零部件有衬里（或绝缘材料制成的测量管）、电极、接地环和密封垫片，其材料的耐腐蚀性、耐磨耗性和使用温度上限等影响仪表对流体的适应性。由于零部件少，形状简单，材料选择灵活，电磁流量传感器对流体的适应性强。

（五）安装使用注意事项

1. 使用时应注意的一般事项

液体应具有测量所需的电导率，并要求电导率分布大体上均匀。因此流量传感器安装要避开容易产生电导率不均匀场所，如其上游附近加入药液，加液点最好设于传感器下游。使用时传感器测量管必须充满液体（非满管型例外），混合时，其分布应大体均匀。

液体应与地同电位，必须接地，如工艺管道采用塑料等绝缘材料时，输送液体会产生摩擦静电等现象，将造成液体与地间有电位差。

2. 流量传感器安装

（1）安装场所。通常电磁流量传感器外壳防护等极为 IP65（GB 4208 规定的防尘防喷水级），对安装场所有以下要求。

1）测量混合相流体时，选择不会引起相分离的场所；测量双组分液体时，避免装在混合尚未均匀的下游；测量化学反应管道时，要装在反应充分完成段的下游。

2）尽可能避免测量管内变成负压。

3）选择震动小的场所，特别对一体型仪表。

4）避免附近有大电机、大变压器等，以免引起电磁场干扰。

5）易于实现传感器单独接地的场所。

6）尽可能避开周围环境有高浓度腐蚀性气体。

7）环境温度在 -25/-10 ~ 50/600℃范围内，一体形结构温度还受制于电子元器件，范围要窄些。

8）环境相对湿度在 10% ~ 90%范围内。

9）尽可能避免受阳光直照。

10）避免雨水浸淋，不会被水浸没。

如果防护等级是IP67（防尘防浸水级）或IP68（防尘防潜水级），则无需上述8）、10）两项要求。

（2）直管段长度要求。为获得正常测量精确度，电磁流量传感器上游也要有一定长度直管段，但其长度与大部分其他流量仪表相比要求较低。90°弯头、T形管、同心异径管在全开闸阀后，通常认为只要离电极中心线（不是传感器进口端连接面）5倍直径（5D）长度的直管段，不同开度的阀则需10D，下游直管段为（2~3）D或无要求，但要防止蝶阀阀片伸入到传感器测量管内。

（3）安装位置和流动方向。传感器安装方向水平、垂直或倾斜均可，不受限制。但测量固液两相流体最好垂直安装，自下而上流动。这样能避免水平安装时衬里下半部局部磨损严重，低流速时固相沉淀等缺点。

水平安装时要使电极轴线平行于地平线，不要处于垂直于地平线，因为处于地步的电极易被沉积物覆盖，顶部电极易被液体中偶存气泡擦过遮住电极表面，使输出信号波动。

（4）旁路管、便于清洗连接和预置入孔。为便于在工艺管道继续流动和传感器停止流动时检查和调整零点，应装旁路管。但大管径管系因投资和位置空间限制，往往不易办到。根据电极污染程度来校正测量值，或确定一个不影响测量值的污染程度判断基准是困难的。除前文所述，采用非接触电极或带刮刀清除装置电极的仪表，可解决一些问题外，有时还需要清除内壁附着物。

对于管径大于1.5~1.6m的管系在EMF附近管道上，预置入孔，以便管系停止运行时清洗传感器测量管内壁。

（5）负压管系安装。氟塑料衬里传感器须谨慎地应用于负压管系。正压管系应防止产生负压，如液体温度高于室温的管系，关闭传感器上下游截止阀停止运行后，流体冷却收缩会形成负压，应在传感器附近装负压防止阀。

（6）接地。传感器必须单独接地（接地电阻100Ω以下）。分离型原则上接地应在传感器一侧，转换器接地应在同一接地点。如传感器装在有阴极腐蚀保护管道上，除了传感器和接地环一起接地外，还要用较粗铜导线（16mm^2）绕过传感器跨接管道两连接法兰上，使阴极保护电流于传感器之间隔离。

有时候杂散电流过大，如电解槽沿着电解液的泄漏电流影响EMF正常测量，则可采取流量传感器与其连接的工艺之间电气隔离的办法。同样有阴极保护的管线上，阴极保护电流影响EMF测量时，也可以采取本方法。

四、超声波流量计基本原理及类型

超声波在流动的流体中传播时就载上流体流速的信息，因此通过接收到的超声波就可以检测出流体的流速，从而换算成流量。根据检测的方式，可分为传播速度差法、多普勒法、波束偏移法、噪声法及相关法等不同类型的超声波流量计。起声波流量计是近十几年来随着集成电路技术迅速发展才开始应用的一种非接触式仪表，适用于测量不易接触和观察的流体以及大管径流量。它与水位计联动可进行敞开水流的流量测量。使用超声波流量比不用在流体中安装测量元件故不会改变流体的流动状态，不产生附加阻力，仪表的安装及检修均可不影响生产管线运行因而是一种理想的节能型流量计。

众所周知，目前的工业流量测量普遍存在着大管径、大流量测量困难的问题，这是因为一般流量计随着测量管径的增大会带来制造和运输上的困难，造价提高、能损加大、安装不便这些缺点，超声波流量计均可避免。因为各类超声波流量计均可管外安装、非接触测流，仪表造价基本上与被测管道口径大小无关，而其他类型的流量计随着口径增加，造价大幅度增加，故口径越大超声波流量计比相同功能其他类型流量计的功能价格比越优越。被认为是较好的大管径流量测量仪表，多普勒法超声波流量计可测双相介质的流量，故可用于下水道及排污水等脏污流的测量。在火力发电厂中，用便携式超声波流量计测量水轮机进水量、汽轮机循环水量等大管径流量，比过去的皮脱管流速计方便得多。超声被流量计也可用于气体测量。管径的适用范围从 2cm 到 5m，从几米宽的明渠、暗渠到 500m 宽的河流都可适用。

另外，超声测量仪表的流量测量准确度几乎不受被测流体温度、压力、黏度、密度等参数的影响，又可制成非接触及便携式测量仪表，故可解决其他类型仪表所难以测量的强腐蚀性、非导电性、放射性及易燃易爆介质的流量测量问题。另外，鉴于非接触测量特点，再配以合理的电子线路，一台仪表可适应多种管径测量和多种流量范围测量。超声波流量计的适应能力也是其他仪表不可比拟的。由于超声波流量计具有上述一些优点，因此它越来越受到重视并且向产品系列化、通用化发展，现已制成不同声道的标准型、高温型、防爆型、湿式型仪表，以适应不同介质、不同场合和不同管道条件的流量测量。

超声波流量计目前所存在的缺点主要是可测流体的温度范围受超声波换能器及换能器与管道之间的耦合材料耐温程度的限制，以及高温下被测流体传声速度的原始数据不全。目前我国只能用于测量 200℃以下的流体。另外，超声波流量计的测量线路比一般流量计复杂。这是因为，一般工业计量中液体的流速常常是每秒几米，而声波在液体中的传播速度约为 1500m/s 左右，被测流体流速（流量）变化带给声速的变化量最大也是 10^{-3}数量级。若要求测量流速的准确度为 1%，则对声速的测量准确度需为 $10^{-5}\sim10^{-6}$数量级，因此必须有完善的测量线路才能实现，这也正是超声波流量计只有在集成电路技术迅速发展的前题下才能得到实际应用的原因。

超声波流量计由超声波换能器、电子线路及流量显示和累积系统三部分组成。超声波发射换能器将电能转换为超声波能量，并将其发射到被测流体中，接收器接收到的超声波信号，经电子线路放大并转换为代表流量的电信号供给显示和积算仪表进行显示和积算，这样就实现了流量的检测和显示。

超声波流量计常用压电换能器。它利用压电材料的压电效应，采用适出的发射电路把电能加到发射换能器的压电元件上，使其产生超声波振动。超声波以某一角度射入流体中传播，然后由接收换能器接收，并经压电元件变为电能，以便检测。发射换能器利用压电元件的逆压电效应，而接收换能器则是利用压电效应。

超声波流量计换能器的压电元件常做成圆形薄片，沿厚度振动。薄片直径超过厚度的 10 倍，以保证振动的方向性。压电元件材料多采用锆钛酸铅。为固定压电元件，使超声波以合适的角度射入到流体中，需把元件放入声楔中，构成换能器整体（又称探头）。声楔的材料不仅要求强度高、耐老化，而且要求超声波经声楔后能量损失小即透射系数接近 1。常用的声楔材料是有机玻璃，因为它透明，可以观察到声楔中压电元件的组装情况。另外，某些橡胶、塑料及胶木也可作声楔材料。

超声波流量计的电子线路包括发射、接收、信号处理和显示电路。测得的瞬时流量和累积流量值用数字量或模拟量显示。

根据对信号检测的原理，目前超声波流量计大致可分传播速度差法（包括直接时差法、时差法、相位差法、频差法）波束偏移法、多普勒法、相关法、空间滤波法及噪声法等类型。其中以噪声法原理及结构最简单，便于测量和携带，价格便宜但准确度较低，适用于在流量测量准确度要求不高的场合使用。由于直接时差法、时差法、频差法和相位差法的基本原理都是通过测量超声波脉冲顺流和逆流传报时速度之差来反映流体的流速的，故又统称为传播速度差法。其中频差法和时差法克服了声速随流体温度变化带来的误差，准确度较高，所以被广泛采用。按照换能器的配置方法不同，传播速度差拨又分为Z法（透过法）、V法（反射法）、X法（交叉法）等。波束偏移法是利用超声波束在流体中的传播方向随流体流速变化而产生偏移来反映流体流速的，低流速时，灵敏度很低适用性不大。多普勒法是利用声学多普勒原理，通过测量不均匀流体中散射体散射的超声波多普勒频移来确定流体流量的，适用于含悬浮颗粒、气泡等流体流量测量。相关法是利用相关技术测量流量，原理上此法的测量准确度与流体中的声速无关，因而与流体温度、浓度等无关，因而测量准确度高，适用范围广。但相关器价格贵，线路比较复杂。在微处理机普及应用后，这个缺点可以克服。噪声法（听音法）是利用管道内流体流动时产生的噪声与流体的流速有关的原理，通过检测噪声表示流速或流量值。其方法简单，设备价格便宜，但准确度低。

以上几种方法各有特点，应根据被测流体性质、流速分布情况、管路安装地点以及对测量准确度的要求等因素进行选择。一般说来，由于工业生产中工质的温度常不能保持恒定，故多采用频差法及时差法。只有在管径很大时才采用直接时差法。对换能器安装方法的选择原则一般是：当流体沿管轴平行流动时，选用Z法；当流动方向与管轴不平行或管路安装地点使换能器安装间隔受到限制时，采用V法或X法；当流场分布不均匀而表前直管段又较短时，也可采用多声道（如双声道或四声道）来克服流速扰动带来的流量测量误差。

多普勒法适用于测量两相流，可避免常规仪表由悬浮粒或气泡造成的堵塞、磨损、附着而不能运行的弊病，因而得以迅速发展。随着工业的发展及节能工作的开展，煤油混合（COM）、煤水泥合（CWM）燃料的输送和应用以及燃料油加水助燃等节能方法的发展，都为多普勒超声波流量计应用开辟广阔前景。

五、浮子流量计

浮子流量计是以浮子在垂直锥形管中随着流量变化而升降，改变它们之间的流通面积来进行测量的体积流量仪表，又称转子流量计。在美国、日本常称为变面积流量计（variable area flowmeter）或面积流量计。

（一）浮子流量计原理和结构

浮子流量计的流量检测元件是由一根自下向上扩大的垂直锥形管和一个沿着锥管轴上下移动的浮子组所组成，其工作原理如图4－23所示。被测流体从下向上经过锥管1和浮子2形成的环隙3时，浮子上下端产生差压形成浮子上升的力，当浮子所受上升力大于浸在流体中浮子质量时，浮子便上升，环隙面积随之增大，环隙处流体流速立即下降，浮子上下端差压降低，作用于浮子的上升力亦随着减少，直到上升力等于浸在流体中浮子质量时，浮子便稳定在某一高度。浮子在锥管中高度和通过的流量有对应关系。

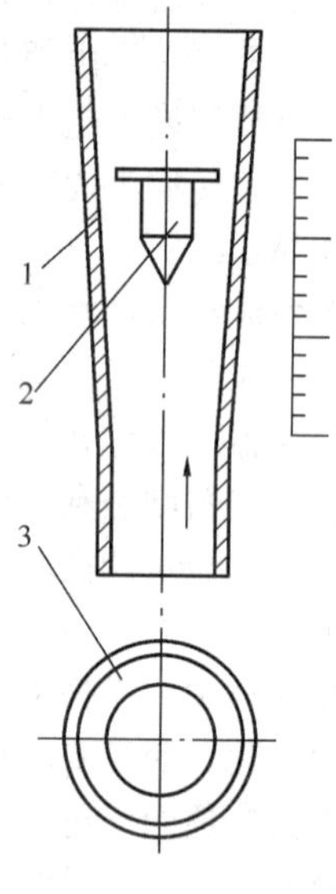

图4－23　浮子流量计工作原理图
1—锥形管；2—浮子；3—流通间隙

体积流量 Q 的基本方程式为

$$Q = \alpha\varepsilon\Delta A\sqrt{\frac{2gV_f(\rho_f - \rho)}{\rho A_f}} \quad (m^3/h)$$

当浮子为非实芯中空结构（放负重调整量）时，则

$$Q = \alpha\varepsilon\Delta A\sqrt{\frac{2g(m_f - V_f\rho)}{\rho A_f}} \quad (m^3/h)$$

式中　α——仪表的流量系数，因浮子形状而异；

ε——被测流体为气体时气体膨胀系数，通常由于此系数校正量很小而被忽略，且通过校验已将它包括在流量系数内，如为液体则 $\varepsilon = 1$；

ΔA——流通环形面积，m^2；

g——当地重力加速度，m/s^2；

V_f——浮子体积，如有延伸体亦应包括，m^3；

ρ_f——浮子材料密度，kg/m^3；

ρ——被测流体密度，如为气体是在浮子上游横截面上的密度，kg/m^3；

A_f——浮子工作直径（最大直径）处的横截面积，m^2；

m_f——浮子质量，kg。

流通环形面积与浮子高度之间的关系为

$$\Delta A = \pi\left(dh\tan\frac{\beta}{2} + h^2\tan^2\frac{\beta}{2}\right) = ah + bh^2$$

当结构设计已定，则 d、β 为常量。上式中，有 h 的二次项，一般不能忽略此非线性关系，只有在圆锥角很小时，才可视为近似线性；d 为浮子最大直径（即工作直径），m；h 为浮子从锥管内径等于浮子最大直径处上升高度，m；β 为锥管的圆锥角；a、b 为常数。

口径 15～40mm 透明锥形管浮子流量计典型结构如图 4－24 所示。透明锥形管 4 用得最普遍是由硼硅玻璃制成，习惯简称玻璃管浮子流量计。流量分度直接刻在锥管 4 外壁上，也有在锥管旁另装分度标尺。锥管内腔有圆锥体平滑面和带导向棱筋（或平面）两种。浮子在锥管内自由移动，或在锥管棱筋导向下移动，较大口平滑面内壁仪表还有采用导杆导向。

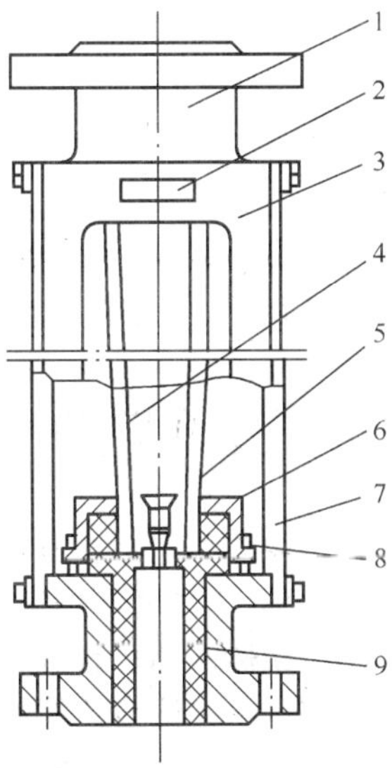

图 4－24　透明锥形管浮子流量计典型结构图

1—基座；2—标牌；3—防护罩；4—透明锥形管；5—浮子；6—压盖；7—支撑板；8—螺钉；9—衬套

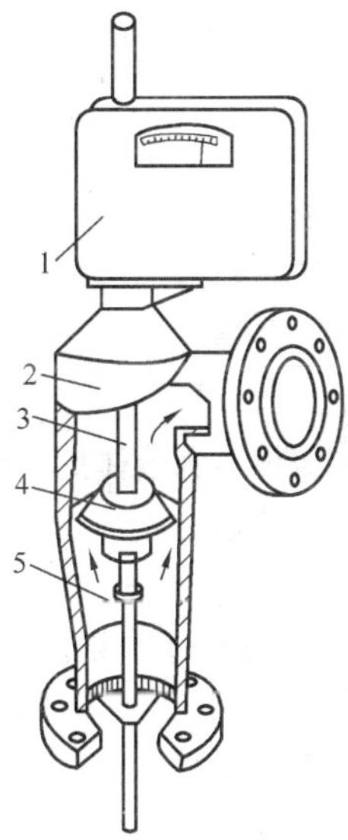

图 4－25　金属管浮子流量计典型结构图

1—转换部分；2—传感部分；3—导杆；4—浮子；5—锥形管

图 4－25 是直角型安装方式金属管浮子流量计典型结构，通常适用于口径 15～40mm 以上仪表。锥管 5 和浮子 4 组成流量检测元件。套管（图中 3 未表示）内有导杆 3 的延伸部分，通过磁钢耦合等方式，将浮子的位移传给套管外的转换部分。转换部分有就地指示和远传信号输出两大类型。除直角安装方式结构外还有进出口中线与锥管同心的直通型结构，通常用于口径小于 10～15mm的仪表。

（二）浮子流量计优点和缺点

浮子流量计适用于小管径和低流速。常用仪表口径 40 ~ 50mm 以下，最小口径做到 1.5 ~ 4mm。适用于测量低流速小流量，以液体为例，口径 10mm 以下玻璃管浮子流量计满度流量的名义管径，流速只在 0.2 ~ 0.6m/s 之间，甚至低于 0.1m/s；金属管浮子流量计和口径大于 15mm 的玻璃管浮子流量计稍高些，流速在 0.5 ~ 1.5m/s 之间。

浮子流量计可用于较低雷诺数，选用黏度不敏感形状的浮子，流通环隙处雷诺数只要大于 40 或 500，雷诺数变化流量系数即保持常数，亦即流体黏度变化不影响流量系数。这数值远低于标准孔板等节流差压式仪表最低雷诺数 104 ~ 105 的要求。

大部分浮子流量计没有上游直管段要求，或者说对上游直管段要求不高。

浮子流量计有较宽的流量范围度，一般为 10:1，最低为 5:1，最高为 25:1。流量检测元件的输出接近于线性。压力损失较低。

玻璃管浮子流量计结构简单，价格低廉。只要在现场指示流量者使用方便，缺点是有玻璃管易碎的风险，尤其是无导向结构浮子用于气体。

金属管浮子流量计无锥管破裂的风险。与玻璃管浮子流量计相比，使用温度和压力范围宽。

大部分结构浮子流量计只能用于自下向上垂直流的管道安装。

浮子流量计应用局限于中小管径，普通全流型浮子流量计不能用于大管径，玻璃管浮子流量计最大口径 100mm，金属管浮子流量计为 150mm，更大管径只能用分流型仪表。

使用流体和出厂标定流体不同时，要做流量示值修正。液体用浮子流量计通常以水标定，气体用空气标定，如实际使用流体密度、黏度与之不同，流量要偏离原分度值，要做换算修正。

（三）浮子流量计分类

市场上定型产品和特殊型仪表从以下不同角度可作不同分类：

1）按锥形管材料分为透明锥形管和金属锥形管。

2）按有无远传信号输出分为就地指示型和远传信号输出型，后者又分为电远传和气远传两种。

3）按被测流体分为液体用、气体用和蒸汽。

4）按被测流体通过浮子流量计的量分为全流型和分流型。

1. 按锥形管材料分类类型

（1）透明锥形管浮子流量计。透明锥形管材料用得最多的是玻璃，无导向结构仪表测量气体时操作不慎，玻璃管易被击碎；还有用透明工程塑料如聚苯乙烯、聚碳酸酯、有机玻璃等制成，具有不易击碎之优点。

（2）金属管锥形管浮子流量计。与透明锥形管浮子流量计相比，可用于较高的介质温度和压力，且无玻璃管浮子流量计锥管被击碎的潜在危险。图 4 – 25 所示典型结构是锥形管与壳体制成一体结构，也有锥管套入壳体的分离结构，改变流量规格只要调换不同圆锥角的锥管，使用较为灵便。

2. 按有无远传信号输出分类类型

（1）就地指示型浮子流量计。有些透明管浮子流量计以就地指示为主，装有接近开关，作流量上下限报警信号输出。有些就地指示型金属管浮子流量计外形与远传信号输出相同，只是将浮子位移通过磁耦合传出，经连杆凸轮等线性化机构处理后就地指示。

（2）远传信号输出型浮子流量计。远传信号输出型仪表的转换部分将浮子位移量转换成电流或气压模拟量信号输出，分别成为电远传浮子流量计和气远传浮子流量计。

3. 按被测流体分类类型

分为液体用、气体用和蒸汽用三种。测量蒸汽只能用专门设计的金属管浮子流量计或在标准型仪表上加装附加构件，如增加带散热片的液体阻尼件，以减少浮子跳动；与指示转换部分连接处隔以散热片。

4. 按被测流体通过浮子流量计的量分类类型

(1) 全流型：即被测流体全部流过浮子流量计的仪表。

(2) 分流型：相对于全流型只有部分被测流体流过浮子等流量检测部分。分流型浮子流量计由装载主管道上标准孔板（或均速管）和较小口径浮子流量计组合而成，应用与管径大于50mm的较大流量和只要就地指示的场所，价格低廉。分流型浮子流量计结构上分为分离型和一体型两种。

一体型仪表将孔板和浮子流量计组装在短管段上，直接装到待测管道，安装方便，有适用于水平和垂直管道两种结构，但均只能安装在便于读取仪表示值的场所。主管道管径通常为50～300mm，孔板的孔径比（β）在0.3～0.7之间，差压在0.6～100kPa之间，浮子流量计口径为10～25mm。

分流型浮子流量计的选用流速可比全流型高，液体流速可达2.5～3m/s，甚至高达4～5m/s。由于分流管中置有限流小孔板，起到补偿主孔板流量和差压间平方根非线性关系，流量示值基本是线性的，有较宽的范围度，一般为10:1。精确度为2.5%～4%FS。

(四) 选用浮子流量计要考虑的要点

1. 应用概况

浮子流量计作为直观流动指示或测量精确度要求不高的现场指示仪表，占浮子流量计应用的90%以上，被广泛地用在火力发电厂。

作为流程工业液位、密度等其他参量的测量中，定流量测量和控制的辅助仪表，应用得非常普遍，亦占有相当份额。

2. 类型和结构选择

浮子流量计主要测量对象是单相液体或气体，液体中含有微粒固体或气体中含有液滴通常不适用。因为浮子在液流中附着微粒或微小气泡均会影响测量值，如微流量仪表使用一段时期后浮子附着肉眼不出的附着层，也会改变流量示值百分之几。

如只要现场指示，首先考虑价廉的玻璃管浮子流量计，如温度、压力不能胜任则选用就地指示金属管浮子流量计。玻璃管浮子流量计应选带有透明防护罩，一旦玻璃锥管破裂，可挡住流体正向散溅，以作紧急处理。用于气体时应选用导杆或带棱筋导向的仪表，以避免操作不慎浮子击碎锥管。如需要远传输出信号作总量积算或流量控制，一般选用电信号输出的金属管浮子流量计。如环境气氛有防爆要求而现场又有控制仪表用气源，则优先考虑气远传金属浮子流量计，若选用电远传仪表则必须是防爆型。

测量不透明液体时选择金属管浮子流量计较为普遍，但也可选择带棱筋锥形管的玻璃管浮子流量计，借助浮子最大直径与棱筋接触的痕迹，以判读浮子的位置。

3. 按实际使用介质密度选择仪表流量范围

按照实际使用介质密度要求，选择仪表流量范围。

4. 浮子形状和黏度影响

浮子形状是制造厂按仪表结构和流量范围选择合适形状而设计的。使用时应了解所浮子的特点和流量示值受流体黏度影响的程度。

5. 液体的压力温度和仪表的压力损失

被测流体的工作压力和温度应低于仪表的额定值。流体温度较高时，要降低额定压力。用于较高压力的气体和温度超过沸点的高压液体，不应选用玻璃管浮子流量计，应选用金属浮子流量计。

玻璃管浮子流量计的压力损失较小，小口径为0.2～2kPa，10～100mm为2～8kPa；金属管浮子流量计则稍高些，一般为2～8kPa，较高者为18～25kPa。压力损失应在样本和使用说明书列出。

流体的最低工作压力应高于压力损失若干倍，用于气体时压力过低容易产生浮子跳动。有些型号仪表的使用说明书规定流体压力最低值，有些建议液体的最低工作压力应大于2倍压力损失，气体则为5倍。

（五）安装使用注意事项

1. 仪表安装方向

绝大部分浮子流量计必须垂直安装在无振动的管道上，不应有明显的倾斜，流体自下而上流过仪表。装有旁路管系以便不断流进行维护。浮子流量计中心线与铅垂线间夹角一般不超过5°。

2. 用于污脏流体的安装

应在仪表上游装过滤器。带有磁性耦合的金属管浮子流量计用于可能含铁磁性杂质流体时，应在仪表前装磁过滤器。

要保持浮子和锥管的清洁，特别是小口径仪表，浮子洁净程度明显影响测量值，如6mm口径玻璃浮子流量计，在实验室测量看似清洁水，流量为2.5L/h，运行24h后，流量示值增加百分之几，浮子表面沾附肉眼观察不出的异物，取出浮子用纱布擦拭，即恢复原来的流量示值。必要时可设置冲洗配管，定时冲洗。

3. 要排尽液体用仪表内气体

进出口不在直线的角型金属浮子流量计，用于液体时注意外传浮子位移的引申套管内是否残留空气，必须排尽；若液体含有微小气泡流动时极易积聚在套管内，更应定时排气。这点对小口径仪表更为重要，否则影响流量示值明显。

4. 流量值作必要换算

若非按使用密度、黏度等介质参数向制造厂专门定制的仪表，液体用仪表通常以水标定流量，气体仪表用空气标定，定值在工程标准状态。使用条件的流体密度、气体压力温度与标定不一致时，要做必要换算。换算公式和方法应在各制造厂使用说明书中予以详述。

复 习 思 考 题

1. 流量计量的意义是什么？
2. 什么是体积流量？
3. 什么是质量流量？
4. 流量计量中所涉及的物理性能参数有哪些？
5. 流量计的测量原理有哪些？
6. 按结构流量计可分为哪几类？
7. 差压式流量计可分为哪几类？
8. 差压式流量计的工作原理是什么？
9. 差压式流量计显示仪表有哪些？

10. 容积式流量计的测量原理是什么?
11. 靶式流量计的工作原理是什么?
12. 电磁流量计的工作原理是什么?
13. 超声波流量计的工作原理是什么?
14. 浮子式流量计的工作原理是什么?

第五章　水位测量及仪表

汽包锅炉（自然循环和强制循环）是火力发电厂常用的锅炉。汽包锅炉的汽包水位是保证锅炉设备安全经济运行的重要参数之一。水位过高，会影响汽水分离的效果，使饱和蒸汽湿分增大，含盐量增多，容易造成过热器和汽机通流部分结垢，引起过热器爆管，汽机热效率降低和轴向推力加大。当水位高到一定程度，蒸汽就要带水，从而引起汽轮机水击等破坏性事故。水位过低，影响锅炉水循环，使锅炉水冷壁局部过热，进而发生爆管事故。因此，运行中要求能够及时而准确地测量水位，使水位控制在允许范围之内，是保证机炉安全经济运行的重要条件。

水位计的种类很多，目前电厂中采用的有差压式水位计、电触点水位计、云母水位计等。

第一节　云母水位计

云母水位计，是监视火力发电机组锅炉汽包水位的就地仪表。如配套电视监视系统，可实现远程监测。云母水位计测量汽包水位的示意如图 5－1 所示，水位计的上部和汽包的容汽空间相通，下部和汽包的容水空间相连，构成连通器。根据连通器原理，水位计中的液面高度和汽包水位是相应的，所以从云母水位计上可以看出汽包的水位。这种水位计，结构简单，测量准确，工作可靠。缺点是只能就地安装。随着大容量集中控制机组的出现，要求在控制室里能直接监视汽包水位，于是出现了低置水位计和电接点水位计。

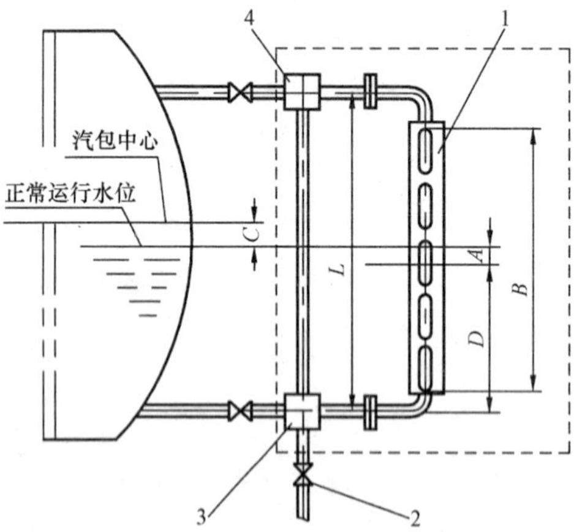

图 5－1　云母水位计测量汽包水位示意图

1—水位计；2—排污阀；3—水阀；4—汽阀

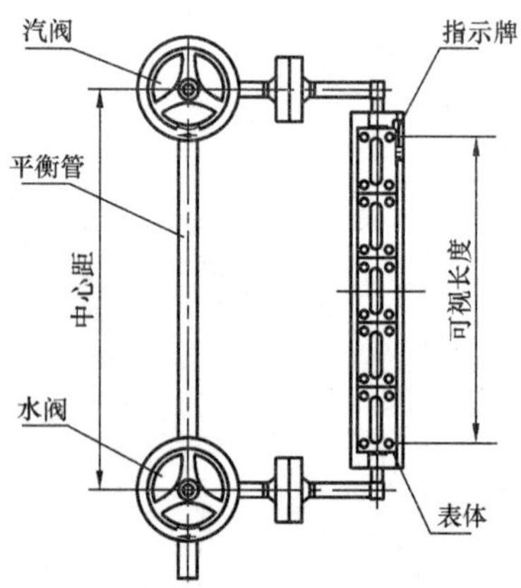

图 5－2　云母双色水位计外形结构图

一、结构特点及工作原理

云母双色水位计外形结构见图 5－2。

水位计主要由表体、阀门、光源总成（光源箱、观察罩）定时电源变压器组成。表体及光源总成结构原理见图 5－3。

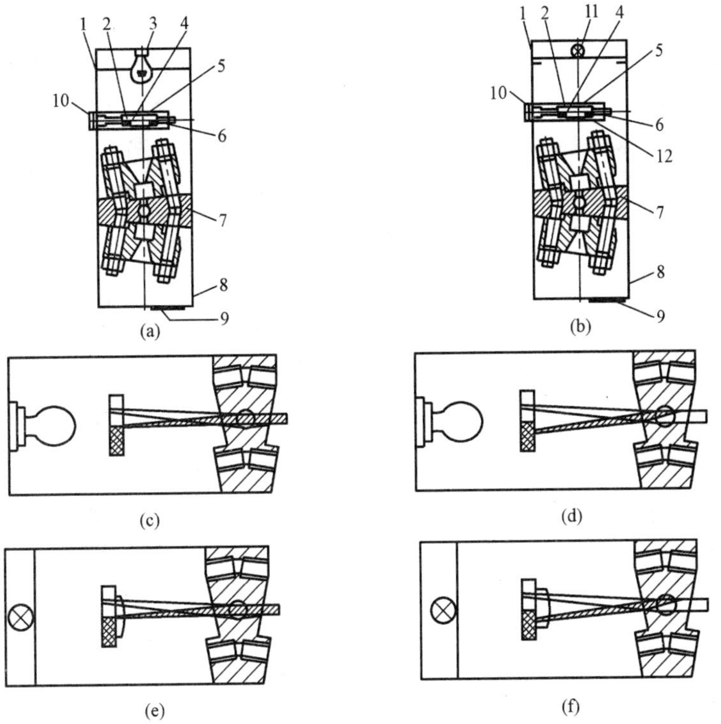

图 5-3　双色水位计表体及光源总成结构原理图

(a) 冷光射灯；(b) 柱状卤钨灯；(c) 冷光射灯无水状态为红光；(d) 冷光射灯有水状态为绿光；(e) 柱状卤钨灯无水状态为红光；(f) 柱状卤钨灯有水状态为绿光

1—光源箱壳体；2—红绿玻璃支架；3—冷光射灯；4—红玻璃；5—平玻璃；6—绿玻璃；7—表体；8—观察罩壳体；9—标尺；10—调整螺钉；11—柱状卤钨灯；12—柱面镜

水位计观察孔在表体中心的直线上，由光源发出的光通过红、绿玻璃片，分别滤成红、绿光，分别射向表体的观测窗，在表体的汽相部分，红光射向正前方，而绿光斜射到壁上被吸收；与此同时在液相部分，由于水的折射使得绿光射向正前方，红光斜射到壁上被吸收。因此在正前方观察将获得汽红、水绿；汽满全红、水满全绿的显示效果。

水位计通过汽、水阀门与汽包汽侧、水侧相连接，形成连通体，利用连通器的原理使水位计的水位与汽包水位一致。

光源为冷光射灯：75W/只 220V50Hz。

光源为柱状卤钨灯：①柱状卤钨灯 350W/35V，长度 $L=560$mm：配 600W 输入为 220V50Hz，输出为 0、24V、30V、35V 定时电源变压器；②柱状卤钨灯 450W/40V，长度 $L=800$mm：配 600W 输入为 220V50Hz，输出为 0、35V、40V、45V 定时电源变压器。监视方式为就地正前方目视或彩色工业电视远程监视。

二、云母水位计安装

如图 5-1 所示，安装时要核实汽包引出管的中心距是否与水位计的中心距一致；水位计的阀门接口规格与汽包引出管规格是否一致；汽包上下引出管中心应处于同一铅垂面内，引出管端面也应处于同一铅垂面内。以上几点若有偏差及时校正。

水位计的汽、水阀门接口分别同汽包隔绝阀门外侧焊接。水位计安装前必须对锅炉管道进行气吹，防止杂质进入水位计，产生事故，造成严重后果。可根据现场情况焊接排污阀门（放水阀），焊接前必须把管头的封堵割掉，否则放水管没有通路，会出现事故，造成严重后果。运行中要按规程要求及时排污。

配有温度热补偿管水位计安装时，将水位计温度热补偿管法兰与锅炉下降管相连接即可。

图5－1中，C为锅炉正常运行时，汽包的水位至汽包中心的距离，尺寸A为锅炉正常运行时，水位计的显示水位低于汽包实际水位的差值。

三、云母水位计使用

水位计可就地监视水位，也可配用水位电视在集控室远程监视水位，水位计零水位标识在观察罩的标尺上，要求水位计零水位与汽包实际控制水位线一致。

水位计解裂后重新投运时，需要充分预热。首先开启水位计排污阀，然后微开启汽侧一次阀，再将水位计的汽阀缓慢开启1/5圈，让微弱汽流通过大约20～30min左右，使水位计本体温度相对稳定，然后顺序关闭一次阀、二次阀、排污阀。此时应对所有螺母进行复紧，再规定方法操作投运水位计。当水位计投入正常运行24h后，最好再一次对角紧固螺母。

水位计阀门内设有保险子，即钢球保护装置，投运前此阀门处于关闭状态。投运时先开启一次阀，然后将水位计的汽阀缓慢开启1/5圈，再将水阀缓慢开启1/5圈，即将关闭状态阀门的手轮逆时针旋转1/5圈，待水位正常后，汽阀、水阀交替开启，直至全开。否则，如水位计阀门一次全开，保险会将通道堵死，出现假水位而造成严重事故。

水位计在排污时，应先关闭汽、水阀门，然后开启排污阀门排污，排污后关闭排污阀，最后按规定方法正确投运水位计。水位计可参与锅炉水压试验，但不得参与锅炉酸洗或碱洗（煮炉）。

水位计解列后，严禁采用与水位计温差＞20℃的水喷淋、充水等方式将水位计快速冷却，以免发生危险，应该采取自然冷却的方式使水位计缓慢冷却。

云母水位计可以使用在50MW、200MW、300MW（含600MW）锅炉机组上。

云母水位计因水质各异，长期运行也会结垢，导致红、绿色显示不清晰，根据实际情况需进行冲洗。冲洗方法分为汽冲洗、水冲洗两种。若经过冲洗水位计仍不清晰时，为安全起见应停止冲洗，更换云母密封组件，对水位计的冲洗不能时间过长或反复冲洗，以避免出现泄露、爆表现象发生。

第二节 差压式水位计

差压式水位计由“水位—压差”转换装置和差压计两部分组成，由“水位—压差”转换装置将水位的变化转换成压差的变化，再用差压计测出压差，即完成水位的测量。

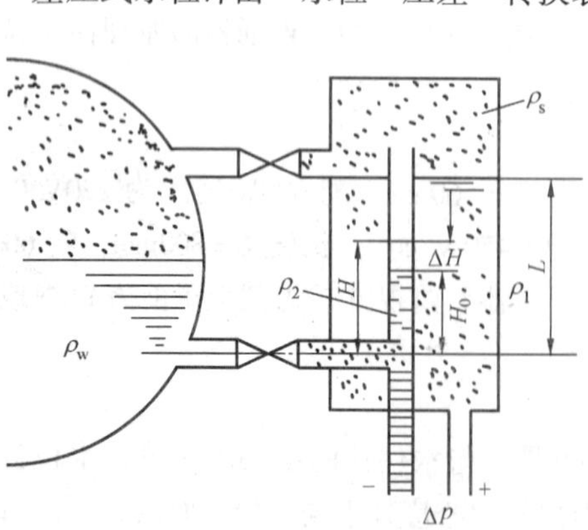

图5－4 双室平衡容器结构图

一、“水位—压差”转换装置

1. “水位—压差”转换原理

“水位—压差”转换装置又称平衡容器，其结构示意如图5－4所示。平衡容器是一个双室容器，外边的粗管（正压容室）上部通过阀门和汽包的汽空间相连。由于蒸汽的不断凝结，使粗管里存有一定位置高度的凝结水。其水位线和下连通管之间的距离，由于上连通管的溢流作用始终保持为L。粗管里面的细管（负压容室）通过阀门和汽包的水空间相通，细管中的水柱高度同汽包水位相同。因为粗细两管中的水柱高度不同，所以该两管子引出的压力不同，存在一个压力差。

当汽包水位为正常水位 H_0（零水位）时，平衡容器输出的压力差为

$$\Delta p_0 = p_+ - p_- = L\rho_1 g - H_0\rho_2 g - (L - H_0)\rho_s \tag{5-1}$$

式中 ρ_1——正压容室中凝结水的平均密度；

ρ_2——负压容室中水的密度；

ρ_s——饱和蒸汽的密度；

H_0——水连通管至汽包内水面之间的垂直距离（水位计指示水位）。

当汽包水位偏离正常水位，变化为 ΔH_0 时，平衡容器输出的压力差为

$$\Delta p = L\rho_1 g - (H_0 + \Delta H_0)\rho_2 g - [L - (H_0 + \Delta H_0)]\rho_s g$$

$$\Delta p = \Delta p_0 - \Delta H_0 g(\rho_2 - \rho_s) \tag{5-2}$$

正常情况下锅炉在额定参数下运行时，饱和水和饱和蒸汽的密度 ρ_2 和 ρ_s 不变；正压容室的外边有保温层，可以认为 ρ_1 也不变。所以从式（5-1）看出，静压差 Δp 和水位 H_0 有单值对应关系：水位越高，Δp 越小，水位越低，Δp 越大。用差压计测出 Δp 的大小，就可以知道水位的高低。但是必须指出，只有在锅炉额定参数下运行时，压差 Δp 和水位 H_0 才有单值对应关系。

2. 双室平衡容器在实际使用中存在的问题

当锅炉运行参数有较大的变化时，饱和水和饱和蒸汽的重度要发生变化，从而引起测量误差。在锅炉启停过程中，差压式水位计的测量误差更大，即这种双室平衡容器在实际使用中还存在问题，必须进行改进。

由于平衡容器向外散热，正、负压容器中水温由上至下逐渐下降，且温度不好确定，使得 ρ_1 和 ρ_2 的数值较难确定，分度好的水位计安装到现场后，其指示值与云母水位计的指示值不同。即使在现场对照云母水位计的指示值调好刻度，随着温度的变化，ρ_1 和 ρ_2 也会随着变化，使水位计的指示值仍然存在误差。

差压式水位计一般是在汽包额定工作压力下分度的，故只有在额定压力下其指示值才是正确的。饱和水密度和饱和蒸汽的密度随汽包压力变化，会使差压式水位计产生很大的误差。ρ_w（饱和水密度）和 ρ_s 随汽包压力变化的关系如图 5-5 所示。一般情况下，对中压锅炉误差可达 40~50mm，对高压锅炉误差可达 100mm 以上，可以说差压式水位计在机组启停及滑参数运行时是不可以使用的。

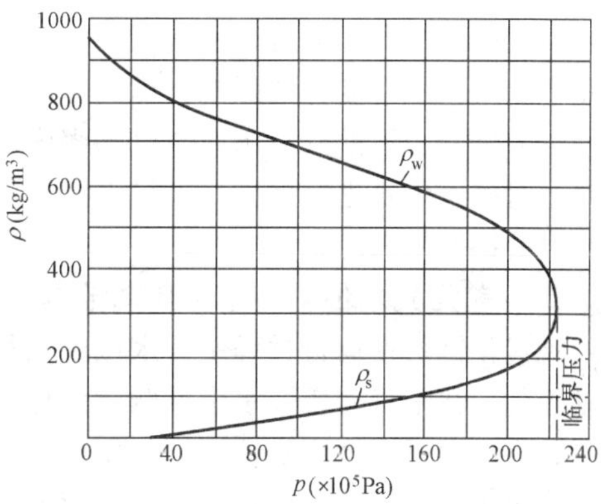

图 5-5 汽包压力和饱和水和饱和蒸汽密度的关系图

ρ_w—饱和水密度；ρ_s—饱和蒸汽密度

3. 平衡容器改进

改进后的平衡容器，如图 5-6 所示。

这是一种具有压力补偿作用的平衡容器，它可以保证在正常水位 H_0 时，水位指示基本不随汽包压力变化。当汽包水位发生变化时，为使正压室中的水位保持恒定，增大了正压容器的横截面积，使其直径大于 100mm，同时，在其上面装有一个凝结水漏盘，使凝结水不断流入正压室，正压室中多余的水不断溢出，通过蒸汽加热的方法使正压室中水温等于饱和温度。蒸汽凝结水由

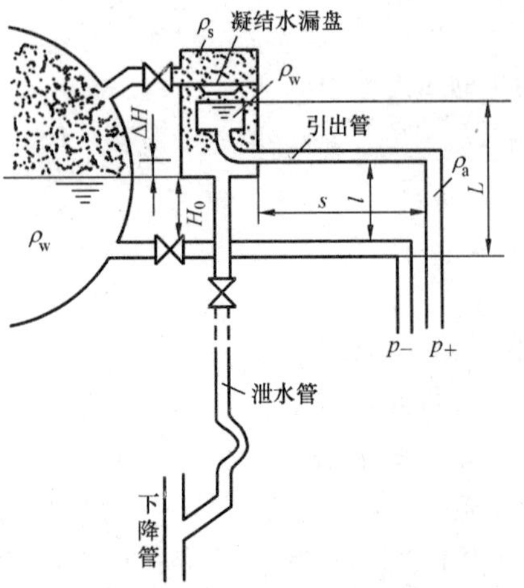

图 5-6　改进后的平衡容器结构图

泄水管流入下降管，负压管直接从汽包水侧引出。为确保压力引出管的垂直部分水的密度 ρ_a 大致等于环境温度下水的密度，压力引出管的水平距离 s 必须大于 800mm。

在正常水位（零水位）H_0 时，平衡容器的输出压差为

$$\Delta p_0 = p_+ - p_- = [(L-l)\rho_w + l\rho_a]g - [H_0\rho_w + (L-H_0)\rho_s]g$$

$$\Delta p_0 = p_+ - p_- = L(\rho_w - \rho_s)g - l(\rho_w - \rho_a)g - H_0(\rho_w - \rho_s)g \quad (5-3)$$

当水位偏离正常水位 H_0 时，输出压差 Δp 为

$$\Delta p = \Delta p_0 - \Delta H_0 g(\rho_w - \rho_s) \quad (5-4)$$

在设计时恰当地选择 L 和 l 值，使汽包压力从很小的值（如 0.5MPa）升高至额定工作压力时，正常水位下平衡容器输出的压差不变。根据平衡容器输出差压最大值应与差压计测量上限一致，可求得 L 和 l 值。之后根据式（5-3）和式（5-4）来分度差压式水位计。

经过改进后的平衡容器，可保证正常水位（即 $\Delta H_0=0$）下的差压 Δp_0 受汽包压力变化的影响大为减小。但当水位偏离正常值（即 $\Delta H_0 \neq 0$）时，输出 Δp 还将受汽包压力变化的影响。但与改进前相比，其准确度有很大提高。为了进一步消除汽包压力变化的影响，可同时测得汽包压力信号，根据汽包压力与汽水密度的关系，对差压信号进行修正，以校正因为汽包压力的偏差带来的测量误差。

二、差压式水位计与水位自动控制

现代化锅炉在运行过程中，水位应实行自动控制。在采用差压式水位计测量汽包水位时，可以通过温度变送器、汽包压力变送器和代表水位信号的差压变送器将对应的信号送到锅炉汽包水位自动控制系统中，来实现水位的自动控制，见图 5-7。

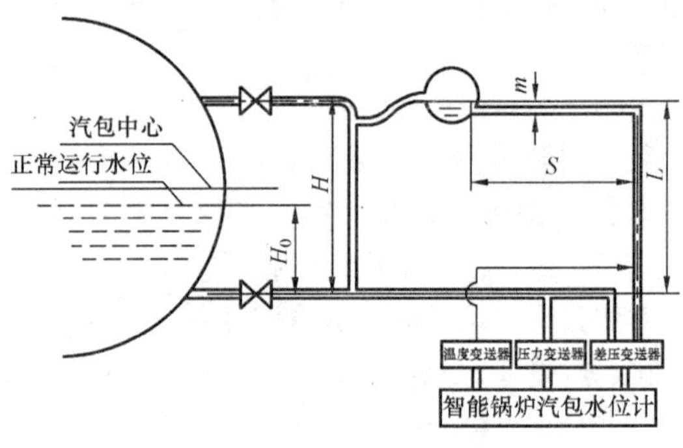

图 5-7　采用差压式水位计的水位自动控制系统

由图 5-7 可见，差压、压力、环境温度都通过变送器送入以微处理机为核心的智能锅炉汽包水位计中，对表征水位的差压信号进行修正。当然，为了在汽包压力变化的全程范围内对密度进行补偿，应根据水蒸气的相关数据、水密度的变化图表进行曲线拟合，即将汽包内的蒸汽密度、将汽包内的汽水密度差、导压管内水的密度、平衡容器内水的平均密度计算成温度、压力的函数存储到二次仪表中，这样经温度、压力补偿的差压信号计算出的水位值比传统平衡容器的显示值要准确得多。

这样就可以完全实现锅炉汽包水位的自动化控制方式，减轻运行人员的劳动强度，更好地控制汽包水位，保证锅炉的安全和经济运行。这时的水位计可以叫做“智能锅炉汽包水位计”。在它的控制面板上，可以实现水位监视、水位调整、定值设定、越限报警、运行方式切换、限定值调整等功能，如图 5-8 所示。

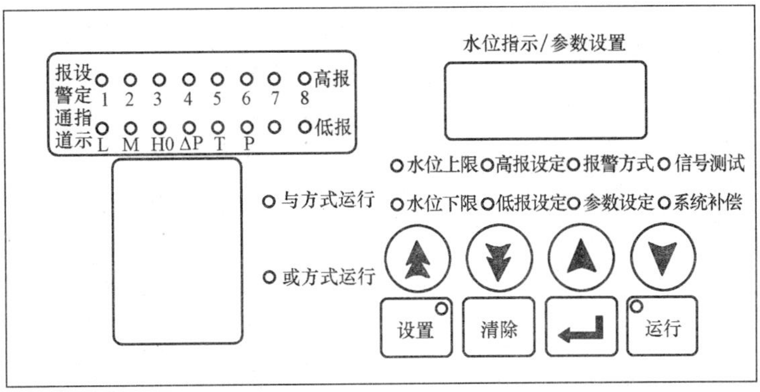

图 5-8　智能锅炉汽包水位计控制面板

智能锅炉汽包水位计有 8 个报警通道，每个通道高低报警任设。设置报警点时，“报警通道”红灯亮时表示该通道已设置有低报警点，绿灯亮表示该通道已设置有高报警点。在正常运行时，有几个灯亮就表示有几个报警点输出。报警点的设定是以 H_0 为水位基准分界点，所有高报警点的数值都是正值（含 0），所有低报警点的数值都是负值（含 0）。

智能锅炉汽包水位计，可以直接与机组的 DCS 系统相连接。

三、汽包水位智能化自动校正

智能锅炉汽包水位计是以计算机为核心的，可以实现复杂的运算、逻辑分析和判断。一个智能仪表相当于一位高级工程师。

平衡容器测量汽包水位时，在正常工况下水位值只取决于输入的差压信号，而其他参数恒定不变，测量也非常准确。当机组启停或者是变工况时，其他参数就会发生变化而带来显示误差。若能建立起这些参数对水位影响的数学模型，测量和控制时将这些参数输入仪表，由仪表计算机进行计算，用计算结果对水位进行校正，就可以实现准确的测量。

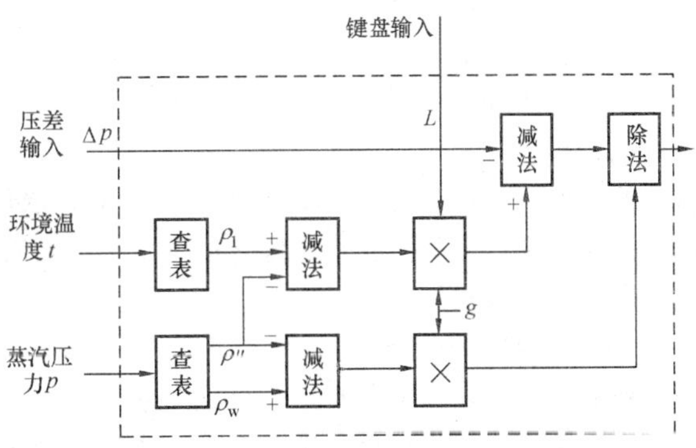

图 5-9　智能仪表自动校正运算原理框图

智能仪表自动校正运算框图见图 5-9，其中 ρ_1 为平衡容器所处环境温度下的水的密度，可根据温度查表求得。可事先将表格数据装入计算机，由查表程序取得。ρ_w 为汽包内饱和水的密度，ρ'' 为饱和蒸汽的密度（ρ_s），两者都是蒸汽压力的函数，可根据压力查表求得。L、g 为常数，可外部输入，也可由内部产生。测量及运算校正的结果可在显示仪表上显示出来。

第三节　电触点水位计

电触点水位计是一种简单可靠的水位测量仪表，它的优点是能适应锅炉变工况运行，不受汽包压力变化的影响。在锅炉启停过程中，仪表能在控制室里准确地显示水位。水位容器截面积较大，水柱的温度降低来的慢，水柱温降引起的误差较小。从电极至二次仪表是通过电信号的传

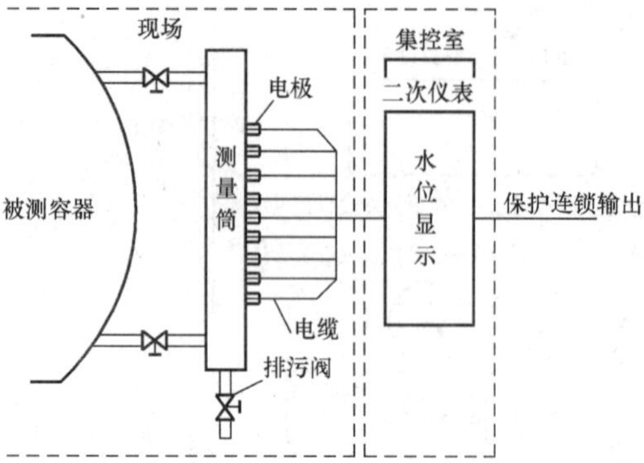

图 5-10　电触点水位计基本结构图

送，所以不但迟延小，且没有机械传动所引起的变差和指示误差。这种水位计构造简单，体积小，并省去了笨重的差压计、传压管路和阀门，减小了金属消耗量，维护检修都比较方便。

一、工作原理

锅炉汽包中的饱和水和饱和蒸汽的密度和所含导电介质数量不同，其导电性能差别很大。一般高压锅炉饱和蒸汽的电阻率要比饱和水的电阻率大几万至几十万倍，比饱和蒸汽凝结水的电阻率也要大 100 倍以上。实验证明，360℃以下的纯水的电阻率小于 $10^4\Omega\cdot cm$，而蒸汽的电阻率大于 $10^8\Omega\cdot cm$。只要锅炉汽包参数在临界参数以下，汽和水的电阻率总是有差别的，电触点水位计的工作原理就是根据汽和水的电阻率不同来测定水位的。

电触点水位计（见图 5-10）由水位容器、电极和测量显示线路（二次仪表）等构成。电极的绝缘子使电触点与水位容器外壳间绝缘。浸在水中的电极，由于水的电阻较小，使电极触点与容器外壳接通，交流电流通过水使显示灯点燃。处在蒸汽中的电极，由于蒸汽的电阻很大，可以相对地看作开路，显示灯不亮。因此，水位的高低，就决定了浸在水中的电极的数量的多少，水位高，浸入水中的电极多，显示灯点燃的就多。从显示灯点燃的多少可以知道水位的高低（原理见图 5-11）。目前，电触点水位计的电极有以超纯氧化铝瓷管作绝缘子的和以聚四氟乙烯（塑料王）作绝缘子的两大类。后者用于水质较差的中低压锅炉。二次仪表有模拟式和数字式两大类。

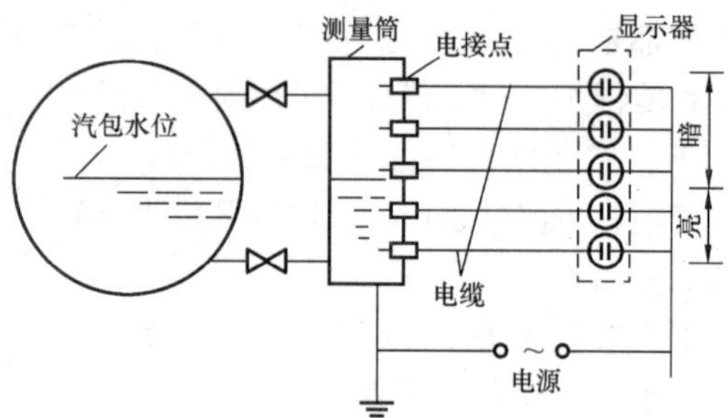

图 5-11　电触点水位计的测量原理图

二、电极和水位容器

电极和水位容器是电触点水位计的一次组成部分。它们的主要作用是将水位的高低转换成电极触点接通的多少，然后输送到二次仪表进行水位的测量和显示。

（一）电极

电极长期工作在高温高压的汽、水中，为了确保电触点水位计长期、准确、可靠的运行，要求电极具有一定的机械强度、电气绝缘性能和抗腐蚀能力。因此，对电极的结构和材料有着严格的要求。用于高压或超高压锅炉水位计的电极，一般都以超纯氧化铝瓷管做绝缘子，它的结构如图 5-12 所示。电极芯杆 6 和瓷封件 1 焊接在一起作为电极的一个极，电极螺栓 4 和瓷封件 2 焊接在一起，作为另一个极（公共接地极）。两者之间用超纯氧化铝瓷管绝缘子 2 和芯杆绝缘套 5 绝缘。瓷封件 1 和 3 由可伐合金（铁钴镍合金）加工而成。可伐合金的线膨胀系数与超纯

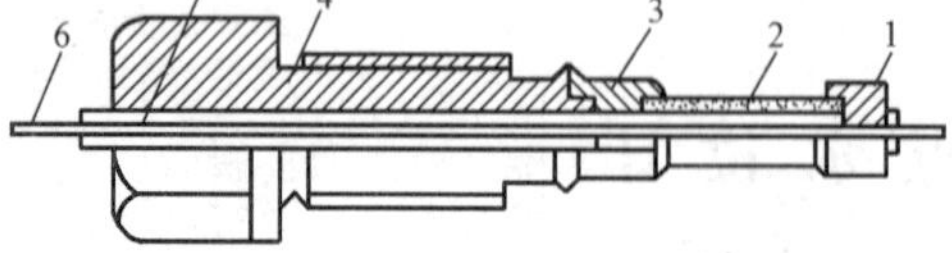

图 5-12　超纯氧化铝瓷管作绝缘子的电极

1—瓷封件；2—绝缘子；3—瓷封件；4—电极螺栓；5—芯杆绝缘套；6—电极芯

氧化铝瓷管的很接近，可保证两者之间封接起来后能承受温度的变化。

电极的使用寿命不仅与电极的结构和材料有关，而且与锅炉参数、汽、水品质有关。锅炉参数越高，汽、水品质越好，电极使用寿命越长。中低压锅炉虽然运行参数低，但汽、水品质差，电极反而易被腐蚀。超纯氧化铝绝缘子在使用中必须注意以下几点：

(1) 为了缓慢升温，电极应尽可能地随着锅炉启动同时投入运行。

(2) 在锅炉运行过程中安装或更换电极时，应使水位容器泄掉压力并冷却后进行，以防损坏电极螺栓和电极座的螺纹。锅炉运行中投入水位计，应先打开排污门，微开汽门，预热水位容器，避免汽流冲击电极和温度骤增损坏电极。待水位容器预热后再投入运行。

(3) 拆装电极或水位容器过程中禁止敲打，以防机械振动损坏电极。

用于中低压锅炉的电极，一般都以聚四氟乙烯作绝缘子。聚四氟乙烯是一种新型塑料，具有很好的抗腐蚀性能，它与强酸、强碱和强氧化剂即使在较高的温度下也不发生任何作用。聚四氟乙烯价格便宜，加工方便，用它作为中低压锅炉水位计电极的绝缘材料比较合适。

聚四氟乙烯的缺点是：有较大的线膨胀系数，容易产生塑性变形，不易与金属封接，使电极的密封问题带来一定的困难。如在加工和使用中稍不注意，就可能产生泄漏现象。实践证明，只要合理地安排电极结构，保证元件的加工和装配质量，上述缺点是可以克服的。

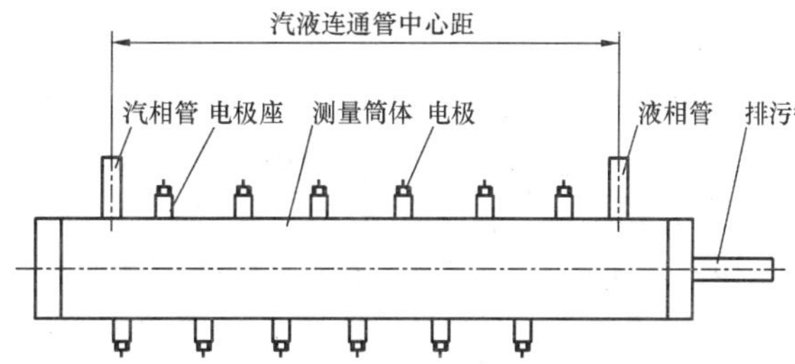

图 5-13　水位容器

(二) 水位容器

在设计水位容器的形状和尺寸时应考虑到如何有利于减小水柱温降所引起的测量误差和迟延。水位容器的形状以圆筒形为好。水位容器的直径应选得合适，直径过小会增大水柱温降，造成负的测量误差，直径太大会增加测量迟延。可采用 $\phi76$mm 和 $\phi89$mm 的 20 号无缝钢管来加工制作水位容器。为了减小水柱温降，容器内壁应光滑，外面下半部分应加保温层，如图 5-13 所示。

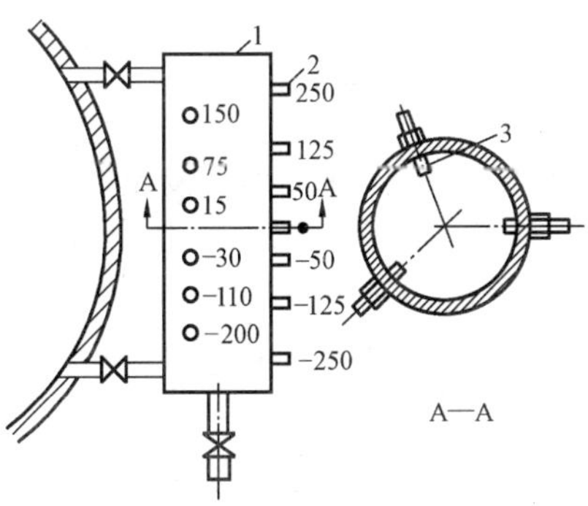

图 5-14　电极在水位容器上的布置
1—外壳；2—电极；3—电极芯

容器中水的品质对电极的寿命影响很大，电极长久处于较差的水质中，会使超纯氧化铝瓷管腐蚀加速。为了使水位容器中的水的品质较好，应有足量的凝结水不断地注入水位容器，使其中的水不断得到更新。为此，水位容器的上部及汽连通管外面都不加保温层。

考虑到安装方便和容器强度问题，电极一般分成三排成 120°夹角交错排列，如图 5-14 所示。容器壁厚应能承受汽包最高工作压力。

三、电触点水位计二次仪表

电触点水位计的二次仪表可以是模拟式（如氖灯水位计、双色水位计等），也可以是数字式。模拟式二次仪表有结构简单、造价低廉和维护量小等优点，因此得到了广泛的应用。数字式二次仪表以数字方式显示水位，有的还附有 0～10mA 的模拟电流输出及越限报警、满水和缺水保护信号输出。

1. 氖灯显示

氖灯式水位计的二次仪表由显示和报警两部分组成。显示部分如图 5-15 所示，它由氖灯、

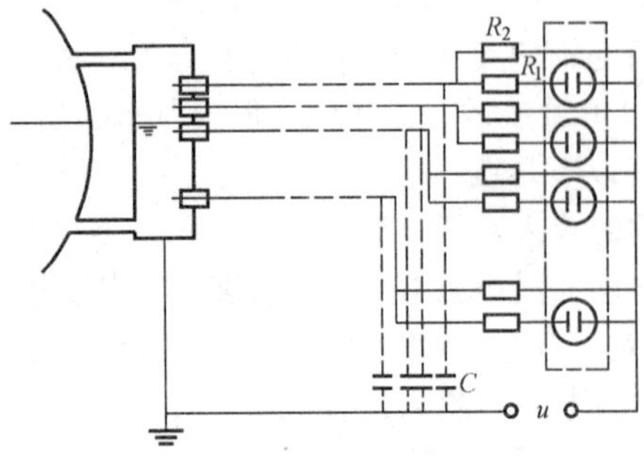

图 5-15　氖灯显示电路

限流电阻 R_1 和并联电阻 R_2 组成。氖灯的一端接电极芯，另一端通过限流电阻接电源的相线。水位容器的外壳为公共接地点，与电源的地线相连。当水位升高淹没电极时，由于水的电阻小，使电极接通，氖灯中有电流通过，氖灯被点燃；当水位下降使电极处在蒸汽中时，由于蒸汽的电阻较大，电极开路，氖灯中没有电流流过，氖灯不亮。因此，可以根据氖灯点燃的多少，来判断水位的高低。

因为氖灯的电阻高，工作电流小，所以回路中要加限流电阻。限流电阻的大小可根据电源电压、氖灯初始起辉电压和额定工作电流计算，以保证氖灯所通过的电流不超过额定电流，并能延长氖灯的使用寿命。当氖灯串联回路中的总电阻大于计算值时，只会使氖灯工作电流降低，亮度减小，而不会使氖灯熄灭。只有当回路电阻很大时，氖灯方会熄灭。这一特点给电极式水位计带来的好处是，当水侧电极因水质问题其阻值在很大范围内变化时，仪表仍能正常显示。

电接点水位计的电缆很长。在使用交流供电时，分布电容要加以考虑。电缆的分布电容，可以看作是和电极并联的一个电容。当电极处在蒸汽中时，氖灯有可能通过分布电容接通电源，使氖灯点燃，这是不允许的。为了克服电缆分布电容的影响，在氖灯和限流电阻的串联支路上，并联一个分压电阻 R_2。在没有 R_2 时，氖灯起辉前两端所承受的电压为电源电压，在一定的回路阻抗范围内，氖灯很容易起辉，有可能使水位计误显示。加上分压电阻 R_1 后，氖灯起辉前两端所承受的电压就会减小。适当地选择 R_2，使 R_2 上的分压小于起辉电压，以保证电极处在蒸汽中而氖灯不起辉。同时也要考虑到，当电极处在水中时，不会因水的阻值变化使 R_2 上的分压低于起辉电压。

2. 双色显示

双色显示仪表是以“汽红”、“水绿”的光色在显示屏上所占的高度来显示水位的，更加醒目直观，效果好，其电路如图 5-16 所示。

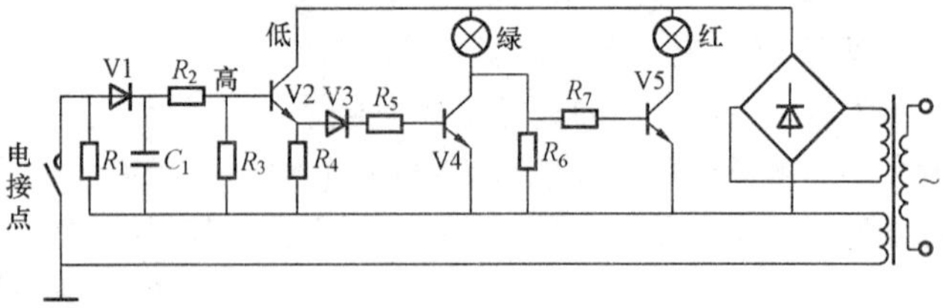

图 5-16　双色显示电路图

原理是晶体管开关电路在电极的高或低电平信号的控制下分别点亮“红”和“绿”发光二极管来实现水位指示的。

3. 数字显示

电触点输出的是开关信号，很方便采用数字显示方式。其显示原理逻辑电路如图 5-17 所

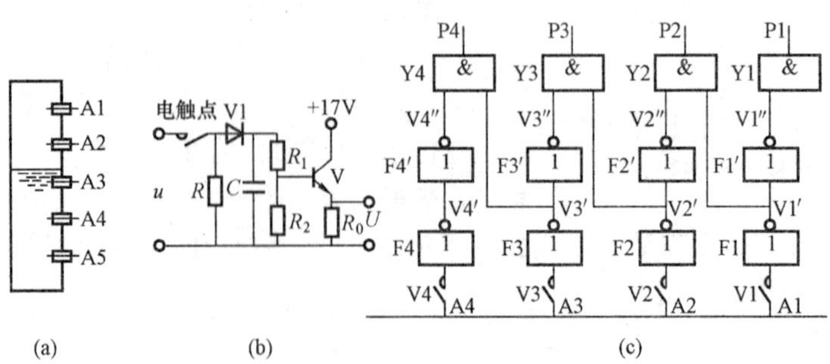

图 5-17　水位的数字显示原理逻辑电路图

示。电触点水位计现场的接线如图 5 – 18 所示。

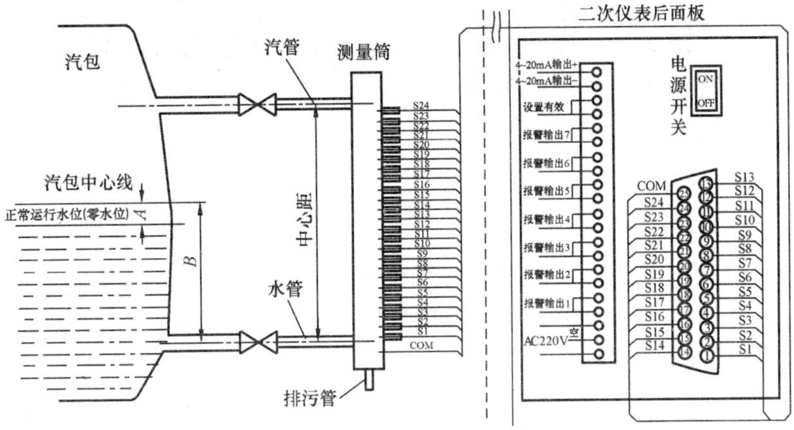

图 5 – 18　电触点水位计的现场接线

复 习 思 考 题

1. 水位测量的意义?
2. 水位计有哪几种类型?
3. 云母水位计的工作原理是怎样的?
4. 简述水位—差压的转换原理。
5. 电触点水位计的工作原理是怎样的?

第六章 汽轮机监测仪表

第一节 汽轮机转速测量

汽轮发电机组是大型转动机械，转子转动的快慢用转速来表示，单位是“转/分钟”，英文符号是“r/min”或R.P.M。汽轮机转速由调速控制（液压或DEH）系统来保持恒定。汽轮机运行过程中若转速高于或低于额定值都将引起供电频率的波动，供电品质将会降低。如果汽轮机转速升高并超过一定限度，将会严重影响汽轮机的安全运行。故要采用转速测量仪表来监测，随时显示转速值，并将转速值输送到机组的计算机控制系统中。目前火电厂主要采用数字显示式转速测量仪表来测量汽轮机的转速。

转速测量方法可以主要分为三类，即机械转速测量、光学转速测量、频闪转速测量。

机械转速测量通过机械测量传感器采集数据，这种测量方法被应用用于20～20000r/min的转速测量。

光学转速测量法是采用反射原理的转速测量法。测量仪器发射出的红外线经固定在待测目标上的反射条反射后，即携带上有关转速信息。测量仪器接收反射波后，经过处理即可得到转速。这种测量方法虽然要比机械测量法先进，但是并非所有持待测目标上都可以安装反射条。

频闪转速测量法是按照频闪原理工作的，当高速闪光的频率和目标的转速（移动）同步时，在观察者的眼中，目标是静止的。同其他测量方法，如机械法或光学传感器法直比，频闪原理的优点显而易见。量范围为100～20000r/min。

数字式转速测量仪表是根据转速传感器的信号来感知和显示转速的。

一、转速传感器

根据作用原理的不同，转速传感器可以分为四种，即磁电式、光电式、霍尔式以及涡流式等，火力发电厂用于发电机组转速测量的大多是磁电式及涡流式转速传感器。

1. 磁电式转速传感器

磁电式转速传感器又称为磁阻式转速传感器，其原理结构如图6－1所示。

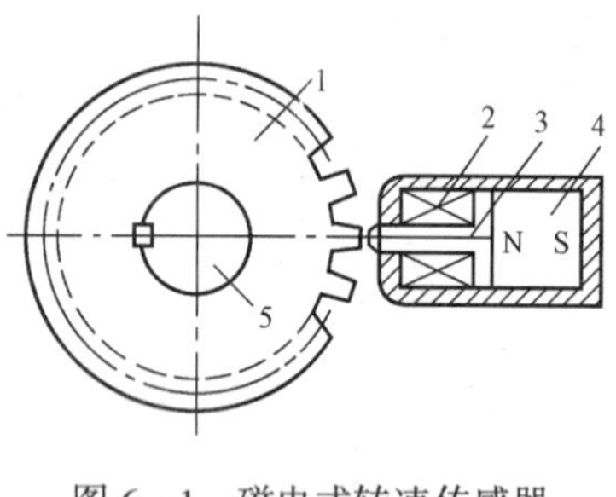

图6－1 磁电式转速传感器原理结构图

1—齿轮；2—感应线圈；3—铁芯；4—磁钢；5—被测轴

齿轮随转子一起转动时，磁钢的铁芯和齿轮的齿之间的间隙发生周期性变化，由齿轮和磁钢构成的磁路中，磁阻变化会引起磁通变化，从而在感应线圈中产生感应电动势。若齿轮的齿数为 z，被测轴的转速为 n，则线圈中产生的感应电势的频率为 $f=nz/60$。当传感器测速齿轮的齿数为60时，则 $f=n$，即传感器输出的脉冲电压的频率在数值上与所测转速 n 相同。

2. 光电式转速传感器

光电式转速传感器的工作过程为：光源1产生的光束经过反射透光玻璃3射到安装在被测转速的转轴上的光码盘7上。光码盘的表面是呈辐射状且间隔布置的反光（反光材料）及不反光

（不反光的材料）条纹，当转轴带动光码盘转动时，将间断地有反射光通过透镜4、反射透光玻璃3、透镜5，射到光敏二极管6上。在这种间断光线的作用下，光敏二极管电阻值产生交替的变化，其频率取决于转子的转速。二极管阻值的变化可转换成相应频率的电流或电压信号。若 n 为转轴转速（R.P.M）、z 为光码盘反射条纹数，则电流或电压信号的频率为 $f=nz/60$，由此可以用 f 来代表转子的转速。图6-2为光电式转速传感器的原理结构图。光敏二极管的电阻变化信号，可直接送入至显示仪表进行显示。

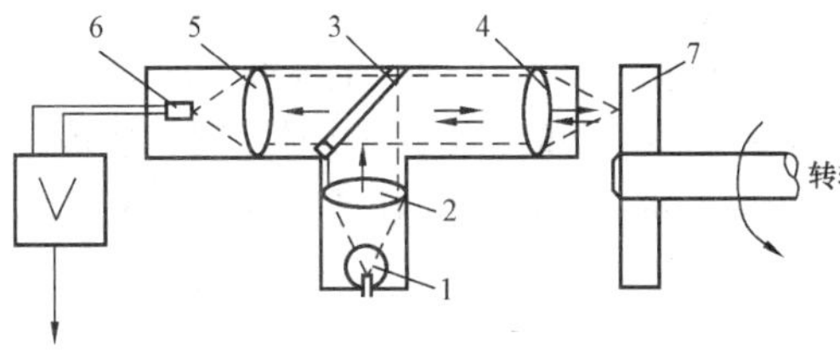

图6-2　光电式转速传感器原理结构图

1—光源；2、4、5—透镜；3—反射透光玻璃；6—光敏二极管；7—光码盘

3. 涡流式转速传感器

涡流传感器由探头、延伸电缆、前置器三部分组成，如图6-3所示。

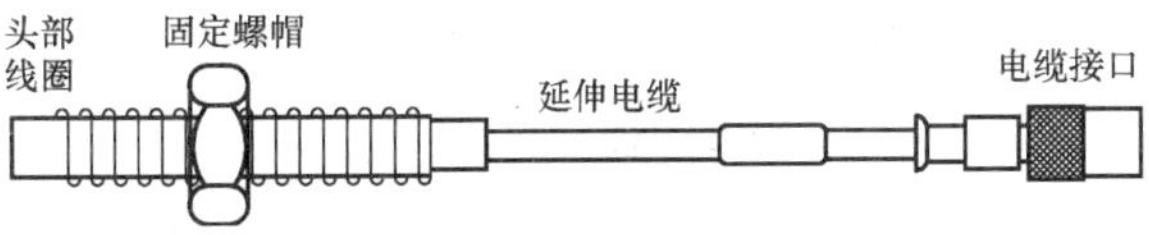

图6-3　涡流传感器组成

传感器的端部对着齿轮的齿，齿轮转动时，齿顶齿根交替通过传感器的端部附近，这时涡流传感器的前置放大器输出一个个的脉冲，测量单位时间内通过的脉冲数，可知旋转机械的转速。这种传感器的测量范围很宽，转速在1～10000（R.P.M）范围内均可测量。上述三种转速传感器都可采用数字式转速表来显示转速。涡流式传感器安装的位置与磁电式转速传感器相近。

二、常用数字显示转速表

数字显示式转速表的型式有许多，工作原理大致相同，如图6-4所示。

转速传感器输出脉冲信号，只要通过频率—电流（电压）转换就能与电压电流输入型的指针表和数字表匹配，或直接送PLC。频率电流转换的方法有阻容积分法、电荷泵法和专用集成电路法，前两种方法在磁电转速表中也有运用。专用集成电路大多数是阻容积分法、电荷泵法的综合。目前常用的专用集成电路，有LM331、AD654和VF32等，转换精度在0.1%以上。采用单片机，做F/D和D/A转换，转换精度在0.5%～0.05%之间。

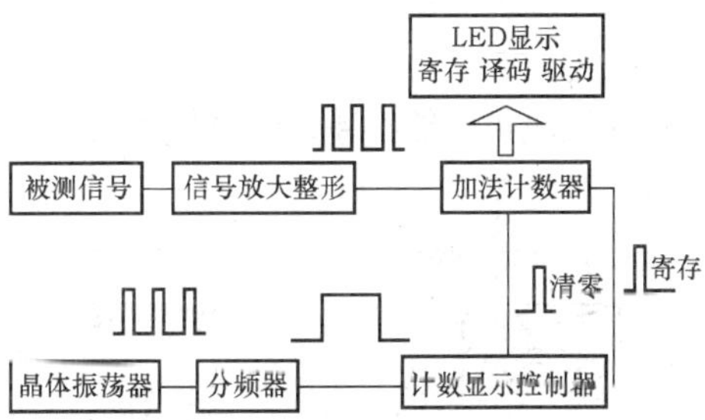

图6-4　数字显示式转速表原理方框图

在显示精度、可靠性、成本和使用灵活性上有一定要求时，就可直接采用脉冲频率运算型转速表。

频率运算方法，有定时计数法（测频法）、定数计时法（测周法）和同步计数计时法。

定时计数法（测频法）在测量上有±1的误差，低速时误差较大；定数计时法（测周法）也有±1个时间单位的误差，在高速时，误差也很大。同步计数计时法综合了上述两种方法的优点，在整个测量范围都达到了很高的精度，万分之五以上的测量转速仪表基本都是这种方法。

转速信号经过转速传感器转换为脉冲信号，经放大整形电路将转速传感器送来的脉冲信号放大整形为同一频率的方波信号。方波信号送至计数器。复原及寄存控制系统在一个测量周期内按一定的时间顺序发出寄存信号及清零信号。传感器输出的脉冲信号经放大整形后由计数器进行计数。同时，由控制系统发出寄存信号，使计数器所计的脉冲数存入寄存显示单元，显示出计数的数值（即测量出的转速值）。随后清零信号使计数器清零，为下一个测量周期做好准备，如此循环往复。晶体振荡器则用来产生标准的时间脉冲，以供整机作为控制脉冲使用。

由 $f = nz/60$ 可知，当 $z = 60$ 时，则转速传感器感应电势的频率 f 与被测轴的转速 n 在数值上相等，计数器所计的数值刚好是所测的转速值。

第二节 振动测量仪表

一、概述

汽轮机发生振动的原因如下。

一个普遍的现象和一个比较严重的问题是汽轮机在运行中会发生不正常的振动。产生振动的原因有很多，可能是一个因素，也可能是多个因素引起。

在启动过程中，可能由于暖机时间不够，汽缸受热不均匀，产生不正常的位移而造成振动。机组运行过程中真空下降会使排汽温度升高，后轴承上抬，破坏机组中心而引起振动。汽机在进汽温度超过设计规范的条件下运行，使其胀差和变形增加，造成机组中心移动而引起振动。以上是机组在运行中产生的振动。

由于离心力的周期性作用也可以产生振动，如转子在找平衡时质量的选择或安放位置不当或叶片在运行过程中发生断裂等都会造成这种周期性离心力。

另外，转子发生弹性弯曲、轴承油膜不稳定或被破坏、内部发生摩擦、水冲击、发电机内部故障及部件松动也会引起振动。

汽轮机的振动对火电厂机组的安全运行和经济运行都有很大的影响。振动过大将会加大轴封、汽封和滑销磨损，使转动部件的疲劳强度下降，调速系统不稳定，严重时将引发重大事故。为此，在火电厂中规定汽轮机的振动幅度必须小于 0.05mm。在汽轮机的启停和运行过程中，必须对大轴和轴承的振动严格监视，如果振动超过允许值，应及时采取相应的措施，以免造成事故。

现在汽轮机一般都装设轴承振动测量装置和大轴振动测量装置，用于监测机组振动情况。当振动超过允许极限时，发出声光报警信号以引起运行人员注意，同时将信号送至计算机控制系统，必要是自动关闭主汽门，紧急停机，确保安全。

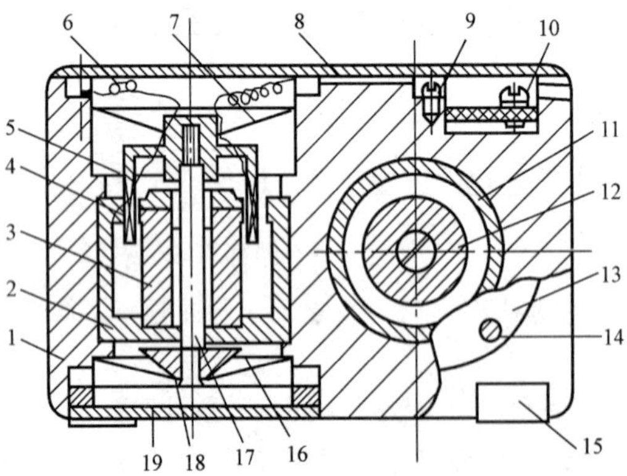

图 6-5 双向拾振器结构图

1—外壳；2、11—导磁体；3、12—磁钢；4—线圈；5—阻尼线圈架；6—灵敏度调节电阻；7、16—弹簧片；8—上盖；9—接地螺钉；10—引线端子；13—侧盖；14—侧盖螺钉；15—安装固定脚；17—活动系统心杆；18—配重体；19—下盖

这种振动测量系统称为双探头振动监视器，有两个测振探头（拾振器），分别测量轴—轴承座的相对振动和轴承座的绝对振动。两个振动测量系统都是由拾振器、积分放大器以及显示仪表组成。

二、拾振器

拾振器（探头）的作用是将机组的振动（水平方向及垂直方向）的幅值转换成相应的电压。

双向拾振器结构如图 6-5 所示，其主要组成部分有导磁体、磁钢、线圈、阻尼线圈架、灵敏度调节电阻、弹簧片、引线端子、活动系统心杆、配重体等。双向拾振器在水平方向和铅直方向各有一个测振结构，结构相同。拾振部分的磁钢3与导磁体2胶牢在一起，形成了一个有恒定磁场强度的空气间隙。处于气隙中的线圈4、阻尼线圈架5及配重体18用活动系统芯杆17连接在一起，并通过两片弹簧片7、16悬挂在空间。在垂直（或水平）外力的作用下，线圈4可以在空隙中作上、下（或左右）往复运动。由于导磁体被固定在外壳内，外壳固定装在被测物体（例如汽轮机）上，因此，当物体垂直振动时，磁钢亦随之振动。但被弹簧片悬吊的活动线圈系统，由于弹簧片的吸振作用，在一定振动频率下处于静止状态，使得线圈不断地作切割磁力线运动，由此产生感应电势。

当气隙内的磁感应强度和线圈绕线长度一定时，线圈感应电势与最大振幅及振动频率的乘积成正比。在拾振器线圈中串有一个灵敏度调节电阻，可以调节由于磁钢性能不完全一致而造成的输出变化。阻尼线圈架用纯铜制成，它在磁场中因切割磁力线而产生一个阻尼力，可以改善仪器性能。

三、积分放大器

拾振器产生的感应电势既与振幅，也与频率有关。为使输出电势仅与振幅呈单值对应关系，必须消除频率对感应电势的影响，实现这一功能利用的是积分放大器。积分放大器的电路如图6-6所示。放大器的核心是两个集成运算放大器IC1、IC2。其中IC1用于积分运算，IC2进行比例放大运算。IC2的放大输出信号经二极管进行整流及电容滤波后在R_{25}及二极管V1两端得到直流电压，此电压加在R_{27}、R_{28}、R_{29}、R_{P3}电阻上，从R_{29}、R_{30}取得电压送至显示仪表M。电路中的V2作为线性补偿二极管，R_{P3}为调节满度电位器。仪表的显示部件可以选用动圈表或电子自动电位差计。

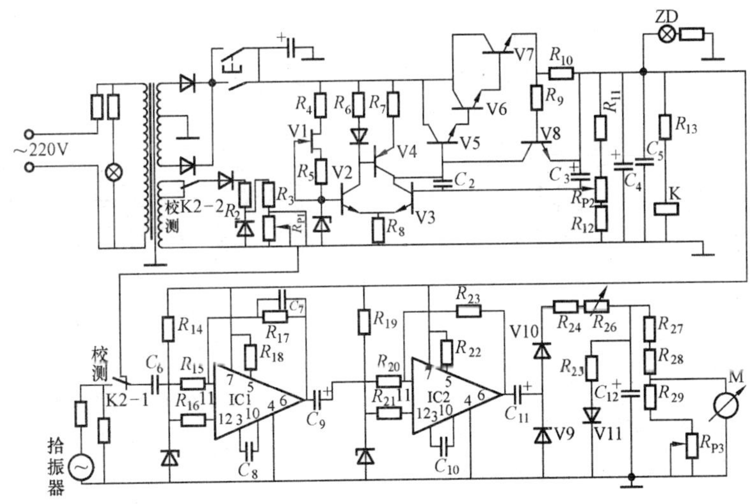

图6-6　积分放大器电路图

第三节　机械位移测量

一、概述

在机组启动、运行及停机过程中，动、静部件的相对膨胀、收缩量很大。根据发电机组安全、经济的运行的要求，汽轮机的转动部件（如转子、叶片、大轴）与静止部件（如隔板、汽缸、喷嘴）之间的间隙要很小。若控制的不好，会发生动静部件的摩擦、碰击，便会产生轴封磨损、叶片断裂，甚至造成整机损坏的重大事故。为此，运行中要认真地对动静部件进行监测。

机械位移量测量仪表一般用于测量汽轮机转子的轴向位移、汽缸、转子之间的相对膨胀位移以及汽缸热膨胀量。根据仪表工作原理的不同，机械位移量测量仪表一般有机械式、液压式、电感式及涡流式几种测量方式。

二、机械位移测量原理

1. 机械式位移测量

机械式位移测量仪表安装在固定体上，滑动触点与被测位移部件上的特制凸缘相接触。当被测部件有轴向、径向或其他方向的位移时，带动滑动触点移动，使传动轴偏转，传动轴又带动调整杆，传动杆使扇形齿轮偏转，由扇形齿轮带动中心齿轮，通过一系列的机械传动和放大，使指针偏转，指示出位移量的大小，完成对汽轮机转子位移监测。其仪表结构示意图如图 6 – 7 所示。这种仪表通常是完成位移的就地显示，当被测位移量超过设定值时，与指针同步偏转的凸轮 8 使触点 9、10 闭合，也可以使仪表发出事故信号，输出响应的保护动作。此类仪表的缺点是位移的模拟量信号不能远传；长期使用使滑动触点磨损而影响测量准确度，一般只用在小型汽轮机组的转子轴向位移及转子汽缸热膨胀位移量的测量。

2. 液压式位移测量

液压式位移检测装置又称为液压随动阀，其结构如图 6 – 8 所示。

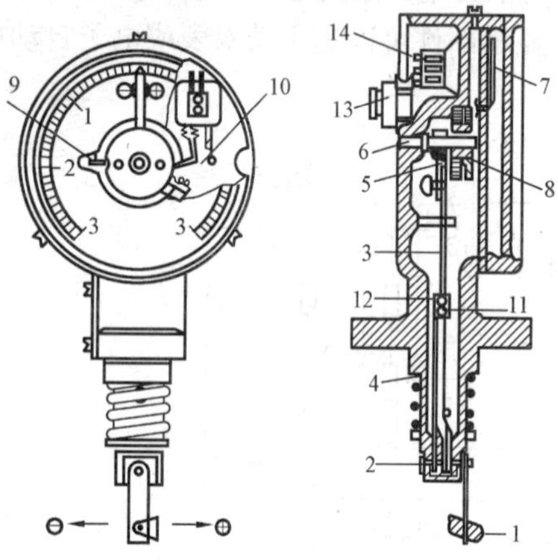

图 6 – 7　机械式位移测量仪表结构示意图

1—滑动触头；2—传动轴；3—传动杆；4—调整杆；5—扇形齿轮；6—指针轴；7—指针；8—凸轮；9—信号触点；10—掉闸触点；11—螺丝；12—调整螺丝；13—电缆进线口；14—接线端子

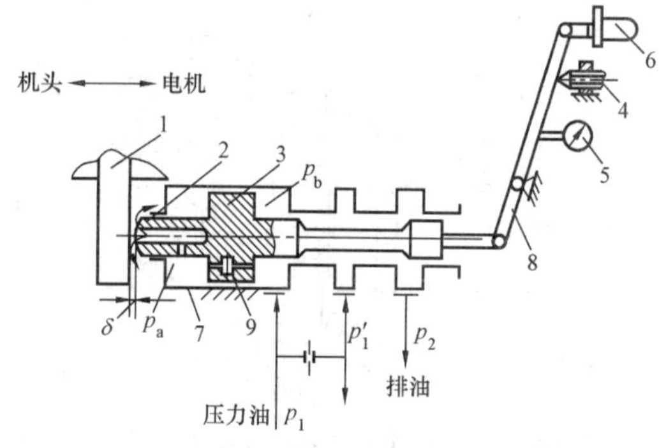

图 6 – 8　液压随动阀结构示意

1—被测物体凸缘；2—喷油嘴；3—随动阀活塞；4—调节螺丝；5—指示表；6—位移传感器；7—随动阀油缸；8—杠杆；9—节流孔

液压式位移测量装置的工作原理是：转轴的轴向位移改变，就改变了喷油嘴与汽轮机轴端平面之间（或与转轴上凸缘平面之间）的间隙，从而引起油压变化，检测油压的变化就实现位移测量。

其工作过程为：压力为 p_1 的油进入油缸，经随动阀活塞节流孔 9 流到活塞左侧，由喷油嘴向被测部件（如汽轮机转子）凸缘处喷出。当喷嘴与凸缘之间的间隙保持某一定值 δ 时，作用在随动阀活塞左右两侧的油压 p_a 及 p_b 相等，使活塞保持平衡状态，此时有 $p_aA_1 = p_bA_2$，其中 A_1 为随动阀活塞左侧的油压面积；A_2 为随动阀活塞右侧的油压面积。当被测物体产生位移，如向左边移动时，间隙 δ 增大，泄油量增加，p_a 下降，这时在油压差产生的力 $p_aA_1 - p_bA_2$ 的作用下，随动阀活塞将向左移动，使 δ 恢复原值，p_a 又将升高，使随动阀活塞保持新的平衡状态；如向右边移动时，间隙 δ 减小，泄油量减少，p_a 上升，这时在油压差产生的力 $p_aA_1 - p_bA_2$ 的作用下，随动阀活塞将向右移动，使 δ 恢复原值，p_a 又将降低，又使随动阀活塞保持新的平衡状态。

机械位移造成的随动阀活塞的随动位移可以通过杠杆使指示表（百分表）就地指示出位移量，也可由位移传感器转变为电信号，再经放大器放大后送入显示仪表进行显示。随动阀活塞的位移将改变右侧排油口的排油间隙，从而使油压 p_1' 变化。p_1' 信号送入液压保护控制装置，做保护信号用。

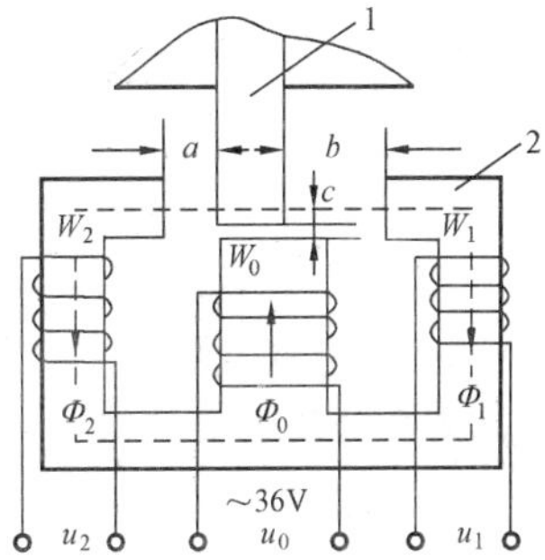

图 6-9 电感式位移测量传感器结构图

1—被测物体的凸缘；2—电感位移发信器；3—调整装置；4—显式仪表；5—磁饱和稳压器

由于液压式位移测量装置的测量触点与被测物体不发生直接机械接触，因而不存在磨损问题，使之测量准确可靠，但其供油压力必须稳定。此种测量装置应用较广。

3. 电感式位移测量

将机械位移信号转变成电感信号就是电感式位移测量，这种测量方法是一种被广泛被应用的测量方法。

电感式位移测量传感器结构如图 6-9 所示。发信器是用“Щ”形硅钢片叠成的三柱式铁芯，在中间芯柱上是原级线圈 W_0，两侧芯柱是一组次级线圈 W_1、W_2。被测位移部件（例如：汽轮机转子）的凸缘位于“Щ”形铁芯上部缺口中。凸缘与发信器铁芯间有三个间隙，其间隙尺寸分别为 a、b、c。

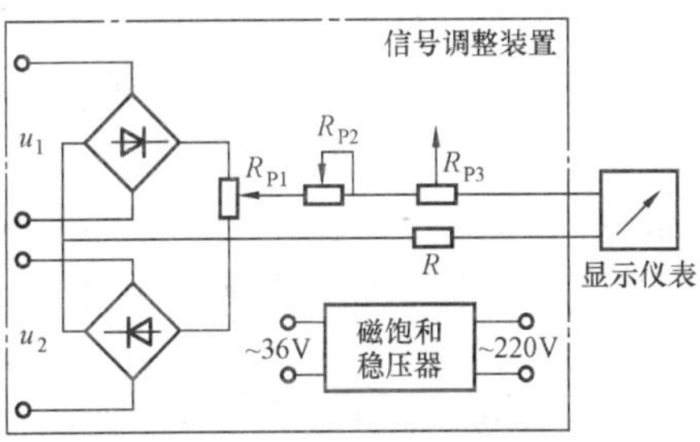

图 6-10 电感式位移测量传感器输出显示图

当线圈一次侧输入一经稳压后的的交流电压 u_0（36V）后，将产生主磁通 Φ_0，其左、右两部分磁通 Φ_1 和 Φ_2 分别穿过两边的铁芯，在二次线圈 W_1、W_2 上感应出电压 u_1、u_2。当被测物体向左边或向右方向位移时，发信器与凸缘之间的气隙 a、b 将产生相反方向的变化，从而使 Φ_1、Φ_2 变化，线圈 W_1、W_2 输出电压 u_1、u_2 亦产生变化。

发信器的输出电压 u_1、u_2 分别送至两个桥式整流电路，经整流比较后送至显示仪表，在按位移量标度的显示仪表上可读出被测物体的位移数值，如图 6-10 所示。

在图 6-10 中，R_{P1} 为调零电位器，用于调整显示仪表的初始刻度。R_{P2} 为调满度电位器，用于调整显示仪表的满度值。用 R_{P3} 取出信号送至记录仪表或其他保护装置。

还有一种接触式电感位移检测发信器，其结构如图 6-11 所示。这种发信器主要用于汽缸热膨胀位移测量。其发信器被安装在固定的

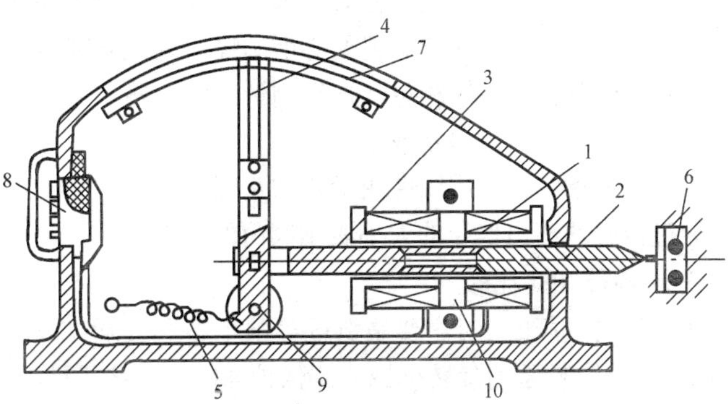

图 6-11 接触式电感式位移检测发信器结构图

1—铁芯；2—硬铅杆头；3—杆尾；4—指针；5—弹簧；6—支持器；7—刻度盘；8—接线板；9—支点；10—差动变压器

台板上，硬铅杆头顶在装于汽缸的支持器上，当汽缸向左膨胀时，推动硬铅杆头左移，指针4则逆时针方向偏转，指示出位移值（即汽缸的热膨胀值）。这时由于差动变压器铁芯左移，差动变压器次级线圈便产生差动电压输出。

第四节　汽轮机监测仪表TSI

一、汽轮机监测意义

随着汽轮机参数的提高，机组的金属材料大多在接近极限值的情况下工作，任何超过设计裕度的运行都将造成机组永久性破坏；为了提高机组运行的经济性，级效率设计较高，级间间隙、轴封间隙等的设计值较小，运行中稍有操作不当，就可能发生转动部件与静止部件间的相互摩擦，引起主轴弯曲，振动过大以及飞车等恶性事故。机组一旦损坏，恢复周期长，影响生产，会造成的很大损失。为确保机组的安全经济运行，就必须对反映机组运行的状态参数进行连续、有效、准确、严密地监视与控制，同时可以保证使计算机控制的机组实现自动启停和正常的负荷控制。

汽轮机监测仪表系统（Turbine Supervisory Instrumentation，TSI）是一种可靠的连续监测汽轮发电机组转子和汽缸的机械工作参数的多路监控系统，可用于连续显示机组的启停和运行状态，为记录表和报警系统提供输出信号，提供用于故障诊断的各种测量数据。

二、汽轮机监测内容

汽机监测是指对机组转子和汽缸的机械工作参数进行监视。为了监视这些参数，配置了相应的监视仪表。汽轮机应监视和保护的项目一般有以下一些参数。

（1）轴向位移监视：连续监测推力盘到推力轴承的相对位置，以保证转子与静止部件间不发生摩擦，避免发生严重事故。当位移过大时发出报警或停机信号。

（2）差胀监视：采用电涡流探头连续监测转子相对于汽缸上某基准点（通常为推力轴承）的膨胀量，也可用线性变量差动互感器（LVDT）进行测量。

（3）缸胀监视：采用线性变量差动互感器（LVDT）连续监测汽缸相对于基础上某一基准点（通常为滑销系统的绝对死点）的膨胀量。

（4）零转速监视：连续监测转子的零转速状态。当转速低于某规定值时投入盘车装置。

（5）转速监视：连续监测转子的转速。当转速高于整定值时给出报警信号或停机信号。

（6）振动监视：监视主轴相对于轴承座的相对振动和轴承座的绝对振动。

（7）偏心度监视：连续监视偏心度的峰—峰值和瞬时值。

（8）相位监视：采用相位计连续测量选定的输入振动信号的相位。信号取自键相信号和相对振动信号，经转换后供显示或记录。

（9）阀位指示：采用线性变量差动互感器LVDT或电位计传感器连续指示调速汽门的动作位置，通过传感器输出信号的大小表示阀门的开度。

三、各种TSI比较

我国目前电厂的TSI主要是引进美国本特利公司7200系列、3300系列、3500系列和西德飞利浦公司RMS700系列旋转机械监测保护系统。这些系统的测量原理对比情况见表6－1。

四、3300系统组成和功能

TSI系统是一种专用的机组信息系统，它可以保证运行人员获得正确的机组运行信息。TSI系统采用了积木式（BuildingBlocks）方法，便于扩展或逐步改善系统功能。

表 6-1　　　　　　几种汽轮机监测仪表测量原理对比情况

名称	美国本特利公司 3300 系列	德国飞利浦公司 RMS 系列	国产汽轮机保护监测装置
轴向位移	双通道电涡流式轴向位移监测器，逻辑“或”报警；逻辑“与”停机	单、双通道电涡流式轴向位移监视器	5000 系列采用电感式测量原理；8000 系列采用电涡流式测量原理
差胀	电涡流传感器（线性范围 12.5m、25mm）。也有用螺管式差动变压器（LVDT）作差胀传感器的	电涡流式传感器，若监测范围要求大时，可用两个涡流探头相对布置，差动连接，以扩大线性范围	5000 系列采用电感式测量原理；8000 系列采用电涡流式或 LVDT 式测量原理
缸胀	螺管式差动变压器（LVDT）		
转速	电涡流式传感器通过键相槽发脉冲，在转速 600r/min 时，供排汽缸喷水控制。另外，设有零转速监测供低速盘车控制	磁敏差分原理，双通道转速继电器，一路监视零转速；另一路在转速 600r/min 时，记录仪由输入偏心度信号切换到输入转速信号	5000 系列采用磁阻脉冲式传感器测转速；8000 系列采用电涡流式传感器测转速，超速时发出报警信号，低速时能触发盘车装置
偏心度	采用电涡流式传感器和键相传感器测量主轴偏心度峰—峰值		
振动	采用电涡流式传感器和速度传感器组合成的双探头径向振动传感器监视轴的绝对振动，也可监视轴的相对振动或轴承座的绝对振动	采用地震传感器测量轴承座的绝对振动，采用电涡流式传感器测量轴与轴承座的相对振动	5000 系列采用磁电式传感器测量轴承座的绝对振动；8000 系列采用双探头电涡流式传感器测量轴的绝对振动、相对振动或轴承座的绝对振动

本特利 3300 系统的 TSI 积木式系统包括以下几方面：

（1）系列监测系统。

（2）瞬态数据管理系统（TDM）计算机接口。

（3）台式计算机。

（4）专用软件。

此外，和 TSI 配套的还有旋转设备故障自动诊断系统、用于在线测量 1x 和 2x 振幅与相位的矢量监测器、调谐滤波器、磁带记录仪、示波器、长型记录仪、标定台和其他便携式诊断及试验仪器。

1. 结构

3300 系统由框架、电源、系统监测器和下列监测器及其传感器系统组合而成，具体包括以下几部分：

（1）双通道轴向位移监测器

（2）偏心监测器

（3）双通道差胀监测器

（4）缸胀监测器

（5）转速、零转速、转子加速度监测器

（6）双通道振动监测器

（7）双通道速度监测器

（8）复合式探头监测器

（9）六通道热电偶式温度监测器

（10）六通道热电阻式（RTC）温度监测器

（11）矢量监测器

（12）双通道阀位监测器

各种传感器通过屏蔽电缆与框架仪表相连接。两个仪表框架内有“电源单元”和“系统监视器单元”及其他可扩展的监视单元。

监视器单元有14个位置，最多可容纳12个监测器。最左边位置被指定为电源位置，紧靠电源位置是留给系统监测器的，其余12个位置可以安装其他任何类型的监测器。框架设计有微机接口电路，可通过通信处理器与动态数据管理系统和瞬态数据管理系统相连，无需再增加接口模块。

电源单元可将110V或220V交流电压变成直流电压，能可靠地为多达12个监测器及其所连的传感器提供电源。它可以承受的负载很大。

系统监测器可连续监测在框架中所有电源的电压，可对框架中任一监测器的报警设置点进行调整。具有串行数据接口，可用来在传感器以及监测器中的数据与过程计算机（ProcessComputer）数字/分散控制系统，程序逻辑控制器以及其他设备之间进行通信。动态数据接口可以用来在传感器以及监测器数据和本特利内华达公司的动态数据管理系统之间进行通信。

继电器用于外部报警信号指示器的触发或作为自动停机装置的输入。继电器模块有双支式的——每个模块有2支继电器，和四支式的——每块模块有4支继电器。

2. 功能特征

（1）参数显示功能可以显示被测参数值（连续量或数字量），同时还可以显示设定的限值，如“正常”限值，“警告”和“危险”限值，以及前置器输出的电压值——间隙电压。

（2）状态显示与开关量输出功能是通过面板上的LED发光二极管可以显示“正常”、“警告”和“危险”三种状态。

（3）参数设定功能：所有限值均可通过“开关”和“按键”设定或修改。从参数越限至继电器触点状态变化可选择一定的时间延迟，以消除干扰的误报警。这段时间间隙也可人为地设定与改变。

（4）缓冲输入功能：被测参数（由传感器前置器送来）经缓冲处理（阻抗变换和功率放大后），供外部故障诊断或数据管理系统使用。

（5）可编程选择记录驱动信号类型：被测参数经隔离、放大和转换后，经过后部端子可输出记录仪所要求的记录信号：0～－10V，4～20m或＋1～＋5V，由硬接插件编程实现。

（6）通电抑制功能：为避免干扰脉冲误造成报警，设有通、断电瞬间的报警抑制功能。

（7）通道旁路功能。

（8）第一报警功能位。

3300系列采用的微处理器芯片（Motorola 68HCII），还具有故障自诊断功能：

（1）通电时自诊断：在监测器每次通电后自动完成一系列的基本检查和传感器检查。

（2）周期性自诊断：在监测器运行期间自动进行，若发现异常将使监测器暂时中断工作，并显示错误代码。

（3）用户启动自诊断：由用户启动可完成通电自诊断的内容，诊断出的错误通过代码显示段（LCD）显示，操作者可读取并消取在周期自检时贮存的错误代码。

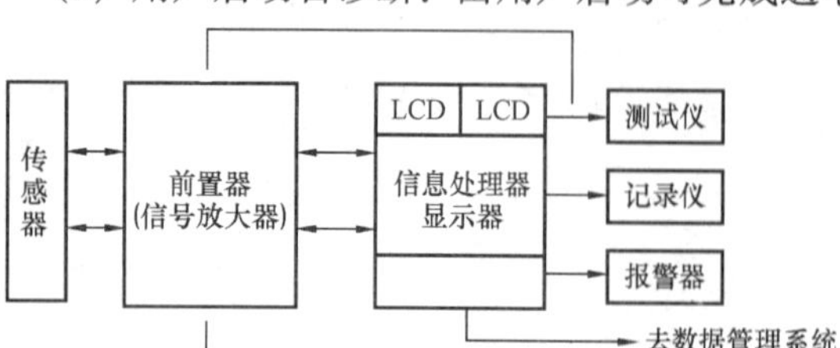

图6－12　TSI原理结构组成

3. TSI基本组成与工作原理

国产的和进口的TSI，无论是分立元件构成，还是由集成电路组成的TSI，或者是由微处理芯片构成的TSI系统，从结构和组成的角度分析，均可由图6－12所示的三部分描绘。

传感器将如转速、轴位移、差胀、缸胀、振动和偏心等机械量转换成电参数，如频率 f、电感 L，品质因素 Q、阻抗 Z 等，目前应用广泛的有电涡流传感器，电感式速度传感器，电感式线性变量差动互感器和磁阻式测速传感器等。

前置器（信号转换器）又称变送器与传感器组成测量电路，将电参数转换成一定大小的电压、电流、矩形波或方波信号送与信息处理器。因为被测对象处在高温、高压、强磁场和电场干扰的恶劣环境中，故将探头安装在被测体上，而将前置器安装在距探头一定距离的地方，两者之间通过一定长电缆相连。如图 6－13 给出了具有典型意义的电涡流式传感器和信号转换器的原理框图。

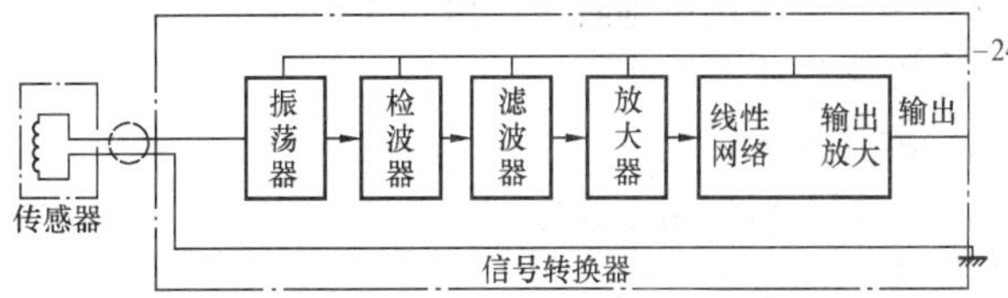

图 6－13　传感器和信号转换器原理框图

前置器由高频振荡器、检波器、滤波器、直流放大器、线性网络及输出放大器等组成，检波器将高频信号解调成直流电压信号，再经直流放大，线性补偿和输出放大处理后，在输出端得到与被测物体和传感器之间的实际距离成比例的电压信号。信号转换器的额定输出电压为－4～－20V（线性区）。

五、3500 监测系统综述

3500 系统是一套网络化汽轮发电机组在线监测系统，由系统框架、监测器模块、数据通信网关、数据采集/动态数据交互计算机、主计算机组成。可连续测量和监测多处监控参数，实时显示运行结果，并存储数据和管理数据。当监测参数超限时，实现报警。可对旋转机械的运行状态提供所需要的评价信息，同时对测量参数进行时域和频域分析，可为诸如不平衡、不对中、轴裂纹和轴承故障等机械问题的早期判定提供关键的信息。

3500 系统的日常维护全部通过主计算机组态完成，维护量减少，可靠性大大提高。

由于 3500 监测系统可以为机组提供全面的保护和管理。该系统除了进行实时工况监测、故障诊断以及为预测性维修提供重要的数据信息外，通过网络互连，可以为生产管理层（Manage Information System——MIS）提供现场设备工况运行的动态信息，以实现生产的动态管理。

（一）3500 系统总体构成

3500 监测系统主要由下列模块构成：

（1）电源；

（2）框架接口模块；

（3）键相器模块；

（4）4 通道继电器模块；

（5）位移监测器；

（6）位移、速度、加速度监测器；

（7）位置监测器；

（8）转速表模块；

（9）超速保护系统；

（10）温度监测器；

（11）通信接口。

（二）3500 监测系统主要特点

3500监测系统的设计是应用微处理器技术的全功能监测系统，除保留3300的优点外，还具有以下一些特点。

1. 安装和维修费用降低

（1）节省了大量连接电缆。3500监测系统可以安装在机械导轨上，全部传感器的信号都连接到外部终端上，使用电缆较少，降低了电缆消耗。

（2）设备的兼容性较好。

（3）需要的备件减少。

（4）改善空间利用方式。

（5）先进的组态方式。

3500系统日常维护全部通过主计算机组态完成，包括框架接口模块选项设置，键相位选项设置，监测器选项和通道选项设置，通信模块选项设置，报警设置点选项设置等。操作人员不用编程，便可以完成全部维护工作。

2. 改进了电厂控制计算机系统的整体性

3500系统可以通过其通信接口与厂级计算机以及集散控制系统（DCS）进行通信，利用模块在不同系统之间进行通信。

（1）支持多个协议。

（2）同步过程和振动数据。

3. 加强运行信息

（1）改善操作人员的信息。操作人员看到振动信息，不仅包括振动通频值，而且还可对振动数据打包，称为信息数据组，包括：①通频振动值（4～20mA的信号）；②轴的位置（探头间隙电压）；③1倍频振幅和相位；④2倍频振幅和相位；⑤非1倍频振幅。上述信息可以通过系统的通信通路获得，并多点显示在计算机屏幕上。可以早期确认机组存在的问题，及时采用相应的对策，防止发生故障。

（2）报警事件清单。

（3）系统事件清单。

（4）以Windows为基础的操作者显示软件。

4. 远距离数据通信

借助于3500系统可以将测量数据送到电厂的任何地方。

（1）网络兼容。3500运行人员显示软件基于Microsoft Windows for Workgroups环境运行。通过动态数据交换（DDE）它可提供全面的网络支持。任何在Microsoft Windows环境下运行的计算机或支持DDE协议的计算机，都可以取得数据。

（2）支持TCP/IP。

（3）支持Windows。

（4）在远处或在无人地区，可以取得完整的数据。

（5）安全可靠。

有两种方法保证框架组态的安全，一种是用安全锁，另一种是组态加密码，保证运行状态的可靠性。

复习思考题

1. 转速测量方法有哪些？

2. 转速传感器按工作原理可分为哪几类?
3. 汽轮机转子振动的原因有哪些?
4. 简述拾振器的原理和作用。
5. 机械位移量测量仪表的用途有哪些?
6. 机械位移量测量的方法有哪些?
7. 简述汽轮机监测的内容。

第七章　其他测量仪表

第一节　生产过程物质成分分析仪表

在火力发电厂的生产过程中，为保证运行安全、产品质量和生产经济性，除了监控温度、压力、流量等参数外，还需要分析和控制燃料、工质和排放物等的成分。其中排放物是环境污染的根源，如果控制不好，污染会很严重。

燃煤锅炉排放物有含尘烟气、污水和灰渣等，处理不好，对大气和水源、农田等都会造成污染，因此应按规定监督排放物中的有害成分，不得超过环保规定的值。例如，烟气中的硫化物排入大气可能形成酸雾和酸雨，对人体、建筑物和金属、农作物都是有害的。按环保规定，火力发电厂的烟囱高度为150m时，SO_x（硫化物）的排放量为2400kg/h以下；烟囱高100m时，SO_x的排放量不得超过1200kg/h，NO_x（氮氧化物）不得超过230kg/h。

蒸汽锅炉的给水和产生的蒸汽中含有盐分、溶氧及二氧化硅等，会形成水垢，会腐蚀设备，可能造成受热面过热、降低强度而引起爆管等不安全问题，轻则会以为热阻增大而降低机组效率，影响经济性，增加维修工作量。采用氢冷的发电机在运行过程中要严格监视氢气的纯度，若氢气纯度不足，可能有爆炸的危险。

热效率是锅炉运行经济性的指标，在线测定热效率，可使火力发电厂的生产管理过程中随时掌握生产的经济性，以便指导锅炉的经济运行。用反平衡计算法测定热效率时，与过程成分分析有关的项目是机械未完全燃烧热损失 q_4、化学未完全燃烧热损失 q_3。因此，运行中燃煤锅炉要求在线测量灰渣中的可燃物含量，测量排烟中的残余可燃气体（如 CO、H_2、CH_4 等）的含量。实时分析烟气成分可以判断燃烧状况，是监视锅炉经济运行的主要手段。

在火力发电厂（热电厂）的生产过程中，有两种方法来完成物质成分的分析工作，一是离线式的定期采样，在实验室里对采得的样品进行化学分析；二是使用分析仪表在线连续分析。计算机的应用可以实现程控方法的模拟人工的化学分析。

一、过程分析仪表概述

1. 过程分析仪表组成

火力发电厂生产过程中的在线分析仪表一般由以下四个基本部分组成。

（1）取样净化系统的功能，从对象中取出具有代表性的被分析介质样品，必要时做一定的预处理。这个系统的设备有取样器、过滤器、冷却器、分离净化器和抽吸等，由管道连接成系统。样品在预处理后，要求还能保持试样的基本成分和基本特性，能代表被分析的物质。

（2）传感器是分析仪器的核心。在输入经过预处理的样品后，即可输出反映被测成分含量的信号，通常为电信号。

（3）变换电路有称为测量变换器。它的作用是处理传感器输出的信号（如放大、线性化、补偿校正等），还可以将其变换成统一信号（4～20mA、0～10mA 等）或数字信号。

（4）显示部分由显示元件构成。对电信号可以利用通用的显示仪表，按被测成分的量纲重新标度。

2. 常用过程分析仪表按被测成分分类

(1) 氧量表。监测燃烧产物（一种混合气体）中氧的含量。测量烟气中氧含量的有氧化锆氧量计和磁性氧量表；测量汽、水中溶解氧的有水中溶氧表。

(2) 氢表。监测氢冷发电机中氢的纯度。

(3) CO_2 表。对混合气体（如烟气）中 CO_2 含量进行监测，如热导式 CO_2 表、红外 CO_2 表等。

(4) 盐量表。用来监测汽、水中的含盐量，如钠表、电导分析仪等。

(5) SiO_2 分析仪。监测水和蒸汽中 SiO_2 含量。

另外还有磷酸盐、溶解铁、余氯、pH 值等分析仪表。

3. 常用过程分析仪表按工作原理分类

(1) 电化学式分析仪器。如电导式、电位式、电量式分析仪。

(2) 热学式分析仪器。如热导式、热化学式、热谱式分析仪。

(3) 磁学式分析仪器。如磁性氧分析仪、核磁共振波谱仪、电子顺磁共振波谱仪。

(4) 光学式分析仪器。吸收式光学分析仪（如光电比色计、分光光度计、红外分析器等）、发射式光学分析器（如摄谱仪等）。

(5) 色谱仪。如气相色谱仪、液相色谱仪。

其他还有射线分析仪器、离子式光学分析仪器等。

二、锅炉烟气成分分析

运行中的锅炉可以通过电视观察炉膛火焰，观察排烟颜色，装置燃烧监测和灭火保护仪器，进行烟气成分分析等手段，在线监测锅炉燃烧情况。为保证锅炉的经济运行，应当准确、快速地测定和控制过量空气系数 α，以判断完全燃烧情况，可以通过分析烟气成分来实现。

（一）奥氏分析器

奥氏分析器是手工分析仪器，进行离线测量。它的原理是利用特定的化学药品对烟气中指定的成分进行吸收，以确定其体积含量。这种仪器测量过程是对干烟气作全分析，优点是比较准确，可作为标准仪器来校准其他烟气分析仪器；缺点是一次分析完成时间很长，且对含量低的成分分析误差较大。

（二）热导式 CO_2 分析仪

燃料燃烧产生的烟气是由多种成分组成的混合气体。假设每一种成分气体的含量用 ϕ_i 表示，则 $\sum_{i=1}^{n}\phi_i = 1$。每一种成分气体的热导率是不同的，混合气体总的热导率 λ 近似等于成分气体百分含量 ϕ_i 与其热导率 λ_i 乘积之总和，即 $\lambda = \sum_{i=1}^{n}\phi_i\lambda_i$。为了测量的需要，可将烟气中各种成分气体的热导率分成两种：待测成分的热导率为 λ_1，百分含量为 ϕ_1；其余各成分的热导率相同，为 λ_2，百分含量为 $\phi_\Sigma = \sum_{i=2}^{n}\phi_i$。这时，混合气体总的热导率为 $\lambda = \lambda_1\phi_1 + \lambda_2\sum_{i=2}^{n}\phi_i$。各种气体成分的热导率在常压下可以认为与压力无关，只是随着温度的升高而增大。在规定温度下可看成是常数，则有 $\phi_1 = f(\lambda)$ 成立，测出烟气的 λ 可反映成分 1 的含量 ϕ_1。不同成分的热导率见表 7-1。

表 7-1　锅炉烟气各成分的热导率

成　分	N_2	O_2	CO_2	SO_2	H_2	CO	CH_4	H_2O（汽）	空气
0℃时 λ	0.0242	0.0245	0.0149	0.0084	0.1721	0.0233	0.0307	0.0151	0.0244
$\lambda/\lambda_{空}$（0℃）	0.992	1.004	0.611	0.344	7.053	0.955	1.258	0.619	1.000
热导率	0.8	0.87	1.23	—	0.78	0.80	1.33	1.48	0.82

测量烟气的热导率采用热导式气体分析器，其中的测量室（热导池）如图7-1所示。热导池中固定一根张力恒定的电阻丝（直径0.01~0.05mm的铂丝），通电流给以恒定的加热功率。电阻丝被加热后的方式为：

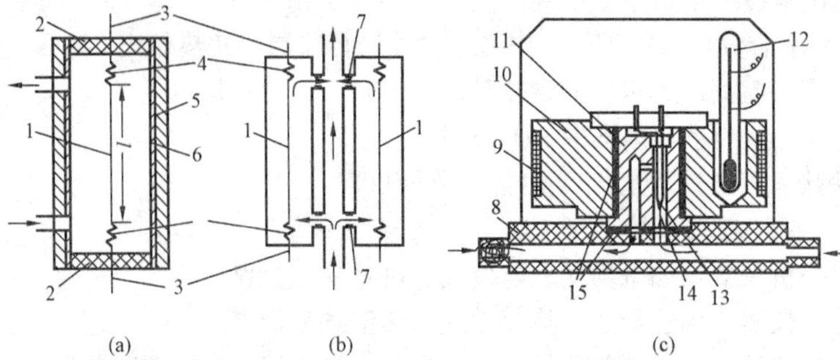

图7-1 热导式气体分析器用传感器示意图

(a) 测量室；(b) 直通式（双臂）；(c) 对流—扩散式

1—电阻丝（检测元件，加热丝）；2—绝缘盖；3—引线；4—张紧弹簧（铂铱合金制成）；5—外壳（金属块，由黄铜、硬铝或不锈钢制成，其上均匀对称地作出多个热导池）；6—防腐层（外壳是防腐材料时可不用）；7—节流件；8—底座（有主气管道）；9—加热线圈；10—恒温体；11—热导池外壳；12—电触点式水银温度计（控温在60℃）；13—电阻丝；14—热导池；15—垫

（1）待测气体的热传导；

（2）与池壁的辐射换热；

（3）对流散热；

（4）沿引线向外导热。

如果设计时采取了减小或恒定后三项散热影响的措施，那么当热导池结构和外壳温度恒定，加热电阻丝的功率恒定时，则电阻丝的温度（即阻值）只取决于被分析气体的热传导大小，或者说取决于气样热导率 λ 的变化，因此现在的问题是如何测量电阻值。

电阻值的测量一般采用电桥电路。常用双电桥或多电桥测量系统，这样既能较好地进行温度补偿，又能克服某些干扰。

热导式分析器的传感器对整个仪器的准确度和稳定性是关键部件，设计时要充分考虑热导池测量桥路的热对称和热导率随温度变化的误差。

（三）热磁式氧量计

前面已经提到燃料燃烧产生的烟气是多种成分的混合气体，在磁场中各气体成分都有各自的磁化特性，燃烧过程中未完全耗尽的氧其磁化特性明显地与其他成分的气体不同。热磁式氧量计就是利用这一特点来实现氧量测量的。

1. 气体磁化特性

无论何种介质当它处于磁场中时都将被磁化。其被磁化的程度可用磁化强度来表示。磁化强度与外磁场强度成正比，其比例系数 K 为介质的磁性系数，称为介质的容积磁化率，它表示介质磁化能力的大小。K 大于零的物质被称为顺磁物质，它在不均匀的磁场中被吸引到磁场较强的部位；K 小于零的物质被成为逆磁物质，它在不均匀磁场中被排斥到磁场较弱的部位。K 的绝对值越大，被磁场吸引或者说排斥的作用越大。锅炉中烟气各主要组成部分的容积磁化率如表7-2所示。

表 7-2　　锅炉中烟气各主要组成部分的容积磁化率

成分名称	N_2	CO_2	CO	H_2	H_2O	CH_4	O_2
K（$\times 10^9$CGS）	-0.58	-0.84	-0.44	-0.164	-0.58	+1	+142

由表 7-2 可知，锅炉烟气中氧气的容积磁化率 K 远远比其他气体大，所以可充分利用氧气的这一特性，对烟气中的含氧量进行分析。

2. 热磁式氧量计结构及工作原理

热磁式氧量计有环管热磁式和直管热磁式两种结构。

（1）环管热磁式氧量计的结构如图 7-2 所示。两个铂丝加热电阻线圈 R_1 和 R_2，同时还作为感温元件与另外两个由锰铜丝绕制的固定电阻 R_3、R_4 构成测量电桥。在靠近 R_1 处的 N、S 为永久磁铁的两个磁极，形成不均匀的永久磁场。气样从圆环下部进入，分经左右两路通过圆环，在上部合并后排出。若被分析气体中不含氧时，水平通道中无磁风，R_1 和 R_2 感受的温度相同，电阻值 $R_1 = R_2$，测量电桥平衡，输出为零。若被分析气体中含氧时，就在中间通道中将产生磁风。由于磁风先流经 R_1，被加热后才流经 R_2，所以磁风对 R_2 的冷却作用比 R_1 要小，使得 R_1 和 R_2 感受的温度不同，其阻值就不同，测量电桥亦失去平衡，有电压输出，送至显示仪表显示。烟气中含氧量越高，磁风越大，不平衡电压越大。当仪表环境温度、入口气样温度和压力、电源电压等不变的情况下，测量电桥输出的不平衡电压可表示气样中的含氧量的多少。

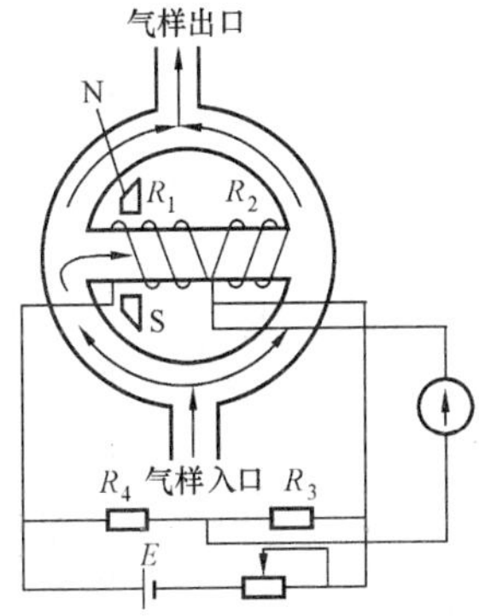

图 7-2　环管热磁式氧量计结构图

环管热磁式氧量计测量的准确度受温度、压力变化的影响较大，发送器的水平通道的水平程度也会影响氧量指示值的高低。

（2）直管热磁式氧量计可以克服上述缺点。直管热磁式氧量计的发送器（又称外对流式发送器）结构如图 7-3 所示。

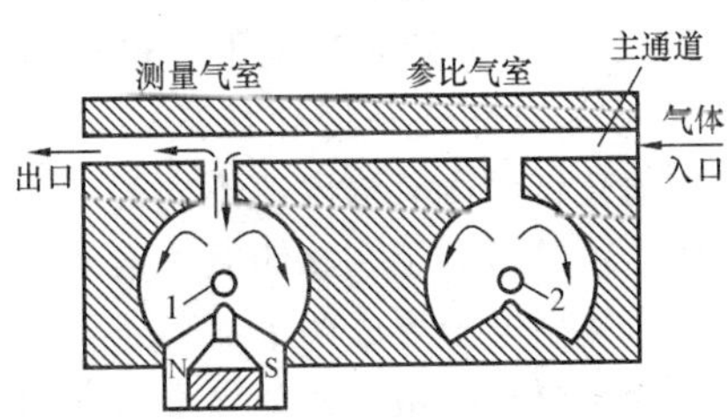

图 7-3　外对流式发送器结构图
（1 和 2 为铂电阻元件）

直管热磁式氧量计测量气室的形状为圆柱形，在底部由磁极形成强磁场，同时设置了用于加热及感温用的铂电阻元件。被分析的气样从上部主通道流过，扩散进入分析室，经底部铂电阻元件加热后，形成自下而上的磁风及自然对流，冷却加热铂电阻元件。同时，不断与主通道中的被测气体进行交换。在旁边设置一个参比气室，其结构与测量气室完全相同，由于底部不设置磁场，因而只有自然对流而无磁风。当气样中的含氧量为零时，测量室与参比室的铂电阻的冷却情况相同。随着分析气体中氧含量的增加，测量气室中的磁风增大，两铂电阻的冷却情况差别很大。温度差越大，测量电桥输出的不平衡电压信号越大，氧含量的指示值增大。

直管热磁式氧量计采用双电桥补偿式测量电路进行测量和显示，如图 7-4 所示。

双电桥分为比较电桥和工作电桥。比较电桥在参比气室中，送入空气；工作电桥在测量气室中，送入被测气样，两电桥的气室结构完全相同，并联成一个整体。由于空气中氧的含量为定值，所以比较电桥的输出是一个固定电压，它加在滑线电阻上作为标准电压；工作电桥的输出电压则随着被测气样中氧的含量而变化。由于两桥属于差接方式，输出电压与标准电压的取出部分

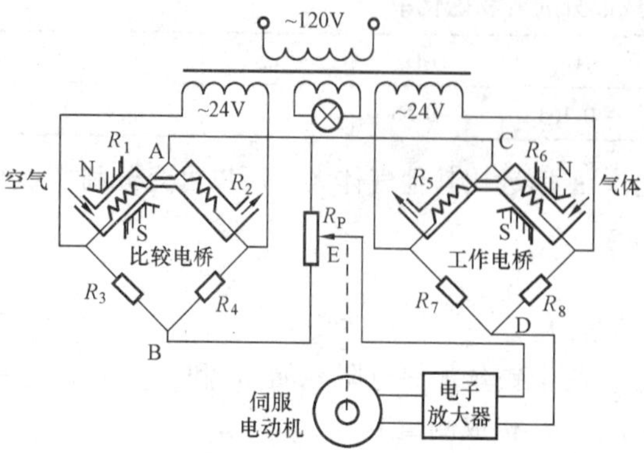

图 7－4　双电桥测量电路原理图

进行比较，其差值电压输入放大器，经放大后驱动伺服电动机转动，经传动装置带动电位器 R_P 上的滑臂 E 移动，改变 U_{AE} 的大小，直至 $U_{AE}=U_{CD}$，仪表平衡，由 E 点的位置可读出气样中的含氧量。

直管热磁式氧量计的缺点是测量迟延较大，用于燃烧调节必然造成调节动作的迟延，影响燃烧调节系统的调节品质。烟气的粉尘容易堵塞取样通道，腐蚀性成分腐蚀热磁式氧量计的发送器部件。

（四）氧化锆氧量计

氧化锆氧量计结构简单，维护方便，反应速度快，测量范围广，是被火力发电厂所广泛采用的一种新型测氧仪表。

1. 氧化锆氧量计工作原理

氧化锆是一种固体电解质。在高温下当电解质两侧氧浓度不同时，会形成浓差电池，浓差电池产生电势的大小与电解质两侧氧浓度有关。固定一侧的氧浓度值，即可通过测量输出电势来确定另一侧的氧浓度（含氧量）。氧化锆氧量信号的发送器是一根氧化锆管。氧化锆管由氧化锆（ZrO_2）中渗入一定数量（12%～15%）的氧化钙（CaO）或氧化钇（Y_2O_3）经高温焙烧后制成，要求气孔率很小。在氧化锆管的内、外壁表面用高熔烧结的方法附上金、银或铂的多孔电极及引线，如图7－5所示。

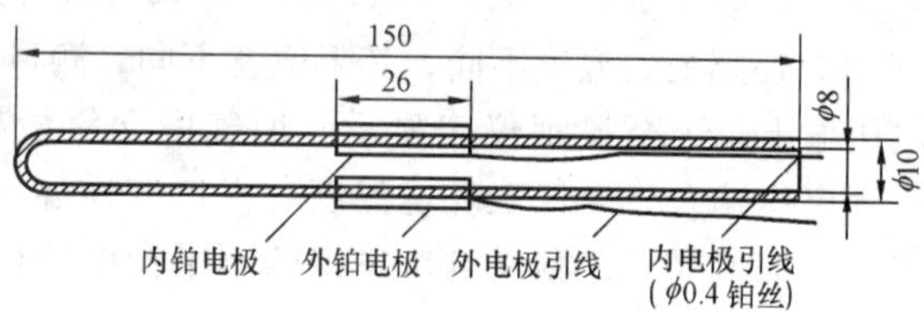

图 7－5　氧化锆管示意图

氧化锆材料的晶格中存在氧离子空穴。在 600～1200℃的高温下，这种材料成为对氧离子有良好传导性的固体电解质。在氧化锆两侧氧浓度值不同时，浓度值大的一侧的氧分子在该侧氧化锆表面电极上结合 4 个电子形成两个氧离子，然后通过氧化锆材料晶格中的氧离子空穴向氧浓度低的一侧游动，当到达低浓度一侧时，在电极上释放 4 个电子形成氧分子放出。因而，在电极上造成电荷积累，处于氧浓度高的气体一侧的电极带正电，而处于氧浓度低的气体一侧的电极带负电，两极间产生电势。此电势阻碍这种迁移的进一步进行，直至达到动态平衡状态，从而形成浓差电池。氧浓差电池所产生的与两侧氧浓度有关的电势，称为氧浓差电势，如图 7－6 所示。

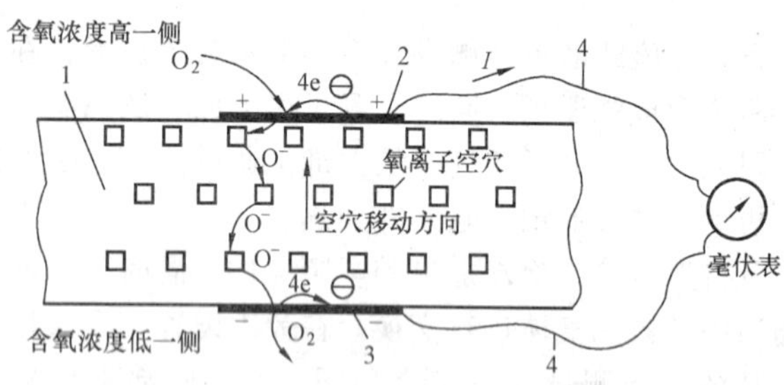

图 7－6　氧浓差电池原理图

当参比气体的容积含量和氧浓差电池温度一定时，电池的浓差电势是被测气体含氧量的单值函数。通过测量氧浓差电势正的数值，便可确定被测气体的含氧量。

使用氧化锆氧量计时必须注意以下几点：

（1）保持恒定的温度（通常保持在 800℃左右），使电势输出与被测气体的含氧量呈单值函数关系。

(2) 为保持氧化锆管两侧的氧浓度差值，不允许氧化锆管有裂纹或微小孔洞，否则氧气直接漏过，会使输出电势减小；还要求氧化锆管内、外两侧气体应不断流动更新。

(3) 保证参比气体和被测气体压力相同，否则输出的电势不能完全反映含氧量。

(4) 必须对氧浓差电势信号进行线性化处理，才能作为燃烧调节信号。

2. 测量系统

根据氧化锆管的安装方式不同，利用氧化锆氧量计测量锅炉排烟中含氧量的测量系统大致可分为直插式和抽出式两大类。直插式测量系统的氧化锆插头直接插入烟道（或旁路烟道）的高温部分。根据氧化锆管工作温度处理方式的不同，又可分为补偿式和定温式两种。图 7-7 所示为直插定温式测量系统示意图。

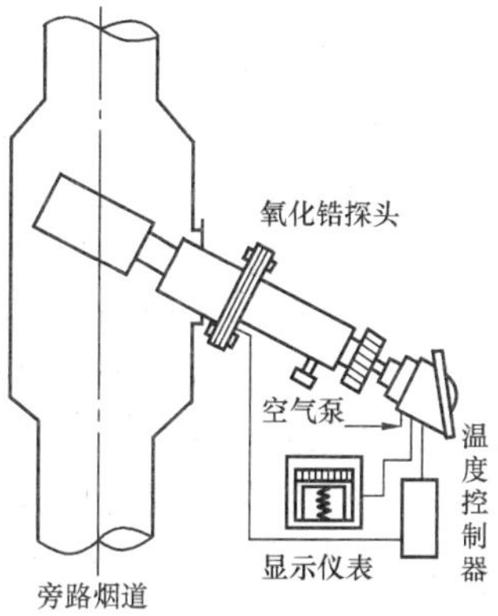

图 7-7 直插定温式测量系统示意图

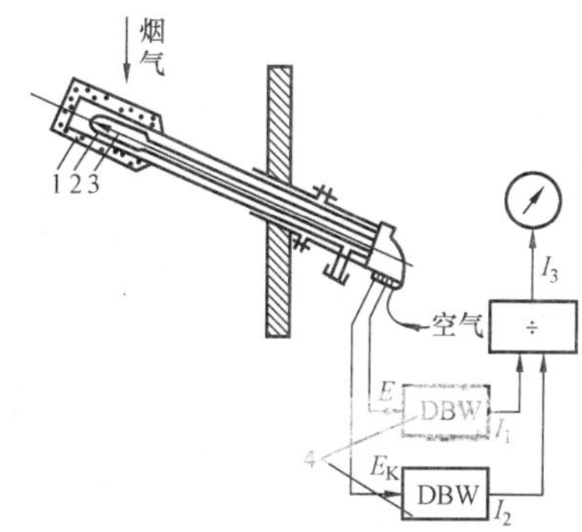

图 7-8 直插补偿式测量系统

在一端封闭的氧化锆管内外，分别通过空气和被测烟气。用泵抽吸烟气及空气，保证两者的流速在一定范围内，同时使空气和烟气侧的总压力大致相同。将氧化锆管的工作温度控制在 800℃。加装多孔性陶瓷过滤器防止炉烟尘粒污染氧化锆。探头的氧浓差电势输出端可接显示仪表。

也可将氧化锆管的氧浓差电势输出以及热电偶的热电势输出分别接到毫伏变送器，转变成相应的电流信号，再经过除法运算消除温度 T 对测量的影响，这就是直插补偿式测量系统，如图 7-8所示。

直插式测量系统反应速度快，响应时间约为 1s 左右，加装过滤器后大约为 3s 左右。

第二节 煤量测量仪表

一、概述

对于燃煤的火力发电厂，主要燃料是原煤，煤耗是衡量其经济性的一个最重要的指标。为了准确地确定单位发电量（供热量）所对应的煤耗，必须测量进入煤仓中的煤量。因此，各火力发电厂都设置了煤量测量装置。

由于燃煤的火力发电厂大都采用带式输送机来运送原煤，故煤量的测量大都在运煤皮带上进行，即用皮带秤来测量原煤量。皮带秤的结构形式有很多种，如模拟式电子皮带秤、利用微处理机进行控制的电子皮带秤、核子皮带秤等。

个别的火力发电厂采用电子轨道衡或汽车衡进行原煤量的测量。

二、电子皮带秤

电子皮带秤是一种可以连续测量并累计皮带运输原煤量的设备。它主要由框架、传感器及显示仪表组成。显示仪表既可以显示瞬时皮带上的输煤量，又可以显示累计输煤总量。

输煤皮带在单位时间内输送的原煤量

$$Q = qv$$

式中，q 为单位长度皮带上的原煤量，kg/m；v 为皮带运行速度，m/s。

只要能测出单位长度皮带上的原煤量及皮带的运行速度，即可获得单位时间内输送的原煤量。

（一）电子皮带秤结构及工作原理

模拟式电子皮带秤的结构原理框图，如图 7－9 所示。

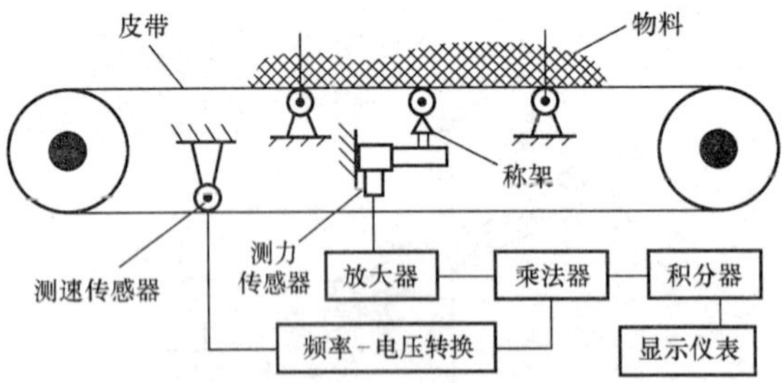

图 7－9　模拟式电子皮带秤结构原理框图

在输煤皮带的适当位置，安装一个专门用于称量的框架，它采用双杠杆多组托辊称量框架（个别采用单托辊称量框架）托住称量段的皮带以及皮带上的煤层。当皮带上运输煤料时，处在框架上“有效称量段”中的煤料的重力通过托辊、传力杠杆传给测力传感器（应变式荷重传感器），荷重传感器将煤的重力转变成相应的电压信号输出，该电压经线性放大单元放大后送至“乘法—积算”单元（乘法器）。另外，在皮带传动装置上安装了测速传感器（磁电式速度传感器），传感器将感受到的皮带速度转变为频率信号，经频率—电压（电流）转换后，也送至“乘法—积算”单元，经乘法—积算单元进行乘法运算，将皮带上的煤量及皮带速度相乘，其积为单位时间内的原煤量，再经过积算可得到瞬时煤量或某一段时间内输送的原煤总量，从而实现对原煤的测量过程。瞬时煤量或某一段时间内输送的原煤总量都可以在显示仪表显示出来，也可以送到计算机系统中，作为经济核算的原始数据。

（二）电子皮带秤传感装置

电子皮带秤的传感装置有测力传感器（荷重传感器）和测速传感器两种。

1. 测力传感器

所谓测力传感器是将煤的重力转变成相对应的电压输出的装置。其种类较多，主要有磁压式荷重传感器和电阻应变式荷重传感器，大多数电子皮带秤都采用电阻应变式荷重传感器。

电阻应变式荷重传感器的工作原理是：利用弹性元件在重力的作用下产生应变，通过粘贴在该弹性元件上的应变电阻转化为电阻值的变化来实现重力变化到电阻变化的转换。电子皮带秤所采用的应变弹性体形式较多，如有简支梁、等强度悬臂梁及圆筒体等，如图 7－10所示。

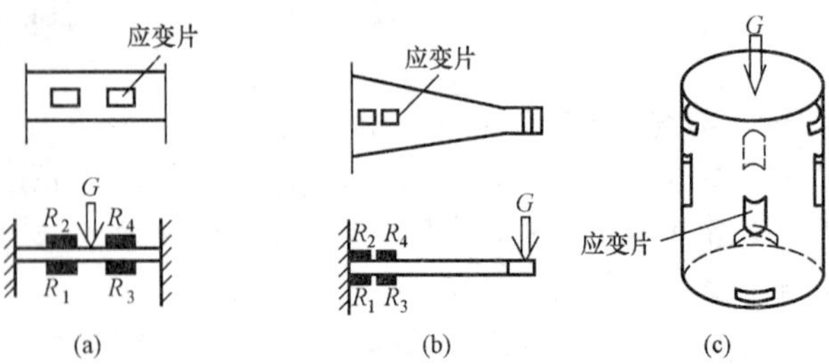

图 7－10　应变弹性体结构形式

（a）简支梁；（b）等强度悬臂梁；（c）圆筒体

以等强度悬臂梁式测力传感器为例来分析重力变化到电阻变化的转换，如图 7－10（b）所示。由 R_1、R_2、R_3 和 R_4 组成测量电桥，如图 7－11 所示。梁在未受力时 $R_1 = R_2 = R_3 = R_4 = R$，电桥平衡，无电压输出；当梁受力后变形，自由端向下弯曲，位于上面的 R_2、R_4 的阻值减小，位于下面 R_1、R_3 的阻值增大，若将电阻应变片组成桥式电路，则电桥原有平衡破坏，输出不平衡电压 ΔU 为

$$\Delta U = U_{AB}\frac{R_1R_3 - R_2R_4}{(R_1 + R_4)(R_2 + R_3)}$$

$$= U_{AB}\frac{(R + \Delta R)^2 - (R + \Delta R)^2}{4R^2} = U_{AB}\frac{\Delta R}{R} = U_{AB}K\varepsilon$$

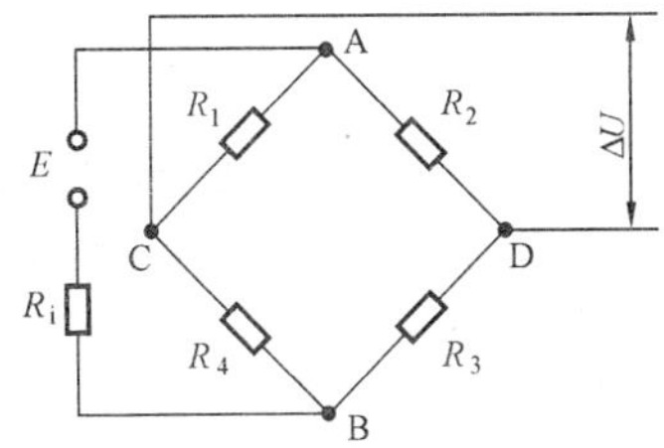

图 7－11　应变电阻测量电桥图

式中，U_{AB}为上桥电压；K 为应变片的灵敏系数；ε 为应变。

当 U_{AB}恒定时，可由输出电压 ΔU 得知应变 ε 的大小，即可知所测重力的大小。将电阻应变式荷重传感器安装在电子皮带秤的托辊上方或底部，便可称量皮带上的煤量。

2. 测速传感器

测速传感器是一种将皮带速度转换为电信号的测量装置。电子皮带秤一般采用变磁阻式测速传感器，其结构如图 7－12 所示。

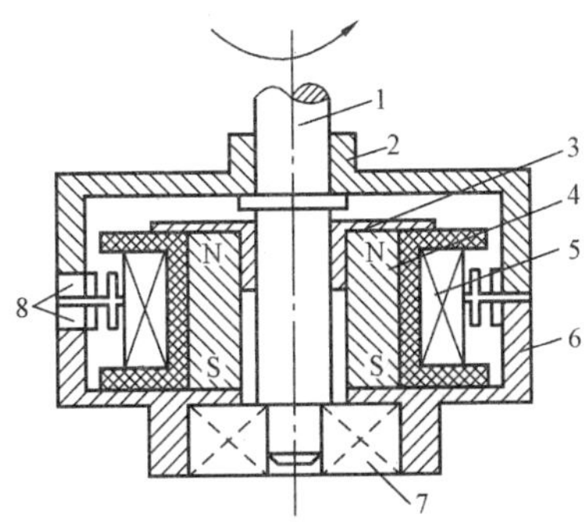

图 7－12　测速传感器原理结构图

1—转轴；2—转子；3—压块；4—磁钢；5—线圈；6—定子；7—轴承；8—矩形齿

传感器的工作原理是：传感器的转子经过转轴 1 与皮带测速滚轮连接。当皮带运转时，滚轮带动传感器转子 2 旋转，使转子与定子之间的气隙大小交替变化。当定子齿顶相对时，气隙减小，磁阻减小；齿顶与齿间相对时，气隙增大，磁阻增大。因而在线圈中产生交变感应电势。感应电势的大小与磁通的变化率成正比。转子的转速越大，磁通的变化率越大，感应电势越大。因此，可以用这个感应电势的大小代表皮带的速度。

电子皮带秤的电路也可以采用数字电路。测力传感器输出的模拟信号经过 A/D 转换器转换成数字信号，测速传感器可以直接产生数字信号（采用数字脉冲计数器），两路数字信号可直接送入单片机用特定的程序计算出煤量。

三、核子皮带秤

核子皮带秤也是一种可以连续测量并累计皮带运输原煤量的设备。它由支架、探测器、放射源罐及显示仪表组成，其结构如图 7－13 所示。显示仪表也是既可以显示瞬时皮带上的输煤量，又可以显示累计输煤总量。

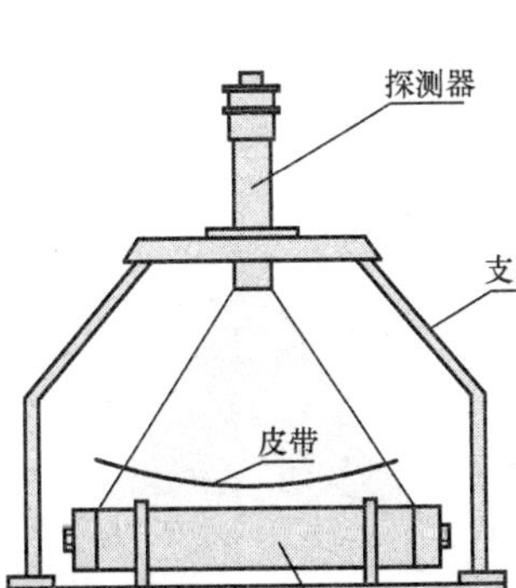

图 7－13　核子皮带秤结构图

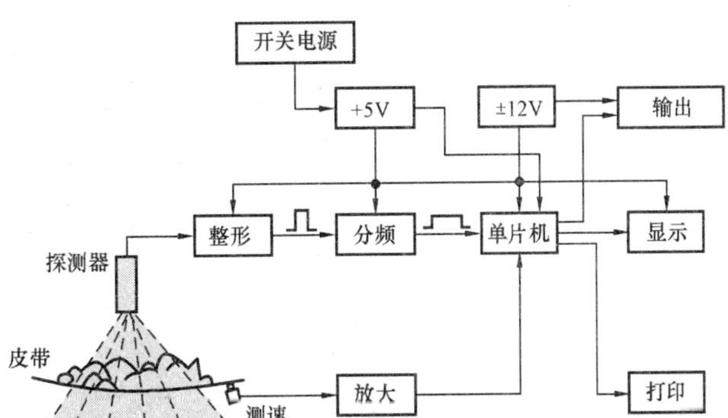

图 7－14　核子皮带秤的原理框图

对应于一定的皮带宽度，输煤皮带在单位时间内输送的原煤量与皮带上的原煤厚度成正比。一定的皮带宽度和一定的煤层厚度决定了一定的煤层横截面积，则皮带的速度就决定了单位时间输送的煤的体积及质量。测量过程中探测器接受到的放射线的强弱取决于皮带上煤层厚度的大小，煤层越厚，射线越不容易通过，探测器接受到的射线越弱，反之越强。在输煤皮带的宽度一定的情况下，探测器接受到的射线强度可以代表皮带上煤层的横截面积，再与皮带速度相乘，即可计算出煤量（瞬时输煤量和输煤总量）。

核子皮带秤的原理框图，如图 7－14 所示。

复习思考题

1. 在火力发电厂进行生产过程物质成分分析的意义是什么?
2. 简述过程分析仪表的组成。
3. 过程分析仪表按工作原理可分为哪几类?
4. 过程分析仪表按被测成分可分为哪几类?
5. 简述热磁式氧量计的结构及工作原理。
6. 简述氧化锆氧量计的结构及工作原理。
7. 简述煤量测量的意义。
8. 简述电子皮带秤的原理和结构。
9. 简述核子秤的原理和结构。

第二篇 自动控制原理

第八章 自动控制概述

第一节 自动控制基本概念

一、发电厂生产过程特点及要求

(1) 电能现阶段不能大量储存，即所谓的“产、供、销一体化”，因此电力负荷应随时满足外界负荷的要求，发电与供电之间需始终维持供需平衡，这就要求电厂生产的连续性及对负荷的快速适应性。

(2) 火力发电厂的生产过程是大量一次能源的多层次转换过程，为提高经济性，要求生产设备必须有较高的运行效率。

(3) 火力发电厂设备多、热力系统复杂、生产过程复杂，设备间相互影响大，动态特性差别大，要求控制中兼顾各设备及过程的特点及相互影响，协调动作。

(4) 火力发电厂生产设备的工作条件恶劣，要求必须保证安全性和可靠性，必须保证自动保护设备的可靠性及运行操作人员的水平。

二、人工控制与自动控制

在发电厂的生产过程中，为了保证生产的安全性和经济性，必须对表征生产过程的一些物理量进行监视与调整，使被控制的物理量保持在规定值附近或按一定的规律变化。在这个控制过程中，若由人工控制方式来完成则称为人工控制，若由一整套自动装置代替人的操作来完成则称为自动控制。因此自动控制是在人工控制过程的基础上发展而来的。随着大容量高参数锅炉汽轮机组的相继投产，对机组运行的安全性、经济性和自动化水平提出了更高的要求，仅凭运行人员的经验是难以完成的，必须采用相应的自动控制装置来代替人的操作，以适应电厂生产的连续性、快速性、安全性要求。下面以汽包锅炉给水控制为例来比较说明人工控制和自动控制过程，并介绍自动控制过程中的常用术语。

在锅炉运行过程中，汽包水位是进入汽包的给水量和流出汽包的饱和蒸汽量是否平衡的标志，为保证机组运行的安全性，必须维持汽包水位在规定值附近，水位过低会使锅炉的安全受到威胁，水位过高会影响汽水分离效果，使蒸汽带水，危及汽轮机的安全。因此必须在水位偏离正常值时及时进行调整。图 8－1 (a) 为汽包锅炉水位人工控制示意图，其中操作人员通过眼睛观察汽包水位表，并将其观察到的水位值在大脑中与汽包水位定值进行比较判断。若汽包水位等于给定值，则不进行操作；若汽包水位偏离给定值，则根据偏离方向作出判断是应该增大给水量还是减少给水量，然后通过手来操作调节阀门，相应地改变进入汽包的给水量，以使汽包水位恢复到给定值上。人工控制通过眼、脑、手分别担负着观察、判断（运算）、操作三项任务，从而完成汽包水位控制任务，这种人工控制只适用于小型锅炉。在大型锅炉中，给水控制稍不及时，水位变化就很大，危及锅炉的安全运行，大型锅炉汽包水位控制只能由自动控制完成，汽包锅炉水

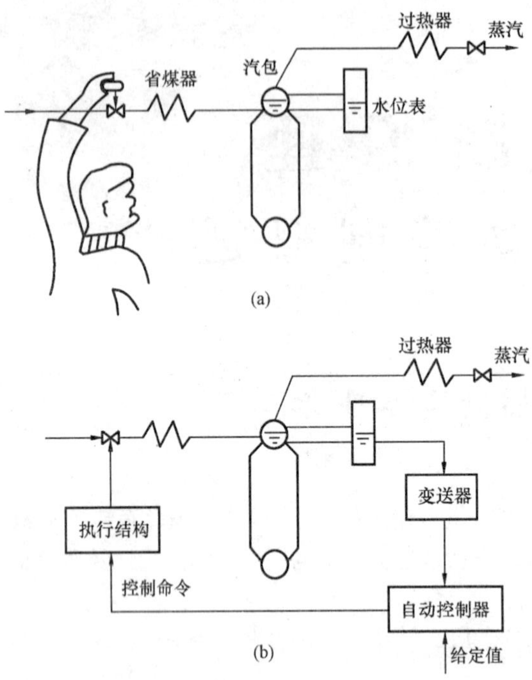

图 8-1　汽包锅炉水位控制示意图
(a) 人工控制；(b) 自动控制

位自动控制示意图见图 8-1 (b)。汽包水位通过差压变送器变成测量信号，送入自动控制器，在自动控制器中和规定值信号比较，并按一定的控制规律运算，给出控制命令，通过执行机构改变进入汽包的给水阀门开度，从而改变进入汽包的给水量，维持汽包的水位为规定值。

由此例可以看出，自动控制能使正在运行的设备或生产过程在不需人的直接干预下而能自动地达到人们所预期的效果。显而易见，应用自动控制技术可以极大地提高劳动生产率、降低生产成本、改善工人劳动条件。

三、发电厂热工过程自动控制主要内容

1. 自动检测

检测仪表能自动地检测反映生产过程或设备运行情况的各种参数，以监视生产过程的进行情况和发展趋势，为自动操作、统计、管理提供依据。

2. 模拟量控制

模拟量即是在时间上连续的量。在电厂中，有很多表征生产过程或设备是否正常的量都是模拟量，如汽包水位、主蒸汽压力、机组负荷等。为了保证电厂生产的安全性与经济性，必须维持这些量（热工参数）在规定值附近或按一定的规律变化。在生产过程中，运行工况不可避免地经常受到各种因素的干扰，使热工参数偏离给定值。这时就要依靠自动控制系统进行控制调整，使生产过程回到规定的工况。模拟量控制即利用自动控制装置自动地进行调整，使被控量为给定值，维持生产过程在规定的工况下进行。因此，模拟量控制是电厂热力过程自动化的一项重要内容。所以有时常把模拟量控制简称为自动控制。

3. 顺序控制

顺序控制又可称为程序控制，它是根据预先拟定的程序和条件，自动地对某一设备进行单个操作或对某一工艺系统的多台设备进行的一系列操作。发电厂的顺序控制主要用于主机或辅机的启动和停止。目前，火电厂中已在制粉系统、锅炉定期排污、吹灰系统、化学水处理、输煤系统等方面采用了顺序控制，随着自动控制水平的提高，机组容量的增大，采用程序控制的项目逐步增多，并逐步发展为综合性的程序控制，如汽轮发电机组的自启停、锅炉点火和自动升负荷、燃烧器管理等。采用顺序控制技术可以大大提高火电厂的自动控制水平。它可以简化操作步骤，避免误操作，减轻劳动强度，减少运行人员，加快机组启停速率，简化控制盘、台，缩小监视面，便于监视和操作。

4. 热工报警与保护

热工报警信号是在被监视的运行参数偏离规定值或出现异常情况时，发出的灯光、音响、语音等信号，提醒运行人员注意，以便及时采取相应的措施进行处理，使运行工况恢复正常，防止事故的发生。

热工保护是保证设备和人身安全的最后手段。当设备运行工况发生异常或事故时，保护装置

发出报警信号并根据故障的性质和程度，自动采取保护措施（如限制负荷、自动起停某些设备、切换运行方式等），以防止事故出现或扩大，保护设备不受破坏及保证人身安全。热工保护的内容取决于机组的结构、容量、参数、运行方式及热力系统的特点。热工保护往往通过连锁的方式来实现，因此连锁可看成是热工保护的一部分。

热工报警与保护、顺序控制从信号形式来看，都属于开关量控制的范畴，所谓开关量控制即在开关量控制中、运算和控制的全部信息传递和变换都是以开关量信号进行的，开关量信号仅具有“有”、“无”两种状态或“开”、“关”状态的信息，即数字技术中的二进制信息，又因为开关量信息是属于数字技术领域，所以又称数字控制。由于控制的动作是按顺序进行的，也称顺序控制。通常热工程控制保护主要包含这两方面的内容。

生产过程实行自动控制后，不仅能使人们从繁重的体力劳动和重复的手工操作中解放出来，还可使生产过程在最佳工况下运行，提高产品质量，提高劳动生产率，降低成本等。

四、自动控制常用术语

(1) 被控对象：需加以控制的生产设备或生产过程，本例中被控对象为汽包或蒸发过程。

(2) 被控量：表征生产过程是否正常的物理量，是保证生产安全经济运行的参数，本例中为汽包水位值。

(3) 给定值：指被控量需要保持的数值，通常以符号 G 或 g 表示，本例中为汽包水位设定值。

(4) 控制机构：在生产过程中当被控量偏离给定值时，就必须加以调整，使其回到给定值，调整的方法是改变进入被控对象的物质或能量的多少，能够改变这个物质或能量的流量的装置即为控制机构，本例中为给水调节阀门。其他常见的控制机构还有挡板、调速泵等。

(5) 扰动：除控制作用之外，能引起被控量变化的一切因素统称为扰动，通常以 λ 表示。在本例中，蒸汽流量、给水压力变化等均可引起汽包水位变化，均是扰动。因此，控制就是通过控制机构开度的不断变化来产生控制作用，以克服扰动对被控量的影响，使被控量等于或接近于给定值或按一定规律变化。控制并不是取消扰动，而是消除扰动对被控量的影响。

扰动又分为内扰和外扰，外扰即是人们通常意义上所说的扰动，它发生在系统的外部，本例中的蒸汽流量变化即为外扰；内扰是指控制量的自发性变化，如给水压力变化引起的给水流量变化而影响水位，这不属于正常的控制作用，因此也是扰动。人工控制的效果取决于操作人员技术水平的高低；自动控制的效果取决于自动控制系统的设计是否合理、系统中可调整参数是否设置适当，这是自动控制的重要内容。

(6) 模拟量：用来表征生产过程或设备工作是否正常的量，从信号形式上看，这些量随时间连续变化，如汽温、汽压、水位等。用来控制调整模拟量的系统，称为模拟量控制系统。

(7) 开关量：常应用于顺序控制和热工保护，从信号形式上看开关量仅具有“开、关”或“有、无”两种状态，在时间上不连续的量。

第二节　自动控制系统组成与分类

一、自动控制系统组成

自动控制系统是由起控制作用的自动化装置（广义控制器）和被控制器控制的生产设备（被控对象），通过信号的传递，联系所构成。简而言之，被控对象与控制器通过信号的传递，相互联系组成自动调节系统。

在设计自动控制系统的时候，为了得到好的控制效果，应根据被控对象的特性，选择具有合乎生产需要的控制规律的控制器，组成自动控制系统，并让它在最佳工况下运行，使控制过程的各项性能指标达到预期要求。

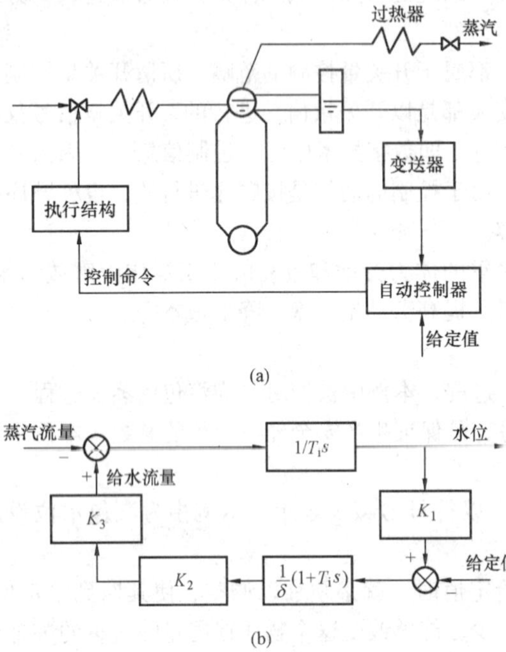

图 8-2　汽包锅炉水位自动控制方框图

（a）结构方框图；（b）函数方框图

目前，火电厂热工自动控制系统主要有锅炉给水控制系统、过热汽温控制系统、再热汽温控制系统、锅炉负荷控制系统、送风控制系统、炉膛负压控制系统以及大型单元机组的机、炉协调主控制系统等。

二、自动控制系统方框图

自动控制系统是由一些器件或设备组成。它们以不同的方式连接起来，构成不同的控制系统。为了便于形象地研究系统，常常应用方框图这个工具。方框图是系统中每个器件或设备的功能，信号传递关系的图解表示。即用一个个方框表示系统中各环节，用带有箭头的线段将方框连接起来表示环节之间信号的传递关系，就构成了自动控制中常用的方框图。方框图根据其绘制的方法不同，又可分为结构方框图和函数方框图。如果方框内标注的是各组成环节的名称，则称为结构方框图；若方框内标注的是各组成环节的传递函数，则称为函数方框图。图 8-1（b）所示汽包水位自动控制系统的结构方框图如图 8-2（a）所示，函数方框图如图 8-2（b）所示。在方框图 8-2 中，信号只能沿箭头方向单方向传递，传递方向是不可逆的。方框图和生产流程图在形式上有某些相似之处，但它们所表达的内容却有本质的区别，生产流程图中的各个线条表示物料流通的来龙去脉，它们有分有合，服从质量守恒定律，即越分越小或越合越大。方框图中的联络线条则表示两个有关设备或器件之间的相互作用和信号传递，而与物料的实际流动方向无关。

方框图有信号线、信号相加点（综合点）、信号分支点（引出点）和环节四个要素，下面以图 8-3 所示的函数方框图为例说明这四要素。

（1）信号线：如图 8-3（a）所示，箭头表示信号的传递方向，在线上写出信号的拉氏变换 $X(s)$、$Y(s)$ 等。

（2）相加点：用符号⊗表示，如图 8-3 中（b）所示，该符号表示信号 $X_3(s)$ 为两个信号 $X_1(s)$ 与 $X_2(s)$ 的代数相加。

（3）分支点：如图 8-3（c）所示，表示把一个信号 $X(s)$ 分两路取出。因为仅表示取出信

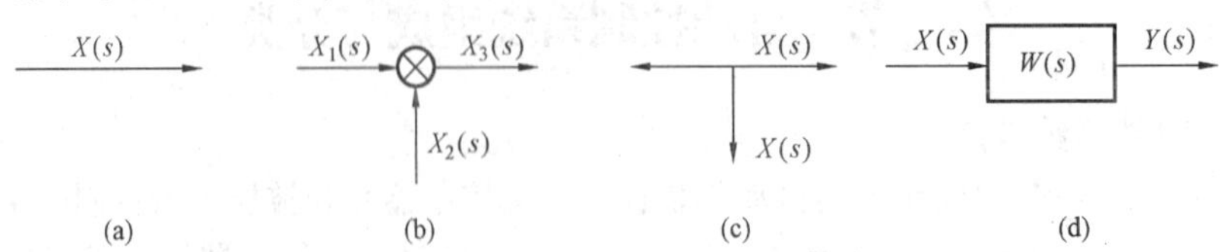

图 8-3 方框图构成

（a）信号线；（b）相加点；（c）分支点；（d）环节

号而不取出能量，所以信号能量并不减少。

(4) 环节：一个方框表示一个环节，如图 8-3 (d) 所示。指向方框的箭头表示输入信号，是引起变化的原因。从方框出来的箭头表示输出信号，是变化的结果。框内为环节的传递函数 $W(s)$。

方框图能够清楚的表明实际系统中信号传递关系，而和物理系统相比，也更容易体现系统的函数功能。方框图既包含与系统的动态特性有关的信息，但又和系统的具体物理结构无关，因此许多完全不同的系统可以用同一个方框图来表示。而对于同一个系统，从不同的角度分析，可以画出若干个不同的方框图。

三、自动控制系统分类

在生产过程中，自动控制系统的类型是多种多样的。从不同的角度出发，它可以有不同的分类。

(一) 按结构的不同分类

控制系统按结构的不同划分，可分为开环控制系统、闭环控制系统和复合控制系统三种。

1. 开环控制系统

开环控制系统是指控制器与被控对象之间只有正向作用，而没有反向联系的系统。因此，开环系统的输出量不对系统的控制作用发生影响。如图 8-4 所示，它的工作原理是直接根据扰动进行控制，一般称为前馈控制。如果按扰动进行的控制量合适，就可能及时抵消扰动的影响而使被调量不变。但是在开环系统中，由于没有被调量的反馈，因此控制过程结束后，不能保证被调量等于给定值。这种系统，在生产过程自动控制中，是不能单独使用的。然而用扰动补偿的方法来控制被控量的变化是十分有效的、可取的。

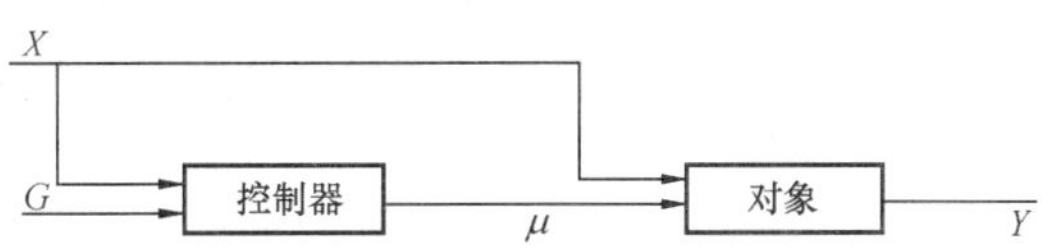

图 8-4 开环控制系统方框图

2. 闭环控制系统

闭环控制系统是指控制器和被控对象之间既有正向作用，又有反向联系的系统，如图 8-5 所示。闭环控制系统根据被控量和给定值的误差进行控制，通过不断反馈、控制调整，最终消除误差，故能实现复杂而准确的控制。

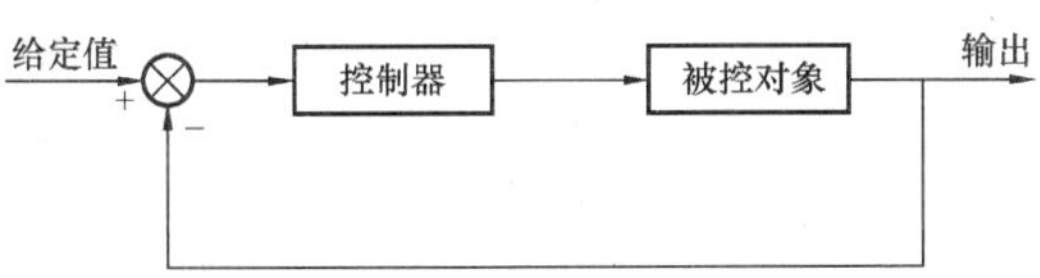

图 8-5 闭环控制系统方框图

3. 复合控制系统

复合控制系统是在开环通路上提供一个时间上超前的输入作用，以提高系统的控制精度和动态性能。由闭环通路维持被控量为给定值。开环通路通常是由对给定值信号的补偿装置或对扰动作用的补偿装置组成，分别为按给定值补偿和按扰动补偿，如图 8-6 (a) 和 (b) 所示。

复合控制系统即是前馈—反馈控制系统，工作时由前馈实现对被控量的粗调，大体上补偿扰动对被控量的影响，用反馈控制实现对被控量的细调。

复合控制与仅按误差控制相比，有更高的快速性和控制质量，因此，获得了比较广泛的应用。

(二) 按给定值的不同分类

控制系统按给定值的不同划分，可分为定值控制系统、程序控制系统和随动控制系统三种。一般它们都按反馈系统工作，原理基本相同。

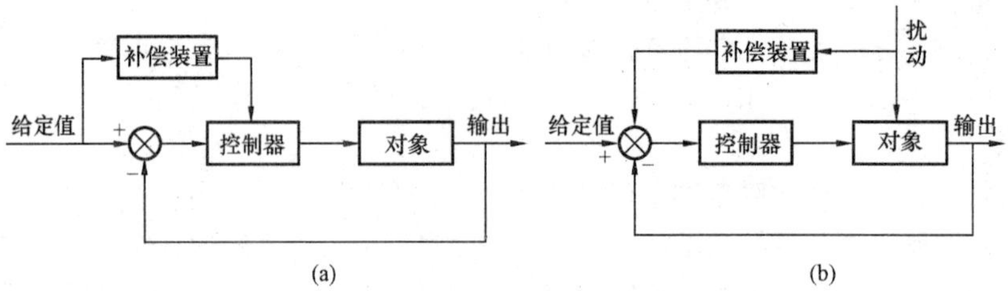

图 8-6 复合控制系统

(a) 按给定值补偿；(b) 按扰动作用补偿

1. 定值控制系统

被控量的给定值在运行中恒定不变，也就是被控量保持为某一固定数值的系统，叫做定值控制系统。这是中小型火电厂热工过程自动控制中应用最多的一种控制系统，如锅炉的过热汽温、汽包水位等自动控制都是用定值控制系统。

2. 程序控制系统

被调量的给定值是时间的已知函数的控制系统，叫做程序控制系统，如发电厂锅炉、汽轮机的自起停就是程序控制系统。

3. 随动控制系统

被控量的给定值是时间的未知函数的系统，叫做随动控制系统（也叫做伺服系统或跟踪系统）。例如，在滑压运行的锅炉负荷控制回路中，主蒸汽压力的给定值是随外界负荷而变化的，其变化规律是时间的未知函数。此控制回路的任务是要使主蒸汽压力紧紧跟随主压力给定值而变，从而实现机组在不同负荷下以不同的主蒸汽压力运行——滑压运行。随动控制系统在大型单元机组的自动控制中应用很广。

（三）按输入和输出信号的数量分类

控制系统按输入和输出的数量划分，可分为单输入单输出系统和多输入多输出系统。

1. 单输入单输出系统

单输入单输出系统只有一个输入和一个输出信号，系统结构比较简单，系统中主反馈（从系统输出端至系统输入端的反馈为主反馈）只有一个。有时为了改善系统的性能，还可加局部反馈，故单输入单输出反馈控制系统，可以是单回路的，也可以是多回路的。

2. 多输入多输出系统

系统的输入和输出信号很多，回路也多，而且相互之间有耦合，是一个复杂系统。在分析时，需要借助于计算机来解决。

第三节 系统与环节特性

一、环节与系统特性的基本概念

环节是组成自动控制系统的最基本单元。它可以代表一个器件，一个设备或一个组合体。环节是真实设备的抽象，它忽略了真实设备的许多与控制无关的具体性质，而重点突出它在控制过程中所起的作用，特别是它在信号传递和转换中所起的作用。

环节（或系统）的特性是指环节或系统的输入信号与输出信号之间的函数关系。环节或系统的特性包括静态特性和动态特性两个方面。输入信号和输出信号在稳态时的关系称为静态特性，它们在动态时的关系称为动态特性。

在自动控制系统中，被控量不随时间变化的平衡状态称为系统的静态（也称为稳态），被控量随时间变化而变化的不平衡状态，称为系统的动态（或称瞬态、暂态）。

当一个自动控制系统的输入（给定值和扰动）恒定不变时，整个系统处于相对平衡的状态，系统的各个环节如变送器、控制器和控制阀等暂时不动作，它们的输出信号都不变化，这种状态即是系统的静态（或稳态）。一旦系统受到扰动，系统的物质或能量平衡将被破坏，被控量将发生变化，系统进入动态，此时控制器就开始控制，改变流出量以克服扰动的影响，当流入量与流出量又重新达到平衡，并且被控量与给定值相等时，系统又重新进入稳态。这样，系统就经历了一个控制过程，即

稳态Ⅰ（平衡）——扰动（平衡破坏）——控制作用排除扰动——稳态Ⅱ（重新平衡）

综上所述，在自动控制系统中，了解系统的动态，研究系统的动态过程较之研究系统的静态更为重要。因为平衡总是暂时的，相对的，扰动会不断地产生，控制过程就是要不断地克服扰动的影响，使系统重新进入平衡状态，即是使被控量等于给定值。为此就要研究系统在受到扰动后，控制过程中被控量、流入量、流出量的变化规律，以及系统能否再重新建立平衡，和怎样去建立平衡。故研究自动控制系统应该以控制系统的动态过程为主，即研究扰动和控制这一对矛盾的相互作用而产生的被控量的变化过程。从而得到一个控制系统的动态和稳态性能指标，用以判别该系统是否符合生产过程的要求。

二、环节（或系统）动态特性的表示方法

一个环节或系统的动态特性有各种不同的表示方法，热工控制过程中常用的有微分方程法、传递函数法、阶跃响应特性法（飞升特性曲线法）、频率法以及根轨迹法等。其中在生产过程中常用前三种方法，下面分别介绍这三种方法。

（一）微分方程法

根据基本物理规律对系统进行分析，求出联系输入量和输出量及其导数的微分方程（也叫做动态方程），用以描述系统的动态特性，这种方法称为微分方程法。微分方程法是动态特性的最原始、最基本的表达方法，是动态特性在时域中的表示方法。

下面举两个例子来说明微分方程的建立过程。

【例 8－1】 设在图 8－7 所示的 RLC 电路中，R、L、C 均为常量，u_1 为输入量，u_2 为输出量。试列出 u_1 与 u_2 的动态方程。

解：根据克希荷夫定律写出原始方程式

$$u_1 = Ri + L\frac{\mathrm{d}i}{\mathrm{d}t} + \frac{1}{C}\int i\mathrm{d}t \tag{8-1}$$

$$u_2 = \frac{1}{C}\int i\mathrm{d}t \tag{8-2}$$

消去中间变量 i，便可得到

$$LC\frac{\mathrm{d}u_2^2}{\mathrm{d}t^2} + RC\frac{\mathrm{d}u_2}{\mathrm{d}t} + u_2 = u_1 \tag{8-3}$$

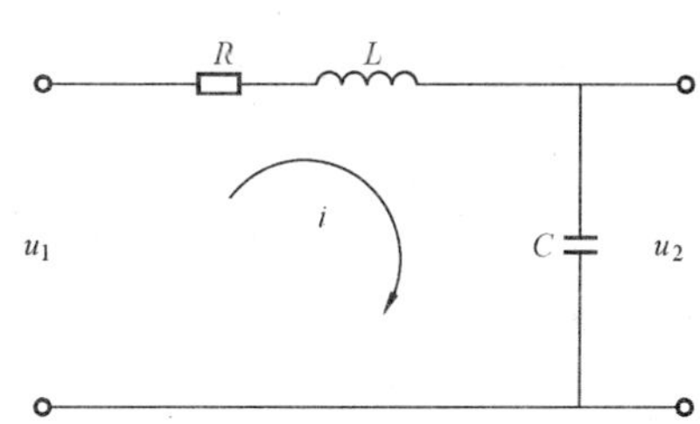

图 8－7　RLC 电路图

由于 L、C、R 均为常量，故描述该四端网络的动态方程为二阶线性系数微分方程。

（二）传递函数法

1. 传递函数

传递函数是描述环节或系统动态特性的一种方法，其定义为：在零输入条件下，系统输出的

拉氏变换与输入的拉氏变换之比，即

$$Y(s) = G(s)X(s) \tag{8-4}$$

无论系统或环节多么复杂，总可以用微分方程来描述输入量与输出量之间的动态关系。要想求得给定输入时的输出，就要求解微分方程，这常常是比较困难的。拉普拉斯变换为求解高阶微分方程提供了方便，通过拉普拉斯变换就可以将复杂的微分方程转化为代数方程，因此简化了运算，有利于进行系统特性的分析。由拉普拉斯变换引申出来的传递函数是控制理论中十分重要的概念，也是进一步分析自动控制系统的重要工具。

2. 拉普拉斯变换

拉普拉斯变换常常简称为拉氏变换，拉氏变换是一种函数的转换。拉氏变换的定义为

$$x(s) = \int_{0^-}^{\infty} x(t)e^{-st}dt \tag{8-5}$$

式中，$x(t)$ 是需要转换的时域函数，自变量是时间 t，称为原函数；$X(s)$ 是转换后的函数，称为象函数或拉氏变换表达式，记为 $L[x(t)]$。象函数的自变量是 s，称为拉普拉斯算子，它是一个复数变量，即 $s=\sigma+j\omega$，其中 σ 为 s 的实部；ω 为 s 的虚部；s 为复数变量。利用拉氏变换可将微分方程转化为代数方程，便于分析系统或环节特性。表 8-1 为常见函数的拉氏变换与拉氏反变换对照表。

表 8-1　　常见函数的拉氏变换与拉氏反变换对照表

原函数 $x(t)$	象函数 $x(s)$	原函数 $x(t)$	象函数 $x(s)$
$\delta(t)$	1	$\sin\omega t$	$\frac{\omega}{s^2+\omega^2}$
$1(t)$	$\frac{1}{s}$	$\cos\omega t$	$\frac{s}{s^2+\omega^2}$
t	$\frac{1}{s^2}$	$e^{\mp\alpha t}\sin\omega t$	$\frac{\omega}{(s\pm\alpha)^2+\omega^2}$
$e^{\mp\partial t}$	$\frac{1}{s\pm\alpha}$	$e^{\mp\alpha t}\cos\omega t$	$\frac{s+\alpha}{(s\pm\alpha)^2+\omega^2}$
$te^{\mp\alpha t}$	$\frac{1}{(s\pm\alpha)^2}$	$t^n e^{\mp\alpha t}$	$\frac{n!}{(s\pm\alpha)^{n+1}}$
t^n ($n=1, 2, \cdots$)	$\frac{n!}{s^{n+1}}$	$\frac{1}{b-a}(e^{-at}-e^{-bt})$	$\frac{1}{(s+a)(s+b)}$

在进行拉氏变换过程中，遇到拉氏变换表中没有的函数形式时，可以利用拉氏变换的性质和定理进行拉氏变换。

3. 拉氏变换的性质和定理

(1) 线性性质：若 $f(t) = a\cdot f(x_1) + b\cdot f(x_2)$，则 $f(t)$ 的拉氏变换为

$$L[a\cdot f(x_1) + b\cdot f(x_2)] = aL[f(x_1)] + bL[f(x_2)] \tag{8-6}$$

(2) 微分定理：函数 $x(t)$ 的微分的拉氏变换为

$$L\left[\frac{dx(t)}{dt}\right] = sx(s) - x(0^-) \tag{8-7}$$

设初始值为 0，则

$$L[x^{(n)}(t)] = s^n x(s) \tag{8-8}$$

(3) 积分定理：函数 $x(t)$ 的积分的拉氏变换为

$$L[\int_{0^-}^{t} x(t)\mathrm{d}t] = \frac{x(s)}{s} \tag{8-9}$$

设初始值为 0，则

$$L\left[\int_{0^-}^{t} x(t)\mathrm{d}t\right] = \frac{x(s)}{s} + \frac{1}{s}x^{-1}(0^-) \tag{8-10}$$

(4) 衰减定理

$$L[x(t)\mathrm{e}^{-\alpha t}] = x(\alpha + s) \tag{8-11}$$

(5) 初值定理

$$\lim_{t\to\infty} x(t) = \lim_{s\to 0} sx(s) \tag{8-12}$$

(6) 终值定理

$$\lim_{t\to 0} x(t) = \lim_{s\to\infty} sF(s) \tag{8-13}$$

(7) 迟延定理

$$L[x(t-\tau)] = \mathrm{e}^{-\tau s}x(s) \tag{8-14}$$

(三) 阶跃响应特性法

在阶跃输入信号作用下，系统的输出特性称为阶跃响应特性。阶跃输入是规定的典型输入形式中最剧烈的一种输入形式，它也是热工控制系统中最常见的扰动形式。如果在阶跃扰动下，控制系统能满足生产的要求，那么在等量的其他扰动形式作用下将更能满足要求。阶跃响应特性曲线如图 8－8 所示。

发电厂热工对象的阶跃响应曲线常用试验方法求得，即在阶跃扰动下，对输出信号的变化过程进行记录。用阶跃响应表示动态特性比较直观，也是实验数据的直接反映。它的缺点是由环节的阶跃响应曲线综合求出复杂环节或系统的动态特性比较困难，而用传递函数的形式解决这个问题则较为方便。因此，工程上经常需要从各种形式的实验曲线来确定相应的（或近似的）传递函数，以便对系统作进一步的分析和综合。

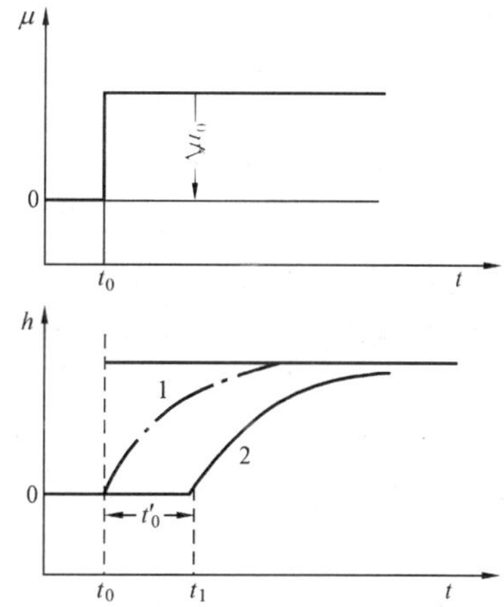

图 8－8　对象的阶跃响应特性曲线图

第四节　基本环节及其动态特性

实际的自动控制系统是由很多环节组成的，这些环节的结构也是千差万别，有电气式的、机械式的等。但从控制的角度来分析，往往将系统或环节按动态特性的不同来划分，这样这些不同的环节或系统往往会具有一些相同的动态特性，这样的环节就可称为一类环节，一些复杂的系统或环节又往往是由一些基本环节所组成的，熟练掌握这些基本环节的动态特性，对于分析系统或环节的动态特性是十分重要的。这些基本环节包括比例环节、积分环节、微分环节、惯性环节、迟延环节、二阶环节等。下面将分别介绍这些环节的微分方程、传递函数及其特点等。

一、比例环节

比例环节是指那些输出信号能按比例、无迟延、无惯性地复现输入信号的环节，即输出信号与输入信号无论动态还是静态都具有比例关系。

比例环节的微分方程为

$$y(t) = Kx(t) \tag{8-15}$$

式中，K 为比例环节的放大系数或增益。

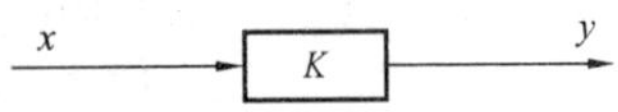

图 8-9 比例环节方框图

比例环节的传递函数为

$$G(s) = y(s)/x(s) = K \tag{8-16}$$

其方框图如图 8-9 所示。

当比例环节的输入信号为单位阶跃函数时，其输出（即比例环节的瞬态响应）为

$$y(t) = L^{-1}[y(s)] = L^{-1}[G(s)x(s)] = L^{-1}[K \cdot 1/s] = K \cdot 1(t) \tag{8-17}$$

静态特性为

$$y = Kx \tag{8-18}$$

由式（8-17）可以画出比例环节的阶跃响应曲线，如图 8-10 所示。

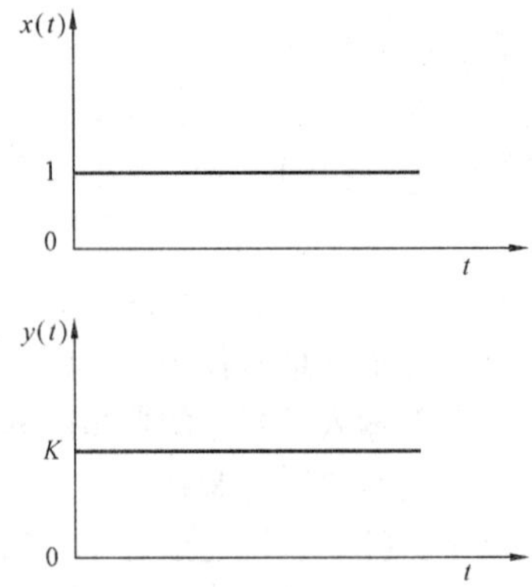

图 8-10 比例环节的阶跃响应曲线

在工程实际中，比例环节的实例是很多的，如图 8-11 所示。

（1）电阻元件，如图 8-11（f）所示，是由电压引起电流变化的环节，若以电压 U 为输入，电流 I 为输出，则该环节的传递函数为：$I(s) = 1/R \cdot U(s)$。

（2）水箱元件，如图 8-11（g）所示，是水位引起水流量变化的环节，传递函数为：$Q(s)/H(s) = 1/R$，R 为线性化后的水流阻力，也可称为液阻。

（3）热阻元件，如图 8-11（i）所示，是温差变化引起热流量变化的环节，该环节的传递函

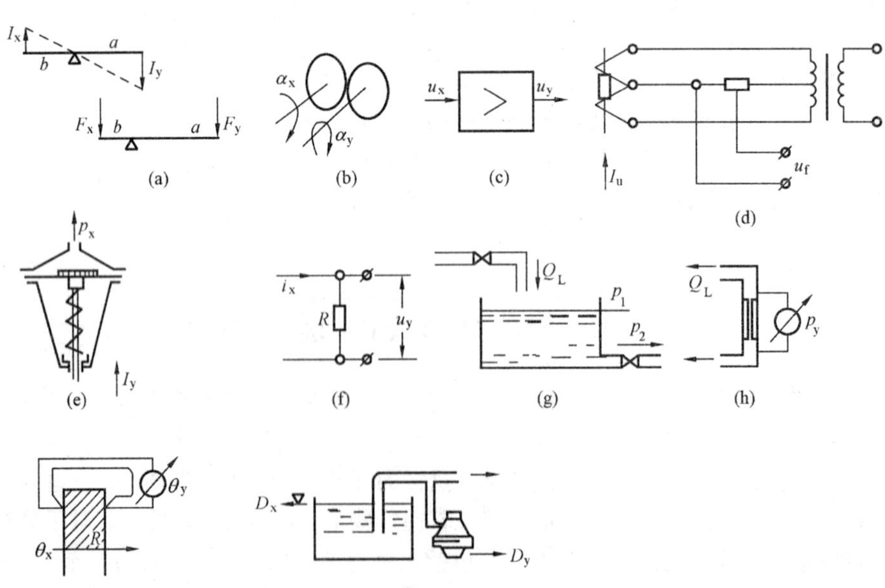

图 8-11 比例环节实例

（a）杠杆；（b）齿轮；（c）电子放大器；（d）压力变送器；（e）气体薄膜阀；（f）电阻；（g）水箱；（h）气阻；（i）热阻；（j）气阻变送器

数为：$Q(s)/\Delta\theta(s)=1/R$，R 为热阻。

(4) 运算放大器，如图 8－11（c）所示，其传递函数为：$G(s)=U_o(s)/U_i(s)=-R_f/R_i$。

(5) 杠杆元件，如图 8－11（a）所示，若输入为 x 端位移，输出为 y 端位移，则传递函数为：$G(s)=Y(s)/X(s)=a/b$，若输入为作用力 F_x，输出为作用力 F_y，则传递函数为：$G(s)=Y(s)/X(s)=b/a$。

同样是杠杆，由于输入与输出不同，则传递函数也不同，应当加以注意。比例环节的实例还很多，如齿轮传动、差动变压器、各种压力指示表等。应当指出，很多比例环节并非严格的比例，或多或少地有些非线性，如放大器的不灵敏区等，当这些线性不严重时，可近似地认为是比例环节。

二、积分环节

积分环节的输出信号与输入信号对时间的积分成正比，或者说输出信号的变化速度与输入信号成正比。其特点是只要输入信号不为零，则输出信号就不断变化，没有稳定值，静态时输出信号与输入信号之间没有一一对应的关系。

积分环节的微分方程为

$$y(t)=S_i\int_0^t x(t)\mathrm{d}t=\frac{1}{T_i}\int_0^t x(t)\mathrm{d}t \qquad (8-19)$$

式中 S_i——积分速度；

T_i——积分时间。

积分环节的传递函数 $W(s)$ 为

$$W(s)=\frac{Y(s)}{X(s)}=\frac{1}{T_i s} \qquad (8-20)$$

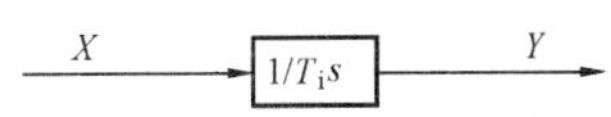

图 8－12　积分环节方框图

其方框图如图 8－12 所示。

当积分环节的输入信号为单位阶跃函数时，其输出（即积分环节的瞬态响应）为

$$y(t)=L^{-1}[y(s)]=L^{-1}[G(s)x(s)]=L^{-1}[1/T_i s\cdot 1/s]=t \qquad (8-21)$$

由上式可以画出积分环节的阶跃响应曲线，如图 8－13 所示。

由图 8－13 可以看出，积分环节的响应曲线有不断增长的特点，只要输入信号 x_0 存在，即使 x_0 很微小，其输出 y 也会随着时间的累积而不断地增长，致使输出信号出现明显的变化。因此，在控制系统中常用积分控制规律来消除静态偏差。

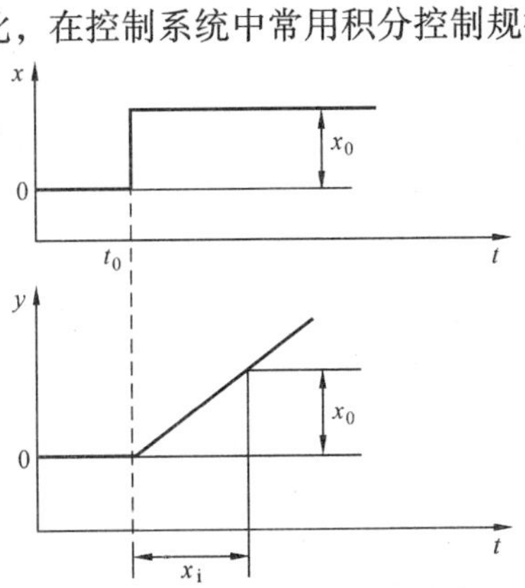

图 8－13　积分环节的阶跃响应曲线图

在工程实际中，常见的积分环节如图 8－14 所示。

(1) 水箱元件，如图 8－14（a）所示，以体积流量差（Q_1-Q_2）作为输入信号，以反映贮水量变化的水位 H 作为输出信号，则水位 H 升高的过程就是流量差随时间的积分过程。水位的变化量 ΔH 为

$$\Delta H=\frac{1}{F}\int_0^t(Q_1-Q_2)\mathrm{d}t \qquad (8-22)$$

(2) 电容元件，如图 8－14（b）所示，电容器以充电电流 i 作为输入信号，输出信号是电容两端的电压 u_C，随着电容器上逐渐累积电荷，电容器两端电压 u_C 逐渐升高，u_C 可表示为

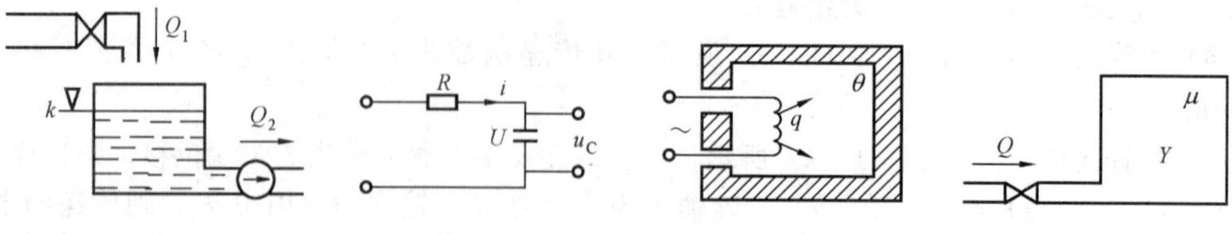

图 8－14　积分环节举例

$$u_C = \frac{1}{C}\int_0^t i\mathrm{d}t \tag{8-23}$$

（3）热容元件，如图 8－14（c）所示，为一储热容器，电阻丝以热流量 q 向容器内放热，则容器内温度随时间的变化关系可表示为

$$\theta = \frac{1}{C_\theta}\int_0^t q\mathrm{d}t \tag{8-24}$$

（4）气容元件，如图 8－14（d）所示，为一储气箱，若以流量 Q 向储气箱内充气，则储气箱内的气压随时间的变化关系为

$$p = \frac{RT}{V}\int_0^t Q\mathrm{d}t \tag{8-25}$$

三、微分环节

输出信号与输入信号对时间的微分成正比的环节，叫做理想微分环节。理想微分环节的微分方程为

$$y = T_\mathrm{d}\frac{\mathrm{d}x}{\mathrm{d}t} \tag{8-26}$$

式中　T_d——理想微分环节的微分时间。

理想微分环节的传递函数 $W(s)$ 为

$$W(s) = \frac{Y(s)}{X(s)} = T_\mathrm{d}s \tag{8-27}$$

理想微分环节方框图，如图 8－15 所示。

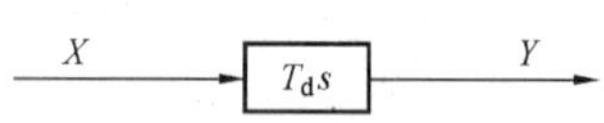

图 8－15　理想微分环节方框图

当微分环节的输入信号为阶跃函数 $x_0(t)$ 时，其输出（即微分环节的瞬态响应）为

$$\begin{aligned} y(t) &= L^{-1}[y(s)] = L^{-1}[G(s)x(s)] \\ &= L^{-1}[T_\mathrm{d}s \cdot x_0/s] = T_\mathrm{d}x_0\delta(t) \end{aligned} \tag{8-28}$$

式中　$\delta(t)$——单位脉冲函数。

理想微分环节的阶跃响应如图 8－16（a）所示。它是一个冲击函数，即脉宽为无限短，脉冲幅值为无限大，脉冲强度为 $T_\mathrm{d}x_0$，实际生产生活中的环节都不可能具有这样的特性，故称为理想微分环节。但实际中可利用这种理论上的特性来研究某些元件的动态特性，而且有些元件的特性也近似于理想微分环节。

微分环节的特点是输出信号的变化超前于输入信号的变化。这一特点可以从等速输入（斜坡函数）响应上加以理解。

当微分环节的输入信号为单位斜坡函数时，其输出（即微分环节的瞬态响应）为

$$y(t) = L^{-1}[y(s)] = L^{-1}[G(s)x(s)]$$

$$= L^{-1}[T_d s \cdot v_0/s^2] = T_d v_0 \cdot 1(t) \qquad (8-29)$$

由上式可以看出，微分环节的斜坡响应曲线为一阶跃曲线形式，如图 8－16（b）所示。从图中可以看出，微分环节的输出在 t_0 时刻即变为 $v_0 T_d$，而输入信号则在经过 T_d 时间以后才变为 $v_0 T_d$。从这个意义上说，微分环节的输出信号的变化要超前于输入信号的变化 T_d 这么长的时间，因此微分时间的长短可反映出输出信号超前于输入信号变化的程度，可见微分时间又可以称为超前时间，它表征超前或起始加强作用的大小。

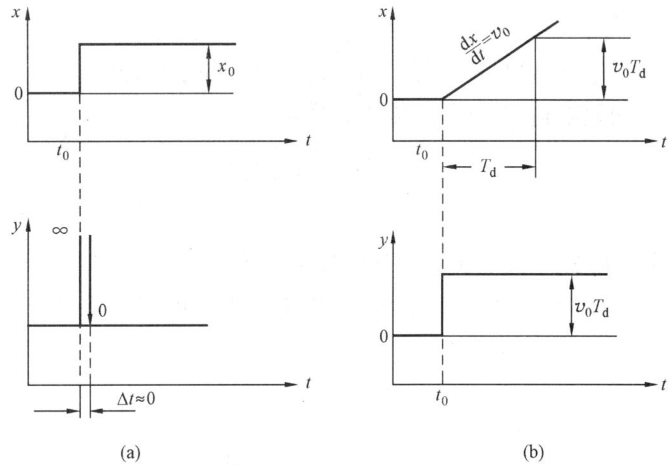

图 8－16　理想微分环节的响应曲线图

（a）阶跃输入；（b）等速输入（斜坡函数）

在实际中也有很多近似于理想微分环节的例子，如电感器、电容器、加速度运动等。

（1）电感器，如图 8－17（a）所示。在该图中若以电流 i 为输入量，以电压 u 为输出量，其动态方程式为

$$u_L = L\frac{di}{dt} \qquad (8-30)$$

传递函数为

$$W(s) = \frac{U_L(s)}{I(s)} = Ls \qquad (8-31)$$

（2）电容器，如图 8－17（b）所示。若以电压 u 为输入，以电流 i 为输出，则动态方程式为

$$i = C\frac{du}{dt} \qquad (8-32)$$

传递函数为

$$W(s) = \frac{I(s)}{U(s)} = Cs \qquad (8-33)$$

图 8－17　理想微分环节举例

（a）电感器；（b）电容器

（3）加速度运动，即以速度 v 为输入，以力 F 为输出量，其动态方程式为

$$F = m\frac{dv}{dt} \qquad (8-34)$$

式中　m——运动物体的质量。

传递函数为

$$W(s) = \frac{F(s)}{v(s)} = ms \qquad (8-35)$$

上述的微分环节是近似的理想情况，实际能实现的微分环节往往都具有一定的惯性，这样的环节称为一阶实际微分环节。

一阶实际微分环节的动态方程式为

$$T_D \frac{dy}{dt} + y = K_D T_D \frac{dx}{dt} \tag{8-36}$$

式中　T_D——实际微分环节的时间常数；

K_D——实际微分环节的传递系数（微分增益）。

一阶实际微分环节的传递函数为

$$W(s) = \frac{Y(s)}{X(s)} = \frac{K_D T_D s}{T_D s + 1} = \frac{T_d s}{\frac{T_d}{K_D} s + 1} \tag{8-37}$$

式中　$K_D T_D = T_d$ 为理想微分环节的微分时间。

由上式可以看出，一阶实际微分环节可看作是由时间常数为 $T_D = T_d / K_D$ 的惯性环节 $\frac{1}{T_d / K_D s + 1}$ 与理想微分环节 $T_d s$ 串联组成的。

一阶实际微分环节的阶跃输入响应为

$$y(t) = L^{-1}\left[\frac{K_D T_D s}{T_D s + 1} \cdot \frac{x_0}{s}\right] = K_D x_0 e^{-\frac{t}{T_D}} \tag{8-38}$$

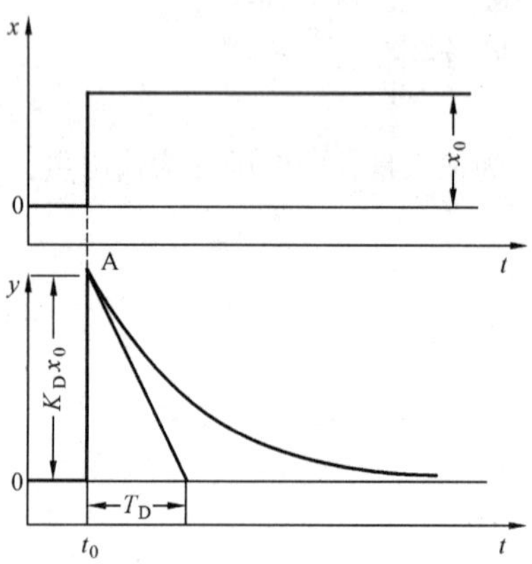

图 8-18　一阶实际微分环节阶跃响应曲线

一阶实际微分环节阶跃响应曲线如图 8-18 所示。在 $t = t_0$ 时输出 y 跃变为幅值为 $K_D x_0$，它是输入幅值 x_0 的 K_D 倍。t_0 时刻输出 y 将按指数函数规律衰减为初始值。在整个变化过程中，起始点的速度最大，即

$$\left.\frac{dy}{dt}\right|_{t = t_0} = -\frac{K_D x_0}{T_D} \tag{8-39}$$

因此，过起始点 A 作曲线的切线与起始线交点处所得的时间即为 T_D，这就是说，T_D 即为输出 y 由起始点以最大速度复原到起始点所需的时间，所以 T_D 又称为复原时间。

T_D 表征动态过程中微分作用持续时间的长短，T_D 愈大，微分作用的时间愈长，此时的一阶实际微分环节愈接近于比例环节。T_D 愈小，即惯性愈小，则实际微分环节愈接近于理想微分环节，这一特性可以从一阶实际微分环节的传递函数中看出，即

$$W(s) = \frac{Y(s)}{X(s)} = \frac{K_D T_D s}{T_D s + 1} = \frac{K_D s}{s + \frac{1}{T_D}} \tag{8-40}$$

当 $T_D \to \infty$ 时，$W(s) \approx K_D$，近似为比例环节；

当 $T_D \to 0$ 时，$W(s) \approx K_D s$，近似为理想微分环节。

在考虑微分时间 T_D 的影响时，还应该考虑到微分增益 K_D 的影响。在输入阶跃变化时，K_D 表征实际微分作用起始跃变高度的大小。K_D 愈大，输出 y 的起始跃变高度愈大，实际微分愈接近理想微分环节。

综上所述，当 T_D 愈小、K_D 愈大时，实际微分环节就愈接近于理想微分环节。

图 8-19 为一阶实际微分环节的几个实例。其中图 8-19（a）是一个漏油复原装置。输入信号为位移 x，作用在油阻尼器的外壳上，设在 t_0 时刻有一阶跃向下移动，则油阻尼器来不及通过

阻力件 R 流入下腔，此时油阻尼器的外壳将和活塞作为一个整体阶跃向下移动，带动输出信号 y（活塞杆的位移）在 t_0 时刻有一阶跃向下的跃变，此时弹簧被拉长，油阻尼器上腔的油压因受弹簧力作用而高于下腔的油压，于是上腔的油经阻力件 R 漏入下腔。在弹簧力的作用下，活塞上行，y 逐渐恢复原始值。当达到稳态时活塞杆的位移为零。这就是一阶实际微分环节的阶跃响应过程。

图 8－19（b）为一气动复原装置。当输入气压 p_x 有一阶跃增大时，下膜盒立即被拉长，输出 y 有一向上的跳变，随着气体经阻力件 R 逐渐进入上膜盒时，y 逐渐下行复原。平衡时输出（A 点位移为零）。

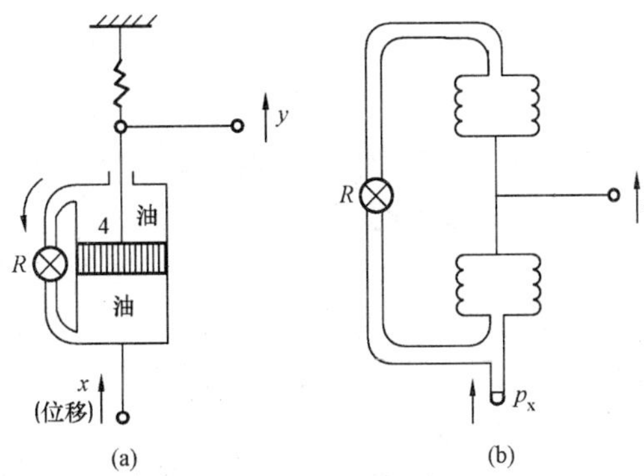

图 8－19　一阶实际微分环节举例

（a）漏油复原装置；（b）气动复原装置

四、一阶惯性环节

一阶惯性环节的动态方程式为

$$T_C \frac{dy}{dt} + y = Kx \tag{8-41}$$

式中　T_C——惯性环节的时间常数，表示惯性的大小；

K——惯性环节的传递系数（稳态放大倍数），它表示从一个平衡状态变化到另一个平衡状态时，输出信号的变化与输入信号的变化之比。

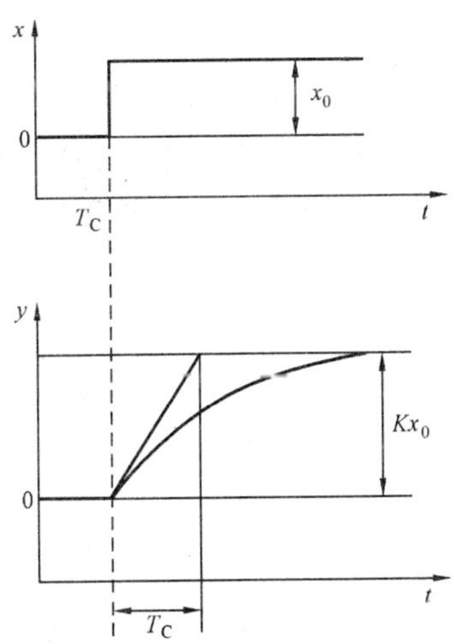

图 8－20　一阶惯性环节的阶跃响应曲线图

一阶惯性环节的传递函数为

$$W(s) = \frac{Y(s)}{X(s)} = \frac{1}{T_C s + 1} \tag{8-42}$$

当输入为阶跃信号 $x_0(t)$ 时，输出的阶跃响应为

$$y(t) = L^{-1}\left[W(s)\frac{x_0}{s}\right] = L^{-1}\left[\frac{K}{T_C s + 1}\cdot\frac{x_0}{s}\right] = Kx_0(1 - e^{-\frac{t}{T_C}}) \tag{8-43}$$

由式（8－43）可以画出一阶惯性环节的阶跃响应曲线，如图 8－20 所示。

一阶惯性环节的阶跃扰动曲线是一条指数曲线，起始时刻的变化速度较快，以后变化速度越来越慢，整个变化过程是平稳的，没有周期性的变化，所以也称为非周期环节。

由一阶惯性环节的动态方程可以得出输出 y 的初始变化速度为

$$\left(\frac{dy}{dt}\right)\bigg|_{t=t_0} = \frac{Kx_0}{T_C} \tag{8-44}$$

输出 y 的终态值 $t\to\infty$ 时，$\frac{dy}{dt}=0$，由微分方程可以推导出

$$y(\infty) = Kx_0 \tag{8-45}$$

由上述两式可以得出，惯性环节的时间常数为

$$T_C = \frac{Kx_0}{\left(\frac{dy}{dt}\right)_{t=t_0}} = \frac{y(\infty)}{\left(\frac{dy}{dt}\right)_{t=t_0}} \tag{8-46}$$

可以看出，一阶惯性环节的时间常数，就是当输入信号为阶跃函数时，输出信号以初始速度变化到终态时所需的时间。

一阶惯性环节的主要特点是输出信号对输入信号的响应存在惯性。这是因为环节的惯性主要是因为对象具有质量或容量，以及运动中存在着阻力，因此当输入信号阶跃变化时，输出信号不能跟着阶跃变化，只能以一定的速度逐渐反应。输出信号的这种不能随着输入信号的变化而阶跃变化的性质叫做惯性。另一特点是输出信号最终会稳定在 Kx_0 值上，与比例环节的稳态效应相同。T_C 愈小，环节的惯性愈小，动态中惯性环节愈接近于比例环节。

一阶惯性环节的例子很多，它们的共同特点是具有容量（如电容、热容、气容、水容等）和一个有限阻力（如电阻、热阻、气阻、水阻等），当输入量（一般为物质流量或能量）阶跃变化时，由于存在着容量，输出量（一般为表征储存量的参数）不能跟着阶跃变化，这是产生惯性的主要原因；另外，由于存在着有限阻力，输出量的变化对输入量（流入量或流出量）会产生反作用，相当于对象内部存在负反馈，这也是影响惯性的因素。图 8-21 为一阶惯性环节的实例。

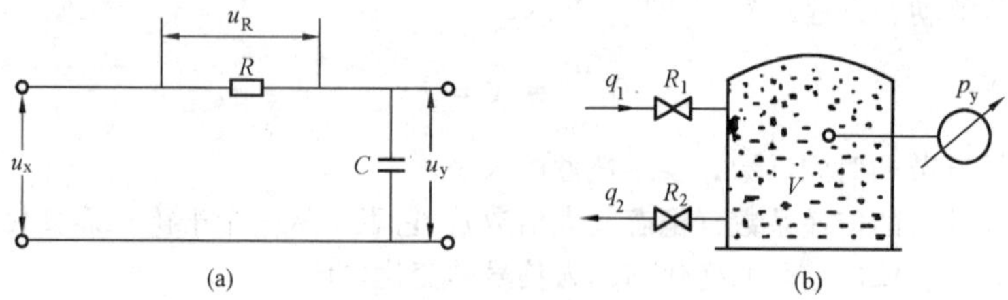

图 8-21　一阶惯性环节举例

(a) RC 惯性环节；(b) 气体阻容惯性环节

图 8-21 (a) 为 RC 电路，当外加电压 u_x 为阶跃输入时，由于电容器具有一定的容量，因此其上的电压不能突变，只能按惯性规律上升，随着电压 u_y 的上升，电压差 $u_x - u_y$ 逐渐减小，此时流过电阻 R 向电容 C 充电的电流 i 也随之减小，u_y 上升的速率越来越小，稳态时 $u_y = u_x$，该环节的稳态放大倍数 $K=1$。则此 RC 电路的微分方程为

$$RC\frac{du_y}{dt} + u_y = u_x \tag{8-47}$$

其传递函数为

$$W(s) = \frac{U_y(s)}{U_x(s)} = \frac{1}{RCs+1} = \frac{1}{T_C s+1} \tag{8-48}$$

图 8-21 (b) 为一储气筒，若以净流量 $q_1 - q_2$ 为输入量，以气压 p_y 为输出量，则当 $q_1 - q_2$ 阶跃增加时，由于储气筒有一定的容量，气压 p_y 只能逐渐上升，是一个积分环节。若以 q_1 作为输入量，当 q_1 阶跃增加时，p_y 逐渐上升，随着 p_y 的上升，流出量 q_2 增加，使输入量 $q_1 - q_2$ 减小，气压上升速度越来越慢，最后稳定在一个新的稳定值上，因此动态特性为一惯性环节。

五、纯迟延环节

纯迟延环节的特点是输出信号的变化形式与输入信号完全相同，只是落后了一段时间。若输入信号为 $x=f(t)$，则输出信号为

$$y(t) = x(t-\tau_0) \tag{8-49}$$

式中，τ_0 为纯迟延时间，即输出落后于输入的时间。

上式为纯迟延环节的微分方程，它表明当 $t < t_0$ 时，$y(t)=0$，当 $t > t_0$ 时，输出复现输入。

纯迟延环节的阶跃响应曲线如图 8－22 所示，在阶跃输入下，输出也是一阶跃信号，只是在时间上落后了一段时间 τ_0。

迟延环节在热工对象中的例子很多，图 8－23 所示的流体取样管为迟延环节的实例之一。若以进口 A 处流体成分为输入信号，出口 B 处流体成分为输出信号，若进、出口之间的距离为 L，流体流速为 v，则纯迟延时间为

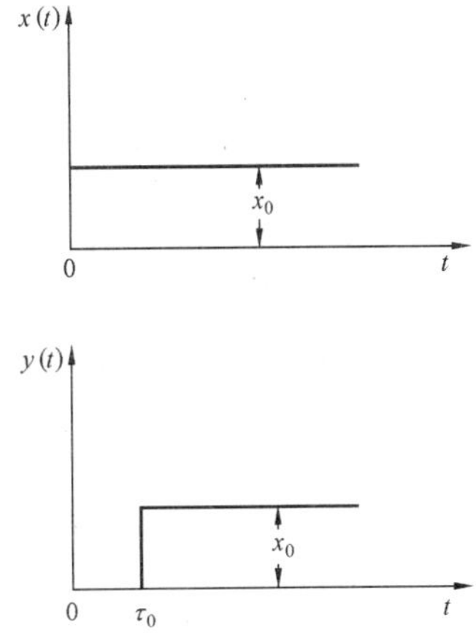

图 8－22　纯迟延环节的阶跃响应曲线图

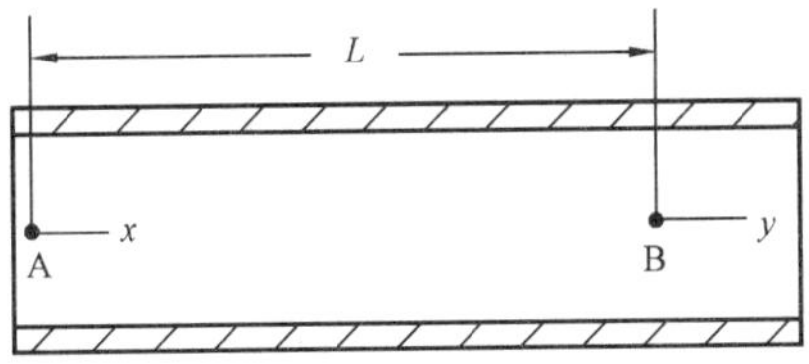

图 8－23　纯迟延环节的实例

$$\tau_0 = L/v \tag{8-50}$$

纯迟延环节的传递函数为

$$W(s) = \frac{Y(s)}{X(s)} = \frac{e^{-s\tau_0}X(s)}{X(s)} = e^{-s\tau_0} \tag{8-51}$$

自动控制系统中的迟延会对控制产生不良影响，因此在考虑被控参数的测点位置、控制阀的安装位置时，应尽可能地减小迟延。

第五节　环节典型连接方式及方框图等效变换

一、环节典型连接方式及其综合传递函数

复杂的系统都是由简单的环节通过各种连接方式形成的，环节的典型连接方式有串联、并联和反馈连接三种。

（一）环节串联及其综合传递函数

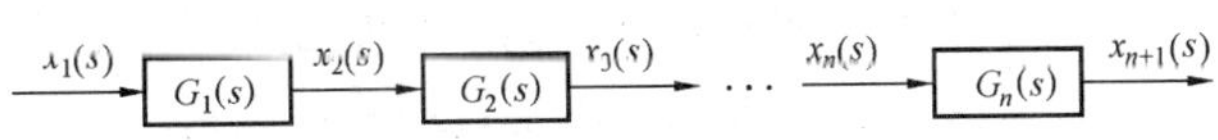

图 8－24　环节串联方框图

如图 8－24 所示，环节串联即 n 个环节首尾相连，其特点是前一个环节的输出为后一个环节的输入。串联环节的综合传递函数等于参与串联各环节传递函数之积，且和串联次序无关，即

$$\begin{aligned} G(s) &= \frac{x_{n+1}(s)}{x_1(s)} = \frac{x_2(s)}{x_1(s)} \times \frac{x_3(s)}{x_2(s)} \times \cdots \times \frac{x_{n+1}(s)}{x_n(s)} \\ &= G_1(s)G_2(s)\cdots G_n(s) \end{aligned} \tag{8-52}$$

（二）环节并联及其综合传递函数

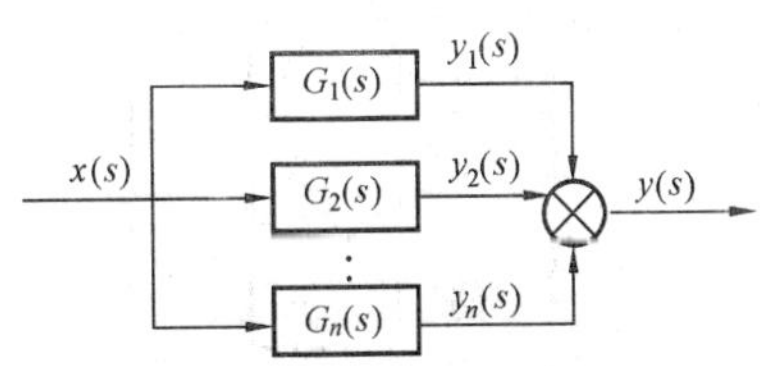

图 8－25　环节并联方框图

如图 8－25 所示，环节并联即 n 个环节的输出相加，其特点是 n 个环节的输入相同。并联环节的综合传递函数等于各环节传递函数之和，即

$$G(s) = \frac{y(s)}{x(s)} = G_1(s) + G_2(s) + \cdots + G_n(s) \tag{8-53}$$

（三）环节反馈连接及其综合传递函数

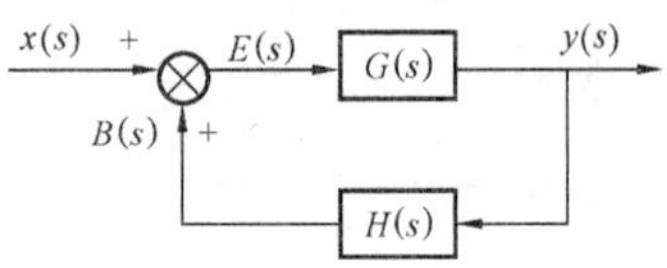

图 8－26　正反馈方框图

两个信号首尾相接，构成闭合回路，称为反馈连接。根据反馈信号的极性不同，反馈连接方式又可分为正反馈和负反馈两种。

1. 正反馈

正反馈方框图，如图 8－26 所示。

正反馈连接方式环节的综合传递函数为

$$\frac{y(s)}{x(s)} = \frac{G(s)}{1 - G(s)H(s)} \tag{8-54}$$

2. 负反馈

负反馈方框图，如图 8－27 所示。

负反馈连接方式环节的综合传递函数为

$$\frac{y(s)}{x(s)} = \frac{G(s)}{1 + G(s)H(s)} \tag{8-55}$$

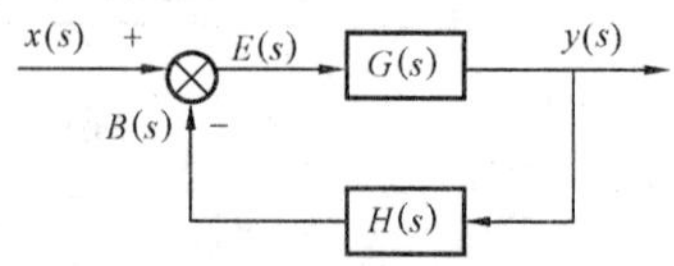

图 8－27　负反馈方框图

二、方框图及其等效变换

方框图是系统与环节的一种图解表示方法，即用方框表示系统的各组成环节，用有箭头的线段将方框连接起来表示信号之间的传递关系的图。按方框内所写内容不同，可分为结构方框图和函数方框图两种。函数方框图通常用于求综合传递函数。

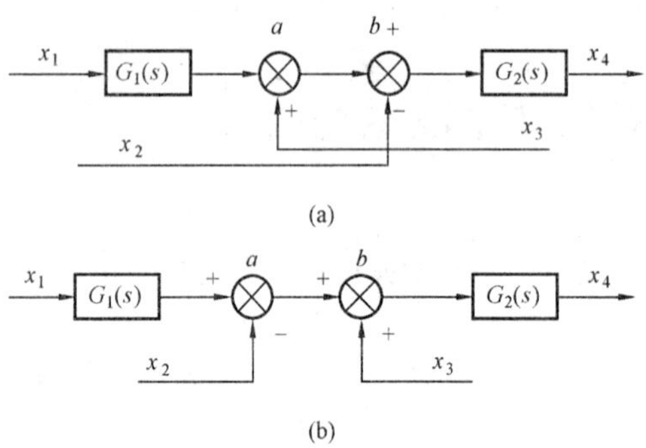

图 8－28　相邻汇合点前后顺序的交换

（a）变换前；（b）变换后

实际控制系统的结构十分复杂，信号之间相互交叉，多个反馈回路相互重叠，不能直接应用三个基本公式求综合传递函数，必须对方框图进行等效变换，变成相互独立的三种典型连接方式，以便用三个基本公式求得整个系统输出与输入之间的传递函数。所谓等效变换是指变换前后，系统的输出与输入之间的传递函数不变。要实现等效变换就必须遵循以下规则。

（一）相邻汇合点前后顺序的交换

变换规则：两相邻汇合点中间，只要没有信号引出，则该两个汇合点可互换位置，如图 8－28 所示。

变换过程中需要注意的是引入汇合点的信号的极性在变换前后不能改变。

（二）相邻分支点前后顺序的交换

变换规则：相邻分支点，只要中间没有信号汇合点，则可互换位置，如图 8－29 所示。

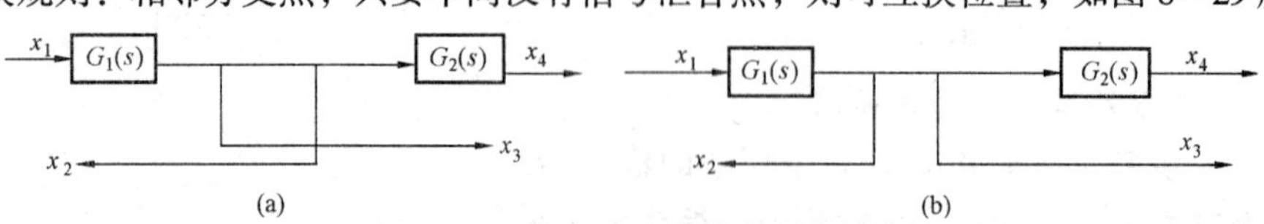

图 8－29　相邻分支点前后顺序的交换

（a）变换前；（b）变换后

变换过程中需要注意的是两分支点间无汇合点。

（三）信号汇合点前后环节的移动

变换规则：环节前面汇合的信号（相加或相减），可以移到环节的后面（相加或相减），但必须先乘以该环节的传递函数，即汇合点后移；相反，汇合点前移，则必须除以该环节的传递函数，如图 8－30 所示。

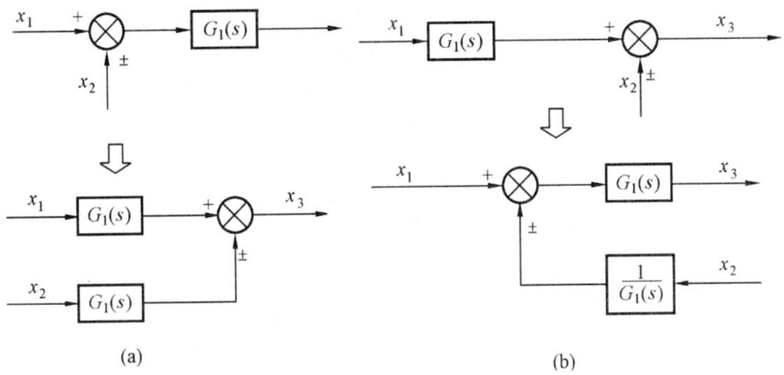

图 8－30　信号汇合点前后环节的移动

（a）环节前移（汇合点后移）；（b）环节后移（汇合点前移）

变换过程中需要注意的是引入汇合点的信号极性。

（四）信号分支点前后环节的移动

变换规则:环节前面引出的信号可以由环节后面引出,但必须除以该环节的传递函数,即分支点后移;相反,分支点前移,必须乘以该环节的传递函数,如图 8－31 所示。

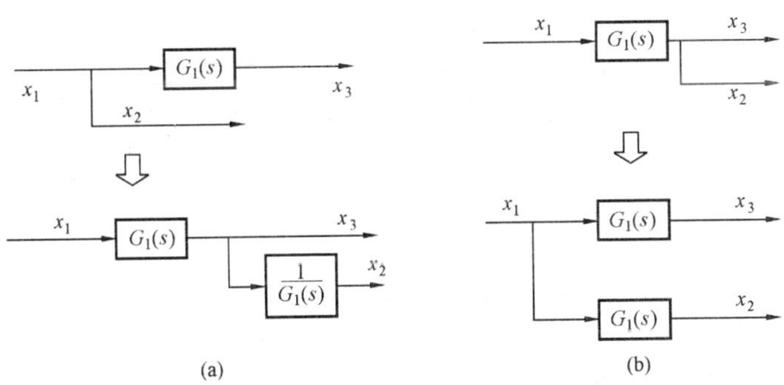

图 8－31　信号分支点前后环节的移动

（a）分支点后移；（b）分支点前移

第六节　控制过程性能指标

一、自动控制系统过渡过程

自动控制系统在动态中，被控量或输出量随时间变化的过程，称为自动控制系统的控制过程或动态过程，亦即系统从一个平衡状态过渡到另一个平衡状态的过渡过程，如图 8－32 所示。

二、过渡过程典型形式

虽然自动控制系统的形式多种多样，但归纳起来，通常具有以下几种典型形式，如图 8－33

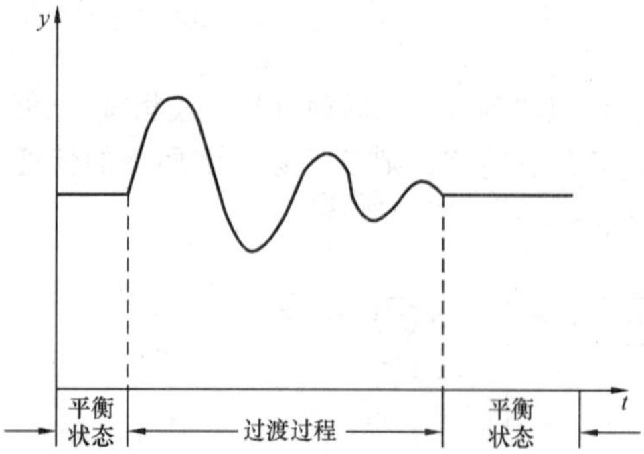

图 8－32　控制系统过渡过程

所示。

（一）稳定控制过程

如果自动控制系统受到一次扰动后，经过控制能够达到新的平衡状态，即被控量和给定值一致（或误差在允许范围内），那么这就叫做稳定的控制过程。稳定的控制过程又分为衰减振荡和非周期过程两种，如图 8－33（c）、（d）所示。前者表明当系统受到扰动、平衡破坏，经过控制，被控量要经历几次衰减的波动而趋于稳定；后者表明被控量未经波动就平稳而缓慢地回到了给定值，或在允许范围内。对于热工自动控制来说，应根据生产过程的不同要求来选定控制过程形式。对稳定性要求高的过程（如燃烧过程），应采取接近图 8－33（d）的形式，对快速性要求较高，被控量动态误差要求小的过程（如给水调节过程），应采用图 8－33（c）的形式。

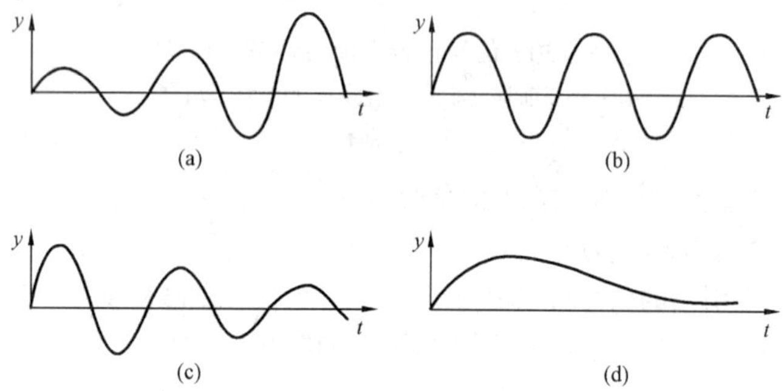

图 8－33　过渡过程的几种基本形式

（a）发散振荡；（b）等辐振荡；（c）衰减振荡；（d）非周期过程

（二）不稳定控制过程

自动控制系统受扰动后，其输出量的过渡过程呈发散振荡或等幅振荡的形式，就称为不稳定的控制过程，如图 8－33（a）、（b）所示。

图 8－33（a）所示的过程是输出量随时间的增长而增大，到某一时刻，被控量的数值就可能超过生产上允许的极限值而发生事故，如锅炉缺水、满水事故。故发散振荡的过程是非常危险不能采用的过程。

图 8－33（b）所示的过程是一个不衰减的等幅振荡过程。这种过程介于稳定与不稳定之间，称为边界稳定。它属于不稳定的范畴。这是因为系统中若有迟延等不利因素的影响时，过程就会成为发散的，即使不发散，被控量长期振荡不息也是不允许的。所以等幅振荡也是不能采用的过程。

三、典型输入信号

评价控制系统性能的好坏，通常是在相同的典型输入信号作用下，比较它们的输出信号的过渡过程曲线（也称为输出对输入的响应曲线）所表现出来的特征。同时，这些特征也与输入信号的种类（位置）有关，如在给定值输入和扰动输入作用下的过渡过程曲线就不同。

作用于自动控制系统的输入信号是多种多样的，既有确定性输入，又有随机性输入。对于不同的输入，系统有不同的输出特性即响应特性。为了便于研究，通常选用几种确定性函数作为典型输入，如阶跃函数、斜坡函数、加速度函数、脉冲函数和正弦函数等。

因为这些信号都是很简单的时间函数，便于分析处理，利用这些典型输入信号，可以容易地对控制系统进行数学和实验分析。

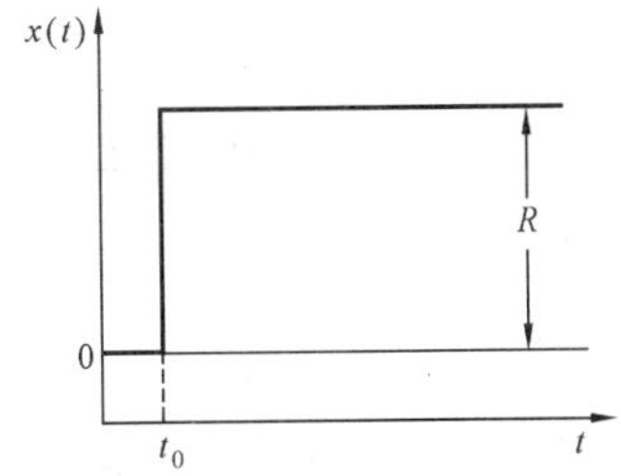

图 8－34　阶跃函数

（一）阶跃函数

阶跃函数的数学表达式为

$$x(t)=\begin{cases}0, t<t_0\\ R, t\geqslant t_0\end{cases} \quad (8-56)$$

式中　R——常量。当 $R=1$ 时，为单位阶跃函数，记作 1（t）。阶跃函数如图 8－34 所示。

在自动控制中，阶跃函数是应用最多的一种典型输入信号，机组甩负荷、负荷突增、突然改变给定值等都属于这类信号。

（二）斜坡函数

斜坡函数的数学表达式为

$$x(t)=\begin{cases}0, t<t_0\\ Rt, t\geqslant t_0\end{cases} \quad (8-57)$$

式中　R——常量。当 $R=1$ 时，为单位斜坡函数。

斜坡函数也叫做等速度函数，它表征匀速信号，如图 8－35 所示。阶跃函数对时间的积分等于斜坡函数，斜坡函数对时间的导数就是阶跃函数。

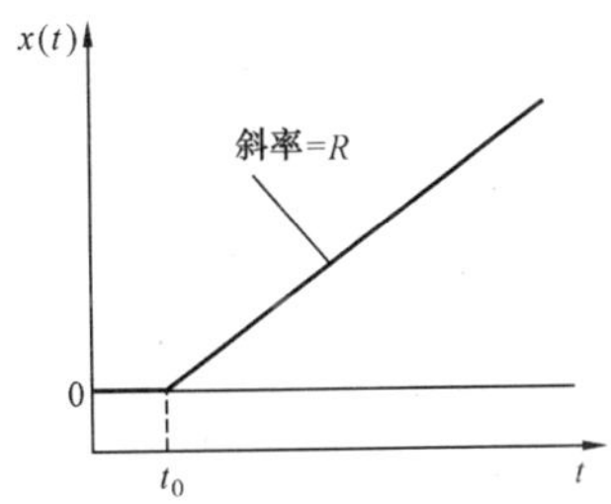

图 8－35　斜坡函数

如果控制系统的输入量是随时间逐渐变化的函数，则选用斜坡函数作为典型输入是比较合适的。

（三）脉冲函数

当系统的输入信号是冲击输入量时，则采用脉冲函数最合适。如图 8－36（a）所示为矩形脉冲函数。

矩形脉冲的数学表达式为

$$x(t)=\begin{cases}0, t<0\\ \dfrac{R}{\varepsilon}, 0<t\leqslant\varepsilon\\ 0, t>\varepsilon\end{cases} \quad (8-58)$$

它的面积等于 R。当 $R=1$，$\varepsilon\to0$ 时，称为单位脉冲函数，即冲击函数，它的高度非常大，但它的面积仍为 1。

通常脉冲函数的强度用它的面积来表示。

（四）正弦函数

前述三种典型输入对应的输出称为系统的瞬态响应，主要用于系统的时域分析。而正弦函数 $A\sin\omega t$，是振幅为 A、角频率为 ω 的周期函数。当系统的输入为正弦函数时，系统的输出称为频率响应。常用于系统的频域

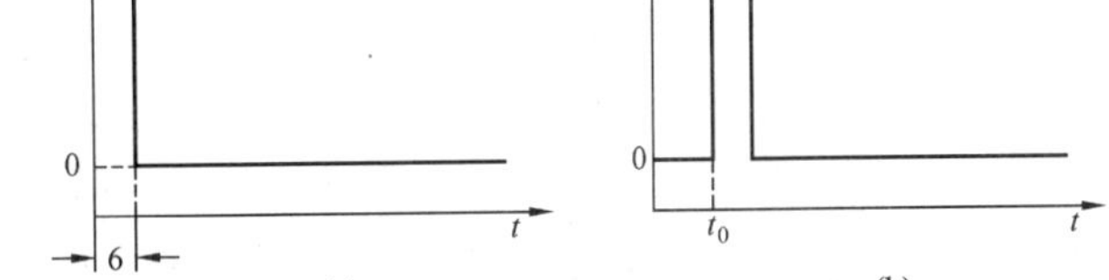

(a)　　(b)

图 8－36　脉冲函数

（a）$t=0$ 处的脉冲函数；（b）$t=t_0$ 处的脉冲函数

分析。

正弦函数的数学表达式为

$$x(t) = A\sin\omega t \tag{8-59}$$

当 $A=1$ 时，为单位正弦函数，如图 8－37 所示。

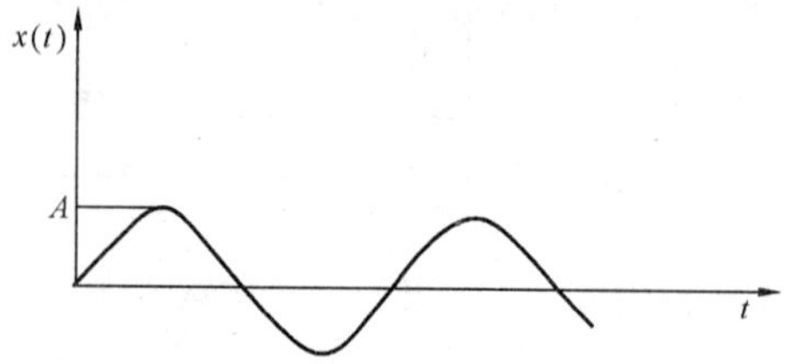

图 8－37　正弦函数

四、控制系统性能指标

自动控制系统的性能，一般是在典型输入信号作用下，通过系统的性能指标来评价。所谓性能指标，即衡量系统性能好坏的一些特征量。研究方法不同，性能指标不同。通常研究系统在阶跃扰动下的时域性能指标。评价一个系统性能的好坏，主要从稳定性、准确性和快速性三方面的指标来评价。

（一）稳定性

一个自动控制系统能否应用，稳定性是必要条件。控制系统的稳定程度，一般可用衰减率来表示。衰减率是指每经过一个周期，被控量波动幅值衰减的百分数，即

$$\psi = \frac{y_1 - y_3}{y_1} = 1 - \frac{y_3}{y_1} \tag{8-60}$$

式中　ψ——衰减率；

y_1——第一个波的幅值；

y_3——第三个波的幅值。

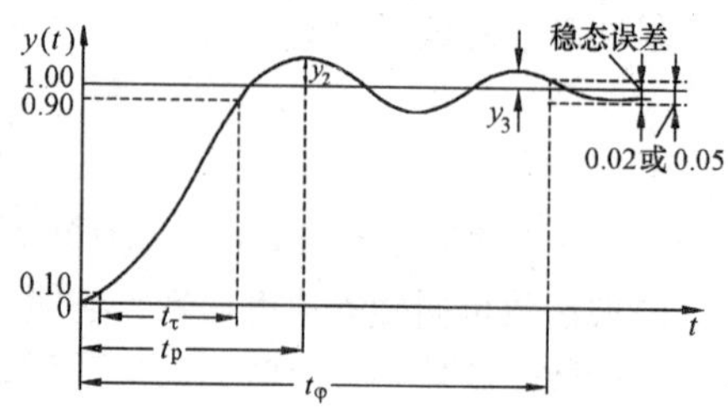

图 8－38　单位阶跃响应

由图 8－38 可知，ψ 就是同方向的两个相邻波幅之差与第一个波幅的比值。根据 ψ 的数值，便可很容易地判别调节过程的性质。

若 $\psi<0$，则为发散振荡过程，如图 8－33（a）所示。

若 $\psi=0$，则为等幅振荡过程，如图 8－33（b）所示。

若 $0<\psi<1$，则为衰减振荡过程，如图 8－33（c）所示。

若 $\psi=1$，则为非周期过程，如图 8－33（d）所示。

由以上所述可知，当 $\psi=0$ 时，系统处于边界稳定，而 $\psi>0$ 时，系统是稳定的。故可把 $0<\psi<1$ 时 ψ 的具体数值作为系统的稳定裕量的一种量度。若 ψ 大，系统的稳定裕量大，但过程进行缓慢，控制过程时间长，被控量的动态偏差（被控量与给定值之间的最大瞬态偏差值）也大。反之，若 ψ 小，被控量的动态偏差虽小，但过程的震荡次数增多，衰减慢，稳定裕量小，控制过程的持续时间也长。因此，为了使系统的阶跃响应的动态偏差较小，衰减较快，控制过程的持续时间较短，热工过程一般希望 $\psi=0.75\sim0.9$ 之间的衰减振荡过程。

当系统的阶跃响应过程中出现 $|y(t)|>y(\infty)$ 的情况时，表示系统中产生了过调（超调）现象。过调的严重程度用过调量 σ_p 表示，过调量定义为

$$\sigma_p = \frac{y(t_p) - y(\infty)}{y(\infty)} \times 100\% \tag{8-61}$$

式中　t_p——峰值时间，即响应曲线达到第一个峰值所需的时间。

过调量 σ_p 也是表示系统稳定裕量的一个指标。σ_p 愈小，说明控制过程进行得愈平衡，稳定裕量愈大。反之，σ_p 愈大，说明过调现象严重，过程振荡加剧，控制过程持续时间长。

以衰减率 $\psi=0.75\sim0.90$ 作为整定控制系统时稳定裕量的指标，可使被控量动态误差，过调

量和控制过程时间等指标大致满足一般热工调节系统的要求。但并不是对所有生过程都一律要求 $\psi=0.75\sim0.90$。例如，锅炉燃烧过程自动控制，要求燃烧稳定，燃料量和送风量都不允许有过大的过调现象，在这种情况，衰减率则应取更高的数值，通常取 $\psi=1$（略小于1）。

此外，还可用衰减比 $y_1:y_3$ 来作为系统的稳定性和稳定裕量的指标。一般取衰减比 $y_1:y_3=4:1\sim10:1$，其对应的衰减率为 $\psi=0.75\sim0.90$。

（二）准确性

控制过程的准确性用被控量的稳态误差表示。

在时域中，系统的稳态误差是系统稳态响应性能指标。它是指在典型输入信号作用下，当 $t\to\infty$ 时的稳态输出与给定值之差（也称为残余偏差、余差或静差）。如图 8-36 所示，对系统控制精度的要求，就是对系统稳态误差的要求。一般稳态误差超过规定，就表明系统的控制精度不能满足生产的要求。

（三）快速性

衡量系统快速性的性能指标是调节时间 t_s（即调节过程持续时间）。响应曲线衰减到与稳态值之差不超过 ±5%或 ±2%时所需要的时间，定义为调节时间。一般希望 t_s 小些，t_s 越小，说明系统从一个稳态过渡到另一个稳态所需要的时间越短，这样就能保证在下一次扰动来到之前，上一次扰动所引起的调节过程已经结束。反之，若 t_s 越大，则控制过程所需要的时间越长，不能满足系统对控制的快速性要求。

综上所述，系统的稳态响应和瞬态响应性能指标，如图 8-38 所示，可以概括为稳定性、准确性、快速性三个方面。ψ、σ_p 和 N 表征系统的稳定性能，稳态误差则用以表征系统调节精度，t_s 和 t_p 表征系统的快速性能。这三者常常是互相矛盾、互相制约的，不能片面追求某一指标，而应结合具体生产过程及其要求来综合考虑。对热工生产过程的控制系统来说，要求在稳定性好的前提下，力求稳态误差小，过渡过程时间。

复习思考题

1. 锅炉三冲量给水自动控制系统的原理结构如图 8-39 所示。试指出系统的被控量、扰动量、控制对象、控制量、控制机构？谁是反馈信号，谁是前馈信号？

2. 洗衣机是开环控制还是闭环控制？一般的电冰箱或窗式空调器是开环控制还是闭环控制？

3. 用气压表测量大气压力，是什么控制系统？

4. 为什么热工过程自动控制系统要选用阶跃函数作为典型输入信号？

5. 试求图 8-40 所示无源网络的传递函数。

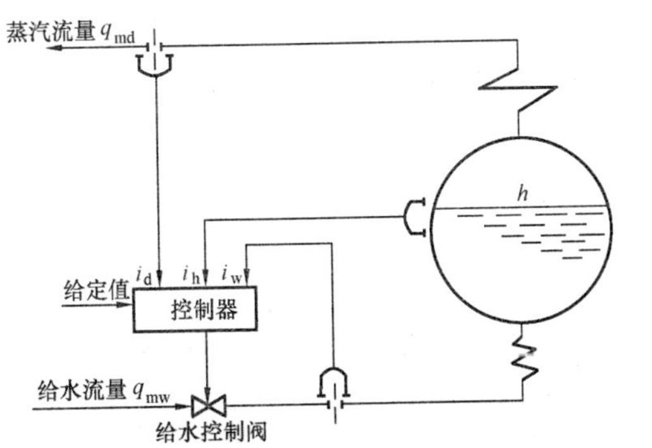

图 8-39　给水控制系统原理结构图

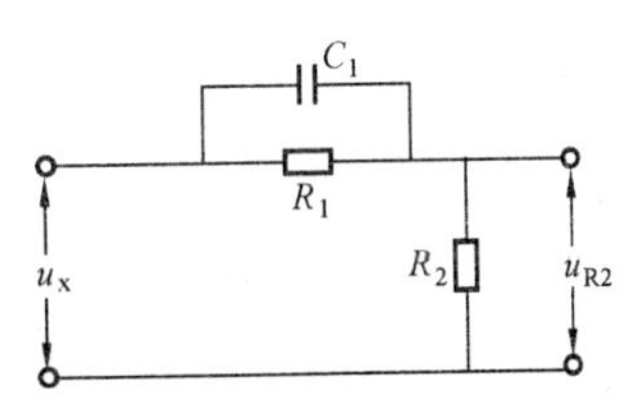

图 8-40　无源网络

6. 试求图 8－41 所示的方框图的传递函数。

7. 化简图 8－42 所示系统的方框图，并写出其传递函数。

8. 试求图 8－43 所示的控制系统的传递函数。

9. 试分析理想微分环节和实际微分环节的特点，并解释 T_d、T_D、K_d 的物理意义。

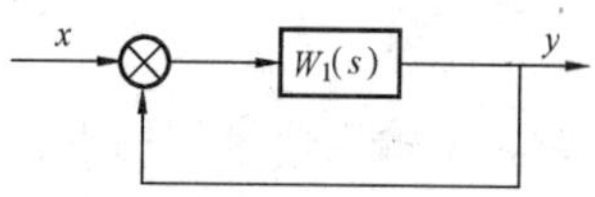

图 8－41　方框图

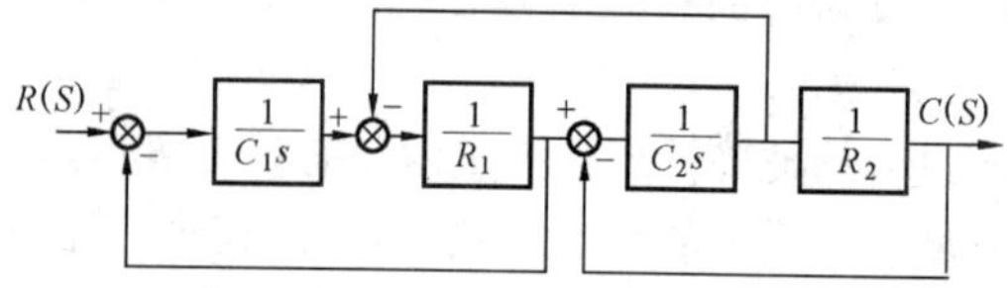

图 8－42　系统方框图

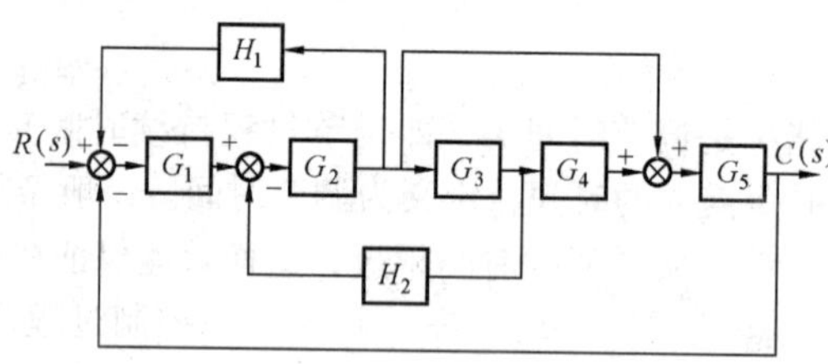

图 8－43　调节系统

第九章　被制对象动态特性

第一节　研究被控对象动态特性的意义

在火力发电厂中，有很多结构不同、内部过程的物理性质也不尽相同的调节对象，如汽轮机、凝汽器、高压加热器、低压加热器、除氧器、水箱、锅炉燃烧室、汽包、过热器、风机、水泵、电动机等等。为了根据不同的被控对象的不同要求设计出结构合理，配有适合的控制设备，并能对控制设备参数进行整定使控制效果达到最佳的控制系统，就必须掌握被控对象的动态特性。控制对象有外扰通道和基本通道，又称为内扰通道（调节阀开度变化）作用下的动态特性一般是不同的。因此，把被控对象特性区分为外扰通道特性和控制通道特性。所谓被控对象外扰通道，而控制通道是指从控制量（μ）到被控量这部分对象。对象控制通道的动态特性对研究自动控制问题具有更重要的意义。以人工控制汽包水位为例来说，操作人员所关心的是当他改变调节阀开度后，被控量（水位）如何变化，从而决定下一步应该怎样操作控制阀。所以，操作人员关心的是在基本扰动下对象的动态特性。对自动调节来说，在控制作用下对象的动态特性对选择和整定控制器、组织控制系统都是很重要的。因此，本章着重讨论在控制作用下被控对象的动态特性。若无附加说明，以下所提到的对象的动态特性均指控制通道上的动态特性。

第二节　影响被控对象动态特性的结构性质

被控对象的动态特性与控制对象的结构性质，被控对象内部过程的物理性质及运行工况有密切关系。通常，起主要作用的是被控对象的结构性质。

在火力发电厂中，由于各种设备的用途不同，它们的结构可能有千差万别。但是，人们经过长期对各式各样被控对象的观察和研究，总结出它们有一些共同的结构性质，其中对被控对象的动态特性有重大影响的结构性质有容量系数、阻力和传递距离三个。下面分别加以说明。

一、对象容量系数

被控对象一般都具有储存物质或能量的能力，如汽包和水箱可储存水，电容器可储存电荷。

粗略地说，对象的容积愈大，它对扰动的响应就愈迟钝，被控量的变化愈缓慢，因而对控制的要求较低，对象容积愈小，则其对扰动响应就愈灵敏，被控量变化就愈迅速，所以对控制的要求较高。但是，仅以容积这一概念来衡量对象承受扰动的能力是不够确切的。如图 9－1 所示，两个水箱 A、B 的容积相同，但截面积不同，在相同的不平衡流量（$\Delta Q = Q_1 - Q_2$）扰动下，显然水箱 A（截面积小的）中的水位变化就比水箱 B（截面积大的）中的水位变化快。因此，这两个水箱对控制的要求就不同。可见，对象容积是不能确切地说明对象承受扰动能力的大小。为了

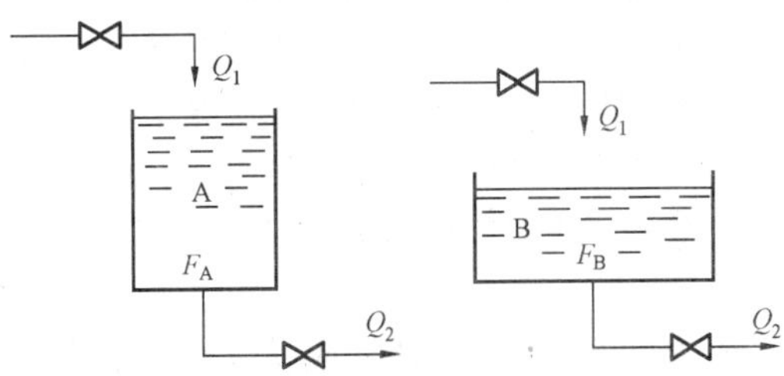

图 9－1　容积与动态容量

准确地说克服扰动能力的大小，需要引入容量系数这个概念。

容量系数的物理意义是指被控量变化一个单位，必须从对象中加入或取出物质或能量，对于储存不同的物质或能量的各种对象，其容量系数有不同的具体含义。下面举例说明。

【例 9-1】 对象如图 9-1 所示的水箱，已知水箱截面积为 F，水位为 h，试求水箱的容量系数。

解： 水箱内储存水量为 $G = Fh$，储存水量的变化量为 $dG = Fdh$。由 $C = dG/dh = Fdh/dh = F$ 可知，水箱对象的容量系数就是水箱的截面积 F。若 F 大，即容量系数大，对象抵抗扰动的能力强，水位在受到扰动后变化慢。因此，用容量系数这个概念就能准确地说明图 9-2 中截面积大的水箱 B 比截面积小的水箱 A 有较大的抗扰动能力，即有较大的动态容量性质。

【例 9-2】 被控对象是一个储气筒，如图 9-2 所示。被控量是气筒内的气压 p、气体流入量 Q_1 和流出量 Q_2 均以重量计。试求储气筒的容量系数。

解： 设储气筒的容积为 y，气体重度为 γ，则储气筒内储气量为 G，则储气筒的储气量为

$$G = V\gamma$$

其变化量为

$$dG = Vd\gamma$$

根据理想气体方程

$$pV = GRT$$

或

$$p = G/V \times RT = \gamma RT$$

取微分

$$dp = RTd\gamma$$

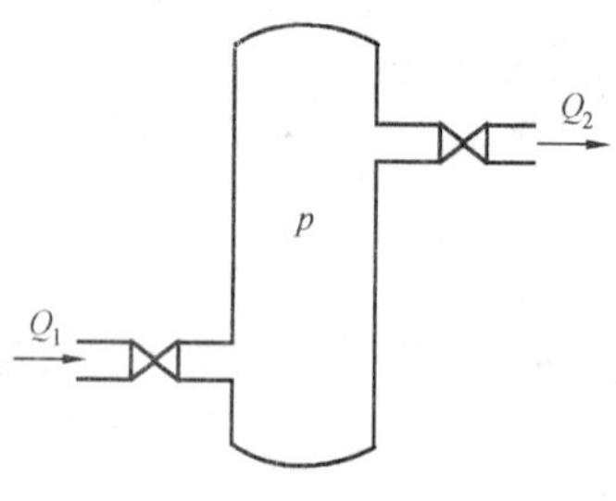

图 9-2 储气筒被控对象

可见，对于一定成分的气体（气体常数 R 一定），在一定温度下（绝对温度 T 不变），储气筒的容量系数 C 与它的几何容积 V 成正比。

此外，对于储存热量的对象，容量系数就是热容量，储存电能的对象，其容量系数就是电容。

从以上分析可知，在相同的阶跃扰动（即从对象中取出或加入相同的储存量）下，若对象容量系数大，则被控量变化慢，呈现出较大的惯性；反之，若对象的容量系数小，则被控量的变化快，惯性小。所以，在分析被控对象的动态特性时，人们总是用容量系数来表示对象抵抗扰动的容量能力，而不用对象的容积。

二、对象阻力

被控对象总是存在或大或小的阻力，如流体在管道中流动时会遇到管壁和阀门等给它的阻力。在热交换过程中，热流会遇到材料或工质的阻力；在机械运动中，运动件会受到运动状态不同的相邻件给它的摩擦阻力；在电路中，电流会受到电阻器的阻力等。对象阻力的大小虽与对象内部过程的物理性质（如物质种类、能量形式、运动状态、变换过程等）和工况有关，但阻力的存在主要决定于对象的结构（包括构成对象的材料），所以阻力基本上是被控对象的一种结构性质。

阻力可以用推动物质（或能量）流动的压头（如水位差、温差、电位差、气压差等）与因此而产生的物质流量（或能量）之比来表示，如电路中的电阻

$$R = du/di$$

式中 u——电压；

i——电流。

液体流动中的液阻

$$R = \mathrm{d}h/\mathrm{d}Q$$

式中 h——液位差；

Q——液体流量。

传热过程中的热阻

$$R = \mathrm{d}\theta/\mathrm{d}q$$

式中 θ——温度差；

q——热流量。

阻力的普遍式可写成

$$R = \mathrm{d}y/\mathrm{d}Q \tag{9-1}$$

$$\mathrm{d}Q = 1/R\mathrm{d}y \tag{9-2}$$

式中 $\mathrm{d}y$——被控量的微小变化量；

$\mathrm{d}Q$——对应于被控量变化 $\mathrm{d}y$ 时，流量的微小变化量；

R——对象的阻力。

式（9-1）说明，当被控量变化 $\mathrm{d}y$ 时（相当于压头变化 $\mathrm{d}y$），就会引起流量（流入量或流出量）变化 $\mathrm{d}Q$，两者的比值，就定义为对象的阻力。

由于对象阻力的作用，又使被控量的变化反过来引起流量发生变化，这就使被控对象在动态中表现出一个很重要的特性，即自平衡能力。这种在扰动发生后，不需外加调节作用而依靠被控量本身变化来恢复平衡的现象叫做对象的自平衡。

三、传递距离及所引起的传递迟延

被控对象一般都装有控制流入量和流出量的控制机构（如阀门、挡板等）。由于结构上的限制等原因，控制机构的安装位置与被控量所在的设备常有一定的距离，如图 9-3 所示。结构上这个特点，就使对象在动态中表现出迟延的特性。这是因为流体流过一段距离（或能量的传递）需要一定的时间，因此把被控量开始变化的时刻落后于扰动发生的时刻的现象称为对象的迟延。上面说的这种迟延是由于物质或能量在传递过程中产生的，故称为传递迟延或纯迟延。

除了上面讨论的传递迟延外，还有因对象前置容积的容量而产生的迟延，称为容量迟延。

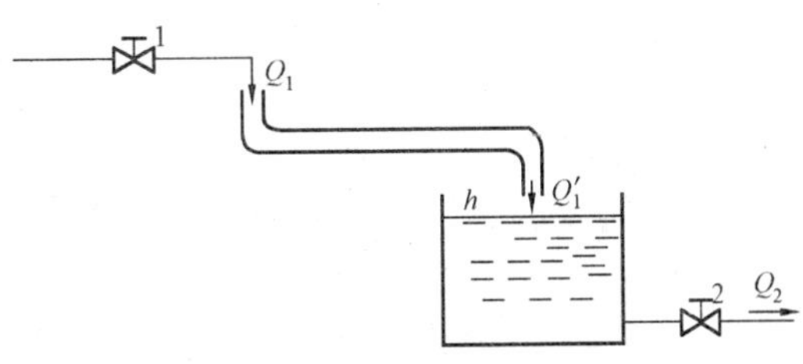

图 9-3 对象的传递迟延

由于被控对象具有容量系数、阻力和传递距离三个结构性质，对象在动态过程中便表现出惯性、自平衡和传递迟延三个重要的动态特性，控制系统的设计、控制器的选择和整定都要根据这三个动态特性来进行。所以，为了把对象的动态特性弄清楚，就必须首先搞清楚对象的结构性质。

第三节 被控对象动态特性与其结构性质的关系

被控对象通常可分为简单对象和复杂对象。简单对象是指只有一个被控量，而且对象内部被控量的数值是相同的，这种对象可用单容设备来比拟，故又称为单容对象。火电厂中的许多储水容器，如锅炉汽包，除氧器水箱，工业水箱和疏水箱等，在一定条件下都可看成是单容对象。复杂对象是指具有一个以上的储存容积的对象，又称为多容对象。火电厂中的各种热交换器（如过热器、高低加热器、凝汽器等）都属多容对象。下面讨论对象的动态特性与其结构性质的关系。

一、对象惯性与其结构性质的关系

人们把被控量不跟随阶跃扰动成阶跃响应，而是呈现缓慢变化的现象（即物理状态不能突变）称为被控对象的惯性。惯性是被控对象的重要动态特性之一，它在很大程度上影响着被控对象的控制性能，是选择控制器作用规律和控制器参数整定的主要依据。

当生产过程运行工况不变时，对象惯性的大小可用时间常数 T 来表示。T 的物理意义是被控量以最大速度由初态变到终态所需要的时间。

时间常数与对象的容量系数及流入流出侧的阻力都有关系。先假设阻力不变，讨论容量系数对 T 的影响，如图 9－4 所示。

被控量的起始变化速度只决定于容量系数 F 而与阻力无关。若水箱的截面积越大，则水位起始上升阶段的上升速度就越小，时间常数 T 越大，机水位变化的惯性越大。极端情况下，若 $F\to\infty$，水位就不可能上升，即惯性趋于无穷大。反之，若 F 越小，则水位起始上升速度越快，T 越小，即惯性越小。极端情况下，$F\to 0$ 时，水位上升速度等于无限大，即阶跃上升，对象就成为无惯性的比例环节。当然，$F\to\infty$ 和 $F\to 0$ 的对象实际上是不存在的。上面的讨论说明，对象的惯性是由于对象具有动态容量这一结构性质而产生的。正如机械运动中，当运动状态改变时物质因有质量而产生速度惯性，在热交换中储热体因具有热容量而产生温度惯性，在电容器充放电时因具有电容量而产生电压惯性的道理一样。

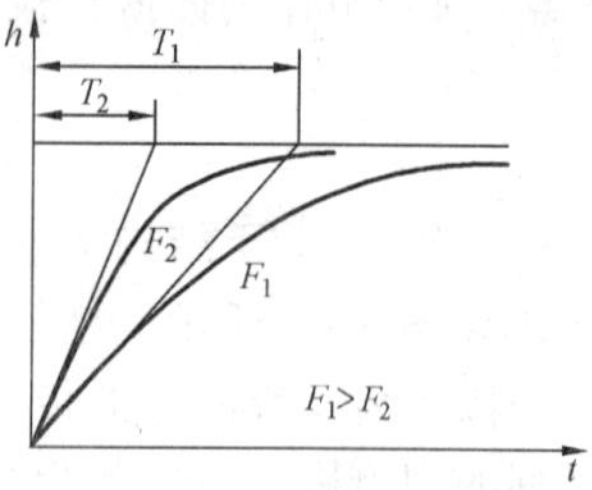

图 9－4　容量系数对阶跃响应的影响

当阻力 R_2 一定时，F 大则 T 大，惯性大；反之，F 小则 T 小，惯性小。

再设 F 不变，讨论 R_2 对 T 的影响，如图 9－5 所示。

T_0 时刻以后 R_2 对水位的变化速度产生影响，即影响 t_0 以后阶跃响应曲线的形状。设最初流出侧阀门处于某个开度，其阻力 R_{21}，时间常数为 T_1，被控量的终态值是 $K_1\Delta\mu_0$。如果用户用水量（即负荷）减小，即流出侧阀门开度减小，这时阻力增大为 R_{22}，于是水位变化对流出量 Q_2 的影响减弱，即自平衡能力降低，使水位上升速度变快，水位终态值变大为 $K_2\Delta\mu_0$。因 $K_2>K_1$，使 $T_2>T_1$。K、T 是随 R_2 成比例变化的。

从以上讨论看出，容量系数 F 和阻力 R 对时间常数 T 的影响有不同的意义。当 F 变大时，T 也变大，说明对象抵抗扰动的能力变大。从 K、T 与 R_2 的正比例关系和图 9－5 又可看出，当 R_2 变大时，T 也变大（由 T_1 变为 T_2），但这并不等于说这时对象抵抗扰动的能力变大。大家知道，阶跃响应曲线起始点的速度大小只决定于容量系数 F，与阻力 R_2 无关。所以，R_{21} 与 R_{22} 两条曲线起始点切线斜率相同。但随 R_2 变大，稳态放大系数 K 变大，水位的终态值变大了，正是由于这个原因，时间常数由 T_1 变到 T_2，而且 t_0 以后水位的上升速度变大，R_{22} 的曲线变得更陡。说明此时对象抵抗扰动的能力降低了。通过上面的分析，使我们懂得；被控对象在不同负荷（由 R_0 代表）下它的动态特性通常是不一样的，在低负荷时它的动态特性变坏，抗扰能力降低，更不利于调节。

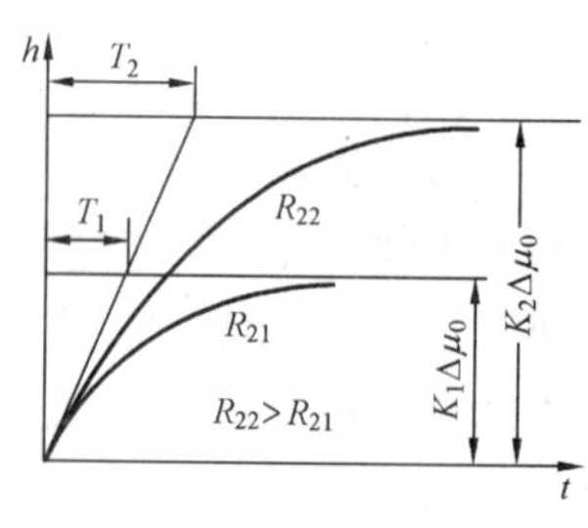

图 9－5　阻力对阶跃响应的影响

综上所述，可得出结论：被控对象的惯性是由它的动态容量这一结构性质产生的。惯性的大小主要决定于容量系数和阻力。被控量的起始变化速度只决定于容量系数；阻力只影响 t_0 以后被控量的变化速度。

对象惯性的大小也可以用响应速度 ε 来表示。在单位阶跃扰动下的被控量的最大变化速度叫响应速度，即

$$\varepsilon = \frac{\text{被控量的最大变化速度}}{\text{扰动量}}$$

若 ε 大，说明在单位阶跃扰动下，被控量最大变化速度大，阶跃响应曲线较陡，即对象的容量系数小，惯性小，因而对控制的要求高。时间常数 T 和响应速度 ε 都是表示对象惯性大小的动态参数，两者有一定的关系，即 $\varepsilon = 1/T$，ε 与 T 成反比关系。

二、有自平衡和无自平衡的被控对象

按照被控对象的动态特性分，热工被控对象可分为两大类，即有自平衡能力的对象和无自平衡能力的对象，如图 9－6 和图 9－7 所示。

有自平衡能力的被控对象在对象受到扰动后，不需加以控制而靠被控量自身变化可重新恢复平衡的对象。阶跃响应曲线的特点是开始被控量无显著变化，在最后阶段趋于某一平衡值。无自平衡能力的被控对象在对象受到扰动后，不加以控制而靠被控量自身变化不能重新恢复平衡的对象。阶跃响应曲线的特点是开始被控量无显著变化，在最后阶段变化速度趋于某一定值。

三、被控对象自平衡能力与其结构性质的关系

被控对象受到扰动平衡被破坏后，不需要外来的控制作用，而依靠被控量的变化使对象重新恢复平衡，这种自己重新建立平衡的性质称为对象的自平衡特性。自平衡是被控对象的重要动态特性之一，它与惯性、迟延一样是设计控制系统，选择控制器作用规律和控制器参数整定的主要依据。

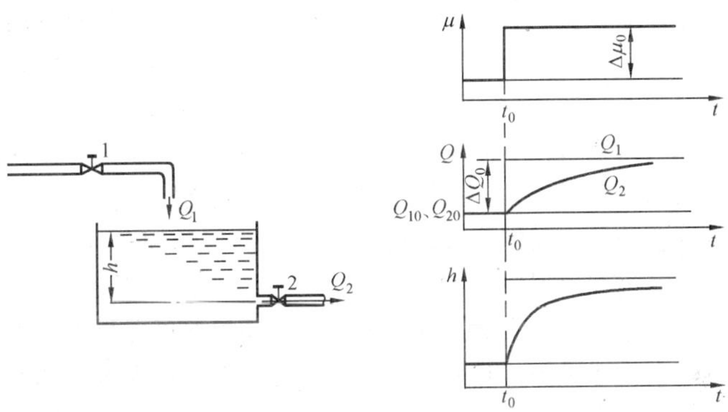

图 9－6　有自平衡能力的单容对象及其阶跃响应曲线图

对象有无自平衡能力决定于它的阻力，即自平衡能力是由阻力这一结构性质产生的，而且自平衡能力的大小只决定于阻力的大小。对象的阻力越小，被控量略有变化就能反过来影响流量有较大的变化，因而使流入量和流出量很快地达到平衡，即自平衡能力大，反之对象的阻力愈大，则被控量的变化对流量的影响愈小，即自平衡能力小。

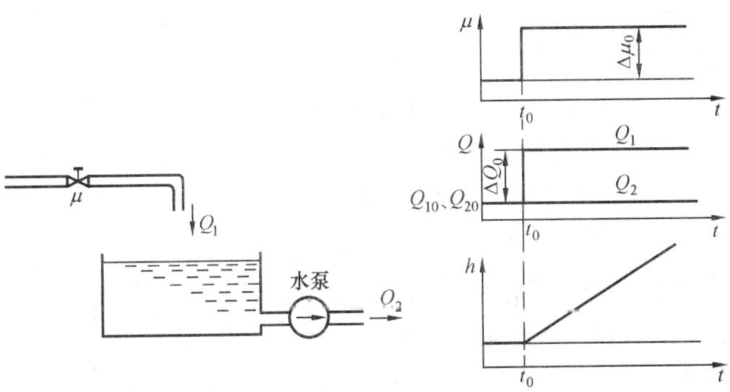

图 9－7　无自平衡能力的单容对象及其阶跃响应曲线图

对象自平衡能力的大小可用自平衡率 ρ 表示。自平衡率是指被控量变化 1 个单位对流量的影响的大小。自平衡率一般为阻力的倒数。不同的对象的自平衡能力是不同的。如有的对象没有自平衡能力，有的对象仅在流出侧有自平衡能力；有的对象则在两侧都有自平衡能力。两侧都有自

平衡率的对象，其自平衡率为两侧的自平衡的和。

四、被控对象特征参数对动态特性的影响

被控对象的动态特性可用特性参数 T、K 、τ 或ε、ρ、τ 来表征。这些参数是设计控制系统，选择控制器作用规律和整定控制器参数的主要依据。有关控制器作用规律的选择和控制系统设计问题将在后面的章节中讨论，控制器参数整定主要在“控制系统”部分讲述。本节定性分析这些参数的大小对控制过程的影响。应该指出，控制过程的好坏与控制系统的类型、结构、对象特性、控制器作用规律及参数整定、运行工况等都有密切关系。这里仅针对对象特性一项，对按误差进行控制的定值控制系统，进行简略分析。

对象控制通道的特性参数与外扰通道的特性参数对控制过程的影响不尽相同，因而控制对两个通道特性参数的大小也有不同的要求。控制通道的特性参数对实现最佳控制过程有更重要的意义，所以将着重讨论控制通道的参数对控制过程的影响。

1. 时间常数 T 对控制过程的影响

对于有自平衡的被控对象，惯性时间常数 T 表示对象的惯性，对于无自平衡的被控对象，响应时间 T_a 表示对象的动态容量。

首先，讨论对象控制通道的时间常数，因为控制作用是使被控对象在受到扰动后恢复物质或能量平衡的作用，如果对象控制通道的时间常数较小（ε 较大），表示被控量对控制作用的响应较快，即能较快地反映控制效果，较快地反映出被控对象内部物质或能量的平衡程度。这样就可防止或减小控制器动作过头，减小过调量，减小被控量的动态偏差，缩短控制过程的时间。如果控制通道的时间常数过小（ε 过大），则被控量对控制作用的响应过于灵敏，再考虑到因测量迟延等原因傅诅直器不能及时动作，则容易引起控制过程振荡，即稳定性减低。反之，如果控制通道的时间常数过大（ε 过小），则被控量对控制作用的响应太慢。若控制器仅根据被控量与给定值的误差信号而动作，就会造成较严重的过调现象，使被控量动态误差大，控制过程的时间拖长，控制过程出现振幅较大的低频振荡。若控制器除接受被控量误差信号外，还接受控制量的反馈信号因而能及时反映控制效果，则上述情况可以得到改善。

综上所述可知，对象控制通道的时间常数过大过小都不好，希望 T 偏小一些较好。

在一个广义被控对象（包括测量，变送，执行等器件）中含有几个时间常数 T_1、T_2、T_3（设 $T_1 > T_2 > T_3$），如果想减小该对象的时间常数以改善对象的控制性能，经验证明，减小最大的一个时间常数了，并不能达到预期的效果，而且 T_1 往往决定于主设备的结构。要改善主设备的结构尺寸一般是很困难的，也不经济合理。若减小第二位或第三位的时间常数 T_2 或 T_3 则可取得好效果。例如，温度自动控制系统中若热电偶的时间常数居第二位或第三位，这时只要设法减小热电偶的惯性时间常数就可取得较好的控制效果。

以上说明，广义被控对象中的时间常数之间的差值愈大愈好。这就叫被控对象的“时间常数错开原则”。这是在设计被控对象和组织控制系统时就应考虑到的问题。

现在再讨论对象外扰通道的时间常数。如果 T 较大，当对象受到外扰后，被控量变化较慢，控制作用就可较容易地将被控量的变化控制在一定的范围内。这是生产过程所要求的。但若 T 过大，则外扰出现后被控量变化过慢，如果控制器只接受被控量误差信号，控制器不能及时根据扰动量大小进行响应地有效控制，致使对象中储存的物质和能量的变化大，被控量的动态误差大，控制过程时间拖长。若 T 过小，则被控量对外扰的响应很灵敏，一有扰动，被控量就以较快速度变化，使控制变得困难。因此，希望对象外扰通道的时间常数偏大一些为好。

2. 稳态放大倍数 K 对控制过程的影响

稳态放大倍数 K 是表示被控对象自平衡特性的稳态效应的一个参数 K 与自平衡率 ρ 互为倒

数，如图 9－8 所示。

先从对象控制通道来分析。设控制阀装在流入侧。当控制作用改变流入量时，使被控量发生变化。由于自平衡作用，被控量变化又引起流入量朝着控制作用相反的方向变化，即控制侧的自平衡起着削弱控制作用的作用。从加强控制作用的观点看，希望被控对象的自平衡率 ρ 小一些好，即 K_{ob}偏大一些好。但 K_{ob}又不能过大，K_{ob}过大容易造成控制过程剧烈振荡。同时自平衡特性对消除来自控制侧的自发内扰又有较好的作用，所以 ρ 也不宜过小。

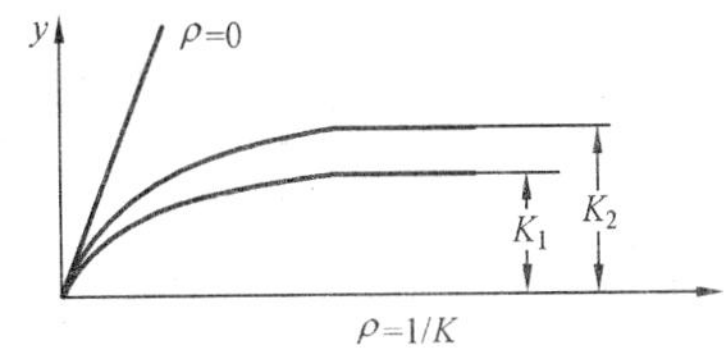

图 9－8　稳态放大倍数 K 与自平衡率 ρ 的关系

从对象外扰通道来看，自平衡特性是对象内部具有的自身控制能力。当对象受到外扰后，被控量的变化可以促进对象迅速恢复物质或能量的平衡，从而限制被控量自己的变化。所以，对象外扰通道的自平衡对控制很有利，希望 ρ 愈大（K 愈小）愈好。

3. 迟延 T 对控制过程的影响

这里讨论的迟延包括传递迟延和容积迟延。

如果对象的控制通道有迟延，则当控制器动作后，被控量要在一段时间（传递迟延 τ_0）之后才受到控制作用的影响而缓慢地变化（容积迟延）。这样，一方面使被控量在其他扰动作用下造成过大的动态误差；另一方面由于控制效果不能从被控量变化及时反映到控制器（若控制器只按被控量误差进行控制），因此要产生过调，引起控制过程振荡。所以，对象控制通道的迟延对控制过程是一种很有害的影响。在设计主设备和设计控制系统时应尽可能减小对象控制通道的迟延。

如果对象的外扰通道有迟延，当出现外扰时，被控量要过一段时间（τ_0）才开始缓慢变化（容积迟延）。若控制器只按被控量误差进行控制，则控制器不能及时动作进行有效控制。致使被控量动态误差增大，控制过程时间拖长。所以，也希望对象外扰通道的迟延小为好。但若采用了具有扰动补偿（前馈）的复合控制系统，则对象外扰通道的迟延大反而好些。这种情况下，可以在被控量尚未变化或仅有微小变化时，由于外扰补偿通道的（开环）控制作用就能将外扰全部或大部抵消（补偿）掉，被控量因而可保持不变或变化很小。

复 习 思 考 题

1. 为什么用容量系数来表示对象抵抗扰动的容量性质，而不用对象的容积？
2. 对象的容量系数和阻力对动态特性有何影响？
3. 有自平衡对象与无自平衡对象有何区别？
4. 传递迟延与容量迟延有何区别？
5. 对象特性参数对控制过程有何影响？

第十章 控制器控制规律及控制过程分析

第一节 控制器动作规律

一、控制系统控制过程

按被控量与其给定值的误差进行控制的控制系统的简化方框图如图 10-1 所示，它是由被控对象和控制器组成的一个反馈系统。控制器接受来自被控对象的信号（被控量）y，并和给定值 g 进行比较，以判断被控量偏离给定值的大小和方向，根据给定值与被控量之间的误差 $e=g-y$ 来改变控制阀的开度 μ，以控制流量的大小（一般控制阀都装在对象的流入侧），使流入量与流出量重新达到平衡，维持被控量为给定值或保持其误差在允许范围内。控制器在接受误差信号后，其输出总是使控制阀朝着消除误差的方向动作，直到最后消除误差。这种系统是按“根据偏差大小来消除误差”的方式工作的。

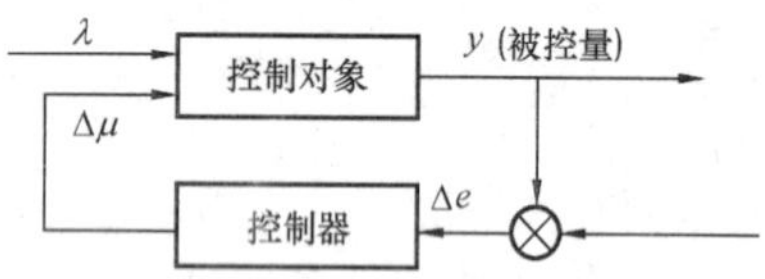

图 10-1 反馈系统简化方框图

定值控制系统在正常运行中被控量的给定值保持不变，即 $g=$ 常数。这样控制器的输入信号 $e=g-y$ 就仅随 y 而变化。偏差的变化量 Δe 和被控量的变化量 Δy 在数值上相等，但符号相反，即 $\Delta e=-\Delta y$。为了叙述简明直观起见，以后文中常用被控量的变化 Δy 代替误差的变化量 Δe 来分析讨论问题，只要记住 Δy 与 Δe 的符号相反就不会在概念上造成混乱。

二、控制器动作规律

控制器的动作规律（控制规律）即控制器的动态特性，是指在动态过程中控制器的输出信号 $\Delta\mu$ 随输入信号 Δe（或 Δy）而变化的规律，用公式表示为

$$\Delta\mu(t)=f(t)\cdot\Delta e(t) \tag{10-1}$$

式中 $\Delta\mu$（t）——阀门开度随时间的变化关系；

Δe（t）——被控量随时间的变化关系；

f（t）——控制器的动态特性。

传递函数为

$$W(s)=\frac{\Delta U(s)}{\Delta E(s)} \tag{10-2}$$

如果一个控制系统的类型、结构已经确定，则其控制过程性能的好坏就决定于被控对象与控制器的动态特性。一般说来，控制对象的动态特性是难以人为地加以改变的，要得到满意的控制过程，就应当根据对象的特性和生产过程对控制的要求选择具有合适的控制规律的控制器，并对控制器参数进行最佳整定。目前，具有比例、积分和微分控制规律的控制器在火力发电厂中得到广泛应用。本章将对这些控制器的控制规律及控制过程进行分析和比较。

第二节　比例控制规律及控制过程分析

一、比例控制器动作规律

现以图 10－2 所示采用浮子式控制器的水位自动控制系统为例，说明比例控制器的动作规律。控制器由浮子和杠杆组成。杠杆以 0 点为支点可以顺时针或逆时针转动一个不大的角度，控制阀装在进水管道上，由控制器来控制它的开度变化。当某种扰动使水位升高时，此时进水量大于出水量，浮子随之升高，通过杠杆的作用使阀门向下移动，把控制阀关小一些，从而达到进水量与出水量相等，使水位在一新的高度上稳定下来。反之，当水位降低时，浮子随之降低，阀门杆被提起，把控制阀开大一些，以保持进出水量的平衡以维持水位，这样，就可自动地把水位维持在某个高度附近，完成水位的自动调节。

从上面的控制过程中人们来分析一下这种控制器的控制规律。若用 y 表示水位，用 μ 表示控制阀的开度。约定 y 以水位升高的方向为＋，μ 以阀门开大的方向为＋，如图 10－2 中箭头所示。假定杠杆处于图中实线的位置时，整个系统处于一个稳定平衡状态。现以这个平衡状态为计算的起点。如果某种扰动使水位升高 Δy（误差减小 Δe），那么控制阀就要相应关小 $\Delta\mu$，此时杠杆的位置如图 10－2 中虚线所示。Δy 与 $\Delta\mu$ 数量上的关系可从图 10－2 上两个相似三角形得出，并考虑到 Δy 与 $\Delta\mu$ 的方向相反，而 $\Delta\mu$ 与 Δe 的方向相同，可得

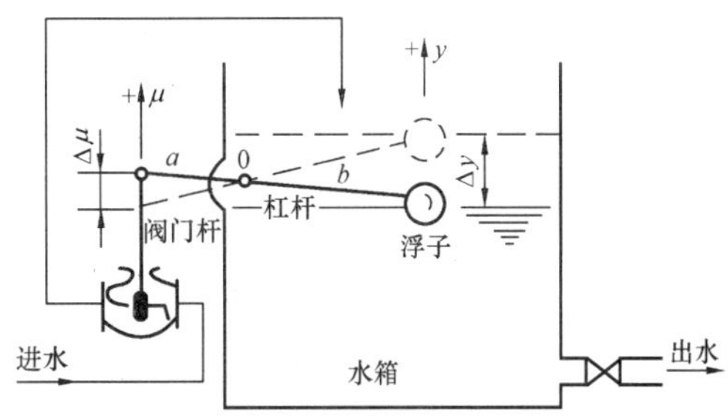

图 10－2　采用浮子式控制器的水位自动控制系统

$$\frac{\Delta\mu}{\Delta e} = -\frac{\Delta\mu}{\Delta y} = \frac{a}{b} \tag{10-3}$$

或

$$\Delta\mu = \frac{a}{b}\Delta e = K_P\Delta e = \frac{1}{\delta}\Delta e \tag{10-4}$$

式（10－4）就是比例控制器的特性方程，无论动态或稳态此关系式都成立。这个式子说明当被控量有一个误差 Δe 时，控制器就立即使阀位朝着消除误差的方向有一个与 Δe 成比例的改变量 $\Delta\mu$。换句话说，无论对于动态或稳态，比例控制器的输出信号 $\Delta\mu$ 与输入信号 Δe 之间始终有一一对应的比例关系。凡符合式（10－4）所表征的按比例动作的控制器，就称为比例控制器（P 控制器）。

比例带 δ 是比例控制器的整定参数，它影响静态误差的大小。它的大小可以根据被控对象的具体控制要求来加以调整。其物理意义是当调节机构改变 100%时，被控量应有的改变量，即使控制阀由全开到全关时，被控量应有的改变量。比如对 DTL 型控制器来说，若比例带为 20%，则若要使控制器输出改变 10mA，则输入量的改变量为 2mA。

从式（10－4）可以看出，比例控制器是一个比例环节，它的传递函数为

$$W_P(s) = \frac{\Delta\mu(s)}{\Delta E(s)} = K_P = \frac{1}{\delta} \tag{10-5}$$

图 10－3 表示在输入信号阶跃扰动下比例控制器的阶跃响应特性。当输入有一阶跃 Δy_0 时，输出立刻（无惯性、无迟延）有一反向的阶跃，其幅值 $\Delta\mu = \Delta y_0/\delta$。

上面已经说过，比例控制器的基本特点是控制器的输出 $\Delta\mu$ 与输入 Δe（即 Δy）之间有一一

对应的比例关系。这个确定的比例关系不仅在动态中成立，而且在控制过程结束达到稳态后也成立。这就导致控制结束后被控量有稳态误差（又叫静差）。因为当被控对象的负荷发生变化后，控制机构必须移动某一个与负荷相适应的位置才能使被控对象再度平衡，而稳态时 $\Delta\mu$ 与 Δy 也有一一对应的比例关系，所以被控量必须有一定的改变，就是说，控制结束被控量必须有稳态误差。

从图 10－3 可以看出，当负荷（出水量）增大时，控制器使控制阀门增大一定开度，加大进水量，以适应负荷增大的需要，控制结束后，被控量（水位，亦即浮子的位置）应处在较低的位置。反之，当负荷减小时，控制阀门要关小一定开度，被控量（水位）应平衡在较高的位置。这说明在不同的负荷下，被控量的稳态值是不同的。高负荷对应着低水位；低负荷对应着高水位。在整个负荷的平衡状态下，控制阀开度（输出）与被控量（输入）之间的关系称为控制器的静态特性。

比例度大就表示在阀位改变 100% 时被控量的变化大，所以其静态特性线较陡。若 $\delta_1 > \delta_2$，则对应 δ_1 的静态特性线比对应 δ_2 的静态特性线要陡些，如图 10－4 所示。

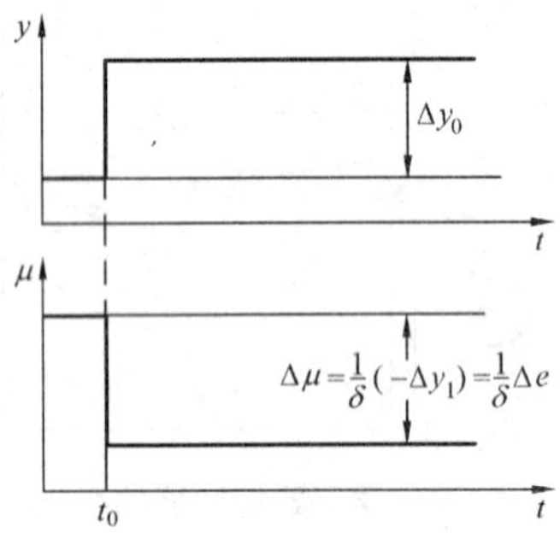

图 10－3　比例控制器的阶跃响应特性

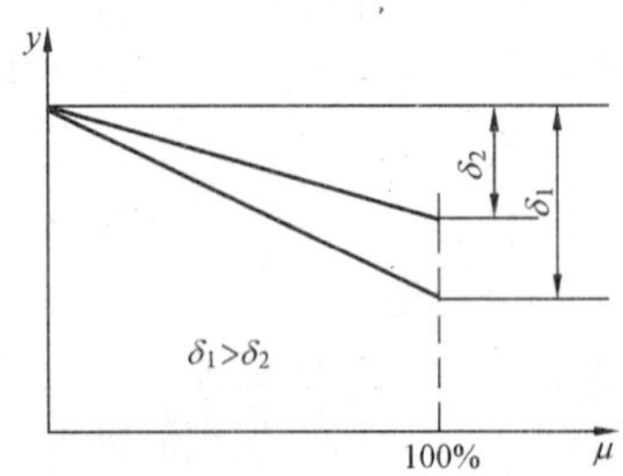

图 10－4　比例控制器的静态特性（控制阀在流入侧）

从图 10－5 可以看出，比例度愈大，被控量的稳态误差也愈大。比例带 δ 对控制过程的影响是增大比例带可减少控制过程的振荡，但会增加被控量的动态偏差，减小比例带可减少被控量的动态偏差，但会使控制过程更趋振荡。

二、采用比例控制器系统

1. 单容对象配比例控制器系统

有自平衡单容对象配比例控制器的系统如图 10－6 所示。图 10－6 上画出比例度 b/a 取不同值时的控制过程，图 10－6（a）是比例度 δ 较大的情况，图 10－6（b）是 δ 较小的情况。设在 t_0 时刻以前，控制阀开度为 μ_0，流入量 q_{10} 等于流出量 q_{20}，水位稳定在 h_o，系统处于平衡工况。在 t_0 瞬间突然把流出阀关小 $\Delta\mu_o$，流出量 q_2 突然减小 $\Delta\mu_o$，于是水位 h 逐渐（惯性）上升。而误差 e 则逐渐下降。随着水位上升，浮子向上移动，通过杠杆把控制阀逐渐关小（见图 10－6 中 μ 的变化曲线），流入量 q_1 随之减小（控制作用）。另一方面，由于水位 h 升高而使流出量 q_2 增大（自平衡作用）。因此流入量与流出量的差值 $q_1 - q_2$ 逐渐减小，所以水位升高的速度愈来愈慢。最后当 $q_1 = q_2$ 时，水位稳定在较高位置，控制过程结束。

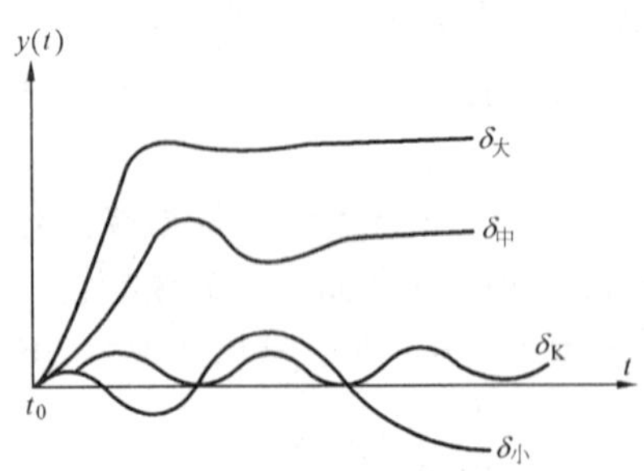

图 10－5　比例带对控制过程的影响

从以上叙述可以看出，比例控制过程有以下几条规律。

(1) 控制过程结束后，为与流出阀开度（代表负荷）相适应，控制阀的开度比原来关小，水

位比原来升高 Δh_{∞}。控制阀之所以会关小，正是由于水位比原来升高了的缘故。所以，采用比例控制器的系统，被控量有稳态误差，这是比例控制器的主要特点，也是主要缺点。

(2) 被控量稳态误差的大小与控制器的比例度 b/a 有密切关系。在相同的负荷扰动下，比例度愈大，表示要求被控量变化愈大才能使控制阀开度变化一定的数量，即被控量的稳态误差愈大。图 10－6 (a) 的比例带大于图 10－6 (b) 的比例带，故图 10－6 (a) 的稳态误差大于图 10－6 (b)。

(3) 比例带的大小表示比例控制作用的强弱。δ 愈小，表示控制作用愈强。反之，δ 愈大，控制作用愈弱。

图 10－6 所示单容对象配比例控制器系统，在动态过程中不会出现超调现象。这是因为流入量的变化（如减小）是靠水位变化（上升）来实现的。当流入量变化到等于流出量时，水位就停止变化，控制阀开度及流入量也随之停止变化。所以，控制量（流入量）及被控量（水位）都不会出现超调现象，被控量是单调上升的，即非周期过程。

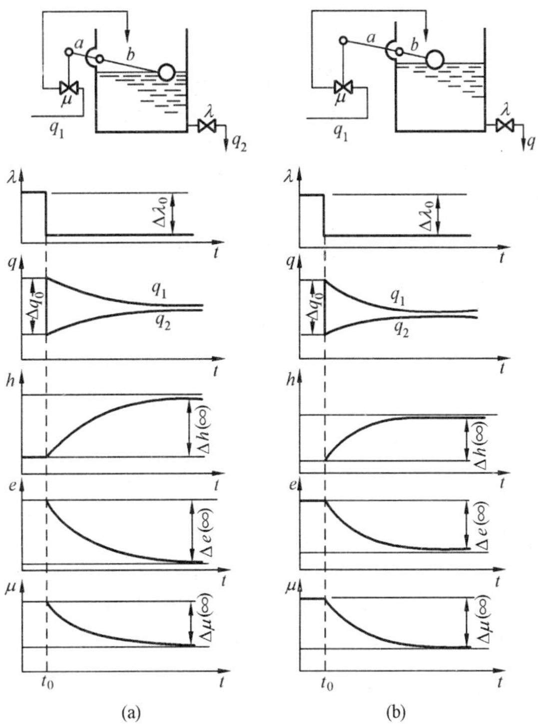

图 10－6　单容对象配比例控制器的系统及控制过程

(a) δ 较大时；(b) δ 较小时

2. 双容对象配比例控制器系统

双容对象配比例控制器组成的系统，如图 10－7 所示。

双容对象由于存在容量迟延，当比例度较小时，控制过程一般是衰减振荡过程，如图 10－8 所示。设在 t_0 时刻主水箱的流出阀 2 突然关小 $\Delta\lambda_0$，被控

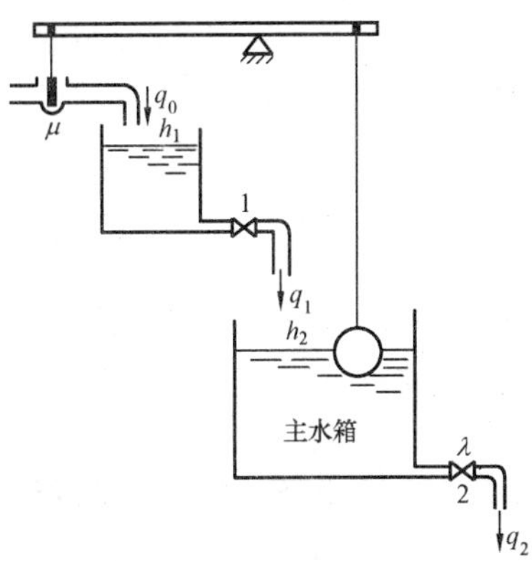

图 10－7　双容对象配比例控制器的系统

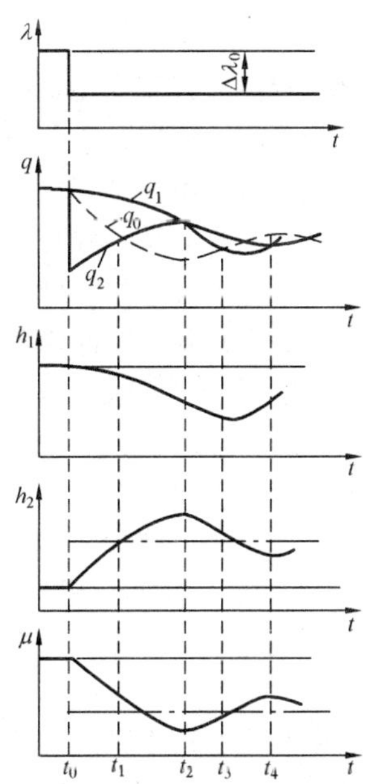

图 10－8　双容对象配比例控制器的控制过程

量 h_2 惯性上升；通过浮子和杠杆使控制阀开度 μ 和流入量 q_0 按比例减小，前置水箱水位 h_1 惯性下降，q_1 随 h_1 近似按比例减小。此时 h_2 上升，随 h_2 上升，流出量 q_2 又近似按比例回升。到 t_1 时刻，$q_2 = q_0$，但此时 $q_1 > q_2$，故 h_2 继续上升到 $q_1 = q_2$ 时刻为止。控制阀开度也继续关小到 t_2 时刻为止。从 t_1 到 t_2 这段时间，控制阀继续关小是超调动作。超调的结果使 q_0 过分减小，使 h_1 在 t_2 时刻还继续下降，因而 q_1 再减小，t_2 时刻以后 $q_1 < q_2$，于是 h_2 朝相反方向变化，逐渐下降，从而引起控制阀反向动作——开大，使 q_0 增加，此时由于对象的容量迟延又会出现超调现象。此控制过程是周期波动的。

双容对象配比例控制器，不管控制器的比例带的大小，理论上控制过程都不会出现发散振荡的情况。实际上，由于对象存在着迟延等不利因素，其控制过程可能变为发散振荡的不利情况。所以双容对象配比例控制器，其比例带不能太小。

第三节　比例积分控制规律及控制过程分析

一、积分控制规律

上节所述的采用比例规律的控制器的特点是控制阀门开度与被控量之间有一一对应的关系。这种关系使被控量在控制过程结束时存在着静态偏差。对多数生产过程来说，被控量不允许有静态偏差。要消除静态偏差，就必须选择具有积分规律的控制器。积分规律的特点是控制器输出的阀门开度与被控量的偏差对时间的累积成正比，即被控量误差大，控制阀朝着消除误差方向的动作快，被控量只要有偏差，控制器的输出就不断改变，直到消除误差为止。

积分规律的微分方程为

$$\frac{\mathrm{d}\Delta u}{\mathrm{d}t} = S_{\mathrm{i}}\Delta e \tag{10-6}$$

或

$$\Delta u = S_{\mathrm{i}}\int \Delta e \mathrm{d}t = \frac{1}{T_{\mathrm{i}}}\int \Delta e \mathrm{d}t \tag{10-7}$$

上式表明，控制阀开度变化是和被控量的误差对于时间的积分（即误差的积累）成正比。积分作用就是这个意思。所以，积分动作规律本身并不要求控制阀位移与误差 Δe 之间有一一对应的关系，即控制过程结束时被控量没有稳态误差。在任何负荷下被控量的稳态值都等于它的给定值，故积分控制器的静态特性线是一条水平线。

式（10－7）中，S_{i} 称为积分控制器的积分速度，它表示积分作用的强弱。积分时间为积分速度的倒数，一般采用积分时间来表示积分作用的强弱。T_{i} 大，表示对误差的累积慢，积分作用弱；反之则对误差的累积快，积分作用强。因此积分时间 T_{i} 是积分控制器的整定参数。

由式（10－7）可知，积分规律的传递函数为

$$W(s) = \frac{\Delta U(s)}{\Delta E(s)} = \frac{1}{T_{\mathrm{i}}s} \tag{10-8}$$

T_{i} 对控制过程的影响如图 10－9 所示。减小积分时间 T_{i} 可减小控制过程中被控量的动态偏差，但会增加控制过程的振荡。反之，增大积分时间升可减小控制过程的振荡，但会增加被控量的动态偏差。

积分规律的特点是可以消除被控量的静态偏差，但积分控制规律下，控制阀的动作速度的大小及方向只决定于误差 Δe 的大小及方向，而不考虑误差变化速度的大小及方向。这是积分作用在控制过程中造成被控现象的根本原因。

图 10－10 所示的一段控制过程曲线上，a、b 两点被控量与给定值的误差大小一样，且都是

负误差。对应于 a、b 两点控制阀的移动速度的大小及方向（关小）都一样。但 a、b 两点被控量变化速度的大小及方向却是不一样的。在 a 点，被控量处于上升变化阶段，说明此时流入量大于流出量，积分作用以某个速度去关小控制阀的动作是正确的；在 b 点，被控量已处于下降变化阶段，说明此时流入量已小于流出量，控制器正确的控制动作应开大控制阀或暂时不动作。然而，积分作用不考虑被控量变化速度的大小及方向，只要误差一样，它就以与 a 点时同样大小的速度去继续关小控制阀，这就必然造成过分调节动作。超调的结果，扩大了流入量与流出量的差值，引起被控量反复振荡。这是积分作用规律的另一个特点，也是它的缺点。

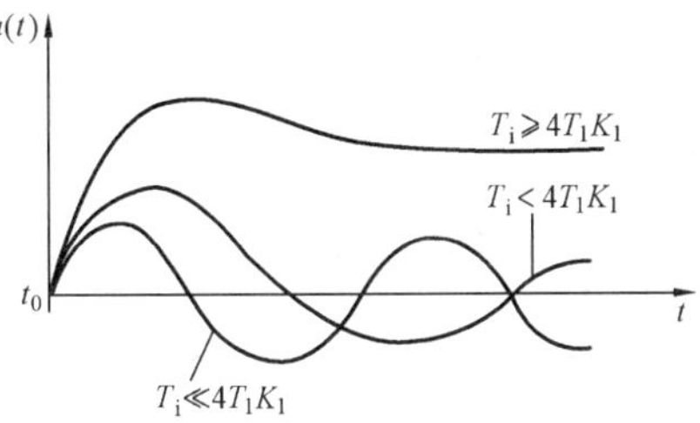

图 10－9　积分时间对控制过程的影响

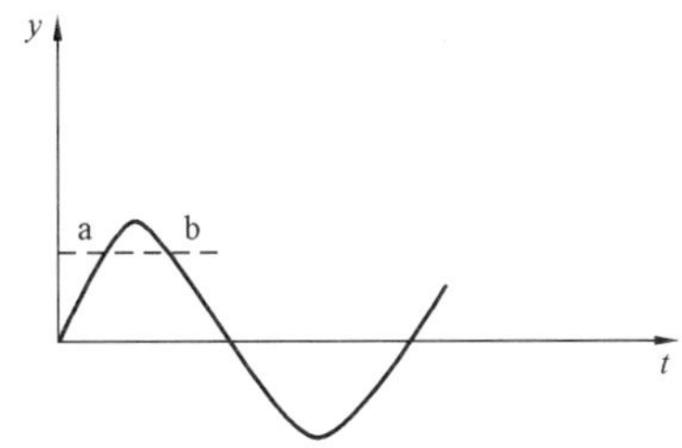

图 10－10　积分动作产生过调的原因分析

积分控制器的阶跃响应特性如图 10－11 所示。设在 t_0 时刻以前被控量 y 阶跃增大 Δy_0（误差为 $-\Delta e_0$），由式（10－6）得知，控制阀按等速度 $S_i\Delta e_0$ 被关小。在相同的阶跃输入 Δy_0 下，积分速度 S_i 愈大，即积分时间 T_i 愈小，则积分输出 $\Delta\mu$ 增加得愈快，阶跃响应直线愈陡，表示积分作用愈强；反之，S_i 愈小，T_i 愈大，则表示积分作用愈弱。在图 10－11 中，$S_{iA} > S_{iB}$。故线 A 比线 B 所代表的积分作用更强。

积分时间 T_i 可用作图方法从阶跃响应直线上求得，由式（10－7）有

$$\Delta u = S_i\int \Delta e_0 \mathrm{d}t = -\frac{1}{T_i}\int \Delta y_0 \mathrm{d}t = -\frac{1}{T_i s}\Delta y_0 t \qquad (10-9)$$

当为 $\Delta\mu$ 时，则 T_i，即输出 $\Delta\mu$ 变化到等于输入的阶跃值 Δy_0 时所需时间 T_i，如图 10－11 所示。

二、比例积分控制器控制规律

比例作用的优点是无惯性、动作方向正确；缺点是被控量有静态偏差。积分作用的优点是能消除被控量静态偏差，缺点是动态过程中容易产生超调，引起被控量振荡。如果将这两种作用结合起来取长补短，将得到较完善的控制效果。这就是比例积分规律。

比例积分控制规律的动态方程式为

$$\Delta\mu = \frac{1}{\delta}\Delta e + S_i\int \Delta e \mathrm{d}t \qquad (10-10)$$

或

$$\Delta\mu = \frac{1}{\delta}\left(\Delta e + \frac{1}{T_i}\int \Delta e \mathrm{d}t\right) \qquad (10-11)$$

其中

$$T_i = \frac{1}{\delta S_i}$$

式中，T_i 称为 PI 控制器的积分时间。

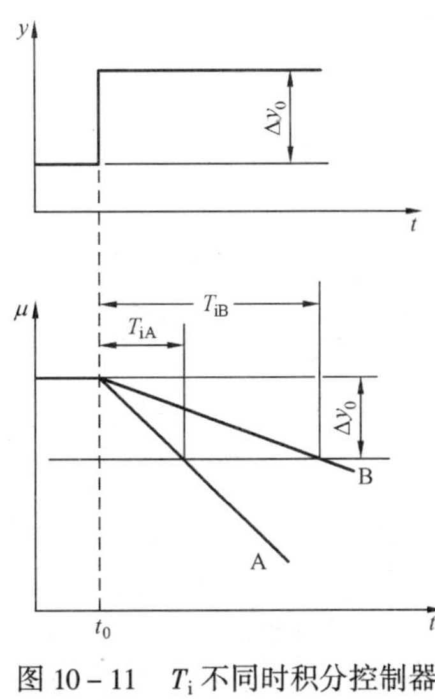

图 10－11　T_i 不同时积分控制器的阶跃响应特性

PI 控制器的传递函数为

$$W_{PI}(s)=\frac{\Delta M(s)}{\Delta E(s)}=\frac{1}{\delta}\left(1+\frac{1}{T_i s}\right) \tag{10-12}$$

设 t_0 时刻以前控制器处于稳定平衡状态。若在 t_0 时被控量有一阶跃上升，则控制阀的动作由两部分组成。

比例部分
$$\Delta\mu_P=\frac{1}{\delta}\Delta e_0 \tag{10-13}$$

积分部分
$$\Delta\mu_I=\frac{1}{\delta T_i}\int\Delta e_0 \mathrm{d}t=\frac{\Delta e_0}{\delta T_i}t \tag{10-14}$$

控制阀的总动作为

$$\Delta\mu_{PI}=\Delta\mu_P+\Delta\mu_I=\frac{1}{\delta}\Delta e_0+\frac{\Delta e_0}{\delta T_i}t \tag{10-15}$$

PI 控制器的阶跃响应曲线如图 10-12 所示，其特点是起始阶段先有一个比例跃变（比例动作），接着再等速变化（积分动作）。当 $t=T_i$ 时，有

$$\Delta\mu_{PI}=\frac{\Delta e_0}{\delta}+\frac{\Delta e_0}{\delta T_i}T_i=2\frac{\Delta e_0}{\delta} \tag{10-16}$$

由此可用作图法求取积分时间 T_i。

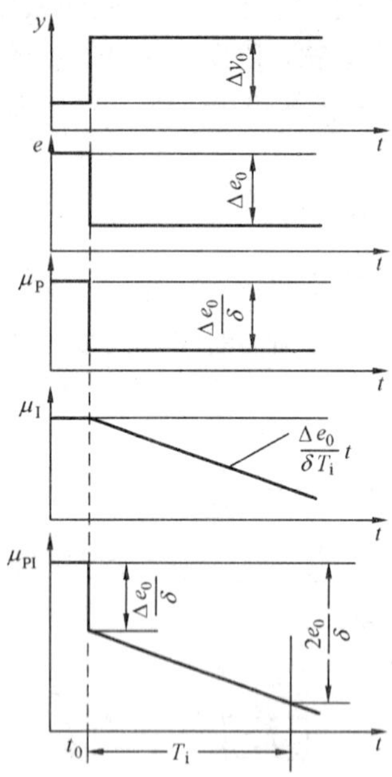

图 10-12　PI 控制器的阶跃响应曲线图

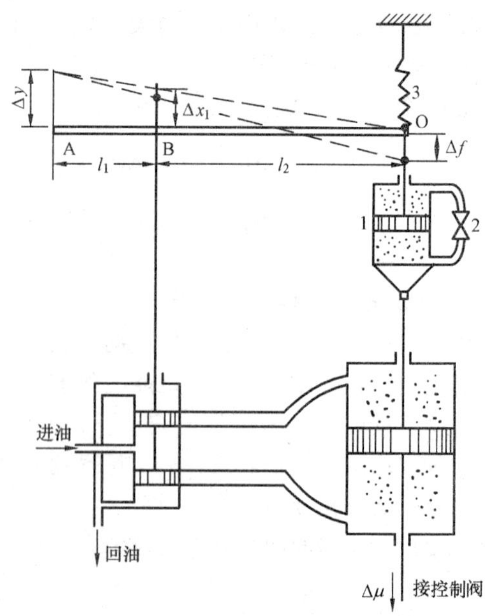

图 10-13　液动式 PI 控制器

图 10-13 所示为一种液动式 PI 控制器。当某一时刻被控量出现阶跃上升时，杠杆 AO 以 O 为支点顺时针转动，错油门滑阀随之上移 Δx_1，压力油迅速从上油口进入油动机下腔，下腔与回油管相连。油动机上、下腔压差推动活塞迅速下行 $\Delta\mu$，由于活塞动作速度较快，阻尼器活塞两侧的油来不及从针行阀 2 流过，因此这时阻尼器活塞与其外壳如同一个整体随油动机活塞而下行 $\Delta\mu$，迅速关小控制阀。这个动作是比例控制动作。但在阻尼器下行时弹簧 3 被拉长（O 点下移

$\Delta f=\Delta\mu$)，弹簧向上的恢复力迫使阻尼器上腔的油经针形阀流向下腔。阻尼器活塞上移，O点上移，再将控制阀关小一点，被控量因而降低一些。随着O点逐渐回到原来的位置，控制阀继续关小，使被控量逐渐回到它的给定值，杠杆左端回到初始位置A，这时错油门滑阀重新将上、下油口堵住，控制过程结束。这后面的复原动作就是积分控制动作。O点的复原过程，就是积分作用消除被控量稳态误差的过程。所以，这种控制器是比例积分控制器。如果把针形阀2关死，则阻尼器上、下腔的油就不可能流动，这时就成为比例控制器了。如果针形阀2全开，并设阻尼器上、下腔的油可以无阻力通过针形阀，则当油动机活塞移动时O点不会移动，这时控制器的动作与积分控制器相同，成为积分控制器了。

三、采用比例积分控制器系统

单容对象配比例积分控制器的系统，如图10－14所示。

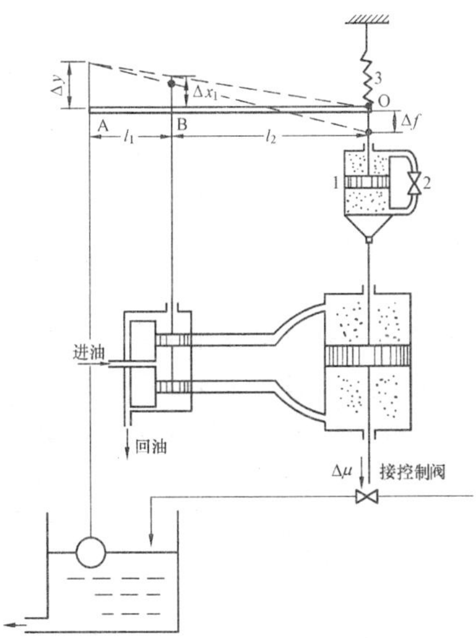

图10－14 单容对象配比例积分控制器的系统

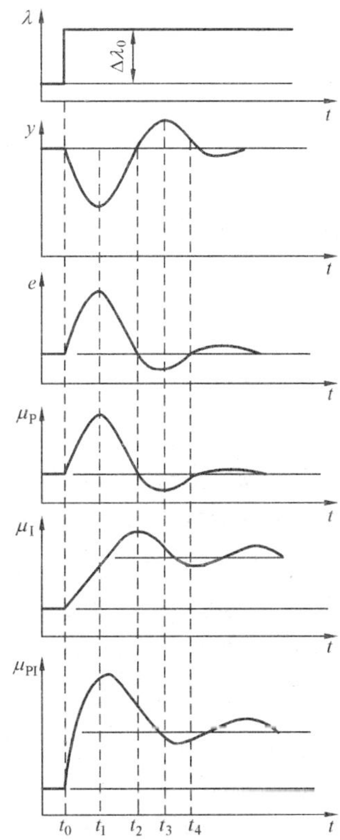

图10－15 比例积分控制系统的控制过程中各变量瞬态响应

图10－15定性地画出此系统控制过程中各变量的瞬态响应。图10－15中曲线为δ，T_i都取小值的情况。当$t=t_0$时，设流出阀开度λ有一阶跃增大，被控量y下降，误差e增大。这时（t_0到t_1）比例动作μ_P和积分动作μ_I，都同时增大，其效应是使被控量回升，因此y下降速度愈来愈慢。到了t_1时刻，被控量y达到最低（此时流入量等于流出量），比例动作μ_P达最大，由于这时y的偏差最大，积分动作μ_I就以最大速度继续开大控制阀。t_1到t_2期间y已在回升（说明流入量已大于流出量），比例动作紧跟y变化而关小控制阀，但积分动作却仍按同一方向继续开大控制阀，直到t_2时刻。t_1到t_2这段时间，从维持流量平衡的角度看积分作用的方向是超调。正由于积分的超调作用，使y在t_2时刻以后还要继续上升，由偏低变成偏高。被控量偏差

改变符号，积分作用才改变方向，转为关小方向。t_2 到 t_3 期间内积分作用的方向是正确的。t_3 到 t_4 期间积分作用又是超调。这样就造成控制过程的振荡。积分时间 T_i 愈小，控制对象的迟延愈大，这种振荡现象愈明显。从上面叙述可知，控制过程中比例动作紧跟被控量的变化进行有效的调节，是基本的控制作用。积分动作对保持流量平衡虽存在超控，但也正是它对控制流量超控的结果才消除了被控量的稳态误差。比例与积分综合动作 μ_{PI}对保持流量平衡也有超控（弱于纯积分 μ_I），引起被控量振荡，但过程结束能消除被控量稳态误差。

多容对象由于存在容量迟延，控制作用不能及时影响被控量的变化，所以控制过程就更容易发生振荡。振荡程度与 T_i 和 δ 的大小有关。在同一比例度下，不同 T_i 值对控制过程的影响不同。T_i 太小，积分作用很强，消除稳态误差的能力强，但过程振荡加剧，稳定性降低。T_i 合适，控制过程波动 1~2 个周期过程就结束。T_i 太大，积分作用弱，消除稳态误差的能力弱，控制过程时间长，但振荡减弱，稳定性提高。$T_i \to \infty$，即没有积分作用，这时控制器只剩下比例作用，被控量有稳态误差。

第四节　微分控制规律、比例微分控制规律及控制过程分析

一、为什么要采用微分信号作为辅助控制信号

前面曾讲述过微分环节。理想微分环节的特点是输出量与输入量的变化速度成正比，即对于某些容量迟延和惯性较大的对象，为了提高控制质量，往往需要在控制器中加入微分控制规律。

上节讨论过的比例控制器和比例积分控制器，都是根据被控量的误差大小进行控制的，即 $\Delta\mu$ 只与误差大小有关，而不考虑被控量变化的速度。但一般说来，被控量的变化速度却正是反映了流入量与流出量之间的不平衡情况。当一旦出现流入量与流出量不平衡时，立即就有一个与此不平衡流量成正比的被控量变化速度出现。由于被控对象总是具有一定的容量，所以总要经过一段时间的积累才能使被控量的误差大到足以使控制器动作（任何控制器都具有一定的不灵敏区）。因此，被控量变化速度信号在时间上快于误差信号，故把被控量的速度信号称为导前信号。如果控制器能够根据被控量的变化速度来提前动作控制阀，而不等到被控量已经出现较大误差以后才开始动作，那么控制效果肯定会更好，这等于赋予控制器以某种程度的预见性。有效地抑制了被控量的变化幅度，(即被控量的动态偏差)。以上便是采用微分动作的道理。对于迟延和惯性大的对象更有利。

微分规律的动态方程为

$$\Delta\mu = T_d \frac{d\Delta e}{dt} \tag{10-17}$$

式中　T_d——微分时间，它表示控制器输出（阀门开度）超前于输入（被控量的偏差）的时间。

其传递函数为

$$W(s) = \frac{\Delta M(s)}{\Delta E(s)} = T_d s \tag{10-18}$$

微分动作虽在控制的起始阶段有加强控制的作用，但不能单独使用纯微分控制器的主要原因有以下几点：

(1) 控制过程结束后，被控量的变化速度为零，这时不论被控量与给定值的误差有多大，控制器都不动作，因而不能满足定值调节的要求。

(2) 如果被控对象只受到很小的扰动，则被控量以控制器不能觉察到的微小速度“爬行”

（控制器都有一定的不灵敏区），这种微小速度又不像误差那样可以叠加起来由小变大，所以控制器不会动作。但经过相当长时间以后，被控量的误差却可以积累到相当大的数值而得不到纠正。显然，这是不能满足生产要求的。

所以，微分作用只能起辅助的控制作用，基本的控制作用仍然是比例作用。

二、比例微分控制器（PD）控制规律

（一）理想比例微分控制器的控制规律

理想比例微分控制器的动态方程为

$$\Delta\mu = \frac{1}{\delta}\Delta e + S_{\mathrm{d}}\frac{\mathrm{d}\Delta e}{\mathrm{d}t} \tag{10-19}$$

上式等号右边的第一项是比例部分，第二项是理想微分部分，一般写成如下形式

$$\Delta\mu = \frac{1}{\delta}\left(\Delta e + T_{\mathrm{d}}\frac{\mathrm{d}\Delta e}{\mathrm{d}t}\right) \tag{10-20}$$

式中，$T_{\mathrm{d}} = \delta S_{\mathrm{d}}$，称为 PD 控制器的微分时间。

上式说明，只要控制器的输入量有一个很小的阶跃，那么控制器的输出量就达到无穷大。显然这是不可能实现的，因为所有的执行机构都有惯性和迟延的限制。但利用式（10－20）来分析控制系统的工况，还是可以得到足够准确的结果。

理想微分控制器的传递函数为

$$W_{\mathrm{PD}}(s) = \frac{\Delta M(s)}{\Delta E(s)} = \frac{1}{\delta}(1 + T_{\mathrm{d}}s) \tag{10-21}$$

下面讨论理想 PD 控制器在斜坡输入情况下的动态响应特性，如图 10－16 所示。输入量为斜坡信号，即

$$\Delta e = v_0 t$$

将上式带入式（10－20）得到控制器在斜坡输入条件下的输出为

$$\Delta\mu = \frac{1}{\delta}(v_0 t + v_0 T_{\mathrm{d}}) \tag{10-22}$$

上式表明 μ 按图 10－16 中折线 OAB 变化。首先，它有一个由于微分作用而产生的阶跃为 $\Delta\mu_{\mathrm{D}} = v_0 T_{\mathrm{d}}$，然后再以等速度 v_0/δ 变化下去（比例作用）。如果没有微分作用，μ 的变化将沿图 10－16 中 OC 线进行。OC 线表示纯比例作用，其斜率仍为 v_0/δ，它与 AB 线平行。从图 10－16 中力点作一条水平线与 OC 线相交于 D 点，则

$$\Delta\mu_{\mathrm{A}} = \Delta\mu_{\mathrm{D}} = \frac{v_0 T_{\mathrm{d}}}{\delta}$$

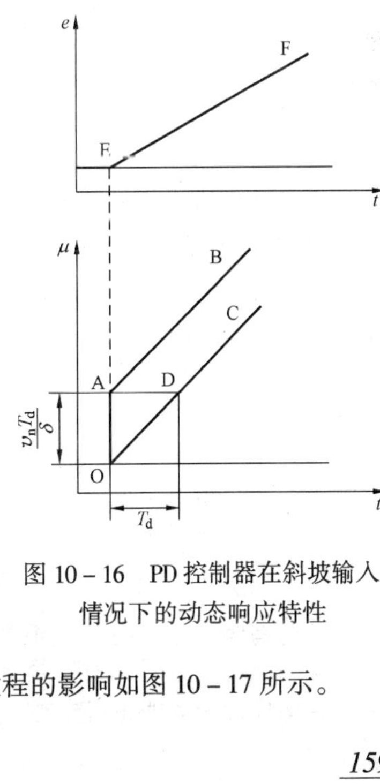

图 10－16　PD 控制器在斜坡输入情况下的动态响应特性

这说明，在微分作用下，控制器的输出比例作用的输出超前了 T_{d} 时间。T_{d} 表示理想微分作用较纯比例作用超前的时间。T_{d} 越大，表示起始和超前作用越强，微分作用也越强。T_{d} 和 δ 是理想 PD 控制器的整定参数。微分时间对控制过程的影响如图 10－17 所示。

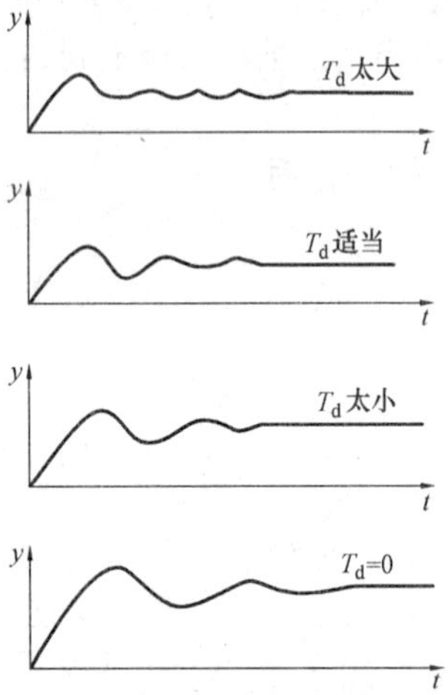

图 10－17　微分时间对控制过程的影响

（二）实际比例微分控制规律

实际比例微分控制规律是带有惯性的比例微分控制规律，其动态方程式为

$$\left(\frac{T_d}{K_D}\frac{d\Delta\mu}{dt}\right)+\Delta\mu=\frac{1}{\delta}\left(\Delta e+T_d\frac{d\Delta e}{dt}\right) \tag{10-23}$$

式中，$T_d/K_D=T_D$ 为实际 PD 控制器的微分时间，表示控制过程中微分作用时间的长短；K_D 为实际 PD 控制器的微分增益，表示实际微分作用超前的程度或初始加强的大小。

实际 PD 控制器的传递函数为

$$W_{PD}(s)=\frac{\Delta M(s)}{\Delta E(s)}=\frac{1}{\frac{T_d}{K_D}s+1}\cdot\frac{1}{\delta}(1+T_ds) \tag{10-24}$$

上式右边第一项表示时间常数为 T_d/K_D 的惯性环节，可知实际 PD 作用比理想 PD 作用增加了一点惯性。

实际微分控制器的阶跃响应特性为

$$\Delta\mu(t)L^{-1}\left[\frac{K_P(1+T_ds)}{\frac{T_d}{K_D}s+1}\cdot\frac{Ae_0}{s}\right]$$

$$=K_P\Delta e_0L^{-1}\left[\frac{1+T_ds}{\left(\frac{T_d}{K_D}s+1\right)s}\right]$$

$$=K_P\Delta e_0\left[1-\frac{\frac{1}{K_D}-1}{\frac{1}{K_D}}e^{-\frac{K_D}{T_d}t}\right]$$

$$=K_P\Delta e_0[1+(K_D-1)e^{-\frac{K_D}{T_d}t}]$$

$$=K_P\Delta e_0+K_P\Delta e_0(K_D-1)e^{-\frac{K_D}{T_d}} \tag{10-25}$$

按上式画出的阶跃响应特性曲线，如图 10－18 所示。

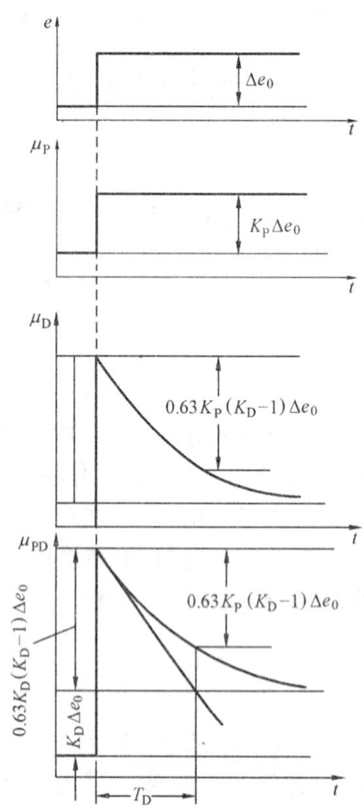

图 10－18　实际微分控制器的阶跃响应特性曲线

从图 10－18 可以看出，比例微分控制器的特点是具有超前控制的作用，但控制过程结束后，不能消除静态偏差，是有差控制系统。

三、PD 控制器实例

图 10－19 所示是气动 PD 控制器的例子。气源压力为 P_s 的气流经过节流孔阻尼后流进喷嘴管，喷嘴管对着挡板射出。喷嘴和挡板相当于组成了一个放大器，它可把挡板位置的变化转换为喷管中压力的变化。当喷管靠近挡板时，气流流出的阻力增大，使喷管内压力升高，如果挡板把喷嘴口全挡死，则喷管压力与气源压力相等。反之，当挡板离开喷嘴时，气流喷出不受阻碍，喷嘴管背压等于环境气压。为了使喷嘴——挡板放大器能正常工作，喷嘴的孔径应大于节流孔

的直径。一般喷嘴直径约为3.81mm，节流孔直径约为2.54mm。

设误差$\Delta e=0$时，挡板处于铅直位置，各变量都以此时的数值为起算点。先讨论这种控制器是如何实现比例作用的。设针形阀R全开，则当被控量误差有一阶跃增大Δe_0时，挡板以a为暂时支点向左摆过一个角度，喷嘴与挡板的距离减小Δx_1，如图10－20所示，喷嘴管背压升高Δp_c，使气动控制阀阶跃开大$\Delta\mu$。与此同时，背压的变化毫不受阻地传入反馈波纹管，使波纹管伸长，推动挡板口点向右移动Δf（以b'为暂时支点），喷嘴与挡板的距离增大Δx_2。

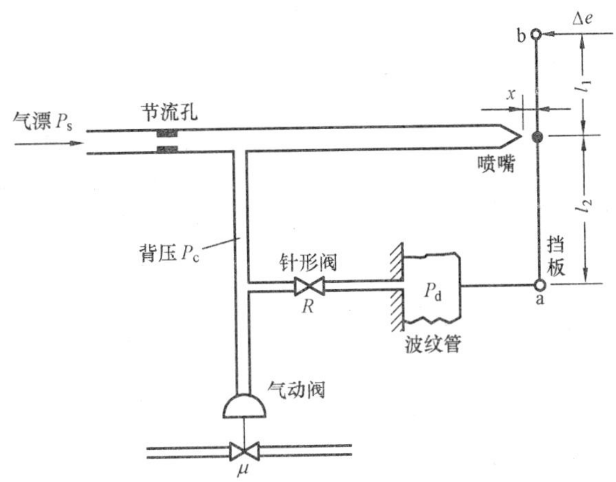

图10－19　气动PD控制器

位移Δx_1与Δx_2几乎是同时发生的。距离的实际减小为$\Delta x=\Delta x_1-\Delta x_2$。控制过程结束后，控制阀的开度必须改变$\Delta\mu_p$，才能适应负荷的变化，对应于$\Delta\mu_p$，背压改变$\Delta p_c$，喷嘴与挡板的距离改变$\Delta x$，即被控量存在稳态误差$\Delta e$（∞）。

再分析控制器是如何实现比例微分作用的。将针形阀关小到某一程度，则当控制器输入一个同样大小的阶跃误差Δe_0时，喷嘴与挡板的距离减小Δx_1，背压升高Δp_c，使控制阀开大$\Delta\mu$。这时，由于针形阀存在阻力R，所以波纹管不能立刻感受到背压的变化而动作，没有反馈作用产生。因此，在初始时刻控制阀开度的阶跃值（$\Delta\mu_p+\Delta\mu_D$）大于纯比例作用时的阶跃值（$\Delta\mu_p$）。此后，波纹管内压力P_d逐渐上升，反馈作用逐渐使挡板离开喷嘴，背压P_c逐渐衰减，最后$P_d=P_c$，微分作用全部衰减掉，余下比例作用μ_p。上述气动PD控制器的阶跃响应特性如图10－21所示。

四、采用比例微分控制器的系统

双容对象配比例微分控制器的控制系统的控制过程，如图10－22所示。设在t_0时刻以前系统处于平衡状态。

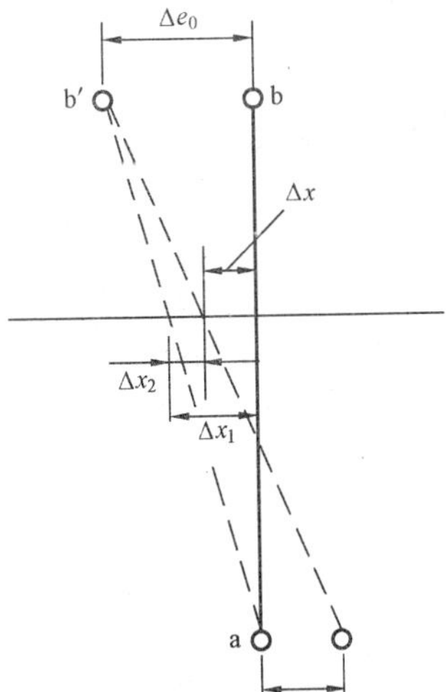

图10－20　比例动作示意图

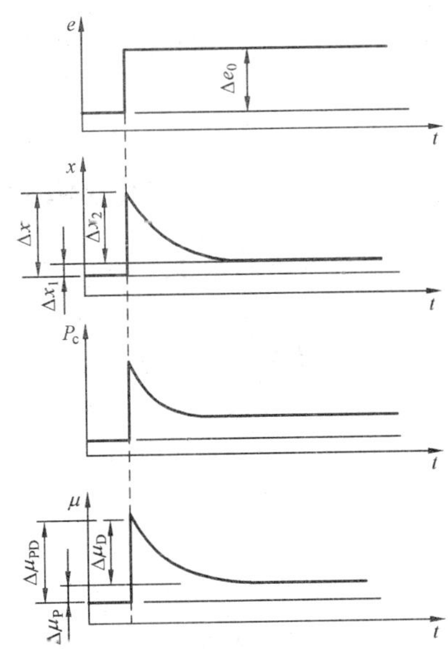

图10－21　气动PD控制器的阶跃响应特性

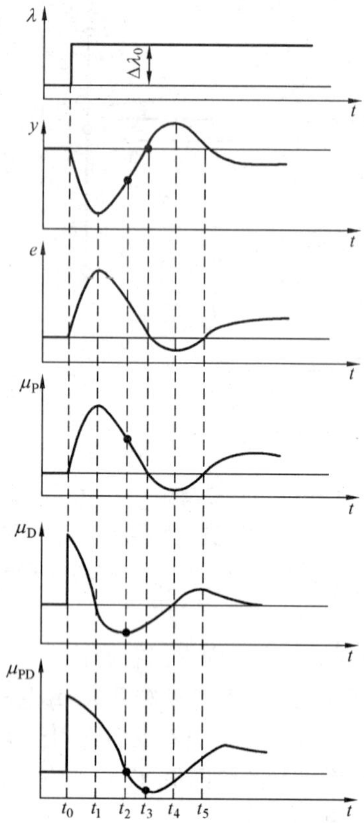

图 10 - 22　比例微分控制系统

在 $t=t_0$ 时流出阀阶跃开大 $\Delta\lambda_0$，被控量下降，误差 e 上升。已经知道，微分作用是与被控量的变化速度（$-dy/dt$）成比例的。t_0 时刻被控量下降速度最大，故微分作用也最大，这个加强的控制作用使控制阀（装在流入侧）迅速开大，以有效地制止被控量的继续降低。由于双容对象具有容量迟延，被控量虽不能立即反应出这个控制作用，但被控量的变化速度逐渐减小，微分动作也随之减小，控制阀开度也减小（但仍是阻止被控量下降）。到 t_1 时刻，被控量降到最低值，其变化速度为零，微分动作也为零。当被控量由最低点开始回升时，说明此时流入量已大于流出量，这时被控量的变化速度为负值，微分动作亦为负值，使控制阀与被控量上升速度成比例地关小，减少流入量，阻止被控量回升。综上所述可知，微分动作的方向总是阻止被控量的任何变化；力图保持被控量不变。所以适当加入微分控制作用，可减小被控量的动态误差，并有抑制振荡，提高系统稳定裕量的效果。在比例控制系统中加入微分作用，在不降低稳定裕量的条件下，可以把比例度 δ 适当减小些，因而被控量稳态误差也有所降低。所以当对象惯性较大时适当加微分作用是很好的。但是，如果微分作用加过了头，这种过分加强的控制作用使控制阀频繁地大开大关，会使被控量产生频率较高的振荡。另一方面，若微分作用太小，对上述控制效果的改善又不大。所以，实际应用中必须把微分作用调整适当。从图 10 - 22 可以看出，T_d 对双容对象配 PD 控制器系统的控制过程的影响。从图 10 - 22 看出，T_d 愈大，被控量动态误差愈小，但振荡也愈频繁；T_d 愈小，动态误差愈大，所以必须把 T_d 整定到合适的数值。

比例微分控制器常用于前馈控制系统中，以获得具有超前或初始加强的前馈信号，往往可以有效地改善系统的瞬态性能。但在被控量经常有高频波动的场合使用微分作用要慎重，因为微分作用对高频变化的信号很敏感，容易造成控制阀的频繁动作或错误动作。

第五节　比例积分微分控制规律及控制过程分析

一、比例积分微分控制规律

在惯性和迟延不大的控制对象上采用 PI 控制器进行控制，基本上已能满足各项性能指标的要求。当对象的容量迟延和惯性大时，为满足给定的各项性能指标，就需要在控制器中加入微分作用。包括比例、积分、微分三种作用规律的控制器，称为比例积分微分控制器。

理想 PID 控制器的动态方程式为

$$\Delta\mu = \frac{1}{\delta}\left(\Delta e + \frac{1}{T_i}\int\Delta e\,dt + T_d\frac{d\Delta e}{dt}\right) \tag{10-26}$$

传递函数为

$$W_{PID}(s) = \frac{\Delta M(s)}{\Delta E(s)} = \frac{1}{\delta}\left(1 + \frac{1}{T_i s} + T_d s\right) \tag{10-27}$$

实际 PID 控制器的动态方程式为

$$\frac{T_d}{K_D}\frac{d\Delta\mu}{dt}+\Delta\mu=\frac{1}{\delta}\left(\Delta e+\frac{1}{T_i}\int\Delta e dt+T_d\frac{d\Delta e}{dt}\right) \tag{10-28}$$

传递函数为

$$W_{PID}(s)=\frac{\Delta M(s)}{\Delta E(s)}=\frac{1}{\frac{T_d}{K_D}s+1}\cdot\frac{1}{\delta}\left(1+\frac{1}{T_i s}+T_d s\right) \tag{10-29}$$

当给 PID 控制器输入一个单位阶跃信号 $\Delta y=-1$ 时，其阶跃响应曲线如图 10－23 所示。图 10－23 上分别画出了比例、积分、微分三种作用的阶跃响应，最下面的曲线是把三种响应叠加起来的图形，其中 OAF 代表比例作用部分，AH 代表积分作用部分，ACE 代表实际微分作用部分，而控制器的综合输出 μ_{PID} 由 OACG 表示。

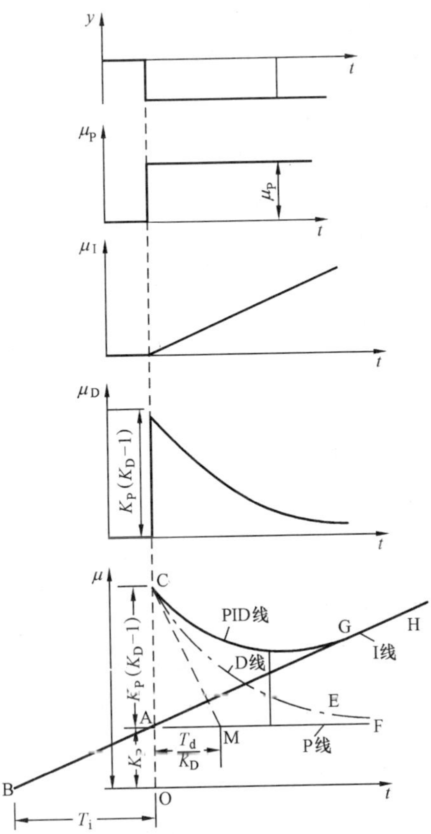

图 10－23　PID 控制器阶跃响应曲线图

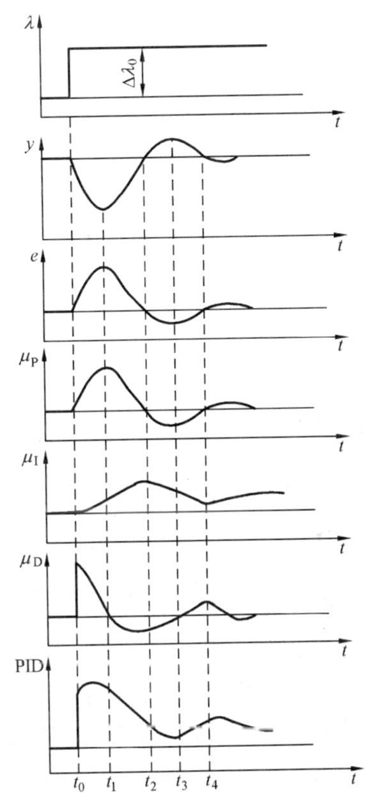

图 10－24　PID 控制器系统的控制过程

在 $t=0$ 时刻，被控量有一阶跃 $\delta_{y1}=-1$，控制器的微分作用立刻输出幅值为 K_P（K_D-1）的微分信号，它使控制阀立即有一个朝着制止被控量变化的方向的大动作，这就是微分作用的初始加强或超前控制作用。同时，比例作用也及时发挥作用，力图减小被控量的变化幅度。随后，积分作用慢慢地把残余误差消除掉。只要 PID 控制器的三个参数 δ、T_i、T_d 选择得适当，就能充分发挥三种控制规律的优点，较好地满足生产过程对自动控制的要求。

控制器的三个参数可以用作图法从已知的阶跃响应曲线（见图 10－23）上求出。

二、采用比例积分微分控制器的系统

当被控对象惯性和容量迟延较大，生产过程又对控制性能要求较高时，宜采用比例积分微分控制系统。

多容对象配 PID 控制器系统的控制过程如图 10－24 所示。在 t_0 时刻，当流出阀有一阶跃开大时，被控量 y 下降。微分动作立即有一大的跃变来阻止被控量下降。同时，比例作用也紧跟进行正确的控制。由于对象有容量迟延，被控量不能立即感受微分和比例的控制作用，但其下降速度逐渐减慢，时刻下降速度为零。到这段时间内，积分动作的方向是正确的，但作用很弱。t_1 到 t_2 这段时间内，积分动作的方向（继续开大控制阀）是超调。此时，微分作用在关小控制阀，与积分作用相反，可以抵消积分的超调作用。因此在 PID 控制过程中，微分的超前作用时在补偿积分的滞后作用，若微分时间合适，可使控制效果大为改善。利用微分补偿的结果，使 PID 控制的动作方向基本上是正确的，可以大大减少动态偏差，静态时又能消除静态偏差。

第六节　控制器控制规律实现方法

前面对控制器动作规律的分析过程中，已经列举了几种气动式和液动式控制器控制规律的实现方法。本节将分析电动式控制器实现各种控制规律的基本方法。

电动式控制器实现各种控制规律的基本方法是在控制器内部采用反馈。采用不同的反馈环节，控制器就得到不同的控制规律。在图 10－25 中，设正向环节是一个放大系数为 K 的比例环节，它的输出信号通过一个传递函数为 $W_f(s)$ 的反馈环节反馈到输入端。

控制器的传递函数为

$$W_r(s) = \frac{K}{1 + KW_f(s)} \tag{10-30}$$

或

$$W_r(s) = \frac{1}{\frac{1}{K} + W_f(s)} \tag{10-31}$$

当 $K \to \infty$ 时，上式变为

$$W_r(s) = \frac{1}{W_f(s)} \tag{10-32}$$

这就是说，当正向环节的放大系数 K 为无限大时，整个控制器的传递函数就等于反馈环节的传递函数的倒数。因此，要想得到一个传递函数为 $W(s)$ 的控制器，只需要在一个放大系数为无限大的放大器下连接一个传递函数为的反馈装置即可。这就是设计控制器的反馈原理。正向环节放大系数 $K \to \infty$ 的系统称为极限系统。

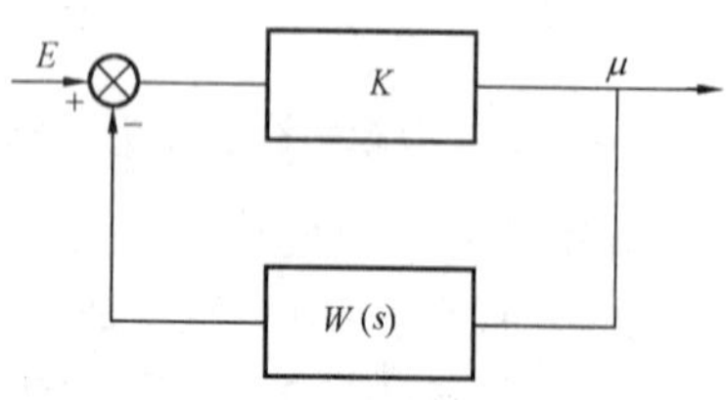

图 10－25　自动控制器的内部反馈

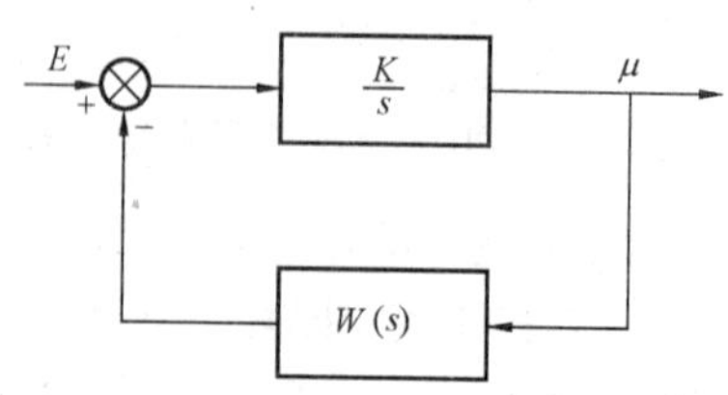

图 10－26　放大器为积分环节的控制器方框图

上面的讨论中假定控制器的正向环节（放大器）是比例环节，这是比较常见的情况。

但是，也有一些控制器的放大器不是比例环节而是积分环节，这种积分放大器的传递函数是 K/s，方框图如图 10－26 所示，上面讲的反馈原理仍然适用。这种情况下控制器的传递函数为

$$W_r(s) = \frac{\frac{K}{s}}{1 + \frac{K}{s}W_f(s)} \tag{10-33}$$

或

$$W_r(s) = \frac{\frac{1}{s}}{\frac{1}{K} + \frac{1}{s}W_f(s)} \tag{10-34}$$

当 $K\to\infty$ 时，上式变为

$$W_r(s) = \frac{\frac{1}{s}}{\frac{1}{s}W_f(s)} = \frac{1}{W_f(s)} \tag{10-35}$$

它和式（10－32）完全一样，所以控制器控制规律的实现原则也相同。

一、比例控制规律实现

比例控制器的传递函数为

$$W_p(s) = \frac{1}{\delta} \tag{10-36}$$

它要求反馈装置的传递函数为

$$W_f(s) = \frac{1}{W_p(s)} = \delta \tag{10-37}$$

是一个放大系数为 δ 的比例环节。

【例 10－1】 电子式比例控制器的原理电路图如图 10－27 所示，试求它的反馈环节的传递函数。

解： 输出电压 u_y 加在电位器 W_1 上，从其上取出部分电压作为反馈电压 u_f，其大小由电阻分压比 r/R 决定，即

$$u_f = \frac{r}{R}u_y = \beta u_y \tag{10-38}$$

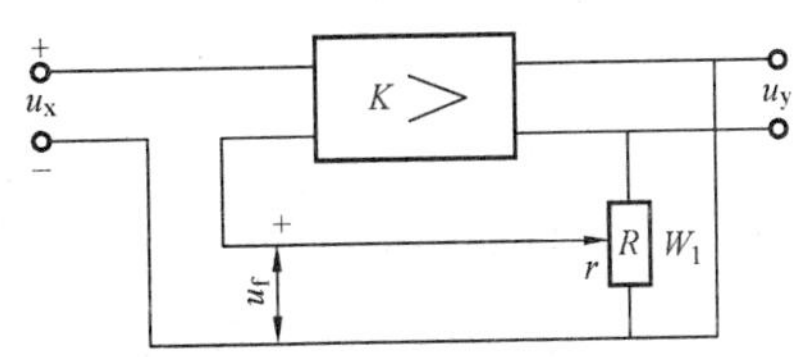

图 10－27 电子式比例控制器原理图

式中，$\beta = r/R$ 为反馈系数，它表示负反馈的强弱，也就是反馈环节的传递函数。

这个控制器的传递函数为

$$W_p(s) = \frac{K}{1 + KW_f(s)} = \frac{1}{1 + K\beta} \tag{10-39}$$

当放大器的放大系数 K 很大时，如 $K = 10^5$，于是上式可简化为

$$W_p(s) = \frac{1}{\beta} \tag{10-40}$$

可见，整个比例控制器的传递函数是它内部反馈环节的传递函数的倒数。反馈环节是个比例环节，它决定了整个控制器具有比例控制规律。反馈系数 β 就是控制器的比例度 δ，改变 r/R 值就改变了比例度 δ 的数值。

二、比例积分控制规律实现

PI 控制器的传递函数为

$$W_{PI}(s) = \frac{1}{\delta}\left(1 + \frac{1}{T_i s}\right) = \frac{1 + T_i s}{\delta T_i s} \tag{10-41}$$

因此，PI 控制器所要求的反馈环节的传递函数是

$$W_f(s) = \frac{1}{W_{PI}(s)} = \frac{\delta T_i s}{T_i s + 1} \tag{10-42}$$

上式代表一个实际微分环节与一个比例环节串联。就是说，用一个实际微分环节与比例环节串联作为 $K \to \infty$ 的放大器的反馈装置，就得到理想的 PI 控制器。

【例 10 – 2】 电动单元组合仪表（DDZ – Ⅱ型）中的 PI 控制单元原理简图如图 10 – 28 所示，试求反馈环节的传递函数。

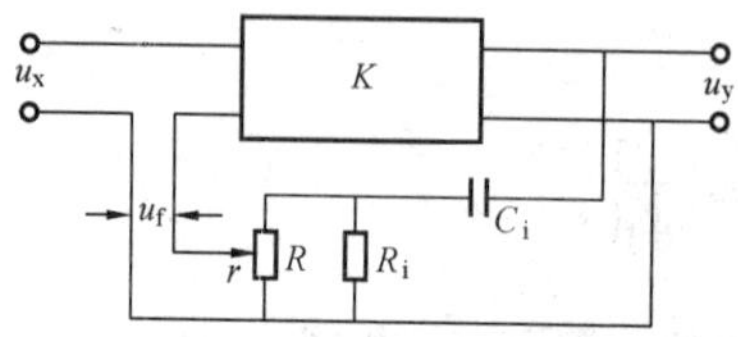

图 10 – 28 PI 控制单元原理图

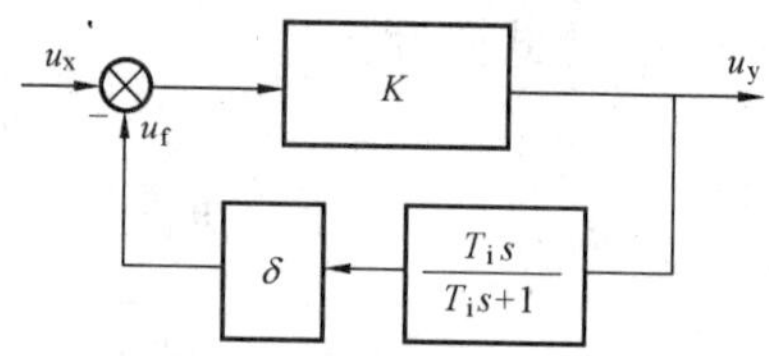

图 10 – 29 PI 控制单元方框图

解： 反馈回路中的 R_iC_i 是实际微分环节，电位器 R 是比例环节，方框图如图 10 – 29 所示。实际微分环节的传递函数为

$$W_D(s) = \frac{T_i s}{T_i s + 1} \tag{10-43}$$

比例环节的反馈系数为

$$\delta = \frac{r}{R} \tag{10-44}$$

以上两个环节串联而成的反馈环节的传递函数为

$$W_f(s) = \frac{\delta T_i s}{T_i s + 1} \tag{10-45}$$

于是，控制器的传递函数为

$$W_{PI}(s) = \frac{K}{1 + K\dfrac{\delta T_i s}{T_i s + 1}} = \frac{1}{\dfrac{1}{K} + \dfrac{\delta T_i s}{T_i s + 1}} \tag{10-46}$$

当 $K \to \infty$ 时，则

$$W_{PI}(s) = \frac{T_i s + 1}{\delta T_i s} = \frac{1}{\delta}\left(1 + \frac{1}{T_i s}\right) \tag{10-47}$$

可见，用实际微分环节与比例环节串联组成反馈装置就能实现控制器的比例积分控制规律。

在极限系统中，由于控制器传递函数 W_r（s）与反馈环节传递函数 W_f（s）之间是倒数关系，即

$$W_P(s) = \frac{1}{W_f(s)} \tag{10-48}$$

所以，反馈回路中的微分作用对整个控制器（或叫整机）来说却起着积分作用，而反馈回路中的 δ，对整机来说却是 $1/\delta = K_p$。同理，若反馈回路中是积分作用，则对整机来说就起微分作用。实际上，控制器的放大系数 K 只可能做得尽可能的大而不可能是无限大，同时不可避免地还有不灵敏区等因素存在，所以任何实际的 PI 控制器都只能近似地 PI 规律动作。放大器是比例环节的连续作用式控制器，如 DDZ 型电动单元组合仪表中的 PI 调控制器以及气动 PI 控制器，放大器的放大系数不是无限大就会使被控量存在稳态误差。这可以用图 10 – 30 来加以说明。假定控制系统原来处于平衡状态。设在某时刻发生外扰 $\Delta\lambda_0$，引起被控量 y 变化，控制器就进行控制。当

控制过程结束，系统进入一个新的平衡状态时，阀位必须有某一改变 $\Delta\mu$，才能抵消掉扰动量 $\Delta\lambda_0$ 的影响，达到保持被控量尽可能不变的目的。控制器为连续作用式，阀位变化 $\Delta\mu$ 是依靠控制器输出变化 ΔM 来保持的。由于控制器的反馈装置是实际微分环节与比例环节串联，在达到稳定平衡状态时，这个反馈装置的输出于将是零。因此，从控制器来说，要产生 ΔM 这个控制信号，就完全依靠有一个误差信号 $\Delta e = g - y$ 的输入，即 $\Delta e = \Delta M/K$。在定值控制中 g 是不变的，所以上式中 Δe 也就是被控量 y 的稳态误差。这个稳态误差与放大系数 K 成反比。放大倍数 K 愈大，稳态误差就愈小。当 $K \to \infty$，稳态误差就等于零。所以，希望放大器的放大倍数尽可能地大。放大器的放大倍数是衡量 PI 控制器稳态准确性的指标。

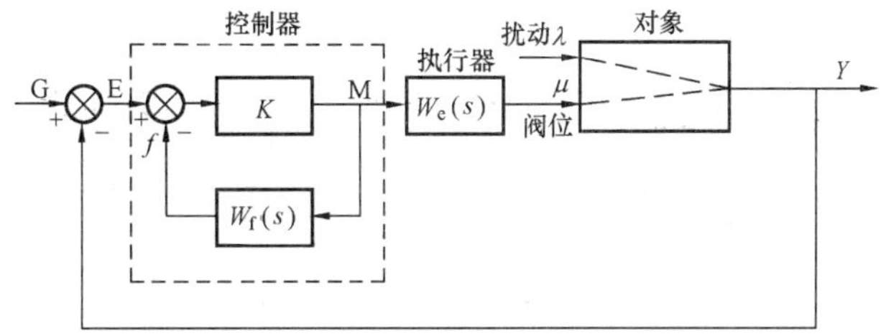

图 10－30　当 K 为有限值时 PI 控制器的误差分析

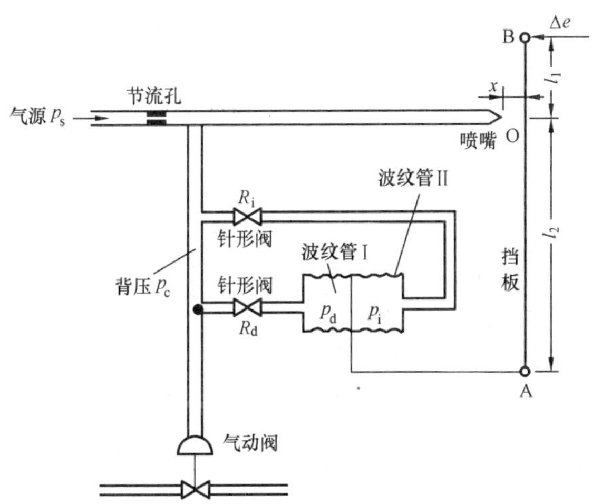

图 10－31　气动 PID 控制器

图 10－31 所示的气动 PID 控制器同样可用上述方法来解释。当控制过程结束时，控制阀开度必有一定变化 $\Delta\mu$，背压也必有一定变化 ΔP_c，因喷嘴—挡板的放大系数不是无限大，所以喷嘴—挡板的距离必有一个微小变化 Δx，因而被控量有一个与 Δx 成比例的稳态误差 Δe。

对于放大器为积分环节的控制器，则情况有所不同。例如，前面所述的液动式 PI 控制器，尽管错油门的放大系数是有限的，当控制过程结束达到稳态时，杠杆 AO 的 O 点可以恢复原位，B 点必须恢复原位，否则错油门滑阀不能把油口完全遮住，油动机活塞就要继续动下去。因此，杠杆的 A 点也必须回到原位，即被控量没有稳态误差。虽然达稳态时油动机活塞位置变化 $\Delta\mu$，以适应外扰的需要，但这时并不需要错油门继续输出一个油压差来保持 $\Delta\mu$，即不要求 B 点位置以及被控量有稳态误差。实际上，错油门滑阀与油口之间有一定的覆盖重叠度，造成控制器有一定的不灵敏区。所以，被控量还是有很小的稳态误差。

三、比例微分控制规律实现

理想 PD 控制器的传递函数为

$$W_{PD}(s) = \frac{1}{\delta}(1 + T_d s) \tag{10-49}$$

因此，它要求的反馈装置的传递函数为

$$W_f(s) = \frac{1}{W_{PD}(s)} = \frac{\delta}{T_d s + 1} \tag{10-50}$$

它是一个惯性环节（即实际积分环节）与比例环节的串联。

实际 PD 控制器的传递函数为

$$W_{PD}(s) = \frac{1}{\delta}\left(\frac{1 + T_d s}{\frac{T_d}{K_D}s + 1}\right) \tag{10-50}$$

因此，它所要求的反馈装置的传递函数为

$$W_f(s) = \frac{\delta\left(\frac{T_d}{K_D}s + 1\right)}{1 + T_d s} = \delta\left(\frac{1}{K_D} + \frac{1 - \frac{1}{K_D}}{1 + T_d s}\right) \tag{10-51}$$

它是一个比例环节与惯性环节的并联。

【例 10－3】 DDZ－Ⅱ型仪表中的 PD 控制器的原理简图如图 10－32 所示，它的方框图如图 10－33 所示。

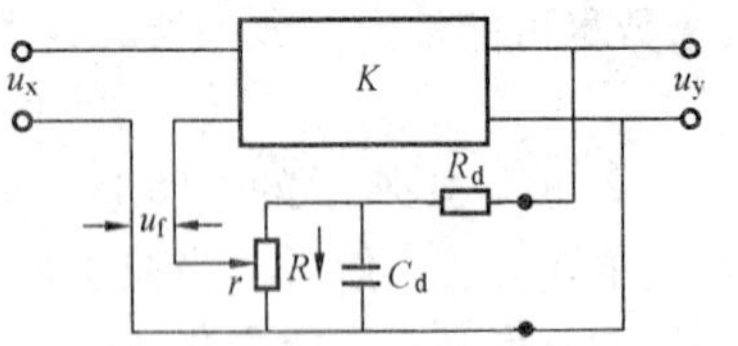

图 10－32 PD 控制器原理简图

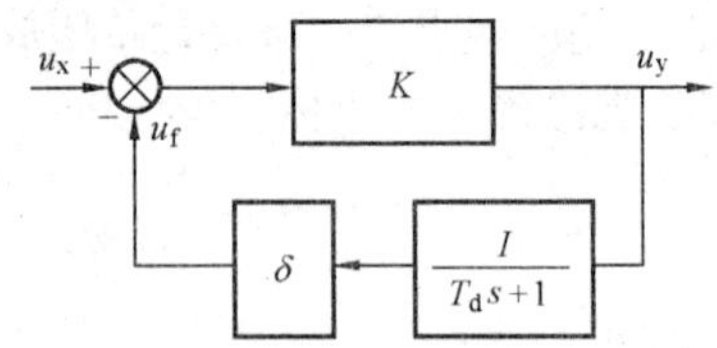

图 10－33 PD 控制器的方框图

解： 反馈装置的传递函数为

$$W_f(s) = \delta \frac{1}{T_d s + 1} \tag{10-52}$$

其中 $T_d = R_d C_d$

PD 控制器的传递函数为

$$W_{PD}(s) = \frac{K}{1 + K\frac{\delta}{T_d s + 1}} = \frac{1}{\frac{1}{K} + \frac{\delta}{T_d s + 1}} \tag{10-53}$$

当 $K \to \infty$ 时，则

$$W_{PD}(s) = \frac{1}{\delta}(1 + T_d s) \tag{10-54}$$

这就实现了 PD 控制规律。

四、比例积分微分控制规律实现

理想 PID 控制器的传递函数为

$$W_{PID}(s) = \frac{1}{\delta}\left(1 + \frac{1}{T_1 s} + T_d s\right) = \frac{1 + T_1 s + T_1 T_d s^2}{\delta T_1 s} \tag{10-55}$$

因此，它所要求的反馈装置的传递函数为

$$W_f(s) = \frac{1}{W_{PID}(s)} = \frac{8 T_i s}{1 + T_1 s + T_1 T_d s^2} \tag{10-56}$$

一般地，$T_i > 4T_iT_d$ 或 $T_i > 4T_d$，上式有两个负实根，可写成

$$W_f(s) = \delta \frac{T_i s}{T_1 s + 1} \cdot \frac{1}{T_2 s + 1} \tag{10-57}$$

式中 T_1——实际微分环节的时间常数；

T_2——惯性环节的时间常数。

即反馈装置为比例环节、实际微分环节与惯性环节的串联，如图 10－34 所示。

【例 10－4】 DDZ－Ⅱ型控制仪表中的 PID 控制器的原理简图如图 10－35 所示，求它的反馈环节的传递函数。

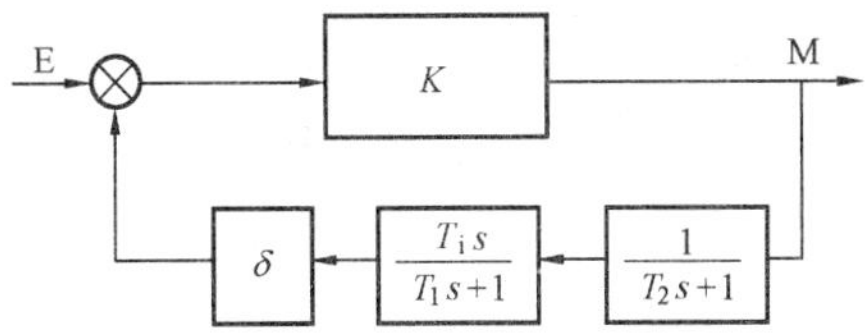

图 10－34 PID 控制器方框图

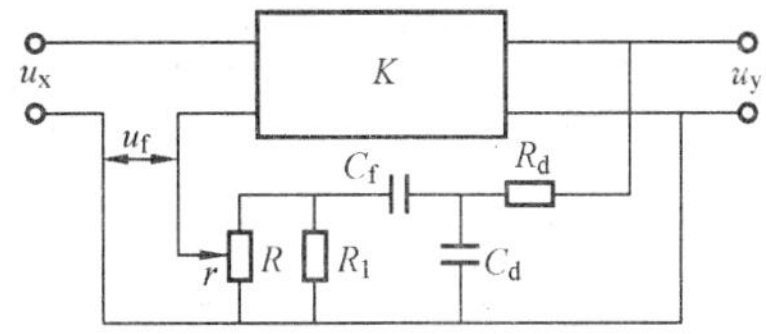

图 10－35 PID 控制器的原理简图

解： 由于比例、积分、惯性三个环节串联在反馈回路中，相互间不可避免地要出现干扰，这种干扰叫做串联结构干扰。结构干扰将反映在传递函数中。在“自动控制设备”课中将证明图 10－35 所示控制器的传递函数为

$$W_{PID}(s) = \frac{1}{\delta}\left(F + \frac{1}{T_1 s} + T_d s\right) = \frac{1}{\delta}\left(\frac{T_1 T_d s^2 + F T_1 s + 1}{T_1 s}\right) \tag{10－58}$$

式中，$F = 1 + T_d/T_i + R_d/R_i$ 为结构干扰系数。

当 $K \to \infty$ 时，反馈装置的传递函数应为

$$W_f(s) = \frac{1}{W_{PID}(s)} = \frac{\delta T_i s}{T_i T_d s^2 + F T_i s + 1} \tag{10－59}$$

当 $F^2 T_i^2 > 4 T_i T_d$ 或 $F^2 T_i^2 > 4 T_d$ 时，上式可写成

$$W_f(s) = \delta \frac{T_1 s}{T_1 s + 1} \cdot \frac{1}{T_2 s + 1} \tag{10－60}$$

可知反馈装罩为比例、实际微分、惯性三个环节的串联，其等效方框图如图 10－34 所示。

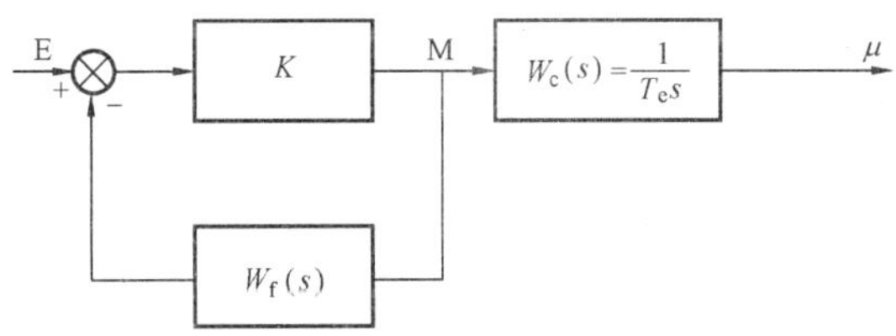

图 10－36 执行器为积分环节而反馈信号又取自执行器之前

应当指出，有两种情况可以按照上面所得结论去设计控制器的反馈装置：①执行器为比例环节，反馈装置的输入信号无论取自执行器前或取自执行器后；②执行器为积分环节，反馈装置的输入信号取自执行器后。此外，若执行器为积分环节，而反馈装置的输入信号又取自执行器之前（见图 10－36），为了得到所期望的广义控制器（包括执行器在内）的控制规律，这时反馈装置的传递函数有所变化。由图 10－36 可知，当 $K \to \infty$ 时，广义控制器的传递函数为

$$W_c(s) = \frac{\mu(s)}{E(s)} = \frac{1}{W_f(s)} W_e(s) \tag{10－61}$$

则反馈装置的传递函数应为

$$W_f(s) = \frac{1}{W_c(s)} W_e(s) = \frac{1}{W_c(s)} \cdot \frac{1}{T_e s} \tag{10－62}$$

式中 T_e——执行器的积分时间。

可以看出，为了得到所期望的广义控制器的控制规律 $W_c(s)$，反馈装置的传递函数与式 (10－48) 是不同的。

复 习 思 考 题

1. 比例动作有何特点？何谓比例度 δ，δ 过大、过小对控制过程有什么影响？

2. 为什么积分作用可以消除被控量稳态误差？积分时间 T_i 大小对控制过程有何影响？

3. 微分作用有什么特点？微分时间 T_d、微分增益 K_D 对控制过程有何影响？

4. 如果按图 10－36 所示连接反馈通道，现要得到 PI 和 PD 控制器的控制规律，试问需要怎样的反馈通道传递函数 $W_f(s)$？如果反馈元件用电阻电容构成，试画出反馈通道的示意图。

第十一章 自动控制系统整定

本章是在学完了控制理论之后，进一步学习后面几章所介绍的实际热工自动控制系统的桥梁，是综合运用前面的各种理论分析方法来分析控制系统。

第一节 概　　述

最简单的控制系统当属单回路自动控制系统，它由控制器和被控对象构成闭合回路，如图11－1所示。图11－1中虚线框内为被控对象：$G_{0\mu}$（s）为控制通道传递函数，描述控制机构位置$\mu(s)$与被控量$c(s)$之间的动态关系。$G_{0\lambda}$（s）为扰动通道传递函数（实际上可能有多个扰动通道，此处只画出两个），描述主要扰动$\lambda(s)$和被控量$c(s)$之间的动态关系。所谓被控对象动态特性就是指控制通道和主要扰动通道的动态特性。

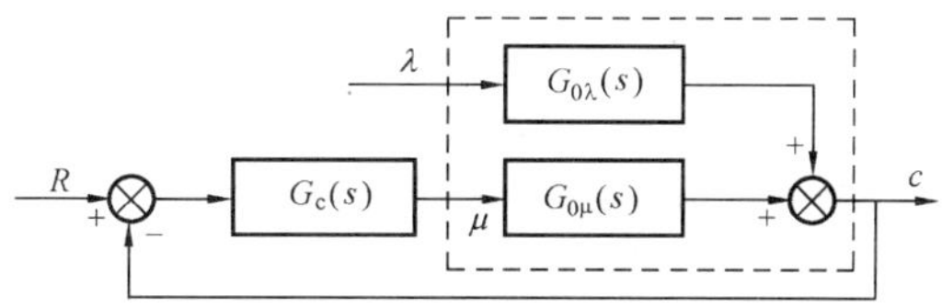

图11－1　单回路控制系统

图11－1中G_c（s）为控制器传递函数，并可以看出，控制对象动态特性中控制通道和扰动通道的地位是不同的。控制通道传递函数在闭合回路之内，而扰动通道传递函数在闭合回路之外，因而它们对系统的影响也是截然不同的。

一、扰动通道动态特性对系统性能的影响

一般情况下，扰动通道传递函数可近似为具有纯迟延的一阶惯性环节，可设为

$$G_{0\lambda}(s) = \frac{K_\lambda}{T_\lambda s}e^{-\tau_\lambda s} \tag{11-1}$$

1. 纯迟延时间τ_λ对系统的影响

扰动通道的纯迟延τ_λ表明被控对象受到扰动λ（s）后，被控量要延迟τ_λ后才开始变化，也相当于若没有纯迟延而扰动推迟了τ_λ后才开始发生。因此，扰动通道纯迟延τ_λ对系统的性能指标（无论是动态稳定性及静态偏差）都没有影响。

2. 放大倍数K_λ对系统性能的影响

扰动通道放大系数K_λ表示，若系统不加以控制，则仅由单位阶跃扰动引起被控量的终值。显然，凡越大被控量的终值越大，亦即被控量偏离给定值越大，由反馈回路承担的将被控量拉回到给定值的任务也越重。这就表明，扰动通道放大倍数K_λ越大，越不利于闭环控制，其调节时间t_s将加大。但是，由于扰动通道传递函数在闭环之外，K_λ不会影响系统的稳定性。

容易求出图11－1中被控量c与扰动λ之间的传递函数为

$$\frac{c(s)}{\lambda(s)} = \frac{G_{0\lambda}(s)}{1 + G_c(s)G_{0\mu}(s)} \tag{11-2}$$

当扰动λ（s）为单位阶跃时，输出（被控量）的拉氏变换为

$$c(s) = \frac{G_{0\lambda}(s)}{1 + G_c(s)G_{0\mu}(s)} \times \frac{1}{s} = \frac{K_\lambda c^{-\tau s}}{T_\lambda s + 1} \times \frac{1}{1 + G_c(s)G_{0\mu}(s)} \times \frac{1}{s} \tag{11-3}$$

由拉氏变换终值定理，被控量终值 c（∞），亦即系统的静态偏差（给定值没有改变）为

$$c(\infty) = \lim_{s\to 0} sc(s) = K_\lambda \lim_{s\to 0} \frac{1}{T_\lambda s + 1} \times \frac{1}{1 + G_c(s)G_{0\mu}(s)} \tag{11-4}$$

若控制通道有自平衡能力，控制器为比例控制器，则该系统为有静差系统，$c(\infty) \neq 0$。由式（11－4）看出，其静态偏差 c（∞）和扰动通道放大倍数 K_λ 成正比例。若系统采用积分作用的控制器，则为无静态偏差系统，$c(\infty) = 0$，K_λ 对静差是无影响的。

3. 惯性时间常数 T_λ 对系统性能影响

由一阶惯性环节阶跃响应可知，扰动惯性时间常数 T_λ 越大，在扰动为阶跃函数时，被控量 c 的变化越缓慢，因而使得系统在 $c(t)$ 尚不大时就开始进行控制，使被控量尽快地向给定值方向变化，纠正偏差。所以，惯性时间常数尽管在闭环之外，不影响系统稳定性，但却影响系统的动态偏差，T_λ 越大，则被控量动态偏差越小。若扰动通道为高阶惯性环节，则惯性阶次越高，被控量的动态偏差也越小。

二、控制通道动态特性对系统性能的影响

控制通道传递函数 $G_{0\mu}(s)$在闭合回路之内，将影响系统的稳定性。由图 11－1 容易求得系统的被控量 c 与给定值之间传递函数为

$$\frac{c(s)}{R(s)} = \frac{G_c(s)G_{0\mu}(s)}{1 + G_c(s)G_{0\mu}(s)} \tag{11-5}$$

与式（11－2）比较，容易看出，其传递函数分母是相同的。亦即，一个系统，输出输入位置不同则传递函数不同，但传递函数分母是相同的，因而特征方程相同，稳定性相同。为研究控制通道动态特性对系统性能的影响，不妨设其也为一阶惯性环节

$$G_{0\mu}(s) = \frac{K_\mu}{1 + T_\mu s} e^{-\tau_\mu s} \tag{11-6}$$

1. 纯迟延 τ_μ 对系统性能的影响

由于 $G_{0\mu}(s)$在闭环之内，因而纯迟延环节 $e^{-\tau_\mu s}$属于开环传递函数，$\tau_\mu s$ 的存在不利于闭环系统的稳定性，且 τ_μ 越大，系统的稳定性越差，甚至会使稳定的系统变为不稳定。纯迟延时间 τ_μ 的存在，将使得控制作用 μ 要迟延一段时间 τ_μ 才开始施加到被控量而产生控制作用。显然，τ_μ 越大，控制作用施加到被控量的时间越慢，在 τ_μ 这段时间内，被控量仅受到扰动的作用，因而系统动态偏差越大。

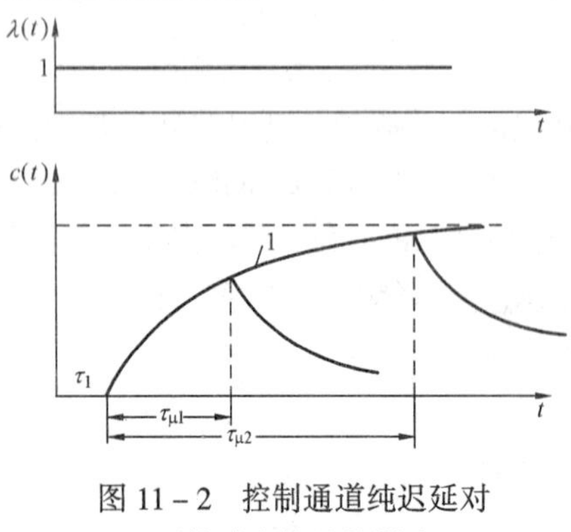

图 11－2　控制通道纯迟延对系统动态偏差的影响

纯迟延对系统性能的影响如图 11－2 所示，曲线 1 是单位阶跃扰动下，被控量的响应曲线（扰动通道动态特性），τ_μ 为扰动纯迟延。由图 11－2 容易看出，控制通道纯迟延 τ_μ 越大，控制作用施加越慢，系统动态偏差越大。

2. 放大倍数 K_μ 对系统性能的影响

K_μ 增大对闭环系统稳定性不利。但 K_μ 越大，控制作用施加到被控量时，其作用也更大，所以可以较快地使被控量回到给定值。因而可以说，K_μ 越大，系统动态偏差越小，控制时间 t_s 越短。

设系统为有静态偏差系统，为不失一般性，可设扰动通道、控制通道传递函数如式（11－1）和式（11－6）所示，控制器采用比例作用 $G_c(s)=1/\delta$，可以求得该差传递函数为

$$\frac{E(s)}{\lambda(s)}=\frac{-G_{0\lambda}(s)}{1+G_c(s)G_{0\mu}(s)} \tag{11-7}$$

误差终值为

$$e(\infty)=\lim_{s\to 0}sE(s)=\lim_{s\to 0}\frac{-G_{0\lambda}(s)}{1+G_c(s)G_{0\mu}(s)}=-\frac{K_\lambda}{1+\frac{K_\mu}{\delta}} \tag{11-8}$$

由式（11－8）容易看出，K_μ 越大，静态偏差 $e(\infty)$ 越小。

3. 时间常数 T_μ 对系统性能的影响

由于控制通道传递函数在闭环之内，时间常数 T_μ 增大，不利于闭环系统的稳定性。但 T_μ 的增大，意味着控制量 $\mu(t)$ 施加到被控量 c 上的作用比较缓慢，因而将使控制时间增大而动态偏差也将增大。

由上述分析得知，被控对象扰动通道和控制通道动态特性对系统性能（如稳定性、稳态偏差、控制时间、动态偏差等）的影响是不同的，要具体问题具体分析。

第二节　控制规律及控制器参数对系统性能的影响

无论是在单回路还是在多回路控制系统中，控制器传递函数均在闭环之内，其控制规律选择和控制器参数的整定对控制系统的影响都是十分重要的。

一、比例控制器（P）

1. 比例带 δ 对系统稳定性影响

比例控制器传递函数为 $G_c(s)=K_P=1/\delta$，由于闭环系统的开环传递函数（见图 11－1）是由被控对象控制通道传递函数和控制器传递函数串联而得，因而比例控制器的增益 K_P 就是系统的开环放大倍数。比例控制器 K_P 减小时（相应的比例带 δ 增大时），使系统变得稳定，稳定裕度增大。

2. 比例带 δ 对动态偏差影响

在定值控制系统中，在扰动作用下被控量会偏离给定值。只有通过控制作用才能克服扰动引起的被控量变化。如果控制器输出的控制作用越快越适当，则动态过程的偏差就越小。显然控制作用的大小和速度取决于控制器比例带。δ 越大，则控制作用越小，动态偏差越大。

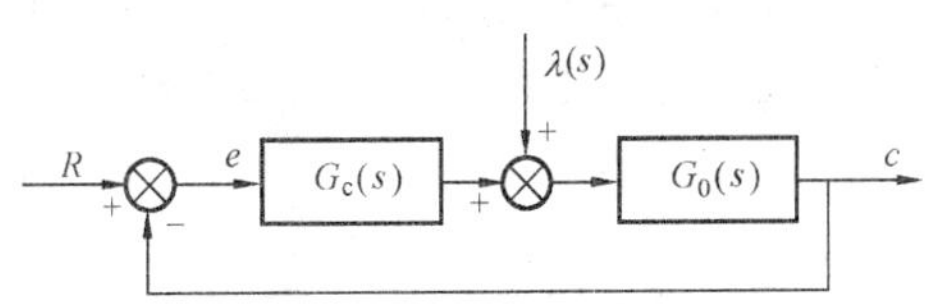

图 11－3　单回路控制系统方框图

3. 比例带 δ 对静态偏差的影响

设单回路控制系统方框图，如图 11－3 所示。

采用比例控制器的系统，当扰动 $\lambda(t)$ 为阶跃函数时，被控量是有静态偏差的。由拉氏变换终值定理可以求得

$$c(\infty)=\lim_{s\to 0}sc(s)=\lim_{s\to 0}s\frac{G_0(s)}{1+G_0(s)\frac{1}{\delta}} \tag{11-9}$$

对于有自平衡能力对象［其传递函数为 $K/S(T_0s+1)^n$］其静态偏差为

$$c(\infty) = \frac{K}{1+\frac{1}{\delta}} = \frac{1}{\rho+\frac{1}{\delta}} \tag{11-10}$$

式中 ρ——自平衡率，$\rho=1/K$。

对于无自平衡能力对象［其传递函数为 $K/s\ (T_0 s+1)^{n-1}$］，其系统静态偏差为

$$c(\infty) = \delta$$

所以无论对于什么对象，图 11－3 所示单回路控制系统都存在静态偏差，比例带越小，静态偏差越小。

根据上述分析，比例控制器有唯一可选择参数一比例带 δ。比例带 δ 增大，静态偏差增大，在实际的 P 控制系统中，δ 值的选择要兼顾各方面的性能要求。比例控制器只适用于对控制质量要求不高、对象自平衡能力较强、阶数较低的控制系统。

二、比例积分控制器（PI）

PI 控制器传递函数为

$$G_c(s) = \frac{1}{\delta}\left(1+\frac{1}{T_i s}\right) \tag{11-11}$$

单回路反馈系统开环传递函数是由被控对象和控制器串联，所以 PI 控制器的比例带 δ（或其倒数比例增益 $K_P=1/\delta$）属开环放大倍数，它们对系统的影响和比例控制器对系统的影响是一样的，为此不妨设比例带为 100%，仅需讨论积分时间对系统各性能指标的影响。

1. 积分时间 T_i 对系统稳定性影响

由 $\Delta\mu_I=\frac{\Delta e_0}{\sigma T_i}t$ 可知，积分时间 T_i 增大时，积分作用变弱，有利于系统稳定，系统稳定性变好，系统的稳定裕度增加。

2. 积分时间 T_i 对静态偏差的影响

参看图 11－3 系统，当扰动 λ（t）为阶跃而控制采用 PI 时，被控量的静态偏差为 0，可见，无论控制对象有无自平衡能力，由于积分作用的存在，都能使控制系统在阶跃输入（无论是给定值阶跃输入还是扰动阶跃输入）作用下被控量静态偏差为零。这也很容易由图 11－3 的系统结构图解释，因为只要偏差 e（t）不等于零，控制器的积分作用就会不断进行下去。控制机构就会变化，只有偏差为 0 时才能进入新的稳态。

3. 积分时间对动态偏差的影响

由于控制系统的动态偏差取决于扰动后控制作用的大小和速度，控制作用越小，速度越慢，则系统动态偏差越大。PI 控制器的控制作用为

$$\mu(t) = \frac{1}{\delta}\left[e(t)+\frac{1}{T_i}\int_0^{\infty}e(t)\,dt\right] \tag{11-12}$$

显然，在比例带不变时（前面讨论过比例带对系统的影响），积分时间 T_i 的增大，将使控制作用减缓，系统的动态偏差增大。

根据上面分析可以得出结论：PI 控制器可以消除系统的静态偏差，比例带增大或积分时间增大均有利于提高系统的稳定性，但却使系统的动态偏差增大。

三、比例微分控制器（PD）

PD 控制器传递函数为

$$G_c(s) = \frac{1}{\delta}(1+T_d s) \tag{11-13}$$

设比例带 δ 为 100%（比例带 δ 对系统性能影响和 P 控制器相同），仅需讨论微分时间对系

统性能的影响。

1. 微分时间对系统稳定性的影响

微分时间 T_d 对系统稳定性影响具有两重性。由 $\Delta\mu = \frac{1}{\delta}T_d\frac{d\Delta e}{dx}$ 可知，当 T_d 很小时，微分作用减弱。控制器输出将增大一定幅度变化，有利于系统稳定。但 PD 控制器微分时间 T_d 的取值不应太大，T_d 太大时，控制器输出将大幅度变化，不利于系统稳定性。

2. 微分时间对系统静态偏差影响

由于系统进入稳态时，系统中各处信号均不再变化，因而微分部分输出为零。所以，静态时的 PD 控制系统和 P 控制系统完全相同，而微分时间对系统静态偏差没有影响。

3. 微分时间对系统动态偏差影响

PD 控制器的控制作用为

$$\mu(t) = \frac{1}{\delta}\left[e(t) + T_d\frac{de(t)}{dt}\right] \tag{11-14}$$

显然，微分时间 T_d 增本将使控制作用 μ（t）加快，这将有效的抑制动态偏差的进一步变化。所以，仅从减小动态偏差考虑，微分时间大是有益的，但微分时间太大将使系统稳定性变差。

四、比例积分微分控制器（PID）

PID 控制器传递函数为

$$G_c(s) = \frac{1}{\delta}\left(1 + \frac{1}{T_i s} + T_d s\right) \tag{11-15}$$

PID 控制器是由三个控制通道并联组成。其积分作用主要用于消除静态偏差，微分作用使系统动态偏差减少。综合前面的讨论，比例带、积分时间、微分时间对系统性能的影响，可以概括为 PID 控制器可以实现无差控制（静态偏差为零—积分作用），可以减小系统偏差（微分作用的结果），在工业上得到广泛应用。但微分时间 T_d 不亦过大，比例、积分、微分三种作用配合得当一定能得到满意的控制品质。

第三节　单回路控制系统整定

自动控制系统的结构确定之后，系统性能的优劣将取决于控制器参数（如 δ、T_i、T_d 等）的选择。确定控制器参数称为控制系统的整定，其任务是依据被控对象动态特性来选择最佳控制参数，使控制系统具有满意的性能指标。自动控制系统的整定可以由理论计算求得，也可以由实验方法完成。理论计算的结果也要由实验加以确认，因为理论计算的依据是对象近似传递函数，所以得出的整定结果也只能是近似的。

一、图表整定法

图表整定法是根据控制对象阶跃响应曲线求得的特征参数 ε、ρ、τ 等，查表 11-1 无自平衡能力对象的整定参数表和表 11-2 有自平衡能力对象的整定参数表，算出控制器参数。表中给出的是目前在电厂热工中应用比较多的近似整定图表，尽管属近似公式，但大多数数据是经过大量的仿真实验得出的。使用图表整定时应注意下列几点：

（1）表中列出的参数公式只适用于三阶以上多容对象。对于一阶、二阶对象，得出的控制器参数会使控制系统具有较大的稳定裕度。

（2）表中整定计算公式是由衰减率为 0.75 得出的，如果要求衰减率为 0.9，则整定常数要加以适当修正。

表 11-1　无自平衡能力对象的整定参数表

系统开环阶跃响应	近似传递函数
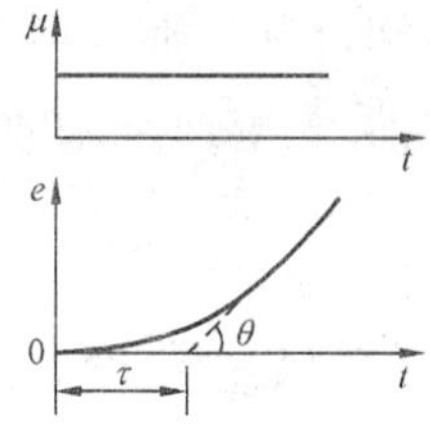	$G_0(s) = \dfrac{\varepsilon}{s\left(1+\dfrac{\tau}{n}s\right)^n} \quad n \geqslant 3$ 或 $G_0(s) = \dfrac{\varepsilon}{s}e^{-\tau s}$

控制器	$G_0(s)$	δ	T_i	T_d
P	$\dfrac{1}{\delta}$	$\varepsilon\tau$	—	—
PI	$\dfrac{1}{\delta}\left(1+\dfrac{1}{T_i s}\right)$	$1.1\varepsilon\tau$	3.3τ	—
PID	$\dfrac{1}{\delta}\left(1+\dfrac{1}{T_i s}+T_d s\right)$	$0.83\varepsilon\tau$	2τ	0.5τ

表 11-2　有自平衡能力对象的整定参数表

系统开环阶跃响应	近似传递函数
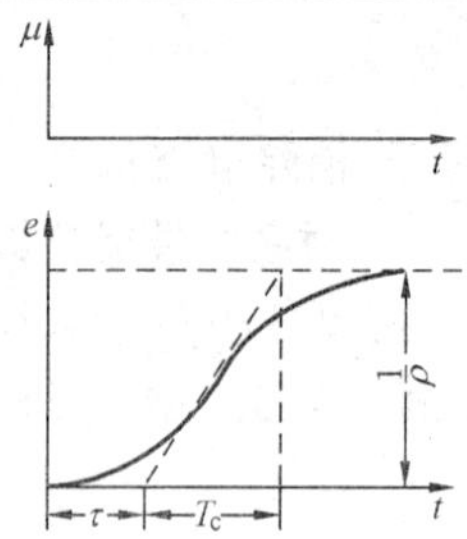	(1) $G_0(s) = \dfrac{\frac{1}{\rho}}{(1+T_0 s)^n} \quad n \geqslant 3$ (2) 当有纯迟延（包括$\dfrac{\tau}{T_c} \leqslant 0.2$）时 $G_0(s) \approx \dfrac{\frac{1}{\rho}}{1+T_0 s}e^{-\tau s}$

控制器	$G_0(s)$	$\dfrac{\tau}{T_c} \leqslant 0.2$			$0.2 \leqslant \dfrac{\tau}{T_c} \leqslant 0.5$		
		δ	T_i	T_d	δ	T_i	T_d
P	$\dfrac{1}{\delta}$	$\dfrac{1}{\rho} \times \dfrac{\tau}{T_c}$			$2.6\dfrac{1}{\rho} \times \dfrac{\frac{\tau}{T_c}-0.08}{\frac{\tau}{T_c}+0.7}$	—	—
PI	$\dfrac{1}{\delta}\left(1+\dfrac{1}{T_i s}\right)$	$1.1\dfrac{1}{\rho} \times \dfrac{\tau}{T_c}$	3.3τ		$2.6\dfrac{1}{\rho} \times \dfrac{\frac{\tau}{T_c}-0.08}{\frac{\tau}{T_c}+0.6}$	$0.8T_c$	
PID	$\dfrac{1}{\delta}\left(1+\dfrac{1}{T_i s}+T_d s\right)$	$0.85\dfrac{1}{\rho} \times \dfrac{\tau}{T_c}$	2τ	0.5τ	$2.6\dfrac{1}{\rho} \times \dfrac{\frac{\tau}{T_c}-0.15}{\frac{\tau}{T_c}+0.88}$	$0.81T_c+0.79\tau$	$0.25T_i$

二、临界比例带法

不管实际系统采用何种控制器，采用临界比例带法时先令其为比例控制器，并使系统处于临界稳定状态（可由计算方法或实验方法完成），求得此时控制器比例带（称为临界比例带）和过渡过程振荡周期 T_c，进而确定系统衰减率为 0.75 时各种控制器参数值，如表 11-3 所示。

表 11－3　　　　　　　　按边界稳定条件确定控制器参数（$\psi=0.75$）

控制规律	控制器传递函数	δ	T_i	T_d
P	$\frac{1}{\delta}$	$2\delta_c$	—	—
PI	$\frac{1}{\delta}\left(1+\frac{1}{T_i s}\right)$	$2.2\delta_c$	$0.85T_c$	—
PID	$\frac{1}{\delta}\left(1+\frac{1}{T_i s}+T_d s\right)$	$1.67\delta_c$	$0.5T_c$	$0.25T_i$

用实验方法求临界比例带和临界振荡周期的步骤如下：

(1) 令控制器只有比例作用（$T_i=\infty$，$T_d=0$），将系统投入闭环运行，为了使系统工作稳定，开始时应将 δ 置于较大的值。

(2) 逐渐减小比例带，观察过渡过程，直到过渡过程出现等幅振荡为止，记录下此时临界比例带法，和临界振荡周期 T_c。

(3) 按表 11－3 确定控制器参数，并做定值扰动实验，观察过渡过程，适当修正控制器参数。这种方法简单明了，对于大多数热工对象都适用。由于热工对象惯性较大，等幅振荡周期较长，这种低频振荡在生产上是允许的。

三、稳定裕度法

1. 实验衰减曲线法

如果生产过程不允许出现等幅振荡，则可以在临界比例带法基础上加以改进，即用比例控制器，调整比例带（由大到小）使过渡过程出现 $\psi=0.75$ 的响应曲线，记下此时比例带 δ_s 和振荡周期 T_s 按表 11－4 选取控制器的整定参数。此法缺点是观察和记录过渡过程比较困难，这时可近似地以波动次数判断，一般认为被控量来回摆动两次就达到稳定状态，相当于衰减率 $\psi=0.75$，波动一次的时间就是振荡周期 T_s。

表 11－4　　　　　　　　按 $\psi=0.75$ 的条件确定控制器参数

控制规律	控制器传递函数	δ	T_i	T_d
P	$\frac{1}{\delta}$	δ_s	—	—
PI	$\frac{1}{\delta}\left(1+\frac{1}{T_i s}\right)$	$1.2\delta_s$	$0.5T_s$	—
PID	$\frac{1}{\delta}\left(1+\frac{1}{T_i s}+T_d s\right)$	$0.8\delta_s$	$0.3T_s$	$0.25T_s$

第四节　串级控制系统

当控制系统对象动态特性较好或者对系统性能指标要求不高时，只有一个闭合回路的单回路控制系统可以满足生产要求。但是，若对系统性能指标要求很高（如稳定裕度适当、动态偏差很小等）或被控对象阶次高且纯迟延的时间长，若采用单回路控制系统，为保证系统的稳定裕度，控制器的控制作用必须很小、动作很慢（比例带很大），这样动态偏差就势必很大，难以满足生产要求，此时可考虑采取串级控制系统。

一、串级控制系统组成

串级控制系统结构如图 11－5 所示，控制系统任务仍然是使被控量 $c(s)$ 等于给定值 $R(s)$，系统的执行器只有一个，但系统中有两个控制器，被控对象分解成串联的两部分。

两个控制器串联，故称为串级控制系统。通常被控对象$G_{01}(s)$为导前区，$G_{02}(s)$为惰性区，因为往往前者比后者阶数低，时间常数也小。被控对象$G_{01}(s)$输出$c_1(s)$称为辅助被控量，它能比主被控量$c(s)$提前反映扰动的存在，使控制作用超前于$c(s)$的变化，所以能改善系统性能。$H_1(s)$和$H_2(s)$分别是辅助被控量和被控量的测量单元，Kz为执行器。控制器$G_{c1}(s)$接受被控量偏差信号，称为主控制器（现场称为主调），控制器$G_{c2}(s)$接受主控制器输出和辅助被控量$c_1(s)$，称为副控制器（现场称为副调）。

串级控制系统中有两个闭和回路，由副调、执行器、对象导前区组成的回路称为副回路，又称为内回路。由主调、副回路（简化成一个环节）控制对象惰性区组成主回路，又称外回路。

二、串级控制系统工作原理

当被控量偏离给定值时，主调接受偏差信号，经运算后送入副调作为辅助被控量的给定值，当两者不相等时，副调输出驱动执行器，使被控量$c(s)$恢复到给定值。为保证被控量$c(s)$静差为零，主调一般采用PI或PID控制规律，为加快内回路的动作速度，副调一般采用P控制规律。

1. 副回路分析

由图11－5可见，对于进入副回路的扰动λ_1，若不采用串级控制系统而采用单回路控制系统，只有在扰动λ_1发生并使得主被控量$c(s)$发生变化后，才会通过控制器去产生控制作用克服扰动影响。在串级控制系统中，辅助被控量比主被控量更快的反映扰动λ_1的存在，因而副回路的动作要比单回路控制系统的控制器输出快得多，这样可以大大减少扰动λ_1，对主被控量影响，使得主被控量变化不大，动态偏差小。

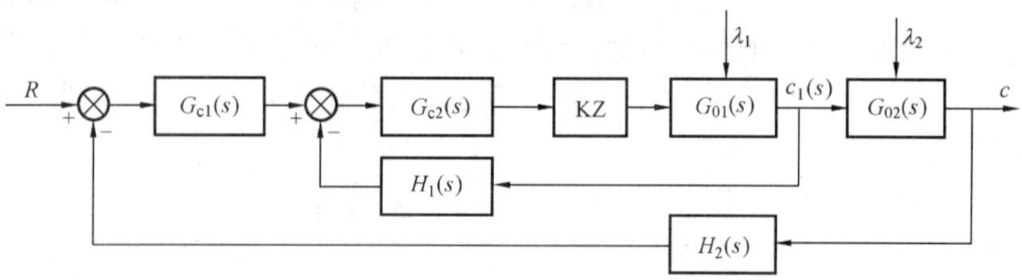

图11－5　串级控制系统结构图

为了分析方便，可将执行器、测量单元化归到被控对象中，并设主调采用PI，副调采用P，如图11－6所示串级控制系统简图。当进入副回路的扰动λ_1，作用时，如果没有副回路，仅考虑控制对象，则对象导前区输出（辅助被控量）为

$$c_1(s)=\frac{K_1}{T_1s+1}\lambda_1(s) \tag{11－16}$$

由于副回路的存在，扰动λ_1对辅助被控量$c_1(s)$的影响为（主回路动作慢，可近似认为开路）

$$c_1(s)=\frac{\dfrac{K_1}{T_1s+1}}{1+\dfrac{K_1}{\delta_2(T_1s+1)}}\lambda_1(s)=\frac{\dfrac{K_1}{1+\dfrac{K_1}{\delta_2}}}{\dfrac{T_1}{1+\dfrac{K_1}{\delta_2}}+1}\lambda_1(s)=\frac{K'_1}{T'_1s+1}\lambda_1(s)$$

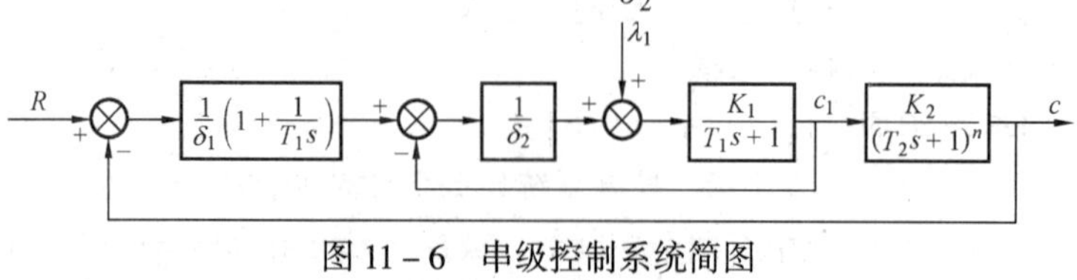

图11－6　串级控制系统简图

显然 $K_1' < K_1$，$T_1' < T_1$，故由于副调组成的副回路作用，扰动 λ_1 对辅助被控量 $c_1(s)$ 影响大为削弱，从而使 λ_1 对主被控量影响也大大削弱。

2. 主回路分析

为了分析串级控制系统主回路，可将串级控制系统进行等效转换（根据方框图等效转换规则），如图 11－7 所示。若采用单回路控制系统，控制对象为

$$G_0(s) = G_{01}(s)G_{02}(s) = \frac{K_1}{T_1 s + 1} \times \frac{K_2}{(1 + T_2 s)^n} \tag{11-17}$$

采用串级控制系统，等效转换为单回路控制系统后，被控对象变为

$$G_0^*(s) = \frac{K_1'}{T_1' s + 1} \times \frac{K_2}{(T_2 s + 1)^n} \tag{11-18}$$

由于 $K_1' < K_1$，$T_1' < T_1$，采用串级控制系统等效被控对象动态特性比原来单回路控制系统的被控对象动态特性好，所以对于进入主回路的扰动，虽然不包括在副回路内，主回路的稳定性也优于单回路控制系统。

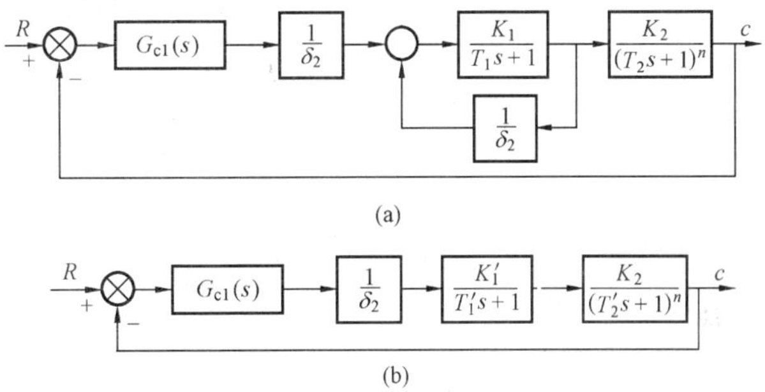

图 11－7　串级控制系统等效转换

由上述分析可知，只有被控对象有可以选用的辅助被控量时，才能采用串级控制系统。若辅助被控量很接近主被控量，提前反映扰动的作用不大，而辅助被控量过于提前，对副回路的改善效果不大。所以，选取辅助被控量的原则是既能提前反映较多的扰动，将更多的扰动包括在副回路内，又要使副回路起到改善对象动态特性作用。

串级控制系统有明显的优点，当被控对象控制通道有较大迟延和惯性，扰动频繁且幅值较大时，应当考虑采用串级控制系统。

第五节　前馈—反馈控制系统

前馈—反馈控制系统又称为复合控制系统，如图 11－8 所示。它由以下两部分组成。

一、反馈控制

反馈控制是按被控量的偏差进行控制，当系统受到扰动，只有被控量产生偏差之后反馈控制器才有可能产生控制作用，当控制对象扰动通道 $G_{0\lambda}(s)$ 和控制通道 $G_{0\mu}(s)$ 有较大迟延和惯性时，被控量必然产生较大动态偏差。

二、前馈控制

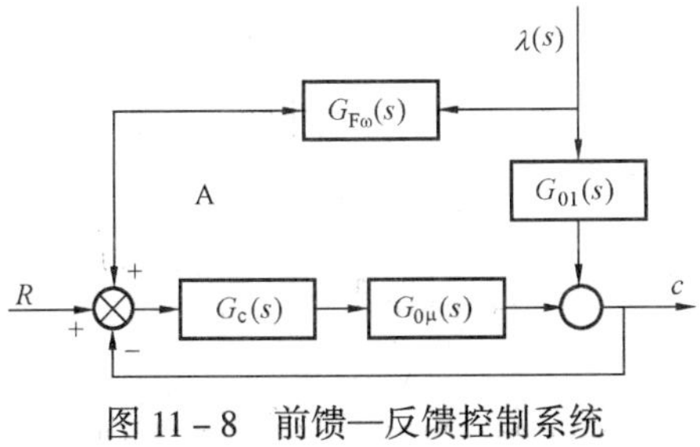

图 11－8　前馈—反馈控制系统

前馈控制是基于扰动进行控制，扰动 $\lambda(s)$ 一发生，前馈控制器 $G_{F\omega}(s)$ 根据所测扰动 $\lambda(s)$ 大小和方向，按一定控制规律去产生控制作用，去抵消扰动对被控量的影响。

在前馈—反馈控制系统中，前馈作用是对被控量的粗调，只要前馈控制器 $G_{F\omega}(s)$ 设计合理，扰动发生时，被控量就不致于产生太大变化，有效地抑制动态偏差。反馈控制作用是对被控量的细调，当前馈不能

完全抵消扰动的影响时，被控量产生偏差，由反馈控制作用去消除。况且，一个控制系统的外界扰动可能很多，不可能对每一个扰动都进行测量并设计前馈控制器。在实际工业生产中，只对那些可以测量的主要扰动进行前馈控制。

图 11－8 所示前馈—反馈控制系统，被控量 $c(s)$ 与扰动 $\lambda(s)$ 之间传递函数为

$$\frac{c(s)}{\lambda(s)} = \frac{G_{0\lambda}(s) + G_{F\omega}(s)G_c(s)G_{0\mu}(s)}{1 + G_c(s)G_{0\mu}(s)} \tag{11-19}$$

运行人员总是希望扰动$\lambda(s)$发生时，被控量不变，即 $c(s)/\lambda(s) = 0$。因而，由式（11－19）可以得出前馈控制器$G_{F\omega}(s)$应该为

$$G_{0\lambda}(s) + G_{F\omega}(s)G_c(s)G_{0\mu}(s) = 0$$

$$G_{F\omega}(s) = \frac{G_{0\lambda}(s)}{G_c(s)G_{0\mu}(s)} \tag{11-20}$$

由式（11－20）设计的前馈控制器可以实现扰动的完全补偿。但这样的控制器传递函数形式很复杂。若$G_{0\mu}(s)$有迟延环节 $e^{-\tau s}$；则$G_{F\omega}(s)$必须是超前 $e^{\tau s}$，这是根本无法实现的。所以，前馈补偿往往只能实现近似补偿，好在还有反馈控制，对于不能完全补偿部分，可由反馈控制去解决。

综上所述，当控制系统存在经常变动且不可控的扰动时，可考虑采用前馈—反馈控制系统。此时只需对主要扰动进行前馈补偿，对被控量进行粗调作用，被控量等于给定值的任务只能由反馈控制器来完成。

复习思考题

1. 试分析被控对象控制通道动态特性—放大倍数、纯迟延时间对控制系统稳定性及动态偏差的影响。

2. 试分析控制器参数比例带、积分时间、微分时间对控制系统稳定性、静态偏差、动态偏差的影响。

3. 什么叫串级控制系统？试画出其方框图。

4. 在串级控制系统中，主控制器和副控制器的任务是什么？

5. 串级控制系统有哪些优点？在什么情况下可以考虑采用串级控制系统。

6. 试分析前馈—反馈控制系统的特点，它主要应用于什么场合？

7. 欲对扰动进行完全补偿，应如何确定前馈控制器传递函数？实现完全补偿为什么往往是困难的？

第三篇 自动控制装置

第十二章 自动控制装置概述

第一节 概 述

一、概况

自动控制技术已成为工业生产过程中不可缺少的技术手段。随着科学技术的进步和生产规模的扩大，它将更广泛地介入工业生产并起着越来越重要的作用。

所谓生产过程自动化，是在无人直接参与的情况下，通过控制设备（即通常所称的自动化仪表）使生产过程自动地按照预定的规律运行。自动化仪表是实现生产过程自动化的工具，其中检测仪表和变送器对过程参数进行测量和信号转换，显示仪表用来指示和记录过程参数，控制器、运算器和监控器等对被调参数实现各种数学运算和监控，最后由执行器和控制机构完成系统中的执行指令，使生产过程按规定的要求运行。

自动控制设备，是指除检测、显示仪表之外的其他自动控制设备，包括变送器、控制器、运算器、监控器及执行器等。

（一）按能源形式分类

自动控制装置（仪表）按所采用动力能源形式的不同，可分为电动、气动、液动和混合四大类。

1. 气动控制仪表

气动控制仪表是工业自动化的重要工具。气动控制仪表的特点是结构简单、直观、易于掌握，性能稳定，可靠性高，具有安全防爆性能，特别适用于石油、化工等有爆炸危险的场合。目前，气动控制仪表仍广泛应用于石油、化工、轻工等部门。气动控制仪表中的气动执行器，由于其安全、可靠、工作平稳等优点而受到欢迎。电力部门虽然很少采用成套的气动控制仪表，但在由电动控制仪表组成的系统中，有的却采用气动执行器。近年来，气动控制仪表在发展速度和生产应用方面仅次于电动控制仪表。

2. 液动控制仪表

液动控制仪表也发展较早。它结构简单、工作可靠，但动作速度较低、设备笨重，多用于功率较大的场合，如目前火电厂的汽轮机调速和水电站中的水轮机调速几乎都采用液动调节。

3. 电动控制仪表

电动控制仪表发展迅速，应用广泛，已远远超过气动、液动控制仪表。这是由于它具有以下优点：

(1) 电信号可以无滞后地远距离传输，因此能实现快速和远距离控制；

(2) 易于实现复杂的控制规律，易于集中显示和操作，还易于与其他现代化技术工具（如巡回检测装置、数据处理装置、电子计算机等）联用，能方便地组成各种复杂的综合控制系统；

(3) 能源供给方便，不像气动仪表那样需要庞大的压缩空气附属设备及液动仪表和需要复杂的供油系统。

现在，电动控制仪表已成为工业自动化的主要技术工具，广泛地应用于电力、化工、石油、冶金、轻工等各个部门。

4. 混合式控制仪表

某些汽轮机、水轮机采用的电液复合调速器既具有电动仪表能远传信号的特点，又具有液动调节仪表输出功率大的特点。

(二) 按结构形式分类

自动控制仪表按结构形式又可分为基地式控制仪表、单元组合式控制仪表、组件组装式综合控制装置和集中分散型综合控制装置等几类。

1. 基地式控制仪表

基地式控制仪表的结构特点是将检测、转换放大、显示、调节等部件设计成一个整体装置，以指示或记录仪表为中心，附加一些部件来完成控制任务。一台基地式仪表就能解决一个简单自动控制系统的测量、指示、记录、控制等全部任务，使用方便，价格低廉，适用于单参数、单回路的简单控制系统。

2. 单元组合式控制仪表

单元组合式控制仪表的结构特点是按照自动检测和控制系统中各组成环节的不同功能和使用要求，将整套仪表分为若干个能独立实现一定功能的单元，各单元之间以统一标准信号互相联系，应用时只要几种单元进行不同的组合，便可构成形式多样的自动控制系统。这种仪表应用方便灵活，通用性强，便于生产、维护，库存备品少，适合于大、中型规模生产自动化的要求，已经成为现代工业生产中相当重要的自动控制仪表。

我国单元组合式控制仪表有气动单元组合仪表（QDZ）和电动单元组合仪表（DDZ 型）两大系列。在 DDZ 系列中，相继研制开发了Ⅰ型（电子管和磁放大器型，20 世纪 50 年代研制）、Ⅱ型（晶体管型，20 世纪 60 年代研制）和Ⅲ型（集成运算放大器型，20 世纪 70 年代研制）电动单元组合仪表，20 世纪 90 年代有开发了基于微机技术的 DDZ－S 型第四代电动单元组合仪表。它们不仅在基本电子器件方面更新换代，同时仪表的技术、结构和性能等方面也都有明显的改进。

3. 组件组装式控制仪表

组件组装式控制仪表是为了适应大型企业综合自动化的要求，在单元组合式仪表的基础上发展起来的成套控制仪表装置。

它的结构特点是，将整套仪表的调节、运算和控制功能部分与显示操作功能部分分开，组装式仪表分为控制柜和操作盘两大部分，控制柜中以插接方式密集安装了很多块具有独立功能的"功能组件"，它们是组装式仪表的基本组成件，设置功能组件是这种装置的特征所在；显示操作盘是人—机联系部分，集中布置了与监视、操作有关的盘装仪表。这样的结构有利于现代大型企业中组成各种复杂的控制系统及实现集中显示和操作的要求，也利于在仪表制造厂预先根据用户需要组装好整套自控系统，减少现场的安装调试工作量，并且使维护和系统改组工作大大简化，在我国组装式仪表系列主要有自行研制的 TF－900 型和 MZ－Ⅲ型，还有引进生产的 SPEC—200 型等。

4. 集中分散型综合控制装置

它是一种以微处理器和微型计算机为核心对生产过程进行分散控制和集中监视、操作的直接数字控制装置，这种也称为基本控制器。

集中分散型综合控制系统的特点是，以微处理器和微型计算机作为过程控制工具，完成目前模拟仪表和小型程控装置的功能；以小型计算机作为上位机，实现数据处理、监督控制；以图像显示为中心的人—机联系装置，实现集中显示、操作；用通用电缆将各设备有机地联系起来。

集中分散型综合控制装置还具有以下优点：

(1) 可靠性高。首先是硬件质量高，并且采用冗余配置。

(2) 使用方便。它能够通过键盘操作，进行控制算法和系统的组态，因此若需要修改控制方案或变更系统，不需要更换硬件设备，也无需改变系统的硬接线。

操作人员可利用操作键盘以问答方式调用储存在仪表装置内的各种控制算法模块。模块的功能和术语尽量与用户熟悉的常规模拟调节装置相仿，因此即使不懂计算机的操作人员，也能方便地使用。

(3) 功能分散有利于提高系统性能。由于采用分散控制集中管理的方式，大量的现场信息量由下级装置就地处理，这样一方面减少了上位机的工作负担，另一方面可使系统的响应速度得以提高，结构得以简化。

(4) 具有自诊断功能和利于维修。系统异常时自动诊断装置立即实现自动切换，保证系统的安全运行，并显示出故障地点和内容，维修十分方便。

集中分散型综合控制装置可以采用所谓“4C”技术。即控制（Control）、计算（Computer）、通信（Communication）和图像显示（CRT），预计将广泛地应用于各类现代化工业生产的综合控制上。

二、发展方向

工业生产的不断发展拉动了对自动控制仪表需求。新技术、新工艺以及新材料和新器件的不断出现，又为自控仪表的发展创造了条件。随着生产的发展和科学的进步，工业部门各种大型、高效率、高参数的新型生产设备的相继出现，控制回路不断增多，系统更趋于复杂，从而对自控仪表提出了许多新的要求，主要有以下五个方面。

1. 控制功能多样化

按照生产过程的要求，自控仪表不但要具有常规的反馈控制功能和新的调节规律，如前馈控制、非线性控制等，而且还要有程序控制和各种连锁保护。

2. 提高仪表及系统的可靠性

由于现代大型工业设备很多是工作在高参数和临界状态下，过程之间的关联增强了，因此不但要求提高仪表的质量和本身的可靠性，还要在系统方面采取严密的监控、保护措施，一旦系统发生故障或异常，就能迅速判断它的性质，立即采取措施防止事故扩大，同时能指出故障的具体部位，以便及早排除。

3. 要求改善人—机联系条件和简化操作

对于一些大规模、复杂的生产过程，所用的控制仪表的数量和操作项目很多。例如，某火电厂一台300MW汽轮发电机组，采用DDZ－Ⅱ型仪表进行自动控制，仪表盘面长达10m多，操作把手多达400多只，人—机联系困难。尤其在起动时，人员拥挤，起动时间长达10h左右，增加了操作人员的精神负担。一旦发生事故，难免发生误操作。为此，可采取主设备的起停自动化和程序化，以电子屏幕集中显示代替大量模拟仪表显示等措施，减少操作部位和次数，缩短显示操作盘面。从而改善人—机联系条件，简化操作。

4. 要求解决好模拟仪表与计算机兼容问题

计算机用于工业控制是提高自动化水平的重要途径。随着技术的进步，其前景越来越广阔。计算机用于工业控制的方式有多种，如有直接数字控制（DDC）、给定值控制（SPC）、程序控制、监视管理等。这些控制必定要和模拟仪表发生联系，如信息的获取、控制量的改变都离不开模拟仪表，直接数字控制在一些关键回路上有时也用模拟控制器作为后备，给定值控制有时也通过模拟控制器去控制生产过程，故模拟仪表与工业控制计算机的兼容性是一个必须解决的问题。

5. 要求解决系统安装工程问题

随着系统的扩大和复杂化，要求仪表制造部门要针对用户情况，按工业对象的自动化要求，使整套仪表在制造厂就预先装好，组成所需要的系统。这样可大大简化现场安装、调试和投运工作量，缩短安装周期，而且也提高了布线质量。

为了适应前述要求，需要将自动化仪表各个领域的最新成就综合利用起来，如程序控制技术、数字逻辑技术、字符图像显示技术及数据通信技术，同时兼取模拟控制和计算机数字控制的优点，弥补各自的缺点，开发出新型的控制装置。组件组装式控制装置和集中分散型综合控制装置就是这样的新型控制装置。它们是今后相当长一段时期内适合于大型综合自动化的自控仪表装置。智能仪表的兴起使得仪表与计算机特别是微处理机之间的界限变得模糊，传统仪表概念发生了质的飞跃。在未来的工业技术中，常规的硬件功能式仪表在很多方面将被智能仪表所取代，这是仪表发展的一种趋势。

在智能化控制仪表中，特别值得提出的是单回路控制器或可编程控制器。它们以微处理器为核心实现直接数字控制，可以完成模拟控制仪表的各种运算功能及PID控制功能，并配备了同上位计算机的通信接口。在仪表外观，输入输出信号和操作方式上，保留了模拟控制器的特点，可与模拟控制器混合使用，构成各种复杂的控制系统，也可以应用子集中分散型综合控制系统中。在此系统中，它处于控制子回路中面向生产过程的“前沿”部分。根据我国当前的自动化水平及现状，这种仪表比较切合实际，适用面广，且容易为用户掌握。

应该看到，各种自控仪表都有自己的适用范围，都需不断发展。虽然数字控制与模拟控制相比有许多优点，计算机技术应用也日益广泛，但目前在我国，模拟控制系统仍是工业控制系统的主要形式。这是因为：①现在的变送器和执行机构大都是模拟式的，用模拟控制器构成系统较简单；②模拟控制仪表已使用多年，对生产者和制造者来说都有成熟的经验；③模拟控制仪表的价格较便宜。总的说来，小型企业和单机自动控制，宜采用结构和操作都比较简单，价格便宜的基地式控制仪表；大、中型企业则宜用单元组合式仪表（如气动、电动、智能式）；组装式控制装置及集中分散型数字控制系统则适用于大容量高参数的工业设备和现代化的系统复杂的生产过程中。

对于一个自动控制系统，其控制品质取决于控制系统的设计是否合理外，还取决于控制对象特性和控制仪表的工作特性以及正确的使用方法。与被控生产设备相比，自控仪表的发展可以说是日新月异，其品种之多、发展之快使人颇有眼花缭乱之感。作为自动化工作者，既要熟悉生产中业已应用的仪表，还要掌握和开发新型仪表。针对我国电厂热工生产过程所用自控仪表的现状和发展要求。

第二节　自动控制仪表信号制和供电方式

一、信号制

工业自动控制系统由许多仪表组成，一般包括以下几类：

(1) 检测仪表和变送器；

(2) 显示及记录仪表；

(3) 信号处理仪表（包括运算、控制、监控等功能）；

(4) 执行器。

大部分变送器和全部执行器都直接安装在生产现场，其他仪表则安装在控制室内。现场仪表之间互不连接，而只和控制室内仪表相连。控制室内仪表以各种方式相互连接。

由于在系统中各个仪表的输入和输出相互连接，为了连接方便，需要有统一的联络信号。

信号制是指在成套仪表系列中，各个仪表的输入、输出采用何种统一的联络信号的问题。采用统一信号可以使各仪表间的检测装置、顺序控制装置、控制计算机等现代技术工具配合使用。采用统一信号，可以通过各种转换器如电—气转换器、气—电转换器等将电动仪表和气动仪表联系起来，混合使用，从而扩大仪表的使用范围。

气动仪表的输入、输出信号，现在统一采用0.02～0.1MPa压力信号。

电信号有很多种，它包括模拟信号、数字信号、频率信号、脉宽信号等四类。模拟信号的种类有直流电流、直流电压、交流电流和交流电压四种。信号范围的下限可以从零开始，也可以不从零开始；上限也可高可低，统一信号的种类和范围对仪表的技术性能和经济性有直接的影响。下面仅对几种电模拟信号进行分析比较。

1. 直流信号

与交流信号比较，直流信号有以下优点：

(1) 在信号传输中，能方便地将交流感应产生的干扰信号区分开来并消除之，容易处理仪表的抗干扰问题。并且传输线的电感、电容和负荷性质对直流信号无影响，不存在信号的相移问题，使敷线简便。

(2) 适用于巡回检测装置、数据处理装置及控制计算装置等，这些都是以直流信号作为输入信号的。

(3) 容易获得直流信号的基准电压。因此，直流信号在各国控制仪表中得到广泛的应用。

与直流电压信号比较，直流电流信号的优点如下：

(1) 采用电流信号制的发送仪表，其输出阻抗很高，当传输线电阻在一定范围内变化时仍能保证恒流准确，因此适用于信号的远距离传输。例如DDZ-Ⅱ型仪表，当负荷电阻在规定范围（0～1.5kΩ）内变化，若采用0.6mm直径的导线，其信号传输距离可达3～5km。

(2) 电流与磁场的作用产生机械力，适用于力平衡式变送器。

(3) 对于要求电压输入的仪表，只需在电流回路内串入一个电阻，从电阻两端取得信号电压供给仪表，故应用较灵活。

我国的DDZ-Ⅱ型电动单元组合仪表采用电流信号制。采用电流信号的缺点如下：

(1) 当电流信号传输给几台接收仪表时，仪表是串联连接的，或需补接入仪表时，故某台接收仪表损坏将影响其他仪表工作。

(2) 几台仪表串联工作，不可能有一公共接地点，因此在使用时应注意每台仪表的接收仪表采用并联工作方式，因此，设计安装比较简便，补入或取消某台仪表不会影响工作，对仪表输出级的耐压要求可以降低，相应提高了仪表的可靠性。

(3) 为减少传输误差，要求发送仪表内阻及导线电阻足够小，接收仪表输入电阻足够大。由于导线电阻的限制，故电压信号不适于远距离传输。

由上述分析可见，电流信号的主要优点是适于远距离传输，电压信号的主要优点是可采用并联方式连接。因此在国外新型电动仪表和我国DDZ-Ⅲ型电动单元组合仪表、TF-900型，MZ-HJ型组装仪表中，现场主控制室的传输信号采用直流电流信号，控制室内部各仪表间的联络信号采用直流电压信号。

2. 信号上下限大小的比较

(1) 电流信号上限大，产生的电磁平衡力大，利于设计、制造力平衡结构变送器，电压信号上限大，抗干扰性能好，对于采用集成运算放大器的仪表，可降低对失调参数的要求。

(2) 电流信号上限小，可减少电流信号在传输线中的功率损失及缩小仪表体积，提高仪表的安全防爆性能。电压信号上限小，对集成运算放大器的输出幅度、共模电压范围的要求可以降低。

(3) 信号的下限从零值开始，便于进行模拟量的加、减、乘、除、开方等数学运算和采用通用刻度的指示、记录仪表；但判断信号传输线是否断线或仪表是否断电时会发生困难。

(4) 信号下限不从零开始，可使仪表的电气零点和机械零点分开，便于判别断线、断电故障，并能使半导体器件避开非线性工作区，使制作具有安全防爆性能和节约传输线的二线制变送器成为可能；但下限不为零时，为了适应信号转换、运算等方面的要求，往往需要在电路上采取电平的移动、补偿和预置等措施，使仪表的设计和使用带来些麻烦。

国际电工委员会（IEC）规定了国际统一信号，即过程控制系统的模拟直流电流信号为4～20mADC；模拟直流电压信号为1～5VDC。我国的DDZ－Ⅲ型仪表采用了国际统一信号，而DDZ－Ⅱ型仪表采用0～10mADC信号。TF－900型和MZ－Ⅲ型组装式仪表采用0～10VDC直流电压信号，它们的信号下限为零。信号转换运算方便，符合十进制习惯，容易进行标度变换，显示比较直观。同时10V的电平较高，具有前述信号上限高的优点。为了便于与DDZ－Ⅱ型和DDZ－Ⅲ型仪表的变送器和执行器配用，这两种组装式仪表都兼用了0～10mADC和4～20mADC两种传输信号，并考虑了这两种电流信号与0～10VDC信号的相互转换问题。

二、电动仪表供电方式

对于电动仪表，采用的供电方式对仪表的结构、性能影响很大。因此，通常有交流分散供电和直流集中供电两种供电方式。

1. 交流分散供电

交流分散供电是在各台仪表中分别引入工频220V交流电源，先用变压器降压，通过相应电路整流、滤波和稳压后作为各部分的电源。DDZ－Ⅱ型仪表采用了这种供电方式。

这种供电方式增加了每台仪表的体积、质量和功耗；变压器发热，增加了仪表的温升；220V交流直接引入，降低了仪表的安全性，也易带来工频干扰。尤其在现代大型控制系统中，仪表的数量很多，这些问题就显得突出。采用无变压器的微型开关型稳压电源供电，可以克服一些缺点。

2. 直流集中供电

直流集中供电是各个单元（仪表）统一由直流低电压电源箱供电。集中供电克服了交流供电的缺点，并且可与备用蓄电池构成无停电供电装置。这种供电方式布线简单，工作安全，备用及保护容易处理。TF－900型组装式仪表采用＋15V双电源集中供电，MZ－Ⅲ型组装式仪表和DDZ－Ⅲ型单元组合式仪表采用24V单电源集中供电。

集中方式供电对电源的可靠性提出了更高的要求。为此，一方面要对电源装置本身采取保护措施，如在电源线路上设置过流、过压、失电等保护措施；将几台电源装置并联运行，即使一台电源损坏或处于保护状态退出供电网络，也不至于影响整个系统的正常供电。另一方面是考虑电源后备措施，一是采用两路独立交流电源供电，一路断电，另一路切换接上；二是采用备用蓄电池（UPS方式），一旦220V交流失电，将仪表自动切换到蓄电池，维持仪表继续工作一段时间，同时发出报警信号，通知检修人员迅速检修。

此外，集中供电，尤其是单电源集中供电，给仪表线路带来一些新的问题，需要在仪表设计时加以考虑。

第三节　自动控制设备组成原理

一、开环式仪表和闭环式仪表

模拟式自动控制仪表在结构上通常由若干部分组成，包括机械部件、电磁器件和电子线路。通过这些组成部分使整台仪表实现信号的转换、放大、运算等功能。一般来说，从仪表输入端到输出端之间信号要经过一系列变换。在信号的变换过程中，必然要受到仪表内部因素的影响，如摩擦力、弹性力、间隙，气隙、非线性、噪声等，也要受到外界因素如大气压力、环境温度和湿度、供电电源、外部电磁场和重力场、振动等的影响。

有些因素影响信号的正常变换，即对仪表的准确度和其他性能带来不利的影响。按照信号在仪表中的传递变换过程以及仪表各组成部分的功能特点，可以将仪表看由若干个环节组成。由各环节串联所构成的仪表称为开环式仪表，见图 12－1（a)；具有反馈的仪表称为闭环式仪表见图 12－1（b)，闭环式仪表一般采用负反馈方式。

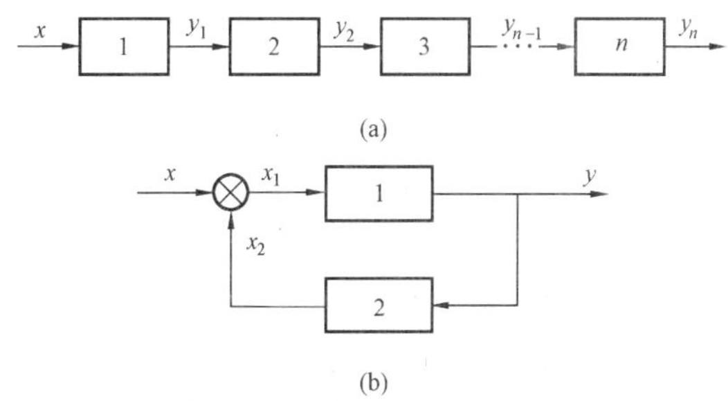

图 12－1　自控仪表基本构成框图

（a）串联开环式仪表；（b）闭环式仪表

开环式仪表的各组成环节是串联的，因而信号的传递是采用级与级之间的直接变换形式。整个仪表的传递函数为各环节的传递函数的乘积。每一个环节的内部影响因素和外部影响因素必然以累积的效果直接影响仪表的总性能，如仪表的准确度、灵敏度、非线性误差，来回变差、反应时间等。为了保证仪表的准确度，必须减少每一环节的误差。为了提高仪表的灵敏度，可采用增加仪表组成环节的方法，但这将使仪表的总误差也随之加大。也就是说，对于开环式仪表，提高灵敏度与准确度之间存在着矛盾。

电子技术和控制理论告诉人们，将开环系统改接成闭环系统，再采取提高增益、加深负反馈的方法，可大大改善系统的静态和动态性能。这一理论对于自控仪表同样具有重要指导意义。正是利用负反馈原理，开发了多种多样的自控仪表，有效地克服了仪表内部，外部因素的不利影响，提高了仪表的性能，实现了一定的运算关系，获得所需要的输出特性，从而成功地解决了开环仪表存在的许多问题。

按负反馈原理构成的各种模拟量控制仪表，可用图 12－2 所示的原理框图来表示，主要由输入转换部分、比较部分、放大部分和反馈部分组成。各部分之间的信号传递及作用方向如图 12－2 中箭头所示。在实际仪表中，前向部分和反馈部分常常还包含许多环节。

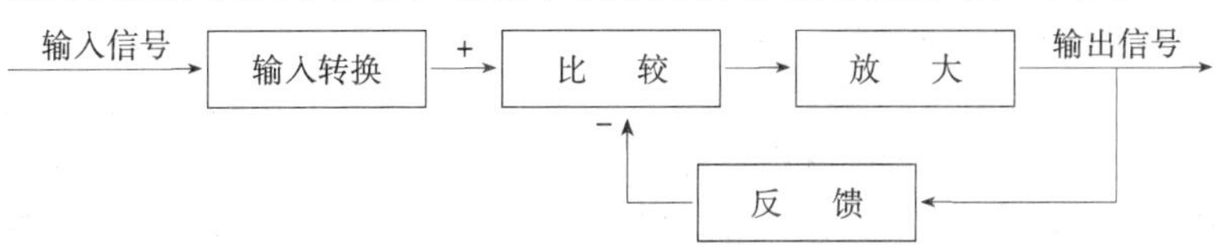

图 12－2　模拟量控制仪表的组成原理

输入转换部分是一个由高精度和高稳定性的元、部件构成的线性环节；比较部分也是由线性的元、部件构成，以保证各个被综合的信号在该部分进行线性综合；放大部分是一个高增益的放大器（如气动放大、液动放大、机械放大、磁放大或电子放大等)，用以保证足够的输出功率和负反馈平衡的精度；反馈部分是由高精度和高稳定性的元、部件组成的各种运算电路。仪表参数的调整环节一般都附设在输入转换部分和反馈部分。

进入比较部分（被综合）信号的形式可以是力、力矩、位移或电量。由于是以反馈量去平衡输入量，其方向或符号相反。当它们（接近）相等时，系统处于平衡状态，这时仪表的输出信号达到稳定。在仪表中通常把此称为平衡原理，包括力（矩）平衡、力矩平衡、位移平衡和电平衡。

二、负反馈原理及其应用

一台自动控制仪表装置由各个环节组成。信号是顺着环节的方向按先后次序传递的。所谓反馈，对电子式自控仪表来说，就是把放大器输出回路的信号（电压或电流）以一定的方式馈送到放大器的输入回路。负反馈放大器包含放大器和反馈部分两个环节。

设放大器的放大倍数为 K，反馈环节的传递函数为 $W_f(s)$，整个负反馈放大器的传递函数为

$$W(s) = \frac{K}{1 + KW_f(s)} = \frac{1}{\frac{1}{K} + W_f(s)} \tag{12-1}$$

当 $K \gg 1$ 时，$W(s) = 1/W_f(s)$，即：当放大器的放大倍数 K 足够大时，整个负反馈放大器的传递函数等于反馈环节传递函数的倒数，而与放大器无关，这是在电子技术和控制理论中所熟知的结论。对于仪表中的放大器，$K \gg 1$ 的条件普遍都是满足的，因此反过来说，如果要求自控仪表具有已知的动态特性，则仪表反馈环节的传递函数应为该仪表的传递函数 $W(s)$ 的倒数，即

$$W_f(s) = 1/W_f(s) \tag{12-2}$$

负反馈原理在自动控制仪表中可以有很多方面的应用，具体有以下几方面。

(1) 实现控制器的动作规律。在控制器内部反馈回路中，采用不同的环节，就得到不同的控制规律。例如，在自动控制系统中经常用到的具有 PI 控制规律的调节器，其反馈环节的传递函数应为已知 PI 控制器的传递函数的倒数。用一个实际微分环节作为一个放大倍数足够大的放大器的反馈部分，就可以得到一个较为理想的 PI 控制器。

(2) 实现规定的数学运算。根据反馈原理，反馈环节与整个闭环放大器在运算功能上恰好是相反的。因此，可以据此使用仪表的反馈环节完成平方运算而制成开方器；使用反馈环节完成乘法运算而制成除法器等。控制器其实也是运算器。

(3) 仪表特性的线性化。很多检测元件和仪表的特性是非线性的。例如，温度变送器来用铂铑—铂（LB）热电偶作一次元件，而热电偶输出热电势的非线性误差较大，当温度在 0～1000℃范围变化时可达 6%左右。采用非线性负反馈的方法，可使温度变送器的输出电流能与被测温度呈线性关系，方法是在反馈回路内加一非线性函数发生电路使仪表特性线性化。

(4) 可以改变仪表的时间常数。

(5) 使仪表同时得到高准确度和高灵敏度。有关仪表灵敏度和误差理论分析表明：由于前向环节和负反馈环节的误差具有相反的符号，使得误差得以抵消或减小，仪表的相对误差小于未加负反馈时前向环节的相对误差。当负反馈深度足够大时，闭环式仪表的灵敏度和准确度都主要由反馈回路的特性来决定。这是闭环式仪表比开环式仪表容易得到高的准确度和高的灵敏度的理论依据。在实际应用时主要采取提高前向环节的放大倍数以及减小反馈环节的误差两个途径，使仪表同时获得高准确度和高灵敏度，较好地解决了开环式仪表在准确度和灵敏度之间的矛盾。

综上所述，可以发现只要改变反馈环节的特性，就能获得所需要的输出特性，改善仪表的性能。

负反馈在仪表电子线路中也得到普遍应用。在晶体管交流放大器中引入直流负反馈以稳定静态工作点；在集成运算放大器中，通过差动输入级的发射极公共电阻对共模信号的负反馈作用，以提高共模抑制能力；在输入、输出电路中，可用不同的负反馈方式改变其输入、输出阻抗，以达到所需要的性能。

负反馈的实质是将仪表的输出量通过反馈环节引回到前向环节的输入端，与其输入量进行比较，以随时对输出进行自动调整。负反馈对放大器性能的改善，是以牺牲放大倍数为代价而换取的。增加反馈深度，需要增加放大倍数。但放大倍数太大，容易在多级放大器中产生振荡，将使仪表工作不稳定，在一些自控仪表中有时便出现这种现象。

第四节 仪表抗干扰

仪表装置的干扰，就是出现在仪表传输线上各种影响仪表正常工作的非信号电量。现场使用的自动控制仪表装置，会有各类干扰通过不同途径与仪表电路耦合，以致使信号发生畸变，造成误差，影响仪表的正常工作。为此要了解干扰来源并研究其消除的方法，这对于仪表设计制造和安装使用都具有重要意义。

来自外部的干扰，称为外部干扰，通常以电磁场的形式出现。在交流发电机、大功率变压器、电焊机以及这些设备的连接电线的周围，都有较强的交变电磁场。自控仪表的输入信号线若在这样的设备邻近通过，就会产生交变电势对仪表形成干扰。电厂厂区及周围大地中的跨步电压、高电压设备周围的高压电场、电气设备触点间火花产生的高频电磁波、由于仪表接地不合理和电气设备绝缘性能不良而形成的地电流和漏电流等，都是特定形式的外部干扰。

图 12-3（a）列出了几种仪表交流电干扰的情况，如温度变送器所配热电偶正常工作信号为毫伏级，它的引线可能因漏电或感应而受到交流电的干扰；在热电偶与温度变送器之间可能存在着跨步电压，在变送器与调节器之间也有类似的现象；变送器输出电流中因干扰而出现交流分量等。

由于仪表内部原因而产生的干扰称为内部干扰，包括仪表内部电磁元件产生的电磁干扰；仪表内接地点不合理产生的级间干扰；布线不合理、虚焊、元器件质量不好，晶体管内部噪声等。

仪表装置的外部干扰按其引入方式的不同，可分为横向干扰和纵向干扰两种，如图 12-3（b）所示。横向干扰就是指因电磁感应产生的，由信号引接线进入仪表的干扰。它出现在仪表输入端（线）之间，故又叫做“端间干扰”或“线间干扰”。横向干扰的电压信号将与正常信号叠加，直接影响仪表的正常工作。横向干扰的主要来源是空间电磁场，其数值约在几个毫伏到几十个毫伏之间。纵向干扰是指由漏电阻引起的仪表线路对地干扰。纵向干扰的数值比横向干扰大，可在几伏到几十伏之间。纵向干扰如果存在于回

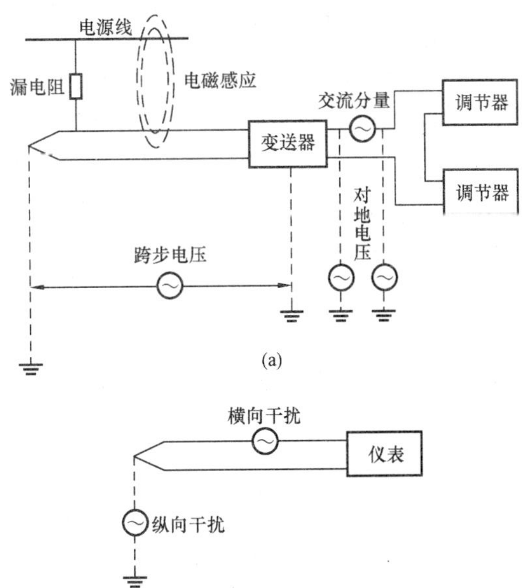

图 12-3 仪表的交流电干扰
（a）几种干扰情况；（b）干扰类型

路，就转化为横向干扰，影响仪表的正常工作。纵向干扰往往是由于高电平设备或它的导线因绝缘、屏蔽不良造成漏阻抗等原因产生。

电子技术中关于放大器的抗干扰问题的原理，对自动控制仪表装置也同样适用。不同频带的仪表对不同频率的干扰有不同的反应。大部分的热工自动控制仪表装置都工作在低频范围内，根据对现场实测的干扰电压波形进行分析，一般多是工频干扰（及其叠加倍频的分量），因此可着重考虑低频干扰的抑制问题。

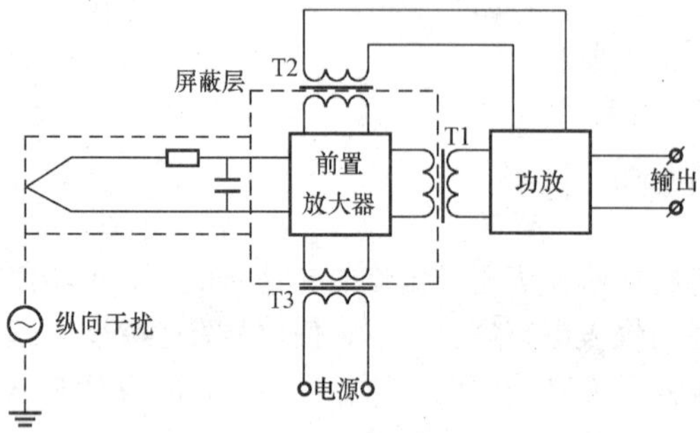

图 12－4　仪表的抗干扰举例

在 DDZ 系列单元组合仪表中的输入信号回路内，经常采用滤波电路来消除横向干扰。采用将前置放大器“浮空”的办法来减弱纵向干扰所造成的不良影响。如图 12－4 所示，其中的三个变压器，即前置放大器的输出变压器 T1、反馈变压器 T2 和电源变压器 T3 和外界有信号联系。由于这三个变压器的隔离作用，纵向干扰不能产生回流。其中 T1、T2 分别将输入部分和输出部分、反馈部分进行直流隔离，习惯上称它们为隔离变压器，这种反馈方式（经变压器 T2 反馈）称为隔离反馈。将前置放大器加以屏蔽，可以进一步削弱纵向干扰。做法是在电源变压器中采用静电屏蔽层，仪表信号线用金属管套起来加以屏蔽，并将其正确接地。以上这些措施统称为仪表的抗干扰。

干扰的来源很多，传输途径复杂，抗干扰的方法也不少。在理论上和生产实践中，仪表的抗干扰都是一个需专门研究而且复杂的问题。以上所述，是为了初步认识和了解自动控制仪表装置在结构和使用方面如何考虑的抗干扰措施。

复习思考题

1. 自动控制装置按能源形式可分为哪几类？
2. 自动控制装置按结构形式可分为哪几类？
3. 电动仪表有哪几种供电方式？
4. 简述负反馈原理及应用。
5. 简述仪表的干扰。

第十三章　电动单元组合仪表

第一节　单元组合仪表概述

一、单元分类

（1）变送单元：将各种被测参数（如温度、压力、流量、液位等）转换成 0～10mADC 统一标准信号，传送到显示单元和控制单元，以实现对各种参数的指示、记录和控制。

（2）控制单元：将变送单元送来的测量信号，与给定值信号进行比较，根据所得偏差信号的情况按一定控制规律输出连续的控制信号，控制执行单元的工作。

（3）执行单元：根据控制单元送来的控制信号或手动操作信号，操作控制机构（阀门或挡板）开大或关小，以达到控制的目的。

（4）显示单元：接受变送单元或其他单元送来的信号，对被测参数进行指示、记录、积算和报警，供运行人员监视、分析系统工况之用。

（5）计算单元：能对几个仪表输出的 0～10mADC 信号进行数学计算（如加、减、乘、除、平方、开方等），适用于信号的校正计算及多参数综合控制等。

（6）给定单元：它输出 0～10mADC 作为被控参数的给定值送到控制单元，实现定值控制或时间程序控制，给定单元的输出也可供给其他仪表作为参考基准值。

（7）转换单元：它是 DDZ 系列仪表与其他系列仪表之间联系的桥梁。它能将毫伏电势、频率和气动单元组合仪表的气动信号转换成 0～10mADC，把不同系列的仪表（如成分分析仪器、机械量仪器、电工仪器等）与 DDZ 系列仪表连接起来，扩大使用范围。

（8）辅助单元：配合各单元在自动检测和控制系统中起附加和补充作用，以增加系统组合的灵活性及系统运行的安全性，如手动操作、信号限幅、报警和平滑阻尼。

二、命名规则

根据各单元的特点和习惯用语，将指示、记录单元称为指示仪、记录仪；其余各单元均称为器，如变送器、转换器、控制器、执行器、给定器等。

整套仪表以电（DIAN）、单（DAN）、组（ZU）三字的汉语拼音第一个大写字母组合为命名，即 DDZ，代表电动单元组合仪表，罗马数字Ⅱ代表整套仪表为晶体管型，罗马数字Ⅲ代表整套仪表为集成电路型。

这套仪表各单元的型号由两部分组成，其间用短横线隔开，组成形式如下：

Ⅰ Ⅱ Ⅲ —— Ⅳ Ⅴ Ⅵ Ⅶ

其中：Ⅰ——均为字母 D，表示电动单元组合仪表系列产品；

Ⅱ——用下列字母代表产品类别：B—变送单元；T—控制单位；K—执行单元；X—显示单元；J—计算单元；G—给定单位；Z—转换单元；F—辅助单元；

Ⅲ——用字母代表各类产品中的小类；

Ⅳ、Ⅴ、Ⅵ——由阿拉伯数字组成，前两位表示产品的系列规格和结构特征，后一位代表产品序号。

三、DDZ 系列仪表主要性能指标

（1）统一标准信号：0～10mADC。

（2）准确度等级：整套仪表的准确度等级不低于0.5级，其中变送、转换、计算、给定等单元仪表的准确度等级一般为0.5级。

（3）反应时间：不大于1s。

（4）负荷电阻：变送、转换、计算等单元的负荷电阻为0～1.5kΩ，给定、调节单元为0～3kΩ。

（5）恒流性能：0.5%/1.5 kΩ（负荷电阻为0～1.5 kΩ的仪表）；0.5%/3 kΩ（负荷电阻为0～3 kΩ的仪表）。

（6）输入电阻：统一标准信号输入的仪表，输入电阻为200 Ω（特殊情况下不超过800 Ω）。

（7）电源：220V，AC、50Hz工业电源。

第二节　DDZ 系列仪表组成简单控制系统

DDZ 型电动单元组合仪表的设计原则是将整套仪表分成能独立完成某项（或几项）功能的单元。该仪表总的系统功能是通过将有关单元按正确的方式组合起来实现的。在应用 DDZ 型仪表时，应正确地"组合"，以实现需要的系统功能。通过掌握各典型单元的组合方法，也可以加深对单元仪表工作原理的理解。

一、简单控制系统构成

简单控制系统指的是只有一个被调量（单变量）、给定值不变（定值）并且只有一个控制作用输出（单执行器）的控制系统，可由一个变送器、一个控制器、一个伺服放大器、一个操作器和一个电动执行器构成，如图13－1所示。

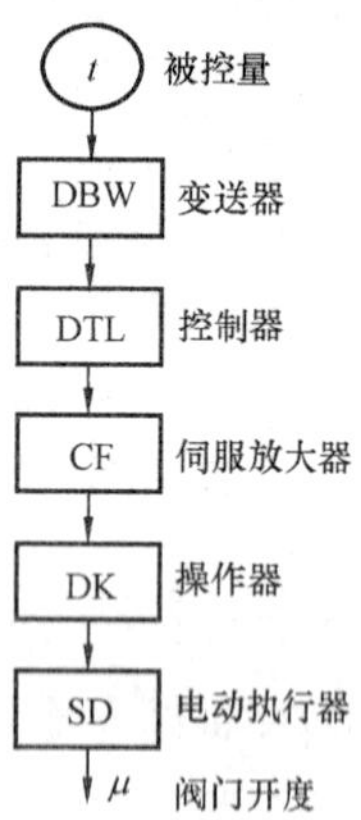

图13－1　简单控制系统框图

被控量一般是某些物理量（如温度、压力、流量、液位等），由相应的变送单元（如温度、压力、差压变送器等）转换成电信号被系统接受。DTL控制器将被控量和内部给定值信号比较，求得它们的偏差，并按规定的控制规律（如P、PI、PID等）进行运算，其输出信号送往执行单元的伺服放大器CF，SD电动执行器通过操作器DK接受伺服放大器的"升""降"控制信号，控制阀门开度 μ 变化，从而控制进入工艺对象的能量（或流量）。可见，DDZ系列仪表如要实现控制功能，则至少需要三个单元（如变送、控制、执行单元），相当于早期的一台基地式控制仪表的作用。从这个角度看，电动单元仪表的组合方式是属于仪表"内部"的安排问题。

1. 仪表组合后控制作用方向

负反馈控制系统要求信号经控制仪表和工艺对象后，其相位变化180°，即控制仪表传递函数与对象传递函数的乘积是负的。由于工艺对象传递函数的符号随着具体生产设备而不同，故要求配用的控制仪表能有一个改变控制作用方向的手段，使两者组成的系统构成负反馈。例如，电厂磨煤机出口温度控制系统，当控制阀控制热空气流量时，阀门开大引起磨煤机出口温度升高，对象传递函数的符号是正值；若控制阀控制冷空气流量，则阀门开大引起磨煤机出口温度下降，对象传递函数的符号是负值。按照负反馈原则，前者所配用的控制仪表的输出信号应随被控量的升高而减小，其传递函数符号应为负值（习惯称为反作用控制器）；对于后者，则应该采用正作用控制器才能构成负反馈结构的系统。

变送单元（温度变送器除外）和执行单元都是基于精确的机械位移（或机械力）负反馈的原理而设计的，它们的作用方向不易改变。为了符合操作人员的习惯，它们的作用方向被规定为正作用。这样，仪表作用方向改变的任务，只能由控制单元来承担。

通常定值控制系统使用DTL控制器的内给定器提供信号。

2. 单元仪表组合时各单元比例系数选择

系统中被控量的变化至少要经过三个单元才能作用到对象输入端。系统的开环静态放大倍数愈大，它的静态精确度愈高。一般来说，对象对其输入信号的放大系数是不易变化的，提高系统静态精确度的途径只有增加控制仪表的静态放大倍数。

变送器的比例系数选择越高，控制系统纠正静态偏差的能力越强。控制系统中变送器可通过量程压缩和零点迁移的方法提高比例系数。

二、简单控制系统手动与自动状态的切换

DDZ系列仪表组成的控制系统还具有从自动状态切换到手动状态或能作相反方向切换操作的控制功能。现以采用电动执行器和DFD－09型操作器的系统为例，介绍其控制功能的实现方式，如图13－2所示。

1. 系统状态切换操作的要求

控制系统在自动状态时，执行器接受控制器输出电流 I_T 指挥，其阀位 μ 和 I_μ 一一对应成比例关系。系统被切换成手动状态时，执行器改由手操指令指挥。

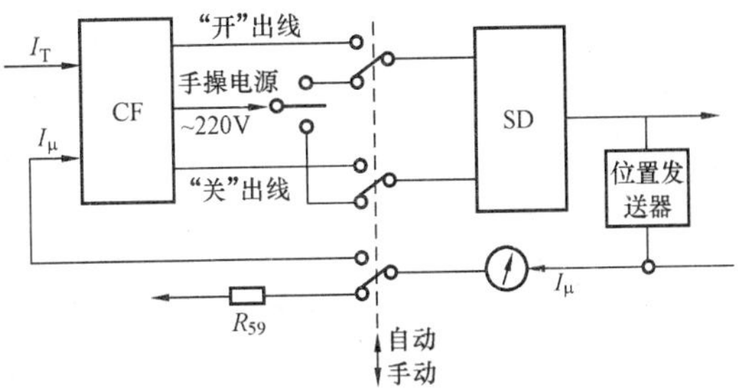

图13－2　自动—手动状态切换操作示意图

对切换操作的要求是，系统运行状态的变换对系统本身不应产生附加的扰动，即系统由自动状态切换到手动状态时，阀位不应发生变化，手动操作应在切换前的阀位基础上进行操作；反之，当系统由手动状态转为自动状态时，执行器也应在原来基础上接受控制器的指挥。

系统由自动状态切换到手动状态时，操作器的切换开关将伺服放大器至电动机的“开”“关”出线断开，电动机停转，阀位保持不变。人工操作时，由操作开关将电源（交流220V）接至电动机的“开”或“关”进线端，使阀位等速变化。这样的状态转换是符合要求的。

系统由手动状态向自动状态转换时，控制器输出电流 I_T 要和阀位电流 I_μ 相等，才能符合无扰切换的要求。

2. 手动状态时控制器自动跟踪的实现

手动状态时，控制器的输出对伺服电动机不起作用。控制器始终接受被调量的测量信号，此信号与其给定值的偏差仍然被控制器进行PI或PID运算。手操控制时的偏差值总是存在的，只要有足够长的时间，控制器的输出电流将达到限制值（上限或下限），这时如作切换操作，必然会发生执行器的大开大关现象，这是不允许的。

这里从控制器和执行器、操作器配合的角度，介绍控制器的自动跟踪原理，探讨控制器在手动状态下如何实现其输出自动跟踪阀位。

系统在手动状态时，执行机构“开”或“关”进线端接受操作开关来的相电压，使阀位等速度变化。执行机构内的位置发送器将阀位移信号线性地转变成阀位电流，此电流从执行机构的端子进入操作器的阀位指示表，再经过切换开关、跟踪电阻流回执行机构。跟踪电阻两端的电压由操作器的切换开关经端子加到控制器的积分电容两端，从而实现控制器的自动跟踪。

此外，切换开关使控制器内跟踪继电器吸合，其两对动合触点分别将微分输入通道及PID运

算电路中的微分电位器短路，以使跟踪过程平稳。

若控制器工作正常，且被调量等于给定值，则控制器的输出电流将和阀位电流相等。如果此时由手动状态切换到自动状态，伺服放大器将接受两个大小相等、方向相反的电流信号，伺服放大器两组交流开关均不导通，伺服电动机不转动，故在切换过程中，阀位保持原来的开度值，没有切换扰动产生。

操作器内设有由切换开关控制的自动和手动状态指示灯，分别指示两种运行状态。操作器内电阻将 0 ~ 10mA 的阀位电流转换成 0 ~ 10V 跟踪电压；这使得两种运行状态下位置发送器的负荷电阻一致，从而有利于阀位的跟踪及阀位表的准确指示。

手动状态时控制器对阀位的自动跟踪并不是所有情况都必需。如当控制器的控制规律为 P 或 PD 时，控制器的输出就不会到达限制值而和阀位基本一致。此时，状态的切换造成的附加扰动不大。

第三节　DDZ－Ⅱ型组合仪表温度变送器

一、概述

为了实现对温度（温差）参数的显示、记录及自动控制，热工参数的测量和控制系统中广泛采用温度变送器。它的作用是与各种热电偶或热电阻配合使用，将被测温度或温差信号转换成统一的 0 ~ 10mA 直流电流信号。还可以与某些具有直流毫伏电势信号或欧姆电阻信号输出的传感器配合，用来测量多种物理量。

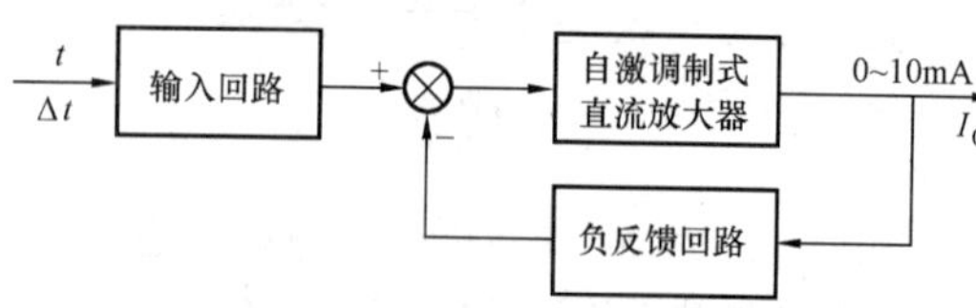

图 13－3　温度变送器组成方框图

温度变送器属于 DDZ－Ⅱ型仪表的变送单元，是由输入回路、自激调制式直流放大器及负反馈回路三个主要部分组成，其组成方框图如图 13－3 所示，工作原理为：热电偶或热电阻的直流毫伏电势或欧姆阻值信号送到输入回路转换成直流毫伏信号，与反馈信号进行比较，其差值经自激调制式直流放大器变换与放大，输出 0 ~ 10mADC 统一信号；同时，输出电流 I_o 经负反馈回路变成反馈电压，接到放大器的输入端，采用深度负反馈。

反馈回路和输入回路均由电阻组成，以保证变送器输出电流与输入的直流电势或电阻呈线性关系。但热电偶和热电阻本身是非线性的，使得输出电流与被测温度之间并不完全呈线性关系。通常在工业应用中，非线性关系带来的测量误差是允许的。

二、输入回路

温度变送器输入回路的作用是将热电势、热电阻或其他信号转换成数值范围统一的直流毫伏信号送到放大器，还应实现热电偶冷端温度的自动补偿、变送器的零点迁移及提供自检信号，必要时还要提供热电偶断线报警信号。

输入回路是一个通用的测量线路，它的原理线路如图 13－4 所示。选择不同的外部端子接线方式，就能与热电偶、热电阻或直流毫伏信号源配用，构成直流不平衡电桥 ABCD。

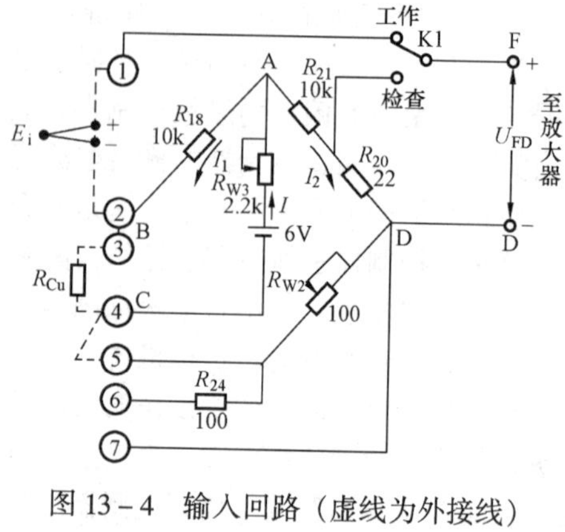

图 13－4　输入回路（虚线为外接线）原理线路图

热电偶输入时，端子①、②接热电偶正、负端。端子③、④接入冷端温度补偿（铜）电阻，构成桥臂 BC。此时电位器 R_{W2}作为桥臂 DC。在桥臂 AB 和 AD 上有固定电阻 R_{18}和 R_{21}。桥路的直流电源为 6V，电位器 R_{W3}用来将总工作电流调整为 1mA，可认为左右两支路电流近似为恒流。

温度变送器可以当作低电平直流毫伏转换器使用，这时输入回路的接线方式与热电偶输入回路相同，需用锰铜电阻代替铜电阻，使桥路的输出电压不受环境温度的影响。零点迁移及自检作用亦与热电偶输入回路相同。

当温度变送器与热电阻配合测量温度时，输入回路可按图 13－5 接线。热电阻应采取三线制接线法接入，使得相邻的桥臂 BC 和 DC 中各有一根通到测温现场的连接导线，避免引接线电阻值随环境温度变化而影响测量准确度，桥臂工作电流为 0.5mA。

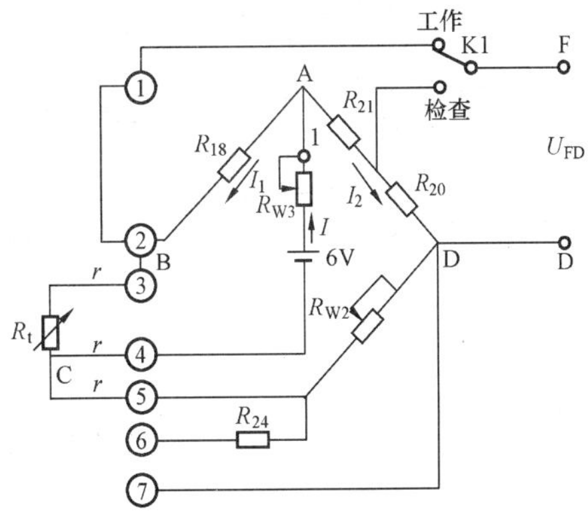

图 13－5　热电阻输入回路

热电阻输入回路有热电阻—电压转换、零点迁移和提供自检信号三个作用。

三、自激调制式直流放大器

放大器是把输入回路送出的直流电压信号与反馈电压信号 U，比较后的差值进行放大，一方面使仪表输出 0～10mA，另一方面向负反馈回路提供反馈信号。放大器的输入信号是一个变化十分缓慢的低电平直流信号，须采用调制式直流放大器来放大。

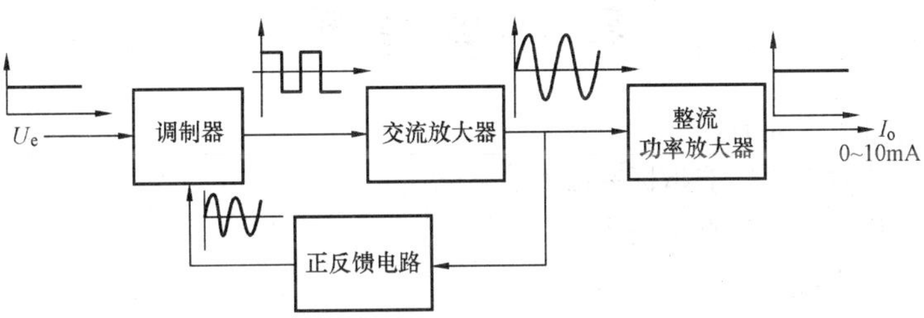

图 13－6　自激调制式直流放大器组成方框图

直流放大器是由调制器、交流放大器、正反馈电路和整流功率放大器几部分组成，其组成方框图如图 13－5 所示。输入的微弱直流信号通过调制器变为一定频率的交流电压，经交流放大器放大后分成两路：一路通过整流功率放大器，成为 0～10mA 直流输出信号 I_o；另一路通过正反馈电路反馈到调制器，作为开关电压，使调制器和交流放大器构成一个自激振荡器，故整个放大器称为自激振荡调制式直流放大器。这种直流放大器在温度变送器和 DDZ－Ⅱ型仪表的其他单元中广泛被采用，其具体电路见图 13－7。

四、负反馈回路

负反馈回路的作用是使调制式直流放大器构成电流负反馈放大器（见图 13－8），以保证变送器的线性度和恒流性能，还要同过它调整量程和实现仪表自检。

当 β 足够大时，有 $I_o = U_i/\beta$ 成立，这说明输出电流与输入电压的关系只由反馈回路的特性所决定，与放大器的特性无关。由于反馈网络由锰铜电阻组成，可保证输出与输入之间关系的线性度和稳定性。改变反馈系数，即改变反馈网络的等值电阻，可以改变仪表的量程。

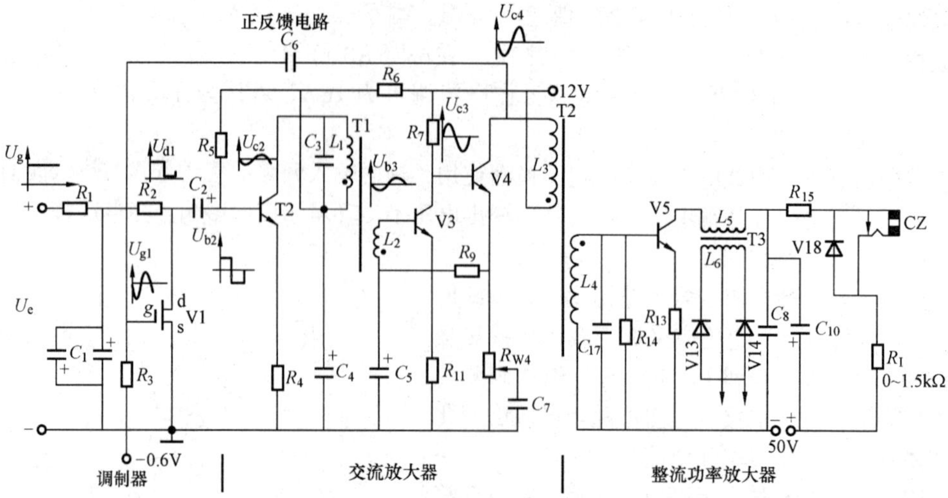

图 13－7　自激调制式直流放大器

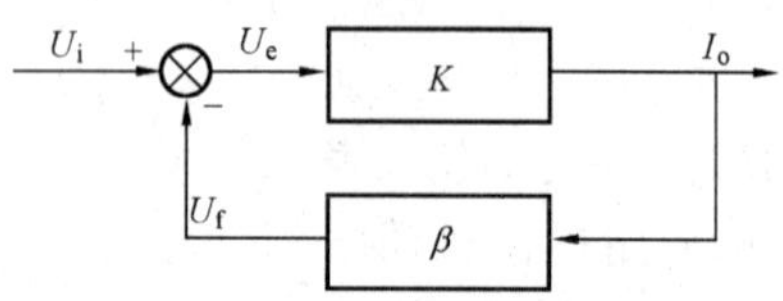

图 13－8　电流负反馈放大器框图

复 习 思 考 题

1. 单元仪表的组成单元有哪些？
2. DDZ 系列仪表的主要性能指标有哪些？
3. 简述对系统状态切换的具体要求。
4. 如何理解“无扰切换”？
5. 简述温度变送器的工作原理。

第十四章　组件组装仪表

随着火力发电机组自动化水平的，操作和控制项目及仪表的用量剧增，简单的回路控制方式已难于满足复杂系统对调节品质的要求。单元组合仪表现场安装调试的工作量大，安装及调试质量也难于保证。为此很多厂家通过引进技术和自行研制，生产了一种采用集成电路组成各种功能组件，一块一块地集中插装在一个总的机柜内的仪表。称为“组装电子综合控制装置”，简称组装仪表。型号有“TF 型”和“MZ 型”两种。这两种型式的仪表统称为机柜式组装仪表。TF 的含义为“调节”和“分离”。表示系统的运算、调节等各种功能部件是以组件形式插装在机柜内的，而操作、显示等部件安装在操作台上。“MZ”的含义为“模件”和“组装”，即功能组件的“模件化”——由五种基本模件板（有源元器件线路板、集成电路运算放大器等均装在此板上）与各种程序板（无源器件线路板）插接而成。不同的程序板与五种基本模件中的一种插接在一起，即可组成具有一定功能的组件。组装仪表都具有仪表结构紧凑、小型化、现场安装调试简单、工作可靠、运行维护方便等优点。

第一节　组装仪表系统组成和结构

一、组装仪表系统的组成

组装仪表类似于单元组合仪表，其系统的构成如图 14－1 所示。各类组装仪表在系统组成上有一些不同，具体的区别在于是采用单板结构形式构成还是采用模件化结构、在于输入输出信号的形式。

组装仪表可以配用通用的变送器和执行器。通过变送器将温度（t）、压力（p）、压差（Δp）和各种开关量信号转换为 0～10mADC、4～20mADC、1～5VDC、0～10VDC 等电流或电压信号，组装仪表都能接受。组装仪表分为“系统机柜”和“操作台（站）”两部分，操作台（站）包括各回路的操作器、定值器、显示器等；系统机柜插装着各种功能组件，其功能包括运算、控制、监控、监视、保护和辅助功能等。组装仪表还可以与工业控制计算机、程控装置、图像显示装置配合，对火力发电生产过程进行综合控制。机柜内部联络传递信号为 0～10V 直流电压信号，向外输出的信号为 0～10mADC、4～20mADC 的电流信号。

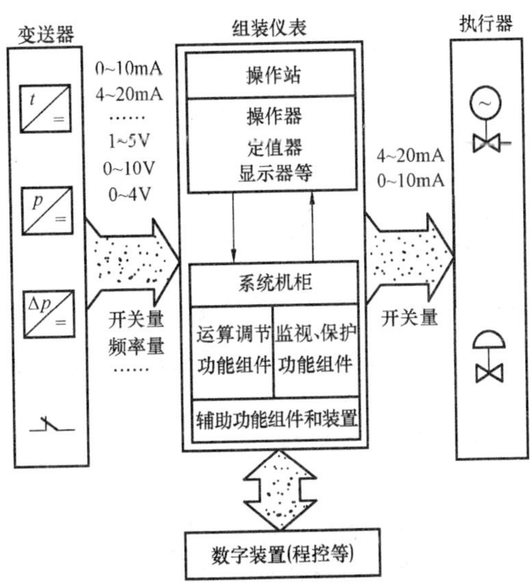

图 14－1　组装仪表系统的基本组成

二、组装仪表结构

组装仪表均由系统机柜和操作台两部分组成，如图 14－2 所示为 MZ 型组装仪表。两种组装仪表机柜和操作台的结构型式基本相同。

TF 型组装仪表的机柜有很多个机架，机架

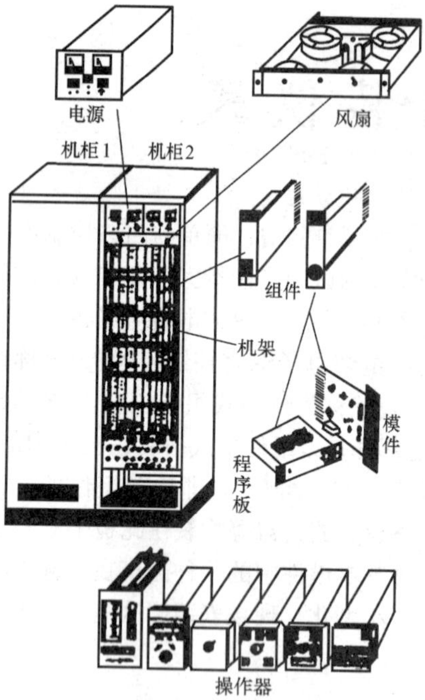

图 14-2　MZ 型组装仪表的结构构成

上插装各种功能组件及电源、冷却风扇、接线箱等。机柜的最上面是交流电源母线，往下是冷却风机。冷风自下而上使电子元件得到冷却。6 个电源装置安插于冷却风机下部的插箱内，供给各组件的直流电源。直流电源装置下面是功能组件箱，每台功能组件箱可插入十块功能组件板及一块电源分配板，功能组件的信号输入和输出经组件箱后面的插座、导线接至矩阵接线箱的矩阵接线端子板上，以构成调节系统或改组调节系统的接线。组件箱的下面是逻辑控制保护的组装板，接线箱和接线端子排在最下面，整个机柜布置紧密，维护方便。

第二节　组装仪表设备分类

TF 型和 MZ 型组装仪表的设备及各功能组件大致相同，但在分类方法和名称上有些不同。

一、TF 组装仪表设备和组件分类

整套 TF 组装仪表可分为模拟量功能组件部分和数字逻辑组件两大部分。模拟量功能组件有 100 多种，数字逻辑组件有近 30 种。

1. 模拟量功能组件

模拟量功能组件按其功能不同可分为转换组件、计算组件、调节组件、控制组件、给定组件等。

转换组件包括各种输入转换组件和输出转换组件。输入转换组件是用来接受各种变送器或检测仪表送来的 0~10mADC、4~20mADC、1~5VDC、0~5mVDC、热电阻的阻值及频率等信号，并将它们转换为该装置机柜内统一标准的 0~10V 直流电压信号，然后作进一步处理。典型的输入转换组件为电流输入转换组件。输出组件是用来把机柜内的 0~10VDC 统一标准信号转换成 0~10mADC、4~20mADC、触发脉冲、开关量等形式的输出信号，送到现场去控制各种相应的执行器。典型的输出组件为电流输出转换组件。

计算组件是对 0~10VDC 电压信号进行加减、乘除、开方、乘方、阻尼、非线性补偿和函数变换等数学处理。

控制组件是将输入转换组件送来的被控参数的信号与给定值信号进行比较，然后将其偏差值进行 P、PI、PID、D、前馈及其他非线性调节，经过运算后输出 0~10VDC 电压信号，典型的组件是 PID 组件。

控制组件包括报警、高低值选择、上下限幅、跟踪比较、手动/自动切换等。在自动控制系统中各自起着一定的监视、控制与保护作用。典型的组件是偏差报警组件和手动/自动切换组件等。

给定组件包括恒流给定、比率给定、时间程序给定等，用于控制系统被控参数的定值或复杂控制系统的偏置等。典型的组件是恒值给定组件可输出 0~10VDC 或 0~10mADC。

显示器包括单双针指示器、单双色带指示器、比例积算器、开方积算器等。

另外，还有各种操作器、电源分配组件和一些有关附件。TF 组装仪表在构成控制系统时，控制组件和输出转换组件之间通过一个接口，把有关逻辑控制、人—机联系系统、监视报警等系

统联系起来。

2. 数字逻辑组件部分

为提高TF组装仪表系统的安全性和可靠性，利用数字逻辑组件加强对系统的监控、逻辑的控制功能，它包括监控系统、逻辑控制系统和专用连接装置。

监控系统中有固定监控器、可变监控器、巡回监控器、逻辑给定、逻辑切换、优先报警、第一故障报警等控制功能组件，一旦系统出现故障，监控系统如果可以自动排除的就自动排除，不能自动排除的就把系统切换到安全状态，并进行各种连锁，使故障不致扩大，同时迅速指出故障的性质和具体地点，通知操作人员及时处理。

逻辑控制系统实际上是附加在TF型组装仪表上的程序控制装置，它由一些数字逻辑功能组件组合而成，程控功能最多16步，其输入可以来自现场，但主要还是接受机柜内部模拟量系统报警组件和监控系统送来的信号，解决系统启停、连锁等问题。

专用连接装置是用来解决TF组装仪表与工业控制计算机的连接问题。

二、MZ型组装仪表组件和设备分类

MZ型组装仪表的设备组成部分主要是由装在系统机柜内的功能组件、装在操作台上的操作器、定值器和若干辅助装置组成。按照它们在系统中的功能也可以分为实现运算控制功能的组件、实现控制保护功能的组件和辅助功能组件。

实现各种基本数学运算的组件包括加、减、乘除、开方、比例、微分、积分、偏置、函数、高低值选择、绝对值、死区、限幅、阻尼、限速等运算处理的组件。组成P、PI、PID等连续控制动作或断续控制动作的各种常规控制组件还可带有抗积分饱和（输出信号限幅）、变参数等附加功能，以便构成各种更为复杂、完善的控制系统。

控制功能组件是构成控制系统的主要部分，采用“模件化”构成方法，保证这些组件在应用上具有简单、灵活的特性。

实现控制、保护功能的组件，包括监视、监控、继电、保护等组件以及操作器、定值器等。在正常情况下，按工艺要求实现对控制系统的遥控、程控或在故障情况下对工艺参数越限、电源和气源条件和设备条件进行监视或采取必要的保护措施。

辅助功能组件和装置包括输出组件、触点组件、电源装置、风扇、报警器等。

第三节　组装仪表功能组件主要基本电路

一、集成运算放大器

TF型和MZ型组装仪表功能组件的电路结构都是由一些最基本的电路所组成的。这些基本电路中都用到“集成运算放大器”（以下简称集成运放）。集成电路的是利用一定的工艺把三极管、二极管、电阻及连接“导线”等整个电路都集中制造在一块微型硅片上，使材料、元件、电路成为一个不可分割的固体块。“集成运算放大器”实质上是一个采用固体块构成的高增益的直流放大器，与各种形式的外部电路或反馈网络连接，完成加、减、比例、积分、微分运算和放大的功能，其中的高增益直流放大器部分称为基本放大器，习惯上把基本放大器称为运算放大器。

1. 集成运算放大器基本组成

集成运放的电路结构框图如图14－3所示，它可以分为输入级、中间级、输出级和确定各级工作状态的偏置电路等四部分组成。

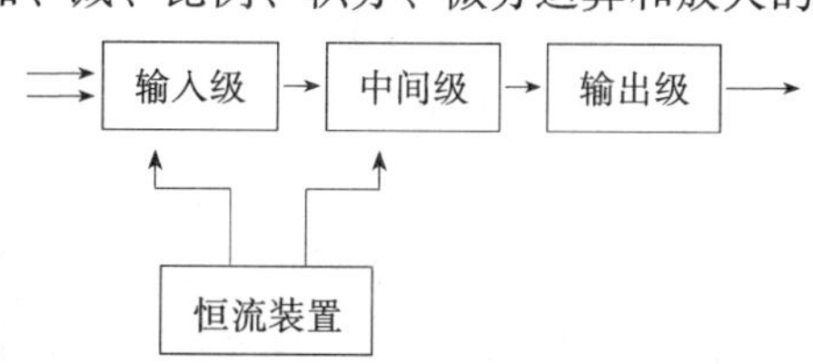

图14－3　集成运放电路结构框图

集成运放的输入级是接受输入信号并进行放大，要求它的输入阻抗尽量高，以使输入信号能量损失小、零点漂移尽量小、温度特性稳定。信号的输入有反相输入和同相输入两种，为此输入级一般都是采用带恒流源的差动式放大器。既可以单端输入，也可以双端输入，有利于减小零点漂移，有利于提高共模抑制比和输入电阻。

中间级是将输入级送出的信号电压进行放大并驱动输出级，要求有足够大的电压放大倍数，双端输入，单端输出。

输出级直接与负荷相连，要求具有足够大的电压幅度和输出，功率以及输出阻抗低，这样可使输出电压信号不随负荷阻抗大小变化。当输入为零时，输出也为零。输入有正负两种信号时，输出电压也相应地有正负两种极性，有过负荷保护作用。输出级常用互补对称功率放大电路。

线性集成运放电路常用晶体管恒流源，输入级的恒流源作为差动放大器的射极反馈元件，提高了集成运放的共模抑制比。中间级的恒流源作为集电极负荷时，可以提高集成运放的电压增益。

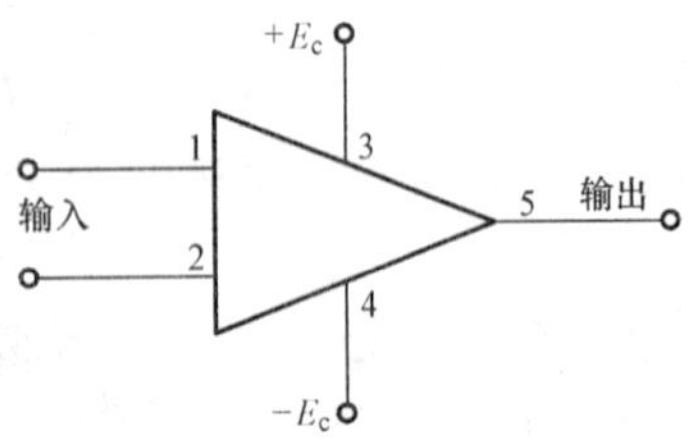

图 14－4　集成运放的端子图

2. 理想集成运放特点

一个集成运放通常具备五个引出端，即反相输入端 1、同相输入端 2、电源正端 3、电源负端 4 和输出端 5，如图 14－4 所示。它的两个输入端可以同时加进输入信号，称“双端输入”或“差动输入”；也可以单端加进输入信号，称为“单端输入”。当输入端与输出端之间没有外部电路连接时的状态，称为集成运放的“开环状态”；若有某种电路连接时称为“反馈状态”或称为“闭环状态”，反馈有正、负之分。采用不同的电路连接，可以实现多种运算功能。

若集成运算放大器的开环放大倍数趋近于无穷大、等效输入阻抗很大、等效输出阻抗趋近于零、共模抑制比趋近于无穷大，那就在分析集成运放的基本功能时，可把它看成理想运算放大器。

3. 不同的运算方式

(1) 反相端输入时的运算方式。

输入信号加到反相输入端，反馈网络接在反相输入端与输出端之间，而将同相输入端接地，即构成反相输入运算电路，此种接法应用广泛。

(2) 同相端输入时的运算方式。

将输入信号加到同相输入端，而将反相输入端接地，反馈网络仍加在反相输入端与输出端之间，就成为同相输入运算电路。

(3) 差动输入时的运算方式。

如果两个输入端同时都加输入信号，并仍采用负反馈连接，则成为差动输入运算电路。差动输入时的运算特性是反相输入和同相输入两种运算特性的综合。

二、组装仪表常用基本运算电路

(一) 信号运算电路

1. 求和运算电路

在自动控制中常需要将几个信号进行加减，图 14－5 所示的电路是具有三个输入信号相加的运算电路。利用线性迭加原理分别将三个输入信号单独作用的输出值迭加起来，即可求得输出与输入信号的运算关系为

$$U_o = -\left(\frac{R_f}{R_1}U_{i1} + \frac{R_f}{R_2}U_{i2} + \frac{R_f}{R_3}U_{i3}\right)$$

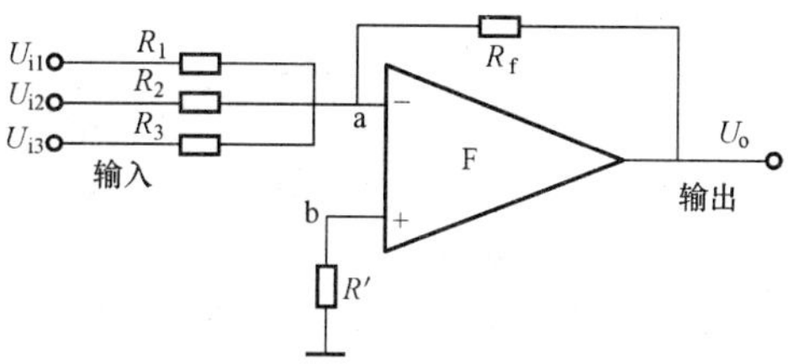

图 14－5　集成运算放大器的求和电路

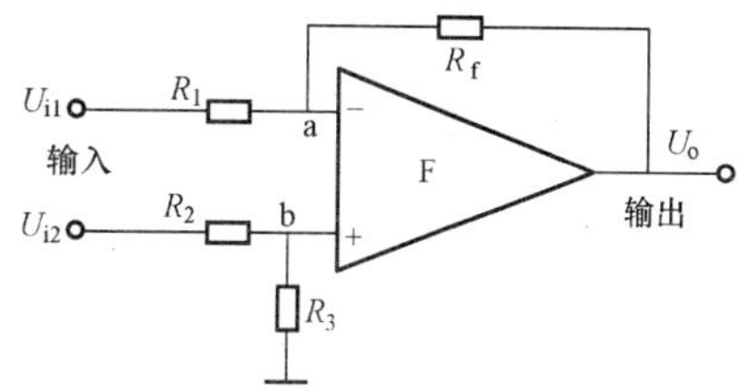

图 14－6　集成运算放大器的求差电路

2. 求差运算电路

如图 14－6 所示，利用迭加原理和同相端输入、反相端输入的运算特性可得

$$U_o = -\frac{R_1 + R_f}{R_1}\left(\frac{R_f}{R_1 + R_f}U_{i1} - \frac{R_3}{R_2 + R_3}U_{i2}\right)$$

3. 积分与比例积分运算电路

（1）积分运算电路，如图 14－7 所示。

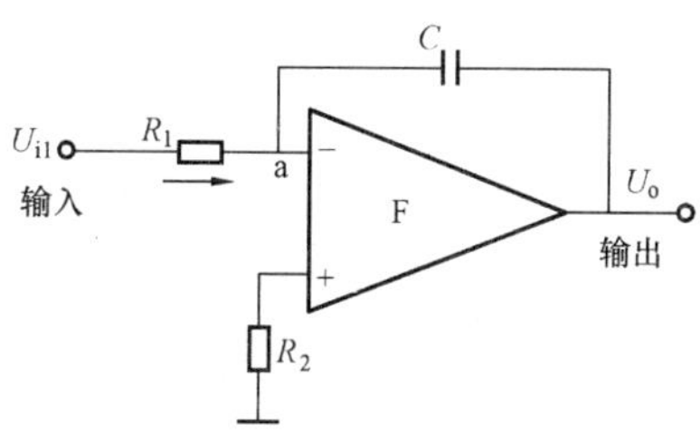

图 14－7　集成运算放大器的积分运算电路

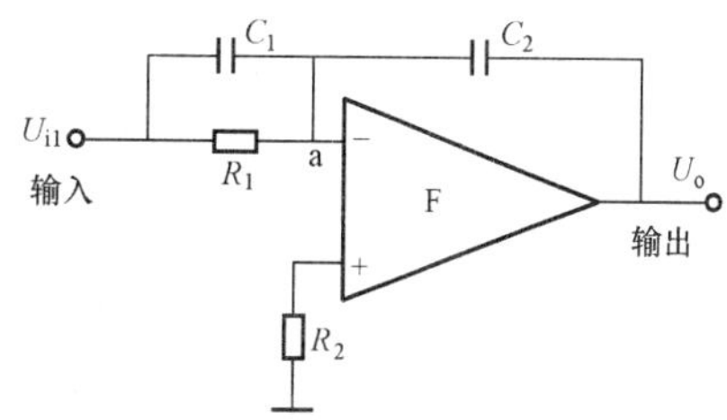

图 14－8　集成运算放大器的比例积分运算电路

（2）比例积分运算电路，如图 14－8 所示。

4. 微分运算电路

（1）基本微分电路，如图 14－9 所示。

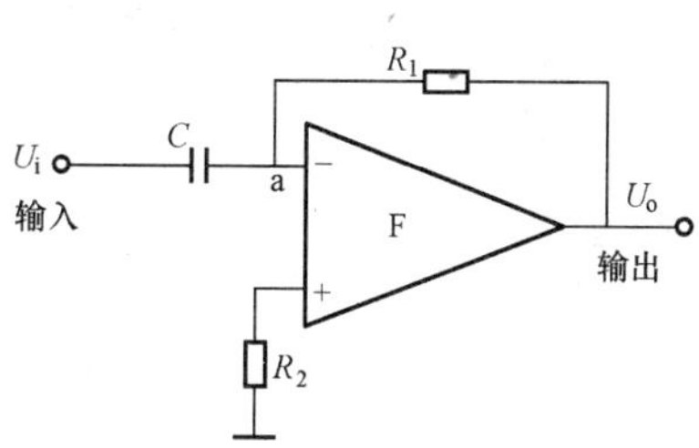

图 14－9　集成运算放大器的基本微分运算电路

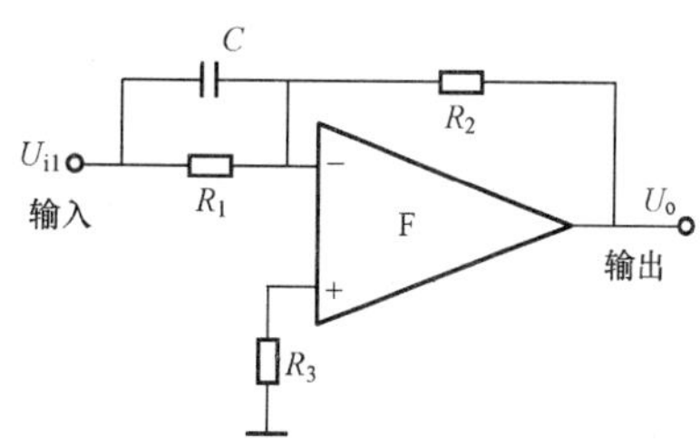

图 14－10　集成运算放大器比例微分运算电路

（2）比例微分运算电路，如图 14－10 所示。

（二）信号处理及基本电路

信号处理应用在组装仪表的比较器、滤波器、限幅器、信号保持和信号绝对值处理等电路中。

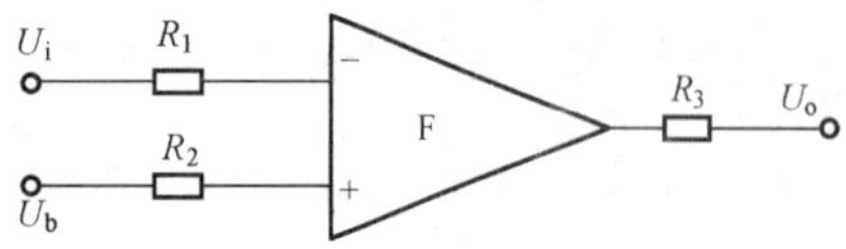

图 14－11　带有偏移电压的反相输入比较电路

1. 比较电路

常用的比较电路有简单过零比较电路和带偏移电压的比较电路两种形式。简单过零比较电路为集成运放的一种开环应用方式。比较电压加在反相输入端，同相输入端经电阻接地。在参数越限报警时，须根据被测参数与定值（绝对值）进行比较而得到报警信号的。在电路中，输入电压加在反相输入端，偏移电压加在同相输入端，集成运放也工作在开环状态，如图 14－11 所示。

2. 高低值选择电路

在同一个调节系统中，有时需要有几个被测参数，这就需要根据具体情况和被测参数的要求，选其中某个值（如最高值或最低值）作为调节或报警用的信号。图 14－12 为高值选择电路，其工作原理是：三个信号均加到同相输入端，电路的输出 U_o 总是等于三个输入信号中的最大值，所以称高值选择电路。如果要实现低值选择，则只需将三个二极管的极性反接即可。

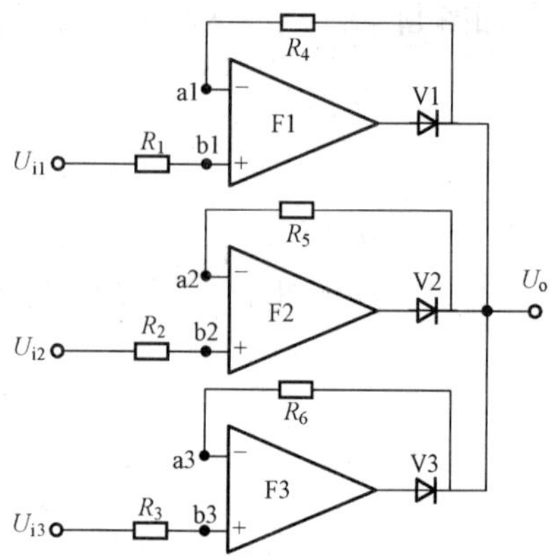

图 14－12　高值选择电路

3. 限幅电路

限幅电路用来限制输出信号的幅度，使其不大于上限设定值和不小于下限设定值。

4. 绝对值电路

有时根据需要，不论输入信号的极性如何，其输出总是为输入信号的绝对值，如图 14－13 所示，若 $R_2 = R_5/2$、$R_3 = R_5$、$R_1 = R_4$，根据信号迭加原理，可有

$$U_o = -\frac{R_5}{R_2}U'_{o1} - \frac{R_5}{R_3}U_i = 2U_i - U_i = |U_i|$$

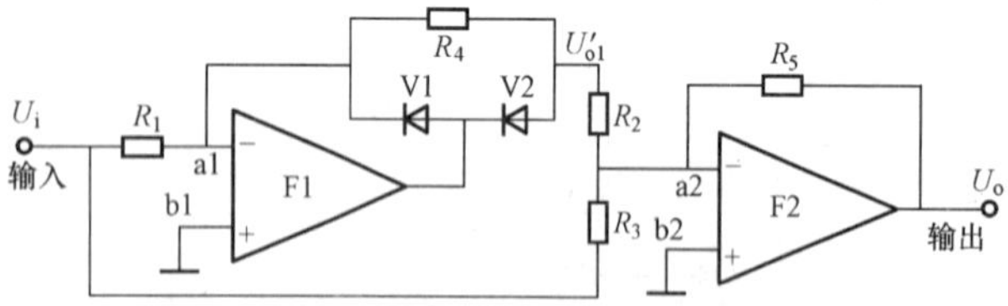

图 14－13　绝对值电路

5. 保持电路

保持电路是由高输入阻抗的集成运算放大器、高质量高漏阻的电容、具有动合触点的保持继电器和调零电位器组成。当继电器在工作过程中通电时，其动合触点闭合，输入信号接通，电容充电，输出信号为输入信号对时间的积分。当输入信号由于继电器失电而切断时，输出电压能保持在输入信号切断瞬间的值不变。

保持电路分为积分—保持状态和跟踪—保持状态。

6. 缓冲电路

缓冲电路在组装表中应用广泛，可用于进行信号转换、改变增益、信号零点处理等。它可以把外部不同量程的信号 0～10V、1～5V、0～4V 转换成机柜内部统一的 0～10V 运算信号。若输入为直流电流信号，则可通过标准精密电阻转换为电压信号后，再由该电路转换为统一的 0～10V

运算信号。

复 习 思 考 题

1. 简述组装仪表的组成。
2. 组装仪表是如何分类的?
3. 组装仪表中有哪几种基本运算电路?

第十五章 可编程序调节器

第一节 单回路数字调节器概述

用于火力发电厂生产过程控制的装置是以模拟式控制仪表为主。模拟式控制仪表是靠硬件组合来实现其功能的。但其功能性和可靠性受到许多因素的限制，不能完全满足现代化工业生产的要求。解决的途径是采用计算机数字控制技术，来解决模拟式控制仪表存在的问题。但控制不能过于集中，否则安全性难以保证。随着微型计算机技术的发展，目前针对于复杂的多回路控制系统，指导思想为“集中管理、分散控制”，称为“集散系统”。这是一种采用多台微型计算机进行分散数字控制的装置，它通过控制功能的分散达到分散危险性、提高可靠性的目的。

集散系统以微型过程控制计算机（或 CPU）组成基本控制单元，每个基本控制单元可以控制若干回路，构成最小控制系统，众多的控制系统都可与上位计算机构成网络，由上位机进行集中监视、操作与管理。集散系统有大、中、小规模之分，每台微处理机控制的回路数可多可少。在发展过程中，最小系统的回路数由 32 个减少到 16 个、8 个。现在的分散度降到一台微处理机只控制一个回路数，即把微处理机装进控制器。单回路数字调节器是单元组合仪表微机化和计算机控制系统分散化两种发展方式相结合的产物。单回路控制系统中一台微机只控制一个调节回路。所组成的系统可以实现集中分散控制。

以 YS－80 型系统为例，它包括变送单元、计算单元、显示记录单元、控制操作单元、报警单元、通信接口等，其数字控制器（如通用型 SLCD 和可编程型 SLPC）是其中的核心单元。它与其他单元组合成单回路数字控制系统，多个单回路系统再进一步组合成各种复杂程度不同的控制系统，如图 15－1 所示。

控制级中针对于控制对象，可以有很多台单回路调节器在同时工作。它们彼此独立，任一台出了故障，不影响其他回路的正常运行，可利用其通信功能将多个回路经接口单元通过母线与集中监视操作台联系起来，在大型显示屏幕上集中显示各控制回路的运行数据、工作状态、动态工艺流程图，同时通过操作键盘对生产过程进行监视和操作，组成各种规模的集散系统。控制级还可以与监控级计算机及管理级计算机连接，组成多级集散控制系统。

单回路数字控制装置是集散系统的一个子系统，是位于最基层的直接联系生产过程的控制和监视部分。其核心则是单回路数字调节器。开发单回路调节器的目的，就是增强集散系统的灵活性，照顾到与电动单元组合仪表的混合使用以及适应大量中、小型火力发电厂的需要。

单回路的含义是其输出只控制一个执行器，尽管为了实现高级控制，可以接受几路输入信号。这种数字调节器内藏微处理机实现运算控制功能，大都具有两个 PID 功能和多个输出通道。

一、功能和特点

单回路数字调节器在设计思想上大都具有以下特点：

(1) 保留常规调节器的操作方式和外部特性。尽管其是进行数字量运算和处理，但与外界的信号联系仍采用 4～20mADC 和 1～5VDC 国际标准模拟信号，具有很好的兼容性和互换性。单回路调节器正面板的显示内容、操作方式与常规模拟式调节器也几乎一样，便于使用和推广。

(2) 单回路调节器内的微处理机运行相应的软件，可以实现多种运算和控制功能。不仅能完成以反馈控制理论为基础的各种控制规律，而且能实现模拟式仪表难以实现的以现代控制理论为基础的许多特殊控制规律。一台单回路调节器能够替代多台模拟式仪表。

(3) 采用“程序组态”的控制方式。对单回路调节器的每一个独立而完整的功能，都可根据其算式编出相应的子程序，这种子程序称为“功能模块”。功能模块可由组态程序进行软连接，组成相应功能的系统。只要改变组态程序，即可改变调节器的功能，故系统设计方便灵活。

(4) 具有自诊断功能。数字调节器能周期性地检查自身的工作是否正常。发现异常现象会发出报警信号，还可以显示出故障性质与发生故障的部位。故障严重时能自动改变运行方式，即自动切为手动。有断电保护措施。

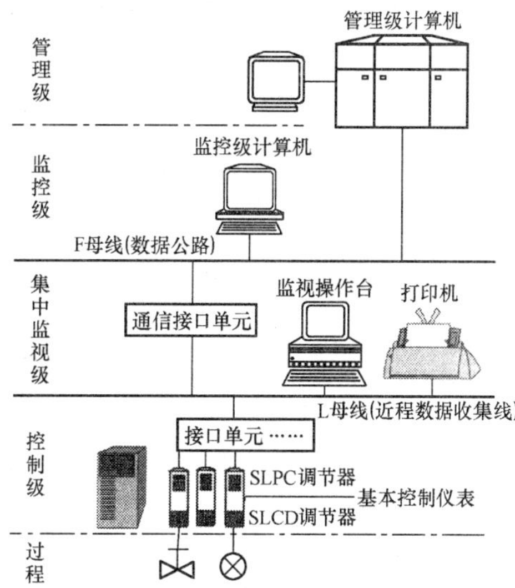

图 15－1　YS－80 组成的多级控制系统

(5) 具有通信功能。单回路数字调节器组成的独立的控制系统，须联成计算机网络，其作用才能充分发挥。调节器设有通信接口，在与上位计算机接上通信线路后即可实现集中分散型综合控制。

单回路控制器功能丰富、组态灵活、兼容性好、通用性强、可靠性高、使用方便，组成的系统可大可小，小到单回路控制，大到几十，上百个回路的集中控制，是实现彻底的分散和高度的集中管理的基本控制仪表，切合我国目前自动化水平的现状和要求。

单回路数字调节器的适用对象如下：

(1) 中、小规模的火力发电生产过程和比较复杂的控制系统。

(2) DDZ－Ⅱ，DDZ－Ⅲ型仪表难以胜任或不能胜任的生产过程。

(3) 老发电厂进行技术改造以提高控制管理水平。

(4) 准备向分散系统过渡的工程。

(5) 准备采用微机控制，但技术力量不足的企业。

单回路数字调节器的控制质量较高，可代替多台模拟式仪表，使仪表数量减少，表盘面积、接线、耗电都相应减少。

二、分类

近几年来，我国既引进生产，也在自行研制。对某些中、小型企业和控制对象适用的单回路数字调节器种类很多。

按程序的编制方分类，单回路数字调节器可分为固定程序调节器和可编程序调节器。

固定程序的单回路数字控制器不需要用户再编制程序，而是把基本的控制功能及其选择方法都固化在调节器中，在面板上有相应的功能开关以方便操作。由于不能灵活组态，而且功能也较少，在应用上受到一定的限制。

可编程序调节器可根据过程控制特点和用户的要求，由开发方或用户自行编制程序，程序可以修改或重编。调节器的功能模块很多，具有功能丰富、组态灵活的特点。一台单回路可编程序调节器能满足各种单回路控制系统的要求，因此应用也很普遍。

可编程序调节器的编程工具是编程器。在各种可编程序调节器产品中，所用编程器的结构和编程方法也有所不同。

单回路数字调节器的分类情况表示如下：

单回路数字调节器
- 固定程序的
- 可编程序的
  - 自带编程器的
  - 外配编程器的
    - 共用的 CPU
    - 单独的 CPU

第二节　可编程序调节器基本原理

一、可编程序调节器构成

可编程序调节器的原理可由其构成方案来表示，如图 15-2 所示。它是以 CPU 为核心组成的包括输入/输出通道、人机联系截面、通信接口的完整的计算机过程控制装置。也可以称为是一台专用的过程控制微型计算机。

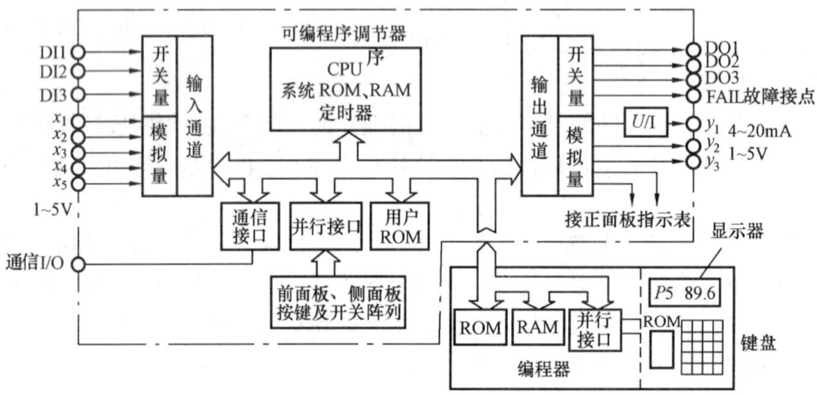

图 15-2　可编程序调节器组成框图

图 15-3 是可编程序调节器硬件系统原理图。由图 15-3 可见，模拟量输入信号由多路采样开关进入，经模/数转换变成数字量，再由 CPU 存入 RAM 中。开关量输入信号通过变压器隔离，经输入接口和 CPU 也存入 RAM 中。CPU 读取所有数据，按程序进行 PID 等运算、判断和处理，然后经数/模转换器得到模拟量。经过多路选择开关以电流和电压两种形式输出，经输出接口和隔离变压器则得到开关量输出。可编程序调节器都有多路模拟量、开关量输入及输出。模拟量输入信号均为 1~5VDC；模拟量输出信号为 1~5VDC 和 4~20mADC 两种。

现有的可编程序调节器，其 CPU（微处理器）与 ROM、RAM 及其他接口芯片通过总线连在一起，构成整机的核心，完成数据传送、输入输出、运算处理、判断等功能。调节器的软件部分包括系统软件和用户软件，其功能和特点主要体现在软件内容上。其硬件系统见图 15-3。

ROM 存储系统软件，用来管理用户程序、通信、子程序库、人—机接口等程序或文件。用户 ROM 为用户软件存贮区，存放用户编制的过程控制程序，从而实现所需要的控制。

RAM 为随机数据存贮区，存放通信数据、显示数据、运算的中间数据、常数（如给定值）、测量值、输出值、偏差、上下限、PID 参数等，定期与接口交换。有断电保护措施以保护 RAM 中的内容不丢失。

为了实现调节器的自诊断，有软件编制的定时监视器 WDT（watchdogUmot）随时监视 CPU 的

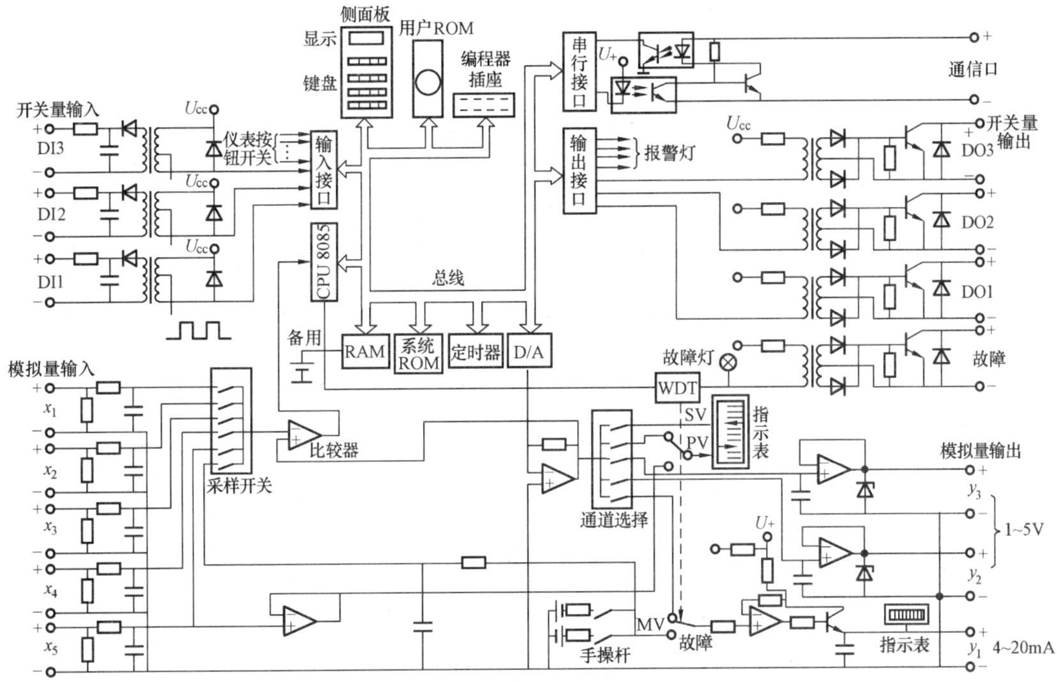

图 15-3　可编程序控制器硬件系统原理

工作状况，发出故障报警信号，并进行相应处理。调节器有经光电隔离的数字通信接口，以便与操作台或上位计算机联系，组成集散控制系统。仪表的显示、设定、调整、操作等人—机联系部分，如指示表、指示灯、按钮、开关、操作杆、数字显示器、键盘等，分设在正面板及侧面板上。

这种调节器属于外配编程器，设有一个编程器插座，它是供调节器与编程器连接之用。

可编程序调节器的供电电压大多采用24VDC，也有的采用110VAC或220VAC。

二、各主要组成部分结构和工作原理

可编程序控制器作为一台微机化过程控制仪表，可由过程输入/输出通道、人—机联系部分、运算处理部分、通信功能、监控系统和编程部分等功能部分组成。

（一）过程输入/输出通道

可编程序调节器用于过程控制系统时，必须设置专门的过程输入通道，把反映过程和状态的模拟量或开关量转换成计算机能够识别的数字信号，再通过接口电路送入微机。还必须设置过程输出通道，把从微机输出的数字控制信号变成控制执行机构的模拟量信号和控制开关器件的开关量信号。

1. 模拟量输入通道

典型的模拟量输入通道如图 15-4 所示。在火力发电厂中，过程参数包括温度、压力、流量、液位等。通过检测元件以及变送器或转换器转换成不同电平的输入信号，用标度变换器改变量纲和数值范围。通过采样输入来实现多个现场输入信号的依次逐个分时输入。采样由采样器来实现，采样器是一种可控模拟多路开关。当采样器输出的直流信号电平较低时，可经过放大器放大来满足 A/D 转换器的输入电平要求。放大器一般采用隔离放大器，兼有阻抗匹配和抗干扰作用。模拟信号经采样保持器暂时保持一段时间以备 A/D 转换。放大后的模拟信号经 A/D 转换器变成数字信号，通过接口送入微机。

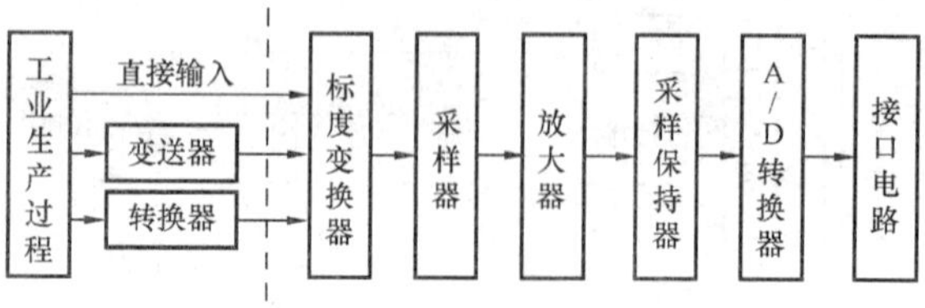

图 15－4　模拟量输入通道

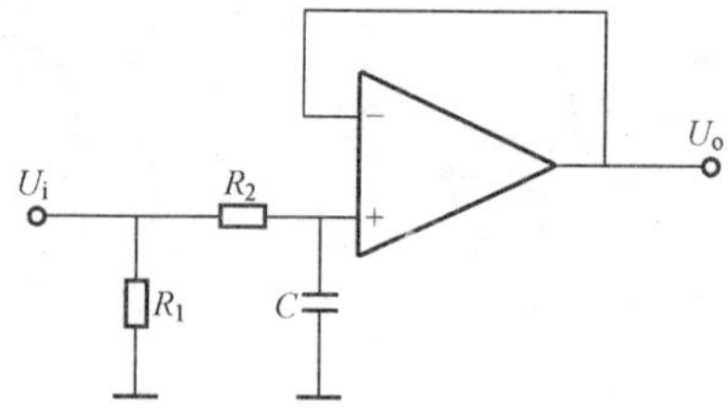

图 15－5　输入电路图

可编程序调节器的模拟输入通道入口一般还设有输入电路，如图 15－5 所示。这是一个由集成运算放大器构成的电压跟随器，用以提高输入阻抗。

A/D 转换器是模拟量输入通道中的关键部分。可采用专门的 A/D 转换器硬件，也可以用仪器仪表中的常用软件和 D/A 转换器相配合来实现 A/D 转换功能，以简化结构、降低成本。此时调节器的 A/D 和 D/A 转换共用一个 D/A 转换器，分时操作，如图 15－6 所示。

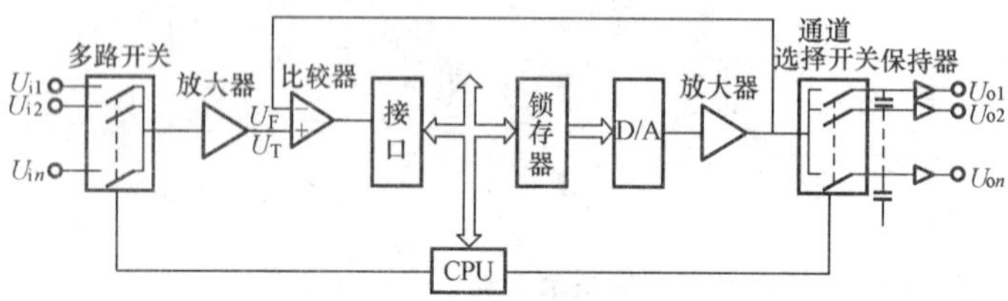

图 15－6　A/D 转换方案示意图

通过多路开关由 CPU 按程序逐个接通输入信号 U_i。CPU 先往 D/A 转换器输送数字量的试探值，其输出模拟量电压以负反馈形式送至比较器，与来自过程的采样电压 U_T 进行比较，比较的结果经接口送 CPU。CPU 输出数字比较信号，经锁存器 D/A、放大器转换成 U_F 再反馈给比较器，如此逐次比较，直至 $U_F=U_T$ 时，比较器翻转，此时的数字信号 D 即对应模拟输入信号 U_i。CPU 以一定的采样周期重复上述过程。

输入侧设置了采样保持器（或输入缓冲寄存器），输出侧设置了电压保持器，故一个 D/A 转换器可以通过分时操作为几个输入信号进行 A/D 转换和 D/A 转换。

2. 模拟量输出通道

模拟量输出通道通常由三部分组成，其核心是 D/A 转换器如图 15－7 所示。通道选择部分是一个多路采样开关，它和模拟输入多路开关都由 CPU 控制。多路采样开关对各通道进行周期性的分时控制、选择调节器的某一通道进行输出。模拟量输出保持器能把采样时刻的数值保持一个采样周期，直到下一次再接受新的模拟量为止，从而将离散的模拟量信号变成连续的模拟量信号。

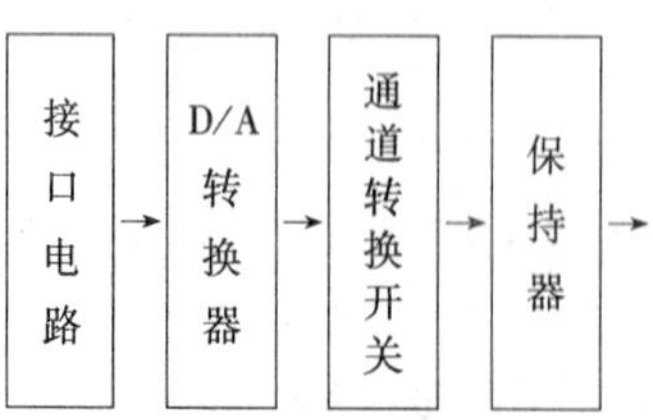

图 15－7　模拟量输出通道

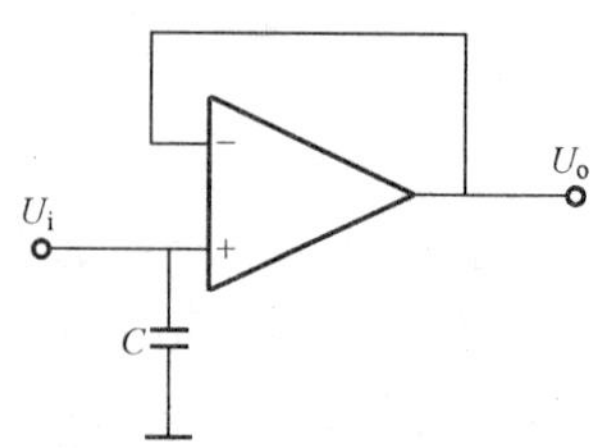

图 15－8　电压输出电路图

模拟量保持元件是几乎不漏电的优质电容，模拟量输出保持器通常是由保持电容和运算放大器组成。运算放大器采用高输入阻抗低漂移器件，同时常采用软件措施多次刷新的办法，防止电容上的电压因漏电而减小。

模拟量输出信号分电压、电流两种形式，且分别走各自的通道。图 15－8 所示为一个 1～5V 电压输出电路，它是由运算放大器接成的电压跟随器。还有一种 4～20mA 电流输出电路，由运算放大器和晶体管组成的。

3. 开关量输入通道

开关量（或称为数字量）信号就是电触点的通、断信号或逻辑电平的高、低信号。由于电平的高、低可能不符合计算机的要求，需要通过开关量输入通道将这些开关量信号转变成符合计算机要求的电平信号。由于二进制数码的“0”或“1”都可以代表一个开关量，故开关量输入通道比较简单，主要的问题是通道的抗干扰能力。

可以通过光电耦合器件进行隔离传输开关量，将现场开关（触点）信号转化为电位变化，如图 15－9（a）所示。当接点闭合时，发光二极管接通电源，使光电耦合器件导通，三极管输出相应的电位。利用变压器隔离传输的原理如图 15－9（b）所示。开关量输入通道的电路是采用高频脉冲变压器耦合方式。由于开关量本身不具有交变性质，所以利用方波信号驱动。如果输入信号是直流电平的高低，则只要将此直流电平按极性接在端子上，当电压高到一定程度，二极管截止，其效果与触点断开时一样。这样的电路能可满足不同输入形式的要求。

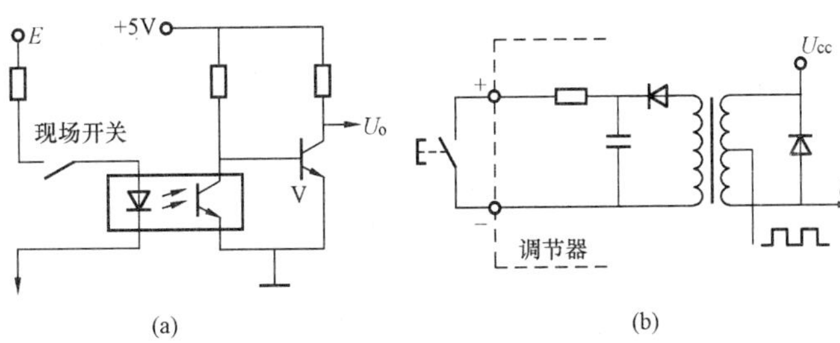

图 15－9 开关量输入通道

（a）光点隔离；（b）变压器隔离

4. 开关量输出通道

开关量输出通道如图 15－10 所示。由于计算机二进制数字输出的每一位都可看作一个开关量输出，故只要 CPU 执行 1 条或 2 条指令，开关量输出通道便可输出一个或几个开关量。

可如图 15－11 所示的那样，将开关量输入、输出通道画成一张综合示意图。

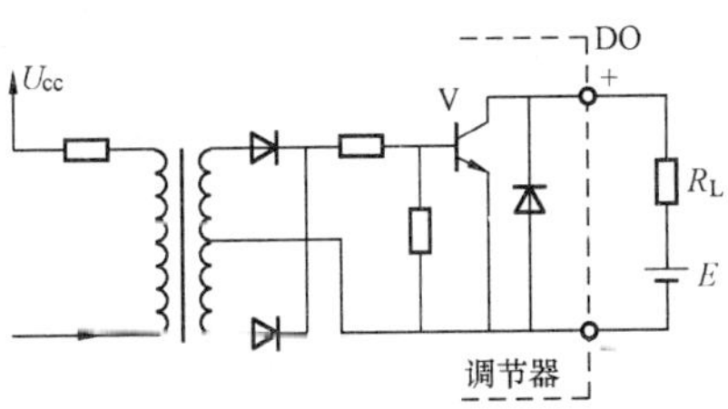

图 15－10 开关量输出通道

（二）人—机联系部分

人—机联系截面可向运行人员提供仪表运行状态信息，还可以接受运行人员干预仪表工作的

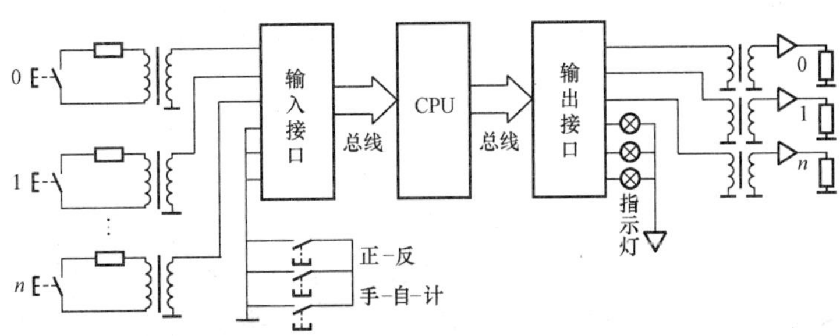

图 15－11 开关量输入—输出通道示意图

控制信息。具体的显示和操作都在正、侧面板上进行。

图 15－12 中给出了正、侧面板的接口信息流通情况。正面板上的部分开关量信息送给 CPU，模拟量从表头显示。运行人员可从侧面板以键盘形式输入数字量。

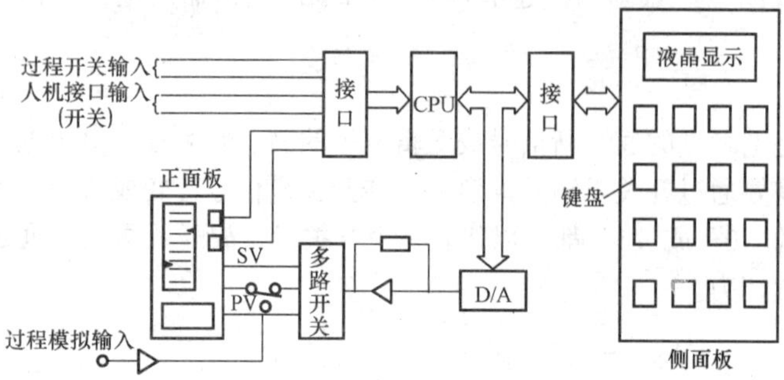

图 15－12　正、侧面板接口信息流通图

（三）通信功能

调节器与上位计算机、CRT 操作站通信，是通过系统内的通信总线进行的，可实现集中监视和管理，如图 15－13 所示。

与调节器直接进行通信的是通信接口，接口内设微处理机，供处理通信数据之用。控制器 RAM 区内设有通信数据库，存贮着给定值、测量值、输出值、偏差、上下限、PID 等有关数据，定期与接口交换，接口再将这些数据送通信总线，以便与上位机通信。上位系统可读取全部通信项目，也可根据运行状态和系统要求由上位系统对调节器的给定值等参数进行修改。接受上位机设定信息的可编程序调节器可进行给定值控制方式运行，其给定值从上位系统经数据传送通道输入，也可由上位机进行直接数字控制运算，也就是由上位机将运算结果直接从数据通道经调节器切换开关送往现场进行控制。

（四）监控系统

可编程序调节器内有可靠的监控系统，监控系统中具有监控程序、自诊断功能和停电处理功能。

监控程序是管理和协调功能模块、模拟量和数字量输入输出处理、人—机接口、通信以及可靠性技术等的程序，程序按优先级排序，巡回执行。如果发现异常，监控程序能及时给予处理，以保证控制器运行的可靠性。

自诊断也称为自检，自检包括对各种异常状态进行监视并自动输出报警信息。异常状态的信息由 RAM 保存，可由故障检查键找出，可在显示器上显示出来。诊断的内容包括过程异常和控制器本身异常两种。

异常情况按其程度的不同，分为报警状态和故障状态两种，采取不同的处理方式是不同的。报警状态下调节器可继续运行，处理工作由操作人员进行；故障状态下调节器须立即停止工作，并由输出触点向外部发出故障信号，此时可切换到手动由人工操作输出。

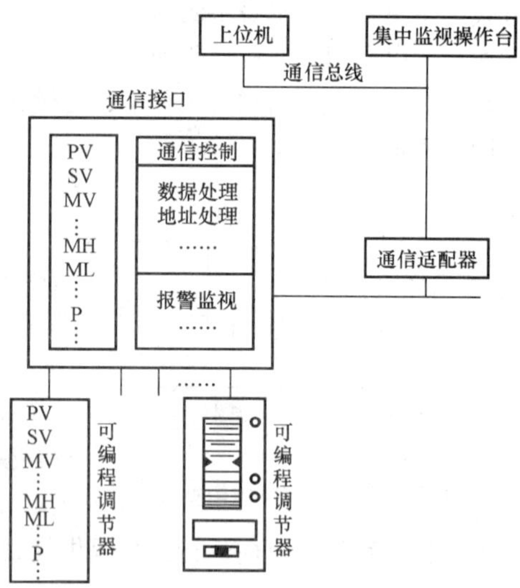

图 15－13　可编程序调节器的通信功能

PV—测量值；SV—给定值；MV—输出值；MH—输出上限；ML—输出下限；P—比例带

CPU 有其自身的巡回检测周期，各种异常诊断都是在这个周期内进行。利用监视定时器对 CPU 进行监视，在每一巡检周期内自动计数，故障时转入手动状态等待人工处理。

可编程序调节器的系统程序和用户程序因为都已固化在 ROM 中，发生停电事故时不会受影响。但 RAM 中的设定参数以及实时信息（如采样数据、过程状态、中间结果等）将会因为断电而全部丢失，故断电期间要保护上述有关数据和信息。供电恢复后，程序应能在断电时停止的地方接着运行，或者根据断电时留下的信息作特殊处理，所以停电处理包括如何保护信息以及如何在复电后自动起动的问题。

可编程序调节器是根据检测到的电网电压低于某一限定值时，认为发生停电事故，立即停止数据更新，并将给定值、输出值、各种切换状态参数及内部有关信息保护起来，以备复电后系统照常运行。断电保护措施一般有两种，一是内装后备电池；二是由外部统一供给不间断的电源（UPS）。

图 15-14 所示为两种电源自动切换电路，左侧用于一般后备电池；右侧用于可反复充电的镍镉电池（UPS）。在正常工作时，电源通过二极管向 RAM 供电，对于 UPS 电路，还须同时给镍镉电池充电。掉电时，后备电池通过二极管向 RAM 供电。

在可编程序调节器中可将停电时间分为瞬时停电和长期停电。

（五）运算处理部分

可编程序调节器为实现多种控制方案，满足不同的控制要求，必须具备全面的运算控制功能和较高的灵活性。还要使不懂计算机语言的人员也能进行程序设计。为此，采用了功能模块化的方法进行软件开发。

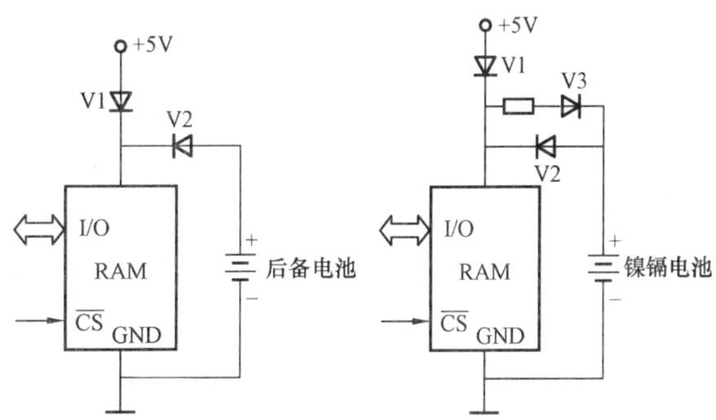

图 15-14　电源自动切换电路图

所谓功能模块，是一些固化在系统 ROM 中的，按标准格式编制成的具有完整而独立功能的子程序。其作用与单元组合仪表中的单元或组装式仪表的各功能组件相当。功能模块通常用一个个标明输入输出端子的方块图表示，连接起来就可以组成相应功能的系统。这些功能模块、端子、连接线是软件功能的形象化表示，实际上的功能模块就是子程序，端子就是 I/O 数据寄存器，连接线就是组态程序。功能模块是可编程序调节器固有的，组态程序是用户编制的。这种通过软件组合功能的方法称为软连接。

可编程序调节器拥有的模块数不能过多，一般在 40~60 个左右。模块的划分标准取决于模块的内在因素、使用范围和编程语言的具体格式。因此，同一调节器以及不同调节器的各种模块，其程序长短不一。功能模块在使用中也受运算时间、程序步数、重复使用次数的限制。

对于使用者来说，编程时无需掌握具体算法程序，因为各种运算控制功能都已模块化，所以使用者只需选用有关模块即可，但要根据基本 PID 控制算式和多种控制功能的特点，来正确地选择和应用。

可编程序调节器的控制功能可达 10 多种，既有基本的 PID 控制，也有一些高级控制方式，但它们大多以 PID 规律为中心。由于 PID 控制规律技术成熟、适应面广、使用经验丰富，所以采用数字控制技术时，它们仍是目前应用很广的方法。可编程序调节器属时间离散型控制装置，必须将控制规律的模拟表达式转化成离散化的控制算式，才能实现 PID 调节规律。

控制算式包括以下几方面：

（1）基本的 PID 控制算式。

（2）改进后的 PID 控制算式。

1）微分项采用非理想方式；

2）采用微分先行 PID 控制算法。

3）采用定值控制和追值控制。

(3）其他控制功能。

1）积分分离 PID 控制。

2）非线性 FID 控制。

3）采样保持 PI 控制。

4）间歇 PID 控制。

5）前馈控制。

6）滞后的补偿控制。

7）变参数 PID 控制。

8）自整定控制。

9）自动选择控制。

10）比率控制。

11）程序控制。

可编程序调节器具有的多种特殊的和高级的控制功能。这些控制功能在调节器中有现成的模块可供调用，或通过有关的几个模块组合来实现。至于各种运算功能和输入输出处理功能，都是由软件来实现的。

复习思考题

1．简述单回路数字调节器的功能和特点。

2．简述单回路数字调节器的分类。

3．简述可编程序调节器的工作原理。

第十六章 可编程序控制器PLC

第一节 PLC 基本概念

可编程控制器（programmable controller）是计算机家族中的一员，是为工业控制应用而设计制造的。早期的可编程控制器称作可编程逻辑控制器（programmable logic controller），简称 PLC，它主要用来代替继电器实现逻辑控制。随着技术的发展，这种装置的功能已经大大超过了逻辑控制的范围，因此今天这种装置称作可编程控制器，简称 PC。但是为了避免与个人计算机（personal computer）的简称混淆，所以将可编程控制器简称 PLC。

一、PLC 由来

在 20 世纪 60 年代，汽车生产流水线的自动控制系统基本上都是由继电器控制装置构成的。当时汽车的每一次改型都直接导致继电器控制装置的重新设计和安装。随着生产的发展，汽车型号更新的周期愈来愈短，这样继电器控制装置就需要经常地重新设计和安装，十分费时、费工、费料，甚至阻碍了更新周期的缩短。为了改变这一现状，美国通用汽车公司在 1969 年公开招标，要求用新的控制装置取代继电器控制装置，并提出了 10 项招标指标，即：

（1）编程方便，现场可修改程序；

（2）维修方便，采用模块化结构；

（3）可靠性高于继电器控制装置；

（4）体积小于继电器控制装置；

（5）数据可直接送入管理计算机；

（6）成本可与继电器控制装置竞争；

（7）输入可以是交流 115V；

（8）输出为交流 115V、2A 以上，能直接驱动电磁阀、接触器等；

（9）在扩展时，原系统只要很小变更；

（10）用户程序存储器容量至少能扩展到 4K。

1969 年，美国数字设备公司（DEC）研制出第一台 PLC，在美国通用汽车自动装配线上试用，获得了成功。这种新型的工业控制装置以其简单易懂、操作方便、可靠性高、通用灵活、体积小、使用寿命长等一系列优点，很快地在美国其他工业领域推广应用。到 1971 年，已经成功地应用于食品、饮料、冶金、造纸等工业。

这一新型工业控制装置的出现，也受到了世界其他国家的高度重视。1971 日本从美国引进了这项新技术，很快研制出了日本第一台 PLC。1973 年，西欧国家也研制出它们的第一台 PLC。我国从 1974 年开始研制，于 1977 年开始工业应用。

二、PLC 定义

PLC 问世以来，尽管时间不长，但发展迅速。为了使其生产和发展标准化，美国电气制造商协会 NEMA（National Electrical Manufactory Association）经过 4 年的调查工作，于 1984 年首先将其正式命名为 PC（Programmable Controller），并给 PC 作了如下定义：

“PC是一个数字式的电子装置，它使用了可编程序的记忆体储存指令。用来执行诸如逻辑、顺序、计时、计数与演算等功能，并通过数字或类似的输入/输出模块，以控制各种机械或工作程序。一部数字电子计算机若是从事执行PC之功能着，亦被视为PC，但不包括鼓式或类似的机械式顺序控制器。”

以后国际电工委员会（IEC）又先后颁布了PLC标准的草案第一稿、第二稿，并在1987年2月通过了对它的定义：

“可编程控制器是一种数字运算操作的电子系统，专为在工业环境应用而设计的。它采用一类可编程的存储器，用于其内部存储程序、执行逻辑运算、顺序控制、定时、计数与算术操作等面向用户的指令，并通过数字或模拟式输入/输出控制各种类型的机械或生产过程。可编程控制器及其有关外部设备，都按易于与工业控制系统联成一个整体和易于扩充其功能的原则进行设计。”

总之，可编程控制器是一台计算机，它是专为工业环境应用而设计制造的计算机。它具有丰富的输入/输出接口，并且具有较强的驱动能力。但可编程控制器产品并不针对某一具体工业应用，在实际应用时，其硬件需根据实际需要进行选用配置，其软件需根据控制要求进行设计编制。

三、PLC特点

（一）PLC主要特点

1. 高可靠性

（1）所有的I/O接口电路均采用光电隔离，使工业现场的外电路与PLC内部电路之间电气上隔离。

（2）各输入端均采用RC滤波器，其滤波时间常数一般为10~20ms。

（3）各模块均采用屏蔽措施，以防止辐射干扰。

（4）采用性能优良的开关电源。

（5）对采用的器件进行严格的筛选。

（6）良好的自诊断功能，一旦电源或其他软、硬件发生异常情况，CPU立即采用有效措施，以防止故障扩大。

（7）大型PLC还可以采用由双CPU构成冗余系统或有三CPU构成表决系统，使可靠性更进一步提高。

2. 丰富I/O接口模块

PLC针对不同的工业现场信号，如交流或直流、开关量或模拟量、电压或电流、脉冲或电位、强电或弱电等，应有相应的I/O模块与工业现场的器件或设备，如按钮、行程开关、接近开关、传感器及变送器、电磁线圈、控制阀等直接连接。

另外为了提高操作性能，它还有多种人—机对话的接口模块；为了组成工业局部网络，它还有多种通信联网的接口模块等等。

3. 采用模块化结构

为了适应各种工业控制需要，除了单元式的小型PLC以外，绝大多数PLC均采用模块化结构。PLC的各个部件，包括CPU、电源、I/O等均采用模块化设计，由机架及电缆将各模块连接起来，系统的规模和功能可根据用户的需要自行组合。

4. 编程简单易学

PLC的编程大多采用类似于继电器控制线路的梯形图形式，对使用者来说，不需要具备计算机的专门知识，因此很容易被一般工程技术人员所理解和掌握。

5. 安装简单，维修方便

PLC 不需要专门的机房，可以在各种工业环境下直接运行；使用时只需将现场的各种设备与PLC 相应的 I/O 端相连接，即可投入运行；各种模块上均有运行和故障指示装置，便于用户了解运行情况和查找故障。

由于采用模块化结构，因此一旦某模块发生故障，用户可以通过更换模块的方法，使系统迅速恢复运行。

（二）PLC 功能

PLC 功能有：①逻辑控制；②定时控制；③计数控制；④步进（顺序）控制；⑤PID 控制；⑥数据控制：PLC 具有数据处理能力；⑦通信和联网；⑧其他：PLC 还有许多特殊功能模块，适用于各种特殊控制的要求，如定位控制模块、CRT 模块。

四、PLC 发展阶段

虽然 PLC 问世时间不长，但是随着微处理器的出现，大规模、超大规模集成电路技术的迅速发展和数据通信技术的不断进步，PLC 也迅速发展，其发展过程大致可分以下三个阶段。

1. 早期 PLC

早期的 PLC 在 20 世纪 60 年代末 ~ 70 年代中期，一般称为可编程逻辑控制器。这时的 PLC 多少有点继电器控制装置的替代物的含义，其主要功能只是执行原先由继电器完成的顺序控制，定时等。它在硬件上以准计算机的形式出现，在 I/O 接口电路上作了改进以适应工业控制现场的要求。装置中的器件主要采用分立元件和中小规模集成电路，存储器采用磁芯存储器。另外还采取了一些措施，以提高其抗干扰的能力。在软件编程上，采用广大电气工程技术人员所熟悉的继电器控制线路的方式—梯形图。因此，早期的 PLC 的性能要优于继电器控制装置，其优点包括简单易懂、便于安装、体积小、能耗低、有故障指示、能重复使用等。其中 PLC 特有的编程语言—梯形图一直沿用至今。

2. 中期 PLC

中期的 PLC 在 20 世纪 70 年代中期 ~ 80 年代中、后期。在 20 世纪 70 年代，微处理器的出现使 PLC 发生了巨大的变化。美国、日本、德国等一些厂家先后开始采用微处理器作为 PLC 的中央处理单元（CPU）。这使得 PLC 功能大大增强。在软件方面，除了保持其原有的逻辑运算、计时、计数等功能以外，还增加了算术运算、数据处理和传送、通信、自诊断等功能。在硬件方面，除了保持其原有的开关模块以外，还增加了模拟量模块、远程 I/O 模块、各种特殊功能模块，并扩大了存储器的容量，使各种逻辑线圈的数量增加，还提供了一定数量的数据寄存器，使 PLC 的应用范围得以扩大。

3. 近期的 PLC

进入 20 世纪 80 年代中、后期，由于超大规模集成电路技术的迅速发展，微处理器的市场价格大幅度下跌，使得各种类型的 PLC 所采用的微处理器的档次普遍提高；而且为了进一步提高PLC 的处理速度，各制造厂商还纷纷研制开发了专用逻辑处理芯片，这样使得 PLC 软、硬件功能发生了巨大变化。

五、PLC 分类

1. 小型 PLC

小型 PLC 的 I/O 点数一般在 128 点以下，其特点是体积小、结构紧凑，整个硬件融为一体，除了开关量 I/O 以外，还可以连接模拟量 I/O 以及其他各种特殊功能模块。它能执行包括逻辑运算、计时、计数、算术运算、数据处理和传送、通信联网以及各种应用指令。

2. 中型 PLC

中型 PLC 采用模块化结构，其 I/O 点数一般在 256～1024 点之间。I/O 的处理方式除了采用一般 PLC 通用的扫描处理方式外，还能采用直接处理方式，即在扫描用户程序的过程中，直接读输入，刷新输出。它能连接各种特殊功能模块。

通信联网功能更强，指令系统更丰富，内存容量更大，扫描速度更快。

3. 大型 PLC

一般 I/O 点数在 1024 点以上的称为大型 PLC。大型 PLC 的软、硬件功能极强，具有极强的自诊断功能。通信联网功能强，有各种通信联网的模块，可以构成三级通信网，实现工厂生产管理自动化。大型 PLC 还可以采用三 CPU 构成表决式系统，使机器的可靠性更高。

六、PLC 基本结构

PLC 实质是一种专用于工业控制的计算机，其硬件结构基本上与微型计算机相同，如图 16－1 所示。

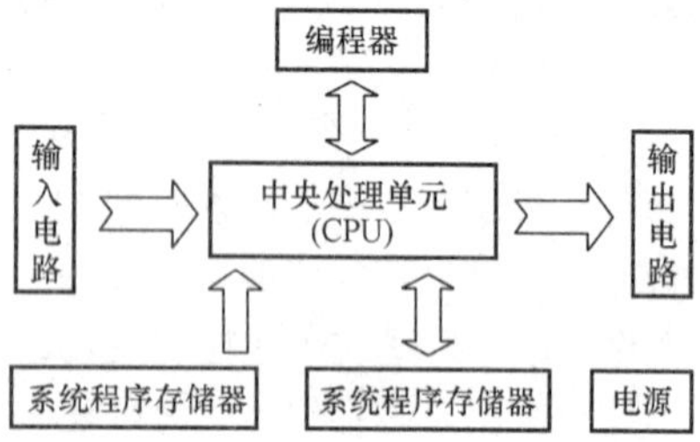

图 16－1　PLC 硬件结构图

1. 中央处理单元（CPU）

中央处理单元（CPU）是 PLC 的控制中枢。它按照 PLC 系统程序赋予的功能接收并存储从编程器键入的用户程序和数据；检查电源、存储器、I/O 以及警戒定时器的状态，并能诊断用户程序中的语法错误。当 PLC 投入运行时，首先它以扫描的方式接收现场各输入装置的状态和数据，并分别存入 I/O 映象区，然后从用户程序存储器中逐条读取用户程序，经过命令解释后按指令的规定执行逻辑或算数运算的结果送入 I/O 映象区或数据寄存器内，等所有的用户程序执行完毕之后，最后将 I/O 映象区的各输出状态或输出寄存器内的数据传送到相应的输出装置，如此循环运行，直到停止运行。

为了进一步提高 PLC 的可靠性，近年来对大型 PLC 还采用双 CPU 构成冗余系统，或采用三 CPU 的表决式系统。这样即使某个 CPU 出现故障，整个系统仍能正常运行。

2. 存储器

存放系统软件的存储器称为系统程序存储器。存放应用软件的存储器称为用户程序存储器。

PLC 常用的存储器类型如下：

（1）RAM（Random Assess Memory），这是一种读/写存储器（随机存储器），其存取速度最快，由锂电池支持。

（2）EPROM（Erasable Programmable Read Only Memory），这是一种可擦除的只读存储器。在断电情况下，存储器内的所有内容保持不变（在紫外线连续照射下可擦除存储器内容）。

（3）EEPROM（Electrical Erasable Programmable Read Only Memory），这是一种电可擦除的只读存储器，使用编程器就能很容易地对其所存储的内容进行修改。

PLC 存储空间的分配如下：

虽然各种 PLC 的 CPU 的最大寻址空间各不相同，但是根据 PLC 的工作原理，其存储空间一般包括三个区域，即①系统程序存储区；②系统 RAM 存储区（包括 I/O 映象区和系统软设备等）；③用户程序存储区。

（1）系统程序存储区：在系统程序存储区中存放着相当于计算机操作系统的系统程序，包括监控程序、管理程序、命令解释程序、功能子程序、系统诊断子程序等，由制造厂商将其固化在 EPROM 中，用户不能直接存取。它和硬件一起决定了该 PLC 的性能。

（2）系统 RAM 存储区：系统 RAM 存储区包括 I/O 映象区以及各类软设备，如逻辑线圈、数据寄存器、计时器、计数器、变址寄存器、累加器等存储器。

1）I/O 映象区：由于 PLC 投入运行后，只是在输入采样阶段才依次读入各输入状态和数据，在输出刷新阶段才将输出的状态和数据送至相应的外设。因此，它需要一定数量的存储单元（RAM）以存放 I/O 的状态和数据，这些单元称作 I/O 映象区。一个开关量 I/O 占用存储单元中的一个位（bit），一个模拟量 I/O 占用存储单元中的一个字(16 个 bit)。因此，整个 I/O 映象区可看作由开关量 I/O 映象区和模拟量 I/O 映象区两个部分组成。

2）系统软设备存储区：除了 I/O 映象区以外，系统 RAM 存储区还包括 PLC 内部各类软设备（如逻辑线圈、计时器、计数器、数据寄存器和累加器等）的存储区。该存储区又分为具有失电保持的存储区域和无失电保持的存储区域，前者在 PLC 断电时，由内部的锂电池供电，数据不会遗失；后者当 PLC 断电时，数据被清零。

逻辑线圈。与开关输出一样，每个逻辑线圈占用系统 RAM 存储区中的一个位，但不能直接驱动外设，只供用户在编程中使用，其作用类似于电器控制线路中的继电器。另外，不同的 PLC 还提供数量不等的特殊逻辑线圈，具有不同的功能。

数据寄存器。与模拟量 I/O 一样，每个数据寄存器占用系统 RAM 存储区中的一个字（16 bits)。另外，PLC 还提供数量不等的特殊数据寄存器，具有不同的功能。

还有计时器、计数器两项。

(3) 用户程序存储区：存放用户编制的用户程序，不同类型的 PLC，其存储容量各不相同。

3. 电源

PLC 的电源在整个系统中起着十分重要的作用，如果没有一个良好的、可靠得电源系统是无法正常工作的，因此 PLC 的制造商对电源的设计和制造也十分重视。一般交流电压波动在 ±10%（±15%）范围内，可以不采取其他措施而将 PLC 直接连接到交流电网上去。

七、PLC 工作原理

最初研制生产的 PLC 主要用于代替传统的由继电器、接触器构成的控制装置，但这两者的运行方式是不相同的。

(1) 继电器控制装置采用硬逻辑并行运行的方式，即如果这个继电器的线圈通电或断电，该继电器所有的触点（包括其动合或动断触点）在继电器控制线路的哪个位置上都会立即同时动作。

(2) PLC 的 CPU 则采用顺序逻辑扫描用户程序的运行方式，即如果一个输出线圈或逻辑线圈被接通或断开，该线圈的所有触点（包括其动合或动断触点）不会立即动作，必须等扫描到该触点时才会动作。

为了消除两者之间由于运行方式不同而造成的差异，考虑到继电器控制装置各类触点的动作时间一般在 100ms 以上，而 PLC 扫描用户程序的时间一般均小于 100ms，因此 PLC 采用了一种不同于一般微型计算机的运行方式—扫描技术。这样在对于 I/O 响应要求不高的场合，PLC 与继电器控制装置的处理结果上就没有什么区别了。

1. 扫描技术

当 PLC 投入运行后，其工作过程一般分为输入采样、用户程序执行和输出刷新三个阶段。完成上述三个阶段称作一个扫描周期。在整个运行期间，PLC 的 CPU 以一定的扫描速度重复执行上述三个阶段，如图 16-2 所示。

(1) 输入采样阶段。在输入采样阶段，PLC 以扫描方式依次地读入所有输入状态和数据，并将它们存入 I/O 映象区中的相应得单元内。输入采样结束后，转入用户程序执行和输出刷新阶段。在这两个阶段中，即使输入状态和数据发生变化，I/O 映象区中的相应单元的状态和数据也

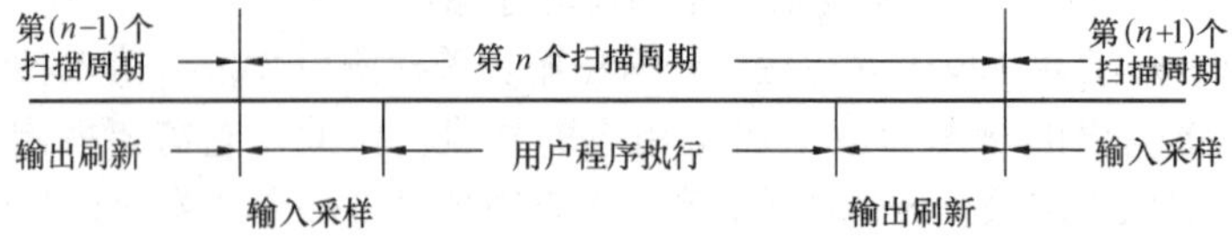

图 16-2　PLC 扫描周期

不会改变。因此，如果输入是脉冲信号，则该脉冲信号的宽度必须大于一个扫描周期，才能保证在任何情况下，该输入均能被读入。

(2) 用户程序执行阶段。在用户程序执行阶段，PLC 总是按由上而下的顺序依次地扫描用户程序（梯形图）。在扫描每一条梯形图时，又总是先扫描梯形图左边的由各触点构成的控制线路，并按先左后右、先上后下的顺序对由触点构成的控制线路进行逻辑运算，然后根据逻辑运算的结果，刷新该逻辑线圈在系统 RAM 存储区中对应位的状态；或者刷新该输出线圈在 I/O 映象区中对应位的状态；或者确定是否要执行该梯形图所规定的特殊功能指令。即，在用户程序执行过程中，只有输入点在 I/O 映象区内的状态和数据不会发生变化，而其他输出点和软设备在 I/O 映象区或系统 RAM 存储区内的状态和数据都有可能发生变化，而且排在上面的梯形图，其程序执行结果会对排在下面的凡是用到这些线圈或数据的梯形图起作用；相反，排在下面的梯形图，其被刷新的逻辑线圈的状态或数据只能到下一个扫描周期才能对排在其上面的程序起作用。

(3) 输出刷新阶段。当扫描用户程序结束后，PLC 就进入输出刷新阶段。在此期间，CPU 按照 I/O 映象区内对应的状态和数据刷新所有的输出锁存电路，再经输出电路驱动相应的外设。这时，才是 PLC 的真正输出。

比较下两个程序（程序 1 见图 16-3，程序 2 见图 16-4）的异同如下：

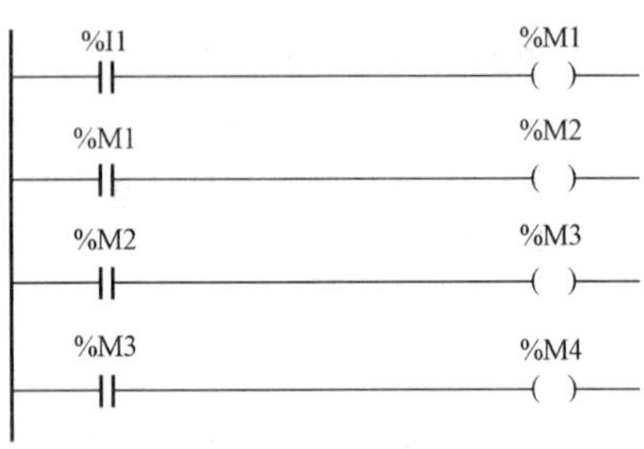

图 16-3　程序 1

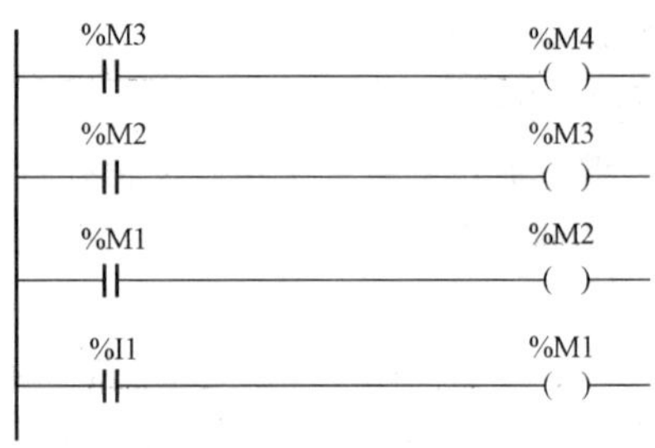

图 16-4　程序 2

这两段程序执行的结果完全一样，但在 PLC 中执行的过程却不一样。程序 1 只用一次扫描周期，就可完成对%M4 的刷新；程序 2 要用四次扫描周期，才能完成对%M4 的刷新。

这两个例子说明：同样的若干条梯形图，其排列次序不同，执行的结果也不同。另外，也可以看到：采用扫描用户程序的运行结果与继电器控制装置的硬逻辑并行运行的结果有所区别。当然，如果扫描周期所占用的时间对整个运行来说可以忽略，那么两者之间就没有什么区别了。

一般来说，PLC 的扫描周期包括自诊断、通信等，如图 16-5 所示，即一个扫描周期等于自诊断、通信、输入采样、用户程序执行、输出刷新等所有时间的总和。

2.PLC 的 I/O 响应时间

为了增强 PLC 的抗干扰能力，提高其可靠性，PLC 的每个开关量输入端都采用光电隔离等技术。

为了能实现继电器控制线路的硬逻辑并行控制，PLC 采用了不同于一般微型计算机的运行方式（扫描技术）。

以上两个主要原因，使得 PLC 得 I/O 响应比一般微型计算机构成的工业控制系统慢得多，其响应时间至少等于一个扫描周期，一般均大于一个扫描周期甚至更长。

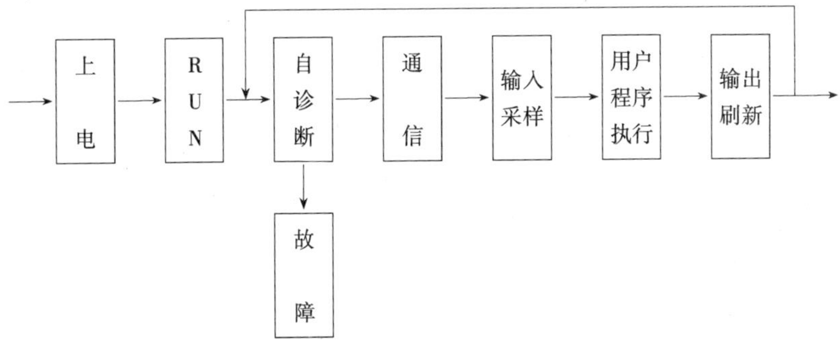

图 16－5　PLC 的扫面过程框图

所谓 I/O 响应时间指从 PLC 的某一输入信号变化开始到系统有关输出端信号的改变所需的时间。其最短的 I/O 响应时间如图 16－6 所示，最长的 I/O 响应时间如图 16－7 所示。

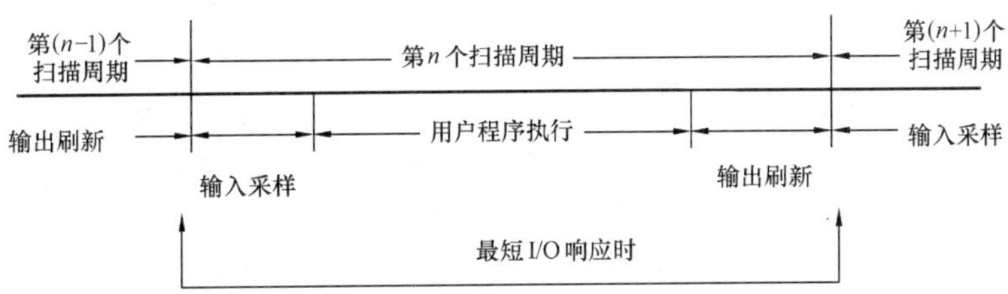

图 16－6　最短 I/O 响应时间

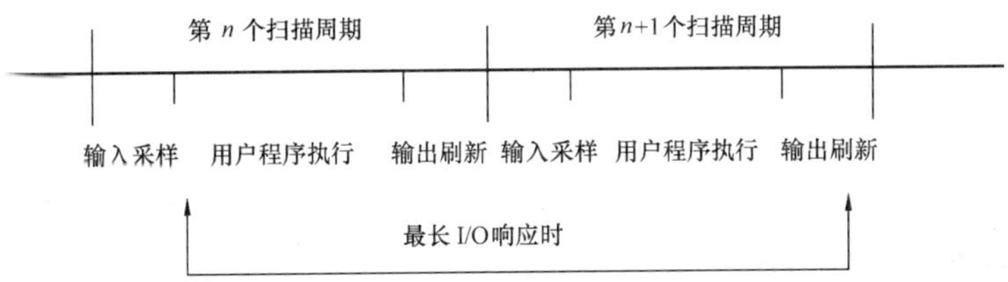

图 16－7　最长 I/O 响应时间

八、PLC 的 I/O 系统

1.I/O 寻址方式

PLC 的硬件结构主要分单元式和模块式两种，前者将 PLC 的主要部分（包括 I/O 系统和电源等）全部安装在一个机箱内，后者将 PLC 的主要硬件部分分别制成模块，然后由用户根据需要将所选用的模块插入 PLC 机架上的槽内，构成一个 PLC 系统。

不论采取哪一种硬件结构，都必须确立用于连接工业现场的各个输入/输出点与 PLC 的 I/O 映象区之间的对应关系，即给每一个输入/输出点以明确的地址确立这种对应关系所采用的方式称为 I/O 寻址方式。

I/O 寻址方式有以下三种：

（1）固定的 I/O 寻址方式。这种 I/O 寻址方式是由 PLC 制造厂家在设计、生产 PLC 时确定的，它的每一个输入/输出点都有一个明确的固定不变的地址。一般来说，单元式的 PLC 采用这种 I/O 寻址方式。

（2）开关设定的 I/O 寻址方式。这种 I/O 寻址方式是由用户通过对机架和模块上的开关位置的设定来确定的。

（3）用软件来设定的 I/O 寻址方式。这种 I/O 寻址方式是有用户通过软件来编制 I/O 地址分配表来确定的。

九、PLC 与 DCS

PLC 是由早期继电器逻辑控制系统与微机计算机技术相结合而发展起来的，它是以微处理器为主的一种工业控制仪表，它融计算机技术、控制技术和通信技术于一体，集顺序控制、过程控制和数据处理于一身，可靠性高、功能强大、控制灵活、操作维护简单。近几年来，可编程序控制器及组成系统在我国冶金、电厂、轻工石化、矿业、水处理等行业更是到了广泛的应用，并取得了一定的经济效益。

由于工业生产过程是一个分散系统，因此过程控制的方式最好是分散进行，而监视、操作和最佳化管理应以集中为好。随着工业生产规模不断扩大，控制管理的要求不断提高，过程参数日益增多，控制回路越加复杂，在 20 世纪 70 年代中期产生了集散控制系统，他一经出现就受到工业控制界的青睐。DCS 是集计算机技术、控制技术、网络通信技术和图形显示技术于一体的系统。与常规的集中式控制系统相比有如下特点：

（1）实现了分散控制。它使得系统控制危险性分散、可靠性高、投资减小、维护方便。

（2）实现集中监视、操作和管理。使得管理与现场分离，管理更能综合化和系统化。

（3）采用网络通信技术。这是 DCS 的关键技术，它使得控制与管理都具实时性，并解决系统的扩充与升级问题。

目前，由于 PLC 把专用的数据高速公路（HIG HWAY）改成通用的网络，并逐步将 PLC 之间的通信规约靠拢使得 PLC 有条件和其他各种计算机系统和设备实现集成，以组成大型的控制系统，这使得 PLC 系统具备了 DCS 的形态，这样基于 PLC 的 DCS 系统目前在国内外都得到了广泛的应用。

十、IEC1131－3 标准编程语言

PLC 存在严重的缺点，主要是 PLC 的软、硬件体系结构是封闭而不是开放的，绝大多数的 PLC 是专用总线、专用通信网络及协议，编程虽多为梯形图，但各公司的组态、寻址、语言结构不一致，使各种 PLC 互不兼容。国际电工协会（IEC）在 1992 年颁布了 IEC1131－3《可编程序控制器的编程软件标准》，为各 PLC 厂家编程的标准化铺平了道路。现在开发以 PC 为基础、在 WINDOWS 平台下，符合 IEC1131－3 国际标准的新一代开放体系结构的 PLC 正在规划中。

国际电工委员会制定了工业控制 5 种标准编程语言（IEC1131－3），它们是：

（1）梯形图（LD）：适合于逻辑控制。

（2）功能块图（FBD）：适合于典型固定复杂算法控制如 PID 调节等。

（3）顺序功能图（SFC）：适合于多进程时序混合型复杂控制。

（4）指令表（IL）：适合于简单文本自编专用程序。

（5）结构化文本（ST）：适合于复杂自编专用程序，如特殊的模型算法。

第二节　PLC 在火力发电厂中的应用

PLC 是由早期继电器逻辑控制系统与微机计算机技术相结合而发展起来的，它是以微处理器

为主的一种工业控制仪表，它融计算机技术、控制技术和通信技术于一体，集顺序控制、过程控制和数据处理于一身，可靠性高、功能强大、控制灵活、操作维护简单。可编程序控制器应用于电厂的锅炉、汽轮机和水处理等可取得一定的经济效益。

一、在设备系统的保护上的应用

汽轮机和锅炉是火力发电厂的关键动力设备，汽轮机的本体保护系统（ETS）是发电厂对系统可靠性要求最高的子系统。传统上机组的汽轮机本体保护都是用继电器搭建的，可靠性差，保护逻辑修改麻烦，不能与主控制系统构成有效的通信连接。若与电厂主 DCS 合并在一起控制，则因 DCS 处理周期较长等原因无法满足快速保护要求，一般都不采用。近年来，PLC 因其可靠性高、处理速度快、逻辑修改方便等特点在汽轮机本体保护中得到了广泛的应用。

以 PLC 作为 ETS 应用为例加以说明。目前很多热电厂进行技术改造和扩建时，大都采用 135MW（循环流化床锅炉、一次中间再热、抽汽凝汽式汽轮机）机组，进汽压力为 13MPa，进汽温度 535℃，转速 3000r/min。汽轮机本体保护采用 PLC 与继电器模块并存的方式，PLC 独立执行保护程序，同时通过 Profibus - DP 与主 DCS 控制器通信，将保护过程状态信息上传 DCS，使两套系统实现无缝连接。

在一些中、小型机组的 DCS 改造中，出于对 ETS 可靠性的考虑，必须实现双机热备控制，采用两套 PLC 并存的汽轮机本体保护方案，从现场来的过程信号经信号分配器同时输入到两套 PLC 系统中，两个 CPU 执行相同的程序，运算结果经处理后变成单一的输出送到现场。在这种方案中，任何一台 PLC 的故障都不会影响保护系统正常工作，运行稳定、可靠。

锅炉吹灰系统是锅炉控制系统的一个子系统，作用是定时用高压蒸汽吹去附着在水冷壁、过热器、烟道上的煤灰，以避免煤灰影响热效率。为保证机组运行的经济性，按工艺要求应每星期进行一次吹灰，并且其过程可在主 DCS 上操作和监视。选择 PLC 与主 DCS 构成通信系统，PLC 接受主 DCS 的指令启动吹灰程序，过程状态通过网络传送到主 DCS，进而在 DCS 的操作站显示，操作员也可以通过人机界面人工干预吹灰进程。

汽轮机本体保护、锅炉吹灰等系统逻辑简单，可靠性要求高。作为高性价比的 PLC 系统，在火力发电厂中与 DCS 系统配合，可有效地提高了控制水平，又可节省了大量投资。同时 PLC 出色的通信能力使得它可以通过 Profibus、Interbus、CAN 或 Etherne 与多种 DCS 构成互补的、适用于火力发电厂的控制系统。

二、与机组 DCS 系统的对比

可编程序控制器（PLC）及集散控制系统（DCS）是目前火力发电厂控制领域最广泛使用的两种控制技术，它们各自具有明显的优势及劣势，如 PLC 在高速的顺序控制中占主导地位，而 DCS 则在复杂的过程控制中占优势；PLC 体积小，使用灵活，价格相对较低，但在通信功能及管理能力方面不及 DCS，DCS 虽然通信及管理能力较强，但体积大，价格相对较高。在这种情况下，人们期望得到一种集 PLC 与 DCS 优点于一体的控制系统，或是分别有效地利用 PLC 和 DCS 各自的优势来完美地实现逻辑及顺序控制，很好地完成过程控制，同时还应具有管理功能，且体积小、价格较低、可靠性高。

1. PLC 与 DCS 比较

可按从弱至强将 PLC 与 DCS 的性能分为 1 ~ 10 个等级，则可将它们的对比列于表 16 - 1 中。

2. PLC 与 DCS 的区别和联系

早期的 PLC 以数字量的顺序控制为主。随着 PLC 功能不断扩充，PLC 增加了模拟量控制功能、PID 调节功能、通信联网功能及分级控制功能等。但 PLC 难以组成大型、复杂、综合的系统。DCS 是由模拟仪表控制系统发展而来，初期的功能以回路调节为主，之后又加入了顺序控制的功能。DCS的设计思想是操作管理集中，控制分散以提高整个系统的可靠性及管理能力。

表16－1　　PLC与DCS的比较

比较项目	PLC控制	DCS控制	比较项目	PLC控制	DCS控制
高速顺序控制	10	6	联网和通信功能	4	8
复杂过程控制	6	10	管理能力	3	9
硬件可靠性	9	8	系统诊断和报警	3	8

火力发电厂的生产过程是一个分散系统，因此过程控制的方式最好是分散进行，而监视、操作和最佳化管理应以集中为好。随着控制管理要求的提高，过程参数越来越多，控制回路越加复杂，在20世纪70年代中期产生了集散控制系统DCS，它一经出现就受到控制界的青睐。DCS是集计算机技术、控制技术、网络通信技术和图形显示技术于一体的系统。与常规的集中式控制系统相比有如下特点：

(1) 实现了分散控制。它使得系统控制危险性分散、可靠性高、投资减小、维护方便。

(2) 实现集中监视、操作和管理。使得管理与现场分离，管理更能综合化和系统化。

(3) 采用网络通信技术，这是DCS的关键技术，它使得控制与管理都具实时性，并解决系统的扩充与升级问题。

目前，由于PLC把专用的数据高速公路（HIG HWAY）改成通用的网络，并逐步将PLC之间的通信规约靠拢，使得PLC有条件和其他各种计算机系统和设备实现集成，以组成大型的控制系统，这使得PLC系统具备了DCS的形态，这样，基于PLC的DCS系统目前在国内外都得到了广泛的应用。

三、PLC和DCS组成的混合控制系统

该系统主要以DCS的设计思想为基础，综合PLC与DCS的各自优势。它主要由系统网络、操作员工作站、中央服务器、控制器及输入/输出（I/O）模块等部分组成。

1. 系统网络

对DCS而言，系统网络是整个系统的基础和核心，对整个系统的实时性、可靠性和可扩充性起着决定性的作用。对混合式控制系统也是如此。

混合式控制系统是分级控制系统，共分操作管理级和过程控制级两级。操作管理级的各项设备——操作员工作站及中央服务器由网络连接。

2. 操作员工作站

操作员工作站是混合式控制系统与用户进行信息交换的设备，其主要功能是为运行操作人员提供人机界面，使操作人员及时全面地了解系统运行情况，并对生产过程进行调节和控制。随着微型计算机性能的不断提高，操作员工作站可由PC机承担，由于操作员工作站与中央服务器通过局域网相连，所以欲添加一个操作员工作站十分容易，只要在网络上增加一个PC机并让中央服务器为新添加的操作员工作站提供客户软件即可。

3. 中央服务器

所有的系统信息、报告及总数据库由中央服务器统一管理，以实现信息集中管理。中央服务器用Windows NT为操作系统，配以系统应用软件，还可与企业管理系统相连。DCS的组态功能在混合式控制系统中也由中央服务器提供。工程师可利用中央服务器的系统应用软件来修改或添加控制配置并下载至控制器中。

4. 控制器

控制器为自动控制系统中的控制中枢。混合式控制系统的控制器与 PLC 一样采用了典型的计算机结构，主要包括处理器、内存、I/O 接口，外加通信接口。混合式控制系统控制器的框架沿袭了传统 PLC 的框架尺寸结构，因而体积比 DCS 小得多。虽然从尺寸与外形上看，混合式控制系统控制器与 PLC 极其相似，但它绝不是 PLC 的简单翻版。混合式控制系统控制器在过程控制中执行闭环及顺序控制，能胜任 DCS 所承担的过程控制任务。混合式控制系统控制器采用模块化结构形式，处理器模块、本地 I/O 模块、通信接口模块等均插入同一框架中，通过数据总线相连，实现“软接线”，另外，通过网络还可扩展远程 I/O 模块。

每个混合式控制系统可支持多个控制器，而每个控制器又可支持多达上百个控制回路。这样由混合式控制系统便可组成较大型的控制系统，且控制是分散的。如 Process Logix 控制系统最多可支持 16 个控制器，每个控制器可支持 125 ~ 150 个控制回路。

5. 输入/输出（I/O）模块

混合式控制系统包括能与工业现场 I/O 信号直接相连的各种规格的 I/O 模块，如模拟量/数字量、直流/交流、电压/电流及不同电压等级的 I/O 模块等。这些 I/O 模块可与工业现场的按钮、变送器、传感器、电磁阀门及马达控制器等设备元件直接相连，使用灵活方便。

四、混合式控制系统特点

1. 分级分散控制，集中管理

混合式控制系统保留了 DCS 信息集中，控制分散的优势。系统按功能在垂直方向分为两级：操作管理级及过程控制级。各级之间既有分工，又有联系，在系统的协调下运行。同时，按生产过程作水平分解，以满足控制遍布整个厂区的需要。采用该分散控制结构，将多个控制器及 I/O 框架分散后进行联网，一方面可将生产过程的全部信息通过网络传送至中央服务器以实现信息集中；另一方面避免因个别设备出现故障殃及整个系统而造成的危险，提高可靠性。

2. 灵活性高及可扩展性强

混合式控制系统采用模块化及积木化的结构形式，用户可选择不同数量、不同规格的单元设备以组成不同要求、不同规模的硬件系统。例如，控制器及其远程 I/O 均采用 PLC 式的模块结构，用户可根据不同应用场合选用不同规格的模块；整个系统采用分级分散的网络结构形式，使增加或去除某些单元不会影响整个系统的性能，这种灵活的组装方式使系统扩展变得容易，有利于工厂按当前规模配置系统，提高设备的利用效率。

3. 可靠性高

（1）冗余技术。

混合式控制系统允许用户在任何需要的关键部分扩充冗余部件，以免由于某个部件失效而影响系统运行。如在控制器中加入冗余的处理器，加入冗余的中央服务器及冗余的传输介质（如同轴电缆）等。

（2）自诊断功能。

混合式控制系统系统软件可在线监视整个系统的软硬件状态，一旦发现异常情况，可立即采取有效措施，以防止故障扩大。

（3）断电保护功能。

混合式控制系统控制器的处理器模块内装有锂电池，以防止掉电而造成数据丢失。

五、混合式控制系统展望

1. 体积更小、价格更低、功能更强

随着超大规模集成电路技术的发展，混合式控制系统的控制器将采用更高性能的微处理器作为处理器，使控制功能大大增强；随着安装布线技术的发展，混合式控制系统可采用表面安装及扁平封装技术，使混合式控制系统的体积更小，价格更低。

2. I/O模块更丰富多样

由于I/O模块与工业现场设备直接相连，所以I/O模块功能的强弱直接影响系统控制能力。为此，各生产厂商竞相研制各种丰富多样的I/O模块，如定位控制模块、CRT模块、数控模块、计算模块、语音处理模块、模糊模块等。它们大多是自带处理器的智能型I/O模块，可满足不同场合的复杂控制。如果混合式控制系统采用这些智能I/O模块，将大大增强其控制功能。

3. 引入人工智能技术

在系统应用软件中采纳智能控制算法，如模糊逻辑、专家系统、遗传算法、神经元网络等高级控制算法，形成具有人工智能的控制模块及网络系统，提高系统的控制水平。

利用人工智能技术进行自诊断及故障的早期预测。由于人工神经网络具有自组织自学习自适应的能力及并行处理能力等，经过训练可对混合式控制系统进行监控和故障检测，并对故障作出早期预测，优化过程控制，提高系统的工作可靠性。

复习思考题

1. PLC的定义是什么？
2. 简述PLC的主要特点。
3. 简述PLC的分类。
4. 画图说明PLC的基本结构。
5. 简述PLC的工作原理。
6. 简述PLC和DCS的区别和联系。

第十七章　控制器与执行机构

第一节　DTL 控 制 器

在 DDZ－Ⅱ型仪表组成的自动控制系统中，DTL 控制器是仪表的控制单元。变送单元将温度、压力、液位、流量等被调量信号转换成 0～10mADC 统一标准信号输送给控制单元。控制单元将被控量与给定值进行比较，对其偏差进行比例、积分、微分运算，然后把运算结果以 0～10mADC 统一标准信号输送给执行单元，即由电动执行机构带动调节机构（如阀门、挡板等）行使调节作用，使被控对象的被调量维持在规定值或在规定范围内。

从测量被控量的变化到控制机构动作的整个过程如图 17－1 所示，所谓广义控制器包括了变送器、控制器和执行机构。DTL 控制器只是广义控制器中的一个调节单元，它的作用是比较和指挥。它所能实现的数学转换关系有比例、积分、微分运算，即通常所说的控制器的动作规律或动态特性。

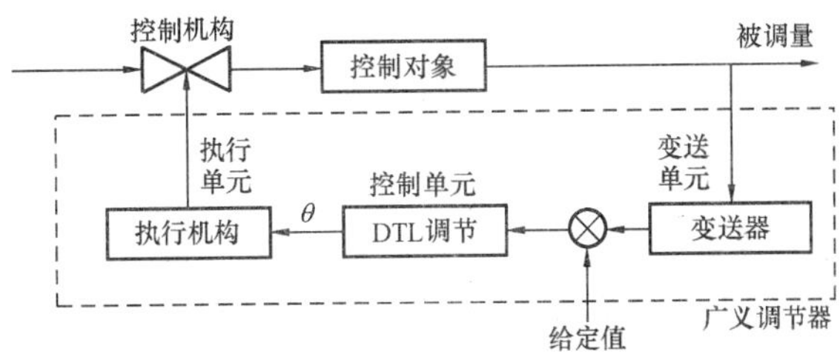

图 17－1　DDZ－Ⅱ型仪表自动调节系统示意图

控制器的这些控制规律可以利用负反馈的方法来实现。一个高放大倍数的放大器，其输出经过一个具有比例、积分、微分性质的反馈环节，以负反馈的形式加到放大器的输入端，如图 17－2 所示。只要选择具有合适动态特性的反馈环节，就能实现不同的控制规律。

一、DTL－331A 型控制器结构及工作原理

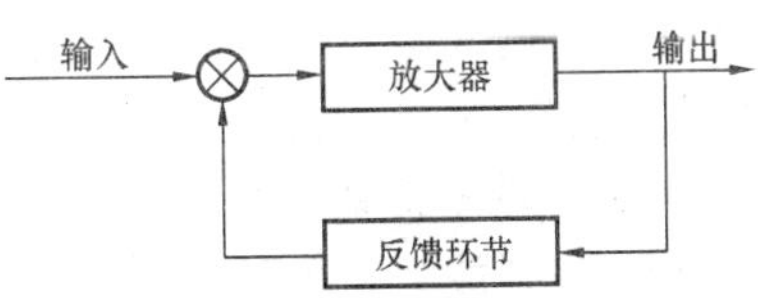

图 17－2　调节器原理示意图

DDZ－Ⅱ型仪表中的 DTL 控制器的品种很多，其线路结构及工作原理基本相似，在这里主要介绍工业自动控制系统中广泛应用的 DTL－331A 型控制器。DTL－331A 型控制器的结构组成如图 17－3 所示，它是由输入回路、自激调制式直流放大器、反馈回路以及输出限幅电路等组成。

由变送器送来的被调量信号经输入回路中的转换电阻转换成相应的输入电压（0～2V），与给定信号进行比较，两者之差与反馈回路来的反馈信号以及由微分输入通道来的微分信号等综合后进入自激调制式直流放大器。自激调制式直流放大器可将输入的微弱直流信号调制成交流信号，并进行选频放大及整流功率放大，其输出为 0～10mADC，用以控制执行机构的控制。

用 DDZ－Ⅱ型仪表组成的控制系统，其调节单元的输出电流直接与控制机构的位置相对应，可把控制器输出电流作为阀位指示。自激调制式直流放大器的输出电流一方面送到负荷，另一方面经隔离反馈变压器进入反馈回路。由于放大器的放大倍数较高，适当改变反馈回路的结构及电路参数，就可以使控制器具有不同的动态特性。

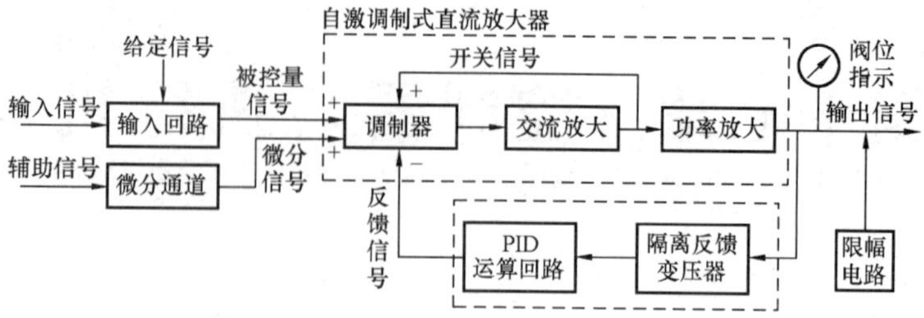

图 17－3　DTL－331A 型控制器组成方框图

1. 输入回路

输入回路的作用是进行输入信号的转换，并完成输入信号与给定值的比较，将其偏差一方面进行偏差显示，另一方面送到自激调制放大器。对于多参数控制系统，可实现多通道输入信号的综合。

输入回路输出端的“正－反”作用切换开关，是为适应不同的控制系统而设置的，这在现场具有重要的实用意义。控制器的作用方向由开关的位置决定，置于“正”时，主输入信号与控制器输出电流变化方向是一致的；置于“反”位置时，主输入信号与控制器输出电流变化方向相反。

2. 调零电路

调零电路如图 17－4 所示，是一个直流不平衡电桥。当放大器处于开环状态并且输入偏差信号为零时，可使整机有 2～3mA 的初始电流输出。因为放大器的输入阻抗很高，此时放大器输入信号近似等于调零电压。

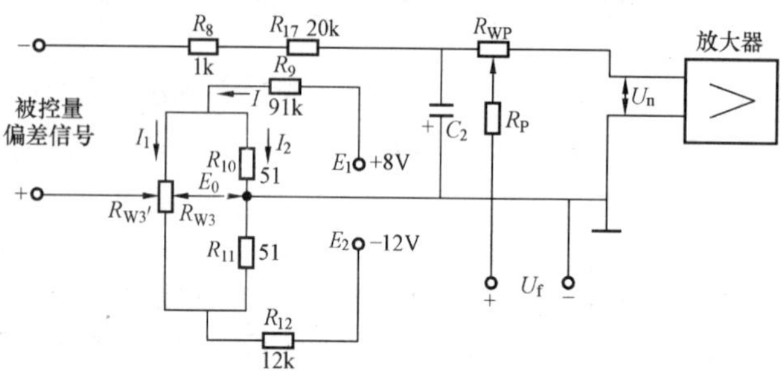

图 17－4　调零电路图

通常情况下，来自输入回路的偏差信号与调零电压叠加后再与反馈回路来的反馈电压并联相减，差值信号经滤波器滤除工频干扰，然后送入放大器。

设置调零电路是因为自激振荡调制放大器的输入阻抗较高，放大倍数也较大，由交流放大器输出端反馈到调制管栅极的开关激励电压栅、漏极间电容耦合到放大器的输入端，这样调制级泄漏电流的影响很大，在没有输入信号的情况下，放大器仍处于较强的自激振荡状态，从而使整机有一较大输出，为此设置了调零电路，通过调整使桥路输出一个左正右负的电压，将输出的零点电流值降低到 1.0～1.5mA 左右。另一种情况是，在没有输入信号时，自激振荡放大器不起振或振荡微弱，交流放大器输出很小，不足以克服检波功率放大器的静态特性曲线的不灵敏区和非线性区。设置调零电路可通过调整使桥路输出一个左负右正的电压，即给整流功率放大器一个预偏置，将其工作点移到线性段起始点，此时可将整机输出的零点电流值提高到 1.0～1.5mA 左右。总之，通过调整，可使放大器得到一个合适的起始工作点。

3. 自激调制式直流放大器

自激调制式直流放大器主要由场效应管调制器、交流电压放大器和整流功率放大器组成。作用是对输入回路综合信号与反馈回路的反馈信号的偏差信号进行调制、选频放大和整流功率放大，为整机提供输出电流。由于场效应管调制器的开关信号来自交流电压放大器的输出，故称为自激调制放大器。其组成原理框图如图 17－5 所示。

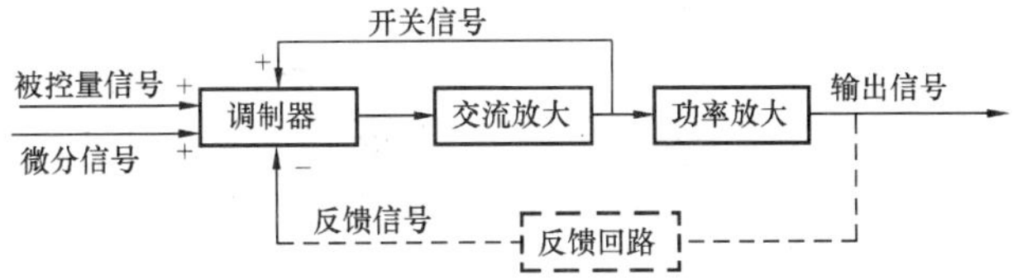

图 17－5　自激调制放大器组成原理框图

4. 限幅电路

在某些控制系统中，控制机构（阀门或挡板）的位置变化是有限度的，超过了限定范围，被控对象的正常运行会受到破坏，以致引起事故发生，为此对控制器输出信号设置了上限和下限限幅电路，分别如图 17－6 和图 17－7 所示。

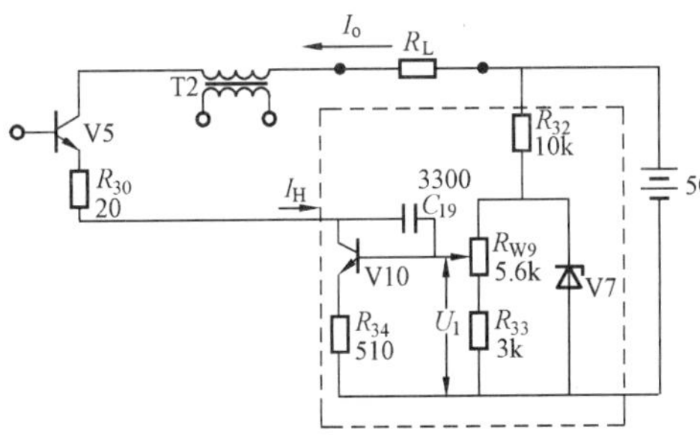

图 17－6　上限限幅电路图

5. 反馈回路

反馈回路是控制器的主要组成部分，它是由电阻、电容组成的 *RC* 网络，如图 17－8 所示。由于它和自撤振荡调制放大器构成负反馈的闭合回路，所以在放大器的增益足够大时，反馈回路的动态特性就决定着控制器整机特性，如果反馈回路为积分环节，则控制器具有微分动作规律；如果反馈回路为微分环节，则控制器具有积分动作规律。

整流功率放大器输出的半波脉动电流，其交流分量经隔离反馈变压器 T2 耦合、二极管全波整流及电容滤波后，成为反馈电流。变压器 T2 相当于一个电流互感器，其一、二次匝数比为 1:2，所以二次整流后的输出为 0～5mADC，即反馈电流为输出电流的一半。由于相关电阻的阻值为 2kΩ，故反馈电压为 0～10V。

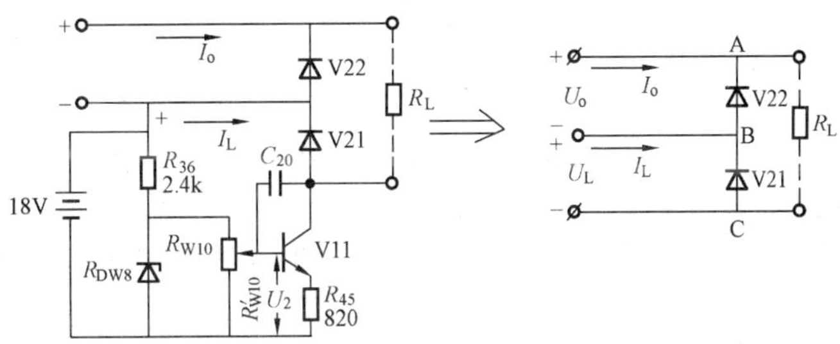

图 17－7　下限限幅电路图

二、控制器典型工况

控制器可以根据控制系统的需要，分别按 P（比例工况）、PI（比例积分工况）、PD（比例微分工况）、PID（比例积分微分工况）工况进行工作。因为 DTL－331A 控制器带有独立的辅助微分通道，所以它还具有微分＋比例积分、微分＋比例积分微分等工况。在典型工况的实现，是依据反馈回路 *RC* 动态环节的不同接线方式来完成的。

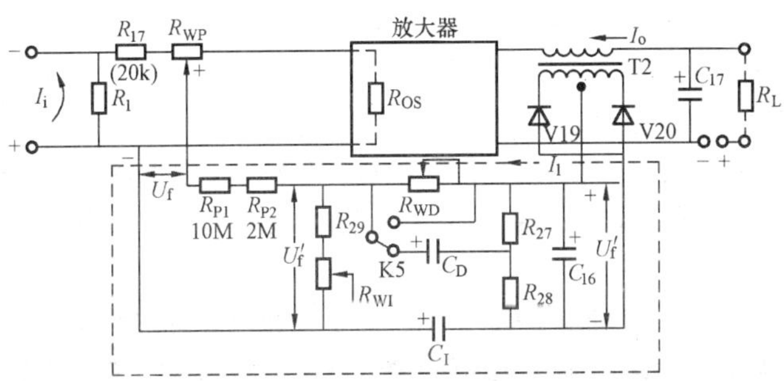

图 17－8　反馈回路

1. P 工况

在 P 工况（比例工况）时，控制器的输出与输入成正比。只要出现被控量的偏差，就会及时产生与这个偏差成正比的控制作用。这是一种最基本的控制规律，它的优点在于调节及时。比例运算电路如图 17

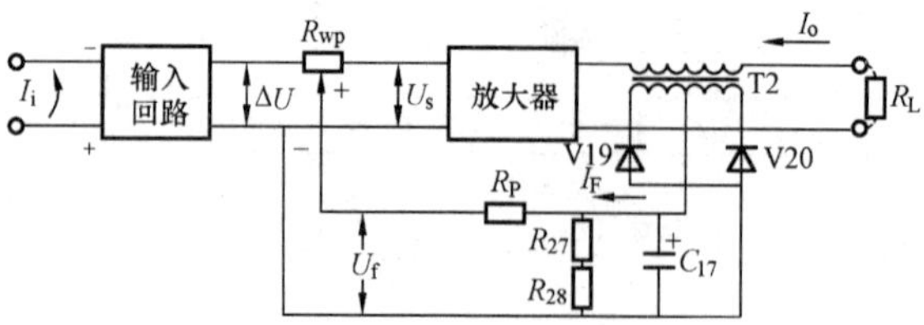

图 17－9　比例运算电路图

－9 所示。

2.PI 工况

PI 工况包括比例作用和积分作用。积分作用表示控制器的输出与输入的积分成比例关系，以此消除静差。由于积分作用的动作缓慢，须加入比例作用予以克服，构成比例积分工况。

通常由静态品质和动态品质两个方面来衡量自动控制系统的调节品质。静态误差越小，说明静态品质越好。对比例工况而言，为减小静态误差须使系统的增益加大。而增益加的太大会导致系统不稳定和动态品质不好。引入积分作用后，对瞬变信号的放大倍数不高，但随时间的增长，控制器的放大倍数线性增大，最终能克服诸如阀位的不灵敏区而纠正偏差。如果积分的增加随时间的变化是无限的话，控制系统将是无差的。实际的 PI 控制器的放大器开环增益为有限值，其输出不可能无限增加，积分作用呈饱和特性。

3.PD 工况

引入微分作用，可使当对象具有较大的惯性时该上控制品质。微分作用能够根据被控量的偏差提前给出大的控制作用，使控制来得及时，可减少系统的动态偏差和控制时间，从而改善控制过程的动态品质。也就是用微分作用的预控制功能去克服系统的惯性，从而保证被控量有较小的动态误差。

微分作用只能使控制器的输出反映输入的变化速度，对于一个固定偏差，微分环节是无能为力的。所以控制系统中不能单独使用微分作用，必须与比例作用配合构成 PD 动作规律。

4.PID 工况

PID 工况下控制器的具体线路如图 17－8 所示。控制器的 PID 控制规律的实质在于控制器的增益随时间变化有一定的变化规律。比例控制是控制器的基本控制作用。比例控制的优点是稳定性好，不易产生过调，反应速度快。在比例控制保证稳定的基础上增加积分作用是为了提高控制精度、消除静态偏差，最终改善控制品质。如果对象的惯性较大，需要在控制手段中增加微分控制作用。利用微分控制作用来反映偏差的变化速度，实现超前控制和加强控制，以克服惯性，使控制过程尽快开始。微分作用主要是在控制过程的初始阶段起作用。

三、自动跟踪线路

现场的生产设备采用了自动控制系统后，在一些特殊工况下，仍然需要“手动”控制。为了使自动控制系统能方便地由“手动”切换为“自动”，并且对控制系统不产生任何扰动，控制器必须设置自动跟踪线路。控制器和执行器是相互独立的，在手动操作时，控制器的输出信号与电动执行器位置反馈电流（即阀位电流）是不一致的。如果控制器处于 PI 或 PID 工况，则由手动直接切换到“自动”（或称为“投入自动”）时会产生很大扰动，这是设备正常运行过程所不允许的，因此必须采用自动跟踪以实现无扰动切换。

所谓自动跟踪，就是当控制系统处在手动操作时，使控制器的输出始终自动跟随着执行器的输入电流或位置反馈电流变化。这样，在手动状态时，控制器不停地，对位“操作”，使控制器的输出指令与手动操作的结果基本一致。

实现自动跟踪的方法是在控制器的积分电容上加以跟踪电压。为了在自动跟踪过程中避免控制器微分作用的干扰，控制器的微分电阻（包括辅助微分通道的微分电阻）应短路，微分电容应断开。这样在自动跟踪时不仅消除了微分作用，又由于跟踪电压加在积分电容上，所积分作用也被取消了。这时的控制器动态特性仅是比例作用的结果。

四、整机综述

DTL 控制器接受被控量信号 I_i（0～10mADC）后，由转换电阻变成相应的输入电压 U_i，经自激振荡调制放大器调制和放大后，一路送到整流功率放大器进行整流和功率放大；另一路作为开关电压反馈到调制器。整流功率放大后的半波脉动电流，一路滤波后经上、下限幅电路向负荷提供 0～10mADC 输出电流 I_o，另一路半波脉动电流的交流分量经隔离反馈变压器耦合到整流滤波电路，对反馈回路提供 0～5mADC 电流。

反馈回路输出具有一定变化规律的反馈电压 U_f。当 U_f 与偏差信号综合后，通过放大器构成负反馈系统，以实现 PD 控制规律。并根据系统的不同需要，还可以实现 P、PD、PI 等控制规律。

DTL－331A 控制器的显示仪表可以显示被调量与给定值的偏差，还可以显示输出电流。

DTL－331A 控制器适用于多参数控制系统，除主输入通道外，还有四个辅助通道，其中包括一个独立的辅助微分通道，此通道内可实现微分增益的连续可调，并且使控制器能实现 D＋PI、D＋PID 等控制规律，在定值控制系统中，可对被调量提供给定值，在比率控制系统中对各参数进行比例系数的设定。其“正－反”作用开关是用以适应控制系统的需要。DTL－331A 调节器还具有输出限幅和抗积分饱和的功能。

DTL－331A 控制器通过 DFD－09 电动操作器可以实现手动与自动的相互切换，在手动状态下控制器可实现自动跟踪，因而“手动→自动”为无扰动切换；当控制系统处于自动操作时，电动执行机构相当于受控制器输出电流控制的一个随动系统，在电动操作器 DFD－09 的配合下可以实现由“自动→手动”的无扰动切换，不须对位操作。

DTL－331A 中的可调电位器有：给定值调整电位器（简称定值器）；定值器分压调整电位器；调零电位器；调制管预置负偏压调整电位器；微安表量程调整电位器；放大器灵敏度电位器；上限限幅电流调整电位器；下限限幅电流调整电位器；独立微分通道微分增益调整电位器；比例带调整电位器；积分时间调整电位器；微分时间调整电位器；独立微分通道微分时间调整电位器。

第二节　电动执行机构

在自动控制系统中，执行机构接受来自控制器的自动调节信号或来自操作器的远方手动操作信号，并将其转换成使控制机构（如阀门、风门或挡板等）动作的位移信号，从而改变被控量的大小，以满足生产过程的需要。

电动执行机构以电为动力，它是 DDZ－Ⅱ型电动单元组合仪表的执行单元，接受控制单元、变送单元或手动操作器输出的 0～10mADC 统一标准电流信号，并转换成与之相对应的角位移或线位移输出。角位移执行机构（DKJ）与线位移执行机构（DKZ）的电气原理基本相同，其区别主要在减速器的机械部分。

一、DKJ 角行程电动执行机构工作原理

DKJ 电动执行机构由伺服放大器和执行机构两部分组成。伺服放大器将输入信号和来自执行机构位置发送器的反馈信号进行比较，并将两者的偏差进行放大以驱使两相电动机转动，再经减速器减速，带动输出轴改变转角。输出轴转角的变化又经位置发送器按比例地转换成相应的位置反馈电流，馈送到伺服放大器的输入端。当偏差为 0 时，两相电动机停止转动，输出轴稳定在与输入信号相对应的位置上。电动执行机构是一个由伺服放大器与执行机构两个独立部分组成的闭合随动系统。电动执行机构的工作原理如图 17－10 所示。

伺服放大器由前置磁放大器、触发电路和晶闸管交流开关组成，有三个输入通道和一个反馈

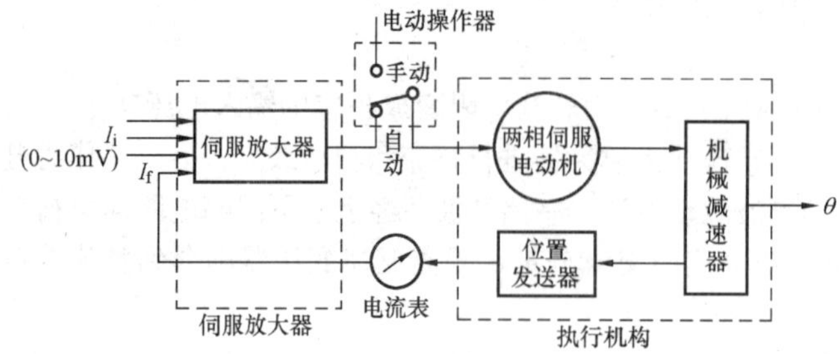

图 17－10 电动执行机构工作原理框图

通道，可同时输入三个信号和一个位置反馈信号。在单参数的简单控制系统中只使用其中一个输入通道和反馈通道。

伺服放大器综合输入、反馈信号并加以放大，依综合信号极性的不同，输出相应极性的信号控制伺服电动机正转或反转。当输入信号与反馈信号相平衡时，伺服电动机停止转动，电动执行机构便稳定在一定的位置上。触发器和晶闸管电路构成的交流无触点开关，起着三位开关的作用，它能及时地按照控制指令，使伺服电动机接通电源正、反转或断开电源停转。

执行机构包括两相伺服电动机、机械减速器和位置发送器。两相伺服电动机是执行机构的动力装置，可将电能转换成机械能，通过机械减速器将高转速小力矩变成低转速大力矩输出，以带动控制机构改变被调量的大小。

在两相伺服电动机上装有电磁制动装置，保证断电时迅速制动以减小电动机的惯性惰走，提高系统的稳定性；同时可以克服电动机断电时，工作介质对调节机构的反作用所引起的执行机构反向动作。

位置发送器用以提供与执行机构输出轴角位移成正比的电流信号，并由电流表显示；同时此电流信号作为位置反馈信号送到伺服放大器的反馈通道，从而使电动执行机构形成一个位置负反馈系统。

二、DKJ 电动执行机构结构与线路分析

（一）伺服放大器

伺服放大器的原理框图如图 17－11 所示。伺服放大器的前置磁放大器将输入信号与位置反馈信号相减并加以放大，转换成电压信号，经触发电路变成触发脉冲，激励控制主回路的可控硅，使晶闸管导通，使两相伺服电动机接通～220V 电源而转动。根据前置磁放大器输出的正偏差信号或负偏差信号，相应的触发器动作，使相应的晶闸管交流开关导通，电动机反正向或方向转动。两组触发器和两组晶闸管交流开关的参数完全相同。当输入信号与位置反馈电流相平衡时，前置磁放大器输出为零，触发器没有触发脉冲输出，晶闸管截止，电动机的电源断开，电动机停转。

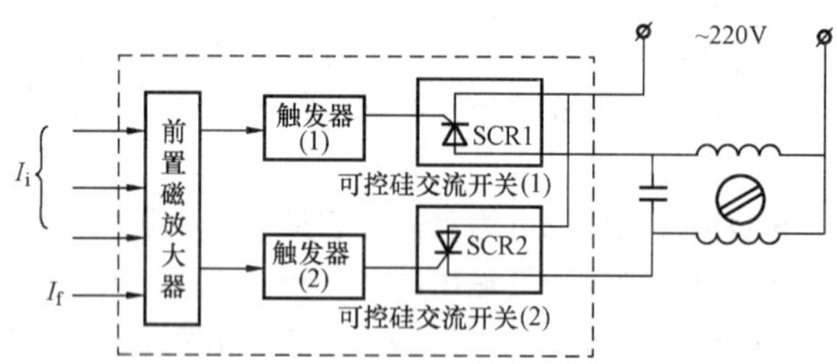

图 17－11 伺服放大器原理方框图

1. 前置磁放大器

前置磁放大器是一个具有内部负反馈的直流双拍推挽式磁放大器，由四个结构完全相同的环形导磁体组成，每两个环形导磁体合成一拍。两拍参数相同，工作对称，其工作原理基于铁磁材料的非线性原理，即利用直流磁化力的变化控制交流绕组输出电流的大小，最后转换成电压输出。其原理线路如图 17－12 所示。

输入绕组接受直流输入信号，位置反馈绕组接受位置发送器的位置反馈电流，位置反馈绕组

与输入绕组绕向相同，但因输入信号与位置反馈信号方向相反，故两者的直流磁化力方向相反。两个单拍上的交流绕组绕向相反，但在同一拍中的两个环形导磁体上的交流绕组绕向相同，每个交流绕组分别串接一只二极管进行半波整流，所以交流绕组中的电流为单向脉动电流，其中的直流分量在各导磁体中形成直流磁化力，称为平均电流磁化力。

在前置磁放大器的导磁体上设置有偏移绕组（见图 17－12），两个单拍的偏移绕组绕向相同，流过的偏移电流方向彼此相反。当磁放大器处于静态时，每个导磁体上偏移电流磁化力与交流绕组平均电流磁化力的代数和就是该导磁体的初始磁化力。两个单拍的初始磁化力方向相反，并且初始磁化力与交流绕组平均电流磁化力方向相同。

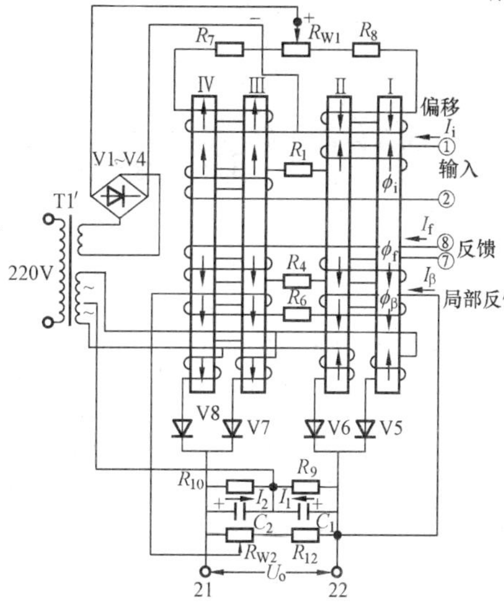

图 17－12　前置磁放大器原理线路图

前置磁放大器有三个输入信号绕组，输入信号通过三个绕组在导磁体中产生的磁化力叠加，各输入信号之间没有直接的电的联系，实现了无干扰的多通道输入。

前置磁放大器的优点是工作可靠、寿命长、零点稳定、便于信号综合，输入通道为无干扰通道。

2. 触发器

伺服放大器中两套线路结构完全相同的触发器，将前置磁放大器输出的电压转换成触发脉冲去控制可控硅交流开关，以控制电容分相式交流电动机正、反转。前置磁放大器的输出电压以差动方式接到两组触发器的输入端。当前置磁放大器输出电压极性改变时，两组触发器互换导通或截止。每套触发器均由晶体管控制线路和单结晶体管张弛振荡器两部分组成。

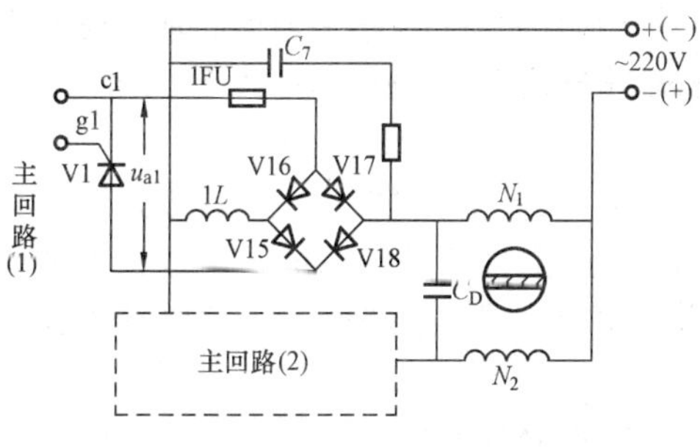

图 17－13　主回路工作原理

3. 主回路

主回路的晶闸管交流开关分为对称的两组，每组是一个由晶闸管整流元件和二极管桥式全波整流电路构成的交流无触点开关，如图 17－13 所示。两组晶闸管交流开关控制一个交流电源 ~220V，而电容分相式交流电动机的两个绕组 N_1、N_2 及电容 C_D 作为负荷，晶闸管交流开关，用以接通伺服电动机的交流电源，主回路（1）、（2）受相应的触发器的控制，所以主回路也有三种工作状态：晶闸管 V1、V2 都不导通时，伺服电动机停转；V1 导通、V2 截止时，伺服电动机正转；V1 截止，V2 导通时，伺服电动机反转。

（二）执行机构

在执行机构中，两相电动机接受伺服放大器或者电动操作器送入的信号而转动，并经过机械减速器转换成低转速大力矩输出。而角位移由位置发送器将输出转换成位置反馈电流（0～10mADC），反馈到前置磁放大器的绕组和由电流表显示阀位。

1. 两相伺服电动机

两相伺服电动机是由一个冲槽硅钢片叠成的定子和鼠笼转子组成。它把晶闸管交流开关输出的电功率转变成机械转矩。电机定子上均匀分布着两个相隔 90°的、匝数和线径相同的定子绕组，

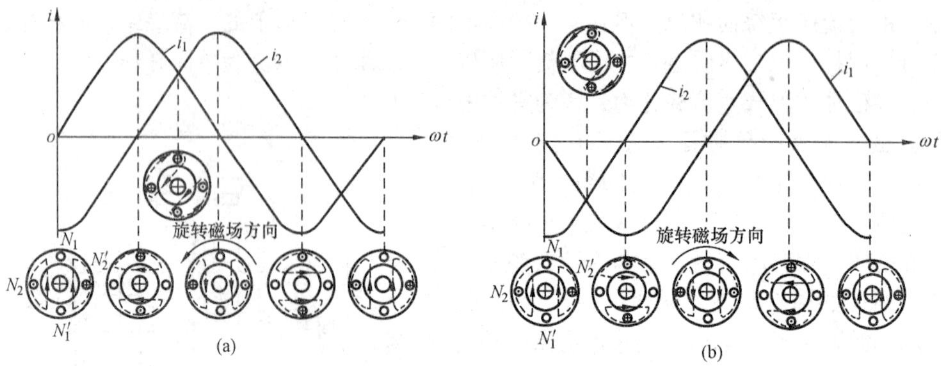

图 17－14　定子绕组中电流与旋转磁场的关系

（a）N_1 串接电容时，两绕组中电流与旋转磁场的关系；（b）N_2 串接电容时，两绕组中电流与旋转磁场的关系

通过分相电容 C_D 使两个定子绕组 N_1、N_2 获得有 90°相位差的交流电压。其合成向量产生定子以同步转速旋转的旋转磁场，其磁力线通过定子和转子铁芯而闭合。旋转磁场带动转子旋转。图 17－14 说明了两相电动机中旋转磁场是如何产生的。

随着两个触发器中的一个动作，相应的可控硅交流开关导通，这时定子绕组 N_1 中的电流比 N_2 中的超前或滞后 90°，于是两相伺服电动机就可朝不同的方向旋转，两相伺服电动机内设置有杠杆式制动机构，以保证电动机断电时迅速制动，其结构如图 17－15 所示。

2. 机械减速器

机械减速器的作用是将高转速、小转矩电动机的输出功率变成低转速、大转矩执行机构的输出轴功率。是采用一组平齿轮和行星齿轮相结合的传动机构。减速器的工作过程是：电动机输出轴上的圆柱齿轮 2 带动与偏心轴联成一体的齿轮 3 转动，在偏心轴上套有齿轮4(即摆轮)，齿轮 10 是固定不动的内齿轮，偏心轴的转动使得与内齿轮 10 紧密啮合的齿轮 4 按照与偏心轴相反的转向自转，然后通过采用联轴器这一部件将齿轮 4 的转动经输出轴均匀地传递出去，如图 17－16 所示。

3. 位置发送器

位置发送器由串联谐振铁磁饱和稳压器、差动变压器，二极管桥式整流电路、零点补偿电路组成。位置变送器将执行机构输出轴全程范围 0°～90°的角位移信号转换成与之成比例的 0～10mADC 直流信号，此信号反馈到伺服放大器的输入端，并同时提供位置指示。位置发送器为比例环节，如图 17－17 所示。

机械减速器输出轴依靠盘簧紧压凸轮形成的摩擦力带动凸轮随出轴一起转动，于是压在凸轮端面上的差动变压器推杆产生轴向位移，从而改变推杆上的铁芯在差动变压器绕组中的位置，达到改变位置发送器输出电流大小的目的。

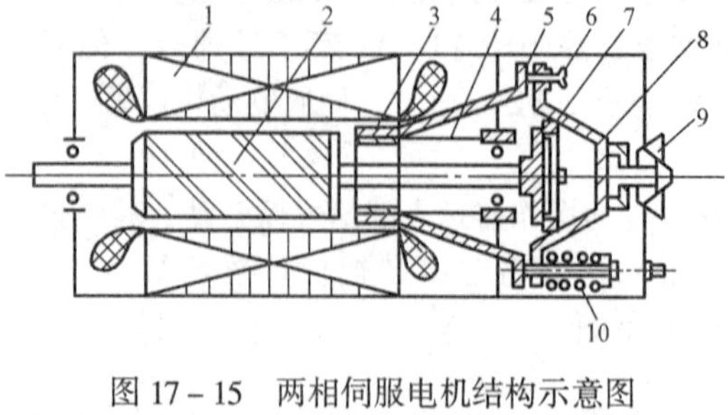

图 17－15　两相伺服电机结构示意图

1—定子；2—转子；3—衔铁；4—联接簧片；5—杠杆；6—调整螺钉；7—制动轮；8—制动盘；9—把手；10—压缩弹簧

三、DKJ 电动执行机构整机工作描述

电动执行器是一个具有深度负反馈的闭合随动系统。其伺服放大器的输入信号和反馈信号相叠加，经前置磁放大器进行电流放大并转换成电压输出。当忽略前置磁放大器

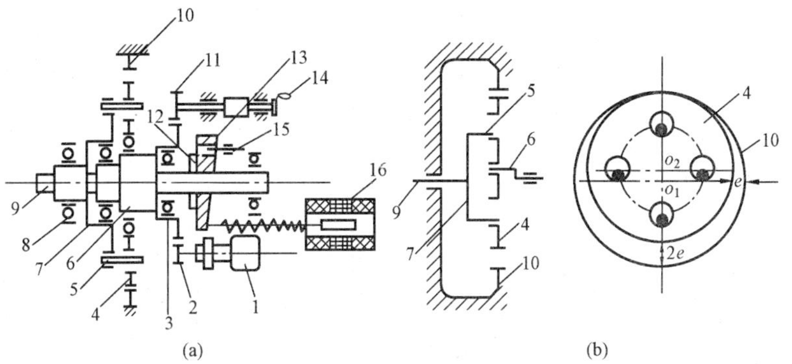

图 17－16　机械减速器结构示意

（a）齿轮传动结构示意图；（b）内行星齿轮传动原理示意图

1—电动机；2—圆柱齿轮；3—齿轮；4—偏心轴上的摆轮；5—销轴销套；6—偏心轴；7—联轴器；8—轴承；9—输出轴；10—内齿轮；11—齿轮；12—弹簧片；13—凸轮；14—手轮；15—限位销；16—差动变压器

的回差和触发器的动态相移后，伺服放大器的不灵敏区便取决于触发器。

两相伺服电动机在电源接通后经过短暂的升速过程达到额定转速后，便维持额定转速运转，所以两相伺服电动机是一个具有惯性的积分环节。伺服电动机升速到额定转速后等速运转，会使执行机构输出角位移的变化增大，而使位置发送器的位置反馈电流增大。由于电动机存在惯性在断电后不会立即停转，还有一段惰走，然后在电磁制动装置作用下电动机才停转动。

如果电动机的转向不断变更，这就是自激振荡。克服自激振荡的办法是：电动执行器不灵敏区规定为 ± 150μA，不能太小，可通过调电位器改变局部反馈电流的大小来减小或消除自激振荡；其次电动机要采取有效的制动措施，克服其惯性惰走。

电动执行器的原理线路如图 17－18 所示，DFD－09 电动操作器的切换开关 SK 置于自动位置时，来自调节器或变送器的 0～10mADC 输入前置磁放大器。当与位置反馈信号相平衡时，前置磁放大器输出为零，两组触发器都不发出触发脉冲，可控硅开关不导通，两相伺服电动机静止不动。

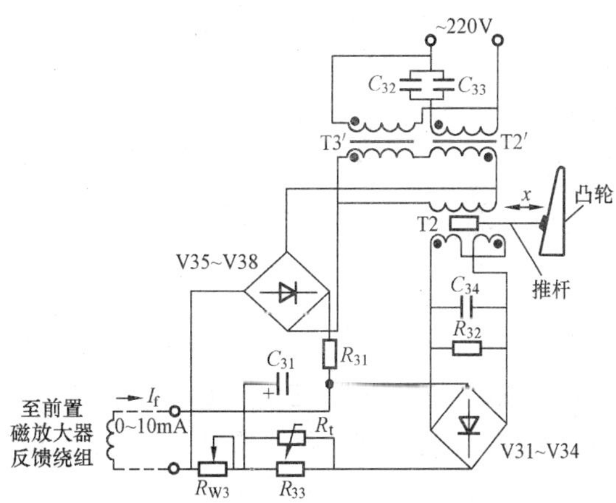

图 17－17　位置发送器原理线路

当输入信号改变变化了，就与位置反馈信号失去平衡，前置磁放大器输出直流电压信号，两组触发器中的一组产生触发脉冲，相对应的晶闸管开关接通电源，通过电动操作器使两相电动机按某一方向转动，最后去移动调节机构行使调节作用。执行机构输出轴角位移的变化，改变了位置反馈电流，直到位置反馈电流与输入信号重新达到平衡时，两相电动机便停止转动。

当切换开关 SK 在手动位置时，两相电动机与晶闸管交流开关之间的通道被切断，执行机构直接由电动操作器远方手动操作。

DKJ 电动执行机构与 DFD－09 电动操作器相配合的系统，可与调节器一起构成调节系统，当系统处于手动状态时，执行机构位置发送器的反馈电流送到 DFD－09，此时调节器处于自动跟踪

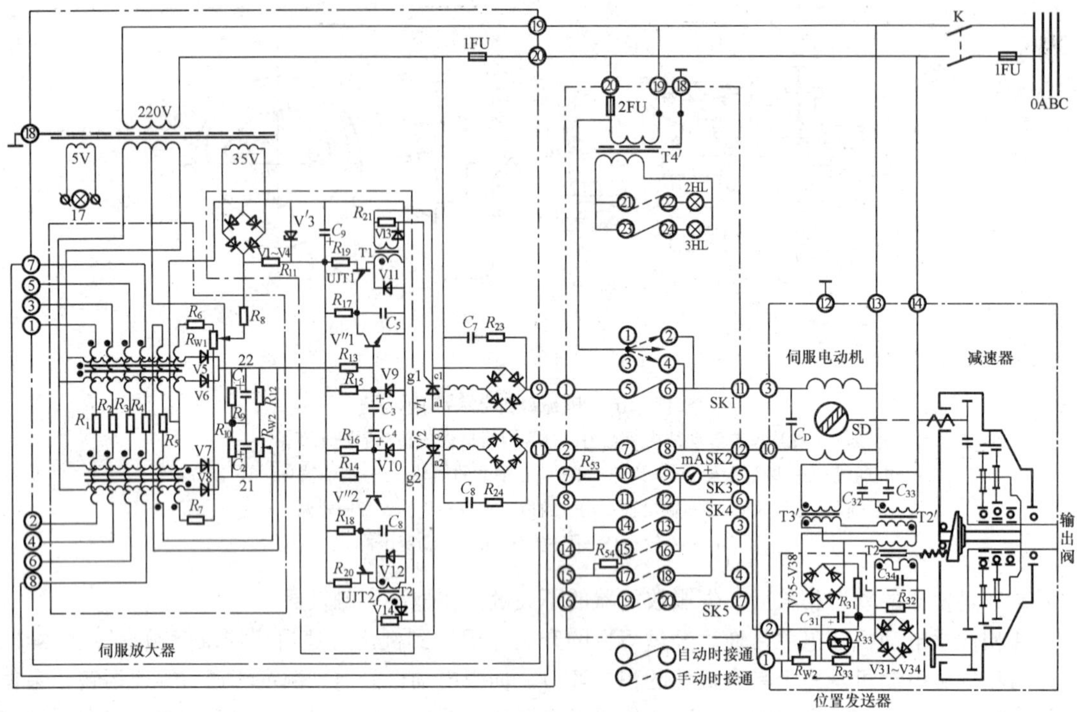

图 17－18　DKJ 电动执行器原理线路图

状态，随时可由手动无扰切换成自动状态，不会给系统造成扰动。当系统处于自动状态时，执行机构位置反馈作用，使当系统由自动切换成手动状态时不需要进行对位操作，切换是无扰动的。这就实现了调节系统自动与手动双向无扰动切换。

第三节　气动执行机构

气动执行机构以干燥的压缩空气为动力能源，空气中应不含有明显的油、其他液体及腐蚀性气体。气动执行机构的基本功能是：接受电信号（0～10mADC，4～20mADC）或气信号（0.022～0.1MPa），输出与信号成比例的（0°～90°）角位移，并以一定的转矩带动调节机构（如阀门、挡板等）动作。为适应控制系统的要求，气动执行机构还具有一些附加功能，如三断（断气源、断电源、断电信号）自锁保护功能，阀位移电气远传功能等。

气动执行机构和电动执行机构相比较有以下优点：

（1）起动时输出转矩大，动作平稳、可靠；

（2）动作速度快，惯性小，而且动作速度与调节器来的电信号成比例，可以较精确地实现比例、微分作用；

（3）能全开全关而不损坏阀门，这是由于用压缩空气作驱动能源的缘故。

（4）结构简单，维护方便，对安装环境要求较低。

现以瑞安仪表三厂生产的 ZSLD－A 型电信号气动长行程执行机构为例，简单介绍其原理。

一、结构及工作原理

ZSLD－A 型气动长行程执行机构的主要组成部分有气缸、输出轴、手操机构、支架和外壳，主要附件有：阀门定位器、阀位移传送器、三断自锁装置等，外壳上装有三个压力表，用来分别指示气源的压力和上下气缸的压力。图 17－19 为其结构原理简图。

1. 阀门定位器工作原理

阀门定位器如图 17－19 中点划线框内所示。气动执行机构的输出（角位移）与其输入电流信号成比例关系是由阀门定位器来实现的。

定位器的工作原理是力矩平衡原理，其工作方式是差动输出方式。在定位器的主杠杆上受到三个力的作用，这三个力是：

（1）信号电流流过线圈时在力矩电机内产生的与信号电流成正比的力；

（2）反馈弹簧的拉力；

（3）调零弹簧的拉力。

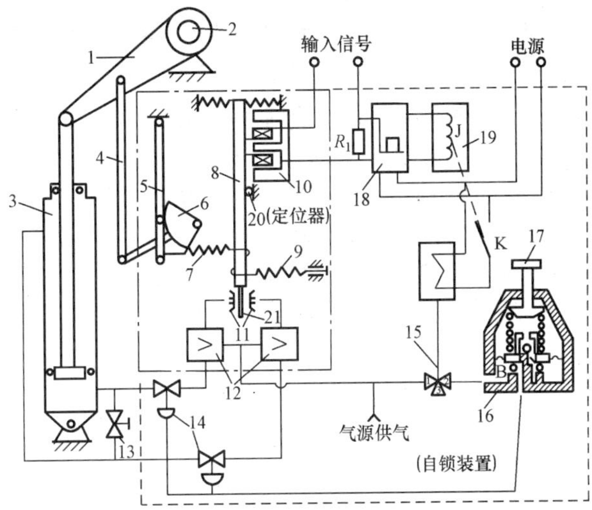

图 17－19　ZSLD－A 型电信号气动长行程执行机构结构原理简图

1—输出臂；2—输出轴；3—气缸；4—连杆；5—副杠杆；6—凸轮；7—反馈弹簧；8—主杠杆；9—调零弹簧；10—力矩电机；11—喷嘴；12—放大器；13—平衡阀；14—气阀；15—电磁阀；16—控制阀；17—控制阀手动旋钮；18—开关电路；19—继电器；20—主杠杆支点；21—挡板

根据力矩平衡原理，当系统处于平衡状态时，上述三个力对主杠杆支点的力矩之和等于零，此时安装在主杠杆下端的挡板处于两个喷嘴的中间位置，两个放大器的输出压力相等，使气缸内的活塞停在某一位置上。当信号电流增加时，力矩电机的输出力也增加，力矩平衡被破坏。若该力的方向为向左，则主杠杆离开平衡位置作逆时针方向转动，结果使挡板靠近右喷嘴而离开左喷嘴，右侧喷嘴背压增加，左侧喷嘴背压减小。两个背压经放大后，使上气缸压力增加，下气缸压力减小。在此差压作用下活塞向下运动，输出臂作逆时针方向转动，并通过连杆、凸轮和副杠杆，使反馈弹簧受到拉伸。由于反馈弹簧的拉力增加，主杠杆作顺时针方向转动，直至主杠杆被拉回到原来的平衡位置，系统又达到新的平衡，但输出臂已转动了一定的角度。因此，改变信号电流的大小就可以改变输出臂的转角，它们之间有一一对应的关系。若设计凸轮形状使得输出臂转角与反馈弹簧拉力成线性关系，那么该气动执行器的输入信号电流与输出转角就成线性关系。

装置中的力矩电机是电—力转换机构，其输出力与信号电流成正比，力的作用方向与电流方向有关。若将上述信号电流方向反接，力矩电机输出力的方向也会改变，即输出力矩为顺时针方向。当信号电流增加时，输出臂顺时针方向转动某一角度，正好与前述情况相反。改变输入信号电流的方向，就可以改变执行机构的作用方式。

2. 三断自锁保护装置工作原理

“三断自锁”指的是在工作气源中断、电源断电、断电信号时，执行机构输出臂转角保持在原先的位置上的功能。自锁保护装置采用气锁方式，即在自锁时将通往上下气缸的气路切断，使活塞不能动作，从而达到自锁的目的。其原理线路如图 17－19 中虚线框内所示。

气源中断自锁装置由控制阀 16 和两个气阀 14（气开阀）组成。在正常情况下，控制阀膜片硬芯所处的位置，使 A 阀口关闭、B 阀口打开，因此工作气源与控制阀膜室相通，两个气阀因有气而打开，气缸 3 活塞的动作受定位器的两个放大器 12 输出的控制。当气源压力下降到某一数值（称为闭锁压力）时，因控制阀膜片下部压力减小，膜片硬芯向下移动，结果A阀口打开、B阀口关闭，控制阀膜室与大气相通，气阀14因断气而关闭，故切断了通往上下气缸的气路，使活塞停留在原来的位置。

闭锁压力可根据需要用控制阀手动旋钮17调整，但不允许低于300kPa。当气源压力恢复时，该自锁装置可自动恢复正常工作。

在气源中断自锁装置的基础上，加上一个二位三通电磁阀15就可以实现断电源自锁。正常供电情况下，电磁阀1—2通，1—3和2—3不通，断电源时电磁阀动作使1—2和1—3不通，2—3相通，因3阀口通大气，控制阀的气源压力降到零，相当于气源中断而自锁。

电信号中断自锁是在电流信号回路中串联电阻 R_1，R_1 的电压降作为开关电路18的输入电压。由于对通常使用的0～10mA信号无法判断其是否中断，故与该自锁装置配合使用时，需将电流信号的下限进行限幅，如将信号改为1～10mA，断电信号时电流为零。

3. 阀位移传送器工作原理

阀位移传送器可将0°～90°角位移变成0～10mA的直流电流输出，其工作原理和电动执行器的位置发送器相类似，也就是利用差动变压器的两个并联磁路导磁率随阀位移而变的特性，实现位移量的电转换。输出轴带动的是扇形导磁板。

二、主要技术指标

ZSLD－A型气动长行程执行机构的主要技术指标如下。

输入信号：0～10MADC；4～20MADC。

输出转角：0°～ 90°。

公称力矩：250～6000N·m。

基本误差：±1.5%。

回差：＜1%。

死区：＜0.6%。

气源压力：＞600kPa。

静态耗气量：＜1500L/h（标准状态体积）。

三断自锁动作时间：＜1s。

自锁效果：阀位变化每小时不超过全行程的10%。

阀位移传送器基本误差：±2%。

阀位移传送器回差：＜1%。

始终点行程开关可调范围分别为：0°～20°；70°～90°。

复习思考题

1. 简述广义调节器的结构和作用。
2. 简述DTL－331A型调节器的结构和工作原理。
3. 简述DKJ电动执行机构的结构和工作原理。
4. 简述ZSLD－A型气动执行机构的结构和工作原理。

第四篇

自动控制系统

第十八章　汽包锅炉自动控制系统

火力发电厂热工过程自动控制主要是指锅炉、汽轮机及其辅助设备运行的自动控制。自动控制的任务是使锅炉、汽轮机适应负荷的需要，同时又能在安全、经济的工况下运行。

第一节　汽包锅炉自动控制系统任务

本节主要介绍汽包锅炉的自动控制系统。对于汽包锅炉，其具体控制任务主要有以下几方面。

(1) 使锅炉供给的蒸汽量适应负荷变化的需要或保持给定负荷。

(2) 使锅炉供给用汽设备的蒸汽压力保持在一定范围内。对并列运行的锅炉，汽压调节的任务由锅炉承担。在单元机组中，汽压调节的任务也可以由汽轮机承担。

(3) 使过热蒸汽和再热蒸汽温度保持在一定范围内。

(4) 保持汽包的水位在一定范围内。

(5) 保持燃烧的经济性。

(6) 保持炉膛负压在一定范围内。

虽然锅炉生产过程是一个复杂的被控对象，控制参数和被控参数之间存在着许多交叉的影响，但根据运行经验，对于汽包锅炉，在实现自动控制时可以组成以下几个相对独立的控制系统。

(1) 给水自动控制系统：以锅炉汽包水位作为被控量，给水流量作为控制变量。

(2) 汽温自动控制系统：以过热汽温和再热汽温作为被控量，喷水流量作为控制变量（对于喷水减温控制而言）。

(3) 燃烧过程自动控制系统：被控量有三个，即汽压（或负荷）、燃烧经济性指标和炉膛负压；控制变量也有三个，即燃料量、送风量和引风量。这三个控制变量和三个被控量互相关联，需要统筹兼顾，组成燃烧自动控制系统。

第二节　过热蒸汽温度自动控制系统

过热蒸汽温度是锅炉汽水系统中工质的最高温度。如果蒸汽温度过高，容易烧坏过热器，也会引起汽轮机高压部分过热，严重影响机组安全运行；而蒸汽温度过低，则会影响全厂热效率，引起汽轮机末级蒸汽湿度增加，甚至使之带水，严重影响汽轮机安全运行。因此，在锅炉运行中，必须严格控制过热蒸汽温度（简称过热汽温）在给定值附近。一般来说，中高压锅炉过热汽温的暂时偏差值不允许超过 ±10℃，长期偏差不允许超过 ±5℃。

锅炉中过热器通常由辐射过热器、对流过热器和减温器等组成。其管路很长，过热汽温自动控制的任务不仅要维持出口汽温在允许范围内，而且要求维持过热器蒸汽流程中中间点的过热蒸汽温度一定，以确保整个过热器的安全运行。

一、过热蒸汽温度被控对象的动态特性

过热蒸汽温度被控对象的动态特性是指引起过热汽温变化的各种扰动与汽温之间的动态关系。引起过热蒸汽温度变化的因素很多，如过热蒸汽流量变化，炉膛燃烧工况的变化，锅炉给水温度的变化，进入过热器的热量、流经过热器的烟气温度和流速等的变化。但归纳起来，过热汽温控制对象的扰动主要来自三个方面，即蒸汽流量扰动（负荷的变化）、烟气传热量扰动和减温水流量扰动（过热器入口汽温变化）。

1. 蒸汽负荷扰动下汽温对象的动态特性

蒸汽流量扰动是由锅炉负荷变化引起的。当锅炉负荷变化时，过热器出口汽温阶跃响应的特点是有迟延、有惯性和自平衡能力，且延迟和惯性较小。这是因为当锅炉负荷变化时，沿整个过热器管长度上各点的蒸汽流速几乎同时改变，从而改变过热器的对流放热系数，使过热器各点蒸汽温度也几乎同时改变，直到达到平衡状态为止。另外，随着过热器出口温度的增加，蒸汽带出的热量增加，由于汽温增加，温差减小，烟气传给蒸汽的热量也减小，使对象有一定的自平衡能力。

虽然在蒸汽负荷扰动下，汽温变化的动态特性较好，但蒸汽负荷是由外界用户的需求决定的，不可能用来作为控制汽温的手段，只能是看作汽温控制系统的外部扰动。

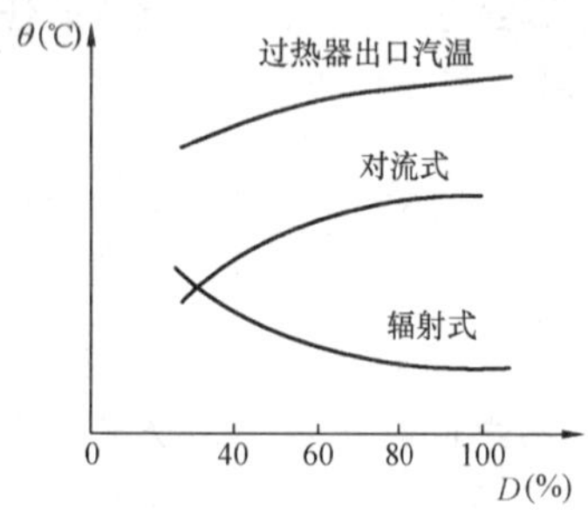

图 18－1　蒸汽负荷扰动下汽温对象的动态特性

另外，对于不同结构形式的过热器，过热汽温随锅炉负荷变化的静态特性是不同的，对于对流式过热器，随着外负荷的增加，需要燃料量相应增加，使蒸汽流量相应增加，此时通过过热器的烟气量增加，锅炉烟气温度也随之升高，烟温、烟速增加的结果，使得对流式过热器出口汽温升高。但对于辐射式过热器，其换热方式以辐射为主，辐射换热量的大小与炉膛温度水平有关，当外界负荷（蒸汽流量）增加时，炉膛温度升高较少，炉膛辐射给过热器受热面的热量比蒸汽流量的增加所需热量要少，因此其出口汽温反而会下降。在实际生产中，通常是两种过热器结合使用，还增设屏式过热器，且锅炉过热器的对流方式比辐射方式吸热量多，因此总的汽温随负荷增加而升高，如图 18－1 所示。

2. 烟气传热量扰动下汽温对象的动态特性

能引起烟气传热量变化的因素都可看成是烟气传热量扰动，引起烟气传热量变化的原因很多，如给粉机给粉不均匀、煤中水分的变化、蒸发受热面结渣、过剩空气系数的改变、汽包给水温度的变化、燃烧火焰中心位置的改变等，但归纳起来不外是烟气流速和烟气温度对过热汽温的影响。在这两种烟气侧扰动的作用下，汽温被控对象的阶跃响应的特点都是有延迟、有惯性和有自平衡能力，由于烟气侧的扰动是沿整个过热器长度进行的，所以延迟较小。

从动态特性的角度考虑，利用烟气侧扰动作为过热汽温控制手段较好，如改变燃烧器角度、烟气再循环、烟气旁通等。但是，这些控制方法均会导致锅炉结构复杂化，而且在具有中间再热的机组上，对再热气温的控制也会产生一定的影响，实现起来也比较麻烦，所以一般较少采用。

3. 减温水流量扰动下汽温对象的动态特性

减温水流量变化是引起过热器入口蒸汽温度变化的主要因素，喷水减温方式也是目前普遍采用的过热蒸汽温度控制方法。减温器有直接喷水式减温器、自凝喷水式减温器和表面式减温器等类型，一般均采用喷水式减温器。减温水流量扰动时，汽温被控对象也是有自平衡、有迟延和惯

性的被控对象。减温器位置对过热汽温对象的动态特性有显著的影响，减温器离过热器出口越远，则迟延越大。由于大型锅炉的过热器管路很长，因此减温水扰动时被控对象的迟延和惯性是比较大的。

综上所述，在各种扰动下汽温被控对象都是有延迟、惯性和自平衡能力的，如图 18－2 所示。但在不同扰动下，其动态特性还是有较大差别的。对于一般中高压锅炉，采用减温水流量扰动时，汽温的迟延时间 $\tau=30\sim60s$，时间常数 $T=100s$；而当烟气侧扰动时，$\tau=10\sim20s$，$T=100s$。可见，τ/T 的差值还是很大的。

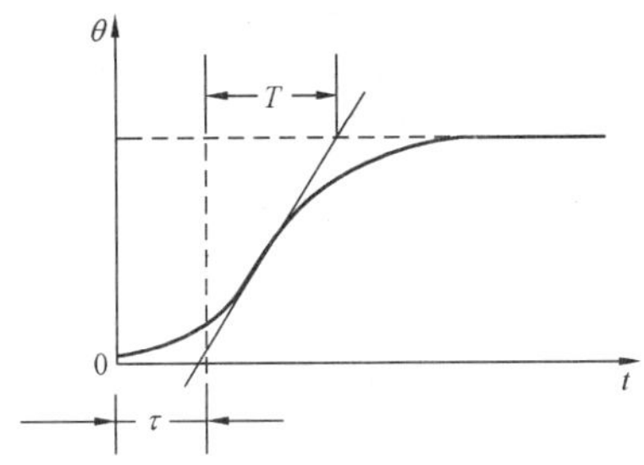

图 18－2　各种扰动下汽温控制对象的动态特性

尽管减温水扰动时被控对象的动态特性不很理想，但这种控制方式结构简单，对过热器的安全运行比较有利，所以目前仍广泛应用喷水减温作为汽温控制手段。这时，如果只根据汽温偏差采取单回路控制系统，控制效果仍不能满足生产过程需求。因此在设计控制系统时，常需要选择迟延和惯性都比较小的减温器出口汽温 θ_1 作为辅助被控量（称为导前汽温信号），来提前反映控制效果（喷水量的改变）。这样，对象控制通道的动态特性可看作是两部分：以减温水量 W_j为输入信号、减温器出口温度 θ_1 为输出信号的导前区和以减温器出口汽温 θ_1 为输入信号、过热器出口汽温 θ_2 为输出信号的惰性区。其传递函数分别为 $G_1(s)$ 和 $G_2(s)$。被控对象及方框图如图 18－3 所示。

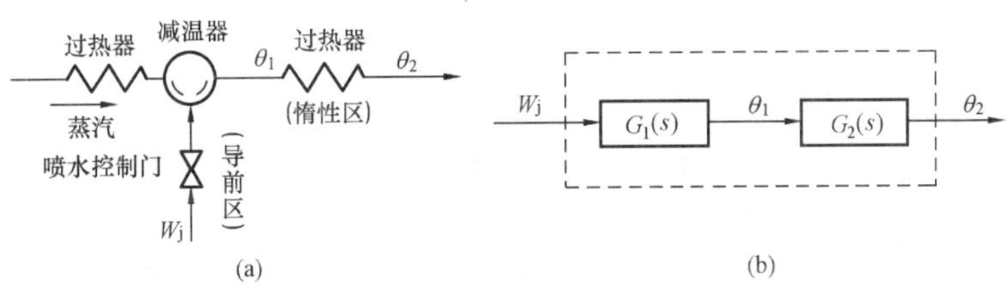

图 18－3　被控对象及方框图

(a) 对象结构示意图；(b) 对象方框图

二、过热汽温控制方案

常见的汽温控制方案有串级汽温控制系统和导前微分汽温控制系统；近年来，为克服大容量机组滞后和惯性的增加，还经常采用分段控制系统，下面分别加以介绍。

（一）汽温串级控制系统

1. 系统的组成

图 18－4 为过热汽温串级控制系统图。该系统采用直接喷水式控制，应用两个控制器而构成串级控制系统（或简称串级系统）。过热器出口汽温信号 θ_2 作为主信号，减温器出口汽温信号 θ_1 是导前汽温信号，主控制器的输出作为副控制器的定值，主控制器的定值采用经函数组件 $f_1(x)$ 或 $f_2(x)$ 修正后的汽轮机第一级蒸汽压力 p_1，该信号可以代表负荷信号的大小，切换组件 T_1 用以选择定压运行方式或滑压运行方式。

图 18－4 中控制器出入口标注的 1NC 和 DEC 表明控制器的正反作用开关的位置，即控制器的作用方向。如果希望控制器入口信号增加时输出也增加，则控制器为“正作用”或入口标有“INC”、出口也标有“INC”。反之，若希望控制器入口信号增加时输出信号减小，则控制器为“反作用”或入口标有“INC”、出口标有“DEC”。通常控制器的作用方向按主信号进入控制器的

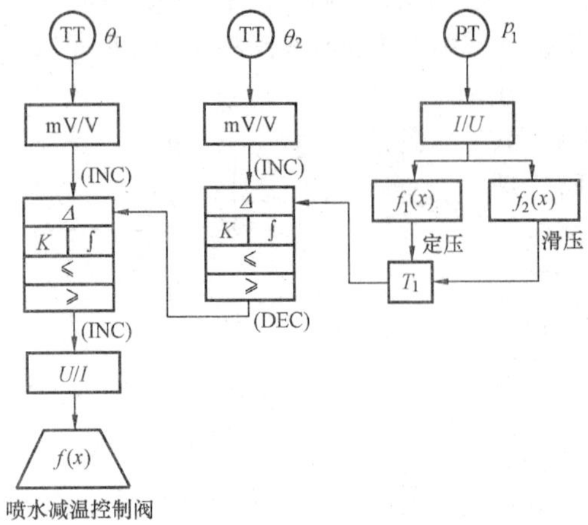

图 18－4　串级汽温控制系统

极性选择。本系统中主信号 θ_2 以正极性进入，按控制要求，主控制器为反作用，副控制器为正作用。

串级控制系统能够改善控制品质，主要是由于有一个快速动作的副控制回路存在。只要导前汽温 θ_1 发生变化，副控制器就迅速去改变减温水流量，维持后级过热器入口汽温在一定范围内，起粗调作用。而过热器出口汽温 θ_2 是由主控制器来维持的，只要 θ_2 不等于给定值，则主控制器就不断改变其输出信号，通过副控制器去不断改变减温水量，直到 θ_2 恢复到给定值为止。稳态时，导前汽温 θ_1 可能稳定在与原来不同的数值上，但过热汽温（主汽温）θ_2 始终等于给定值，主控制器输出值可能也与原来的数值不同，它作为副控制器的校正信号，相当于改变副控制器的给定值。

对于串级汽温控制系统，其控制品质是优于单回路控制系统的。当扰动发生在副回路内，如当减温水水压力或蒸汽压力改变而引起减温水量自发性波动时，由于导前区实际上就是减温器，其惯性很小，副控制器将能及时动作，快速消除喷水量的自发性波动，此时主回路可以看作是开路系统，从而使过热汽温基本不变，而单回路汽温控制系统，必然要影响到主汽温的稳定。

当扰动发生在副回路之外，引起过热汽温偏离给定值时，串级系统首先由主控制器改变其输出校正信号，通过副控制回路去改变减温水流量，使过热汽温恢复到给定值。

在过热汽温串级控制系统中，对副回路的要求是尽快消除减温水流量的自发性扰动和进入副回路的其他扰动，对过热汽温起粗调作用，故副控制器一般可选用比例或比例微分控制规律。主回路及主控制器的任务是保持主汽温等于给定值，因此主控制器要选择具有积分作用的控制规律。

（二）采用导前汽温微分信号的双回路汽温控制系统

1. 系统的组成

采用导前汽温微分信号的双回路汽温控制系统如图 18－5 所示。这种系统引入了导前汽温的微分信号作为前馈信号，在动态时，控制器将根据导前汽温的变化速度 $\mathrm{d}\theta_1/\mathrm{d}t$ 以及主汽温信号 θ_2 与给定值之间的偏差而动作；在静态时，导前汽温的微分信号 $\mathrm{d}\theta_1/\mathrm{d}t$ 信号为零，过热汽温 θ_2 必然等于给定值。如果导前汽温 θ_1 不以微分信号进入调节器，则在静态时调节器将保持 $\theta_1+\theta_2$ 等于给定值，而无法保持 θ_2 为给定值，这是不符合控制要求的。

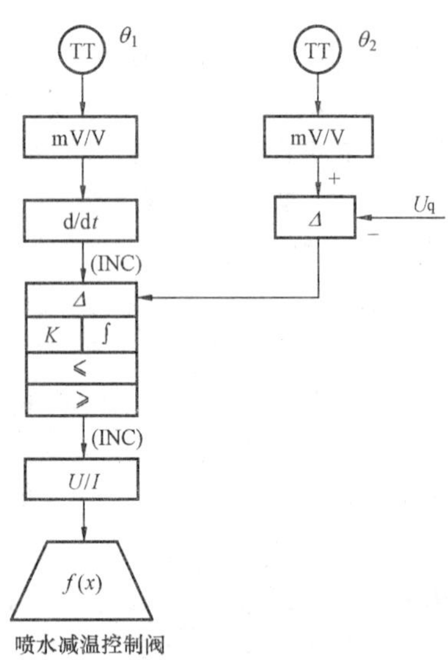

图 18－5　双回路汽温控制系统

2. 与串级汽温控制系统的比较

串级汽温控制系统与双回路汽温控制系统是两种典型的过热蒸汽温度自动控制系统，它们在实际应用中一般都能满足生产上的要求，但这两种控制系统在控制质量、系统构成、整定调试等方面却各有特点。下面对两者作以简单比较。

（1）对于采用导前汽温微分信号的双回路系统，当等效为串级控制系统时，相当于串级控制系统的主、副控制器均含有比例积分的控制规律。而在实际的串级控制系统中，为提高副回路的快速跟踪性能和加强校正作用，一般副控制器采用比例或比例微分控制器，而主控制器采用比例积分控制器。由此看来，双回路系统的内（副）回路的跟踪性能和校正作用不如串级系统。在主回路中，串级系统具有微分作用，控制质量也比双回路系统好，尤其对于迟延和惯性较大的对象，串级系统的控制质量是比较好的。

（2）在串级系统中，主、副回路相对独立，因此系统投运时的整定、调试直观方便。

（3）从系统结构角度看，双回路所用设备少。

一般情况下，双回路汽温系统已能够满足生产上的要求，因此在以往的电厂中得到了广泛应用。若被控对象惯性延迟较大，外扰频繁，且要求有较高的控制质量时，则应采用串级控制系统。目前，大容量机组多采用串级控制方案。

（三）过热汽温分段控制系统

随着单元机组容量的增大，过热器管路变长，主汽温的滞后和惯性将大大增加。为了进一步提高控制系统的控制品质，往往采用分段控制系统方案，即将整个过热器分成若干段，每段分别设置喷水减温器，大多数的机组通常采用两极喷水减温方案，分别控制各段的汽温，并维持最终的主汽温为给定值。分段汽温控制系统一般采用以下两种控制方案。

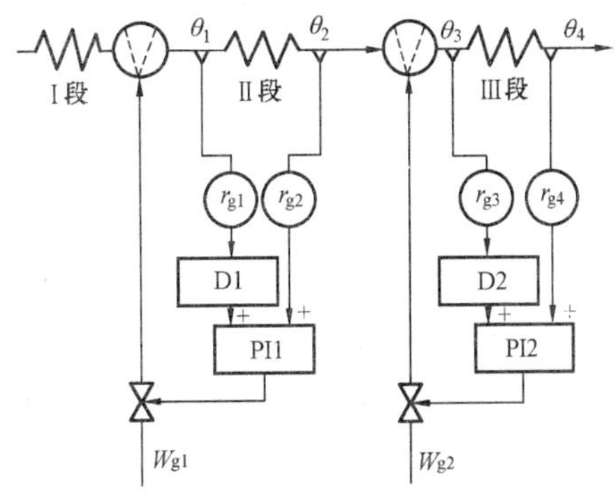

图 18－6　过热汽温分段定值控制系统

1. 分段定值控制系统

过热汽温分段定值控制系统如图 18－6 所示，这是一个采用两级喷水减温的控制系统。一级喷水减温将第二段过热器（屏式过热器）出口汽温控制在某一个定值；二级喷水减温将第三段过热器（高温对流过热器）出口汽温，即主蒸汽温度控制为设定值。采用分段控制汽温的方案后，各级控制系统中对象动态特性的迟延和惯性都要比采用单级喷水减温方案时对象动态特性的迟延和惯性小，因而可以改善控制品质。在这种控制系统中，两级减温水的控制是相互独立的。两个控制系统都可采用串级控制系统或双回路控制系统，两个控制系统可分别整定，可独立的投入。

2. 按温差控制的分段控制系统

对于混合型过热器，由于具有辐射特性的屏式过热器与高温对流过热器在负荷变化时的汽温静态特性方向相反，因此若采用图 18－6 所示的控制方案，负荷变化时将导致两级减温水量分配不均，从而影响两级喷水减温的控制范围。解决这一问题的方法之一是采用按温差控制喷水量的控制方案。温差分段控制系统如图 18－7 所示。

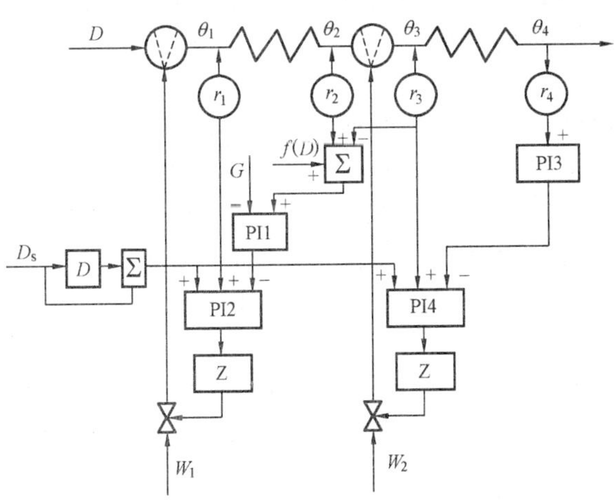

图 18－7　按温差控制的分段控制系统

图 18－7 中 PI1 和 PI2、PI3 和 PI4 分别组成两个串级系统。PI1 是主控制器，接受来自加法器

接受的二级减温器前后温差信号（$\theta_2-\theta_3$）与负荷量的综合信号，其输出通过副控制器 PI2 控制一级减温器的喷水量。PI1 控制器反向动作。PI1 控制器的入口信号平衡关系为

$$\theta_2-\theta_3=G-f(D)$$

可见，当负荷增加时，温差将减少，这意味着Ⅰ级减温器的喷水量将增大一些，使Ⅰ级过热器的出口汽温维持在较小的数值上，这样就可以防止负荷增加时Ⅰ级喷水量减小，从而使两级喷水量相差不多的目的。同时Ⅰ级多喷的水量对Ⅱ段过热器来说有一定的超前控制作用，因为负荷增加时，Ⅱ段过热器的出口汽温肯定是升高的。

PI3 和 PI4 组成的控制系统和一般的串级控制系统的结构是一样的。

另外，为了克服控制过程中被控对象动态特性的惯性和滞后，该系统中采用了负荷前馈信号 D_s（蒸汽流量的比例加微分），同时送到 PI2 和 PI4，以提高控制质量。

第三节　再热蒸汽温度控制系统

为了提高电厂的循环热效率，降低汽机末级叶片的蒸汽湿度、减少汽耗，单元机组中广泛采用中间再热技术，即将高压缸出口的蒸汽重新引入锅炉再热器加热至高温，然后引入中压缸做功。

再热器一般布置在烟温较低的区域，通常具有纯对流式的汽温静特性，其入口工质的状况取决于汽轮机高压缸的排汽工况，同时受给水温度、受热面积灰、燃料量的改变、过剩空气系数变化等情况的影响，都会引起再热汽温的大幅度变化，因此必须对再热汽温进行控制，维持再热器出口汽温为给定值。另外，在低负荷或机组甩负荷乃至机组跳闸时，必须保护再热器不超温，以保证机组安全。

一、再热汽温控制方式

再热汽温的控制，一般都采用烟气量为控制手段，实际采用的烟气控制方式有改变烟气挡板的位置、采用烟气再循环、摆动燃烧器角度和多层布置燃烧器等手段。此外，还可采用汽—汽热交换器、蒸汽旁通和喷水减温等方法，下面简单介绍几种。

1. 采用烟气挡板的再热汽温控制

采用烟气挡板进行再热汽温控制时，需把锅炉尾部烟道分成两个并联烟道，在主烟道中布置低温再热器，旁路烟道中布置低温过热器，在低温过热器的下面布置省煤器，调温挡板布置在烟温较低的省煤器下面。采用烟气挡板调温的优点是设备结构简单、操作方便；缺点是调温灵敏度较差、调温幅度也小。此外，烟气挡板开度与汽温变化的线性度也差，为此常将主、旁路两侧的挡板按反方向联结动作，以加大主烟道的烟气量的变化和克服挡板动作的非线性。

2. 采用烟气再循环的再热汽温控制

烟气再循环是采用再循环风机从尾部低温烟道中（一般为省煤器后）抽出一部分低温烟气（一般为 250～350℃），由锅炉底部（如冷灰斗下部）送回炉膛，用来改变锅炉内辐射和对流受热面的吸热量的分配比例，以达到控温的目的。

采取烟气再循环的控制方法的优点是反应灵敏、调温幅度大、可减少大气污染等，因此得到广泛应用，但缺点是设备结构复杂。

3. 采用汽—汽热交换器的再热汽温控制

这是在锅炉外设置一组用一次蒸汽来加热再热蒸汽的热交换器，利用三通阀改变流经热交换器的再热蒸汽流量来控制再热汽温的目的。由于汽—汽热交换器的调整范围很小，还必须辅以喷水。

4. 采用摆动燃烧器角度和多层布置燃烧器的方法控制再热汽温

采用摆动燃烧器角度和多层布置燃烧器的方式，实际上是改变火焰中心的位置，从而使炉膛出口烟气温度改变，从而控制锅炉辐射和对流受热面的吸热量比例，达到控制气温的目的。

5. 采用喷水减温的方式控制再热气温

喷水减温在正常情况下不宜采用，这种方式将降低整个系统的热效率。但喷水减温方式简单可靠，常作为再热器超温时的事故情况下的保护手段。不过目前引进的一些滑压运行机组，也有采用喷水减温作为再热汽温的主调手段的。

二、再热汽温控制系统实例

再热汽温对烟气量（如烟量、烟温、烟速）的变化比较灵敏。因此，再热蒸汽温度控制系统原则上可采用再热器出口汽温为主信号的单回路控制系统，并以喷水减温为辅助控制手段。典型的系统原理图如图 18 – 8 所示。

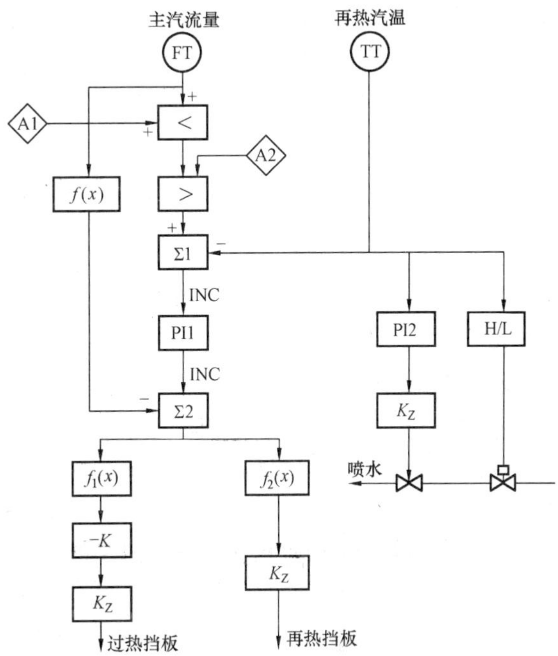

图 18 – 8　采用烟气挡板的再热汽温控制系统原理图

再热汽温 TT 作为主调信号，左侧通过 Σ1、PI1、Σ2、f_2（x）去控制烟气挡板，右侧通过 PI2 去控制喷水，实现事故时的保护控制作用。正常时，主要靠烟气挡板来控制再热汽温。函数发生器 f_1（x）、f_2（x）用以修正挡板的非线性特性。反向器（– K）用以使两个挡板反方向动作。

考虑到低负荷时挡板不能将再热汽温维持在给定值，系统中设置了大、小值选择器以允许再热汽温给定值随负荷做相应的改变：在高负荷时，小值选择器选择汽温给定信号；当负荷降低时，蒸汽流量信号通过小值选择器代替给定值信号进入大值选择器。大值选择器再进行最低汽温限制。这样系统在低负荷时也能正常工作，无须切除。蒸汽流量信号作为再热汽温的一个导前信号，用以克服被控对象的滞后和惯性。

第四节　给水自动控制系统

一、给水自动控制任务

汽包锅炉给水控制的任务是使给水量适应锅炉蒸发量的需求，维持汽包水位在规定范围内。

汽包水位是锅炉运行中一个非常重要的监控参数，维持汽包水位是保持汽机和锅炉安全运行的必要条件。水位过高，会影响汽包汽水分离装置的正常工作，影响汽水分离效果，会造成分离器出口蒸汽带水而使过热器管壁结垢，引起过热器损坏；同时，还会使过热汽温急剧变化，影响机组运行的安全性和经济性。水位过低，可能导致水循环破坏，引起水冷壁管烧坏。锅炉汽包的正常水位，一般要求在汽包中心线下 100 ~ 200mm，运行中一般要求汽包水位维持在给定值的 ± 50mm范围内。

随着锅炉容量的增大和蒸汽参数的提高，汽包中的蓄水量和蒸发面积相对减少，锅炉蒸发受热面的热负荷显著提高，加快了负荷变化时水位的变化速度，另外为了提高控制水平，现在的大容量锅炉常要求实现给水全程自动控制，从而对给水控制提出了更高的要求。

二、给水被控对象动态特性

锅炉汽包水位的高低是由汽包内的蓄水量和水面下的气泡容积所决定的。因此，凡是能引起汽包中储水量和水面下气泡容积变化的因素都是给水被控对象的扰动。具体地说，有以下三个方面。

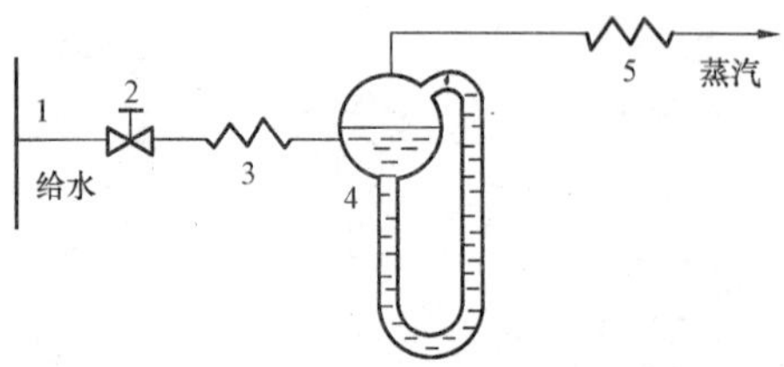

图 18－9　给水控制对象结构示意图
1—给水管；2—给水调节阀；3—省煤器；4—汽包及小循环管道；5—过热器

（1）给水流量（W）扰动：包括给水控制阀门开度的变化和给水压力的变化，这个扰动来自给水管道或给水泵。

（2）蒸汽负荷（D）扰动：包括蒸汽管道阻力的变化和主蒸汽调节阀门开度的变化，这个扰动来自汽轮机侧，反映了汽轮机对锅炉的负荷要求。

（3）锅炉炉膛热负荷（Q）扰动：这个扰动主要是燃烧率的变化，它将使蒸发强度改变，引起流出蒸汽量和汽包压力（汽水容积中汽泡的体积）发生变化。

图 18－9 为采用定速泵的给水被控对象结构示意图。下面分别讨论三种主要扰动下汽包水位被控对象的动态特性。

（一）给水流量（W）扰动下水位对象的动态特性

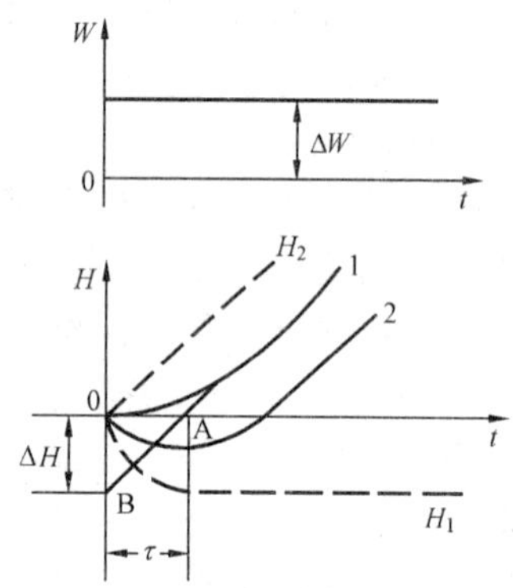

图 18－10　给水流量（W）扰动下水位对象的阶跃响应曲线

图 18－10 为给水流量（W）扰动下水位对象的阶跃响应曲线。当给水流量阶跃增加 ΔW 后，实际的水位变化如图 18－10 中曲线 1 所示，该曲线是曲线 H_1、曲线 H_2 的合成。图 18－10 中曲线 H_1 为不考虑水面下气泡容积变化，而仅仅考虑由于物质不平衡引起的水位变化的阶跃响应特性。由于给水压力很高，汽包水位变化引起的给水流量的自平衡作用可以忽略不计，因此可以将汽包水位被控对象看成是无自平衡能力的积分环节。曲线 H_2 是在不考虑物质不平衡关系，仅考虑由给水过冷度变化（即给水温度低于汽包内饱和水温度）所引起的水位变化曲线，给水的过冷度越大，汽包水位的变化幅度越大，其特性可以看作是一个惯性环节。从曲线 1 可以看出，给水阶跃扰动后的初始阶段，由于给水过冷度对水位变化的影响较大，而使实际水位变化较慢，经过一段时间之后，物质不平衡在起主要作用，水位才呈直线上升；如果给水量和蒸发量不平衡状态一直保持下去，则水位一直上升。对于采用沸腾式省煤器的锅炉，给水流量扰动下的惯性要比上述采用非沸腾式省煤器的情况严重得多，甚至还可能出现“虚假水位”现象，见图 18－10 曲线 2。所谓的“虚假水位”现象即是水位的变化速度与趋势不能正确反映汽包中的物质不平衡现象，比如给水流量增加时，水位应按积分规律上升，但由于给水过冷度对水位变化的影响造成水位暂时不变或缓慢变化，甚至在初期发生下降等现象，都是“虚假水位”。

（二）蒸汽流量 D 扰动下水位变化的动态特性

在蒸汽流量 D 扰动下水位阶跃响应曲线如图 18－11 所示。当蒸汽量突然增大 ΔD 时，仅从物质平衡关系来看，锅炉蒸发量大于给水量，水位变化应如图 18－11 中 H_1 曲线所示。但是，由于汽包水位还要受汽水混合物中气泡体积的影响，在蒸汽量突然增大时，由于汽包压力的下降，汽包水面下的气泡体积迅速增大，因此整个汽水混合物体积增大，水位升高（曲线 H_2）。由于蒸发强度增加是由负荷变化要求决定的，满足外界负荷（扰动）要求后就不再增大，由此而引起的水位变化可用惯性环节表示，如图 18－11 中曲线 H_2 所示。而实际显示出的水位响应曲线如图 18－11 中 H 所示（$H=H_1+H_2$）。由图 18－11 可以看出，锅炉负荷变化时，汽包水位的变化具有特殊的形式，当负荷增加时，虽然给水量小于蒸发量，但在开始阶段水位不仅不下降，反而迅速上升，这种现象即为“虚假水位”。由于汽压降低而使气泡体积膨胀，虚假水位现象会更严重。只有当气泡容积与负荷相适应，气泡体积不变化时，物质平衡关系对水位变化的影响作用才体现出来，水位才随负荷增大而下降，如不加以控制，则水位不能达到新的平衡，即呈无自平衡特性。蒸汽负荷扰动下，水位被控对象可视为积分环节与惯性环节的并联，即传递函数为

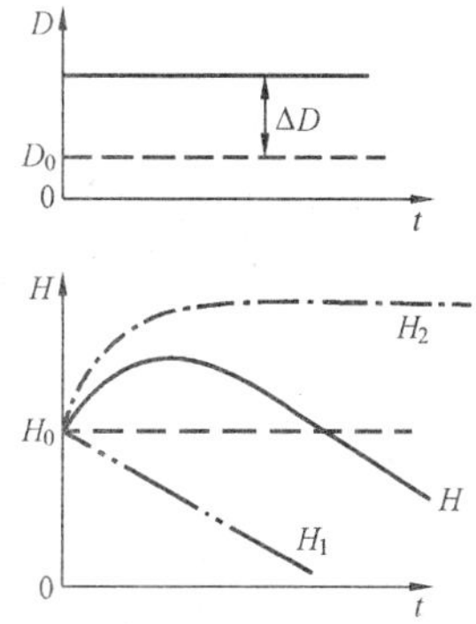

图 18－11　蒸汽流量 D 扰动下水位阶跃响应曲线

$$G_{HD}(s)=\frac{H(s)}{D(s)}=\frac{K_2}{1+T_2 s}-\frac{\varepsilon}{s} \tag{18-1}$$

式中　T_2——曲线 H_2 的时间常数；

K_2——曲线 H_2 的放大系数；

ε——曲线 H_1 的响应速度。

（三）炉膛热负荷扰动下水位变化的动态特性

此处的炉膛热负荷扰动即是指燃料量的扰动。当燃料量增加时，锅炉吸收更多的热量，使水循环系统蒸发强度增大。如果不调节蒸汽阀门，则随着锅炉出口汽压升高，蒸汽负荷也将增加。此时，蒸汽量大于给水量，水位应该下降。但是，由于蒸发强度增加，水面下气泡体积增大，而且这种现象必然先于蒸发量增加之前发生，从而使气包水位先上升，引起“虚假水位”现象。燃料量扰动下水位阶跃响应曲线与图 18－11 类似，如图 18－12 所示。但是，由于蒸汽量增加的同时汽包压力也增大了，因而使气泡体积的增加比蒸汽量扰动时减少。因此，虚假水位变化比较慢，幅值也较小。

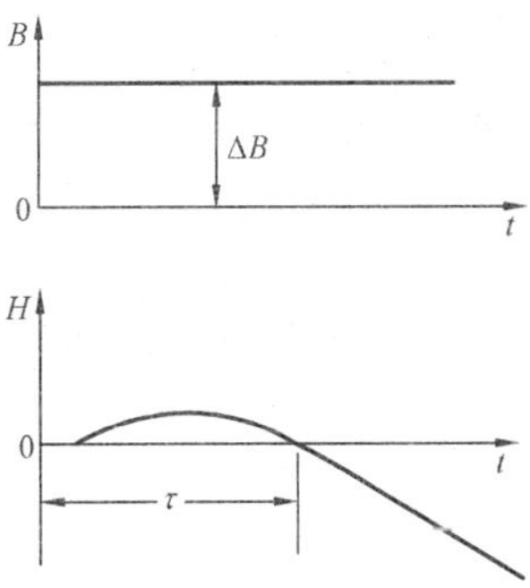

图 18－12　燃料量扰动下水位阶跃响应曲线

三、设计给水控制系统时应考虑的问题

根据前面对给水控制对象动态特性的分析，在设计给水控制系统时应考虑以下几点：

（1）由于给水量改变后到水位变化存在一定的迟延和惯性，所以若仅仅根据水位变化，通过调节器去调节给水量，必然使得水位偏差较大。

（2）由于在蒸汽流量和热负荷扰动时存在虚假水位现象，且反映速度比内扰快，为了克服“虚假水位”现象对控制的不利影响，应考虑引入蒸汽流量作前馈控制信号。

（3）给水压力是波动的，为了稳定给水量，应考虑将给水量信号作为反馈信号，用于及时消除内扰。

为了满足上述要求，出现了多种给水控制方案，随着机组容量的增大，对水位控制提出了更高的要求，为了保证给水系统的安全可靠，目前汽包锅炉的给水自动控制普遍采用三冲量（信号）给水自动控制系统方案。

四、给水控制系统控制方案

（一）单级三冲量给水自动控制系统

1. 系统的组成

图 18－13 为常用的单级三冲量给水自动控制系统，其中 FT 为流量变送器，LT 为液位变送器，"$\sqrt{\ }$" 为开方器，"α_D、α_w" 分别为蒸汽流量信号和给水流量信号的分压系数。

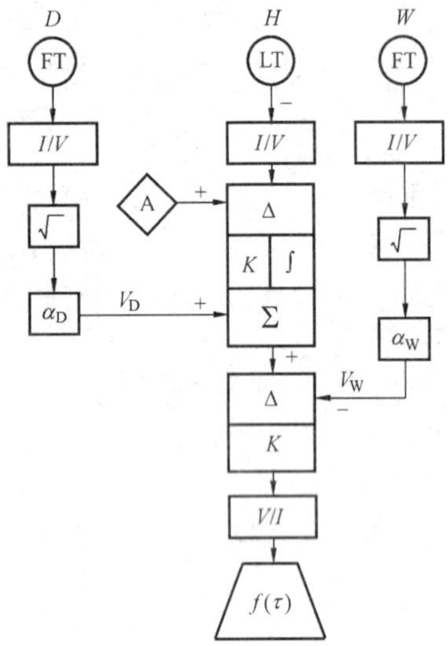

图 18－13　单级三冲量给水自动控制系统

由图 18－13 可以看出，给水调节器 PI 接受了水位信号 H、给水流量信号 W、蒸汽流量信号 D 三个信号，其输出通过执行机构去控制给水流量 W。其中汽包水位 H 是给水系统的被控量，是主信号，控制过程中要求给水流量为定值，即水位升高时应减小给水量，水位降低时应增加给水量，根据水位的变化调节给水流量组成一般的反馈控制系统。蒸汽流量 D 和给水流量 W 是引起水位变化的主要扰动。在控制系统中引入蒸汽流量为前馈信号和给水流量为反馈信号。这样组成的三冲量给水控制系统是一个前馈一反馈复合控制系统。当蒸汽流量增加时，调节器立即动作，相应地增加给水流量，从而减小或抵消了由于"虚假水位"现象使给水流量与负荷相反方向变化的趋势。当水位 H 变化或蒸汽流量 D 变化引起调节器动作时，给水流量信号 W 是调节器动作的反馈信号。然而，当给水流量自发变化（如给水压力波动引起给水流量的波动）时，控制器也能立即动作调节机构，使给水量迅速恢复到原来的数值，从这个意义上讲，给水流量信号还起着前馈作用。所以给水流量信号 W 在三冲量给水控制系统中既有反馈信号的作用，同时对给水流量的扰动来说，又具有前馈信号的作用。但在后面的分析中，由于此信号处于系统内回路之中，常常按反馈信号处理。

应该指出，并不是所有锅炉都应采用三冲量给水控制系统。对于低参数小型锅炉，由于其水容量大，虚假水位不是十分严重，一般采用单冲量控制系统（以水位信号作为主信号的单级控制系统）即可满足要求，这种系统结构简单、运行可靠。另外，在机组启动过程中，考虑到流量信号的测量准确性等问题，也往往采用单冲量控制系统。对于虚假水位较严重的中、小型锅炉，也可采用双冲量给水控制系统（水位信号为主信号，蒸汽流量作为微分前馈信号以克服虚假水位的单级控制系统），此时由于没有给水信号，不能迅速消除给水的自发性扰动。

2. 控制器入口信号极性的确定

总的来说，控制器入口信号的极性应根据控制要求来决定。如当蒸汽负荷升高时，为了维持汽包水位，控制器的正确操作动作应增大给水流量，即控制器输出控制信号应与蒸汽流量信号的变化方向相同，所以蒸汽流量信号应为"＋"号（正极性）；给水流量信号是反馈信号，它是为稳定给水流量而引入控制系统的，所以 V_W 为"－"号（负极性）。

当汽包水位 H 升高时，为了维持水位，控制器的正确操作应使给水流量减小，即调节器操作方向应与水位信号变化方向相反，但由于汽包锅炉的水位测量装置——平衡容器本身已具有负的静特性，所以进入控制器的水位变送器信号 V_H 应为"＋"号（正极性）。

3. 控制系统的静态特性

在图 18－13 的单级三冲量给水控制系统中，水位 H、蒸汽流量 D 和给水量 W 三个信号送到比例积分控制器。在静态时，比例积分控制器入口三个信号 V_H、V_D、V_W 应与给定值信号 V_0 平

衡，即

$$V_D - V_W + V_h - V_0 = 0 \qquad (18-2)$$

流量变送器输出经 I/U 转换、开方器开方后，与流量为线性关系，则式（18 – 2）可写成

$$V_D - V_W = V_0 - V_H = r_D\alpha_D D - r_W\alpha_W W \qquad (18-3)$$

式中，V_D、V_W 分别为蒸汽流量和给水流量测量变送器的斜率。在静态时，如不考虑锅炉排污等因素，蒸汽流量与给水流量相等（$D = W$），但如选择不同的 α_W，α_D，则 $D = W$ 时，则 V_D 与 V_W 不一定相等，于是 V_0 与 V_H 也不一定相等。所以，水位静态特性有如图 18 – 14 所示三种情况：

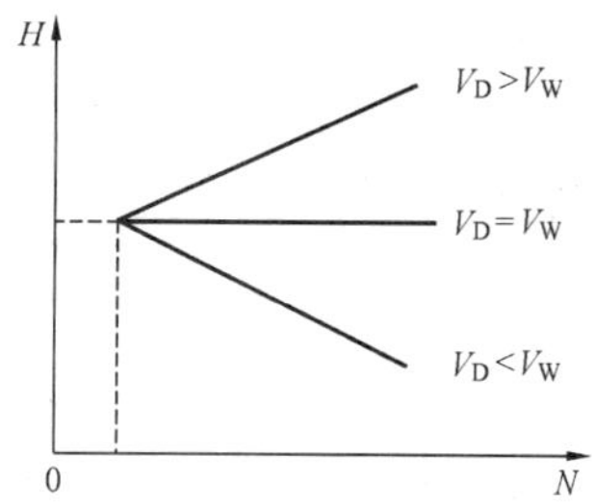

图 18 – 14　单级三冲量给水控制系统的静态特性

（1）$V_D = V_W$（$r_D\alpha_D = r_W\alpha_W$），此时 $V_H = V_0$。即无论在何种负荷下水位 H 等于给定值 H_0，一般均取给水流量变送器和蒸汽流量变送器斜率相等，则 $\alpha_D = \alpha_W$ 即应选择给水流量信号和蒸汽流量信号分压系数相同。

（2）$V_D > V_W$（$r_D\alpha_D > r_W\alpha_W$），此时 $V_H < V_0$。这时随着负荷升高，V_H 值越小才能保证控制器入口信号平衡，而 V_H 值越小，则水位越高。所以，水位静态特性随负荷升高而上升。

（3）$V_D < V_W$（$r_D\alpha_D < r_W\alpha_W$），此时 $V_H > V_0$，与上述情况相反，随负荷升高水位静态特性是下降的。

在给水控制系统中，一般情况下希望水位保持水平静态特性，则在给水流量和蒸汽流量变送器相同时，应取 $\alpha_W = \alpha_D$。而在某些特殊情况下，也有取其他两种静态特性的。例如，在冲击负荷锅炉中可采用上升静态特性，此时应取 $\alpha_D > \alpha_W$；对于汽包汽水分离效果不好的锅炉可采用下降静态特性，此时取 $\alpha_D < \alpha_W$。

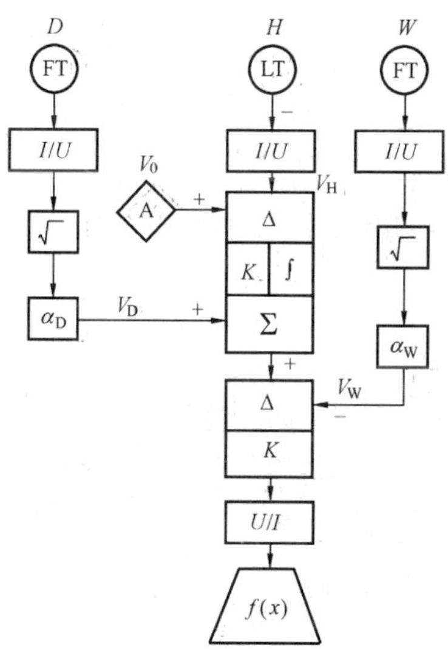

图 18 – 15　串级三冲量给水控制系统

（二）串级三冲量给水自动控制系统

1. 系统的组成

为了进一步提高控制质量，三冲量给水自动控制系统也可以用串级控制系统的方式实现，其系统如图 18 – 15 所示。与单级三冲量给水控制系统相比，它有主、副两个控制器。主控制器采用 PI 控制规律，以保证水位无静态偏差。副控制器接受主控制器输出、给水量和蒸汽流量信号，一般采用 P 控制规律，其作用主要是通过内回路进行蒸汽流量和给水流量的比值控制，并快速消除来自给水侧的扰动。

2. 两种控制系统的比较

串级三冲量给水自动控制系统与单级三冲量给水控制系统相比，有如下特点：

（1）两个控制器任务不同，参数整定相对独立，其控制品质比单级系统要好一些。

（2）负荷变化时水位静态值是靠主控制器 PI 来维持的，不必要求进入副控制器的给水和蒸汽流量信号间的严格配合，而且可以根据对象在外扰下虚假水位的严重程度来适当加强蒸汽流量信号的作用强度，以改善动态过程。

（3）安全性较好，当给水流量信号和蒸汽流量信号两信号中由于变送器故障而失去一个信号

或变送器特性发生变化，V_D 和 V_W 平衡关系失去时，主控制器由于积分作用可补偿失去平衡的电流，使系统暂时维持工作。而单级系统此时则无法控制水位在额定值。

串级系统还可接入其他冲量信号（如燃料信号等）形成多参数的串级系统。串级系统的缺点是在汽轮机甩负荷时，它的过渡过程和响应速度不如单级系统快。

五、采用变速泵给水控制系统

为了节约能源，目前在电站锅炉中广泛采用调速给水泵（简称变速泵）控制给水流量。

6～100MW 机组锅炉一般采用电动调速泵。驱动水泵旋转的原动机是定速电动机，电动机与水泵之间的轴连接采用液力联轴器，通过改变液力联轴器中的油位高度实现给水泵转速的改变。

1. 调速泵的安全经济工作区域

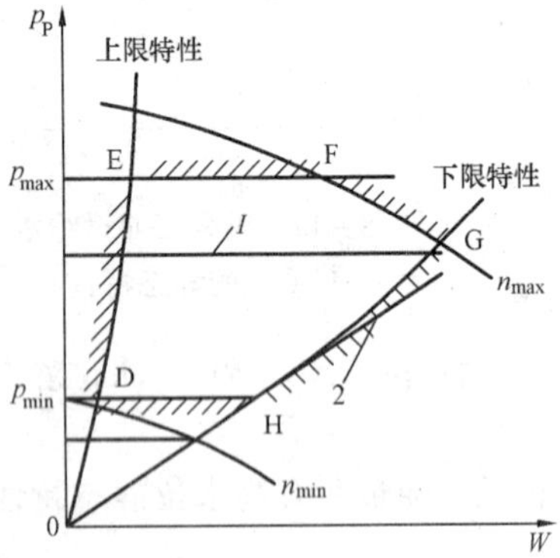

图 18－16　调速泵的安全经济运行区与锅炉的压力——负荷曲线

图 18－16 所示为调速泵的安全经济运行区与锅炉的压力——负荷曲线。给水泵安全经济运行区是由泵的上限特性、下限特性同锅炉正常运行时的最高给水压力 p_{max}、最低给水压力 p_{min}和泵的最高转速 n_{max}、最低转速 n_{min}所包围的区域。若泵的工作点在上限特性外，则给水泵流量太小，将使泵的冷却水量不够而引起泵的汽蚀，甚至振动；若泵工作在下限特性以外，则泵的流量太大，将使泵的工作效率降低。此外，调速泵的运行还必须满足锅炉安全运行的要求，即给水压力不得高于锅炉正常运行的最高给水压力 p_{max}，不低于最低给水压力 p_{min}。因此，采用调速泵的给水控制系统，在控制给水量的过程中，必须保证泵的工作点在安全经济区域之内，这是设计采用变速泵的给水控制系统时所需要考虑的特殊问题。

但是，对于定压运行的单元机组，由于锅炉的安全经济工作区之内，因此当锅炉在很大的范围内变化时，调速给水泵的点一般不会滑出安全经济工作区。所以对于定压运行锅炉，采用调速给水泵时的给水控制方案与采用定速泵时利用改变调节阀门开度的给水控制系统的控制方案是完全相同的。

对于滑压运行的单元机组，锅炉的出口压力——负荷曲线常取低负荷时定压运行，中高负荷时滑压运行的方式。这时的锅炉压力——负荷曲线有很大一部分落在安全经济区之外。因此，随着锅炉负荷的变化，调速给水泵的工作点将可能滑出安全经济工作区。例如，假定调速给水泵原来的工作点在 a 点（见图 18－17），对应的转速为 n_1，流量为 W_1，如果锅炉负荷增加，要求给水量增大到 W_2，则此时由三冲量给水控制系统动作，使给水泵转速由 n_1 增大到 n_3，满足了负荷要求，但水泵的工作点将下滑到下限特性之外的 c 点，从而使泵的运行效率下降。如果在提高泵的转速的同时，也改变管道的阻力特性曲线，即关小调节阀开度，使泵的出口压力上升到 b，同时泵的转速升至 n_2，这样的控制方法就实现了既使给水量满足了负荷要求，同时又使泵的工作点不滑出安全经济工作区。从上面的分析过程可以看出，对于变压运行锅炉，当采用调速泵控制给水流量时，需要同时控制泵的转速和给水调节阀的开度，才能保证泵运行在安全经济工作区内。

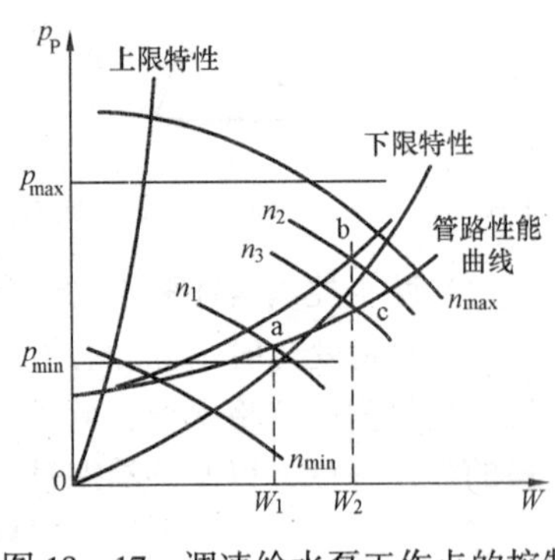

图 18－17　调速给水泵工作点的控制

锅炉在启动、停运的过程中或在低负荷运行时，泵的工作点还可能落在上限特性之外，此时通过给水流量信号控制最小流量控制器或继电器，自动打开去除氧器的再循环门，以保证给水泵在低负荷运行时的安全。

2. 采用变速泵的给水控制系统方案

通过以上分析可知，采用变速泵滑压运行锅炉给水控制系统的任务是：维持水位恒定，并保证泵的工作点始终落在安全经济区域内。为了完成这个任务，给水控制系统应包括以下三个子控制系统。

(1) 汽包水位控制系统：通过改变泵的转速去控制给水流量，以维持汽包水位为定值。

(2) 泵出口压力控制系统：通过改变给水控制阀开度控制给水泵流量，以保证泵在经济安全区域内运行。

(3) 泵最小流量控制系统：通过控制泵的再循环阀门的开或关，使泵流量不低于泵所规定的最小流量（该控制系统通常直接附设在泵的本体上）。

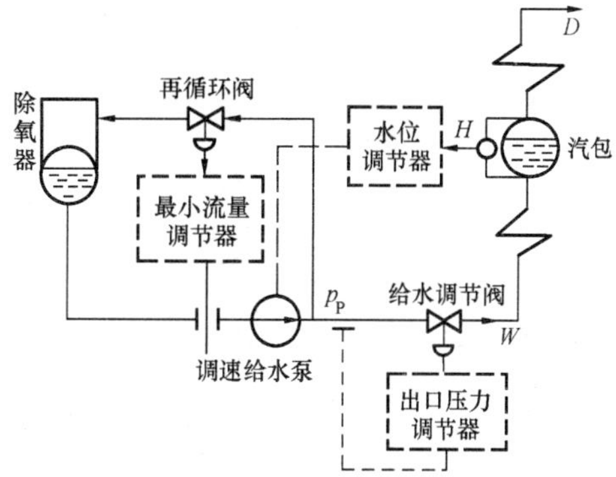

图 18－18　采用调速泵的给水控制系统示意图

图 18－18 为采用调速泵的给水控制系统示意图。根据这个方案所设计的给水控制系统如图 18－19 所示。其中图 18－19 (a) 为给水泵转速控制系统，这是一个典型的串级三冲量给水控制系统。副控制器输出受高、低值选择器所限幅，限幅信号对应于泵的最高、最低转速。图 18－19 (b) 为压力控制系统，p_P 是水泵出口压力，给水流量 W 通过函数发生器作为控制器 PI3 的给定值。这样的压力控制系统可使变速泵的工作点不落到下限特性曲线之外，并保证泵有足够的上水压力。

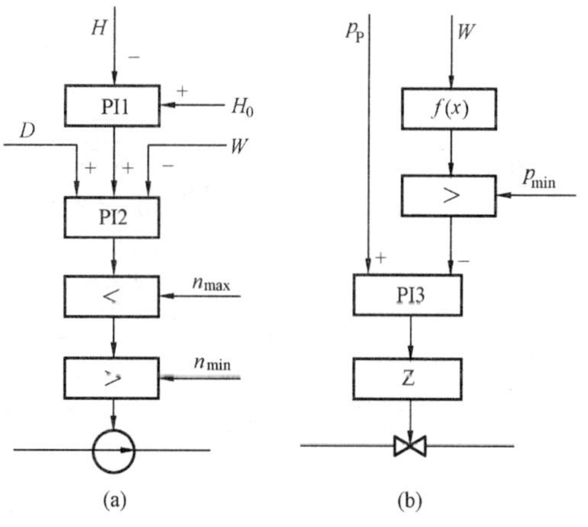

图 18－19　采用变速泵的给水控制系统

(a) 水位控制系统；(b) 压力控制系统

六、给水全程控制系统

随着发电机组容量的增大和参数的不断提高，机组的控制与运行日益复杂和困难。为了减轻运行人员的劳动强度，保证机组的安全运行，要求设计控制范围更宽，功能更为完备的自动控制系统。这就产生了全程控制系统。给水全程控制系统是指在启停过程和正常运行时均能实现自动控制的系统。

常规系统的设计与综合是依据额定工况下受控对象特性进行的，但在不同运行工况下，其特性有着很大的差异，因此全程控制存在着许多不容忽视的特殊问题。在系统的设计中，必须根据启、停过程直至满负荷运行中对象的动态特性以及机组热力系统中主机和辅机的结构、特性和操作要求等，采取各种技术手段和措施，以提高控制系统适应负荷大幅度变化的能力，目前全程控制已用于主蒸汽温度、主蒸汽压力、汽包水位和其他参数的控制中，有的机组负荷控制已接近全程控制。

(一) 给水全程控制中的特殊问题

1. 锅炉给水设备及管路的连接

全程控制系统的实现，除了要有很好的控制系统外，还应有与之响应的给水系统，即合理的给水主设备的连接方式。

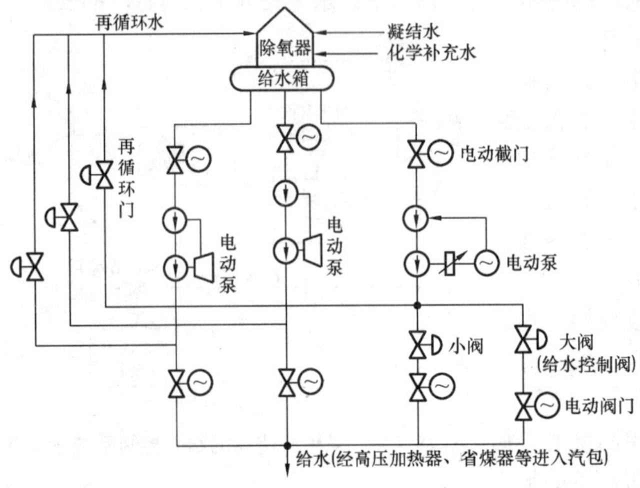

图 18－20 混合型单元制给水系统的典型结构形式

锅炉给水管路的连接是和机炉连接方式相适应的，可分为母管制和单元制两类。在单元制给水系统中，每台单元机组都有自己的独立的给水管路系统，比较典型的汽动泵，电动混合型。目前，一般的较大容量机组多采用汽泵、电泵混合型的给水系统，其典型的结构形式如图 18－20 所示。系统中配置了三台主给水泵，两台是容量各为额定容量 50% 的汽泵，用于正常运行；另一台是容量为额定容量的 25% 的电泵，一般作为启动泵和备用泵。为了保证泵在低负荷时有足够的流量，以防止发生汽蚀现象，系统中安装了再循环管路。

电动给水泵的给水系统的典型形式是三台可变速电动泵并联连接，两台运行，一台备用，泵的转速变化依靠液压连轴器滑差调节。为保证泵的运行安全，通常也安装再循环门和调节阀门。

母管制给水系统具有全厂公用的给水母管，全厂所有的给水泵都连在给水母管上，而每台锅炉的给水控制则用各自的连接在给水母管上的给水控制阀门实现。母管制给水系统的典型连接方式如图 18－21 所示。

2. 测量信号的校正

锅炉从启动到正常运行的过程中，蒸汽参数和负荷在很大范围内变化，这就使水位、给水流量、蒸汽流量的测量准确性受到影响。为了实现全程控制，需要对这些流量信号进行压力、温度自动校正。

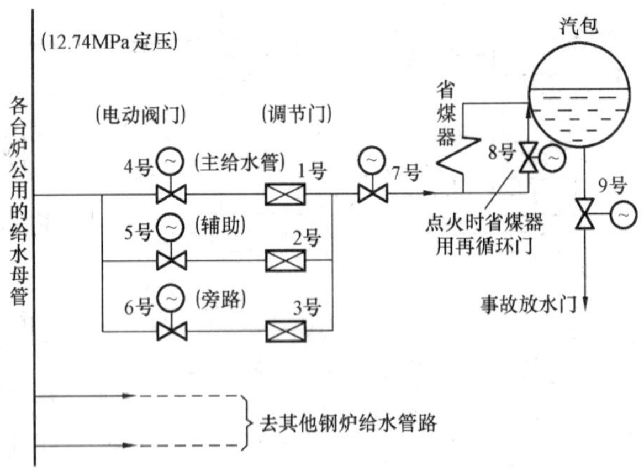

图 18－21 典型的母管制给水系统连接方式

3. 给水流量测量装置的切换

在全程控制中给水流量测量信号的准确性与压力、温度的校正精度有关，但主要取决于高、低负荷时流量测量的精度。一般大型单元机组的给水管路包括主给水、辅助给水和旁路给水三条支路，旁路给水管路中的最大流量只有主给水管路流量的 30% 左右。如果只用一个节流元件测量给水流量，在低负荷时必然产生较大的测量误差。为提高测量精度，需要在主给水和旁路给水支路上各安装一个节流元件，并设计一个流量运算回路，以满足在低负荷时用旁路管路上的孔板测量给水流量，高负荷时用主给水管路上的孔板测量给水量的要求。

4. 大小给水阀门的切换

在给水全程控制中，低负荷时用旁路阀门（即小阀门）控制给水流量，高负荷时用主给水阀门（即大阀门）控制给水流量，这样就需要设计相应的控制系统，以实现负荷变化时大小阀门间的无扰切换。

5. 系统的无扰切换

给水全程控制系统通常采用变结构控制，随负荷变化进行单冲量和三冲量控制方式的切换，同时给水泵的运行方式以及控制作用方式也进行相应的切换。这样就需要设计较为复杂的跟踪回路，以实现系统之间的无扰切换。通常，给水全程控制系统的跟踪的基本原则为：在单冲量控制器工作时，三冲量控制器的主调跟踪给水流量信号，副调跟踪阀位信号；在三冲量控制器工作时，单冲量控制器跟踪阀位信号。

（二）单元制锅炉给水全程控制方案

1. 方案一

方案一系统示意图如图 18－22 所示。在这个方案中，低负荷时采用单冲量系统（PI2），高负荷时采用三冲量系统（PI2），而且都是通过改变调速泵转速来实现给水量的控制。为了保证给水泵工作在安全工作区内，设计了一个给水泵出口压力控制系统（PI3），通过改变阀门开度来改变泵的出口压力。在给水泵出口和高压加热器出口分别取给水压力信号送入小值选择器。当机组正常运行时，高压加热器出口的给水压力总是低于泵的出口压力。这时，应选高压加热器出口给水压力作为压力测量值，使泵的实际工作点在泵下限特性曲线偏左一些，确保泵工作在安全工作区内。当机组热态启动时，高压加热器出口的给水压力高于泵的出口压力，小选组件输出为泵出口压力，保证泵出口给水压力在升压过程中，两个调节阀门均处于关闭状态，直到泵出口压力大于高压加热器出口给水压力时，才按高压加热器出口的给水压力进行控制，控制两个阀门开度。

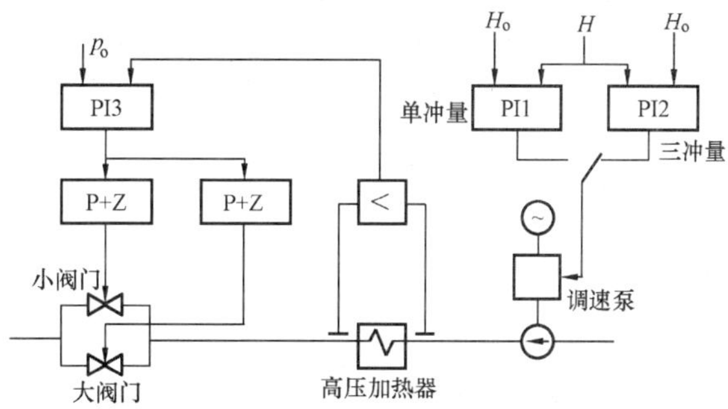

图 18－22　方案一系统示意图

这个方案结构合理、经济性好、切换较简单，安全可靠性也较好。不足之处是压力控制系统和水位控制系统互相影响，同时两个系统切换动作频繁，使调节阀磨损较快。

1. 方案二

方案二系统示意图如图 18－23 所示。这是一个一段控制的方案，在低负荷时采用 PI1 单冲量系统，这时调速泵由大值选择器的输出值 GH1 值来控制，使泵维持在允许的最低转速。此时给水量是通过改变控制阀开度来控制的。高负荷时，阀门开到最大，为了减小阻力，把并联的调节阀也开到最大，三冲量控制器 PI2 的输出大于 GH1 给出的值，故可直接改变调速泵转速控制给水量。

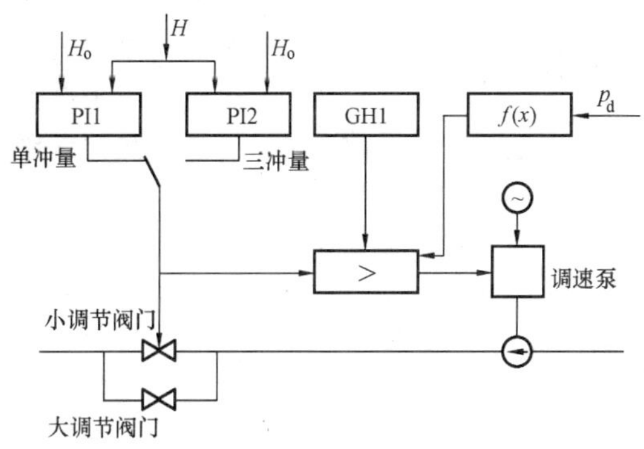

图 18－23　方案二系统示意图

在冷态启动时，给定值 GH1 起作用，即让泵工作在最低转速。在热态启动时，取决于开环调节的输出值，泵可以直接工作在较高的转速。

这个方案中没有专门设计泵出口压力安全控制系统，解决给水泵在安全工作区的办法是利用调速泵运行的自然特性，即在定压运行时，给水泵不必加压力控制器就能工作在安全工作区内；在滑动启动运行时，用两台泵同时给水的方法，使每台泵的负荷不超过 86%，这样泵就自然工作在安全工作区内。

这个方案结构最简单，系统和调节段两种切换互相错开，是开环控制，控制段是无触点自由过渡，安全性能好，是一个好方案。

第五节　燃烧过程自动控制系统

一、燃烧过程控制系统任务

锅炉燃烧过程是一个将燃料的化学能转变为热能，以蒸汽形式向负荷设备提供热能的能量转换过程。燃烧过程控制的基本任务是使燃料燃烧所提供的热量适应锅炉蒸汽负荷的需要，同时还要保证锅炉安全经济运行。每台锅炉燃烧过程的具体控制任务及控制系统的选择，因燃料种类、制粉系统类型、燃烧设备的结构以及锅炉的运行方式不同而有所区别，具体可归纳为以下几个方面。

1. 维持蒸汽压力稳定（锅炉负荷控制）

燃烧控制系统的主要任务就是要提供一定数量与合格品质的蒸汽，以适应外界负荷的需要，而汽压正是锅炉产汽量与汽机用汽量的之间的平衡关系的体现，汽压的变化反映了燃烧过程中能量供需的不平衡，也间接体现出锅炉负荷与外界负荷之间的不平衡关系，此时应根据外界负荷要求改变燃料量，以改变锅炉的产汽量，从而保持汽压稳定。汽压测点的选择视热力系统的结构而定。对于单元制机组，应维持过热器出口或汽轮机入口汽压恒定；对于母管制系统，则应维持母管汽压稳定。

2. 保证燃烧过程的经济性

燃料量变化时，应相应地改变送风量，以保持合适的过剩空气系数，减少锅炉未完全燃料损失和排烟热损失，使锅炉运行于最佳燃烧工况。然而到目前为止，锅炉的燃烧效率尚无法直接进行测量，只能用烟气中的含氧量或保持一定的风量与燃料量比值的办法来间接保证燃烧的经济性。

3. 维持炉膛压力稳定

锅炉炉膛压力反映了燃烧过程中进入炉膛的送风量与流出炉膛的烟气量之间的工质平衡关系。其正常与否关系着锅炉的安全经济运行。负压过小，炉膛容易向外喷火或喷灰，甚至引起炉膛爆炸；而负压过大，会使大量冷风漏入炉膛，降低炉膛温度，增大引风机负荷和排烟损失。通常，对于燃煤锅炉，为防止炉膛向外喷灰，通常采用微负压（$-20\sim-50$Pa）运行。对于燃油锅炉，则通常采用微正压运行，以防止炉膛漏风，使烟气中过剩空气系数上升，造成过热器管壁腐蚀。

上述三项控制任务是不可分割的，通常用三个控制器控制三个控制变量（燃料量 B、送风量 V、引风量 V_s），以维持三个被控量（汽压 p_T、过量空气系数 α 或最佳含氧量 O_2%、炉膛负压 p_S），三个控制系统互相协调，共同完成上述三项控制任务。

4. 负荷分配

对于并列运行母管制系统锅炉，除上述三项任务外，还必须保持各并列运行锅炉之间的负荷按比例分配。对于大型单元机组，燃烧控制的任务与所采用的负荷控制方式有关。

5. 维持燃料系统的正常运行

燃料系统，对于燃油锅炉来说，包括燃油的升温及加压系统；而对于燃煤锅炉而言，则包括制粉及输送粉系统。对于燃油锅炉及采用具有中间粉仓的燃煤锅炉，燃料系统可以相对独立地运行，因而燃料系统的控制与燃烧过程的控制是相互独立的。但采用直吹制粉系统的锅炉的燃料系统与燃烧系统是紧密联系在一起的，因此其燃烧过程的控制，随着锅炉燃烧率的变化，不仅改变制粉系统的给煤量，同时相应改变各有关风量，以维持燃料系统的正常运行。

二、燃烧过程自动控制系统基本方案

（一）燃烧过程自动控制系统的基本组成原则

（1）能迅速改变炉膛燃烧率，适应外界负荷变化。由对象动态特性的分析可以看出，在外界负荷变化时，只有迅速改变锅炉燃烧率，维持燃烧过程的能量平衡，才能保持蒸汽压力的稳定。燃烧率的改变，主要是燃料量的改变，而蒸汽压力对于燃料量变化时的响应有一定的迟延（迟延时间大小受燃料系统影响较大）。因此对于带变动负荷的锅炉以及采用迟延时间大的燃料系统的锅炉，如直吹式锅炉，在设计燃烧过程控制系统时，如何迅速改变炉膛内燃烧率是不容忽视的。

（2）能迅速发现并消除燃烧率扰动。燃烧率扰动通常指燃料量的自发扰动，这不仅影响蒸汽压力的稳定，在并列运行方式下还会引起其他锅炉汽包压力以及锅炉负荷的变化。因此在设计自动控制系统时，应保证控制系统具有尽快消除燃烧率自发性扰动的能力。

（3）确保燃料、送风和引风等参数协调变化。当燃烧率改变时，只有保持送风量与燃料量成比例变化，才能保证燃烧经济性。只有保持引风量与送风量协调变化才能保证炉膛压力稳定。因此，确保燃料、送风和引风等参数协调变化是确保燃烧工况稳定的必不可少的条件。

（二）燃烧过程控制系统的结构

虽然燃烧过程被控对象是一个多输入多输出的多变量相关被控对象，各控制量（B、V、V_s）与各被控量（p_T、α 或 $O_2\%$、S_t）存在着相互作用，但是在系统设计时，从实用观点出发，我们仍然可以将燃烧自动控制系统划分为三个相对独立而又紧密的子系统，分别说明如下。

1. 燃料控制子系统

燃料控制子系统的任务在于使进入锅炉的燃料量随时与外界负荷要求相适应。

（1）燃料量的测量。正确及时地测量燃料量是燃料控制子系统的基本问题，然而燃料量（煤粉量）的直接测量还是一个尚待解决的难题，一般都采用下述间接测量方法。

1）给煤机转速：对于直吹式制粉系统的锅炉，在给煤机转速调节良好，考虑到给煤硬度、厚度对燃料量影响时，给煤量与转速之间具有确定的关系，可用给煤机转速求取燃料量。

2）给粉机转速：对采用中间储仓式制粉系统锅炉，可采用给粉机转速来间接反映燃料量。不足之处是转速信号不能反映煤粉的自发性扰动。

3）磨煤机进出口差压：对采用直吹式制粉系统锅炉，可用磨煤机进出口差压代表燃料量，这是以假定磨煤机出力与其进出口差压的平方根成正比为前提的。

4）热量信号：所谓热量信号，是指燃料进入炉膛燃烧后，在单位时间内所产生的热量折算为蒸汽量，以符号 D_Q 表示。D_Q 信号可表示为 $D_Q = D + C_k\mathrm{d}p/\mathrm{d}t$，该信号为蒸汽流量与蒸汽变化速度的和，因此可以真实反映出进入炉膛的实际燃料量。另外热量信号的动态响应快，测量也容易。

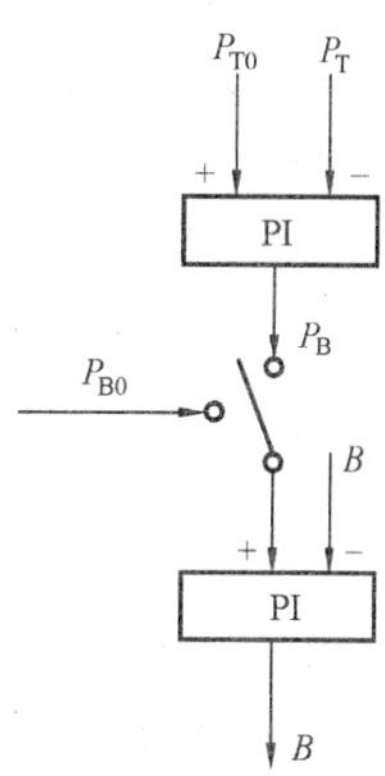

图 18－24　燃料控制子系统原则性方案

（2）燃料控制子系统的结构。燃料控制子系统的原则性方案如图 18－24所示。因为汽压是锅炉燃料量与汽轮机的能量需求的标志，且在燃料量扰动下的动态响应快，所以燃料量控制原则上可以采用汽压作为被控量的单回路控制系统。采用串级控制系统是为了消除燃料的自发性扰动的影响。另外，采用串级控制系统，可使燃料控制能按锅炉控制需要从带变动负荷（P_B）到带固定负荷（P_{B0}）的切换。即在正常的锅炉跟踪方式下，燃料控制系统接受汽压调节器的输出指令作为燃料定值信号（即整个燃烧控制系统用于维持汽压恒定，它接受汽压控制器的输出作为燃料负荷指令，以满足外界负荷的需求)；而在锅炉出力受限时，可根据实际情况让锅炉带固定负荷，此时可由汽机控制器来维持汽压。

2. 送风控制子系统

送风控制子系统的任务是使送风量与燃料量保持适当的比例，实现安全经济燃烧。

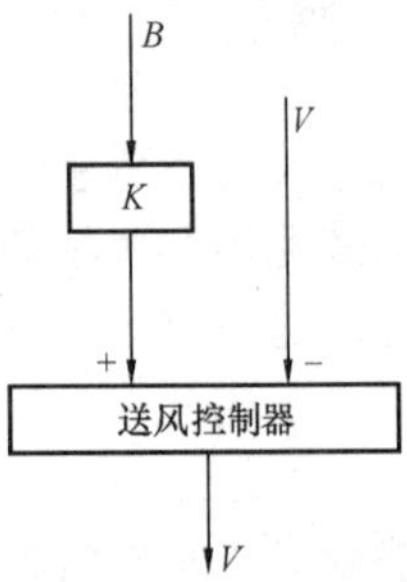

图 18－25　送风控制系统

(1) 总风量的测量。送风量的测量准确是实现风量自动控制的前提。目前风量测量装置有对称机翼形和复式文丘里管，还有装于风机入口的弯头测风装置和装于矩形风道内的挡风板等一些简便的测量装置。6～100MW 机组锅炉送风包括一次风、二次风，每种风量单独测量，总风量为各风量之和。

(2) 送风控制子系统的结构。送风控制的主要任务是在保证安全燃烧的基础上，保持燃烧的经济性，这就要求保证燃料量与风量的一定的配比关系。目前尚无法直接或迅速地反映燃烧经济性的方法，因此常采用直接保持燃料量与风量比例关系的比值控制系统。如图 18－25 所示，其中燃料量信号 B 作为送风控制器的定值信号，送风量信号 V 作为反馈信号。

由于送风控制器采用 PI 控制规律，所以静态时控制器入口信号的平衡关系为 $BK - V = 0$，$V/B = K$，其中 K 为风煤比例系数。

只要调整比例系数 K 为适当的值，控制系统就能使进入锅炉的送风量与燃料量保持合适的比例，达到经济燃烧的目的。

但是，在锅炉的长期运行过程中，负荷和煤种都会发生变化，保持风煤比为固定值的送风控制系统并不能始终保证燃烧过程的最佳经济性，所以完善的控制方案应该考虑送风量的修正。

图 18－26（a）是具有氧量校正控制的送风控制系统。它可以看作为一个有燃料量前馈控制的串级控制系统，副控制器（送风控制器）用来保持送风量与燃料量的基本比例（燃烧经济性的粗调），主控制器（氧量校正调节器）在副控制器作用基础上进一步实现送风量的校正控制（燃烧经济性的细调）。考虑到烟气中最佳含氧量的数值随锅炉的负荷改变而变化，氧量校正调节器以负荷的函数为给定值，不同负荷下最佳氧量值由锅炉热效率试验后确定，然后设置在函数发生器中。一般说最佳氧量值随负荷增加而减小。当系统处于静态时，副控制器（假设为 PI 作用）的入口信号的平衡关系为 $BK - V + O_2\% = 0$，因此校正后的送风量信号为 $V = BK + O_2\%$，其中 $O_2\%$ 为氧量校正控制器的输出信号。

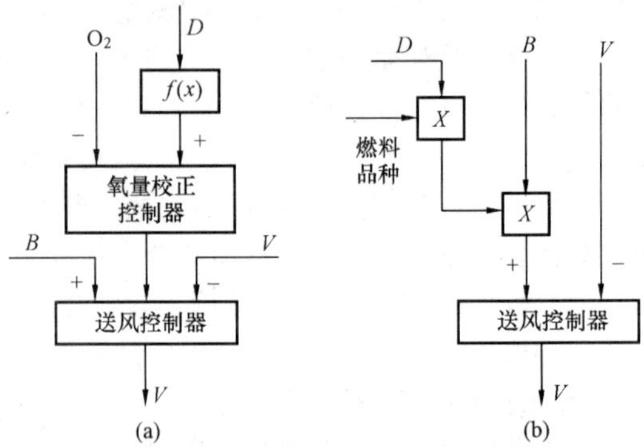

图 18－26　送风控制系统的改进

(a) 具有氧量校正控制；(b) 单回路比值控制系统

可见，在有氧量校正的送风控制系统中，送风量除需要与燃料量保持比例外，还要附加一个校正信号 $O_2\%$，才能保证最佳经济燃烧。

有氧量校正信号的送风控制系统，其结构比较复杂，又由于其主、副回路的时间常数（工作速度）相差不大，所以系统的整定投入比较困难。直接根据负荷、燃料品种的变化去修正最佳风煤比系数 K 的单回路比值控制系统方案如图 18－26（b）所示，此系统结构简单、整定投运也比较方便，也没有对烟气氧量要求可靠、正确测量的问题。但在此系统中，负荷和燃料品种的修正系数在实际应用中较难确定。

3. 引风控制子系统

引风控制子系统的典型结构如图 18-27 所示。引风控制子系统也称炉膛压力控制子系统，其任务是通过控制引风量将炉膛负压控制在规定的范围之内，一般正常运行时，炉膛负压值保持为 20~30Pa。由于引风控制对象的动态响应快，测量也容易，所以引风控制系统采取以炉膛负压 S_t 作被控量的单回路控制系统，由于送风量是炉膛压力最主要的扰动因素，所以可将送风量作为前馈信号引入引风控制器，这样当送风控制系统动作时，引风控制系统相应动作之后，再根据炉膛压力与定值的偏差，由引风控制器进行校正控制。显然，送风前馈信号的引入，将有利于提高引风系统的稳定性和减小炉膛负压的动态偏差。

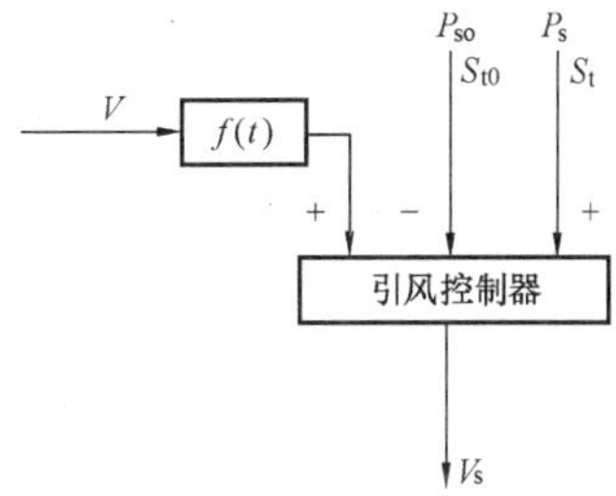

图 18-27　引风控制子系统的典型结构方案

三、燃烧过程控制系统基本方案

1. “燃料—空气”系统

“燃料—空气”系统为燃烧过程控制系统的基本方案，其原理方框图如图 18-28 所示。

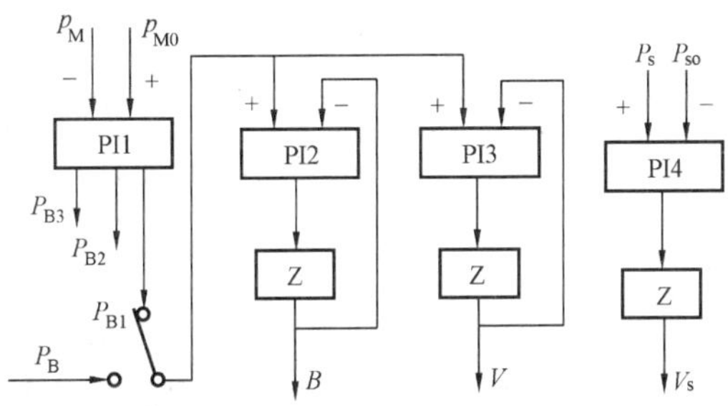

图 18-28　“燃料—空气”系统原理方框图

燃料调节器 PI2 接受负荷要求信号和燃料反馈信号，控制燃料与“负荷要求”相适应。送风调节器 PI3 接受负荷要求信号和送风量 V 负反馈信号，控制送风量与“负荷要求”相适应，从而间接地使送风量与燃料量成适当比例，即保证燃烧经济性。引风调节器 PI4 接受炉膛压力信号 P_S，通过调节引风量 V_S，确保炉膛压力为给定值。该系统间接地保证了燃料量与空气量成一定比例关系。该方案的优点是结构简单、整定方便。由于直接以燃料量信号代表燃烧率与负荷指令相平衡，因此在外界负荷变化时，能迅速改变燃料量，保持汽压稳定。然而该方案燃料量控制与送风量控制的精度，依赖于燃料与送风量的准确测量。当发生燃料侧扰动，即燃料量自发改变和燃料品种变化，需由母管压力调节器 PI1 改变负荷指令来消除，这对汽压稳定是不利的，而且无法保证风煤比为最佳值。

2. 具有氧量校正的“燃料—空气”系统

该系统是“燃料—空气”系统的改进方案，如图 18-29 所示。与“燃料—空气”系统相比，此方案的送风量控制采用串级型比值控制系统，引入锅炉烟气含氧量信号 O_2%，经氧量校正控制器 PI5，对燃料量与送风量之间比值进行修正。由于最佳含氧量与负荷有关，通常随负荷增加而略有减少，因此以代表锅炉实际负荷的蒸汽流量信号 D 经函数转换器后，作为烟气最佳含氧量的给定值。由于烟气含氧量的测量有较大的惯性和迟延，因此氧量校正回路的工作频率通常低于送风量控制回路；当燃料量依负荷指令而改变时，送

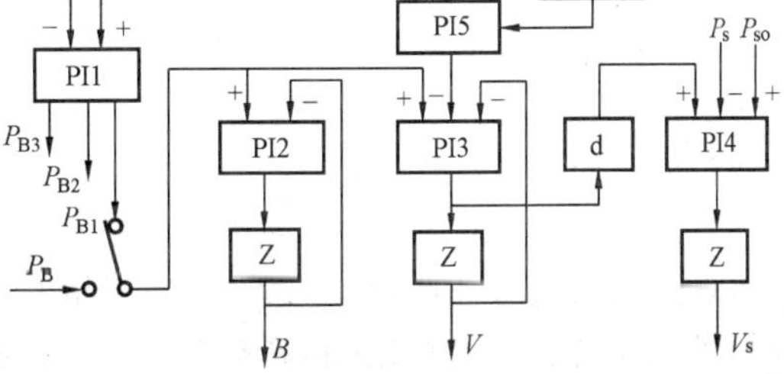

图 18-29　具有氧量校正的“燃料—空气”系统

风量调节器 PI3 同时按比例改变送风量，以减少动态偏差，控制过程结束，燃料量基本稳定。由控制器 PI5 细调，确保烟气含氧量为最佳值，即间接保证了燃料量与送风量之间的最佳比值关系。

为减少送风量改变时送、引风之间的动态失调，而造成炉膛压力波动，从送风控制器 PI3 的输出经动态补偿装置，向引风量调节 PI4 引入一前馈信号，动态补偿装置通常采用微分器，以保证静态时炉膛压力 p_t 等于给定值。

以上两种燃烧过程基本控制方案，均是以并列运行锅炉的燃烧过程为例。对于单元制运行机组，燃烧过程的自动控制不存在负荷分配，除此以外与并列运行锅炉的控制系统基本相同。

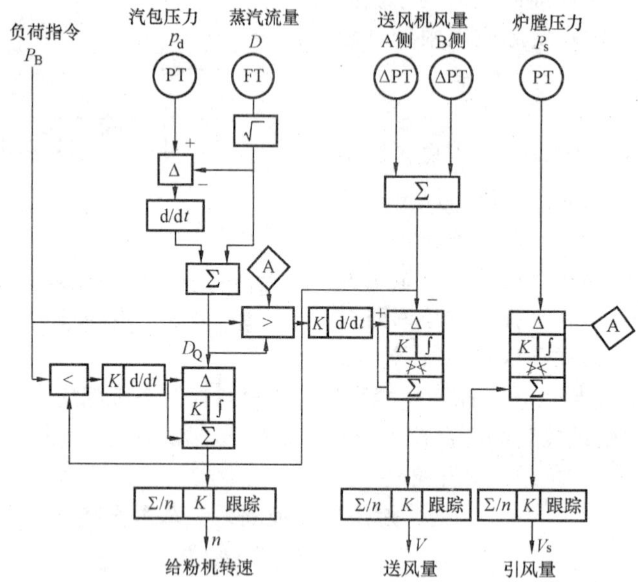

图 18-30 采用热量信号的燃烧控制系统

3. 采用热量信号的燃烧控制系统

上述两种控制方案中的燃料量的反馈信号常以给煤机或给粉机的转速来代替，但是由于煤层的厚度、密度、煤粉自流等自发性扰动的影响，这两种方法的测量准确性较差，另外燃料量大小的最直接的代表就是工质所吸收的热量，因此，用热量信号作为燃料量的反馈，能够真实反映进入炉膛的实际燃料量，取得较好的控制品质，如图 18-30 所示。

（1）燃料控制子系统。

燃料控制子系统中的燃料调节器以热量信号 D_Q 作为反馈信号，以压力调节器的输出的负荷指令 P_B 为给定值，根据两者之间的差值来改变给粉机的转速，调节进入炉膛的燃料量，为提高对负荷的适应能力，采用了经过动态补偿的负荷指令信号作为前馈信号来加快燃料量的控制速度。

（2）送风控制子系统。

送风控制子系统中的送风控制器以经大值选择器及动态补偿器的负荷指令信号为定值控制送风量，为防止控制过程中风量挡板卡死，对调节器输出进行了上下限幅，大值选择器中引入给定值信号的作用在于防止低负荷时风量过小，而造成燃烧不稳定。

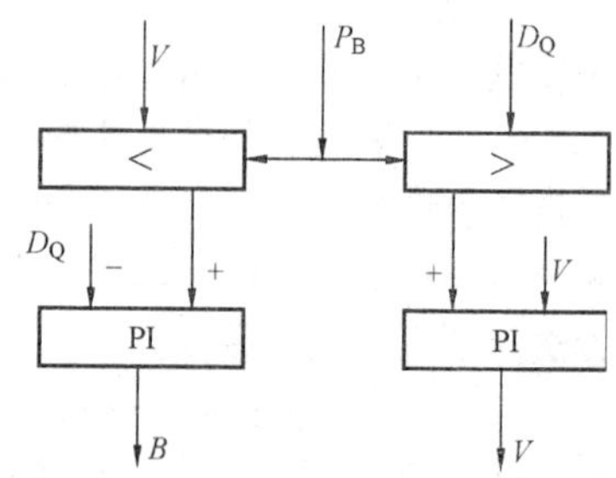

图 18-31 风煤交叉限制回路

（3）风煤交叉限制回路。

为了保证燃料充分燃烧及燃烧的安全性，在燃烧控制过程中，常采用升负荷时先加风后加煤；减负荷时先减煤后减风的方法，从而达到上述目的，为此系统中常采用风煤交叉限制回路。

由上系统简化而成的风煤交叉限制回路原理方框图如图 18-31 所示。

风煤交叉限制回路的工作过程为：在机组增加负荷时，锅炉负荷指令 P_B 同时加到燃料控制系统和风量控制系统，由于大值选择器作用，风量随 P_B 的增加而增加，而燃料量受实测到的风量经补偿的总风量的闭锁（小值选择器），实际燃料量和热量不会马上增大，等到实际风量上升以后，燃料量才开始增加。在减负荷时只有燃料量（或热量信号）减小，风量控制系统才开始动作，这样就达到了升负荷时先加风后加煤和减负荷时先减煤后减风的目的。

(4) 引风量控制子系统。该系统中引风量调节器根据炉膛压力测量值与设定值的差值来控制引风挡板，为提高负压控制的稳定性而引入了送风量前馈信号。

该系统虽然采用热量代表燃料量，但仍属于“燃料—空气”控制方案。

复习思考题

1. 试说明汽包锅炉自动控制的主要特点。
2. 简述串级汽温控制系统的工作原理，并分析调节器参数对调节过程的影响。
3. 对于采用导前汽温微分信号的双回路控制系统有哪两种分析方法？试简要说明。
4. 试说明再热汽温控制的特点、常用方法及其优缺点。
5. 汽包水位在给水量、蒸汽量和热负荷扰动时的动态特性有何特点？其动态特性参数的物理意义是什么？
6. 说明单级三冲量给水控制系统的整定原理并分析影响控制质量的主要参数。
7. 比较单级三冲量与串级三冲量给水控制系统的控制特点。
8. 说明在单级三冲量给水自动控制系统中，三个信号的配合对水位静态特性的影响？
9. 说明采用变速给水泵时，给水控制系统有何特点？它都包括哪些子系统？
10. 在给水全程控制系统设计中要考虑哪些特殊问题？应如何解决？
11. 试说明锅炉燃烧启动控制的任务。
12. 为什么要采用热量信号？并说明热量信号形成的原理。
13. 试说明送风控制系统是如何保证燃烧经济性的。
14. 在燃烧过程的自动控制中，如何实现风量对燃料量始终有足够富裕的操作？

第十九章　汽轮机控制系统

第一节　汽轮机控制基础知识

一、汽轮机控制基本要求与基本任务

（1）基本要求：满足静特性的要求，并且保证在动态过程不偏离静特性太远，同时在异常时具有自我保护功能。

（2）基本任务：快速适应外负荷的需要（维持负荷或维持汽压），并维持转速在额定值。

（一）汽轮机控制系统的理想静态特性

汽轮机配置了调速系统后，在稳定状态下，汽轮机的功率与转速之间的关系，称为控制系统的静态特性。

对于并网运行的汽轮发电机组，其转速控制系统一般为有差系统，即当机组负荷变化时，允许汽轮机的转速按静态特性曲线发生变化（若静态特性为一水平线，即功率变化时转速保持为定值，称为无差系统）。实践表明，静态特性曲线的形状如果不理想，将有可能引起控制系统不稳定等不正常现象。理想的静态特性曲线如图 19－1 所示。

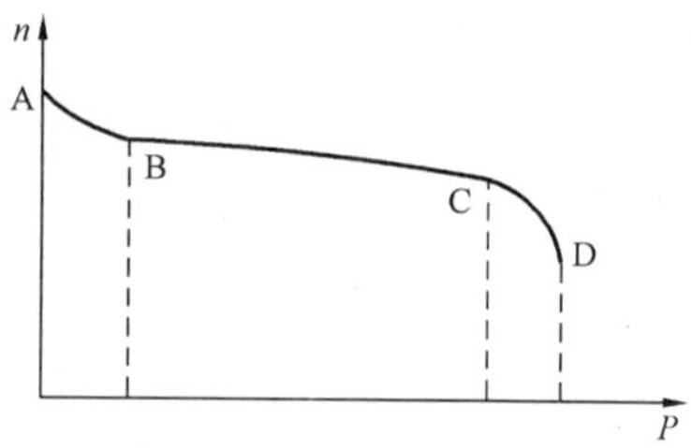

图 19－1　理想静态特性曲线图

一般认为静态特性曲线的形状应该考虑以下几个方面：

（1）在曲线的低负荷段，特性曲线的斜率应大一些，这样可以提高机组在空负荷时的稳定性，便于暖机和并网。

（2）在额定功率附近，特性线的斜率也应大一些，这样可以使机组在经济工况附近运行，同时也可以避免超负荷。

（3）特性曲线的中间段应该连续、平滑地略向下倾斜，不应有突变点，以避免出现运行时的不稳定现象。

（二）转速不等率和迟缓率

1. 转速不等率 δ

控制系统的理想静态特性曲线如图 19－1 所示为一条连续曲线，其倾斜程度可用控制系统的转速不等率 δ 表示，它的定义为

$$\delta = \frac{\Delta n}{n_N} \times 100\% = \frac{n_{max} - n_{min}}{n_N} \times 100\% \quad (19-1)$$

式中　n_{max}、n_{min}——空负荷与满负荷时的转速；

n_N——额定转速。

转速不等率 δ 是转速控制系统中重要的指标，如果不等率 δ 较小，即静态特性曲线平坦，则一次调频能力强。一次调频是指电网在负荷变化后，必将引起电网频率的变化，而电网频率的变化将使电网中各发电机组的功率相应地增大或减小，从而达到新的功率平衡。

从调频能力看，似乎 δ 越小越好，但 δ 过小，容易使系统不稳定，甚至引起系统振荡。相反，不等率 δ 过大，虽可使系统稳定，但不能保证供电频率在规定范围之内。由此可见，不等率 δ 的大小对发电质量和控制系统的稳定性有十分重要的影响。

一般 δ 的范围为 3%～6%，带基本负荷的汽轮机转速不等率应比带尖峰负荷时取得大些，但是基本负荷和尖峰负荷也是相对的。因此，一般希望将转速不等率设计成能连续可调的，即可按运行情况来进行选择。

2. 迟缓率 ε

由于控制系统各部套间的连接部分存在着间隙和摩擦力以及错油门重叠度等原因，使机组在增负荷过程和减负荷过程中，静态特性曲线是不重合的，中间存在着不灵敏区，如图 19－2 所示。

不灵敏区的转速差和额定转速之比称为控制系统的迟缓率 ε，也称为调节系统的不灵敏度，其关系式为

$$\varepsilon = \frac{n_2 - n_1}{n_N} \times 100\% \qquad (19-2)$$

式中 n_1、n_2——升负荷与降负荷时功率为 P_1 处的转速；

n_N——额定转速。

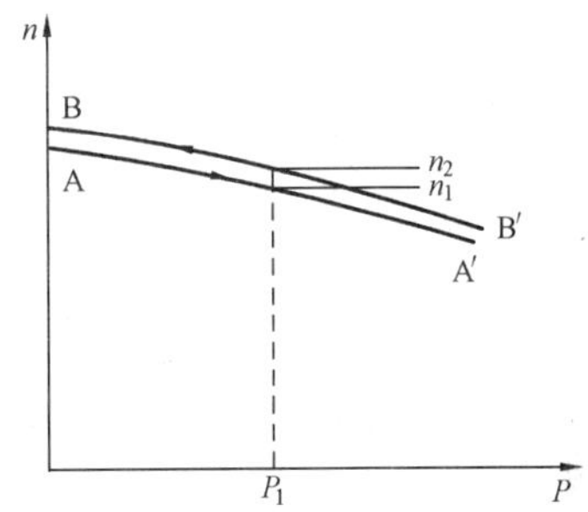

图 19－2 调速系统的迟缓率

由于加负荷与减负荷过程中，两条静态特性曲线并不一定相互平行，即不灵敏区的宽度可能是不相同的，其中转速差的最大值与额定转速之比为最大迟缓率。

控制系统的迟缓率也是一个重要的质量指标，一般要求越小越好。过大的迟缓率会引起机组速度或负荷的摆动，甚至引起控制系统不稳定。

（三）静态特性曲线的平移和同步器

1. 静态特性曲线平移对单机运行的汽轮发电机组的影响

汽轮发电机组单机运行时该机组的负荷就是其全部用户的用电量。若控制系统的静态特性为有差系统，负荷变化时机组的转速将会按静态特性曲线变化，因为交流电的频率与发电机的转速成正比，所以在负荷变化时，机组所发出电能的频率就要发生变化。为了控制频率的变化，在控制系统中加了一个频率（即转速）调整设备，称作同步器。它的作用是使静态特性曲线作平行的上下移动。

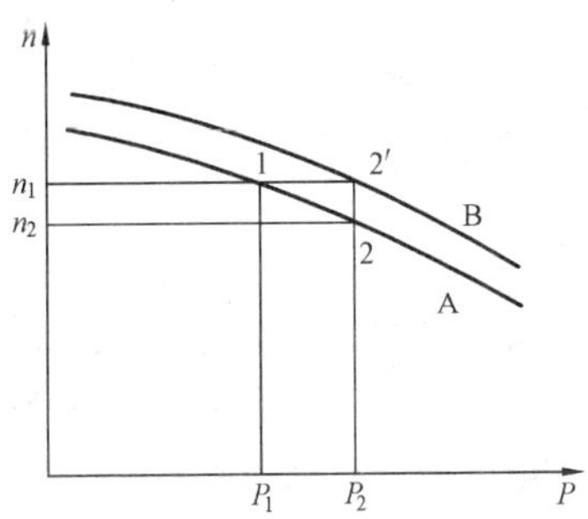

图 19－3 单机运行时平移静态特性曲线的作用

从自动控制原理的角度讲，同步器的作用就是给系统加上一个偏移量。图 19－3 所示为单机运行时平移静态特性曲线的作用，当单机负荷由 P_1 增加到 P_2 时，转速由 n_1 下降到 n_2，如果此时将特性曲线 A 向上平移至 B，则工作点将由 2 移至 2′，此时汽轮机的功率为 P_2，而转速则由 n_2 恢复到 n_1。由此可见，在单机运行时平移静态特性曲线的结果是改变了汽轮机的转速。汽轮机的功率则取决于外界的负荷，未受平移静态特性曲线的影响。

2. 静态特性曲线平移对并网运行的汽轮发电机组的影响

将许多发电机组联成一个电网是近代大规模供电的方式。并网后的发电机就好像被机械地连接在一起，具有了共同的转速，在这种情况下各汽轮机组控制系统的作用将受到互相牵制。每一汽轮机组的转速都取决于电网的频率，而电网频率又由所有机组控制系统综合工作的结果所决定。

因此，分配给电网中每台机组的负荷取决于各台机组控制系统的静态特性。假设在电网中只有两台机组，它们的静态特性分别如图 19－4 所示。

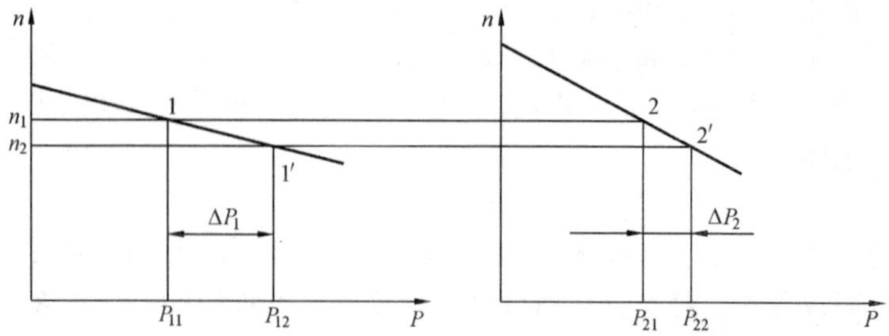

图 19－4　机组并网运行时平移静态特性曲线的作用

设电网的频率是 f_1，与 f_1 对应的转速是 n_1，根据两台机组的静态特性，1 号机和 2 号机的功率分别是 P_1 和 P_2，两台机组发出的功率之和应等于用户所消耗的功率。若电网的负荷增加了 ΔP，则电网的转速将从 n_1 下降到 n_2，由它们的静态特性曲线可知，1 号机和 2 号机的功率分别增大到 P_{12}和 P_{22}，而且必然有 $\Delta P_1+\Delta P_2=\Delta P$。这里 1 号机的功率变化 ΔP_1 比较大，而 2 号机的功率变化 ΔP_2 比较小，可见静态特性曲线平坦的机组比静态特性曲线较陡的机组承担的功率变化大。也就是说，不等率较大的机组在电网频率变化时功率的变化较小，而不等率较小的机组，在电网频率变化时功率的变化较大。

并网运行时也可以利用同步器平移某一台机组的静态特性，但是它的作用不是改变它的转速，而是改变它的功率。因为在一个电网里一般都有很多台发电机组同时向用户供电，每一台机组功率的变化对电网频率的影响可以认为是很小的，所以可以近似地把电网频率看成是固定不变的常数。当把某一台机组的静态特性由 A 向上平移到 B，由于电网的频率恒定不变，这台机组的出力将提高。若此时用户负荷未增加，实际上电网的频率将略有升高，而使其他机组的功率略有减少，这一台机组功率的增长量恰好被其他机组功率的减少所平衡。因为电网中机组台数很多，所以频率的变化要比单机运行时小很多。电网的调度人员正是利用这种办法来调整电网的频率，使之保持在额定的范围内。这种调整频率的作法称为二次调频。

二、汽轮机自动控制系统

人们已经知道，汽轮发电机组的转速与电力负荷是有关的，而电力负荷是随着用户的需要经常变动的，除拉闸限电外，电力负荷不受发电厂的控制。所以，汽轮发电机组在运行中就必须随时控制进汽量，使汽轮机工作在功率与用户需要的能量相平衡、频率在额定范围内的工况下。这是汽轮机自动控制系统要达到的重要目的之一。另外，汽轮机自动控制系统要达到的更重要的目的是保证汽轮机的安全。

汽轮机的自动控制系统是随着汽轮机的历史和控制设备的历史而发展起来的。随着汽轮机单机容量的提高，对汽轮机控制系统提出了越来越高、越来越多的要求。早期的机械液压式自动控制系统或纯液压式自动控制系统不能适应机组运行全程对调节系统的要求，所以后来随着自动控制设备的发展出现了电气—液压式自动控制系统及纯电调的模拟式电气液压自动控制系统、数字式电气液压自动控制系统。下面对这些系统分别进行简单介绍。

（一）机械液压式和全液压式自动控制系统

机械液压式调速控制系统的原理示意图如图 19－5 所示。它由以下主要部件构成。

（1）离心调速器 1，用于测量转速。它由汽轮机主轴带动而旋转，当转速变化时，其上的飞锤因离心力变化而飞开或合拢，从而导致了滑环 2 进行上下移动，飞锤的离心力通过拉力弹簧来平衡。可见，滑环的位置就表示了转速。

(2) 调速错油门3，它把调速器滑环2的上下位移变成脉动油压的变化。其主要组成部件是两个油口，下面是进油口，上面是排油口，两个油口的通流截面受调速器滑环2的控制，当其中的一个开大时，另一个则关小。油泵送来的高压油亦称调速油，由下方进油口处送入，从上面排油口流出。由于两个油口截面的改变，使进油口后面的油压随之变化，这个油压通常称为脉冲油压，这是调速错油门的输出。

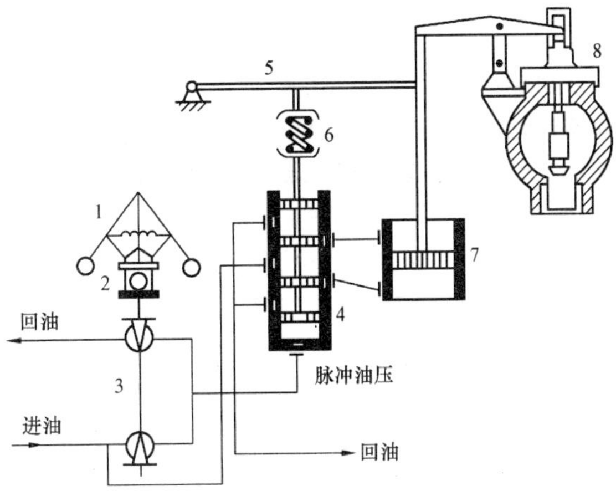

图19-5 机械液压式调速系统原理示意图

1—离心调速器；2—滑环；3—调速错油门；4—油动机错油门；5—反馈杠杆；6—压力弹簧；7—油动机；8—调速汽门

(3) 油动机错油门4，它能根据脉冲油压的改变而使其滑块移动。在错油门4的内部装有带凸肩的滑块，滑块的上面承受着压力弹簧6的压力，下面承受着脉冲油压，当上下两种压力平衡时，滑块不动。滑块中间的两个凸肩盖住与油动机7相通的油口，挡住油动机7与高压油相通的油路，这时从油泵来的高压油不能流向油动机7，滑块所处的这一位置被称为中间位置。当脉冲油压改变时，滑块上下的压力平衡被破坏，使其偏离中间位置，于是就会打开通向油动机7的某一油口，使高压油进入油动机的上部或下部，油动机的另一个回油通路的油口也同时被开放，使油动机7的活塞向下或向上移动。

(4) 调速汽门油动机7，它是利用油的压力并通过一套杠杆和凸轮机构来操纵调速汽门8，实现对汽轮机的进汽量进行控制。

(5) 反馈杠杆5，其作用是根据油动机7的活塞上下移动，反过来控制错油门4的滑块移动，使滑块回到中间平衡位置，从而使油动机7不再继续动作，以保证汽轮机的控制过程能够稳定进行。

调速系统的动作过程可归纳如下。

当外界负荷减小时，机组的转速将升高，使离心调速器1的飞球因离心力增大而分开，导致调速器的滑环2向上移动。滑环2带动调速错油门3，使其进油口关小，排油口开大，导致进入调速错油门3的高压油流量减小，排油流量加大，相应降低了供往油动机错油门4的脉冲油压。由于脉冲油压降低，使油动机错油门4上部的压力弹簧6的压力大于下部脉冲油压，破坏了压力平衡，使油动机错油门4的滑块由中间位置向下移动。这时，将同时打开错油门4下部左右两侧的油口，使由油泵送来的高压油通过错油门4下方通道直接注入油动机7的活塞下方，错油门4上部左右两侧的油口也同时打开了，使油动机7活塞上方的油经错油门4上方通道排出油动机7，使油动机7的活塞在高压油推动下向上移动。通过传动杠杆把调速汽门8关小，汽轮机的进汽量便减小，相应转速就会降低。在油动机7活塞向上移动的同时，反馈杠杆5的活动端也随着活塞杆向上移动，减小了压力弹簧6的压力，使错油门4的滑块向上移动，回到原来的中间位置，滑块又堵住了各个油路，使油动机停止工作，重新达到平衡状态。当外界负荷加大时，则机组转速将降低，调速系统各部件的动作与前述正好相反，其结果使汽门开大，增大进汽量，使转速提高到给定值。

这种飞锤式离心调速系统机械连接部件较多，灵敏度较差而且容易磨损，通常只具有窄范围的转速调节功能和超速跳闸功能，并且系统的响应速度较低，由机械间隙引起的迟缓率较大，静态特性是固定的，不能根据要求任意改变。但是由于它的可靠性较高且能满足机组运行的基本要求，所以至今在小型机组的控制上仍具有一定的生命力。

目前，火电厂采用的调速系统形式多样，但基本原理相同，都是由感受机构、控制机构及执行传动机构等部分组成。在大中型机组中更多采用的是液压调速系统，它不用离心飞锤的结构，汽轮机转速的变化是通过感受元件（旋转阻尼器）以油压的形式来反映。旋转阻尼器实际上是一个离心式信号泵，装于汽轮机头部的附加轴上。控制机构亦是借助于油压，而不是用杠杆传递动作。执行机构则仍采用由错油门控制油动机的位置来操作调速汽门，实现对汽轮机的调速。

全液压调速系统由于其机械连接部件少，因此磨损元件少，利用液压可以获得较大的操作功，结构紧凑，工作可靠，而且灵敏度也较高，因此被广泛采用。

（二）电气液压式控制系统

随着汽轮机单机容量的增加和单元制再热机组的出现，以及电网集中调度等问题的提出，机组在运行中的启停次数增多。由于滑压运行方式在启停过程中汽轮机内部的蒸汽容积流量较大，使汽轮机内各部件的温度变化比较均匀，蒸汽温度的变化也比较均匀，这样不仅可大大缩短启动或停机过程的时间，而且能够提高机、炉运行的经济性和安全性而被普遍采用。在这些情况下，对汽轮机控制系统提出了更高的要求，仅依靠机械液压式控制系统已不能满足控制任务，因此产生了电气液压式控制系统，简称电液调，这种系统有两套控制器，其中一套是原有的液压式控制器，另一套是电气的控制器，执行机构保留原来液压的。两套控制器的作用由开关来切换操作。

在这种系统中，电气控制器很容易实现对信号的综合处理，控制精度高，能适应复杂的运行工况，而且操作、调整和修理都比较方便。保留液压控制器的原因是当时电气设备的可靠性还比较低，担心电路的可靠性不能满足汽轮机控制系统的要求，当电调的电路因故障退出控制时，就由液压式控制系统接替工作，以保证机组的安全连续运行。应注意的是，因为采用了两套控制器，就要解决一个无扰切换问题。

（三）模拟式电气液压控制系统

随着电气设备可靠性的提高，出现了不用液压控制系统作后备的纯电调系统，液压式执行器（油动机）因其力量大且动作迅速，所以沿用下来，电气控制器和液压执行器之间通过电液转换器耦合。最初的电气控制器是采用模拟电路的，为和后来的数字式电调相区别，称为模拟式电气液压控制系统，简称模拟电调。

（四）数字式电气液压控制系统

数字式计算机技术的发展及其在过程自动化领域中的应用，使汽轮机控制系统又向前发展到了新的阶段，20世纪80年代出现了以数字式计算机为基础的数字式电气液压控制系统，简称数字电调，其组成特点是用数字式电子计算机作为控制器，执行器仍保留液压式的油动机。早期的数字电调大多是以小型计算机为核心的，微机的功能加强后数字电调也有采用微机的，近年来在发展起来的分散控制系统中，采用分散控制系统构成的电调已经出现。

三、中间再热式汽轮机控制特点

（一）中间再热式汽轮机的工作特性

中间再热式汽轮机的主蒸汽经过调节汽门在高压缸内膨胀做功后，被引入锅炉的再热器再一次加热，然后回到汽轮机的中、低压缸继续做功，最后排入凝汽器。由于增加了中间再热环节，就给汽轮机控制系统带来了一些新的问题需要处理。

1. 甩负荷后转速飞升

因为中间再热环节包括了从汽轮机间到锅炉间，又从锅炉间返回汽轮机间以及锅炉内部再热器的全部管道，其总长可达200~300m，管道内的蒸汽压力也比较高，因此在汽轮机甩负荷后即使高压缸主汽阀和调节阀立即关死，仅由于中间再热环节中的蒸汽在中、低压缸中膨胀所作的功，就足以使汽轮机产生严重的超速。根据计算，中间再热环节中蒸汽所包含的能量如果全部转化成为转子的动能，则将使汽轮机超速50%～60%，这显然已远远超过了汽轮机允许的转速范围，所以在设计中间再热汽轮机控制系统时必须考虑这个问题。

2. 机炉低负荷时的相互配合问题

汽轮机和锅炉的特性不同，在某些工况下需要解决两者之间的配合问题。

(1) 锅炉的最小蒸发量通常不能小于其额定值的15%～50%，所以在汽轮机启动、低负荷以及短时间的空载运行时，需要处理锅炉发出的多余蒸汽，否则将引起锅炉安全阀动作，这一方面将损失大量的工质，另一方面对设备也会带来一定的影响。

(2) 对于中间再热机组，再热器要求经常流过一定数量的蒸汽以冷却其管道，而中间再热锅炉的最低冷却流量往往高于汽轮机的空载流量，所以在启动和空载运行时要考虑中间再热器的保护问题。

3. 参加电网调频能力的问题

对于一般的凝汽式汽轮机，蒸汽量基本上是跟随调节阀的开度而变化，因此当控制阀开大的时候，汽轮机功率将随之增大，两者的变化可以说基本上是同时进行的。但是，对于中间再热式汽轮机来讲情况就不同了，当控制阀开大时，立即发生变化的仅仅是高压缸流量，而中压缸、低压缸的蒸汽流量只有在中间再热器中的蒸汽压力逐渐升高的过程中才能逐渐增大。由于中间再热容积很大，其压力的变化是很缓慢的，因此中、低压缸的蒸汽流量只能作缓慢的变化。这样当控制阀开度变化时，只有高压缸的功率 N_1 是迅速的随着阀门的开度而变化，而中、低压缸功率 N_2、N_3 占汽轮机总功率很大的比例（2/3～3/4），因此中间再热式汽轮机功率变化缓慢，不能适应负荷迅速变化需要的矛盾就比较突出。

当电网负荷增加、频率降低时，要求汽轮机调节阀及时开大，增大汽轮机功率以调整电网频率，由于中间再热式汽轮机功率变化缓慢，因此中间再热机组参加一次调频的能力不如一般凝汽式汽轮机。

（二）改善再热式汽轮机调节特性的措施

1. 设置中压缸的主汽阀和调节阀

为了在甩负荷时能够阻止再热管道中的蒸汽进入中、低压缸，在中压缸前边设置主汽阀和调节阀，中间再热蒸汽先经过中压主汽阀和中压调节阀后再进入中压缸，中压主汽阀受危急遮断器控制，而中压调节阀则同时受调速器和危急遮断器控制。

为了减少中压调节阀的节流损失，希望它在较大的负荷范围内是保持全开的，而当甩负荷时又要求它与高压调节阀一起参与控制，迅速关下。一般取高压调节阀开度的30%以下作为中压调节阀的动作范围。在汽轮机转速升高时调速器关闭高、中压缸的控制阀，同时切断来自锅炉和中间再热器的蒸汽，从而防止了再热蒸汽进入中、低压缸引起超速。

2. 高压缸动态过开

为了提高中间再热机组参加一次调频能力，多数再热机组的控制系统中设有动态校正器，在负荷变化时，动态校正器使高压缸的开度超过静态所需要的数值，以后再逐渐减小至静态值，以改善再热机组的负荷适应性。

3. 设置旁路系统

当机组的负荷较低或大幅度甩负荷时，机、炉间的蒸汽流量供需不平衡，为了解决此矛盾，并且为了保护再热器，再热式机组都设有旁路系统。其主要功能如下。

(1) 当发电机甩负荷或解列时，关闭主气门使锅炉维持最地负荷运行状态。

(2) 在汽轮机冲转前，使主蒸汽和再热蒸汽压力、温度维持在某一规定值，以满足汽轮机的冷态和热态启动要求、缩短启动时间、减少汽轮机金属的疲劳损伤。

(3) 在启动和甩负荷时，保护布置在烟温较高区域的再热器，防止再热器烧坏。

(4) 机组负荷变化时，旁路系统具有控制汽轮机蒸汽流量的作用，并能满足汽轮机变压运行的要求。

(5) 由于旁路系统具有锅炉最小稳定负荷通过能力，所以当汽轮机解列或带厂用电运行时，它能维持锅炉在最小稳定负荷下运行，并可避免锅炉安全门频繁动作。

(6) 旁路系统在完成自身功能的同时，还能接受协调控制系统 CCS 和数字电液控制系统 DEH 的信号和监控，并向 CCS、DEH 和 FSSS 系统提供状态信号。

从旁路系统的发展过程来看，它的阀门和执行机构的变化不大，而控制装置的变化较大。最早使用的是分立元件构成的控制系统，后来广泛使用集成电路构成的控制系统，现在已是使用以微处理器为基础的数控系统。

旁路系统的开启和关闭可以是自动，也可以是手动。当汽轮机功率低于设定值时，旁路系统的自动调节信号使旁路阀打开，以保证中间再热器的流量不小于安全值。

第二节　功频电液控制系统

汽轮机控制的目标就是使转速、功率以及压力保持为给定值。问题的关键是如何确定最佳的给定值及其控制规律，以满足电力系统的要求。当前的电液控制系统多采用功频电液控制方案，此方案不仅控制机组的转速，同时还控制机组所发出的功率，即频率与功率都是闭环控制。由于有频率与功率两个被控制信号，故称为功频电液控制系统。为了与此类系统相区别，把不控制功率而只控制转速的控制系统，称为纯速度调节系统。

一、功频控制系统工作原理

汽轮机功频电液控制系统的原理方框图见图 19 - 6。当汽轮机的转速升高时，测速元件的输出电压升高，经过 PI 控制器、功率放大器的变换和放大后（可认为在 PI 调节器框中），送到电液转换器，将它转换成为液压信号，液压信号再经过放大后推动油动机，去关小调节阀（可认为在油动机框中），以减少汽轮机的功率，汽轮机的功率减少后，测功元件的输出电压降低，抵消了转速升高时电压的升高。当系统达到新的平衡时，PI 控制器输入电压之和仍保持为零，油动机等其他部件均稳定在新的工作位置上，汽轮机在新的功率与转速下继续运行。

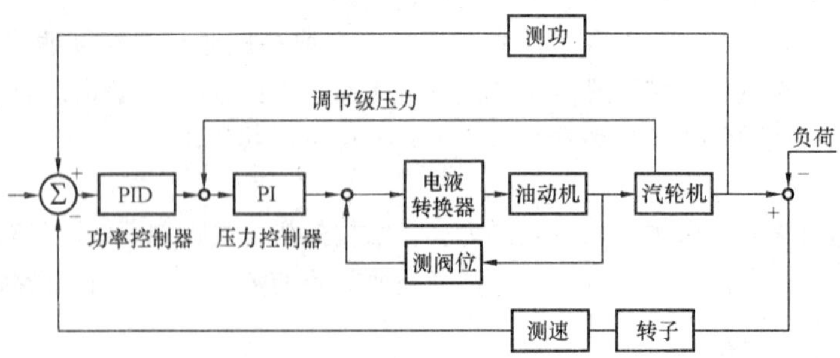

图 19 - 6　汽轮机功频电液控制系统原理方框图

二、功频控制系统静态特性

如上所述，在达到新的稳定工况时，根据比例积分控制器的特点，其输入端的电压之和必定为零。否则，控制器的输出电压将继续变化，引起系统中各部件的继续运动，即未达到稳态。因

此在稳态时必然有 $U_G + U_N + U_n = 0$，若给定值不变，则负荷的变化必然会引起转速的变化，即 $\Delta U_N + \Delta U_n = 0$。

若测功器件和测速器件的转换系数分别是 K_N 和 K_n，即

$$\Delta U_P = K_P \cdot \Delta P$$

$$\Delta U_n = K_n \cdot \Delta f$$

$$\Delta P = -K_n / K_P \cdot \Delta f \tag{19-3}$$

式中 ΔP——功率变化量；

Δf——频率变化量。

式（19－3）表示了汽轮机稳态时功率与转速的关系，这就是汽轮机组的静态特性曲线表达式，K 值为静态特性曲线的斜率。若测功器件和测速器件的转换系数是常数（线性的），则 K 就是一个常数，即功频系统的静态特性是一条直线。

三、功频控制系统稳定性

因为汽轮机的功率不易测量，工程上经常用发电机的功率信号代替汽轮机的功率信号。以发电机功率调功的功频控制系统方框图见图 19－6。从静态角度分析，两者是没有区别的，但从动态角度分析，两者却有很大差别。若以汽轮机的功率信号调功，因为汽轮机功率信号是控制回路内的一个量，因此将汽轮机功率信号反馈给控制器相当于在系统中引入了一个负反馈，所以对系统的稳定性是有利的；但是，如果用发电机的功率信号来代替汽轮机功率信号，因为发电机的功率信号不是闭环系统内的量，而是闭环系统外的量，所以它对系统的稳定性会有不利的影响。

四、功频控制系统负荷适应性

图 19－6 所示的以汽轮机功率调功的功频电液控制系统，其本身具有使调节阀动态过开改善汽轮机负荷适应性的能力，它不需要在系统中附加动态校正器即可达到上述目的。下面阐述它的工作原理。

假设给定值没有发生变化，汽轮发电机组并网运行，因某种因素使电网的频率下降了，因为电网频率变低，所以测速元件输出电压也变低，PI 控制器即将此信号运算后经功率放大送电液转换器，使得油动机的开度增加，按照汽轮机的负荷分配，功率变化中只有小部分是（1/4～1/3）来自高压缸，而大部分来自中、低压缸；在电网频率变化的初期，中低压缸的负荷升不上来，导致高压缸所发出的功率超过稳态时的所需功率，这就弥补了中、低压缸的功率滞后，也就是说实现了高压调节门的动态过开。随着时间的推移，汽轮机功率逐步增加，功率信号的变化量逐渐地抵消了转速信号的变化量，最终按照调节系统静态特性曲线，汽轮机的功率增加了 ΔP；在达到新的平衡状态以后，PI 控制器的输入信号之和等于零，其输出电压和油动机开度均保持新的值不变。改变 PI 控制器放大系数 K 值可以调整动态过开的数值。

五、功频系统甩负荷特性

对于上述的两种功频系统，即测量汽轮机的功率作为功率信号或测量发电机的功率作为功率信号，由于所取信号不同，系统的甩负荷特性也是不一样的。产生差别的根本原因是前者为系统的反馈信号，而后者为系统的扰动信号。发电机的功率信号在甩负荷初期时的作用方向是使得调节阀打开，因而恶化了过渡过程。

图 19－7 是测量发电机功率作为功率信号的功频电液控制系统在甩负荷时的过渡过程曲线，其转速飞升值要比测量汽轮机功率时高得多。因为在甩负荷过程的初始阶段，油动机的运动方向不仅不是关小调节汽阀，相反却是开大调节汽阀，只有在转速升高到一定数值时，才去关小调节汽阀。这种现象称之为“反调”，它不仅对系统甩负荷时的转速飞升带来不良影响，而且对电网

发生事故时的稳定性也是不利的。为什么以发电机功率信号代替汽轮机功率信号会出现“反调”呢？假设汽轮发电机突然甩去全负荷，则汽轮机转速会迅速上升，从图19－6可以看到，转速和发电机功率的符号是相同的，因此发电机功率降低信号与转速升高信号的作用是可相互抵消的，由于转速的变化是发电机负荷变化所引起的，所以转速信号的变化要落后于发电机负荷信号的变化。因此在甩负荷的瞬间只有功率下降的信号，没有转速升高的信号，综合作用的结果就是开大调节门，引起“反调”。

而对于直接采用汽轮机功率信号的系统，由于汽轮机功率的变化是转速的变化所引起的，所以汽轮机功率信号的变化始终落后于转速信号的变化，因此以汽轮机功率作为功率信号的系统，转速升高时会使油动机关小调节阀而不会出现“反调”。

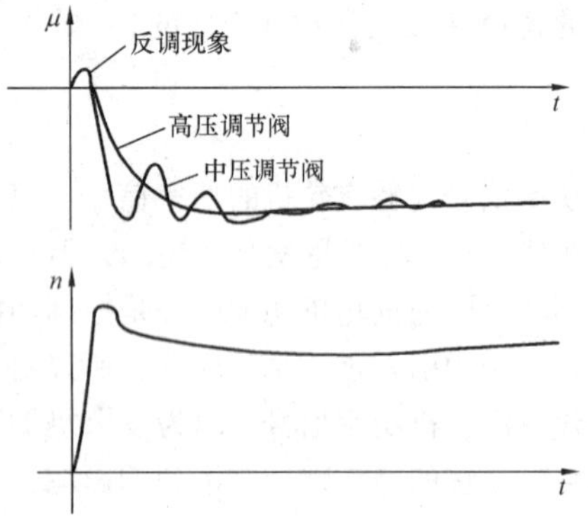

图19－7　功率“反调”现象

常见的克服“反调”的方法有以下几种：

(1) 在系统中引入转速的微分信号，把发电机功率信号校正成为汽轮机功率信号。

(2) 使测功元件与一个滞后环节相串联，以迟延功率信号的作用。

(3) 在系统中引入负的功率微分信号以迟延功率信号。

(4) 在甩负荷时，同时切除功率给定信号。

六、机炉协调控制

再热机组都是单元制，由一台锅炉专门向一台汽轮机供汽，由于汽源的容量大大减小，汽轮机负荷的变化会明显地影响到锅炉的运行，所以有必要将锅炉和汽轮机作为一个整体来考虑。当发电机负荷变化时，汽轮机侧同时给锅炉一个负荷信号，让锅炉尽快地调整燃烧，以满足汽轮机的需要。反之，若锅炉侧有了影响出力的情况，也尽快调节汽轮机的出力，以使机组工作在最佳状态，这就是协调控制的运行方式。

由上所述的协调运行方式可见，要使汽轮机控制系统满足协调的需求，首先要实现电调，所以说电调也是协调控制的前提。

第三节　汽轮机数字电液控制系统（DEH）主要部件

所谓电液控制系统是指采用电子器件作为测量、运算和校正的部件，而以液压部件作为执行机构的系统。由于电子器件尤其是计算机具有运算校正方便的优点，而液压器件又具有功率大、速度高的优点，因此结合两者的长处就可设计出各种高性能的控制系统。

一、数字电液控制系统数字部分

DEH控制器就其功能来说，是一个多参数、多回路的前馈反馈控制器。DEH系统中的给定值处理和运算、控制功能的实现都是由数字计算机完成的。由于数字式电子计算机具有可以采用现代控制理论和新型的控制算法、灵活地变换控制方式、方便地联网能力和很高的精度及可靠性，充分发挥了DEH的特点，能把汽轮机本体具有的各种工作方式有效地调动起来。从后面介绍的一些具体工况的实现，就可体现出DEH的优势。相信随着人们对被控对象的认识、控制理论和控制装置的发展，会不断出现新的汽轮机控制系统。

二、数字电液控制系统模拟部分

通常在一般数控系统中都会有一部分模拟电路，这是因为要给数字式控制器提供被控对象的各种物理参数，控制器的输出信号要作用于被控对象，而被控对象的执行器有些只能接受模拟式信号。如 DEH 执行部分的电液转换器是接受模拟信号的，所以要通过模拟电路的输出来实现。DEH 的模拟系统部分包括将微弱信号放大以便于后续处理的模拟放大器、进行电压和电流的变换以便于信号远传的变换器、将模拟信号转为数字信号的 A/D 转换器、将数字信号变为模拟信号的 D/A 转换器、模拟信号的手动操作器及切换开关、超速保护系统的驱动电路等等。这些部分在计算机控制系统中通常称为接口或界面。

三、数字电液控制系统电液转换器

电液转换器是将电信号转换成液压信号的转换元件，是电液控制系统中的一个关键部件。在 DEH 中，电气部分将输入信号处理后输出的控制命令，在精度和动态特性方面都达到了较高的水平，所以希望电液转换器能尽快地、不失真地完成这一转换任务。因此，要求电液转换器也有高的精度、线性度、灵敏度和动态相应速度。

各国采用的电液转换器随不同的传统而异，一般欧洲国家多采用动圈式力矩马达，带动套筒式节流滑阀；英美和日本大都采用动铁式力矩马达，带动双喷嘴或射流管式前置级液压放大器。我国目前的情况大多是低油压采用动圈式，高油压采用动铁式，前者采用透平油，后者则抗燃油和透平油都有使用的。

下面介绍一种动铁式双喷嘴电液转换器结构，见图 19－8，目前我国已有系列的产品可供选用。它的工作过程是：高压油进入转换器后分成两股，一股经滤油器后到左右两端的固定节流孔及断流滑阀两端的容室，然后从喷嘴与挡板间的控制间隙中流出；另一股高压油就作为移动油缸活塞用的动力油，由断流滑阀控制。

在稳态工况下，两个喷嘴挡板间的间隙是相等的，因此作用在断流滑阀两端的油压也相等，使断流滑阀保持在中间位置，遮断了进出油动机油缸的油口，油动机停止在某一固定位置。

当电调装置向控制线圈送来控制电流时，在永久磁铁磁场的作用下，可动衔铁将带动弹性管和挡板旋转，改变了喷嘴与挡板的间隙。间隙变小的一侧油路油压升高，间隙变大的一侧油路油压降低，在此油压差的作用下，断流滑阀移动，打开了油动机通向高压油和回油的控制窗口，使油动机活塞移动，输出位移量控制调节阀的开度。

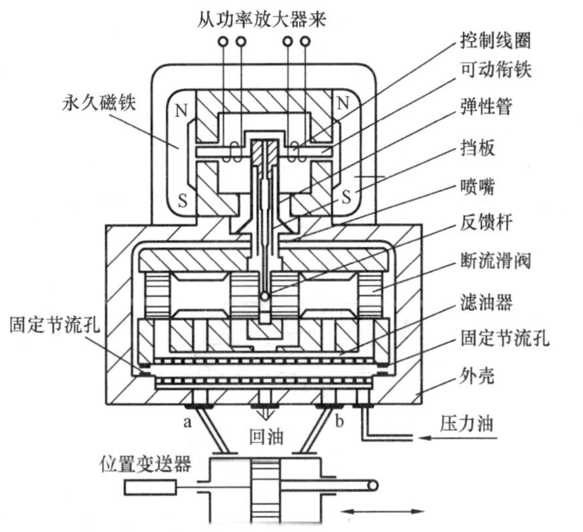

图 19－8 动铁式双喷嘴电液转换器结构图

当可动衔铁、弹性管及挡板旋转时，弹性管和反馈杆都发生弹性变形，产生的反力矩和其他的反力矩如断流滑阀上的压力差一起与电流产生的主力矩相比较，直到总力矩之和为零时，断流滑阀达到一个新的平衡位置，这一位置与输入的电流成正比。当输入信号极性相反时，滑阀位移方向也相反。

这种电液转换器一般具有线性度好、工作稳定、动态性能优良的优点，但断流滑阀与套筒间的间隙很小，对油的清洁度有较高的要求。

四、数字电液控制系统的液压系统

目前汽轮机电液控制系统所采用的液压执行机构，有高压和低压两种供油系统。高压供油系统采用抗燃油，低压供油一般共用汽轮机油系统（油压为 1.2MPa 或 2MPa）。

液压执行机构之所以采用抗燃油，是由于汽轮机的参数不断提高，早已超过了普通润滑油的自燃发火点（360℃），使汽轮机面临着失火的威胁。若高压动力油管破裂，将引起大火造成很大损失。为了较彻底地解除这种失火威胁，研制出一种自燃发火点很高（约 600℃）的抗燃油来代替目前使用的透平油。

采用高压抗燃油后，就可减小油动机体积，提高系统的动态响应和静态精度。但是这样高的油压（油压为 13MPa 左右），对液压系统的结构设计和制造工艺以及对油质都提出了严格要求，所以有的汽轮机电液控制系统虽然采用了抗燃油，但油压只取 4MPa。

有人认为控制系统与润滑系统分别供油更加合理，其主要考虑是以下几方面缘故。

（1）大型机组的控制系统要求有优良的动态响应，提高油动机响应速度的方法是减小其尺寸，但这就需要相应提高油压来保持操作力。而润滑系统并不需要提高油压，还可照用原来的润滑系统。

（2）润滑系统是涉及整个机组的庞大系统，容易混入水、空气和金属颗粒等杂质。这些对控制系统的工作影响很大，特别是采用高压工作时，各部件的间隙更小，因而对油的净化要求更高。互相独立的供油系统更加可靠。

（3）高压抗燃油具有一些毒性，且价格比较高，单独供油较容易解决这些问题。

（4）油动机的速度随现代汽轮机的参数不断提高而增长，导致油动机的工作抽压也相应提高。在油动机快速运动时，需要大量供油。当汽阀关闭到阀座时，油动机立即停止运动，此时在高压油管内部的压力油从流动状态突然停止，油的动压全部转换为静压，就易于发生高压油管破裂。从防火的角度看，采用抗燃油来代替汽轮机油是完全必要和合理的。

因为液压部分其他阀门的工作过程和原理与通常的液压系统类似，所以下面只是将典型高压供油系统作一介绍，见图 19－9。

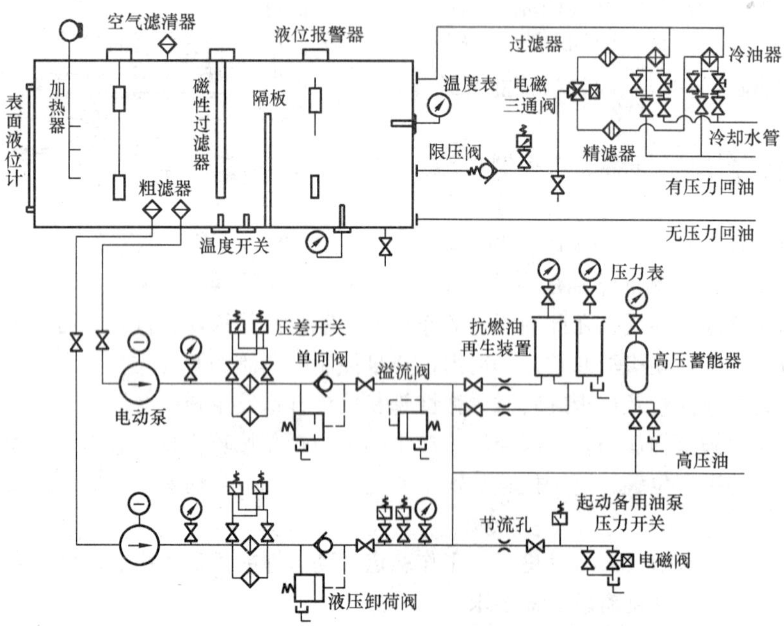

图 19－9　高压供油系统

供油部分，一方面是提供控制机构所需要的油压和油量，另一方面是要保持油质的完好。为了保证系统的可靠性，主要部件都采用了冗余设计，可实现在线切换与维护。

工作过程是：由交流电动机驱动的高压叶片泵，通过油箱内滤网将抗燃油吸入，油泵出口出来的高压油经滤油器、单向阀送到高压蓄能器，高压蓄能器是储存高压液体的容器，用来提供液压系统中周期性或瞬间需要的大量液体能，保持系统压力不致波动太大。高压蓄能器上的管道就是高压供油母管。

当蓄能器充油压力达到上限值（14.7MPa）时，单向阀后的油压信号使液压卸荷阀动作，让油泵出来的油经卸荷阀直接流回油箱，此时油泵就工作在空负荷工况下；当蓄能器中的压力降到下限值（12.2MPa）时，卸荷阀复位，油泵再次向蓄能器充油，叶片泵在空载和承载的交变工况下运行，可减少油温的升高和能量的损耗，因而增加了油泵的效率和工作寿命。

高压供油母管节流孔后面的压力开关能在油压过低时自动启动备用油泵，并能通过远动节流孔后面的电磁阀进行备用油泵在线试验而不影响高压油的供应。

高压供油母管上另外的节流孔后面的再生装置是由一个精密过滤器与一个硅藻土过滤器串联组成，节流孔可使大约每分钟 3.78dm^3 的油通过再生装置后返回油箱。当过滤器阻塞时，过滤器上的压力表就会指示出不正常的高压力，需要对其进行检修。同样道理，在有压力回油管路上和油泵出口的过滤器上都装有压力开关或压差开关，以监视冷油器和过滤器的工作情况。

为了保证抗燃油的参数，供油部分还设置了加热器和冷油器，以保证抗燃油的工作温度，设置了磁性过滤器和空气滤清器，配合再生装置以保持抗燃油的清洁，整个系统还配置了多个油位、温度、压力传感器对上述各个部件进行监视和控制，以提高系统的安全性和可靠性。

五、数字电液控制系统保护装置

DEH 系统除了对汽轮机进行功频控制外，还要在控制系统失灵或发生其他事故时，能及时、迅速地停机；以避免设备损坏或事故扩大。随着汽轮机容量增大，事故后的危害将更严重，因此当代汽轮机组保护的项目越来越多，对保护装置的重要要求就是工作特别可靠。

保护系统是一种特殊的自动控制系统，属于开关量控制范畴，工况正常时不动作，只是在参数越限后才起作用，执行机构的动作一般是“全开”或“全关”两个极限位置。

汽轮机的保护项目主要有超速保护、转子轴向位移保护、膨胀保护、振动保护、低真空保护、润滑油压低保护等。上述项目一旦超过允许值，保护系统将自动关闭高压缸和中低压缸的调节阀和自动主汽阀，使汽轮机停机。

保护系统动作的执行机构，通常是设在油路上的电磁阀和滑阀，这些阀门中的任何一个动作后，都会将油动机开门方向的油压泄去，使阀门迅速关闭。

第四节　DEH 控制系统运行工况与系统功能

一、系统可实现工况

1. 启动工况（控制转速，汽轮机的功率为零）

启动回路的任务是把机组从盘车转速带到额定转速。运行人员可设定希望的目标转速以及升速率。启动有冷态启动和热态启动，若汽轮机在停机后不久重新启动，为减少启动时间可采用热态启动程序。

在机组冲转前，转子由盘车马达驱动，此时转速很低。当冲转升速时，转速由启动控制器控制，启动控制器的输出经过功率放大器和电液转换器，去控制高压油动机，打开阀门增加进汽量，以升高转速。

（1）冷态时高压主汽门启动。机组启动的开始阶段（0～2900r/min），由 PI2 控制高压主汽门控制汽轮机的转速，此时高压调节门和中压调节门全开。注意此时给定部分的输出是一个随时间上升的值。当转速达到 2900r/min 时，系统切换到 PI3 控制高压调节门控制汽轮机的转速，高压主汽门转为全开，如图 19－10 所示。

（2）热态时中压缸启动。当机组短时停机后又再启动，即机组处于热态，可采用这种运行方式。一般当汽缸温度高于 150℃或内缸温度高于 200℃时认为是热态。这时高压主汽门是处于全关状态，而高压调节门和中压主汽门是处于全开状态，通过旁路系统用中压缸启动汽轮机。当汽轮机转速为 0～2600r/min 时，由 PI1 控制中压调节门控制汽轮机的转速，在 2600r/min 时切换到高压主汽门控制；当转速大于 2900r/min 时，系统同前面介绍的冷态高压缸启动一样，再切换到高压调节门控制，高压主汽门转为全开，旁路系统切除。

在启动过程中，如果给定的升速率小于汽轮机热应力允许的升速率，则升速率控制器的输出就是给定的升速率，如果在启动过程中机件温差过大，热应力超出允许值，则升速率控制器的输出就按热应力允许的升速率进行修正；当转速接近临界转速时，需要以较高的升速率越过临界区，待转速升高后又重新按设定的升速率将汽轮机升到额定转速。

给定转速信号与汽轮机的实际转速信号进行比较，其差值信号输入到启动控制器进行控制，维持转速等于给定值。因为给定值在逐步升高，所以机组就按运行人员的要求逐步提升转速，直到将机组转速带到目标转速。当转速达到额定转速时，$n=3000$r/min，就可进行从启动方式向正常运行方式的切换，由功频控制回路进行控制，启动过程结束。

2. 并网带负荷运行方式（汽轮机的转速被电网锁定，DEH 控制功率）

当机组转速升到额定转速，即可准备并网操作。如果采用自动准同期装置并网，则由电气控制装置发出转速给定值。如果不用自动准同期装置，而由电气值班人员手动并网，则由运行人员发出转速给定。当转速给定与电网频率有偏差时，此偏差送入主控制器（此时功率给定及实测功率的信号均为零），去控制汽轮机阀门开度，控制汽轮机的转速，使得转速偏差为 0。当汽轮机转速等于电网频率相应转速、发电机电压和电网电压相等、相位也相同时，则可合上油断路器，使发电机组并网运行。

并网后，机组由主控回路控制，运行人员即可操作功率给定来增加负荷或者自动地加上初始负荷。功率给定值代表希望加载的稳态功率值，它经过功率定值限制器后送到控制器的输入端成为实际的给定值。

功率定值限制器的作用，是把汽轮机的功率和功率变化率限制在允许范围内，其作用主要有以下三点：

（1）最大功率限制：防止汽轮机承担过大负荷。

（2）功率阶跃限制：这是为了在调频运行时，限制一次调频的功率阶跃变化量，以保证汽轮机的运行安全和使用寿命。

（3）最小功率限制：通常在并网后立即使汽轮机带上 2%左右的初始负荷，这是为了防止汽轮发电机组并网后成为电网上的负载。

3. 调频运行方式

在调频运行方式下，汽轮机转速被电网锁定，DEH 控制系统将自动控制功率以维持电网频率在一定的范围内。

当机组带到给定负荷后，此时转速与给定转速相等，发电机功率与给定功率相等，此时主控制器前的反馈信号为发电机功率和经过 K 环节修正的转速差信号，再加给定值信号综合输入量为零时，阀位不再动作。

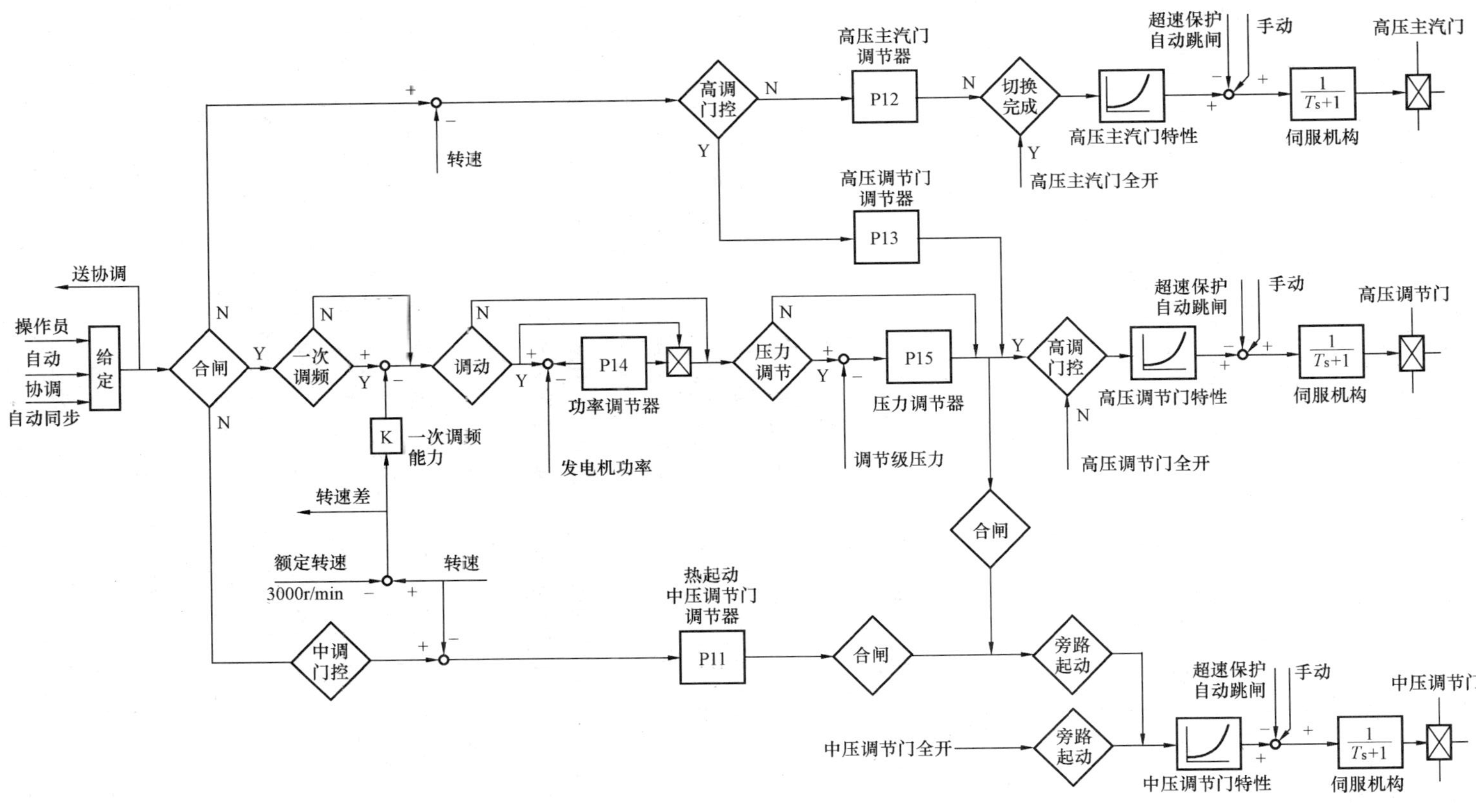

图 19－10　功频电调系统图

当电网频率发生变化时，就说明电网的能量平衡发生了变化。由于转速给定和功率给定均已固定不动，因此机组此时功率的变化取决于机组的静态特性曲线。当频率变化时，参加一次调频的所有机组应共同改变功率，以满足用户的需要，但是中间再热单元机组的负荷适应能力受到机组特性的限制，所以要采取限幅的措施，限制的大小可以调整。

4. 调压运行方式（汽机跟随方式）

在单元机组运行过程中，有时锅炉本体或其辅机发生故障会造成蒸发量下降，此时已不可能根据汽轮机负荷的要求调节锅炉出力了，而应是按照锅炉能够供应的蒸汽流量去控制汽轮机功率。这是一种非正常的运行方式，当故障排除后，就应恢复到正常的调节。

当锅炉发生故障，蒸汽流量满足不了汽轮机负荷的要求时，蒸汽压力就会较大幅度地下降，当压力下降的数值大于给定偏差值时，系统可切换到调压运行方式。由汽压控制回路将汽机调节汽阀关小，用减少汽轮机的进汽量来维持汽压，使汽压偏差在给定的范围内。如果锅炉蒸发量继续下降，则汽压控制回路继续将汽轮机蒸汽流量减少，以维持汽压为给定值。这样，汽轮机机前压力保持常数，而其功率则为锅炉蒸发量的函数。

锅炉故障排除后，蒸发量增加，汽压开始升高，使汽压控制器的输出不断增大，从而提高了汽轮机的实发功率。当蒸汽流量恢复到故障前的水平时，实发功率与给定功率值相等，则汽压控制回路就不再控制汽轮机，而又恢复到由主控回路来控制。

汽压控制回路的偏差给定值，可以按需要整定，以控制汽压控制回路投入时的切换点。

5. 协调运行方式（可最快的适应负荷要求）

对中间再热式单元机组，一方面希望充分利用锅炉的蓄热来参加一次调频，同时希望机组参数的波动尽量的小，把锅炉压力波动限制在允许的范围内以利稳定运行。

当汽轮机负荷变化时，若给锅炉控制系统一个前馈信号，使锅炉侧也同时调节燃烧，尽快改变出力，则机组的负荷适应性最好，这就是协调运行方式。

综上所述，为适应机组调频的需要，可以把汽轮机的输出功率偏差信号送到锅炉燃烧控制系统，使机、炉更好地协调工作。此时，功率给定值应为中央调度来的或运行人员给出的功率指令，当然要限制功率指令有过大幅值的变化或过快的变化率，避免锅炉压力等参数波动太剧烈。经过处理后的机组负荷信号，还要受到机组辅机设备投运情况所决定的机组最大允许功率以及锅炉燃烧率的修正。

6. 复合变压运行方式（可在大范围内以高效率运行）

汽轮发电机组如采用复合变压方式运行，即在极低负荷及高负荷区采用定压阀位调节，在中低负荷区为滑压方式运行。

在滑压运行时，调速汽阀开度保持不变，对应较低功率的阀前蒸汽压力为一个较低的数值，对应较高功率处为额定汽压。在极低负荷及高负荷区，调节过程与带负荷运行方式相同。

在滑压升负荷阶段，先增加功率给定值，经过主控回路增加进汽量，提高汽轮机出力。此时，由主控回路输出一个前馈信号到锅炉负荷控制系统中，以增加蒸汽流量，使汽压上升，此时汽轮机的主蒸汽压力也上升，因此发生功率大于所需的给定功率，这个偏差又通过主控回路将调速汽阀关小，以达到新的稳定状态。稳定时，调速汽阀仍在升负荷前的位置，而蒸汽压力升高到与新增加的功率相对应。与上述原因相同，减负荷是先减给定值，关小调速汽阀，然后由锅炉降低蒸汽压力来达到新的稳定工况，稳定后保持汽轮机阀位不变。

7. 甩负荷方式

汽轮发电机组带额定负荷运行时，若突然从电网中解列出来，则是对汽轮机组的最严重的考验，在此瞬间，汽轮发电机组将以相当于额定功率的能量作用于转子上，使转子加速，很容易引起超速，因此必须采取保护措施，甩负荷控制回路就是完成这一任务的。

甩负荷前电超速保护装置测取的电功率与代表汽轮机功率的中压缸第一级前压力是相同的，一旦甩全负荷，电功率立即为零，而汽压来不及变化，所以二者差值远远大于给定偏差值。此偏差输入到逻辑回路，用电磁阀泄放电液转换器的输出油压，从而立即将高压油动机关闭，同时还将功率给定值切除。这样不仅减小了动态飞升，而且将相应的转速偏差也置零，为再次并网做好了准备。

与此同时，甩负荷时转子的加速度达到最大。由转速微分器测量的加速度信号直接输入功率放大器，对抑制动态超速也起到了强有力的作用。为了避免电网频率波动所引起的动量加速度变化，设有低值限幅的不灵敏区加以过滤，使其仅当甩负荷信号时才允许通过。

8. 停机方式

停机方式一般有滑参数停机、额定参数停机及紧急停机。

(1) 滑参数停机。在机组滑停时，由于锅炉热负荷减少，汽压降低，所以事先需将汽压控制回路切除。当主蒸汽压力降低时，调节汽阀会自动开到全开位置。随着蒸汽流量的进一步减少，汽轮机功率也随之减少（只要每一时刻的功率给定值稍大于实际功率值，调节阀均维持在全开位置），直到空载，观察功率表，确信汽轮机为空负荷时，即可拉闸解列，随即手动危急遮断装置停机。

(2) 额定参数停机。机组在额定参数下停机，可直接操作给定器减负荷；在到空载时，即可解列，然后手动操作危急遮断装置停机。

(3) 紧急停机。当机组在发生故障必须立即紧急停机时，可就地或在集控室操作安全装置，如手动危急遮断装置、磁力断路油门等，其原理与一般液压调节系统常用部件相同。

9. 阀门管理

大型汽轮机组一般有 4～6 个高压调节门，每个高压调节门独立配有一套执行驱动器，因此这种构造就有可能实现多个阀门动作的多种组合。通常把这组阀门的控制方式设定为单阀控制和多阀控制两种方式。

单阀控制的方式是将所有阀门的控制信号接到一起，所有阀门同时开大或关小，就好像是一个阀门一样。它的特点是全周进汽、节流调节。

若逐个开启或关闭调节阀门，开启阀门的数量正比于机组的负荷，在任何时刻只有一个阀门处于半开启状态，其他的调节门均处于全开或全关的状态，称为多阀控制。它的特点是部分进汽、喷嘴调节。

一般在冷启动或带基本负荷时采用单阀控制；机组带部分负荷，为了提高经济性，采用多阀控制。阀门控制方式的转换由阀门管理软件实现，手动选择。

阀门管理主要程序功能有以下几类：

(1) 阀门特性曲线发生器；

(2) 单阀控制程序；

(3) 多阀控制程序；

(4) 控制方式转换程序。

二、DEH 控制系统功能

根据上述的汽轮机数字电液控制系统的各种工况来看，一般数字式电液控制器应具有下列主要功能。

(1) 基本控制功能。

1) 可实现大范围的自动调速，从盘车开始到将机组升速到并网前的转速。

2）可手动或自动准同期并网，操作方便，并网平稳。

3）可按运行要求，承担从初始负荷到额定负荷的全范围的负荷调整。

4）可设定机组的静态特性，选择参与电网调频或只带固定负荷运行。

5）可方便地切换成协调运行或调压运行（汽轮机跟随）方式。

6）可在发电机甩负荷时抑制机组动态转速飞升过大。

（2）汽轮机应力控制功能。所谓汽轮机应力控制，就是在控制系统中有根据温差计算热应力的部分，并依此来限制机组参数的变化率，使汽轮机升速率和升负荷率在机组金属热应力的允许范围内。具有此功能后，机组参数的变化就可实现既不损伤机组的安全又尽可能的快。

（3）寿命消耗管理功能。汽轮机寿命是指汽轮机自投入运行开始至转子上出现第一条宏观裂纹（长度在0.2～0.5mm）的总时间。机组的寿命取决于金属材料温度变化的幅值和速率。寿命消耗管理功能是记录和累计运行中汽轮机寿命的消耗，而寿命消耗在运行中各阶段的分配是由人所给定的。

有些机组具有在每次启停及变负荷时汽轮机寿命的消耗及累计功能，而更先进的DEH系统不仅具有上述功能，而且将寿命消耗与运行操作结合起来，以寿命消耗值来控制运行参数的变化。运行中如超出寿命消耗的指标，能自动改变操作和停机。

（4）阀门管理功能。在运行中，可将调节阀的控制方式从单阀控制（节流运行）切换为多阀控制（喷嘴配汽），或反切换。

（5）友好的人机界面及记录功能。

（6）数据传输功能（联网能力）。

（7）自检功能。能检出系统内部故障，发现故障后能切换到手动操作，发出故障报警，不会产生不可控的汽轮机加负荷和加速。

（8）足够的可靠性。

（9）系统仿真功能。DEH系统主要包括DEH控制器和被控对象，即汽轮机、发电机和锅炉，这个对象难以用实物进行研究。为了对整个系统进行研究和调试，就必须采用仿真技术。所谓仿真，就是将实物系统数学模型化，利用数学模型对系统进行研究的一种方法。

有了系统仿真器，就可以在实际机组不启动的情况下，利用仿真器对系统进行离线整定和调试，检查各控制功能，培训操作人员。

汽轮机电液控制系统发展到数字式控制时，系统的很多功能是用软件来实现的，因而使硬件的改动保持在最低限度，相比之下就比模拟式电液调节系统的投资低廉。从控制手段来看，不论是转速控制还是功率控制，主要都是通过改变主汽阀开度来调节进汽量。万一自动调节发生故障，应能自动切换到手动备用系统，手动和自动控制系统是互相独立的，以便可以实现不停机维修。

复习思考题

1. 画出功频电液控制系统的原理图，并说明控制系统的调频、调速的基本原理。
2. 说明功频电液控制系统冷态启动时，由启动到并网到带负荷的工作过程。
3. 说明调节阀门动态过开以提高汽轮机负荷适应能力的原理。
4. 中压调节阀门的快关适用于什么工况？
5. 汽轮机数字电液控制系统的模拟控制部分的主要任务是什么？
6. 汽轮机数字电液控制系统的数字控制部分的主要功能是什么？
7. 控制系统如何处理机组甩负荷时的工况？

第二十章　单元机组负荷自动控制系统

第一节　概　　述

一、单元机组负荷控制特点和任务

随着电力工业的飞速发展，日益增多的大型发电机组的汽轮机和锅炉通常都是采用单元制热力系统，即一台汽轮机配一台锅炉。单元制机组在电网中作为相对独立的单元，具有运行调度灵活、热效率高、便于电站设计和扩建等优点。单元机组的负荷控制具有以下特点：

(1) 单元制机组是一个强相互关联的多变量控制对象，锅炉和汽轮发电机是一个不可分割的整体，锅炉和汽轮机共同适应外界的负荷要求，也共同保证运行参数的稳定。

(2) 锅炉和汽轮发电机的动态特性存在较大的差异，汽轮发电机负荷响应快，锅炉负荷响应慢。所以单元机组在实施负荷控制时，必须很好地协调机、炉两侧的控制动作，合理地协调好内外两个能量的供求平衡关系，以兼顾负荷响应性能和内部运行参数稳定两个方面。具体地讲，就是对外保证单元机组有较快的功率响应速度和一定的调频能力；对内保证主蒸汽压力偏差在允许范围内。或者说，在保证主蒸汽压力偏差在允许范围内的前提下，使机组的输出电功率尽快适应电网负荷变化的需要，这就是单元机组负荷控制的任务。

(3) 随着单元机组在电网中所占比例的日益增大，电网对单元机缉的负荷适应性能提出了更高的要求，对于承担基本负荷的单元机组，也应具有参加电网一次调频的能力，以便使电网在二次调频之前减小电网频率变化的幅度。

二、单元机组负荷控制基本方案

单元机组自动控制的基本任务是快速响应外界的负荷要求，同时保证机组的主要运行参数在允许范围内。它是以实发功率和主蒸汽压力为被控量，以燃料量和控制汽门开度为控制量的多变量控制系统，单元机组负荷控制的基本方案不外乎以下三种。

(一) 锅炉跟随控制方式

图 20-1 是锅炉跟随负荷控制方式的示意图。它是由汽轮机控制器控制单元机组的实发电功率，锅炉控制器控制主蒸汽压力，又称为汽轮机基本负荷控制方式。

该方案的工作过程是：当负荷指令 N_0 变化时，它与机组实发电功率 N_e 的差值作用于汽轮机控制器，控制器输出指令变化改变汽轮机调节汽门开度，进而改变进汽量使实发功率迅速满足指令 N_0 的要求。在汽轮机调节汽门开度变化的同时，机前压力 p_T 随之变化而偏离其给定值，它们的差值经锅炉控制器运算，输出信号改变进而改变进入锅炉的燃料量，以及与之相适应的送风量、给水量等，在机前压力 p_T 回变至 p_0 时，燃烧调整结束。

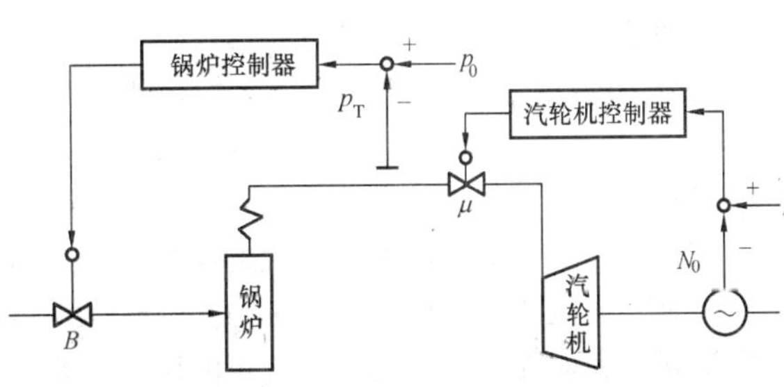

图 20-1　锅炉跟随负荷控制方式示意图

由上述工作过程可以看出，外界

负荷要求变化后，汽轮机控制器立即动作改变进汽量。由于汽轮机做功过程的快速特性，实发电功率 N_e 得以快速响应，表现出机组良好的外界负荷响应能力。然而这种快速响应是利用机前压力 p_T 的变化获取的，即利用了锅炉的蓄热量。由于大型机组锅炉相对蓄热量在减小，当负荷指令 p_0 变动较大时，机前压力 p_T 将产生较大的波动而影响机组的安全正常运行。在对机组负荷指令的幅度和变化速度加以限制后，这种负荷控制方案适用于电网调频机组。

（二）汽轮机跟随控制方式

图 20－2 是汽轮机跟随负荷控制方式的示意图，它是由汽轮机控制器控制压力、锅炉控制器控制功率，又称为锅炉为主的负荷控制方式。

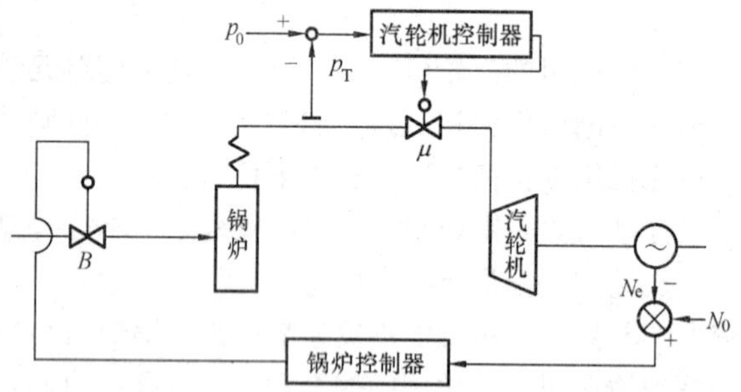

图 20－2　汽轮机跟随负荷控制方式示意图

该方案的控制过程是：当外界负荷需求改变时，N_0 与 N_e 的差值作用于锅炉控制器，其输出改变进入炉膛的燃料量 B，待机前压力 p_T 变化，p_T 与 p_0 的差值作用于汽轮机控制器，其输出改变进汽量，机组实发功率 N_e 变化，直至实发功率等于负荷指令。

由于锅炉主汽压力对燃料量响应有较大的惯性和迟延，因此单元机组的负荷响应能力较差。但主汽压力由汽轮机控制器以调节汽轮机开度来保证，所以十分平稳，这对机组的安全运行十分有利。这种方案只用于承担基本负荷的机单元机组。

（三）机、炉协调控制方式

上述两种负荷控制方式，无论是锅炉跟随还是汽轮机跟随都不能达到既能快速响应外界负荷需求，又可保证主汽压力波动较小的基本要求。其原因是在锅炉和汽轮机之间是否保持平衡仅借助于汽压信号，而该信号呈很大的惯性，使得动态过程开始后，机、炉之间的不平衡状态迟迟不能消除。

为克服锅炉跟随方式下过多调用储蓄热而导致汽压的较大波动和汽机跟随方式下不用储蓄热而导致负荷响应慢的缺点，可形成如图 20－3 所示的机炉协调联合控制方式。

该控制方式的特点是：功差信号（N_0-N_e）、压差信号（p_T-p_0）同时作用到汽轮机控制器和锅炉控制器，以便在实际负荷和主汽压力偏离各自的给定值时，机、炉可同时动作。其工作过程是：当外界负荷需求增加即负荷指令增大时，正的偏差信号（N_0-N_e）通过汽轮机控制器开大调节汽门增大进汽量，机组实发电功率增加；与此同时该偏差信号也作用于锅炉控制器增大燃料量，以及与之相应的送风量、引风量等。当汽轮机调节汽门开大时，会立即引起机前压力 p_T 的下降，尽管此时锅炉已开始增加燃料量，但主汽压力对其相应呈现的大惯性，这时仍然会有正的压力偏差（p_0-p_T）出现。该信号正方向作用于锅炉控制器以继续增加燃料量，同时反方向作用至汽轮机控制器，抑制汽轮机调节汽门开度的增大，

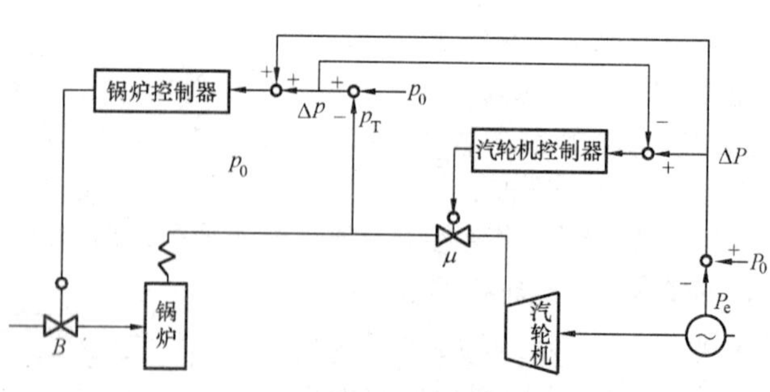

图 20－3　机炉协调联合控制方式示意图

共同作用使汽压恢复到给定值。正的功率偏差信号和负的压力偏差信号作用的结果，会使调节阀开大到一定程度停止，这时实发功率尚未达到负荷指令要求值，但这仅是暂时的，因为正的功率偏差信号和负的压力偏差信号同时通过锅炉控制器增加燃料量，随着机前压力逐渐恢复，压力偏差逐渐减小，汽轮机控制器在正的功率偏差信号作用下继续开大汽机调节阀，提高实发电功率，直到功率和汽压均达到给定值，机组达到新的稳定状态。

由上述分析可见，采取机、炉联合控制方案后，机组在快速响应外界负荷需求时，允许汽压有一定的波动，以便充分利用锅炉的蓄热。由于锅炉蓄热是有限的，将负的压力偏差引入汽轮机控制器适当地抑制调节汽门的动作，保证汽压不致于产生过大的偏差。汽机调节阀和锅炉调节阀在外界负荷需求变化时同时动作，有利于动态过程中机、炉的能量平衡。单元机组的机、炉联合动作，在工程中称之为协调控制。

第二节　单元机组协调控制策略

单元机组控制具有以下特点：

(1) 运行控制中要将机、炉作为一个整体来适应电网的负荷需求变化。

(2) 从电力系统角度讲，其负荷调节的首要要求是负荷响应的快速性。

(3) 从发电机组的角度说，负荷的快速响应性必须以机组的安全性为前提，主要是维持好汽温、汽压。

(4) 汽轮机、锅炉调节特性差异大，锅炉热惯性大，反应慢；汽轮机惯性小，反应快。负荷控制时必须考虑其差异，协调动作。从上述控制特点可知，采取机、炉协调控制，可有效解决机组在快速响应外界负荷需求的同时，又保证锅炉主汽压力在允许范围内这一对矛盾。它是把机、炉作为一个整体，充分吸收锅炉跟随和汽轮机跟随负荷控制方式的特点，引入前馈、补偿等手段，尽可能消除对象之间不利的耦合因素使控制品质得以提高。大型火电机组普遍采用协调控制系统，尽管具体实现原理、功能以及实现的控制设备存在差异和不同，但总体目标是一样的。针对众多公司推出的协调控制系统，从能量平衡的观点出发，把协调控制系统划分为直接能量平衡和间接能量平衡两类，揭示了协调控制系统具有的内在本质特征。因为机炉控制的根本任务就在于维持机组运行过程中的能量平衡，包括机组输入能量和输出能量的平衡，机炉之间能量供需的平衡；锅炉内部各子系统之间物质能量传递的平衡等。

由于能量信号目前还没有直接测量的方法，因此用一些间接的参数表征这种平衡关系，如以锅炉主汽压力表征锅炉汽机之间能量供求平衡关系。通过控制间接参数维持机、炉间能量平衡的系统，称为间接能量平衡系统。此外，通过构造的能量需求信号，并依此控制机组的能量输入，这种系统称为直接能量平衡系统。

一、间接能量平衡的协调控制策略

采用间接能量平衡控制策略组成的协调控制系统，其特点是应用前馈或设置补偿网络进行设计构成。

1. 单向补偿协调控制

单向补偿协调控制又可分为以汽轮机跟随为基础和以锅炉跟随为基础两种形式。

在锅炉跟随基础上形成的间接能量平衡的协调控制系统，其工作过程是：当外界负荷需求增加时，实际负荷指令 N_0 增大，ΔN 增大，功率偏差信号（$N_0 - N_e$）作用到汽轮机控制器 GT，汽轮机调节汽门开度开大，增加进汽量使机组输出功率跟上外界负荷需求。与此同时，ΔN 作为前馈信号立即增加燃料量，以便将机、炉因扰动而产生的能量供求不平衡关系尽可能减弱，防止汽压波动太大。锅炉控制器 GB 以机前压力 p_T 为被调量，汽轮机控制器 GB 以电功率 N_e 为被调量，是一个以炉跟机为基础的协调控制系统。

该系统的原理框图如图 20－4（a）所示。它是一种串联后补偿结构的解耦控制系统，以补偿汽轮机侧扰动为目标。

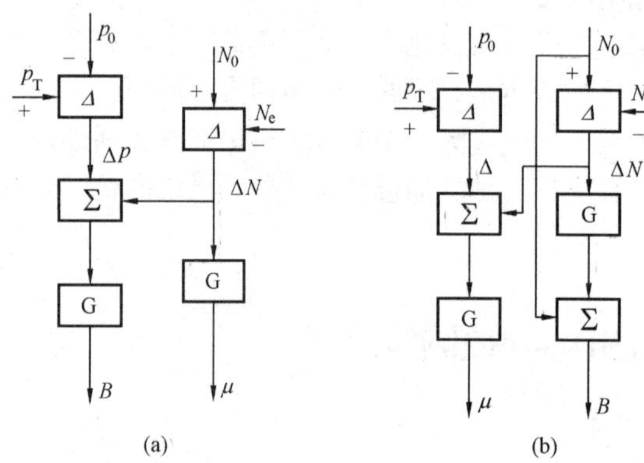

图 20－4　单向补偿协调控制系统原理框图
（a）锅炉跟随为基础；（b）汽机跟随为基础

在汽轮机跟随基础上形成的间接能量平衡的协调控制系统，其工作过程是：当外界负荷需求增加时，实际负荷指令 N_0 增大，N_0 作为前馈信号立即增加燃料量，以便将机、炉因扰动而产生的能量供求不平衡关系尽可能减弱。与此同时，功率偏差信号（N_0-N_e）作用到汽轮机控制器 GT，汽轮机调节汽门开度开大增加进汽量使机组输出功率跟上外界负荷需求。汽轮机控制器 GT 以机前压力 p_T 为被调量，锅炉控制器 GB 以电功率 N_e 为被调量，是一个以机跟炉为基础的协调控制系统。

该系统的原理框图如图 20－4（b）所示。它是一种串联后补偿结构的解耦控制系统，以补偿锅炉侧扰动为目标。

2. 双向补偿的协调控制

采用双向补偿的协调控制也分为以炉跟机为基础的协调和以机跟炉为基础的协调两种，分别如图 20－5 和图 20－6 所示。

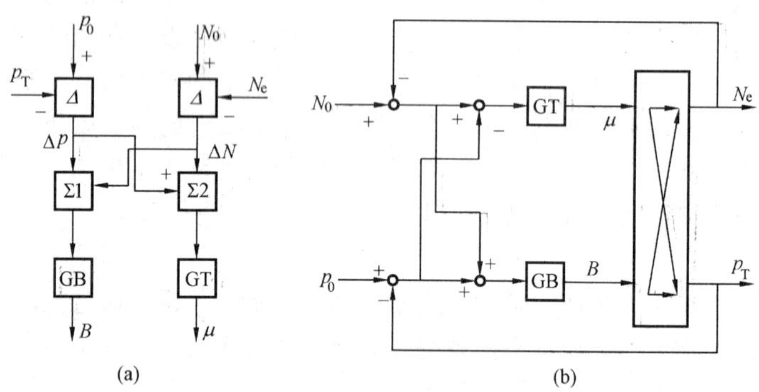

图 20－5　双向补偿协调控制系统原理图
（a）以锅炉跟随为基础的双向补偿的协调控制系统；（b）系统原理框图

如图 20－5 所示，该方式工作过程是：当外界负荷需求增加时，实际负荷指令 N_0 增大，负荷偏差作为前馈信号立即增加燃料量，以便快速响应负荷要求，将机、炉因扰动而产生的能量供求不平衡关系尽可能减弱。与此同时，功率偏差信号（N_0-N_e）作用到汽轮机控制器 GT，汽轮机调节汽门开度开大增加进汽量使机组输出功率跟上外界负荷需求。汽压偏差信号 Δp 同时送到汽轮机控制器中，当控制过程中的气压偏差超过一定值时，通过该路信号对汽轮机调节阀的开度加以限制，达到汽压拉回的目的。汽轮机控制器 GT 以电功率 N_e 为被控量，锅炉控制器 GB 以气压偏差为被调量，是一个以炉跟机为基础的协调控制系统。

如图 20－6 所示，该方式的工作过程是：当外界负荷需求增加时，实际负荷指令 N_0 增大，N_0 作为前馈信号连同负荷偏差信号一同送入锅炉控制器，立即增加燃料量，适应外负荷需求，同时功率偏差信号（N_0-N_e）也作用到汽轮机控制器 GT，汽轮机调节汽门开度开大增加进汽量使机组输出功率跟上外界负荷需求。压力波动信号送入锅炉控制器加强燃烧，汽轮机控制器

GT 以机前压力 p_T 为被调量，锅炉控制器 GB 以电功率 N_e 为被调量，是一个以机跟炉为基础的协调控制系统。

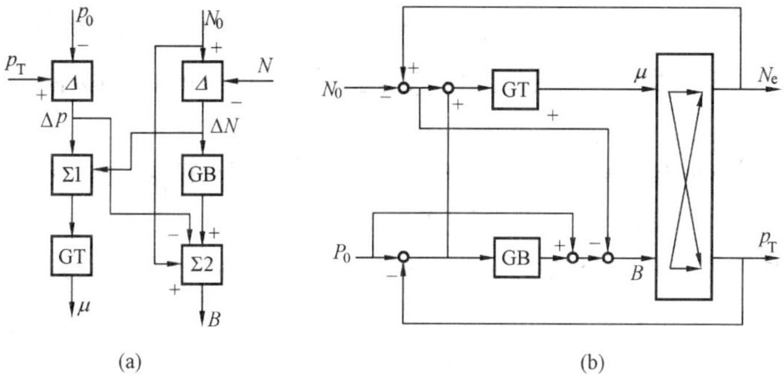

图 20－6　双向补偿协调控制系统原理图

（a）汽轮机跟随为基础的双向补偿协调控制系统；（b）系统原理图

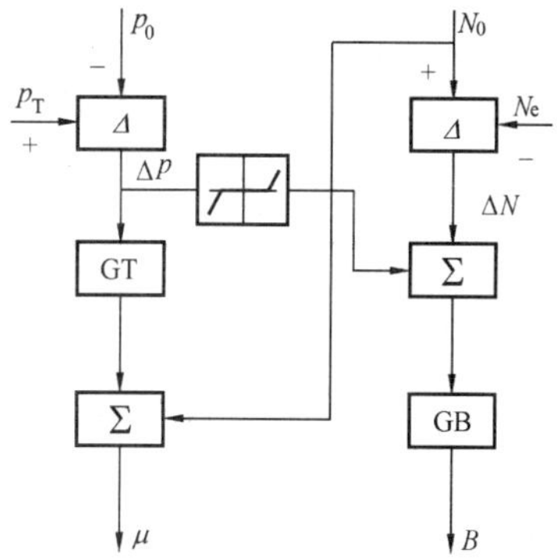

图 20－7　非线性补偿的协调控制

3. 非线性补偿的协调控制

非线性补偿的协调控制如图 20－7 所示。该方式的特点是：系统在动态过程中，若汽压偏差在死区范围内，则偏差信号不起作用，即允许机前压力在一定的范围内波动，以充分利用锅炉蓄热。

上述几种协调控制方案的共同特点是用机前压力 p_T 作为机炉之间能量平衡的标志，并以此加以控制，即当机炉之间的能量供求关系出现不平衡时，机前压力 p_T 偏离给定值而产生偏差 Δp，依据 Δp 改变锅炉能量输入或调整汽机负荷，最终达到新的平衡。然而机前压力 p_T 并不能真正代表能量，而是反应机炉能量供求关系是否平衡的参数，因此上述方案是一种间接能量平衡策略。此外，由于机前压力 p_T 表征能量总存在一定的隋性而使调节不及时，为此系统中一般引入前馈控制。如以机组实际负荷指令信号 N_0 作为前馈信号，以便提前给出一定的控制量，在机炉之间能量平衡关系将要失去平衡或不平衡刚刚发生时，使能量供求关系的失衡限制在较小的范围内（包括幅值上和时间上）。通常，称这类协调控制系统为按指令间接能量平衡系统。

二、能量直接平衡协调控制

这是一种以构造的能量信号 $p_1/p_T\times p_0$ 作为汽轮机实际负荷的一种控制系统，该能量信号是一种常用的能量平衡信号，p_1/p_T 可较快地反映汽轮机调门的开度变化，同时可克服直接测量汽轮机阀位时存在的死区和非线性，无论动态还是静态都能代表机组的能量要求，以 $p_1/p_T\times p_0$ 作为前馈信号作用到锅炉侧，正是协调控制中的能量平衡特征。这样的协调控制具有动态过调及不受锅炉内扰影响的特点。

在稳定工况下，汽轮机调节汽门开度 μ 恒定，机前压力 p_T 基本等于给定值 p_0，第一级压力 p_1 就代表了进入汽轮机的蒸汽量，即代表着汽机能量输入的大小；在动态过程中，汽机调节汽门开度 μ 变化造成 p_T 变化而偏离其给定值 p_0，$p_1/p_T\times p_0$ 则不等于实际进入汽机的能量，而是代表了汽机此时的能量需求。所以无论是动态过程还是稳定工况下，$p_1/p_T\times p_0$ 都代表着机组的能量要求。以 $p_1/p_T\times p_0$ 信号作为前馈信号作用到锅炉侧改变锅炉的能量输入，正是协调控制中的能量平衡特征。

此外，以外界负荷需求阶跃上升为例，汽机调节汽门开大增加进汽量，机前压力 p_T 立即下降，$p_1/p_T\times p_0$ 大于实际负荷指令 N_0。以 $p_1/p_T\times p_0$ 作为锅炉前馈控制信号则在动态过程开始时过多地增加一些锅炉能量输入，补充被利用了的锅炉蓄能，特别是对炉侧大惯性，可有效地及时地平衡机炉间能量的供求关系，也与动态过程中汽机调节汽门有一定的过开这一汽机调节基本特征相适应。

$p_1/p_T\times p_0$ 这一信号另一特点是不受锅炉内扰的影响。如锅炉内部扰动使主汽压力 p_m 上升，机前压力 p_T 也随之增大，因调门开度 μ 未变第一级压力 p_1 相应增大，因此 p_1/p_T 基本保持不变。

$p_1\ [1+k\ (p_0-p_T)]$ 也是一种常用的能量平衡信号。$p_1\ [1+k\ (p_0-p_T)]$ 代表机组能量需求，并作为锅炉前馈控制信号，以平衡机、炉间的能量供求关系，其物理意义是明显的。在机、炉保持能量平衡时，机前压力 p_T 等于其给定值 p_0，锅炉输出的蒸汽量等于汽机输入的蒸汽量，因此可用汽轮机第一级压力 p_1 来直接给定锅炉的燃料量。在机、炉能量不平衡的动态过程中，p_T 不等于 p_0；若 $p_T>p_0$，表明锅炉的蒸发量大于汽轮机的进汽量要求而导致锅炉蓄热量增加；若 $p_T<p_0$，锅炉蒸发量小于汽机进汽量要求，依靠释放蓄热满足汽机需求，导致锅炉蓄热量减小。这就是说，机前压力 p_T 的偏差标志着锅炉蓄热的变化，蓄热增加时须减少锅炉的燃料量，在外界负荷需求增加而引起锅炉蓄热减小时须增加锅炉的燃料量。能量信号 $p_1\ [1+k\ (p_0-p_T)]$ 也即锅炉前馈信号中，除了代表汽机能量需求的 p_1 外，加入机前压力偏差（p_0-p_T）的修正，即可以满足机组稳态时的能量平衡要求，又能满足动态过程中机组的能量要求。

然而，直接以 p_1 作为炉侧前馈控制信号会导致正反馈，如某种原因引起 p_T 上升，汽机调节汽门开度 μ 未变，则 p_1 随之上升；p_1 作为锅炉侧前馈信号使锅炉燃料输入增加，燃料量的增加又使主汽压力增加，机前压力 p_T 再次上升。将 $p_1\times$（p_0-p_T）作为前馈的一个组成部分，则可抑制这种正反馈。

设 p'_1 是 p_1 在机前压力 p_T 恒定，而仅与汽机调门开度 μ 有关部分；p''_1 为 p_T 偏离给定值对 p_1 产生的附加影响部分。在稳定工况下 $p_T\approx p_0$，汽轮机控制阀阻力系数 $K=\dfrac{p_0}{p_1}$，在此系数下，当 p_T 出现较小的偏差时对 p_1 的影响 $\Delta p_1=\dfrac{\Delta p_T}{K}$，由于汽轮机调门开度并未变，$\Delta p_1$ 仅是 Δp_T 造成，即 $\Delta p_1=p''_1$，则

$$p''_1=(p_T-p_0)\frac{p_1}{p_0} \tag{20-1}$$

这里 p''_1 作用到锅炉侧，并引起正反馈。

在能量平衡信号第二部分 $p_1\times k\ (p_0-p_T)$ 中，取 $k=\dfrac{1}{p_0}$，记作 p'''_1，即

$$p'''_1=(p_T-p_0)\frac{p_1}{p_0} \tag{20-2}$$

由式（3-14）、式（3-15）得知

$$p''_1+p'''_1=0 \tag{20-3}$$

可见采用 $p_1[1+k(p_0-p_T)]$ 作为能量平衡信号，稳态时，$p_T=p_0$，$p_1\ [1+k\ (p_0-p_T)]=p_1$，动态过程中仍然保留 p_1，且由 $p_1\times k\ (p_0-p_T)$ 消除了单纯使用 p_1 作为能量平衡信号造成的正反馈作用。

当 $k\neq\dfrac{1}{p_0}$ 时，式（20-2）不能完全抵消式（20-1）的正反馈作用。当 $k>\dfrac{1}{p_0}$ 时，p'''_1 比 p''_1 的作用强，即对 p_T 的负反馈作用强，对抑制 p''_1 因 p_T 变化引起的正反馈相对而言是有利的。因此，工程中 k 值适当取大一些。

1. 以 $p_1/p_T\times p_0$ 为能量平衡信号的协调控制

图 20-8 是由美国 L&N 公司设计的协调控制系统。由锅炉控制回路可以看出，锅炉燃烧率指

令 B 是由 b_1、b_2 两部分组成

$$B = b_1 + b_2 \tag{20-4}$$

其中 $$b_1 = (1 + D) \times \frac{p_1}{p_T} \times p_0, b_2 = K_p\left(1 + \frac{1}{T_1 S}\right)(p_T - p_0)$$

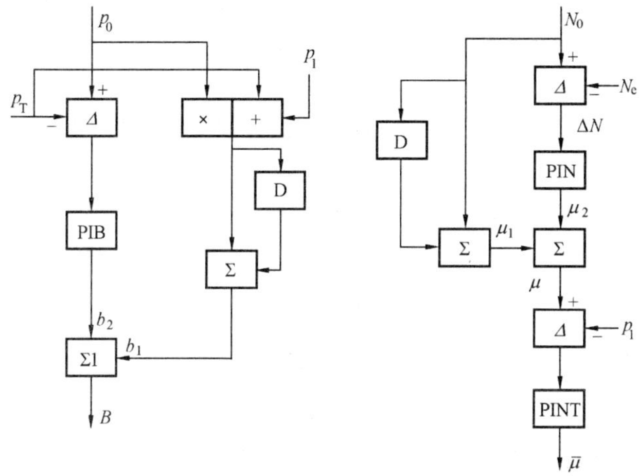

图 20-8 采用$\frac{p_1}{p_T} \times p_0$的协调控制系统

锅炉主压力控制器 PIB 为比例积分规律，保证机前压力 p_T 等于给定值 p_0。信号 $p_1/p_T \times p_0$ 经比例微分运算，其目的不仅为了平衡汽机侧的能量需求，而且在动态过程中以微分项加强锅炉的燃烧，以补偿机炉间对负荷需求响应速度上的差异。

汽轮机侧是由以 p_1 作为反馈信号的内回路和以 N_e 作为反馈信号的外回路组成的串级控制系统。汽机指令 μ 也是由 μ_1、μ_2 两部分组成

$$\mu = \mu_1 + \mu_2 \tag{20-5}$$

其中 $$\mu_1 = \left(1 + \frac{T_d S}{T_D S + 1}\right) N_0, \quad \mu_2 = K_p\left(1 + \frac{1}{T_1 S}\right)(N_0 - N_e)$$

负荷指令的微分可使汽轮机负荷指令在动态过程中过调以快速响应外界负荷需求；功率控制器 PIN 为比例积分规律，最终使实发功率 N_e 等于负荷指令 N_0。

以 p_1 作为反馈信号的内回路，由于 p_1 不仅与机组负荷成正比，而且对汽轮机控制阀的动作响应极快，所以汽轮机控制阀能迅速而平稳地响应负荷指令的变化。此外，p_1 作为汽轮机阀位控制器的反馈信号，可有效地克服锅炉侧扰动对机组输出功率产生的影响。设锅炉侧燃烧率 B 自发地增加，在汽轮机控制阀开度未变时 p_T 和 p_1 也随之增大；p_1 与 N_e 相比，p_1 对扰动响应更快些，汽轮机阀位控制回路立即动作，汽轮机控制汽门开度 $\overline{\mu}$ 减小，使 p_1 恢复到与负荷指令 N_0 相适应的水平。与此同时，锅炉侧因 p_T 增大，产生负的压力偏差（$p_0 - p_T$）以及阀位回路快速动作使 p_1 回降而产生的$\frac{p_1}{p_T}$减小的共同作用下减小燃烧率指令 B，消除锅炉侧的扰动。

在该系统中机组实发电功率 N_e 由汽轮机控制器保证，机前压力 p_T 由锅炉控制器保证。因此，它是在锅炉跟随基础上加入以$\frac{p_1}{p_T} \times p_0$为前馈信号的直接能量平衡协调控制系统。

2. 以 $p_1\left[1 + k\ (p_0 - p_T)\right]$ 为能量平衡信号的协调控制

图 20-9 是由美国 Foxporo 公司设计的协调控制系统。该系统是汽轮机配备数字功频电液调

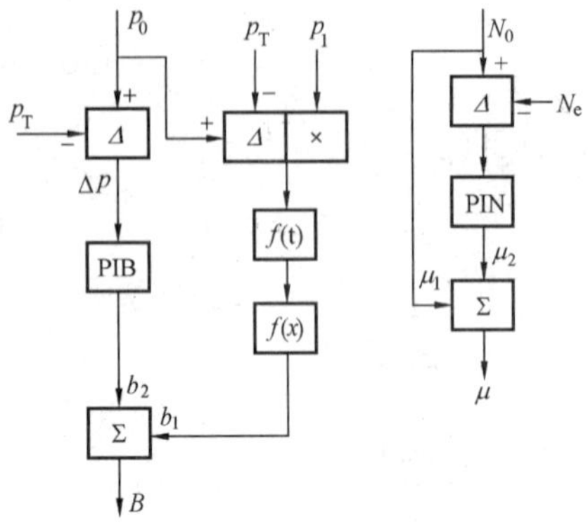

图 20-9　使用 $p_1[1+k(p_0-p_T)]$ 的协调控制系统

节系统（DEH）的协调控制系统。汽轮机侧功率控制器 PIN 为比例积分控制规律，保证稳态时实发功率 N_e 等于负荷指令 N_0。

锅炉侧压力控制器 PIB 为比例积分规律，稳态时机前压力 p_T 等于给定值 p_0。前馈控制回路输出信号 $p_1[1+k(p_0-p_T)]$ 经 $f(t)$、$f(x)$ 处理形成。其中，$p_1[1+k(p_0-p_T)]$ 的物理意义前面已深入讨论过。这里时间函数 $f(t)$ 是实际微分环节和一阶惯性环节的迭加，微分处理目的是前馈控制作用在机组负荷变化初始阶段有一定过调，以利于克服锅炉对象的惯性；惯性作用可使输出曲线峰值进行前后移动；合理整定 $f(t)$ 的参数，可使锅炉前馈控制作用具有更为理想的动态性能。函数 $f(x)$ 的作用是将前馈信号转化为数值上与锅炉燃烧率相匹配的信号。该系统也是在锅炉跟随的基础上加入能量平衡信号为前馈的直接能量平衡协调控制系统。

第三节　单元机组协调控制系统结构

一、结构组成

单元机组协调控制系统的结构组成如图 20-10 所示。概括地说，协调控制系统由主控系统和机炉子控制系统两部分组成。机炉控制子系统在前述内容已详细讲述。下面主要分析主控系统的组成与功能。

单元机组主控系统主要任务是根据机炉运行状态选择适当的外部负荷指令，并转换为机炉的负荷给定值、运行方式的切换与管理。

协调控制系统的组成部分包括负荷指令处理模块、负荷指令管理逻辑回路、运行方式切换管理回路、机炉主控制器。

1. 负荷指令处理模块的主要功能

负荷指令处理模块包括负荷要求指令处理模块和实际负荷指令处理块两部分。

(1) 负荷要求指令处理模块的主要功能。

1) 正常情况下由 ADS 或运行人员变动负荷，并经速率限制产生负荷要求指令；

2) 正常情况下参与电网调频；

3) 变负荷速率限制手动设定；

4) 机组最大最小负荷手动设定；

5) 快速返回、快速切断、迫升/迫降和主燃料跳闸时，负荷要求指令跟踪锅炉实际负荷指令。

(2) 实际负荷指令处理块的主要功能。

1) 机组实际负荷指令的快速返回；

2) 机组实际负荷指令的迫升/迫

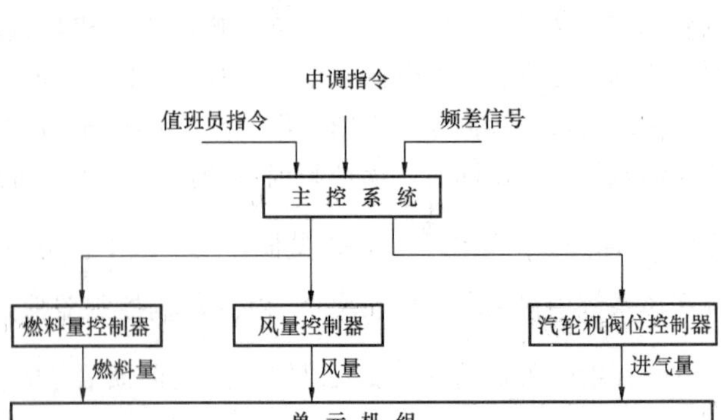

图 20-10　协调控制系统结构方框图

降；

3）汽机负荷指令自动/手动控制切换；

4）机炉实际负荷指令的保持。

2. 负荷指令管理逻辑回路

负荷指令管理逻辑回路负责负荷指令处理回路中各状态间的逻辑转换处理，它包括：①负荷主站的管理，即 ADS 指令的投入与切除、跟踪状态的设置等；②负荷指令的增/减闭锁与迫升/迫降管理。

3. 运行方式切换管理回路

该模块又称为控制策略产生模块，是对协调控制系统运行方式的切换管理，是通过逻辑回路来实现的。它主要有以下几方面的功能：

（1）实现协调控制方式；

（2）实现锅炉跟随方式；

（3）实现汽轮机跟随方式；

（4）实现基本运行方式；

（5）实现定压运行方式；

（6）实现滑压运行方式。

4. 机炉主控制器

负荷处理与管理部分形成机炉负荷指令，送到机炉主控制器，由机炉主控制器完成指令要求，因此机炉主控制器是单元机组协调控制的核心，它决定单元机组负荷控制的策略，控制器的给定输入是负荷处理回路输出信号 N_0，经运算处理后输出汽轮机和锅炉负荷指令，给汽轮机和锅炉子控制回路，共同满足外界对机组的负荷要求，同时维持机前压力为定值。

二、单元机组运行方式

单元机组可以按照若干不同的运行方式运行，在不同运行方式下，受控过程的动态特性往往差别很大。前面已经介绍了单元机组的负荷控制方式，不同的负荷控制方式，即可形成不同的运行方式，此外单元机组还可根据主蒸汽压力设定值的不同而形成不同的运行方式。因此，这里再介绍几种单元机组的典型运行方式。单元机组的运行方式还有定压运行、滑压运行、联合运行和调频运行方式等几种。

1. 定压运行方式

定压运行方式是指无论机组负荷怎样变动，始终维持主蒸汽压力和温度为额定值，通过改变汽轮机调节汽门的开度，改变机组的输出功率。母管制连接的机组只能采用额定蒸汽参数下的定压运行方式。定压运行机组的运行方式有机跟炉、炉跟机和机炉协调方式三种，前面已对其作过详细叙述。

2. 滑压运行方式

单元机组在滑压运行方式下，保持主汽门和调节汽门全开。外界负荷需求变化时，通过控制锅炉的燃料、风量、给水以及相应的输入量，改变锅炉的蒸发量，进而改变汽轮机的进汽压力，在维持汽温为额定值的前提下，使进入汽轮机蒸汽的能量改变，使汽轮发电机组的输出功率适应外界负荷的需求。

然而，由于锅炉设备具有很大的蓄热能力，热惯性也很大，使得在此种工作方式下机组难以快速地响应外界负荷的需求；而且调速汽门处于全开位置也使得机组无法参与电网的一次调频。因此，实际上采用的措施是不使汽轮机调节阀处于全开的位置，而是留出一定的调节余地，以弥补滑压运行存在的上述缺点，即一般情况下，机组采用“运—滑—运”的联合运行方式。

滑压运行具有以下主要特点：

(1) 汽轮机调节汽门保持近似全开将会使进汽节流损失降低。负荷越低，节流损失的降低越明显，经济性越显著。另外，汽轮机的级效率也要比定压运行时高。

(2) 在部分负荷下，主蒸汽和再热蒸汽的压力降低，容易保持蒸汽温度不变，可获得较高的循环效率。

(3) 减少了给水泵的功耗。因为滑压运行时给水压力与机组负荷成正比，而在相同的机组部分负荷条件下，给水泵出口压力比定压运行时要低得多。

(4) 调峰停机后再启动快，降低了启动损耗。这是因为在低负荷下汽轮机的金属温度基本不变。若在机组最低负荷下打闸停机，可以在较高的金属温度下停机热备用。如重新热态启动，将大大缩短再启动时间，使启动损耗相应地降低。

3. 联合运行方式

联合运行方式是指根据机组的不同负荷水平，在低负荷下采用滑压运行方式，在高负荷下采用定压运行方式，以综合利用两种方式的优点。

4. 调频运行方式

单元机组参加电网调频的方式分为一次调频和二次调频。一次调频是指汽轮机电液调速系统根据电网频率的变化，自动的改变一部分负荷，以减小电网频率的波动。一次调频能力的大小用不等率表示。电网的规模不断扩大，用户情况复杂多变，为保证电网频率稳定，仅靠机组有限的一次调频能力往往还很不够，还需要电网中有一定数量的机组根据电网频率偏差调整自身的负荷，这些机组称为二次调频机组。为实现机组的调频运行，需要相应的运行方式和控制系统来保证。

复 习 思 考 题

1. 单元机组负荷控制系统被控对象的特点是什么？
2. 单元机组负荷控制的基本原则是什么？负荷控制系统与机炉常规控制器之间是什么关系？
3. 负荷控制的方式有哪几种？各有什么特点？
4. 负荷控制系统中的前馈控制和线性元件的主要作用是什么？
5. 在负荷控制系统中，作为对锅炉的前馈信号，为什么通常不采用蒸汽流量信号，而采用能量平衡信号（目标蒸汽流量信号）？
6. 单元机组滑压运行方式有何优点？与定压运行方式比较，其负荷控制有何不同？
7. 什么叫目标负荷指令？什么叫实际负荷指令？为什么要对负荷指令进行适当的调整？
8. 负荷指令管理通常包括哪些方面？试简要说明各部分的作用？

第二十一章 计算机控制基础

第一节 计算机控制概述

一、火电厂生产过程自动化发展历程

1. 就地控制阶段

20世纪50年代以前的机组，多为小容量（50MW以下）、母管制机组，其设备与控制方面的特点是：机、炉间的直接联系少，控制系统分散在各控制对象所在车间，相互独立，联系少，控制设备多采用基地式调节仪表，多为气动式。

2. 集中控制阶段

20世纪50~80年代的机组，多为100~200MW的中间再热式单元式机组，其特点是：机、炉、电联系紧密，协调性要求高；机、炉、电的控制系统集中安装于同一控制室（集控室）中，各控制系统间联系紧密，协调动作，控制设备多采用气动或电动单元组合式仪表、组件组装式仪表、巡回检测装置、局部程控装置等。

3. 计算机控制阶段

20世纪80年代以后的300MW以上机组及新建机组、改造机组等，逐步采用计算机控制，其特点是：大容量、高参数、中间再热式机组，机组控制中安全性、经济性要求更高；控制系统更加集中，不仅是机、炉、电集控，甚至是多台机组的控制系统安装于同一控制室中，全厂各控制系统的联系更加紧密、网络化；控制设备主要为计算机及其配套设备、程序控制装置及一些必须的常规仪表等。

二、火电厂中计算机控制

（一）计算机控制基本概念

计算机控制系统是由数字计算机全部或部分取代常规的控制设备和监控仪表，对生产过程进行控制和监视的系统，即相当于换“脑”，对于“耳目”（检测变送）与“手”（执行器）可保持常规。

计算机控制系统的工作过程是火电厂运行生产过程中的各种参量经过传感器以后，变成系统中统一电平的模拟量信号，再经过输入子系统，转换成计算机所需的数字量，由输入接口传送给计算机，计算机经过运算处理后，将判断的结果经过输出接口送到输出子系统，转换成与调节对象相匹配的模拟电信号，以控制对象，这样的过程就是计算机控制。

（二）产生背景

1. 发电机组特点及控制要求不断提高

随着火力发电机组向着高参数、大容量的方向发展，生产设备走向大型化，生产系统日趋复杂。系统的耦合性、时变性、非线性等特点显得更加突出，生产过程中的需要监视的内容愈来愈多，过程控制任务愈来愈重，机组的运行与操作要求更为严格，世界范围内的能源危机和剧烈的市场竞争，对节约能源和减少燃料消耗的要求不断提高，环境保护和文明生产的呼声日益提高等，已反应出以往的生产自动化方式逐渐不能适应时代的发展，火力发电厂自动化面临着严重的挑战。

2. 现代控制理论的产生与应用促进了计算机及其控制技术的发展

计算机的发展与普及、现代控制理论的产生与应用以及两者相结合的计算机控制技术的形成与在工业领域的渗透，为进一步提高工业自动化水平创造了条件，提供了十分重要的物质、理论基础和技术手段。

三、计算机控制系统基本组成

计算机控制系统，是由数字计算机全部或部分取代常规的控制设备和监视仪表，对动态过程进行控制和监视的自动化系统。计算机控制系统由硬件和软件两大部分组成。

1. 硬件部分

硬件是组成系统的物质基础，包括被控对象、主机、过程通道、外部设备、通信设备、总线、接口、操作站等，如图 21－1 所示。

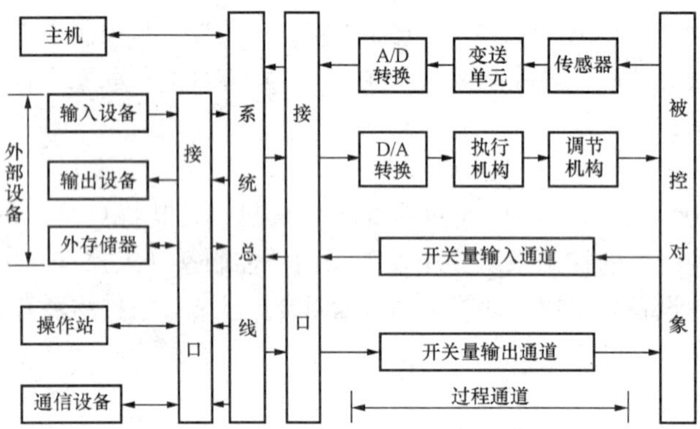

图 21－1　计算机控制系统的硬件组成

(1) 被控对象：被控制的生产过程或设备，是控制系统构成的必备客体。

(2) 主机：控制系统的核心，接受过程通道送来的各种信息，按预定的控制算法对信息进行相应的处理，并发出控制指令。

(3) 过程通道：计算机系统中除主机外的必备支撑设备，包括输入/输出设备和外存储器，是计算机和生产过程之间信息传递和变换的桥梁和纽带，包括模拟量通道和开关量通道。

(4) 系统总线和接口：总线是主机与系统其他设备之间的信息通路。接口是外部设备、过程通道等与系统总线之间的挂接部件，分为串行与并行接口。

(5) 操作站：各类操作人员与计算机之间实现信息交换的设备，常被称为人机接口设备，分为系统员操作站、工程师操作站、运行员操作站。

(6) 通信设备：实现在不同功能、不同地理位置的计算机或有关设备之间进行信息交换的设备。

2. 软件部分

软件是计算机控制系统中所有程序的统称，是系统的灵魂，是人的知识、智慧和思维逻辑在系统中的具体体现，通常分为系统软件和应用软件两大类。

(1) 系统软件，一般包括汇编语言、高级算法语言、过程控制语言等语言加工程序、数据结构、数据库系统、管理计算机资源的操作系统、网络通信软件、系统诊断程序等，系统软件一般由计算机设计人员研制，由计算机厂商提供。

(2) 应用软件，一般包括过程输入输出程序、数据处理程序、过程控制程序、人机接口程序、显示、报警打印程序等，是根据用户所要解决的实际问题而编制的程序。

四、计算机控制系统基本类型

在生产过程自动化领域中，计算机的应用已十分广泛。其应用目的和方式是多种多样的。因此，计算机控制系统的分类方法也很多，可以按系统的功能分类，也可以按系统的结构、控制方式等分类。

（一）按系统功能分类

按系统的功能，计算机控制系统可分为以下几种类型。

1. 数据采集与处理系统 DAS（data acquisition system）

系统特点：其输出并不直接控制生产过程，但数据采集与处理是计算机控制的基础与先决条件，如图 21－2 所示。

主要功能：对生产过程中的各种参数进行巡回检测，并将所测参数送入计算机，计算机根据预定的要求对输入信息进行判断、处理和运算，需要时可以屏幕显示或打印数据、图表等；工况异常时可发出报警信号；可存贮历史数据及实时分析；帮助建模。

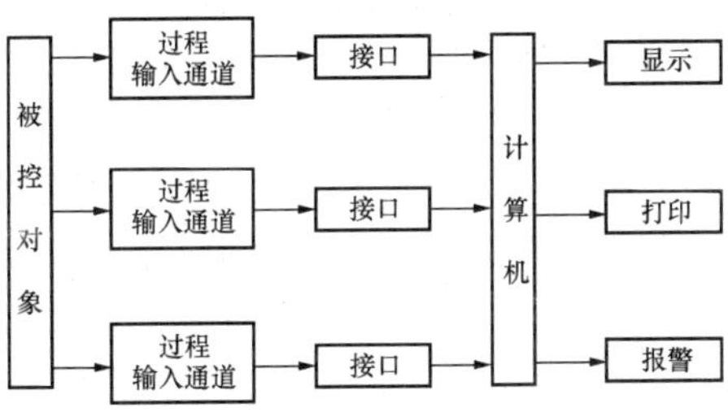

图 21－2　数据采集与处理系统

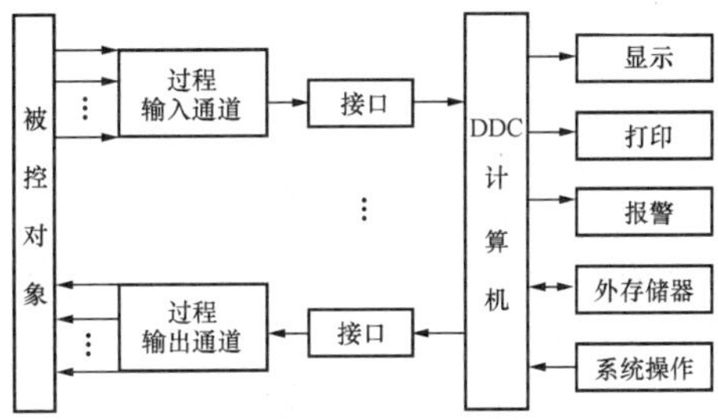

图 21－3　直接数字控制系统

2. 直接数字控制系统 DDC（direct digital control）

系统特点：以计算机或微处理器为基础的数字控制器代替常规模拟控制器，对生产过程进行闭环控制。如图 21－3 所示，一台计算机代替一个、几个或几十个常规控制器。

主要功能：计算机通过过程输入通道对被控对象的有关参数进行巡回检测，并将所测参数按一定的控制规律进行运算处理，其结果经系统的过程输出通道作用于被控对象，进行控制。

3. 操作指导控制系统

系统特点：利用计算机实时采集生产过程信息，根据一定的控制规律、管理方法和数学模型计算出各控制回路的最优设定值，通过 CRT 显示或打印出来提供给运行人员，由操作人员修正控制回路参数，把生产过程控制在合适或最优状态，如图 21－4 所示。

主要功能：①给出设定值，即对闭环控制过程进行控制指导；②开环指导，即将复杂操作过程、步骤、方法等输入计算机，给出操作信息。

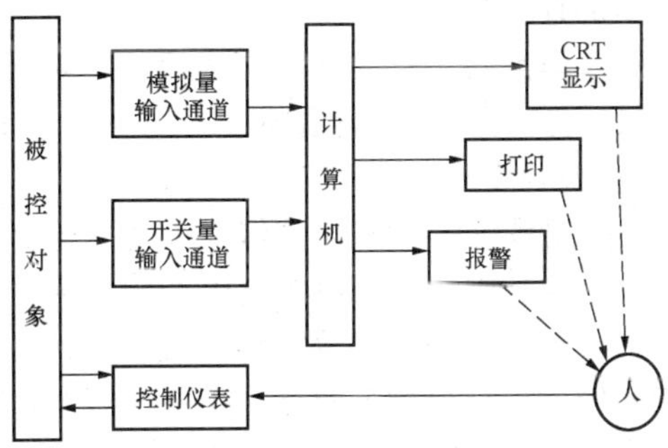

图 21－4　操作指导控制系统

4. 监督控制系统 SCC（supervisory computer control）

系统特点：系统为闭环控制系统，相当于两级控制系统，上级为操作指导系统，监督控制下级计算机，不直接控制生产过程；下级为直接数字控制，控制生产过程，相当于监督指导系统与直接数字控制的结合，如图 21－5 所示。

主要功能：监督控制计算机完成最优工况及其设定值计算提供给直接数字控制级，由直接数字控制级完成对生产过程的控制作用。

5. 多功能分级控制系统 HCS（hierarchical control system）

系统特点：系统是集控制和管理为一体的工程大系统，局部和全局控制优化，纵向分层、横

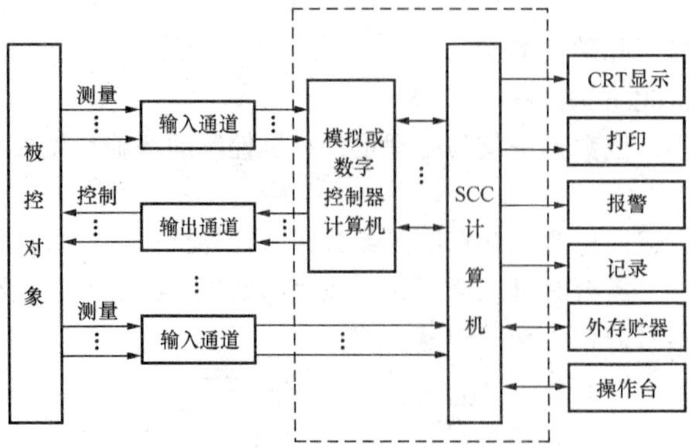

图 21－5　监督控制系统

向分散，实现了分散与协调的统一。

主要功能：可实现各种复杂的，先进的控制理论，达到最优控制效果，实现控制功能分散、操作管理集中及实现整体协调。

（二）按系统结构分类

1. 集中型计算机控制系统

结构特点：该系统用一台计算机实现多个回路及过程变量的控制显示、操作，即在一台计算机上实现数据采集、处理、存贮，过程控制、监视，故障检测、生产调度、协调、管理等。这种控制方式与常规模拟仪表相比有很大的优越性，但可靠性不够高，危险点集中，软件庞大、复杂、开发难；单机工作负荷大，实时性差等。但不需解决数据与控制信息交换问题，维护量较小。

2. 分散型计算机控制系统

结构特点：该系统从综合自动化的角度出发，在吸收分散式仪表控制系统和集中型计算机控制系统的优点的基础上，按照控制功能分散、操作管理集中、兼顾局部自治和整体协调的控制系统。分散控制系统功能强、可靠性高、灵活性好、维护和使用方便、良好的性能价格比等优点。目前机组上广泛采用分散控制系统，该内容将在第二十二章中作详细介绍。

五、计算机控制系统要求

由于火力发电厂生产的复杂性、特殊性，要求所应用的计算机控制系统除了具备卓越的数据处理能力和富有竞争的性能价格比外，对计算机控制系统还有以下几点要求。

（一）可靠性要求高

计算机控制系统的可靠性是保证火力发电机组安全运行的基础。在火力发电生产中计算机控制系统与生产过程保持着密切的联系，计算机控制系统发生任何故障都会对生产过程产生严重影响，由于可靠性不高而影响机组的正常运行或造成运行事故，将对电力生产和电力用户带来严重的后果。因此，火力发电厂计算机控制系统应具有较高的可靠性，在数量级上应高于被控机组的可靠性，通常要求电厂计算机控制系统的可用率指标在99.6%以上。提高计算机自身的可靠性、采用分散结构的计算机控制系统、对系统的关键部件采取冗余措施、增强系统的容错能力和诊断能力、加强对系统的设计、选型、安装、调试、维护等各环节的把关，都是提高和保证计算机控制系统可靠性的有效措施。

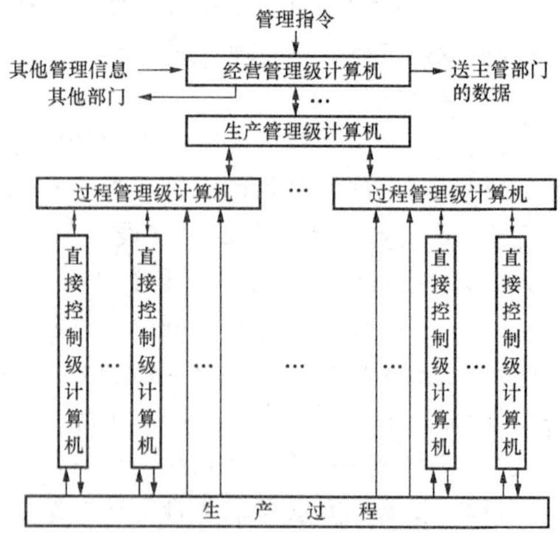

图 21－6　多功能分级控制系统

（二）实时性要求好

所谓实时性是指计算机系统完成生产过程指定任务的及时性。任一生产过程和计算机都有其自身的运动规律，火力发电生产严格要求计算机控制系统的采样、运算和操作速度必须与它所控制的生产过程的实际运行速度相适应，能对生产过程的微小变化及时地察觉、及时地进行计算和控制，以保证系统良好的实时性。系统的实时性依赖于系统的硬件和软件两个方面，系统的实时时钟管理程序、中断优先级处理电路和中断处理程序、实时操作系统等，皆是实时性的基本保证。

（三）适应性要求强

工业过程计算机控制系统的工作环境一般不如科学计算所用的计算机工作环境那样完善，在不同程度上处于高温、潮湿、粉尘、震动、腐蚀、磁场等不利条件下，因此要求所采用的计算机控制系统，能适应现场环境，并在环境条件有所恶化的情况下仍能正常进行。另外，计算机控制系统应具备与过程设备连接的良好接口，能适应构成实用硬件系统的需要。当然，火力发电厂应按《火力发电厂分散控制系统运行检修导则》和其他有关规程的要求，满足分散控制系统外部环境的要求，以确保分散控制系统的正常工作。

（四）人机联系要求完善

在以 CRT 为中心的监控模式下，人机对话显得十分重要。火力发电生产要求计算机控制系统必须具备完善的人机接口和人机界面，能及时有效地进行参数监视、运行操作、系统组态以及异常情况下的故障诊断和处理等，而且要求人机联系方式简单、直观、明确、方便、快捷、规范、安全。

（五）软件配备要求齐全

计算机控制系统除应具备驱动计算机系统各组成部分正常运转的常规系统软件外，还应具备完善的实时操作系统、数据库管理系统、文件管理系统软件以及满足大型工业生产过程控制需要的各种应用软件，如控制策略和控制算法软件、系统的组态软件、系统的通信软件、图形显示软件、历史数据记录软件、图符库软件、用户操作键定义软件等等。性能优良的计算机控制系统需要功能齐全的软件系统支持，这要求计算机控制系统厂商能根据实际过程控制的需要配套提供丰富的软件，用户在系统选型时对此应予以高度重视。同时，用户也应重视有关应用软件的开发与完善。

第二节　过　程　通　道

一、过程通道基本概念

过程通道是控制用计算机与个人计算机的主要区别。计算机的过程通道主要有模拟量输入通道、模拟量输出通道、数字量输入通道、数字量输出通道。

计算机对工业生产的过程控制，就是把被控制对象的各种信号经过变换后送入计算机中进行处理，计算机运算后发出控制命令，经驱动电路放大使执行器动作，从而实现对工业生产过程的控制。

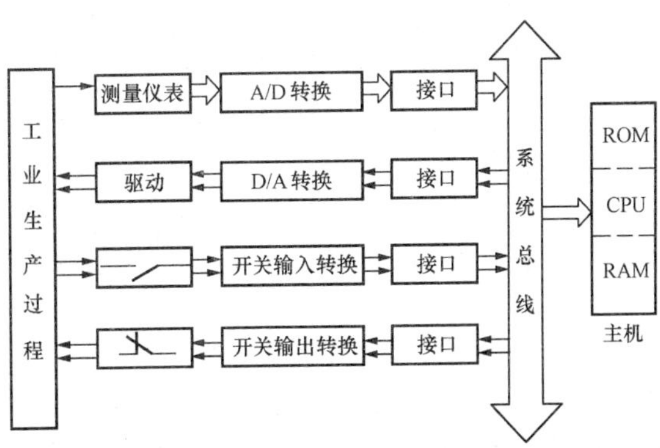

图 21-7　过程通道原理框图

这样一个在生产过程与计算机之间进行信息交换和传输的电路就是过程通道。过程通道按信息的传输方向可分为输入通道和输出通道，每种通道又按信息的类型分为模拟量通道和数字量通道。模拟量通道传输连续信号，数字量通道传输开关脉冲信号。

过程通道原理如图 21-7 所示，

表征被控对象状态的各种信息由传感器变换成电信号送到过程输入通道，这些信号先被放大或衰减到通道电路能进行线性处理的幅值，然后转换成统一的电压信号。采样保持电路将传输来的电压信号在时间上离散化，这些时间上离散化的信号由 A/D 电路转换为数值上离散化的二进制信息。表征运行状态的二进制信号经接口送入计算机，并按照储存在机内生产工艺流程或数学模型所确定的算法进行计算，计算后输出控制命令传送到 D/A 电路，D/A 输出的模拟控制信号被驱动放大，使执行器动作实现控制。由以上过程可看到，过程通道硬件电路是信号输送的物质基础，而软件则具体指挥信号传输的执行。过程通道是计算机和生产过程的桥梁。

二、模拟量输入通道

模拟量输入通道（简称模入通道）的作用是把生产过程中各种被检测的模拟量信号（如温度、压力、流量、料位和成分等非电量信号，或电流、电压等电量信号）转换为计算机可以接受的数字量信号。

（一）模拟量输入通道的组成及工作原理

模拟量输入通道的组成原理如图 21－8 所示，它由多路切换开关、数据放大器、采样/保持电路（S/H）、模/数转换器（A/D）及接口与控制电路组成。

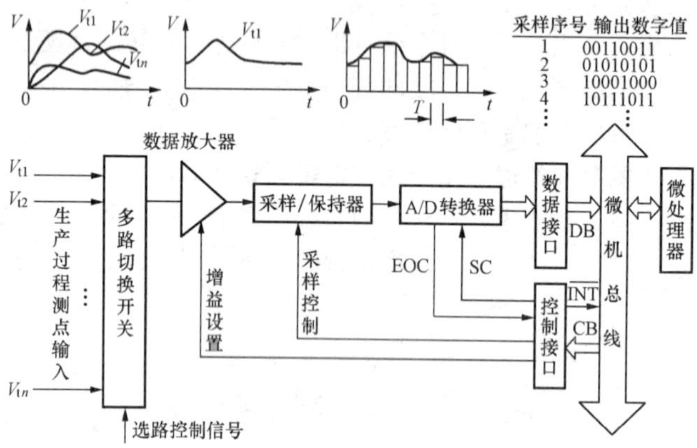

图 21－8　模拟量输入通道的组成原理图

1. 多路切换开关

生产过程需要监视的参数很多，如果每一个参数都设置一套 A/D 转换电路，不但成本高、电路复杂，而且可靠性随之下降。另外，由一个中央处理器 CPU 对多点参数进行采集控制时，只能按分时的方式逐点依次对参数进行采集，即在不同的时刻对不同的参数进行采样。因此，计算机收集到的现场信息，对某一点参数而言只是周期性的采样序列。这就有可能在模入通道中，使几十乃至几百个测点的输入共用同一个 A/D 转换器。因此，在测点和 A/D 转换器之间用多路切换开关进行连接（见图 21－8）。切换开关在选路控制信号控制下，保证在某一时刻只有一个现场测点输入进行 A/D 转换。因此，测点输入经多路切换开关以后，变成了时间上离散的模拟量值。

2. 数据放大器

通常由现场来的信号不是统一的标准信号（0～5V），有的是高电平信号，如 0～5V、－5～＋5V、0～10V 等。也有的是毫伏级的低电平信号。数据放大器对输入的高电平信号起阻抗变换和抗干扰作用，而对输入的低电平信号还起放大作用，以满足 A/D 转换器对输入信号量程范围的要求。对数据放大器的主要要求是：精确度高，速度快，频带宽，线性度好及共模抑制比高。

3. 采样/保持器（S/H）

将模拟量转换成数字量需要一定的时间，而模入信号通常随时间变化。把 A/D 转换器感受输入信号的时间间隔称为孔径时间。在孔径时间内，如果输入信号有明显变化，则会给转换带来误差，这种误差称为孔径时间误差。减少该误差的一种方法是提高 A/D 转换器的转换速度，以减小孔径时间。另一种方法则是在 A/D 转换器之前采用采样/保持器。

由于受各种因素的制约，A/D 转换器的转换速度的提高是有限的。因此，在多数模入通道中均采用采样/保持器来减小孔径时间误差，即要求在孔径时间内，通过采样/保持器来保证输入信号基本不变，此时 A/D 转换器是对被保持的模入信号进行转换，故采用采样/保持器可大大减小孔径时间误差，从而可提高采样精确度。

4. 模数转换器（A/D）

模/数转换器是模入通道的核心部件，它的功能是把模入信号转换成与之对应的数字量信号。模/数转换器的种类很多，按转换原理的不同，常用的转换器有计数式、双积分式、逐步逼近式和并行式几种。计数式结构简单，成本低，但转换速度慢；双积分式成本低，转换速度慢，但转换精确度高，抗干扰能力强；并行式转换速度最快，但成本最高；逐步逼近式具有成本低、转换速度快、孔径时间短等优点，因而目前得到广泛应用。

（二）模入通道主要技术指标

1. 模入容量

模入容量是指模入通道所能处理的最大模入测点数。模入通道一般具有容量扩展功能，可根据生产过程需要检测的测点数和计算机实际处理数据的能力灵活选用。

2. 采样速度

采样速度是通道每秒钟可完成采样、转换的最大测点数，如 500 点每秒等。它是通道对每个测点转换时间的倒数。这个转换时间包括采样开关切换时间、数据放大器的稳定时间、A/D 转换时间等。在选取采样速度时，应考虑通道的容量和每个测点的采样周期。

通道对某一测点进行相邻两次采样的时间间隔，叫做该测点的采样周期。

3. 输入信号及量程范围

模入通道一般接受一定量程范围内的电平信号，它们可以是单极性的，如 0～5V、0～10V，也可以是双极性的，如 －2.5～＋2.5V、－5～＋5V。它们通过跨接片进行选择。如果输入是电流信号，如 0～10mADC、4～20mADC，则先在输入端串接一个精密电阻，将电流转换成电压信号后输入通道。

4. 转换精确度

通常模入通道从输入到输出的转换精确度要求为 0.5%～0.1%。它与 A/D 转换电路的分辨率有关，分辨率越高，转换时对模拟量输入信号变化的反应就越灵敏。分辨率通常用数字量的位数来表示，如 8 位、10 位、12 位、16 位等，另外还可以用相对于满量程的百分数来表示，n 位数字量的相对分辨率为 $1/n\times100\%$，如 10 位数字量的相对分辨率为（1/10）×100%＝10%。

二、模拟量输出通道

模拟量输出通道（简称模出通道）的作用是把计算机输出的数字量信号转换成模拟量信号（电压或电流）以便去驱动相应的执行机构，达到控制的目的。

（一）模出通道组成及工作原理

模拟量输出通道主要由 D/A 转换电路、切换电路和输出电路等部分组成，如图 21－9 所示。为了简化电路，节省设备，图 21－9 中多个输出电路共用同一个 D/A 转换电路。切换电路用于完成选路的任务，在某一时刻，只选择通道中的一个输出电路接受由 D/A 转换器输出的模拟量控制信号。

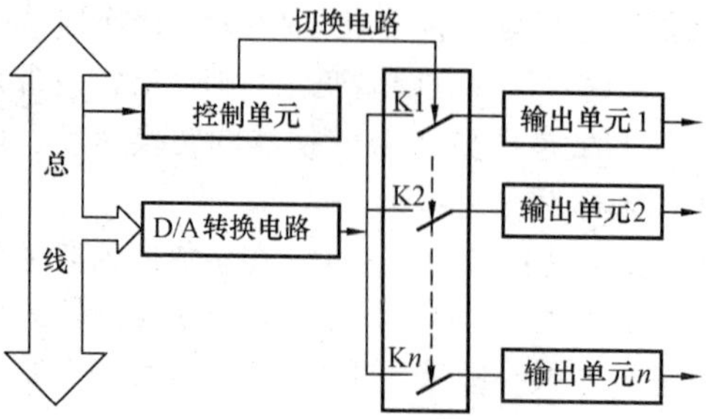

图 21－9　模拟量输出通道

D/A 转换电路对多个输出电路是分时工作的，即在某一个时间片内，D/A 只对输出给某个回路的控制信号进行转换，并将转换结果输出给该回路。在下一个时间片内，再转换送给下一个输出回路的控制信号，如此循环下去。在一个控制周期内，对通道中的各个输出回路依次进行一次转换和输出。D/A 转换电路输出给某一回路的信号保持在该回路的输出单元中。直到下一个控制周期，D/A 再次把计算机输出给该回路的信号转换成模拟信号更新输出单元中的内容为止。因此，输出单元的作用是存储并保持由计算机输出并经 D/A 转换后的模拟量信号。模出通道的关键部件是 D/A 转换电路，它的作用是把数字量转换成模拟量。D/A 转换电路有很多类型，按转换方式分，D/A 转换电路分并行转换和串行转换。并行转换是将计算机输出的数字量并行地输入转换电路，并一次转换成相应的模拟量。串行转换是将数字量先转换成与数字量相对应的一系列脉冲，然后依次输入转换电路转换成相对应的模拟量。

（二）模出通道主要技术指标

1. 通道容量

通道容量是指模出通道所包含的最大输出回路数。

2. 分辨率

分辨率用被转换的二进制位数来表示，如 D/A 转换器可接受 8 位二进制数字量，则该转换器的分辨率为 8。

3. 通道输出信号

通道输出的模拟量信号有电压和电流两种形式。电压输出的特点是速度快，精确度高。典型的电压信号有 10、100V，在自动控制系统中，10V 应用较多。电流信号适宜远距离传输，目前多采用 1～5mADC、4～20mADC 和 0～10mADC。

三、开关量输入通道

在生产过程中，计算机控制系统除了处理模拟量信号外，还有大量的开关量信号需要处理。开关量信号是指具有两种状态的信号。例如，触点的接通或断开、电动机的启动或停止、阀门的打开或关闭等。这些开关量信号都可以用二进制的“0”或“r”来表示。开关量输入通道的作用就是把生产过程的各种开关量信号通过它转换成计算机可以识别的形式，并且采取一定的隔离措施。对于某些非常重要的开关量可以通过中断方式送到计算机中，以便得到及时处理。开关量输入通道的基本组成如图 21－10 所示，它由信号处理电路、输入寄存器或计数器、控制器及接口几部分组成。

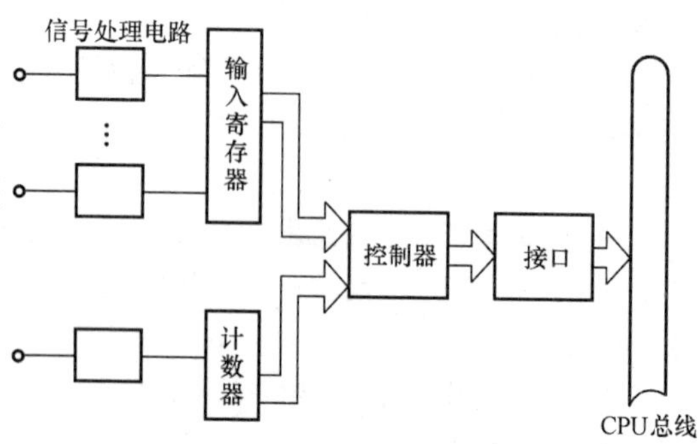

图 21－10　开关量输入通道的基本组成

1. 信号处理电路

信号处理电路的作用是将现场开关量输入信号转变成符合计算机所能接受的高/低电平信号，并且对信号采取一定的隔离措施和防抖动措施。这种转换可采用具有输入—输出隔离作用的光耦合器来实现。

2. 输入寄存器和计数器

若干个经信号处理电路输出的开关量信号编为一组，送往输入寄存器。输入寄存器一方面作为开关量信号的缓冲器，另一方面在控制器的控制下，把成组的开关量输入信号送往计算机的数据总线。

由于输入到计算机系统中的开关量信号常常不止一组，因此要求计算机能够按照一定的地址编号来分别读入每一组开关量信号。控制器的作用就是接受计算机发出的地址编号和操作指令，进行译码，产生相应的选通信号和控制信号。如果开关量信号的组数特别多，一级译码电路可能不能满足要求，这时就要采用二级译码。

（二）中断型开关量输入通道

在生产过程中的某些特别重要的开关量信号，如重大事故的报警信号，常常要求计算机控制系统在几毫秒的时间内作出反应。这些开关量信号不是由计算机通过定时扫描处理，而是通过中断的方式，直接打断计算机正在执行的程序，转入中断处理的。这些开关量称为中断型开关量，相应的开关量输入通道称为中断型开关量输入通道。

中断型开关量信号的输入电路与一般开关量输入信号的输入电路基本相同，区别仅在于中断型开关量信号的状态一发生变化，就立即向计算机发出中断信号，请求处理，而一般开关量信号只能等到计算机扫描到这组开关量信号以后，才能发生它的变化。

（三）开关量输入通道主要技术指标

1. 通道容量

通道容量是指开入模板可送入主机的最大开关量测点数，一般为 32、48、96、128、256、512、1024 点。

2. 输入信号

输入信号通常采用 TTL 电路电平，逻辑“0”为 TTL 低电平（0.5~0.8V），逻辑“1”为 TTL 高电平（2.0~5.0V）。

3. 采样速度（对于周期型开关量输入）

采样速度即每个采样周期内可采入开关量的点数。

4. 分辨率（对于中断型开关量输入）

分辨率指可分辨的两次中断间最小的时间间隔。

5. 隔离方式

隔离方式采用光电隔离或继电器隔离。

四、开关量输出通道

开关量输出通道（简称开出通道）的作用是，把计算机输出的二进制代码表示的开关控制信息，转换成能对生产过程进行控制的开关量信号。这些开关量信号可以控制阀门的开启或关闭、执行机构的启动或停止、指示灯的亮或灭等。

1. 开关量输出通道组成

开关量输出通道基本组成如图 21－11 所示，它由接口、控制器、输出寄存器、驱动控制电路几部分组成。控制器和寄存器与输入通道的基本相同，这里只介绍驱动控制电路。

对驱动控制电路的基本要求是有一定的带负荷能力，又能在计算机控制系统与生产过程之间

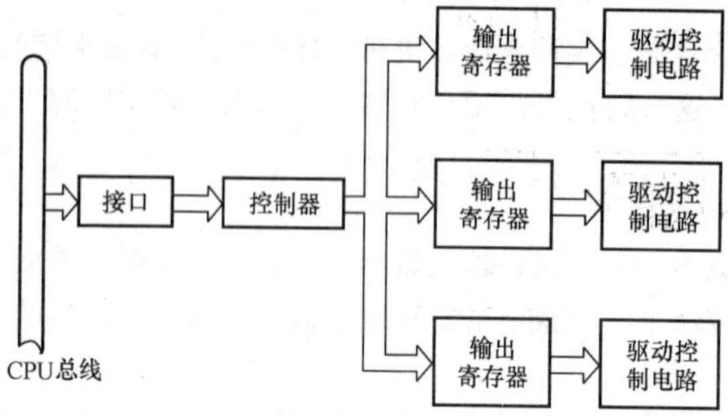

图 21－11　开关量输出通道基本组成

起到隔离作用。图 21－12（a）所示是光电耦合式驱动控制电路，它输出的是电平信号；图 21－12（b）所示是普通继电器式驱动控制电路，它输出的是接点信号。

2. 输出方式

开关量输出通道的输出方式有电平输出和继电器输出，即高电平为 TTL 电平 2.0～5.0VDC，低电平为 TTL 电平 －0.5～0.8VDC。

3. 隔离方式

开关量输出通道的隔离方式有光电隔离和继电器隔离两种方式。

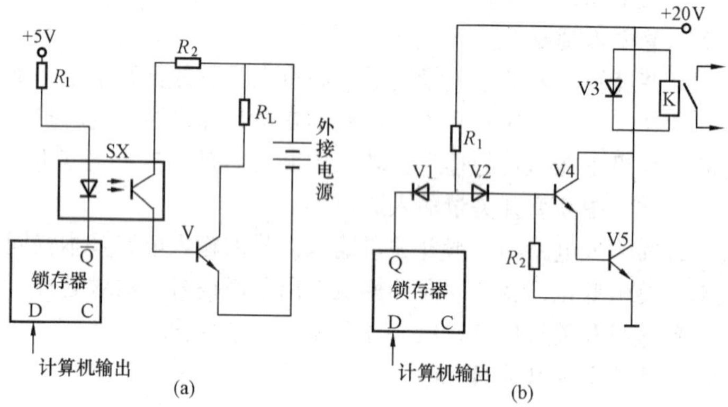

图 21－12　开关量输出的驱动控制电路图

（a）光电耦合形式；（b）普通继电器形式

第三节　信号处理、控制算法及人机联系设备

本节将介绍表述信号处理的必要性及基本方法；识别过程控制算法的种类；使用键盘及鼠标进行简单的操作；用打印机完成报警记录打印；用 CRT 识别电厂各热力系统及主要热力参数；信号处理的必要性及基本方法（如滤波、标度变换、补偿）；过程控制算法的种类；键盘、鼠标等输入设备的作用及用法；打印机的功用；CRT 显示器的作用等。

一、信号处理和控制算法

计算机控制系统的主要功能是对生产过程进行监视、控制和管理。要实现这些功能，就必须及时从生产过程中获取信息，并且把这些信息进行适当的加工和处理，以运行人员易于接受的形式表达出来，或者按照一定的控制规律，产生必要的控制作用，去控制生产过程。从过程通道可以得到，反应生产过程情况的数字量信号，但是这些数字量信号中，有的常常包含着一定的干扰信号，与被测量之间有非线性关系；有的并不是人们所直接关心的物理量，不便于运行人员理解；也有的并不是运行人员要求了解的。因此，要对这些数字量进行一些选择、加工和处理。另外，要实现闭环控制，系统还需要把这些信号按一定规律进行运算，产生必要的控制作用。计算机控制系统常用的数据处理及控制算法有数字滤波、标度变换及 PID 控制等。

（一）数字滤波

有些生产过程中，随机干扰的噪声频率是很低的，用阻容元件的滤波器即使时间常数为秒级也不能将它们全部消除。加大滤波时间常数将增加滞后时间，同时也增加滤波器的体积和重量。一种有效的方法是采用数字滤波器，即利用计算机中一定的计算程序来实现，以减少噪声在信号中的比重。

常用的数字滤波方法有：算术平均法、系数滤波法、加权平均法、中位值法等几种。

（二）标度变换

在计算机控制系统中，各测量参数信号由传感器输出，经隔离、放大（或衰减）、采样/保持和 A/D 转换，变为二进制数字量，而这个数字量的变化范围是由 A/D 转换器的位数决定的，如一个 8 位 A/D 转换器输出的数字量只能是 0～255。因此，不管被测量的物理量是什么数值，经 A/D 转换后都只能表示为 0～255 中间的某一个数。例如，被测温度为 50～100℃，采用 4～20mA 电流输出的温度变送器和 8 位 A/D 转换器、温度变送器的输出电流和 A/D 转换器的输出三者之间的关系如图 21－13 所示。

由图 21－13 可见，当温度为 100℃时，A/D 转换器的输出为 255，而当温度为 75℃时，A/D 转换器的输出为 153。如果直接把 A/D 转换器输出的数字量送去显示和打印，显然不便于运行人员理解，因此要进行标度变换，即把 A/D 转换器输出的数字量变换为具有一定工程单位的数字量。标度变换有多种方法，它取决于被测参数传感器的类型，几种常用的标度变换有线性变换法、公式变换法、多项式变换法。

（三）PID 控制算法

尽管在采用了计算机控制之后，许多过去难以实现的非线性、多变量、自适应和最优化控制算法的研究都获得了成功，但是在生产过程中，最基本、最方便、最常用的控制算法仍然是由模拟 PID 调节发展而来的数字 PID 控制算法，如位置式和增量式 PID 控制算法，以及由其演变而成的其他数字 PID 控制算法，如改进的 PIE（算法中的微分先行的 PIE）算法、积分分离的 PID 算法、带死区的 PD 控制算法等，用于对生产过程的被控参数与给定值的偏差进行控制运算，产生相应的控制量。上述的控制算法都由计算机软件功能块实现。

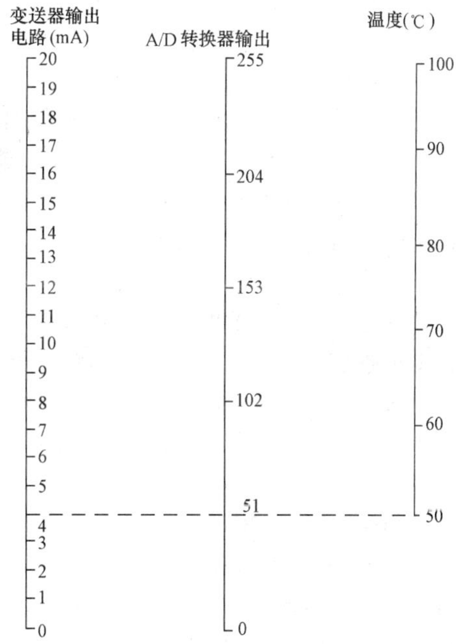

图 21－13　标度变换示意

二、人机联系设备

在计算机控制系统中，如果说过程通道是计算机与生产过程之间的桥梁，人机联系设备则是操作人员与计算机以及过程之间联系的纽带。

人机联系设备按照信息传输的方向分为输入设备和输出设备，前者如键盘、鼠标、球标、光笔等；后者如 CRT 显示器、打印机、绘图机等。目前计算机控制系统中用的比较多的是键盘、CRT 显示器和打印机。在此将主要介绍这三种人机联系设备。

（一）键盘

在计算机控制系统中，有两种类型的键盘，一种是工程师和程序员使用的标准键盘，又称 OWERTY 键盘；另一种是运行员使用的专用键盘。两者除了在键盘上键的布置和功能有所区别之外，其工作原理都是类似的，在此一并进行介绍。

键盘是输入程序、数据和命令的主要设备。它通过触点式或无触点式按键开关产生一个信号，然后由编码器转换成相应的编码，键盘编码一般使用ASCⅡ码。

键盘上的所有按键均有对应的键号，键盘的关键是如何把按键动作转换成相应的ASCⅡ码输送给CPU。通常有编码键盘和非编码键盘两种类型。

键盘输入信息的过程如下：

(1) CPU检查是否有键按下；

(2) 查出按下的是哪一个键；

(3) 把此键所代表的信息翻译成计算机所能识别的代码，如ASCⅡ码。

以上(2)、(3)步可以由硬件完成，也可以由软件完成。如果主要用硬件完成，则称为编码键盘；如果主要由软件完成，则称为非编码键盘。

(二) CRT显示器

1.CRT显示器的作用及类型

CRT显示器是计算机的主要输出设备。它使用阴极射线管CRT（CathodeRayTube）作为显示器件。CRT显示器速度快、使用方便、可靠。它与键盘是比较理想的人机对话工具。

CRT显示设备种类繁多，从显示内容分，有字符显示器、图形显示器和图像显示器三种。字符显示器显示字母、数字、汉字等字符数据；图形显示器不但可显示字符，还可显示各种线条组成的图形，如工程图、电路图等，是计算机辅助设计必须的设备；图像显示器的特点是可区分灰度，即显示具有亮暗层次和色彩的图像，是多媒体计算机必需的显示设备。

2. 显示器主要技术指标

(1) 点间距。荧光屏上显示的图形和图像都是由小点组成的，每个小点之间的距离称为点间距，常用显示器点间距在0.26～0.39mm范围之间。

(2) 分辨率。分辨率指的是显示设备所能表示的像素个数。像素越密，分辨率越高，图像越清晰。可用屏幕上能够显示的最多像素个数来表示分辨率，将屏幕分为X和Y两个方向，用两个方向上的像素的乘积来表示分辨率，如640×480、1024×768、1280×1024等，即屏幕有多少行，每行多少点。

(3) 灰度级。灰度级指的是所显示像素点的亮暗差别，在彩色显示器中则表现为颜色的不同。灰度级越多，图像层次越清楚逼真。灰度控制用控制电子束强度的方法，通常可改变CRT栅极对阴极的负压高低，可能达到的灰度等级取决于每个像素对应的缓冲存贮器存贮单元的位数。如果用4位表示一个像素，则有16级灰度和颜色；如果用8位表示一个像素，则有256级灰度和颜色。

(4) 扫描频率与扫描方式。CRT显示器的发光是由电子束打在荧光粉上引起的，电子束打过之后，其发光亮度很快衰减而消失。为了使人们能看到稳定的图像，就必须有足够的扫描频率，使图像在消失之前再次显示出来。VGA方式的标准（行）扫描频率定义为31.5Hz，每秒显示图像在60帧以上，使人眼不感到闪烁。

扫描方式可分为隔行扫描和逐行扫描，隔行扫描对扫描频率要求低，因此显示器成本低，但在高分辨率下容易出现闪烁。

(三) 打印机

打印机是硬拷贝设备，它可以把内部的信息转换成人们能识别能使用的数字、字母、符号或者曲线、图形、汉字等输出。

按打印顺序可分为串式打印机和行式打印机两大类。所谓串式打印机是按一个字一个字的顺序逐字打印的；行式打印机则是一行各字符同时打印的。显然，行式打印机速度快，结构也复杂，因而成本高。

按字符形成方式可分为活字方式和点阵方式两种，活字式打印机是将字符“刻”在印字机构的表面上，打印时首先选择需要的活字，然后进行打印。点阵式打印机是由点拼成字符，即把每一个字符分解成 $m \times n$ 个点组成阵列，然后按字符的形状要求在点阵中选择适当的点进行打印，由打印出来的点来构成各种字符。与活字式打印机相比，点阵式打印机的控制机构灵活，可打印各种字符、汉字，也可输出各种曲线、图形，且价格低，是当前应用最广的打印机。

按打字原理可分为击打式和非击打式。击打式打印机是以机械动作击打活字（或打印针）和色带进行印字，非击打式打印机则是利用静电感应、电灼式、热敏式等非机械手段实现，其中没有任何机械动作。击打式打印机噪声大、速度慢、可靠性差、需经常维护，但它不需特殊的印刷纸，技术也较成熟。

此外，按打印机的宽度可分为宽行（每行打印 120 个字符以上）和窄行（每行打印 80 个字符）打印机；按打印颜色可分为单色打印机和彩色打印机等。

复 习 思 考 题

1. 计算机控制系统由哪几部分组成？每一部分的作用是什么？
2. 什么叫过程通道？过程通道有哪几类？
3. 模拟量输入通道由哪几部分组成？每一部分的作用是什么？
4. 模拟量输出通道由哪几部分组成？各组成部分的作用是什么？
5. 在模拟量通道中为什么要设置保持器？
6. 开关量输入通道和开关量输出通道分别由哪些部分组成？每一部分的作用是什么？
7. 什么是标度变换？为什么要进行标度变换？
8. 计算机控制系统的人机联系设备有哪些？各起什么作用？

第二十二章　分散控制系统

第一节　分散控制系统综述

一、分散控制系统名称

“分散控制系统”一词，是人们根据外国公司的产品名称意译而得的。由于产品生产厂家众多，系统设计不尽相同，功能和特点各具千秋，所以对产品的命名也各具特色，称呼也不同，常见的有以下三类：

（1）分散控制系统（Distributed Control System），简称 DCS；

（2）集散控制系统（Total Distributed System），简称 TDCS 或 TDC；

（3）分布式计算机控制系统（Distributed Computer control System），简称 DCCS。

二、分散控制系统中“分散”含义

分散控制系统的含义着重体现在“分散”上，而“分散”的含义有以下两个方面：

（1）各被控设备的地理位置是分散的，系统的相应的控制设备在地理位置上也是分散的；

（2）指控制系统的功能是分散的，即计算机控制系统的数据采集、过程控制、运行显示、监控操作等按功能分散，这种功能上的分散意味着危险性的分散，这是分散控制的主要内涵。在分散的基础上，操作管理集中。

三、与模拟系统分散概念的区别

（1）模拟系统，是指模拟控制仪表采用功能分离的组件结构，分离的目的是为了组成各种不同功能的控制回路，分离（或分散）的组件不能独立完成控制功能。

（2）分散控制系统，是相对于集中型计算机控制系统而言的，即为了避免上位计算机（通常是小型计算机）结构的不安全而设计的多微机子系统（或基本控制系统），它能在上位计算机故障时，独立完成控制功能。

四、分散控制系统的产生

分散控制系统是在现代大型工业生产复杂的过程控制需求推动下，在总结和吸取常规模拟仪表控制和早期计算机控制的优点的基础上，综合现代科技成果而发展形成的，是“4C”技术的结晶。

“4C”技术指：①计算机技术（Computer）；②控制技术（Control）；③通信技术（Communication）；④阴极射线管（图像显示技术）（Cathode - Ray Tube）。

五、分散控制系统的发展

1975 年前后，大规模集成电路由 4 位微处理器发展成 8 位，在形成单板机产品投入工业应用的同时，自动化仪表行业在原来采用中小规模集成电路而形成的直接数字控制器（DDC）的自控和计算机技术的基础上，结合阴极射线管（CRT）、数据通信技术，开发出了以集中显示操作、分散控制为特征的集散系统，后来逐渐统一称为分散型控制系统（DCS）。在以后的 20 多年中，DCS 产品虽然在原理上并没有多少突破，但由于技术的进步、外界环境变化和需求的改变，设计思想发展了，共出现了三代 DCS 产品。1975 年至 80 年代前期为第一代产品，20 世纪 80 年代中期至90年代前期为第二代产品，20世纪90年代中期至21世纪初为第三代产品。三代产品的区别，可从DCS的控制站、操作站和通信网络三大部分的发展来判断。

20世纪70年代中期，过程工业发展很快，但由于设备大型化、工艺流程连续性要求高、要控制的工艺参数增多，而且条件苛刻，要求显示操作集中等，使已经普及的电动单元组合仪表不能完全满足要求，在此情况下，业内厂商经过市场调查，确定开发的DCS产品应以模拟量反馈控制为主，辅以开关量的顺序控制和模拟量开关量混合型的批量控制（针对精细化工等行业的批量生产方式）。由于当时计算机并不普及，人们已习惯于常规自动化仪表的显示操作，所以开发DCS应强调用户可以不懂计算机就能使用DCS；同时，用户已习惯于在购置系统的同时配置自动化仪表，所以开发DCS还应强调向用户提供整个系统。此外，开发的DCS应做到与中控室的常规仪表具有相同的技术条件，以保证可靠性、安全性。由此可见，当时DCS是与常规仪表中的二次仪表（控制室仪表）共同分享市场份额的。DCS先与成套设备配套，而后逐步扩大到工艺装置改造上，与此同时，也分成大型DCS和中小型DCS两类产品，使其性能价格比更具有竞争力。目前，世界上有数十家生产DCS的厂家，据ARC（Automation Research Corporation）1996年统计，下述排名前10家的公司占到80%以上的市场份额：Honeywell（21.6%）、Elsag Bailay（12.6%，包括H&B公司）、ABB（9.7%）、Yokogawa（9.6%）、Foxboro - Eckardt（9.3%）、Fisher - Rosemount（6.0%）、Yamatake Honeywell（4.6%）、Siemens（4.0%）、Cegelec/AEG Automation system（ATT）（3.2%）、Westinghouse（3.1%）。

我国从20世纪70年代中后期起，首先由大型进口设备成套中引入国外的DCS，同时国内开始自己研制和设计选用国外的DCS，经过20多年的努力，国内已有多家生产DCS的厂家，其产品应用于大中小各类过程工业企业，其中和利时、浙大中控、上海新华3家已具有相当规模。

六、分散控制系统应用

分散控制系统一经问世，相继在化工、石油、冶金、电力、轻工等工业领域中得到了广泛地应用，且正在向其他领域渗透。它以良好的技术效果和经济效益，显示出强大的竞争力，被公认为当今最先进的过程控制系统。我国自1986年以来，陆续在一批大型火力发电机组采用了分散控制系统，目前在中小型机组特别是小机组的自动化改造过程中陆续采用不同规模的分散控制系统。分散控制系统的应用，在不同程度上提高了发电机组的数据采集与处理、生产过程控制、逻辑控制、监视报警、连锁保护、操作、管理的能力和水平，加速了我国火力发电生产自动化的发展。在过去的10多年里，我国火力发电厂应用分散控制系统处于工程试点阶段。经过10多年的实践，摸索与研究，已在系统的设计、选型、安装、调试、运行、维护和管理等方面积累了不少经验，为分散控制系统的普遍推广应用打下了良好的基础。如今，火力发电厂分散控制系统的设备来源主要靠国外进口，在国际市场众多的品种中，选择那些具有先进性、可靠性、适应性，具有火力发电机组控制经验和实绩，具有国内合作实体与技术支撑的分散控制系统，将有利于我国电力工业自动化的健康发展。

为加强行业管理，避免系统选型过于杂乱，遵照以上原则，现阶段我国电力工业推荐了8种选用产品，这对火力发电厂的分散控制系统应用起到十分有益的指导作用。目前火力发电机组推荐使用的分散控制系统有：INFI - 90，Bailey Controls北京贝利控制有限公司；MAX - 1000，leeds & Northrup上海自动仪表公司；I/A Series，Foxboro上海福克斯波罗公司；HIACS - 3000，HITACH（日立）北京日立华胜控制有限公司；Procontrol - P，ABB中能电力科技开发公司；WDPFII，Westing House美国西屋公司；XDPS，新华电站控制有限公司。

七、分散控制系统中常用名词术语

（1）DCS（Distributed Control System）：分散控制系统（或称分布式控制系统），是指控制功能分散、风险分散、操作显示集中、采用分布式结构的智能网络控制系统。

(2) DAS (Date Acquisition System)：数据采集系统，是指采用数字计算机系统对工艺系统和设备的运行参数、状态进行检测，对检测结果进行处理、记录、显示和报警，对机组的运行情况进行计算和分析，并提出运行指导的监视系统。

(3) MCS (Modulation Control System)：模拟量控制系统，是指系统的控制作用被控变量通过反馈通路引向控制系统输入端所形成的控制系统，也称闭环控制或回路控制，其输出量为输入量的连续函数。它常包含参数自动调节及偏差报警等功能。火力发电厂模拟量控制系统是锅炉、汽轮机及其辅助设备运行参数自动控制系统的总称。

(4) CCS (Coordinated Control System)：协调控制系统，是指将锅炉汽轮发电机组作为一个整体进行控制，通过控制回路协调锅炉与汽轮机组在自动状态下工作，给锅炉、汽轮机的自动控制系统发出指令，以适应负荷变化的需要，尽最大可能发挥机组调频调峰的能力，它直接作用的执行级是锅炉燃料控制系统和汽机控制系统。

(5) SCS (Sequence Control System)：顺序控制系统，是指对火电机组的辅机及辅助系统，按照运行规律规定的顺序（输入信号条件顺序、动作顺序或时间顺序）实现启动或停止过程的自动控制系统。

(6) FSSS (Furnace Safeguard Supesvisory System)：炉膛安全监控系统，是指对锅炉点火和油枪进行程序自动控制，防止锅炉炉膛由于燃烧熄火、过压等原因引起炉膛爆炸（外爆或内爆）而采取的监视和控制措施的自动系统。FSSS包括燃烧控制系统（Burner Control Sys - tern，简称BCS）和炉膛安全系统（Furnace Safety System，简称FSSS）。

(7) AGC (Auto Generate Control)：自动发电控制，根据电网对各电厂负荷的运行要求对机组发电功率由电网调度进行自动控制的系统。

(8) MFT (Master Fuel Trip)：总燃料跳闸，是指保护信号指令动作或由人工操作后，快速切断进入锅炉炉膛的所有燃料而采取的控制措施。

(9) DEH (Digital Eletro - Hydraulic Control)：汽轮机数字电液控制系统，是按电气原理设计的敏感元件、数字电路以及按液压原理设计的放大元件和液压伺服机构构成的汽轮机控制系统。

(10) ATC或ATSC (Automatic Turbinestartup Control)：汽轮机自启动，根据汽轮机的运行参数及热应力计算，使汽轮机从盘车开始直至带初负荷按程序实现自启动。

(11) OPC (Overspeed Protection Control)：超速保护控制功能，是一种抑制超速的控制功能，常见有以下两种方式：

1) 当汽轮机转速达到额定转速的103%时，自动关闭高、中压调节汽门；当转速恢复正常时，开启这些汽门，以维持额定转速。

2) 当汽轮机转速出现加速度时，发出超驰指令，关闭高、中压调节汽门；当加速度为零时由正常转速控制回路维持正常转速。

(12) UPS (Uninterrupted Power Supply)：不间断电源。

第二节　分散控制系统结构

目前火电厂中应用的分散控制系统的种类很多，在结构组成上也各有特点，但基本结构与结构特点却大同小异，下面就举几个例子加以分析。

一、INFI - 90系统

INFI - 90系统的结构，如图22 - 1所示。

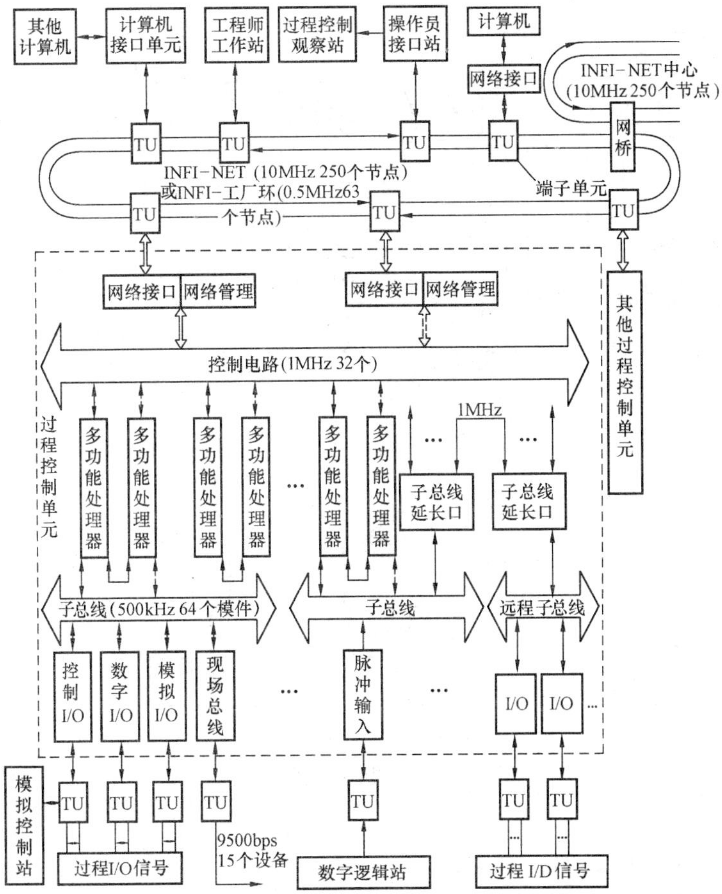

图 22－1　INFI－90 系统结构图

INFI－90 系统主要硬件组成包括以下几方面。

(1) PCU：过程控制单元，实现过程控制的基本硬件设备，负责过程信号的采集和处理、过程控制、顺序控制、批量处理控制以及优化控制等。PCU 可设置多个，体现出“地理位置分散、控制功能分散”的特点。

(2) PCV 和 OIS：过程控制观察站和操作员接口站，是过程控制的管理者，由一台专用的过程计算机和若干个选配的显示、操作、打印等终端构成的人机接口设备，在其软、硬件的支持下，实现对过程和系统有效的观察、操作与管理。通常布置在集控室中。

(3) EWS：是专门为工程师准备的人机接口，用于控制系统的设计、控制逻辑的在线或离线组态、系统的调试与诊断等，同时可对现场进行监视。

(4) IU：计算机接口单元，是由一组模件组成的通信口，实现 INFI－90 系统与其他计算机的物理连接和软件沟通，达到信息交换的目的。

(5) 通信网络：是一个多层次（4 层）、各自独立的网络结构。各层有自己的信息特点、通信方式和自我保护能力。

二、WDPF 系统

WDPF 系统的结构，如图 22－2 所示。

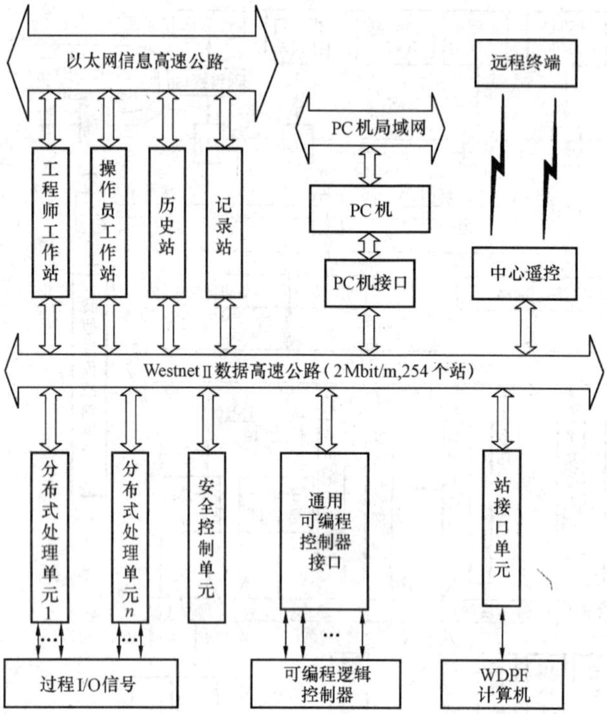

图 22-2　WDPF 系统结构图

1. 主要硬件组成

(1) 数据高速公路：(Date Highway)

(2) 信息高速公路：(Information Highway)

(3) 分布式处理单元：DPU (Distributed Processing Unit)

(4) 完全控制单元：TCU (Total Control Unit)

(5) 通用可编程控制器接口：UPCI (Universal Programmable Controller Interface)

(6) 站接口单元：SIU (Station Interface Unit) 工作站，WEStation

(7) PC 机接口和中心遥测单元：CTU (Central Telemetry Unit)

2. 各部分作用

(1) 数据高速公路：是连接系统中各个不同功能单元的纽带，是各站之间数据交换的主要通道。

(2) 分布式处理单元：用来实现过程接口、数据采集、过程控制、工程单位处理、顺序事件记录，至卡件级的在线自诊断功能等。

(3) 完全控制单元：可在系统中使用，也可单独使用。将连续控制和批量控制功能组合在一个控制器内，能使 WDPF 进行复杂的批量控制、顺序控制和其他高级控制。

(4) 通用可编程控制器接口：是 WDPF 数据高速公路上的一个标准站，它能有效地将现场分散的可编程控制器集合进 WDPF 系统中，每个 UPC 能连接 9 只 PLC。

(5) 站接口单元：是系统与非 WDPF 的计算机、设备、网络之间的一种同用接口单元。

(6) PC 机接口：是为 IBMPC 等个人计算机提供的接口，通过该接口可将个人计算机纳入 WDPF 系统，使之成为数据高速公路上的一个站。

(7) 中心遥测单元和远程终端单元：通过选配该单元，构成具有远程技术服务与交流的一个WDPF站。

(8) WEStation工作站：是一种高档微机系统，运行于Unix操作系统，具有丰富的Windows软件和多窗口显示功能。有四种类型：工程师工作站、操作员工作站、历史站、记录站。

三、分散控制系统结构分析

分散控制系统是一个技术先进、功能全面、应用广泛、结构复杂的现代化计算机控制系统同厂商推出的不同分散控制系统产品，其系统结构各有不同。对任一分散控制系统的分析，可以从不同的侧重点入手，例如：

(1) 系统的物理构成：硬件系统和软件系统。硬件系统是物质基础；软件系统是灵魂，它包括操作系统、数据库系统、功能软件、工具软件、系统管理软件、应用和开发软件等等。

(2) 从系统的部件结构角度上看：构成系统的基本部件是各种数字化功能组件，这些组件按功能要求、使用需要和按一定规律有机结合并与相关外设配合而形成控制系统。分散控制系统是继模拟式组件组装仪表之后的新一数字式仪表控制系统。构成系统的基本部件，是一系列承担指定任务的数字化功能组件中包括微处理器为核心的控制与信息处理模件、I/O模件、电源模件、通信接口模件等等。分散控制系统是若干数字化功能组件按功能要求、使用需要和按一定规律进行的有机组合与其他相关部件（如显示器、键盘、打印机等）配合而成的新型控制系统。

(3) 从系统的信息处理角度上看，分散控制系统是由一系列实现不同功能，完成不同的信息采集、信息加工、信息处理、信息管理、信息传输的站所组成。各站之间通过信息网络连接，相互进行信息的交流。信息网络上分布的各站的信息地位平等，网络上的信息大家共享。分散的具有一定自治能力的站在系统中增强了信息加工和处理速度，而高速的信息传递有利于信息沟通和信息综合管理。

(4) 从系统的功能角度上看，分散控制系统是一个多功能分级控制系统的结构体系，分散控制系统按功能可以划分为经营管理、生产管理、过程管理（监督控制）、直接控制等四个层次级别，其结构如图22－3所示。

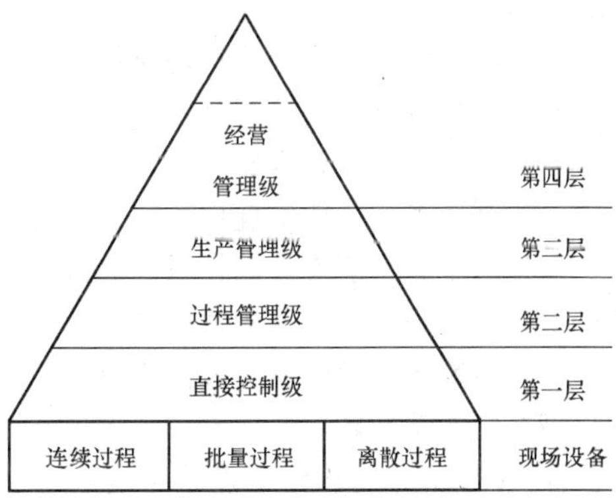

图22－3　分散控制系统的体系结构图

图22－3中各级的基本功能如下：

1) 过程控制级：直接与现场各类装置（如变送器、PLC、联动装置等）相连，对现场过程进行监测、控制，同时还向上与第二层计算机相连，接受第二层的管理信息，并向上传递过程实时数据。功能：数据采集、过程控制、设备检测、系统测试与诊断、实施安全性及冗余措施。

2) 过程管理级：主要包括监控计算机、操作站、工程师站等，综合监视过程的所有信息，集中显示操作，并对回路进行组态，修改参数及优化等。功能：综合显示、操作指导、集中操作；自适应控制、优化控制、存档功能。

3) 生产管理级：根据各工艺系统的特点，协调各系统参数的整定，是整个工艺系统的协调者和控制者。功能：制订生产计划、实施生产调度、协调生产运行；安排设备检修、组织备品备件；收集生产信息、监督生产工况调整生产策略。

4) 经营管理级：这一级属于中央计算机，与办公室自动化连接起来，实现全厂生产自动化和办公室自动化的集中统一，担负全厂的协调管理任务，包括各类经营活动、人事管理等。功能：工程技术、经济经营管理、人事管理、财务管理等。

应该说明，现代先进的分散控制系统皆可实现上述各层的功能，但对某一具体的应用系统来说，并非全部具有上述四层功能。大多数应用系统，目前只配置和发挥到第一层和第二层中小规模上，少数应用系统使用到第三层功能，只在大规模的综合控制系统中才应用到全部四层功能。分散控制系统的层次结构是其功能的垂直分解的结果，反映出系统功能的纵向分散，意味着不同层次所对应的设备有着不同的功能、不同的任务和不同的控制范围。对于每一层次，又可将其划分成若干个子集，即进行所谓的水平分解。水平分解反映了系统功能的横向分散，它意味着某一功能的实现，是由若干个功能子集和子系统自主工作、相互支持、共同完成的。分散控制系统这种金字塔式的分级递阶结构，体现了大系统理论的分解与综合的思想，将分散控制、集中管理有机地统一起来。

(5) 从系统的设备主体角度看，分散控制系统是由过程控制设备、操作管理设备、系统通信设备三大类主要设备组成。

(6) 从系统的应用角度看，分散控制系统可以在众多领域构成实际应用系统，就火力发电厂自动化而言，它的应用系统可由数据采集系统（DAS）、模拟量控制系统（MCS）、燃烧器管理系统（BMS）、顺序控制系统（SCS）、汽轮发电机数字电液控制系统（DEH）等局部控制系统和集中管理系统组成。

无论从何角度去认识分散控制系统的结构，它所体现的都是控制分散、功能分散、负荷分散、危险分散、监视集中、操作集中、综合管理集中的思想。

四、分散控制系统特点

分散控制系统融合了先进的“4C”技术，即计算机技术（Computer）、控制技术（Control）、通信技术（Communication）、阴极射线管（图像显示技术，Cathode－Ray Tube），采用了标准化、模块化、系列化的设计和全方位（纵向、横向）分散的结构体系，它与常规的模拟控制系统和集中式计算机控制系统相比，具有自身的特点，以下从几个方面予以说明。

1. 控制分散、信息集中

分散控制系统运用了大系统递阶控制的思想，将系统功能垂直分解和将生产过程水平分解，采用了全方位高度分散的系统结构。生产过程的控制是通过只负责少量控制回路、功能强大、具有一定自治能力、以微处理器为核心的一系列标准化模件予以实现，它既能代替常规模拟仪表完成规定的控制任务，又能实现更为高级复杂的控制规律。分散控制结构相对于集中式计算机控制，不仅提高了各功能模件的相对独立性和自主性，还能保证局部故障时不危及整个系统。控制上的分散带来的危险分散，大大提高了系统的可靠性。利用系统的通信网络、存贮设备和软件系统等，可实现整个系统的监视和操作集中，以及综合信息集中，有利于全面了解和有效操纵生产过程以及系统的运行。

2. 控制功能齐全、控制算法丰富

分散控制系统充分利用和发挥了计算机的优势，可以实现满足生产过程需求的各种控制功能。它不仅集连续控制、顺序控制和批量控制于一体，还可以通过软件的开发在原来已有的各种控制算法基础上，方便地吸纳和积累许多新颖实用的控制算法，使其不断地丰富与完善，而且可以实现串级、前馈、复合、解耦等复杂的控制方式和自适应、预报、最优、智能化等更高级更先进的控制技术。分散控制系统灵活的组态功能，能使其丰富的控制功能得以充分的体现和应用，从而提高了系统的可控性。计算机所具有的强大的贮存和逻辑判断能力，使得分散控制系统可根据生产环境和条件的变化，及时作出判断，选择最为合理的控制对策，以达到理想的控制效果。

这些是常规模拟调节器所不可比拟的。除上述功能之外，分散控制系统还可以实现对生产过程的各级管理，如生产过程的平衡计算与性能计算；寿命管理、经济核算、生产计划与调度等，为实现全厂综合自动化提供了物质基础和技术条件。

3. 人机界面友好、操作使用简便

分散控制系统具有比常规模拟控制系统更先进的人机联系手段，其中最重要的一点，是作指导等；另外，以键盘为主的操作，使许多操作过程更加方便可靠，如指令的增减、门的开闭和开度的改变等都可在选项的前提下统一操作。丰富的画面、集中的显示、简便的操作，使得人机界面十分友好，既减轻了运行人员的工作强度，又减少了误操作的可能性。

4. 灵活性好、适应性强

分散控制系统的硬件和软件都采用标准化、模块化和开放式的设计。硬件系统采用积，组装结构，它可通过选择不同数量、不同功能或类型的插接式模件（如 I/O 模件、控制模家件通信模件、显示模件等）组成不同规模和不同要求的硬件环境，以适应不同用户的需要。要改变系统规模时，只需减少或增加相应的模件，而不影响系统其他硬件的功能发挥。同时系统的应用软件也采用模块结构，用户只需借助系统的组态软件，用回答问题或填写表格方式，可方便地将所选择的硬件与相应的软件模块联系起来，构成所需功能的控制系统，硬件和软件的模块化，便于系统的组态，提高了系统配置的灵活性，有利于系统的扩展与升级，适应于各种生产过程控制和管理的应用。而且，良好的硬件特性还能提高对各种应用环境适应能力。

5. 实时性好、协调性强

分散控制系统采用了现代通信网络和先进的微处理器，可实现各模块或工作单元间的信息高速传输、信息共享以及信息的管理，在优良的实时操作系统（如 Unix 等）、实时时钟中断处理系统的支持下，所有信息的采集、处理、显示以及控制都具有良好的实时性，能及时观察到生产过程的微小变化，及时对生产过程进行控制操作，由于微处理器非凡的逻辑处能和计算能力，能综合分析和协调处理各种信息，并能通过通信网络将各工作单元的工作协调起来，所以分散控制系统既能协调系统内部的工作，也能对生产过程进行协调控制，可实现系统的总体优化。

6. 技术先进、可靠性高

可靠性是分散控制系统应用成败的关键，是其生存和发展的生命，生产过程控制对控制系统的可靠性要求极高，火力发电机组的控制更为如此。因此，各生产厂家采用了各种措施来提高产品的可靠性，这些以先进技术为基础的措施表现在以下几个方面。

(1) 采用功能分散的系统结构，使得危险分散，保证在局部出现故障时，系统其他部分仍正常工作而不影响全局，从而提高系统的可靠性。

(2) 采用先进的高质量的大规模或超大规模集成电路，在确保选用质量可靠的元器件的基础上，大幅度减少元器件数量和应用表面安装技术，提高硬件设计和制造的可靠性，最大限度的降低硬件故障率。

(3) 采用硬件冗余和软件容错技术，使系统的关键硬件（如通信网络、操作监视站、电源、主要模件等）双重化配置，使系统的软件具有故障检测、诊断、处理和程序卷回、制指令复执等功能。在系统出现差异时，可实现自动报警、故障部件自动隔离、热备用的冗余部件自动投入、故障部件带电插拔等在线处理。

第三节　分散控制系统主要硬件

分散控制系统是过程通道、微型处理机、工业控制机、数据通信系统、CRT 显示器等有机结合的整体。其核心结构可以概括为“三点一线”，其中“三点”为过程控制单元、操作员站、工程师站；“一线”是指计算机网络。

一、过程控制设备

在分散控制系统中，过程控制设备（过程控制单元）是最基层（直接控制级）的自动化设备，它接受来自现场的各种检测仪表（如各种传感器和变送器）传送的过程信号，对过程信号进行实时的数据采集、噪声滤除、补偿运算、非线性校正、标度变换等处理，并可按要求进行累积量的计算、上下限报警以及测量值和报警值向通信网络的传输。同时，它也用来接受上层通信网络传来的控制指令，并根据过程控制的要求进行控制运算，输出驱动现场执行机构的各种控制信号，实现对生产过程的数字直接控制，满足生产中连续控制、逻辑控制、顺序控制等的需要。过程控制设备还具有接受各种手动操作信号，实现手动操作的功能。

二、过程控制设备类型

在分散控制系统的应用中，用于过程控制级的设备有两类品种，一是分散控制系统自身的“现场控制单元”；二是可纳入分散系统中应用的其他独立产品——可编程逻辑控制器（PLC）、可编程调节器等。

1. 现场控制单元

所谓“现场控制单元”，是指分散控制系统中与现场关系最密切，最靠近生产现场的控制装置。不同的分散控制系统生产厂家，对自己系统中的过程控制设备取有独特的名称，如基本控制器（Basic Controller）、多功能控制器（Multifunction Controller）等等。表 22 - 1 列出了几个典型系统的过程控制设备，其名称无一相同，为叙述方便起见，下面将统称为“现场控制单元”。

表 22 - 1　典型系统的过程控制设备

厂　　商	系 统 名 称	过 程 设 备 名 称
Bailey Controls	INFI - 90	过程控制单元
Westinghouse	WPDF - II	分布式处理单元
Leeds&Northrup	MAX - 1000	远程处理单元
Siemens	Teleperm - ME	自动子系统
Foxboro	I/A Series	控制处理机和现场总线模件
HITACH	HIACS - 3000	高性能控制器

不同厂家的现场控制单元所采用的结构形式大致相同。概括地说，现场控制单元是一个以微处理器为核心的、按功能要求组合的各种电子模件的集合体，并配以机柜和电源等而形成的一个相对独立的控制装置。

2. 可编程调节器

可编程调节器是外貌类似一般盘装仪表的数字化过程控制装置，是由微处理器、RAM、ROM、模拟量和数字量 I/O 通道、电源等基本部分组成的一个时间分享的微型计算机系统。这种调节器的生产厂家和品种较多，仅就控制回路的能力而言，有单回路、双回路、四回路、八回路等形式。该调节器具有 PID 控制运算功能、信号选择控制功能和按预定曲线控制的功能，可实现前馈、串级、单回路、多回路控制，并可进行故障检测、报警、手动操作等。为使可编程调节器具有更好的通用性和灵活性，一般设有异步通信接口（RS—232 或 RS—422），使得该调节器可与分散控制系统或其他上位机联网通信。

3. 可编程逻辑控制器（PLC）

可编程逻辑控制器（PLC）也是一种以微处理器为核心、具有存贮记忆功能的数字化控制装置，它的最大特点是提供了开关量输入、输出通道，可以通过预先编制好的程序来实现时间顺序控制或逻辑顺序控制，以取代以往复杂的继电器控制装置。目前，各厂家生产的PLC均已标准化、模块化、系列化。PLC中的一个I/O模块通常可输入或输出16~64个点。用户可根据需要灵活选配模块构成不同规模的PLC。

新型的PLC，还提供了模拟量输入、输出通道和PID等控制算法，可以实现连续过程的控制。这种集模拟量控制和开关量控制为一体的PLC，通常也称为可编程控制器（Programmable-Controller，简称PC），PLC一般设有异步通信接口（RS—232或RS—422），它既可按为一个独立的控制站直接与分散控制系统的操作站交换信息，也可以连接到分散控制系统的现场总线上，还可以通过网间连接器与分散控制系统的上层通信网络连接。

可编程调节器和可编程逻辑控制器，以它不断增强的功能和自身的高可靠性。在分散控制系统的过程控制中得到了日益广泛的应用。它的应用可使整个控制系统的功能和结构进一步得到分散，使分散控制系统更具有活力。

三、现场控制单元（DCS控制站）结构组成

现场控制单元是面向过程、可独立运行的通用型计算机测控设备。尽管不同厂家生产的现场控制单元在结构尺寸、输入和输出的点数、控制回路数目、采用的微处理器、设计的模件、实现的控制算法等各方面有所不同，但它们均是由机柜、电源、I/O通道模件、以微处理器为核心的功能模件等几部分组成。

（一）机柜

现场控制单元的机柜一般是用金属材料（如钢板）制成的立式柜。柜内装有多层机架，供安装电源和各种模件之用，电源通常放在最上层（WDDFI系统）或最下层（如Teleperm—ME系统），柜内的其他层可用来横向排列所配置的各种模件。随系统而异，柜内纵向一般分6~8层，横向可插4~12个模件。

为保证柜内电子设备良好的电磁屏蔽，柜与柜门之间采用电气连接，而且机柜接地，接地电阻小于4Ω，以保证设备的正常工作和人身安全。

（二）电源

电源是分散控制系统赖以工作的能源，分散控制系统的电源包括交流电源和直流电源两大部分，不论是何种电源，都必须保证其一定的电压等级和稳定性。

1. 交流电源稳定措施

（1）每一现场控制单元均采用两路单相交流电源互为备用；

（2）采用交流电子调压器，保证电压稳定；

（3）供电系统采用正确、合理的接地方式，防止干扰；

（4）电源应远离经常开、关的大功率用电设备；

（5）对控制过程连续性要求高的单元，应采用一路UPS电源。

2. 直流电源电压等级及形式

不同厂家的现场控制单元内部模件的供电，均采用直流电源，但对直流电源的等级要求不一，常见的有+5、12、-12、+15、-15、+24V，现场控制单元内部必须具备直流稳压电源，以进行电压转换。

稳压电源形式有以下三种：

（1）集中的直流稳压器

（2）主、从稳压电源

（3）分立的直流稳压电源

（三）I/O 通道模件

I/O 通道模件是为分散控制系统的各种输入/输出信号提供信息通道的专用模件，它的基本作用是现场信号进行采样、转化，处理成微处理器能接受的标准数字信号，或将微处理器的运算输出转换、还原成模拟量或开关量信号，去控制执行机构，因此 I/O 通道模件是联系生产过程与微处理器的桥梁和纽带。

I/O 通道模件的类型有模拟量输入 AI 模件、模拟量输出 AO 模件、开关量输入 DI 模件、开关量输出 DO 模件、脉冲量输入 PI 模件。

1. 模拟量输入模件 AI

（1）AI 模件的功能。模拟量输入模件 AI 接受现场变送器的输出，并转换为计算机可以接受的数字信号，输入模件可以接受的信号类型有以下几类：

1）电流信号：来自各种变送器的 4 ~ 20mA 或 0 ~ 10mA 电流信号。

2）毫伏级电压信号：来自热电偶、热电阻或应变式传感器，－100 ~ 100mV 或 12 ~ 80mV 电压信号。

3）常规直流电压信号：来自各种可输出直流电压的过程设备，0 ~ 5V、0 ~ 10V、－10 ~ 10V 的电压信号。

（2）AI 通道的硬件。AI 通道主要有以下硬件：

1）信号端子板：用来连接输送现场模拟信号的电缆。

2）信号调理器：对每路模拟输入信号进行滤波、隔离、放大、开路检测等综合处理。

3）A/D 转换器：接受多路模拟输入及参考输入，由多路切换开关根据 CPU 指令选择输入并将其转换为数字量。

智能化 AI 模件智能 AI 采用了微处理器，其功能得到扩展，可通过便携式编程器调整其运行软件去适应现场条件，可进行非线性补偿等。

2. 模拟量输出 AO 模件

（1）模拟量输出 AO 模件的功能。模拟量输出 AO 模件将计算机输出的数字量信号转换成外部过程控制仪表能接受的模拟量信号，用来驱动执行器或为控制器提供给定值或为显示记录仪表提供信号。

输出信号类型有以下两种：

1）电压信号：0/1/2 ~ 5V.DC、0/2 ~ 10V.DC 等；

2）电流信号：4 ~ 20mA.DC 或 0 ~ 10mA.DC 等。

（2）AO 通道结构形式。AO 通道通常有两种结构形式，一种是每路通道都设置独立的 D/A 转换器，为常用形式；另一种是各路信号采用一个共用的 D/A 转换器。

（3）AO 通道的硬件。AO 通道的硬件组成包括以下几类：

1）输出端子板：连接现场控制信号电缆与 AO 模件；

2）输出驱动器：用来实现功率放大；

3）D/A 转换器：将数字信号转换成模拟信号；

4）多路切换开关：周期性分时选通各路信号；

5）数据保持寄存器：保持各路数字信号以便转换；

6）输出控制器：实现 AO 模件输入信号选择及切换开关控制。

3. 开关量输入 DI 模件

（1）开关量输入 DI 模件的功能。开关量输入 DI 模件的功能是根据监测和控制需要，将生产过程中的各种开关量信号转换为计算机可识别的信号形式。其输入信号的类型一般为电压信号，常见的有：5V/DC、12V/DC、24V/DC、48V/DC、120V/AC等。

(2) DI模件的硬件组成有以下几类：

1) 端子板：连接传送开关量的电缆，接受开关量输入；

2) 保护电路：限制各路输入信号大小，实现过电流、过电压保护；

3) 隔离电路、信号处理器、数字缓冲器、控制器、地址开关与译码器、LED指示器等。

4. 开关量输出DO模件

(1) 开关量输出DO模件的功能。将计算机输出的开关量信息转换为能对生产过程进行控制或状态显示的开关量信号，以控制现场设备的状态。其输出信号的类型有电压和电流形式，等级为：20V，DC（16mA，10mA）；24V，DC（250mA）等。

(2) DO模件的硬件组成有端子板、输出电路、输出寄存器、控制电路、地址开关与地址译码器、LED指示器等。

（四）功能模件

功能模件是现场控制单元的核心，是I/O模件的上一级智能化模件。它通过现场控制单元的内部总线与各种I/O模件交换信息，实现现场的数据采集、贮存、运算和控制等功能。

功能模件组成有CPU、存储器（RAM、ROM）、总线、通信接口等等。

现场控制单元的内部结构如图22-4所示。从内部机构看，现场控制单元由中央处理器CPU、存贮器、输入/输出电路（I/O）、通信接口及其他电路组成。

(1) CPU：是基本控制器的核心部件，按预定的周期和程序对相应的信息进行运算处理并对控制器内部部件进行操作控制和故障诊断，常采用冗余配置。

(2) 存贮器：有程序存贮器和工作存贮器两种。

1) 程序存贮器（ROM）：存放标准算法程序、管理程序、自诊断程序及用户组态方案等。

2) 工作存贮器（RAM、EPROM）：既是基本控制器的数据库又是系统分散数据库的一部分，用于存放现场信号、设定值、中间运算结果等通信接口，主要包括并行数据输入/输出端口、串行数据接受/发送端口、接口控制电路。

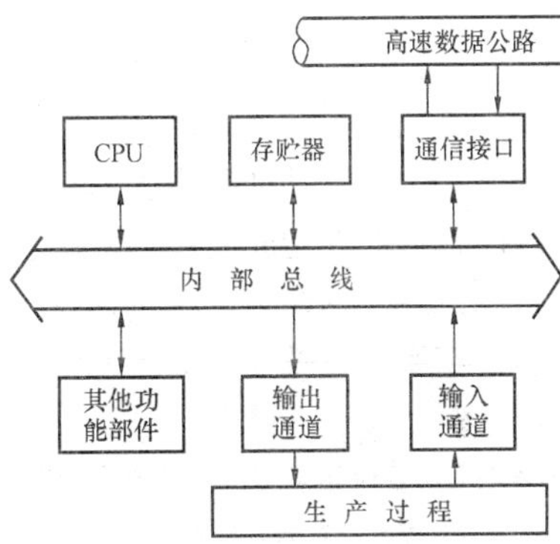

图22-4 现场控制单元内部结构图

(3) 输入输出通道：实现基本控制器与工艺过程之间的接口功能，包括模拟量与开关量输入/输出通道两种。

(4) 其他功能部件：有以下几类。

1) 数据输入板：用于对基本控制器实现就地操作和系统组态。

2) 模拟显示单元：用于就地操作显示。

3) 诊断部件：用于执行诊断程序，保证基本控制器的正常运行。

4) 切换部件：实现冗余控制器的切换。

5) 功能扩展部件：使控制器的功能被扩展。

四、DCS系统现场控制站综述

在DCS系统中，控制站继承了DDC技术，它是一个完整的计算机，实际运行中可以在不与操作站及网络相连的情况下，完成过程控制策略，保证生产装置正常运行。从计算机系统结构来说，控制站属于过程控制专用计算机，其特点是第一代采用8位微处理器，第二代采用16位微处理器，第三代采用32位微处理器，这对于中小型DCS控制器来说比较确切。大型DCS控制站对中央处理器要求较高，必须为专用的处理器，准 16 位和准 32 位运算方式；第二代 DCS 控制站采用精减指令系统（Reduced Instruction Set Computer，RISC）；第三代 DCS 控制站采用多 CPU 分别用于控制运算、冗余切换、通信等操作。

控制站作为一个完整的计算机，它的主要 I/O 设备为现场的输入、输出处理设备，以及过程输入/输出（P I/O），包括信号变换与信号调理，A/D、D/A 转换。它在第二代和第三代产品中已陆续采用了嵌入式技术，并采用单片机等完成量程调整、远程 I/O 数据传输、小型化、减少 P I/O卡硬件规格等功能，直至连接智能化的现场变送器或接受采用现场总线技术的数字信号。在信号变换过程中，采用隔离技术以防止来自现场的干扰信号，这是至关重要的；与现场连接的端子及输入、输出信号的物理位置的方便确认也是用户非常关心的。这些在 DCS 控制站的更新换代中，都有很大改进。在这方面，原来生产自动化仪表的厂家表现尤佳，所以说 DCS 是继承了自动化仪表技术的计算机系统。

DCS 系统的数据主要来自现场的信号和各种变量，在控制站中表现为与工位号对应的相关测量值（PV）、设定值（SV）、操作输出值（MV）及回路状态等。这些数据被采集到 DCS 控制站相应的存贮器里，构成实时数据。其他属于与工位号有关的组态信息，如量程、工程单位、回路连接信息、顺序控制信息等，也在控制站中存贮，但同时必须在操作站或工程师站中存贮，而且有映像关系。至于历史数据存贮，一般不是在 DCS 控制站完成。

在完善 DDC 直接数字控制技术中，对 A/D、D/A 转换及控制算法，分别引入扫描周期和控制周期概念，在第二代、第三代 DCS 控制站中，扫描周期可以比缺省值的 1s 更短，如可以选用 0.2～0.5s，以满足少数快速反应的控制对象的要求。对于第一代、第二代 DCS 控制站，为了完成回路控制以外的顺序控制、批量控制及数据采集，分别开发了不同型号、规格的控制站产品；而第三代控制站因为其功能很强大，对开关量和模拟量处理能力很强，所以一般不做区分。大型 DCS 的一台控制站可以完成上百个回路的控制，其容错技术完善，可靠性、安全性强，所以“分散控制以消除危险”的初衷已很难体现。当然，对于一个有多套工艺装置和一个中控室的工厂，每套装置就近安装一台控制站的大系统来说，这也是一种分散型控制，只是对控制站的可靠性要求更高了。

中小型 DCS 控制站，以控制 16～32 回路为限，分散性较易为人们所接受。目前小型 DCS 所占有的市场，已逐步与 PLC、IPC、FCS 共享，今后小型 DCS 可能首先与这 3 种系统融合，而且“软 DCS”技术将首先在小型 DCS 中得到发展。

控制站是整个 DCS 的基础，它的可靠性和安全性最为重要，死机和控制失灵的现象是绝对不允许的，而且冗余、断电保护、抗干扰、构成防爆系统等方面都应很有效而可靠，才能满足用户要求。多年的实践经验证明，绝大多数厂家的 DCS 控制站是能够胜任用户要求的。

五、人机接口设备

人机接口设备是人与系统互通信息、交互作用的设备，在生产过程高度自动化的今天，仍需要运行（操作）人员对生产过程、设备状态进行监视、判断、分析、决策和某些干预，特别是生产过程发生故障时更是如此。运行人员的决策依赖于生产过程的大量信息，运行人员的干预又是通过控制信息的传递作用于生产过程的，人机接口设备正是承担这种信息相互传递任务的装置。

人机接口设备包括输入设备和输出设备，输入设备用来接受运行人员的各种操作控制命令；输出设备用来向运行、管理人员提供生产过程和设备状态的有关信息。分散控制系统的人机接口设备一般有两种形式，一种是以 CRT 为基础的显示操作站，从它的功能上看又可划分为操作员接口站（Operator Interface Station，简称 OIS）、工程师工作站（EngineeringWork—ingStation，简称 EWS）等；另一种是具有显示操作的功能仪表。

（一）操作员接口站（OIS）

OIS是一个集中的操作员工作台，它设置在机组的集控室内，是运行操作人员与生产过程之间的一个交互窗口。在电厂的生产过程中，需要监视和收集的信息量很大，要求控制的对象众多。例如，一台100MW的单元制火力发电机组，需要监控的测点信息达500~600之多，对于采用循环硫化床锅炉的机组，其测点数目将更多，可达上千点。为了能使运行操作人员方便地了解各种工况下的运行参数，及时掌握设备操作信息和系统故障信息，准确无误地作出操作决策，提供一种现代化的监控工具是十分必要的。为此，分散控制系统产品，普遍设立了以CRT为基础的操作员接口站，它把系统的绝大多数显示和操作内容集中在CRT的不同画面和操作键盘上，从而使运行操作人员的控制台盘体积、人工监视面大大减少，且对系统的操作也更为方便。

1.OIS基本功能

OIS是运行操作人员用来监视和干预分散控制系统的有关设备，它在火力发电机组的自动化过程中主要用来完成各种设备的启动、停止（或开、闭）操作，物质或能量的增、减操作以及生产过程的监视等任务。

OIS的基本功能包括以下几方面：

（1）收集各现场控制单元的过程信息，建立数据库。

（2）自动检测和控制整个系统的工作状态。

（3）在CRT上进行各种显示，如总貌、分组、回路、细目、报警、趋势、报表、系统状态、过程状态、生产状态、模拟流程、特殊数据、历史数据、统计结果等各种参数和画面的显示以及用户自定义显示。

（4）进行生产记录、统计报表、操作信息、状态信息、报警信息、历史数据、过程趋势等的制表打印或曲线打印以及CRT的屏幕拷贝。

（5）可进行在线变量计算、控制方式切换，实现DDC控制、逻辑控制和设定值指导控制等。

（6）利用在线数据库进行生产效率、能源消耗、设备寿命、成本核算等综合计算，实现生产过程管理。

（7）具有磁盘操作、数据库组织、显示格式编辑、程序诊断处理等在线辅助功能。

2.OIS基本结构

在结构上，OIS主要由高档微处理器（CPU）、信息存储设备（如RAM、ROM、硬磁盘、软磁盘、光盘等）、CRT显示器、操作键盘、记录设备（如打印机、拷贝机）、鼠标或轨迹球、通信接口以及支撑和固定这些设备的台架（操作台）等构成，如图22－5所示。

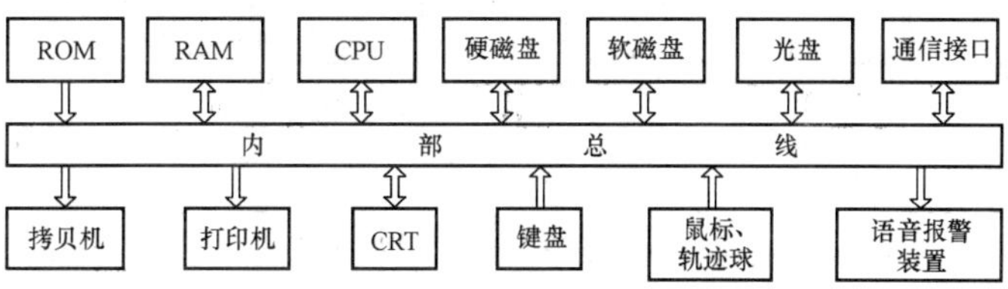

图22－5　操作员站基本结构图

由此可见，操作员接口站实际上是一个融当代先进的计算机技术、CRT图形显示技术、内部通信技术为一体的、适应过程控制需要的专用计算机子系统。对其构成的主要部件介绍如下。

（1）操作台。

操作员接口站是运行操作人员时刻进行生产过程监视和运行操作的设备。其操作台既是固定和保护计算机和各种外设的设施，又是运行操作人员经常性工作的台面。因此，操作台的设计既要满足设备固定和保护的要求，又必须为操作人员提供工作的便利和舒适的条件，其高度和倾斜尺寸应适合于操作人员的长期工作；其CRT屏幕的角度应避免控制室照明的反光以利运行人员监视；另一方面，由于该操作台置于电厂的集控室中，其外观设计应美观、大方，以保持工作环境的优雅。

图22-6示出了两种典型操作台型式，一种为桌式操作台（如WDPF-Ⅱ系统的操作台），该操作台呈桌子式样，桌台面上放置CRT显示器、操作键盘、鼠标等，而微处理机系统及其电源系统置于桌面下方机柜内；另一种为集成式操作台（如INFI—90系统的操作台），该操作台将CRT显示器、微处理机系统及其电源系统等集成一体，其整体感强。通常，操作台由金属的骨架和板材制作。

以上的操作台没有考虑放置打印机、拷贝机等外设的位置，这是基于控制室的整体布局和利于操作管理的设计思想，将打印机、拷贝机等有关外设置于专用的台架上，这些外设通过电缆与操作台交换信息。除上述型式的操作台外，实际应用中也不乏其他型式的操作台，如具有两个CRT的双屏操作台等。

目前，火力发电机组的分散控制系统中，操作员接口站一般采用了3~7个左右操作台，集中布置在控制室的操作员工作区域内。由于现代分散控制系统的控制部件广泛采用模块结构，组态十分灵活，因此可根据不同的用户要求选用不同的电子模件安装在操作台内，并配置相应的外设，可构成实现不同功能的操作员接口站；每个操作员接口站在系统通信网络中都是一个节点，而每个节点上可配置一个到几个CRT显示器和操作键盘，这样一个操作员接口站可能有几个操作台，而且用户可在基本硬件配置的基础上，随着系统规模的扩大而增选所需的硬件，使操作员接口站以适应新的功能要求；在适当的组态下，一个操作员接口站可以包括另一个操作员接口站的全部功能，火力发电厂通常利用这一特点实现操作员接口站的冗余，以提高分散控制系统的可靠性。

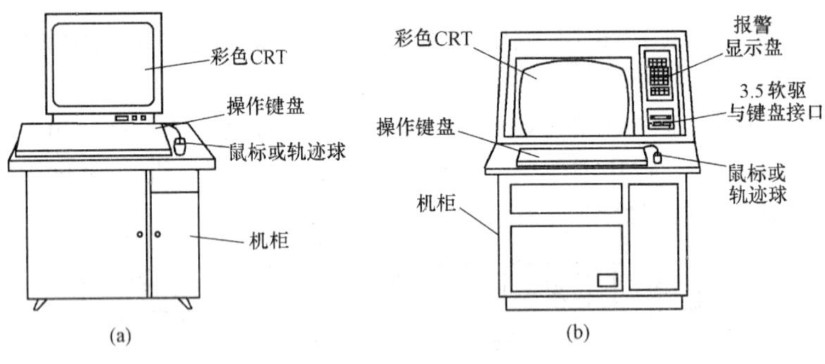

图22-6　典型操作台型式

（a）桌式操作台；（b）集成式操作台

（2）微处理器系统。

操作员接口站是分散控制系统中最为复杂的一个子系统，生产过程控制要求它具有很强的处理功能、很快的运算速度、很大的数据存储量。因此，对操作员接口站内的微处理器系统提出了很高的要求。一般操作员接口站大都使用16位或32位（现多使用32位）微处理器、25~50MHz甚至更高的主频、4~16MB内存、1.44MB软盘和85MB~1GB硬盘，有的系统还可选配磁带机或光盘。操作员接口站的微处理器一般采用68000系列或80X86系列产品。

许多分散控制系统的操作员接口站，常采用多处理器结构形式。如 MAX—1000 系统中分别采用了图形处理器、应用处理器和实时处理器；I/A 系列系统的 WP30 操作员接口站分别采用了主处理器、数字处理器和图形处理器；也有系统的操作员接口站则采用了专用的浮点协处理器（如 HIACS—3000 系统）和图形协处理器，以实现功能的进一步分散和保证信息处理速度达到规定的要求。

（3）CRT 显示处理设备。

早期火力发电机组的监视过程是由许多模拟仪表组成的大型仪表盘实现，而现在则由分散控制系统所采用的 CRT 显示器取而代之。CRT 显示器的显示功能比大型仪表盘的更强大，优越性也更多，它是分散控制系统中最常用的主要显示设备，是人机对话的重要工具，是操作员接口站不可缺少的组成部分。

（4）输入设备。

目前，操作员接口站常用的输入设备有键盘、鼠标或轨迹球、触摸屏等，其中键盘是主要的输入设备。

1）键盘。键盘与 CRT 有着同等重要的地位，是运行操作人员进行各种操作的主要设备。当今，操作员接口站的键盘多采用表面覆盖聚酯、有防水防尘能力、有明确图案或字符标志的工程化触摸式平面薄膜键盘。这种键盘是一种非机械式键盘，内部采用薄膜式开关，没有机械点，其可靠性高，至少可以正常工作 100 万次以上。专用操作员键盘上的按键是根据系统操作的实际需要设立的。不同系统、不同型号的键盘在按键的多少、按键的功能和按键的排列设计上各有不同，各具风格，但通常具有数字和字母输入键、光标控制键、画面显示操作键、报警确认和消音键、运行控制键、专用或自定义功能键等几类基本按键，而且这些按键在键盘上一般是按功能相似的方法分组排列的。

2）触摸屏。随着显示技术的发展，许多分散控制系统厂家引入了触摸屏显示技术应用于操作员接口站，触摸屏是安装在 CRT 屏幕表面上的一个细网络状敏感区（敏感区一般采用透明接触线，红外线发射/接收器，薄膜导体或电容敏感元件），它与相应的外围电路（触摸屏控制卡）配合起来可以识别运行操作人员的手指接触屏幕的位置，它可以看作是装在 CRT 屏幕上的一种“透明键盘”。运行操作人员只要用手指接触该屏幕上的某工区域，就可以达到操作该区域显示内容的目的。

图 22－7 所示的是 INFI—90 系统的触摸屏组成结构，其中触摸屏通过电缆与触摸屏控制卡连接。触摸屏控制卡接收来自触摸屏表面产生的触屏中断信号，并将它编码后送至系统的多总线键盘模件（MKM 卡）。多总线键盘模件是系统的一个接口模件，它专门用于将键盘、触摸屏等输入设备接入操作员接口站。INFI—90 系统的触摸屏控制卡是直接安装在多总线键盘模件上的，每个多总线键盘模件上最多可安装两块触摸屏控制卡。

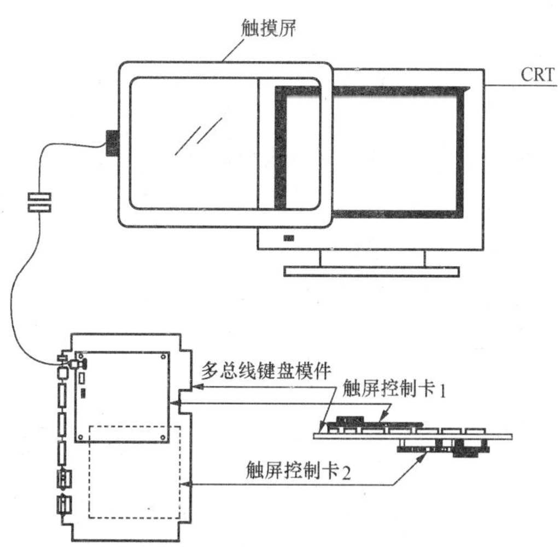

图 22－7　INFI—90 系统的触摸屏结构图

触摸屏是键盘的一种新的补充形式，它提供了一种新的显示操作方法，可直接通过触摸屏幕上的某个区域来实现相应的操作和选择所需的显示画面，使光标和键盘的操作一次完成。

因此，触摸屏的显著特点是把操作与画面显示统一起来，使操作更为直观化。

3）鼠标或轨迹球。它们也是系统的输入设备之一，是专门用于 CRT 上的光标移动的设备。尽管在输入键盘上设有光标移动键，但应用鼠标或轨迹球移动光标更为便捷。所以，操作员接口站一般都配备这种输入设备。鼠标或轨迹球是绝大多数计算机普遍采用的设备。

（5）外部存贮设备。

通常计算机控制系统中有大量的信息需要记录和保存。外部存储设备（简称外存）作为主机内存（ROM、RAM）的补充，是操作员接口站的一个重要组成部分。这是因为内存受 CPU 寻址范围的限制，其容量不是很大，而且 RAM 在断电时又会丢失内存信息；因此，操作员接口站与其他计算机系统一样，需要有外存的支持才能具备完善的存贮功能；目前，在分散控制系统中应用的外存主要有硬磁盘、软磁盘、磁带、光盘等，其中硬磁盘和软磁盘的应用最为普遍。实际上，任何一种形式的外存大都由存贮控制器、驱动器和存贮介质三大部分组成，磁盘一般分为硬磁盘和软磁盘两类。硬磁盘（简称硬盘）是用铝合金作为盘基，盘表面涂（镀）磁记录材料层（氧化铁）的存储器，其盘径有 14 英寸、8 英寸、5.25 英寸、3.5 英寸等几类品种。

（二）工程师工作站（EWS）

在一个自动化系统的设计、安装、调试过程中，系统工程师们要做大量的工作，例如：

（1）系统所有组件的选定；

（2）组件的安装与接线；

（3）系统的构成与组态；

（4）系统的检查与试验；

（5）故障的分析与处理；

（6）文档（如图纸、表格、文件等）的编制与修改。

这些工作在以前全靠手工来完成。计算机分散控制系统的出现，在很大程度上简化了控制系统的实现过程，这是因为：

（1）采用了以微处理器为基础的通用模件，减少了控制系统中的一些专用硬件；

（2）采用了通信网络交换信息，减少了模件之间的硬接线；

（3）采用了功能块组态图或面向问题的语言描述控制系统的连接关系，减少了硬件接线图的绘制；

（4）采用了以 CRT 为基础的控制操作台，减少了监视、记录、报警和操作仪表，简化了控制盘面。

所有这些都显著减少了实现控制系统的工作量。尽管如此，一个分散控制系统现场安装起来到投入运行，仍有不少工作要做。为了方便工程师们的工作，分散控制系统中设有一种专用设备——工程师工作站（EWS）。

EWS 基本功能介绍如下。

EWS 是一个硬件和软件一体化的设备，是分散控制系统中的一个重要人机接口，是专门用于系统设计、开发、组态、调试、维护和监视的工具，是系统工程师的中心工作站。EWS 的主要功能包括以下几方面。

（1）系统组态功能。

该功能用来确定硬件组态和连接关系，以及控制逻辑和控制算法等。其基本组态任务有以下几点：

1）确定系统中每一个输入、输出点的地址，如确定它们在通信系统中的机柜号—模件号—

点号，以便系统准确识别每一个输入、输出点。

2）建立（或修改）测点的编号及说明字，确定编号及说明字与硬件地址之间的一一对应关系，即标明每一个测点在系统的唯一身份，以便通过编号及说明字（而不必通过硬件地址）来识别每个测点，从而避免出现数据传输上的混乱。

3）确定系统中每一个输入测点和某些输出的信号处理方式，如输入信号的零点迁移、量程范围，线性化、量纲变换、函数转换；对调节机构进行非线性校正输出。

4）利用 EWS 内的组态软件进行系统控制逻辑的在线或离线组态，或利用面向问题的语言和标准软件开发、管理、修改系统其他工作站的应用软件。

5）选择控制算法，调整控制参数，设置报警限值，定义某些测点的辅助功能（如印记录、趋势记录、历史数据存储与检索等）。

6）建立系统中各个设备之间的通信联系，实现控制方案中的数据传输、网络通信系统调试，以及将组态或应用软件下载到各个目标站点上去等。

上述组态信息输进系统且进行正确性检查之后，以数据库的形式全部存贮到系统设置的大容量存贮器中。EWS 的系统组态功能在无需增设其他系统硬件的情况下，工程师可方便地进行分散控制系统的组态，而当系统投运后，还可支持系统的维护。

（2）OIS 组态功能。

除对分散控制系统的控制功能进行组态外，工程师还要对操作员接口进行组态，EWS 的 OIS 组态功能正是为此而设立的。OIS 组态功能包括以下几类：

1）选择确定系统运行时操作员接口所使用的设备和装置，如操作、显示、报警、记存贮等设备。

2）建立操作员接口与其相关设备（包括现场控制设备）之间的对应关系，如用编号说明字指明设备和画面、为测点选择合适的工程单位等。

3）利用 EWS 提供的标准软件，对监视、记录等所需的数据库、CRT 监控图形和显示面进行设计与组态。组织与形成 OIS 的 CRT 显示画面是 EWS 中的一个重要内容。

（3）在线监控功能。

EWS 一般具有 OIS 的全部功能。它在在线工作时，作为一个独立的网络节点，能够与网互换信息。因此，它在相关软件的支持下，具有以下功能：

1）像 OIS 一样，在线监视和了解机组当前的运行情况（量值或状态）。

2）利用存储设备内的数据，在 CRT 上进行趋势在线显示。

3）按环路、页在线显示应用程序及其当前的参数和状态。

4）提供在线调整功能，使 EWS 具有及时调整生产过程的能力。

（4）文件编制功能。

工业过程控制系统的硬件组态图、功能逻辑图的编制，是一项艰巨、复杂、费力费时、耗废巨大的工作，在常规控制系统中，这些工作几乎全部由人工完成，但在分散控制系统中，EWS 的设立大大改善了这种局面。一般而言有以下情况：

1）EWS 具有支持表格数据和图形数据两种格式的文件系统（数据格式是可变的，以满足各种用户的不同要求）。

2）EWS 具有支持工程设计文件建立和修改的文件处理功能。

3）EWS 具有 CRT 拷贝和支持文件编制的硬件设备（如打印机、彩色拷贝机），可以辏出所感兴趣的文档资料。

工程师通过利用 EWS 的文件处理系统、输入和存贮的大量组态信息以及硬拷贝设备，可方便地实现系统众多文件的自动编制和必要的修改功能。

(5) 故障诊断功能。

在分散控制系统中，EWS是系统调试、查错和故障诊断的重要设备之一。分散控制系统中的大多数装置都是以微处理器为基础的，利用这些装置的“智能化”特点，可以实现：

1）自动识别系统中包括电源、模件、传感器、通信设备在内的任何一个设备的故障；

2）确定某设备的局部故障，以及故障的类型和故障的严重性；

3）在系统处于启动前检查或在线运行时，能快速处理查错信息。

分散控制系统的故障诊断功能为及时发现系统故障、准确确定故障位置和类型，以便寻找最好的解决方法迅速排除系统故障，提供了有力的工具。应该指出，此处讨论的故障诊断是指控制系统的故障诊断，并非是过程设备的故障诊断。过程设备的故障诊断现已成为一项相对独立的重要工作，它在很大程度上取决于对过程设备的构造、特性和运动规律等的了解，而不取决于分散控制系统本身。

（三）DCS操作站综述

DCS操作站具有操作员功能、工程师功能、通信功能和高级语言功能等，其中工程师功能中包括系统组态、系统维护、系统通用（Utility）功能。

实际的DCS操作站是典型的计算机，它与控制站不同，有着丰富的外围设备和人机界面。20世纪70年代中期，CRT显示器技术已成熟，以外部存贮器温氏硬盘为特征，第二代DCS操作站还具备的特点是：操作站和工程师站（或称工作站）分开，也有公司将操作站的历史数据存贮用硬盘（历史模件）和高级语言应用站（应用模件）分别独立挂在通信网络上；操作系统除采用DOS系统以外，有的产品采用Unix等操作系统；实时数据库储存性能逐渐完善；在人机界面方面，逐渐过渡为以GUI图形用户界面为平台并采用鼠标，组态时制作流程图和控制回路图等采用菜单、窗口、CAD技术等，使人机界面友好。第三代DCS操作站是在个人计算机（PC）及Windows操作系统普及和通用监控图形软件已商品化的基础上诞生的，面对用户要求的DCS系统应具有开放性、便于系统集成和操作、与Windows一致等。目前大多数DCS操作站已采用高档PC机或工控机，Windows NT（或Windows 98）操作系统，客户机/服务器（C/S）结构，DDE（动态数据交换）或OPC（用于过程控制对象链接嵌入）接口技术，以太网接口与管理网络相连。在采用通用监控图形软件（如iFIX、Intouch等）这一点上，各DCS厂家做法不一，有的以此为平台，形成“软DCS”操作站，这多用于中小型DCS，或以此类软件为核心，进行二次开发；大多数DCS厂家对原来的组态软件进行改造，使之符合上述特点，满足系统开放要求。操作站要实现其多项功能，必须完成数据组织和存贮两方面任务，如与工位号相关的一些数据，在操作站中要对由控制站某端与现场仪表相连的、由物理位置而决定的工位规定工位号（即特征号或标签Tag）和工位说明（可以用汉字），使之与工艺对象一致，以保证工艺操作人员的操作。工位号可以在整个DCS系统中通用。其他还有系统配置、操作标记、趋势记录、历史数据管理、总貌画面组态、控制站组态、工艺单元或区域组态等，这些均组织成文件，最终形成数据库，存贮在硬盘的相应区域，使数据具有独立性和共享性，保证数据的完整性和安全性。

DCS系统组态、操作站组态、控制站组态均有相应软件，为DCS用户的工程设计人员提供人机界面。在工程设计中，第一代、第二代DCS均采用先让DCS用户的工程设计人员填写工作单或绘制组态图（或称SAMA图），再在操作站或工程师站上键入生成，形成应用软件，同时拷贝出软盘的方式。在第三代DCS中，逐步向无纸化和在PC机上完成工程设计的方式过渡。

操作员的操作主要依靠流程图画面和标准的总貌画面、分组画面等，采用标准键盘、鼠标和操作员专用键盘。这是 DCS 的特点，要经过专门培训才能被工艺操作人员接受。在多屏幕的情况下，操作的最后有效原则、各屏幕画面等同化显示及按工位号调用或按专用键调出画面的速度或画面定时刷新问题，报警按时序显示记录问题，都陆续得到解决。操作站死机现象时有发生，当然这与 DCS 制造工艺、用户使用操作等都有关系，但从操作站的操作系统上解决问题才是彻底的方法。目前，这个问题已经不严重，但要彻底解决，还有待时日。

（四）功能仪表

在一些分散控制系统中，除上述的操作员接口站和工程师工作站外，还具有实现某些特定功能的另一类人机接口设备。这类人机接口设备有两种典型的结构型式：一种是安装在控制盘台（或机架）上的模件式装置；另一种是手持的便携式装置。它主要是为方便现场组态、参数调整、专项监视和实现手动直接控制等而设置的。

1. 组态调整装置

组态调整装置是分散控制系统工程设计和维护的一种终端设备，是对分散控制系统进行控制策略更改、控制回路组态、控制参数调整和系统故障诊断的就地工具，是一种低层工程师接口。

组态调整装置是以微处理器为核心的智能终端，一般由微处理器、存贮器、显示器及其接口、键盘及其接口、通信接口、外设接口等组成。但是，对于不同的分散控制系统，组态调整装置所采用的结构型式同样有别，或是便携式或是模件式，如图 22－8 所示。

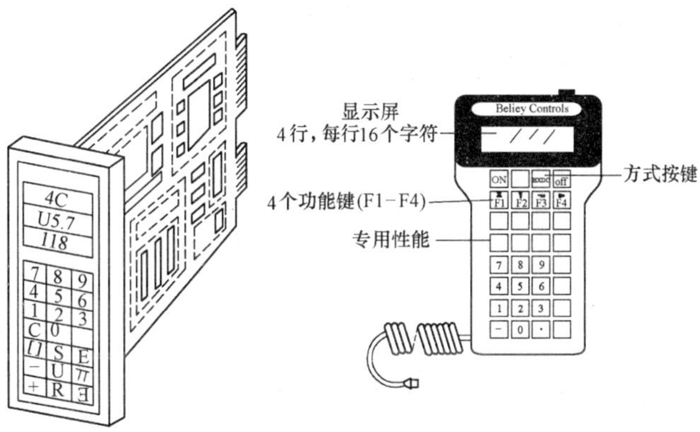

图 22－8　组态调整装置

（a）模件式；（b）便携式

模件式组态调整装置安装在机柜的一个槽位上，其通信接口通过槽位上插接部件与总线以及目标单元（被组态的控制单元或输入/输出装置）连接；便携式组态调整装置的通信接口则通过专用的电缆、插头直接或间接（通过组态接口模件）与总线以及目标单元连接，实现双向通信。无论何种形式的组态调整装置均可在目标单元带电工作时接入和拔除。

组态调整装置的键盘和显示器，是工程师输入或读取有关数据的直接人机接口。其键盘主要是由数字键和若干功能键组成（按键数目随装置不同而异），通过键盘输入可以进行以下基本操作：

（1）组态调整装置的开/关，确定装置的启动或停止使用。

（2）数字、负号、小数点的输入，以指定有关地址、代码和输入所需的数据。

（3）结束一个数据输入序列、清除前一次输入目标单元的记录、按顺序进行前一个或下个显示的操作。

（4）装置工作方式的选择和确认，使目标单元进入组态工作方式；或进入执行方式，使标单元执行其组态。

(5) 目标单元地址输入的确定，通过按键选择该功能后，可使下一个序列输入的数据是之通信的目标单元的地址。

(6) 系统组态过程中功能块的增加、删除、修改、监视和一些指定参数调整的操作。

(7) 新组态送入，将系统新的组态送至目标单元的非易失性存贮器中，更新原有的控制态。

通常，模件式组态调整装置的显示器采用多段 LED 发光二极管组成，而便携式组态调整置采用的是液晶显示器。显示器提供的是字母和数字显示，当进行组态和调整时，显示器作为按键的直观反映及直观存储的辅助手段。显示包括目标单元号、选择的方式、动作要求、块号、规格号、数字值、状态代码、出错代码、功能码、提示符等内容。

综上可知，组态调整装置的输入和显示能力是十分有限的，其人机联系远不如工程师工站那样方便。它不支持高级语言程序的编制和编辑，通常采用大量的符号、代码或专用功键来实现人机通信。工程师必须首先编制好组态方式的输入数据文件，然后通过人机接采用交互式问答方式输入数据。组态调整装置可以对输入数据和组态方案进行合理性、一致性检查，当发现问题时，提示出错信息。有些组态调整装置可以连接大容量存贮设备（如磁带机、软盘驱动器、专用盒式存贮器）来存贮控制系统的组态。工程师利用大容量存贮设备，可以方便地开发和编辑控制方案(不论组态调整装置是否与目标单元连接)，可以使存贮的控制组态通过组态调整装置加载到目标单元中去，也可以将目标单元中的组态信息装入存贮设备。这种功能在向备用目标单元加载组态信息使之替代故障目标单元时是十分有用的。除此之外，有的组态调整装置还可连接诸如打印机等简单外部设备。

组态调整装置通常具有一定的系统故障诊断功能。例如，可查询已发生故障的目标单元；可在故障单元通信正常的情况下显示故障原因；可跟踪检查控制组态以发现问题；有的还可以将目标单元的实际组态与大容量存贮器内的正确组态进行比较，实现系统调试和投运前以及运行一段时间后的组态检查。这些功能对工程师识别故障的位置和类型有很大帮助作用。但是，由于组态调整装置不是放在控制室内，且非始终与分散控制系统连在一起，所以它不能作为在线实时诊断设备。

在某些分散控制系统中，同时设有多种不同类型的工程师接口，所有这些接口都可以读写同一种类型的大容量存贮器，保证了工程师在整个系统的工作具有兼容性。

应该指出，并不是所有的分散控制系统都提供上述组态调整装置，因此许多系统的所有工程师人机联系功能均由工程师工作站予以实现。

2. 模拟量控制站

在常规控制系统中，设置有许多模拟量控制的自动/手动切换操作器，当模拟量自动控制设备出现故障时，可以通过这些操作器手动控制生产过程。而在分散控制系统中，这一功能是由模拟量控制站来实现的，作为系统的后备控制手段。不同的分散控制系统，模拟量控制站的实现手段、硬件结构、功能及特点都有所不同。其中，比较常见是一种结构上与现场控制单元分开的独立式控制站。图 22－9 示出了一种典型的模拟量控制站结构。

图 22－9 所示的独立式模拟量控制站实际上是一个模件式装置，通常安装在火力发电厂控制室的操作台或立盘上，它与外部的所有联系均通过其尾部连接器实现。正常情况下，它通过预制电缆时刻与现场控制单元中的功能模件保持着联系，此时模拟量控制站上的操作均经过通信进入功能模件，再由功能模件的内部组态予以实施；一旦模拟量控制站失去与现场控制单元的联系，模拟量控制站可自动切换到“旁路”工作方式——不经过现场控制单元直接指挥执行机构动作。

在模拟量控制站面板上，设置有过程变量、给定值、控制输出的显示（如图 22－9 中采用三个气体等离子体棒状图分别予以显示），除此之外，还设有一个公用的字母数字显示窗口，可以显示：

（1）以工程单位形式表示的过程变量和给定值的数字值；

（2）以百分数形式表示的控制输出的数字值；

（3）故障和报警信息的代码；

（4）模拟量控制站所处的运行方式。

3. 数字逻辑站

数字逻辑站是一个开关量操作站，通过尾部连接器、电缆、数字子模件等与现场控制单元相连，实现分散控制系统的部分数字逻辑功能，如图 22－10 所示。其主要作用是控制开关量系统的启停；作为顺序控制系统的输入指令或确认信号；作为系统中重要开关量的手动后备操作工具。

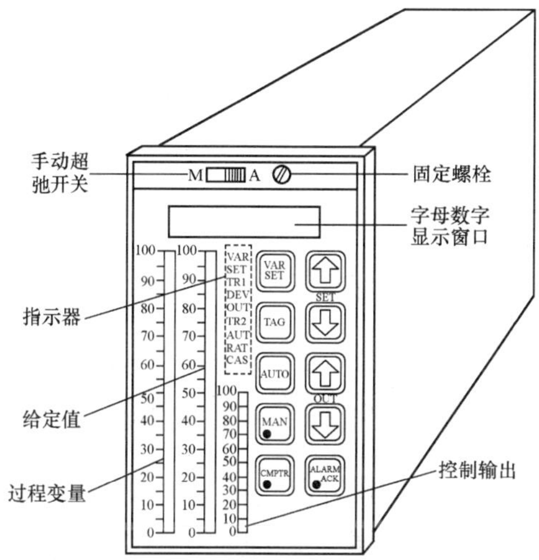

图 22－9　模拟量控制站结构图

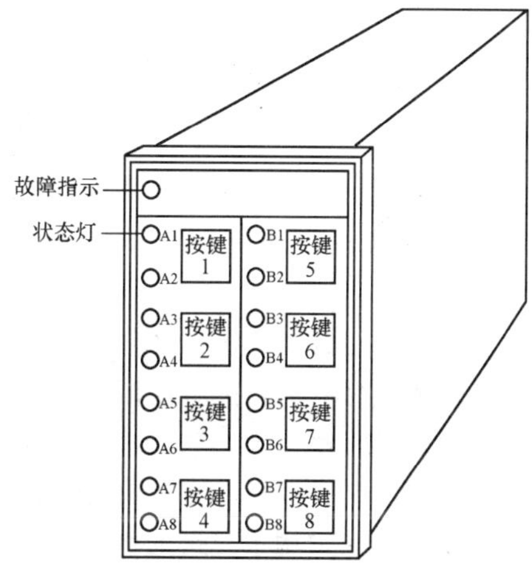

图 22－10　数字逻辑站

4. 数字指示站

数字指示站是一个模件式盘装仪表，用于监视一些与闭环控制回路有关的一些过程变量、进行报警显示和故障指示，不参与控制，相当于常规控制中的显示仪表，常作为操作员接口站的后备显示装置。

第四节　分散控制系统软件

分散控制系统的硬件是物质基础，而分散控制系统的软件是其灵魂，是人的思维与意识在控制装置中的具体体现。不同的分散控制系统，其软件虽各具特点，但也有许多共同之处。通常分散控制系统的软件可以按以下方法分类。

一、按功能分类

按功能分，分散控制系统的软件包括系统软件和应用软件。

1. 系统软件

一般由计算机设计人员研制，由厂商提供，与应用对象无关的、面向计算机或面向应用服务的、专门用来管理计算机的、具有通用性的程序，称为系统软件，其中包括以下几方面：

(1) 语言加工程序，主要为操作系统、数据库系统、系统诊断程序、连接程序、调试程序等。

(2) 应用服务软件，包括各种组态软件、算法库软件、图符库软件、用户操作键定义软件等。

(3) 网络通信软件。

2. 应用软件

根据用户需要解决的实际问题而编制的有一定针对性的程序，是面向用户、在操作系统下在线运行并直接控制生产过程的程序。应用软件主要有输入/输出程序、数据处理程序、过程控制程序、人机接口程序、显示、打印、报警程序等。

二、按对应硬件分类

1. 现场控制软件

对应于现场控制单元。

2. 工作站软件

对应于操作员接口站、工程师工作站、观察站、历史站、记录站等。

3. 网络通信软件

对应于计算机通信接口、控制设备的通信接口、网络匹配器和通信网络等。

三、软件设计方法

1. 模块化设计方法

在进行软件设计时，把总体任务分成若干部分，每一部分具有一定功能，对应一段程序。这个功能明确而能独立运行的程序段称为模块。单独建立模块并通过适当的接口和组织把相关模块连成一个整体的程序设计方法。

DCS控制器中的模块（功能块）：DCS不仅能完成原来模拟仪表的功能，而且大大超过模拟仪表。这是因为它采用了先进的计算机技术、通信技术、CRT技术和控制技术等4C技术。采用数字控制以后，控制器中预先存到ROM中的算法可以说是无限的，每一种算法代表一种功能。这些功能在模拟仪表中是用模拟线路来实现的，它受到模拟线路的漂移、电阻、电容等器件的限制，作一个精度很高的模拟仪表成本很高，甚至几乎是不可能的。而数字控制的算法是用程序实现的。用程序来代替模拟线路所能实现的功能。在理论上是无限的，这是很大的进步。对于各种DCS系统其原理都是一样的。通常称各种算法为功能块。功能块的总和称为功能块库。

2. 分层设计方法

以各程序模块为基础，根据总体任务要求把不同功能的模块分为若干层，层次之间只能单向依赖。

3. 采用规定的结构类型和操作顺序的设计方法

常用的逻辑控制结构有顺序结构、条件选择结构和循环结构。

四、数据结构和实时数据库

1. 数据结构

为了便于数据的查找和修改，计算机必须按照一定的规则来组织数据使之彼此相关，这种数据间存在的逻辑关系称为数据结构。

2. 实时数据库

数据结构与相关数据信息的集合称为数据库，若数据库中的数据信息为实时信息则为实时数据库。

3. 现场控制单元的数据结构

各种DCS系统现场控制单元的实时数据库结构各具特色，一般通用的实时数据库应包括系统中采集点、控制算法结构、计算中间变量点、输出控制点等的有关信息，即点索引号、点字符名称、说明信息、报警管理信息、显示用信息、转换用信息、计算用信息。每一点的信息构成一条“记录”，称“点记录”。

五、过程控制软件

过程控制软件是通过组态方式，在内部标准子程序库和分散数据库的支持下，由相应的组态工具软件生成的。标准子程序库提供功能块和管理程序（操作系统）；分散数据库则提供构成软件所必须的实时动态信息，包括数据信息、状态信息、连接信息等。根据生产过程控制要求，利用控制算法库提供的控制模块，在工程师工作站生成所需的控制规律，然后将其下装到现场控制单元中。

基本控制器的算法：制造商为了满足用户需要，将可能用到的各种算法设计成标准化、模块化的子程序，这些子程序称为标准算法模块或功能块，简称算法。

六、操作员/工程师站软件

各操作站点的软件是庞大的，一般分散控制系统提供的系统软件由实时多任务操作系统、编程语言及应用服务软件（组态工具）等组成。

1. 实时多任务操作系统

操作系统是裸机与用户之间的界面，是用于计算机系统自身控制和管理的一种程序集合。常见的操作系统有DOS、UNIX、WINDOWS系列，其功能为任务管理、设备管理、存贮管理和文件管理。

2. 编程语言

编程语言主要有面向机器的语言、面向问题的语言、面向过程的语言、梯形图逻辑的语言等。

（1）面向机器的语言是为特定的或某一类计算机专门设计的编程语言，其中包括以下两类：

1）机器码，又称机器语言，用计算机能直接执行的代码为指令来编程。

2）汇编语言，是一种以助记符为指令的编程语言，其语句与机器码之间有一一对应的关系，计算机可将汇编语言翻译成机器码执行。

（2）面向问题的语言是一种专门为解决某一方面问题而设计的独立于计算机的程序语言，接近于人们的习惯语言与数学表达，如FORTRAN语言、BASIC语言、PASCAL语言、C语言等。

（3）面向过程的语言，该语言面对生产过程控制的应用需求，运用面向机器或面向问题的研究开发的可按人们的常规思维和语言方式对生产过程进行直接描述的一种语言。面向过程的语言在分散控制系统中通常被称为“组态软件”。

七、分散控制系统软件综述

分散控制系统的软件，很重要的一部分就是控制站的软件。关于DCS控制站的系统软件，原则上也有实时操作系统、编程语言及编译系统、数据库系统、自诊断系统等，只是完善程度不同而已。第一代DCS控制站的功能更近似于多回路调节器，而且每个控制站都可以配置人机界面和备用操作器；第二代DCS控制站的实时操作系统及程序编译系统比较完整，编程语言有面向过程语言和高级语言，控制策略的组态由操作站或工作站在与控制站联机的情况下，完成编译和下装；第三代DCS控制站的系统软件齐全，操作站或工程师站可以完成离线组态及在线修改控制策略。

为了完成控制策略，实现对应功能模块及模块之间连接的功能，可构成反馈控制回路，这在三代 DCS 控制站中变化不大，而且是不断积累完善的过程，如 PID 算法等典型的数值计算就是如此。目前典型的功能模块有 50 多种，这是 DCS 厂家的专有技术。对于顺序控制和批量控制组态编程，各种 DCS 控制站采用不同的方法，直到近年来才向 IEC 61131 – 3 编程语言标准靠拢。

八、DCS 系统组态

DCS 装置本身只是一个软件、硬件的组合体，只有经过软、硬件组态以后才能成为真正适用于生产过程的应用控制系统。

组态包括硬件组态和软件组态两种。

(1) 硬件组态是指为实现一定功能所进行的系统硬件配置。

(2) 软件组态是指给硬件系统配置有关信息和形成所需功能的应用软件。实现软件组态的软件工具称为组态软件。

第五节　分散控制系统通信

一、通信

通信是指采用某种特定的方法，通过某种介质或渠道将信息从一处传到另一处的过程。它包括模拟通信、数据通信、数据通信三种。

(1) 模拟通信：以模拟信号传递信息的方式。通常用 0 ~ 10mA、4 ~ 20mA、0 ~ 5V 信号。

(2) 数字通信：将模拟信号转换为数字信号后传输的方式。

(3) 数据通信：通过计算机或其他数字装置与通信线路相结合，实现对数据信息的传输、转换、存贮和处理的通信技术。

二、通信网络

随着计算机技术的发展和应用的深入，为了共享信息资源、互相传递信息，共享大型与巨型计算机的硬件和软件资源、信息资源等，使计算机开始向网络化发展。

网络的定义：资源共享的观点将计算机网络定义为“以能够相互共享资源的方式互联起来的自治计算机系统的集合”，即将在地理位置不同且具有独立功能的多台计算机通过通信设备连接在一起，以功能完善的网络软件（网络协议、信息交换方式、网络操作系统等）实现数据传输及资源共享。

三、网络拓扑结构

网络中各站（节点）的相互连接方式（空间布局的形式）常被称为网络拓扑结构。所谓网络“拓扑”就是几何的分支，即它将实物抽象化为与其大小和形状无关的点、线、面，然后来研究这些点、线、面的特征。DCS 常用的网络结构有星形、总线形、环形。

1. 总线形网络结构

以一条开环的通信电缆作为数据高速公路，各节点直接通过硬件接口与总线相连接，称为总线形网络结构，如图 22 – 11 所示。任何一个站的信息都以广播方式在总线上传播。这种结构非常简单，所需要的电缆也很少，网络易于扩展，不致相互影响。

2. 星形网络结构

以中央节点为中心与各个节点连接而组成的，各节点与中央节点通过点到点的方式连接，称为星形网络结构，如图 22 – 12 所示。中央节点可直接与从节点通信，而从节点之间必须经过中央节点才能通信。

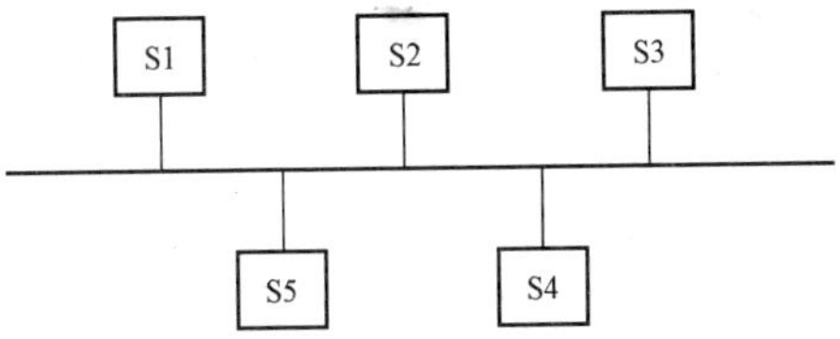

图 22－11　总线形网络结构图

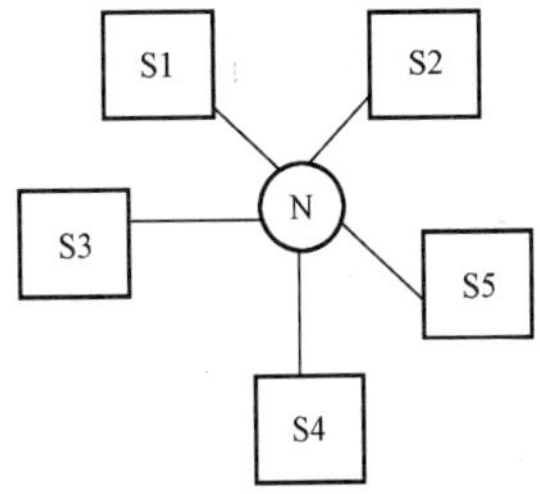

图 22－12　星形网络结构图

3．环形网络结构

网络中的各节点通过环路接口连在一条首尾相接的闭合环形通信线路中，站与站之间的通信必须通过环路，信息的传输是沿单方向围绕线路循环的且逐点进行的，由一个站发出的信息只传输到下一站，若不是目的站，则继续传播。在整个发收信息过程中，任何一个接口损坏，都将导致整个网络瘫痪。这种网络称为环形网络结构，如图 22－13 所示。

四、DCS 系统网络控制方式

通信网络上各站的信息传递过程，首先是由原站将信息送上网络，然后由目的站取走信息，要保证信息传递无误，必须选取合适的网络控制方式即信息送取的控制方式。

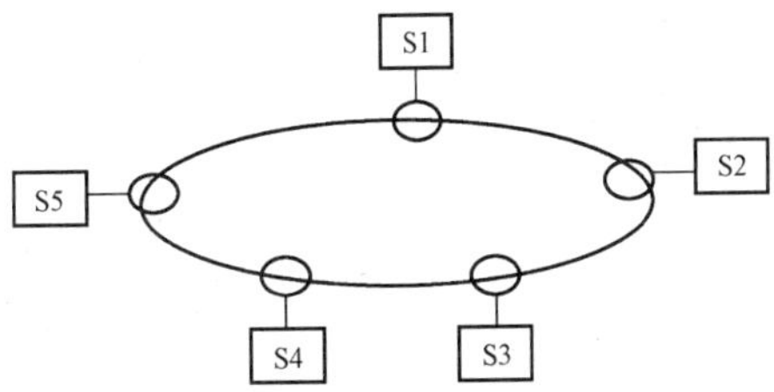

图 22－13　环形网络结构图

1．查询方式

查询方式适用于有主节点的星形网络。网络中的主节点就是一个网络控制器，网络控制器按照一定的次序向网络中的每个站发送是否要发送信息的询问信息，被询问的站作出应答，若不要发送信息，则转向下一个站，若要发送，则由网络控制器安排通信。若网络中同时有多个站要发送信息时，则按优先级别发送。

2．广播方式

在同一时间内网络上只有一个节点发送信息，而其他节点处于接受信息的状态。通常情况下，该方式不需要网络控制器，参加通信的各站点都处于平等地位。但需要解决信道冲突问题，适用于环形网络和总线形网络。

3．存贮转发方式

存贮转发方式，也称环形扩展方式，其主要特点是一个站发送的信息，必须旅行完参加网络通信的所有站点。采用此方式发送信息时，准备发送信息的站点将不断监视通过它的信息流，一旦发现信息流通过完毕，则立即将信息送上网络，其过程是一个站点发送信息，到相邻站点，后者将其存贮起来，等自己的信息发送完后再转发。直到目的站点收到信息后，在其后带上确认信息后，重新送入环路，直至回到源点。它适用于环形网络。

五、网络协议

在计算机的通信网络中，所有的站点都要共享网络中的资源。但由于挂接在网上的计算机或设备是各式各样的，可能出于不同的生产厂家，型号也不同，它们在软件及硬件上的差异，给相互之间的通信造成困难，因此需要有一套所有“成员”共同遵守的“规则、标准或某些约定”，以便实现资源共享。这种约定称为“网络协议”。网络的通信协议，在功能上是有层次的。为实现网络通信的标准化，应首先定义通信任务的体系结构，以便将复杂的通信任务划分为若干个可管理的层次来处理。国际标准化组织针对协议层次提出了开放系统互联参考模型，简称 OSI 参考模型。

早期的 DCS 的通信网络都是专用的，DCS 有几级网络，完成不同模件之间的通信。究竟做成几级，各厂家各不相同，并与计算机技术的发展有关。从目前的情况来看，DCS 的最多网络级有四级，它们分别是现场总线、I/O 总线、控制总线和 DCS 网络。

I/O 总线，它把多种 I/O 信号送到控制器，由控制器读取 I/O 信号，这称为 I/O 总线。I/O 板相互之间并不交换数据。I/O 总线的速率是不高的。从几十千到几兆不等。这与计算机技术的发展情况有关。20 世纪 80 年代初是 20K，20 世纪 80 年代中期是 40K，20 世纪 80 年代末期是 80K，20 世纪 90 年代是几兆。为了快速，最好是并行总线。采用并行总线，其 I/O 模件必须与控制器模件相邻。在采用串行总线的情况下，I/O 板和控制器之间的距离也要比较近才行。最好把控制器模件和 I/O 模件装在一个机柜内或相邻的机柜内。远程 I/O 应该采用现场总线，如 CAN、LONWORKS、HART 总线等。现场总线是 20 世纪 90 年代初发展起来的。在 I/O 板中，从硬件来说应该有能接收现场总线来的信号的输入、输出板；从软件来说在控制器中应该有读取和写到现场总线信号的功能块。在 DCS 系统中，远程 I/O 采用 HART 总线比较多，如现场的变送器，离控制器机柜距离比较远，把 16 个变送器来的信号编成为一组，用 HART 总线把信号送到控制器，控制器同时读进 16 个变送器来的信号。控制器和变送器两者距离可达 1km 以上。在从美国、欧洲进口的 DCS 系统中，几乎都有 HART 协议板。在实际应用中，远程信号是比较多的，若控制器与变送器相距较远，则在网络上设两个节点，需要两套节点的接口模件，接口模件的费用又比较高，如果设一个节点，则需要采用远程 I/O。

第二级网络是控制器之间的通信，把完成不同任务的三种控制器连在一条总线上，称为控制总线。在控制总线上的不同控制器的数量不受限制。在这一条总线上除三种不同的控制器模件以外，还有 DCS 网络的接口模件。在控制总线上，控制器之间可以调用数据，使得模拟量和开关量之间的结合很好。控制总线不是每一种 DCS 系统都有的，可以把各种控制器分别连到 DCS 网络上。控制器之间的数据调用要通过 DCS 网络。控制总线的速率情况与 I/O 总线的情况相类似。通常是几十千到几兆之间。当 CPU 和存贮器的能力比较强时，把开关量的逻辑运算和模拟量的采集功能都在一个控制器中完成。在控制总线上就只有一种形式的控制器，其协议采用载波监听，广播发送，类似以太网的协议。

第三级是 DCS 网络。它把现场控制器和人机界面连成一个系统。为了确保通信成功，DCS 生产厂家无论是电缆，还是通信口，都把它们做成冗余的。一条网络发生故障，另一条备用网络立即投入运行。连在 DCS 通信网络上的部件称为节点。在地理位置上，节点可以分散配置，各节点之间的距离各 DCS 系统不同。有的可达几百米。传输速率在几百千至一百兆之间。10 兆是常用的速率。DCS 网络的总长度可达几千米，最短也有几百米，网络不够长时要加中继器。

三种总线的通信协议是由各 DCS 生产厂家自行开发的，通信协议是不公开的。DCS 网络的结构形式大致是三种，分别是总线形、环形和星形。星形结构通常只用于小系统。通信协议有令牌广播式、问询式和存贮转发式。问询式协议的网络要有交通指挥器。所有人机界面要向控制器请求数据时，必须通过交通指挥器，由交通指挥器来向控制器请求数据。控制器才能发送信息给人机界面。如 HONEYWELL 的 TDC2000、FISHER 的 PROVOX，都有交通指挥器。在星形网络中，人机界面（操作站）可以作为交通指挥器。它只能连接一个人机界面的节点。把它作为操作站。网络的覆盖面也比较小。由一些回路控制器组成的系统通常都连成星形网络。令牌广播式由一个节点发出一个令牌（令牌是特别的比特组，比特组内无源地址和目的地址），令牌沿环绕行。拿到这个令牌的节点就改变令牌中一个特定位，将令牌变成一信息帧的帧起始定界符，加挂上构成一帧所需要的其余字段以发送信息，网络上的其他节点都在接收信息。当本站检测到帧的目的地址与本站地址相符时，就接收该信息帧（目的节点）。同时转发该帧，直到该帧回到发送站（源节点），才把该帧释放。再发送新令牌。这种协议的特点是持有令牌的节点才能发送信息。令牌广播式协议的网络中，可以连接多个人机界面的节点。在网络上的节点都是平等的。每一个节点都有机会发送信息。如美国 BAILEY 的 INFI90 90 是令牌广播网。存贮转发协议是一个节点发出信息，传给下一个，这个节点接到信息，必须先存下来，如果自己要，就可以接收下来；如果不需要，就把它转发出去，直至到需要这个信息的节点为止。然后信息再返回到源节点，才释放这个信息。这种协议用于环形网络中，这种环形网络可以长达几千米。如美国 BAILEY 的 NETWORK 90 的厂区环路就是这样的网络。不管什么结构形式的网络，连到网络上的节点总数是有限制的，至于什么样的节点，有几个，它是不受限制的。

在 DCS 网络中，数据传输是以信息帧的形式传输的。它是同步发送信息，半双工发送、双工发送的极少。每一帧信息都有信息头（称为首旗）、信息尾（尾旗），信息帧中紧跟首旗的是地址，其中包括信号发出的节点的源地址，如节点号、模件号、功能块号以及接收信息的节点的目的地址，如节点号、模件号和功能块地址。信息帧的中间是数据，再后面是校验。校验最多的是采用循环冗余校验（CRC）。CRC 码是一种高效能的检错和纠错码。数据在传输过程中，可以是一帧，也可以是两帧，如果是两帧，头帧是旗，第二帧才是数据。最长的一帧信息可长达 200 多个字节。采用存贮转发协议的网络中，当一个节点发生故障时，可把这个节点旁通，让信息通过。

六、数据通信及网络综述

在 DCS 系统诞生时，主要解决一个生产装置中几个控制站和一个或几个操作站之间的数据通信问题；第二代 DCS 则解决多个装置的 DCS 互联问题；第三代 DCS 则解决一个工厂的多个车间互联及与全厂计算机管理网络互联的问题，这是总的设计思想。

在实际应用中，如石化行业，DCS 一直多用在一个生产装置范围内的多机通信系统中，而且控制站和操作站均集中放置在控制室内。电力行业、冶金行业、自来水行业则将控制站分散放在楼上、楼下、生产线上或分散的地域处，与集中放置操作站的控制室总距离一般也多在 1km 以内。由于计算机网络系统技术的发展，全厂各生产车间用 DCS 的通信总线相连的实例较少，所以在第三代 DCS 中 DCS 通信功能的发展是与全厂管理网络（以太网）技术相融合，逐渐实现通信网络由多重结构向扁平化过渡，所以第三代 DCS 的通信系统特点是具有开放性。

DCS 系统的规模与通信能力有关系，但是用这作为划分第一、二代 DCS 的方法还不妥，应该说第一、二代 DCS 的信道和传输速率有变化，即第一代 DCS 采用双绞线信道或同轴电缆，速率在 1Mb/s 以下，第二代 DCS 采用同轴电缆或光纤，通信速率为 1 ~ 10Mb/s。也有人认为，第一代 DCS 通信为数据高速公路，第二代 DCS 通信为局域网。有些 DCS 厂家还把 DCS 系统构成多种总线互联的结构，如 Honeywell 公司把 20 世纪 70 年代的 DHW（Data High Way）总线经 HG 与 LCN 相连，UCN 总线经 NIM 与 LCN 相连，近年来又将 LCN 改造成 TPN（TPS 过程网络），这样同时解决了 20 世纪 70 ~ 90 年代产品的互联问题，既保证了系统的扩展性，又保护了用户的初期投资。

至此，已经看出 DCS 通信问题的复杂性，在 20 世纪 70 年代中期，数字通信已开始普及，但仅限于电信行业，工业用户迫切要求成套地提供 DCS 系统，而当时只有一些大的计算机厂家提出数据传输规程（协议），并无统一的数据通信标准，所以各 DCS 厂家都以专利形式发表（或购买）DCS 通信技术。因为数据通信标准牵涉到网络结构、通信介质（信道）、通信协议、不同用户行业的行规等方面，所以直至目前也没有工业（或过程工业）网络的完整的统一标准。当然到目前为止，IEEE802.4 令牌总线传输方式和 IEEE802.5 令牌环网传输方式的通信协议在 DCS 系统中应用最广；国际标准化组织（ISO）提出的开放系统互联（OSI）参考模型即ISO/OSI 7层模型，规定了通信过程分段和网络功能分层。

开放性基本特征是开放系统应具有可移植性、互操作性、广泛性和可得可用性，拿这个特征来衡量以太网及它形成的Internet和Intranet，可以说它基本具有开放性。

在DCS中采用数字通信技术，还有在控制站内采用站内通信总线及远程I/O总线，以及在第三代DCS的控制站内增加了连接PLC、分析仪和现场智能仪表的接口卡，使DCS与现场仪表之间的接线减少，并对现场仪表进行设备管理，这为DCS向下兼容并与现场总线通信技术融合打下基础。

复习思考题

1. 分散控制系统中分散的含义是什么？
2. 分散控制系统的分散与模拟控制的分散有什么不同？
3. 分散控制系统的产生基于哪些技术？
4. 分散控制系统的体系结构有何特点？
5. 分散控制系统的硬件结构组成有哪些？
6. 分散控制系统的主要人机联系设备有哪些？各有何功能？
7. CRT操作站的主要功能有哪些？
8. 什么是分散控制系统的软件？有哪些类型的软件？软件设计的基本方法是什么？
9. 什么是分散控制系统的组态？
10. 什么是通信网络？网络结构有哪些类型？网络控制方式有哪些？有何特点？
11. 什么是网络协议？什么是“OSI”参考模型？

第二十三章　数据采集系统(DAS)

本章主要阐述数据采集系统的结构组成、特点、主要功能、事件和顺序记录（SOE）的作用以及数据系统的调试与维护等日常管理。

第一节　概　　述

数据采集系统（Data Acquisition System，简称 DAS）是发电机组自动控制系统中的一个重要组成部分，特别是微机分散控制系统的广泛应用，更加强调了数据采集系统的工作。计算机在生产过程中的最初的应用即是数据采集系统，也是最简单的应用。它的主要功能就是收集并监视生产过程的状态参数，并以各种方式显示与保存数据。严格说来，数据采集系统并不是计算机控制系统，因为它并未对生产过程进行直接的控制与干预。但从计算机应用于控制的角度看，这种系统的一个重要功能就是可以从现场数据中累积资料，从而改善生产过程的数学模型，以便最终提高控制质量。对于分散控制系统来说，数据采集系统可以提供现场的各种运行数据，它完成热工检测部分的功能，是分散控制系统的必不可少的组成部分，如果不采用分散控制系统，数据采集系统又可以作为独立的计算机系统而独自完成其功能。

数据采集系统的发展经历了模拟显示向数字处理、显示、存贮发展的过程，大致可分为单元组合仪表、组件组装仪表、小型计算机、微机分散控制系统等几个阶段。由于以微处理器为基础的微型计算机及数据通信网络的广泛应用，微机分散控制系统进入了机组自动化领域，使得数据采集系统不仅包括了对现场热工参数的数据处理、显示、存贮、打印等基本功能，而且在运行操作指导、故障分析、统计报表等方面取得了长足的发展。

随着发电机组的容量增大，发电过程对数据采集系统的依赖性越来越大，传统的热控系统已不能满足机组安全、经济运行的要求。微机分散控制系统顺应了这一电力发展阶段，使数据采集系统不仅满足了机组运行的基本要求，而且其高智能化、高可靠性的优势，为机组安全经济运行提供了可靠的帮助。

第二节　数据采集系统结构组成与特点

图 23－1 为 DAS 系统的总体结构示意图，图 23－2 为多级网络式结构 DAS 系统总体示意图。

一、数据采集系统结构组成

如图 23－1 所示，数据采集系统通常由数据采集、机组性能计算、顺序事件记录及报警显示等部分组成。大致有两种不同类型的数据采集系统：一类是小型机集中进行数据处理的，其大致由硬盘系统、打印机、历史数据存贮站、工程师工作站以及卡件柜、端子柜、CRT 等构成，为提高系统整体可靠性，此类数据采集系统的通信网络、CRT 和打印机作冗余配置；另一类是采用微机分散系统构成数据采集系统，其大致由操作站、CRT、工程师工作站、打印机、计算站、历史数据记录站及机柜、端子柜等组成，冗余配置包括网络通信设备、重要卡件（组件）、CRT、工

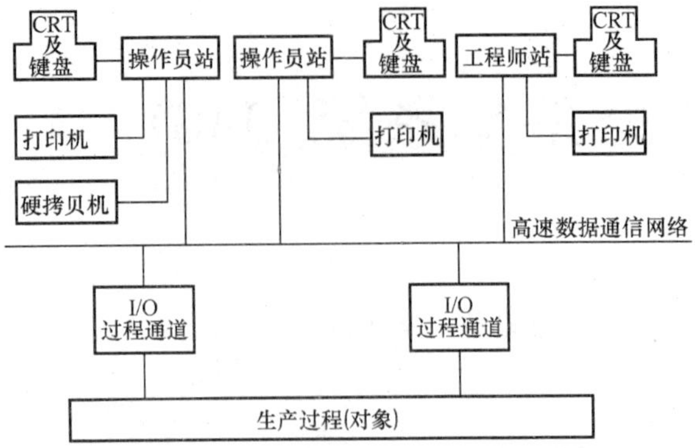

图 23－1　DAS系统的总体结构示意图

程师工作站等。

FS—文件服务器（file server）；OS—操作员（operator's station）；ES—工程师站（engineer's station）；HDBS—历史数据站（historical database station）；MIS—管理信息站（management information station）；DBS—数据存取服务器（database server）；DPU—分散处理单元（distribution processing unit）。

二、数据采集系统主要特点

系统结构决定了数据采集系统的主要功能和技术特点。对于集中式数据采集系统，由于相对独立于其他系统，其数据共享的能力较差，因而进入系统的数据主要是用于监视的过程量，主要、重要数据也相对独立于其他用于控制的过程量。所以，这类数据采集系统必须与传统的盘台仪表相互共存。

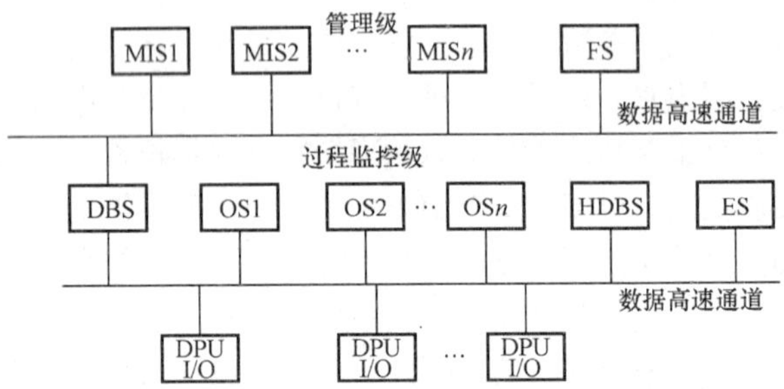

图 23－2　多级网络式结构 DAS 系统总体示意图

微机分散控制系统具有高度的数据共享能力，此类数据采集系统，尽管从形式上是独立系统，但不再是独立于其他系统而获取所有数据。为使数据一致，数据采集系统大量地从其他系统采集各种数据，有的甚至是经过前置处理或计算的中间变量。在这种系统结构下，数据采集包含了机组发电过程中几乎全部非电量测量数据（机组控制系统输入、输出量）的处理、显示、报警、记录、存贮等基本内容，还包括数据统计、数据分析、操作指导、故障分析等事务，并与模拟量控制系统（MCS）、燃烧管理系统（BMS）、顺序控制系统（SCS）、汽轮机数字电液调速系统（DEH）等构成完整的机组监控系统。

第三节　数据采集系统基本功能

经过较长时间的开发和应用实践，数据采集系统的功能已经比较完善和成熟。归纳起来，这些功能主要有报警、显示、打印、存贮、统计分析和操作指导等。

一、显示功能

无论哪一种系统结构，数据采集系统的显示功能都基本相同，主要有以下几类：

（1）静态画面显示，用于操作指导、在线帮助等；

（2）动态画面显示，带有动态数据的过程模拟图；

（3）动态数组显示，相关数据组成的监视画面；

（4）趋势显示，过程变量的变化趋势；

（5）棒状图显示，用直观的方式表述过程变量；

（6）报警总貌显示，历史和当前报警情况的汇总画面；

（7）系统状态显示，系统自诊断情况一览。

以上都是基于 CRT 的显示，还可根据特殊的要求由数据采集系统输出至监控盘台上显示或记录。

二、报警功能

数据采集系统的报警功能包括模拟量报警、开关量报警和监控设备状态报警等方面。

(1) 模拟量报警，是指现场采集的模拟量或系统输出的模拟量超过其给定值，经计算机判断，在 CRT 或光字牌上显示的过程。

(2) 开关量报警，是指现场采集的开关量或经系统输出的开关量发生状态翻转，经计算机判断，在 CRT 或光字牌上显示的过程。

报警情况既可以在任何包含已报警的模拟量的监视画面上显示，又可以通过其他画面上的状态报警栏显示，提醒运行操作人员注意，同时还可以通过报警总貌查看报警变化情况。对于分散控制系统，报警还可触发 CRT 画面，根据预先拟定的步骤变化，使运行操作人员迅速、准确地查看到报警内容。

(3) 监控设备报警，是指通过监控系统自诊断确定设备故障状态，在 CRT 上显示的过程，如卡件故障、通信故障等。通过对监控设备的诊断，可使系统维护人员迅速准确地确定故障点，在尽可能不影响设备运行的情况下排除故障或故障隐患。

分散控制系统具有比其他形式的机组监控系统更加强大的报警功能。如分散控制系统可以自动、连续地扫描从现场采集到的过程变量和开关量，检查其报警状态。它的 CRT 报警功能允许将各输入量按对机组运行影响的程度分为不同的报警等级，确保运行操作人员对危害大的报警情况作出迅速、准确的反应。例如，INFI－90 系统通常把报警分为紧急报警、危险报警、警告报警、低报警、机组自动报警及 INFI－90 系统设备状态报警等 6 个报警级别，可通过工程师工作站调整报警的级别。

三、打印功能

计算机应用于发电机组数据采集系统的一个显著优势在于它的贮存能力，数据可以存贮并可重复使用。但由于存贮介质的空间有限，数据的保留时间也有限，所以打印输出成为数据记录的一种主要形式，并在计算机监控系统中得到广泛应用。

打印输出的主要内容有以下几方面。

1. 报警打印

报警出现时即时打印，报警消除时打印输出。

2. 日志打印

定时打印有关参数，分班、日、周、月、年等不同打印周期。设计时可能根据现场需要定义过程变量是否需要打印，并可以在工程师工作站上修改。

3. 事故顺序记录

通过打印，记录事故顺序记录仪（SER）输出的机组主、辅设备故障发生的顺序。

4. 事故追忆打印

打印事故发生前后关键数据的变化情况，一般为跳闸前后各 15min 每 10s 一点的数据。事故追忆是帮助分析事故的一个重要手段。

(1) 趋势记录，以打印输出的方式记录数据变化的趋势。

(2) 操作打印，对改变运行状态、运行参数的操作进行打印，便于故障分析、运行管理。

(3) 诊断记录，打印系统自诊断结果。

(4) 召唤打印，即时打印机组运行监视数组。

(5) 硬拷贝，打印任意一幅监视画面。

四、存贮功能

历史数据是机组运行管理的重要依据，对历史数据进行存贮是计算机数据采集系统主要功能之一。存贮历史数据的方式有本机存贮、异机存贮和分布存贮等三种。

1. 本机存贮

本机存贮的方式是分散控制系统较多采用的一种方式。现场数据采集、处理后的实时数据暂时存放在随机存贮器 RAM 中，供 CRT 显示刷新用，而定义为历史数据归档的现场数据和中间变量则根据不同的归档周期存放在本机硬盘中，贮存格式一般为数据库（数据表）格式。本机存贮方式的优点是：历史数据查询速度很快，操作等待时间很短；缺点是存贮空间有限，历史数据存放时间短。为便于在有限的存贮空间内存放尽可能充分的机组运行数据，设计、组态时需合理地分配硬盘空间。一般可以将大量的非重要数据定义为长采样周期，少数对机组运行影响较大的数据定义成短周期，还有一些数据根据不同的需要定义为各种不同的采样周期。因为采样周期短的数据占用存贮空间大，所以此类数据保存的时间只能相对地短，一般为几天或一星期。

2. 异机存贮

为克服存贮空间不足的矛盾，有一些数据采集系统使用被称为历史数据存贮站的设备，专门存贮历史数据。这种归档方式将历史数据与本机数据相对独立地存放，称为异机存贮方式。一般在数据采集系统运行时，操作站只是将各种不同采样周期采集来的数据短时间地存放在本机硬盘，然后归档到历史数据存贮站长期保存。此方式的缺点是有相对长的待机时间。

3. 分布存贮

随着计算机技术的发展，数据存贮技术也有了很大的进步，硬盘容量的增大，使数据采集系统中历史数据的存贮也不再成为问题，但数据量的增加以及监控软件的复杂会使操作站中凹 U 的负担加重，分布计算和与它相配合的分布数据库很好地解决了这一问题。

分布存贮是将数据存贮在一个或几个服务器（或历史数据站）中，由操作站根据需要查询历史数据。其过程是：操作站发出数据查询命令，历史数据站处理查询内容并送回查询结果。由于整个过程有两台或两台以上计算机参与，因而从根本上解决了操作站 CPU 负担过重的问题。因此，采用分布存贮的方式是数据采集系统的发展方向。

五、统计分析功能

计算机数据采集系统具有从简单到复杂的统计计算和逻辑分析能力，如某辅机服役、停役时间统计等。

统计分析是运行管理的依据，是生产决策的基础。所以，合理、完整地设计统计分析的内容，充分利用计算机在统计计算、数据共享方面的优势，是单元机组安全、经济运行的保障。

统计及分析功能所包含的内容因机组的类型和用户的要求不同，一般有热力部分、电气部分和燃料部分等三部分内容。

1. 热力部分

（1）热力系统介质类过程变量统计；

（2）主设备运行时间及停役时间统计；

（3）辅助设备运行时间及停役时间统计；

（4）机组寿命管理类统计及分析。

2. 电气部分

（1）电能类数据统计；

（2）变电设备运行时间及停役时间统计；

（3）发电机及辅助设备运行时间及停役时间统计；

(4) 电气设备可靠性参数统计及分析。

3. 燃料部分

(1) 燃煤、燃油量统计;

(2) 热值类参数统计和分析。

上述统计数据是发电厂日常生产管理和安全运行管理以及机组性能计算的基础。统计分析功能及由此得到的大量数据既是火电机组安全经济运行的保障，又是实现发电设备状态检修的必要条件。

六、操作指导功能

操作指导是指数据采集系统为运行人员提供机组主、辅设备操作建议的功能，具体来说可分静态操作指导、动态操作指导及智能操作指导。

1. 静态操作指导

静态操作指导是指以 CRT 显示画面的方式，固定地、集中地显示机组运行操作规程，使运行操作人员快速地依照固定的索引方式，查找到需要的操作帮助指导，类似于计算机的在线帮助功能。静态操作指导是数据采集系统的基本功能。

2. 动态操作指导

动态操作指导是指在与操作相关的 CRT 显示画面上显示操作提示的方法。为使操作指导功能更加完善、更加迅速地向运行操作人员提供服务，设计人员可充分利用计算机数据采集系统显示画面组态的灵活性，把操作步骤、操作内容、操作结果等信息直接显示在操作画面上，同时根据机组运行状态，及时修改提示内容。一般动态操作指导信息安排在与操作过程相关的 CRT 画面的特定显示区域内，不会随画面的切换而变化，但有时也会根据操作的局限性，将类似于操作步骤一类的操作指导作为画面的一部分显示在特定的操作画面内。

3. 智能操作指导

智能操作指导是指在机组启停、各分系统启停等一类的操作过程中，数据采集系统根据监控对象的状态，按照运行操作步骤的要求，自动切换操作画面，同时做相应的提示。

机组启停这一类的集中操作过程一般有几百个操作要做，但每个操作步骤均有特定的操作对象，如阀门、挡板、电动头、电磁阀等。这些操作对象各自分散在不同的画面上，若全部由运行操作人员切换操作画面，对较大容量机组来说，必然会非常忙乱。而智能操作指导提供了这样的一个可能，即根据运行操作的要求，用组态的方法（即编制程序）设置多个触发器，在操作过程的不同阶段触发相应的显示系统，切换到下一个操作所必需的操作或监视的画面。

若数据采集系统（DAS）作为分散控制系统（DCS）的组成部分之一，则动态操作指导和智能操作指导是其所必须具备的功能，智能操作指导则受整个热工控制系统结构以及分散控制系统（DCS）所覆盖的范围的限制。

第四节 事件顺序记录（SOE）

作为数据采集系统的一个重要组成部分，事件顺序记录仪（SequenceEventRecorder，简称 SER）用于实现机组运行过程中的事件顺序记录（SequenceofEvent，简称 SOE）功能。依赖 SER，运行操作人员可以方便、迅速地确定事故发生的直接或间接因素，及时采取措施消除机组的故障或事故。

SER 的主要特点是具有强大的事件分辨能力，通常都要求 SER 具有 1ms 的分辨能力，可以同时捕捉几百个接入点的信息。所以说，SER 在机组的运行过程中被称为“黑匣子”。

一、SER硬件

SER有两种不同的结构，即独立式SER和组件式SER。

1．独立式SER

独立式SER是由DCS制造商将其集成到数据采集系统中的，其特点如下：

（1）有专门的接口和驱动软件，并采用主动对时方式，从而确保了SER时钟与DCS时钟同步；

（2）用带有时标的事件组成的数据报文，经局域网向DCS提交事件数据；

（3）不依赖DCS而独立运行，并能使用自带的打印机输出，便于事故分析。

2．组件式SER

组件式SER是由DCS制造商提供并制造的，其特点如下：

（1）具有一体化设计，无需专门的接口和驱动程序；

（2）有很强的扩展能力；

（3）采用了主动对时方式，从而确保了SER时钟与DCS时钟同步；

（4）不能独立运行；

（5）必须通过控制（操作）站在公用打印机上输出。

SER的输入通道均是接点信号，用户可根据需要引入，引入信号范围包括机电、热化等方面。

二、SOE主要作用

（一）事件记录

事件记录是SER的基本功能，即时输入的触点信号用1ms分辨率记录下来，并经打印输出。依照接入信号的重要程度，一般可设计为非触发信号（非触发事件）及触发信号（触发事件）。

1．非触发事件记录

对于非触发事件，SER只记录输入信号的开、关状态，同时辅以时间标志。

2．触发事件记录

对于触发事件，SER不仅记录输入信号的开关状态并加入时间标志，同时可以根据定义触发SER或其他相关设备的其他“任务”，如打印SOE报表，完成事故追忆等。

（二）事件触发

定义为触发事件的输入信号置1（定义置1触发）或置0（定义置0为触发）时，SER将按照组态设置，自动打印触发事件发生前后各若干秒钟内的已经发生的所有事件，供运行操作人员查找故障或分析事故的第一起因。

单元机组定义为触发事件的接点信号大致包括总燃料跳闸（MFT）、锅炉跳闸、汽轮机跳闸、电气跳闸、控制电源丢失等一些直接造成机组故障停机的事件。当发生这类触发事件时，不仅需要完整地反映出事件发生前所有可能的因素，并且还需要完整地记录下触发事件发生后的一系列操作情况，从而保证检验执行事故的正确性。同时，利用触发事件还可以驱动数据采集系统中的事件追忆程序。

（三）事故追忆

事故追忆是数据采集系统利用SOE事件触发来实现的一个功能，其任务是记录重要事件发生前后一部分用户定义的模拟输入信号的变化情况。由于SER一般只接入接点（开关）信号，如断路器、阀门、隔离开关、挡板、保护开关及设备启、停触点等，它反映的是接点信号的变化，即跳闸、开关动作等作为故障或事故的首发原因。但是在许多情况下，只靠SER上反映的情况并不能使运行人员全面掌握事故发生的原因，因而还必须借助于其他过程变量来分析。

DCS具有事故追忆的能力。利用数据采集系统的数据共享和微处理器高速处理及存贮的能力，DCS控制机或操作站将已经定义为事故追忆的输入信号按照特定的采集周期暂存人本机高速随机存贮器（RAM）或硬盘的指定存贮区域中，作为事件前追忆，保留时间可随意调节。一旦获得触发信号，控制机继续收录输入信号，直至事件后追忆完成。

最后用报表的形式分组打印输出，即可得到事故前后各模拟输入量的变化趋势。

三、SOE设计对分析事故的影响

SER接入信号的设计和选择是根据保护系统这一原则的。通常，将重要保护系统的结果定义为触发事件，如MFT、电气跳闸等，而产生这些结果的因素即保护动作的条件很多，像MFT就有15个以上的动作条件。所以，分析MFT动作就必须把所有引起MFT动作的条件引入SER，同时将与这些保护条件相关的模拟量定义为事故追忆量。此外，SER还引入了一些非保护条件的量。

当严重影响机组的事故或故障发生时，必然会导致多个保护动作的条件发生状态变化，引起作为触发事件的保护动作。因而，一个设计合理的SDE完全可以准确地反映引起事故的原因。但是为使机组安全，保护动作命令运行状态向安全方面转化，如停止部分辅助设备、启动一些系统等，都将在SER上反映出来。若SER引入信号的环节很多，特别是中间继电器延时的影响，则会造成信号排序上的颠倒，即事故的首发信号出现在其他动作的后面，给事故分析造成极大的困难。解决的方法是大幅度地减少中间环节，将SER输入接线改为现场直接引入。

第五节　DAS系统调试及运行

一、DAS系统调试

安装后的系统调试是保证数据采集系统日后能够正常运行、发挥全部功能的基础。但是，调试中重功能实现轻数据正确性核对、重硬件轻软件、重表现轻实效的问题较突出，是造成DAS系统投入后问题比其他系统多的主要原因。由于DAS覆盖面大，设备类型多，功能复杂，涉及专业多，且是启动调试中工作相对较繁重的，所以必须注意以下几个方面。

(1) 数据输入输出的准确性、正确性校验。数据输入输出的准确性和正确性校验包括模拟量校准、数字量校正，尤其是附加修正内容的模拟量校验常常容易被忽略。例如，DCS中的热电偶、热电阻输入一般都有专门的冷端补偿计算和整定程序，若不能正确使用，偏差虽不大，但会影响精确度。

(2) 数据输入的一致性调整。为确保数据输入的可靠性，一般一个过程变量包括两个以上的模拟输入量同时进入系统，若有较大偏差，极易造成操作人员的误解。

(3) 对统计分析类、导出类数据进行核对。这类数据都是通过计算组态和编程实时计算得到的，所以必须进行合理性核对，使之可信，如机组性能计算就必须经过燃烧调整和性能试验对结果进行全面的核定。

(4) 要对SER输入接点信号进行信号延时测试。这是因为有相当一部分SOE信号经过了不同规格型号、不同容量的中间继电器，所以各信号有不同的延时，在允许的条件下，要进行延时测试，以防止事件信号不能被正确分辨。

二、DAS运行维护

DCS运行过程中必须要对DAS进行如下必要的维护：

(1) 硬件在线诊断，即根据系统状态报警查找故障点，检查卡件冗余状态等；

(2) 利用系统的在线测试能力，检查CPU负荷率、内存及硬盘的使用情况及空间；

(3) 定期清扫除尘滤网，防止控制设备因超温而停机；

(4) 定期测试控制单元的供电电压及双电源负荷平衡情况，必要时要作及时调整。

(5) 机组停运时还应有选择地对冗余部件进行切换试验，以检验动作的正确性及转换时间。

三、DAS日常管理

与常规控制系统不同，DCS有易于控制组态、参数调整简单、画面制作方便等优点，尤其是对调试及控制方案的修改，更为热控专业技术人员提供了方便、快捷的工作环境。但这些方便也给应用程序、组态程序、组态图纸等的管理带来了许多问题。

1. 应用程序管理

应用程序主要包括操作监视画面、制表打印程序及统计分析、性能计算等程序。由于可修改的设备较多，若经常修改而不能及时备份，加之授权管理混乱，分工不明确，则会使运行程序与备份程序不相符。一旦发生设备故障，丧失运行程序，则很难恢复，所以建立严格的用户应用程序管理、规范更改操作程序、经常备份系统及用户软件是管理及维护好DAS的关键一环。

2. 控制组态程序管理

控制组态是DCS的一个重要特性，控制组态的好坏直接关系到运行设备、修改或调整参数对单元机组运行产生的直接影响。控制组态既可以在工程师站上进行，也可以在操作站上完成，有的系统还可以在现场控制单元中完成。但由于操作点很分散，操作者隶属的班组不同，给组态管理造成较大的困难。同时，由于多数DCS的控制组态是借助于CAD来完成的，所以仅靠备份就会既不全面，也不完整，常常是控制单元中各控制器的组态变化了，并且已实际运行了，而CAD组态却未能同步修改，造成内容不符。这样，使得统一CAD组态与运行组态变得十分困难，甚至根本做不到。所以，建立严格的控制组态程序管理制度，规范更改操作程序，做好CAD组态图的更新工作，是管理、维护好DAS以及DCS的重要环节。

3. 组态图纸管理

组态图纸是热工控制技术人员必备的工作用图纸，一般是用CAD组态方式打印或绘制。因此，CAD组态不仅是控制组态生成的基础，也是组态的来源。组态图纸管理的好坏取决于控制组态程序管理的程度。

4. 组态软件管理流程建议

组态软件管理流程如图23-3所示。组态软件管理是DCS管理中的一项非常重要的工作，它要求热控管理及工作人员细致认真地对待这项工作。一般是通过限制可执行组态操作的人员数量（如一人或两人）来保证组态的完整性和正确性，但若面对大量的修改工作及突发性修改工作，则将很难及时完成组态修改工作，同时若出现人员变动情况则会给整个管理带来负面影响。

所以要有效地管理好DCS组态软件和图纸，就必须建立一套简单易行的组态管理流程，这是DCS组态软件和图纸管理制度的基础，这样就不必限制执行组态修改操作的人数。

首先由班组以书面形式（统一格式）提出组态修改申请，申请中应包括系统名称、控制站地址、原组态简图、修改后组态局部详图及申请人，然后由专业工程师审核、主管批准等。申请过程结束后，即可执行组态修改操作。对系统影响较大的在线组态（如改变设定值、PID）参数整定、死区等可在线调整参数，必须做到细致、准确，并做好应急准备，以防止错误数据直接进入系统运行。运行正常后，完成图纸的标注和归档工作。离线组态主要是处理控制策略、信号连接等修改工作，其操作较复杂。先需要按照设计方案，以离线的方式在控制模件中直接修改并试运行，直至运行正常为止；根据修改后且已经运行的组态完成CAD图纸的重新绘制，通过计算机

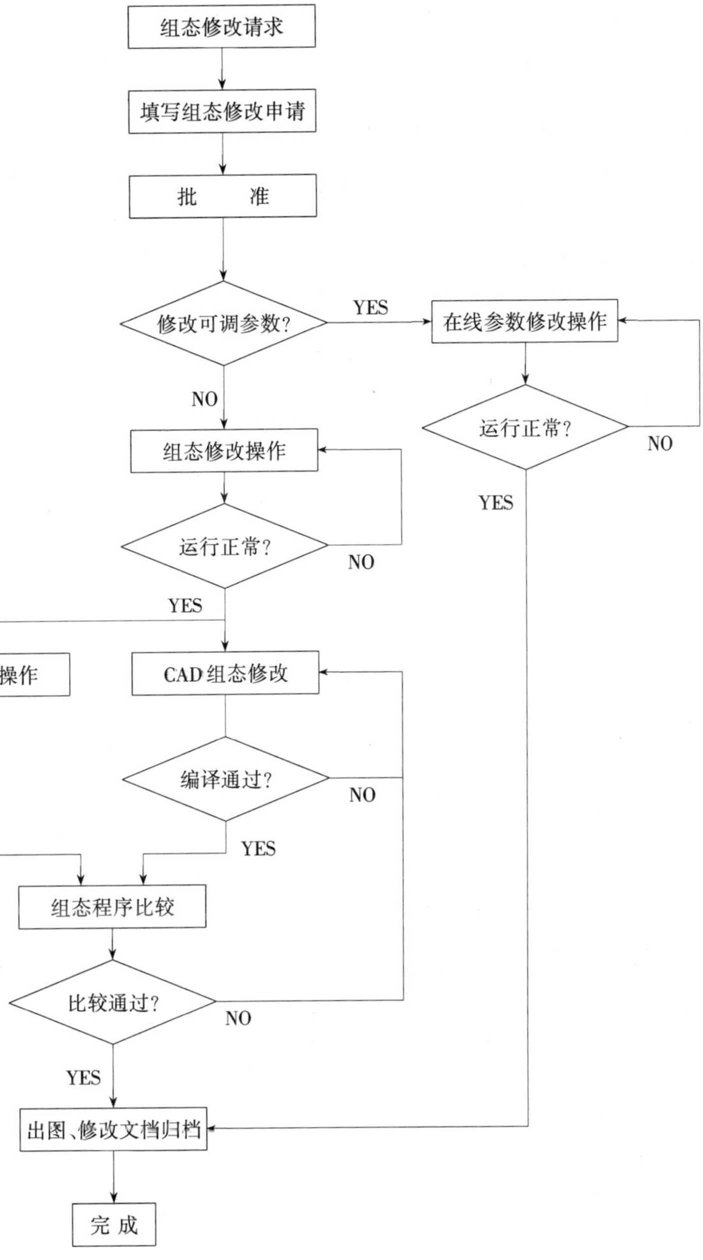

图 23－3　组态软件管理流程图

编译改正修改中出现的“语法”错误，比较运行组态与CAD编译后生产的组态，完全一致后即可出图、归档。

复 习 思 考 题

1. 数据采集系统的结构组成及特点有哪些?
2. 采用计算机分散控制系统构成的数据采集系统主要由哪些部分组成?
3. 数据采集系统实现报警的内容有哪些?

4. 数据采集系统存贮的意义是什么？有哪些存贮方式？

5. 数据采集系统操作指导的意义是什么？包括哪几种运行操作指导？操作指导的最高级是什么？

6. 事件顺序记录（SOE）的主要作用有哪些？

7. 事件顺序的设计对分析事故的影响有哪些？

8. DAS 调试的内容有哪些？

9. DAS 的日常管理内容包括哪些部分？

第五篇 热工保护与顺序控制

第二十四章 热工报警和保护系统

第一节 概 述

热工信号和保护是热工自动化的重要组成部分，是保证机组安全启停、正常运行和故障处理的重要装置，是保证安全经济运行不可缺少的技术手段。

1. 热工信号

热工信号是根据热力设备的运行状态，及时而准确地测量热力系统中的各个被控参数，一旦它们越出安全界限（定值）或者设备发生异常现象时所发出的报警信号，称为热工信号。热工信号分为灯光信号和音响信号两种。灯光信号表示报警的内容，音响信号则用以引起运行人员的注意，以便及时采取有效措施，避免事故的发生和扩大。报警装置所使用的音响设备有电铃、电笛、蜂鸣器及语音报警器等，显示设备有光字牌、红绿灯及屏幕显示器等。例如，当锅炉主蒸汽压力高出规定的（定值）上限值时，发出音响，同时“主蒸汽压力高”信号灯亮。运行人员得知后，先按消音按钮，使音响停止，但灯光却一直亮着（闪光或平光），要等待调整后锅炉主蒸汽压力恢复到规定范围内时才熄灭。

2. 热工保护

热工保护是为了保证不出现人身伤亡或设备损坏事故，而执行的最后手段——保护动作的自动化装置或系统。

热工保护装置是通过对机组的工作状态和运行参数进行监视和控制而发挥保护作用的。当设备或机组发生异常时，保护装置及时发出报警信号，必要时自动启动或切除某些设备或系统，使机组能维持在原负荷或降负荷运行。当发生重大故障而危及机组、设备和人身安全时，停止机组或一部分设备运行，以避免事故进一步扩大。保护如何动作，要依据保护作用的程度。不同的机组、设备、系统，对保护作用程度的要求各不相同。随着机组容量的增大及参数的提高，热力系统变得越来越复杂，保护的项目和系统也逐渐增多，功能也更趋完善。

3. 热机连锁

热机连锁实际上是热工保护的一部分，热机连锁是热机系统设备依照条件而实现联动、联开、联停的装置或系统的总称。

连锁控制，是根据生产过程中各个控制对象操作流程中必然的内在联系进行的。根据控制对象之间的简单关系，将它们各自的控制电路通过一定的连接而相互联系，使它们的控制相互关联，形成连锁反应，从而实现自动控制。

在热机系统中实现联动，首先选取表示控制对象之间关系的开关量信号（必须全面考虑系统安全、适用性和可靠性），并将这些信号引入被控对象的控制电路。输入控制对象控制电路使其动作的信号，叫做连锁条件。因为开关量信号只有两种状态（开、关；启、停），所以所有对象都有接受两种连锁条件的可能性，这样“禁开”、“禁关”、“禁切”、“禁投”等闭锁条件也可叫做连锁条件（依照连锁条件的规定）。

热机连锁同热机保护一样，也是随着被控设备的要求和控制设备的进步由小到大、由单一到综合地不断发展，不断完善的。

热工信号和保护装置是以保障设备和人身的安全为首要任务的，因此它是否正常运行，会直接影响人身和设备的安全。如果信号保护系统本身不可靠，就会造成不必要的设备停运，或保护系统起不到应有的保护作用，造成不堪设想的严重后果。因此，热工信号和保护装置的装设和维护，必须符合如下要求：

（1）输入信号要可靠，重要的保护要设置独立的传感器，重要保护的输入信号应多重设计，采用“二中取一”或“三中取一”的原则。

（2）“预报”、“报警”、“跳闸”等信号要正确、可靠、及时、清晰。

（3）要有可靠的电源并采用不停电的电源供电。

（4）保护系统的切换开关（必须设置）应为不便随意切投的“连接片”开关。

（5）保护系统的独立性，即保护系统不受其他自动化系统投入与否的影响，任何时候都能独立地进行进行控制。

（6）保护命令一般应为长信号，以确保被控对象能完成规定动作。保护动作应该是单方向的，即保护系统动作后，设备的再投入由运行人员手动完成。

（7）大型单元机组要确定保护系统的优先级，即考虑到两个以上信号动作或相继动作时，要优先保证处于主导地位的高一级保护和连锁动作的实现，以保护主要设备的动作优先。

（8）运行中的主要保护装置不允许随意切除。如有必要切除，必须依据电网的规定，在办理申请手续并批准后方能切除。保护动作应万无一失。

（9）保护系统设置的安装、试验、检修的图纸和其他原始资料，必须正确齐全并妥善保管。对保护系统的实际动作及切投原因，都必须做好记录。

（10）要有保护动作顺序记录仪。对于计算机监控装置，要按有关规定进行设计和安装。

总之，热工信号和保护是一种自动控制手段。在主辅设备或电网发生故障时，热工保护装置应能可靠地自动完成规定部分设备的停运、减负荷或停机，并以“安全为前提，可靠动作为依据”尽量缩小事故的范围。

第二节　热工信号和自动报警系统

一、热工信号

热工信号根据其用途和性质可分为以下几种类型。

（一）状态信号

一般由信号指示灯来表示热力系统中设备的当前状态。在由 DCS 构成的热工自动控制系统上，由操作员站的 CRT 图形显示以不同颜色来指示被监控设备的当前状态。例如，以红色表示设备的“运转”或“开启”，以绿色表示设备的“停运”或“关闭”。运行人员通过这些信息，随时了解当前机组设备的运行状况。

（二）越限报警信息

热力系统中所有设备应该运行在正常状态下，热力系统中的介质参数必须保持在一定的安全范围之内，参数安全规定值可以有Ⅰ值、Ⅱ值甚至Ⅲ值。一旦设备状态发生变化，运行介质参数（如汽温、汽压、液位等）超出规定范围，则及时发出报警信号。如“主蒸汽压力高”、“除氧器水位低Ⅰ”等，以提醒运行值班人员密切关注报警工况，采取有效措施。

（三）趋势报警信号

一些专门报警装置，或DCS系统，具有智能化处理功能，它们对有些热力系统中的参数变化速率和报警信息“恶化”方向予以比较处理，向运行人员提供报警变化趋势信息，指示参数变化速率，为运行人员提供操作指导。

（四）跳闸报警

当设备运行工况恶化到危及机组运行安全或设备本身安全时，保护装置将发出跳闸指令，以保护设备和机组安全，同时报警系统发出声光报警信息，指示故障点或故障设备名称。

二、自动报警系统一般要求

（一）自动报警系统组成

自动报警系统的组成，如图24－1所示。

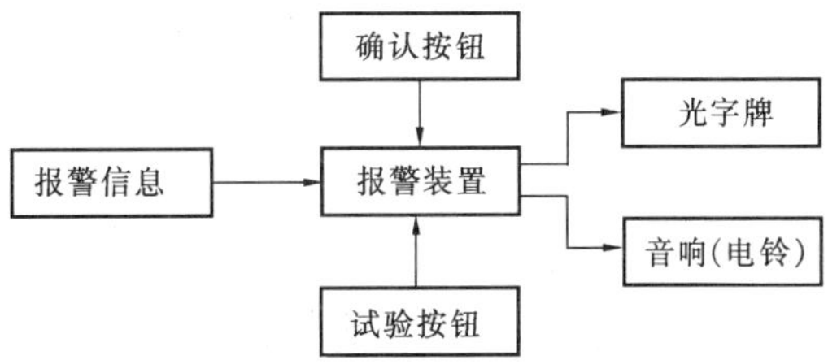

图24－1　自动报警系统组成

报警输入信号来源有两个方面：一是开关量信号发送器，一般称之为逻辑开关，它监视热工介质参数的异常情况，如被监测的压力、温度、液位等热工量超出规定限值时，相应的压力开关、温度开关、液位开关就将异常信号转换为开关量送入报警装置；二是运行设备的。控制电路状态，如辅机跳闸、阀门异动等信号反映了被控设备的运行状态异常。报警信号送入报警装置后，经控制电路处理，启动报警音响电路，点亮相应报警窗光字牌。报警装置对每个监视对象设置有自己的光字牌。当报警信号出现时，对应的光字牌窗口指示灯以闪光告警提示，并辅以电铃、蜂鸣器或电笛等音响。使用音响的目的是容易引起运行值班人员的注意。例如，除氧器水位低Ⅰ值报警，液位开关信号输入报警装置，“除氧器水位低Ⅰ值”光字牌闪亮，并辅以音响，在运行值班人员看清光字牌内容后，确认报警情况，按下“确认”按钮，消除音响和闪光，使光字牌转为平光显示，直到报警状态恢复正常，自动熄灭光字牌。当新的报警信号出现时，又重复以上过程。

为了确保报警装置正常工作，报警装置都设有人工检查手段。通常在报警装置的操作面板上设有“试验”按钮和“确认”按钮，有的还分设一个“消音”按钮。在试验时，按一下“试验”按钮，所有的光字牌以闪光或平光显示，并伴有音响；按一下“确认”按钮，即可消除音响，光字牌熄灭复位。

（二）自动报警系统基本要求

一般来说，一个比较完备的自动报警系统应有以下几个必须的功能。

（1）系统具有试验和自检功能，以便定期检查系统各回路是否正常工作。

（2）多信号回路的报警装置，其音响电路能重复动作。

（3）音响信号可自动复归或手动复归。

（4）工作电源监视。

综上所述，自动报警装置的功能因工程使用要求不同或制造厂家的不同而有所区别，但其基本功能要求如表24－1所示。

（三）比较完善报警系统

随着现代工业自动化技术的发展，比较完善的报警系统正向智能化方向发展，其特点如下。

（1）采用语言报警。当报警信号出现时，相应的光字牌闪光显示，发出音响报警，并伴有语言提示，用于操作指导。

表 24－1　　自动报警装置基本功能要求

报警系统状态	光字牌	电铃	报警系统状态	光字牌	电铃
无报警信息	熄灭	无声	报警信息消失	熄灭	无声
报警信息出现	闪光	音响	按下“试验”按钮	平光或闪光	音响
按下“确认”按钮	平光	消失	按下“确认”按钮	熄灭	消失

（2）采用自动消音和复原音响提示。由于大机组处于事故状态时，会出现多部位故障和连锁动作，报警信号发生浪涌现象，频繁的手动消音会影响值班员的精力。为此设计 3～5s 的自动音响电路，实现自动消音可有效解决此问题。在报警信号消失时，以另一种频率闪光并发出复原音响，然后自动复位。

（3）采用 DCS 分散控制系统和微机报警装置，使得报警系统更具灵活性和智能化。例如，可通过对设备重要程度分类，对报警信息进行分类管理，经过过滤处理，仅显示和记录重要的报警信息，一般报警信息可通过检索方式查阅，还可利用计算机优点设计动态的报警监视画面，在报警信息出现时，分区域、分类型、分级别推出报警画面或报警窗口。

三、自动报警装置

自动报警装置包括灯光显示器、音响器、控制电路和操作面板等几个部分。目前，国内生产的热工报警信号装置种类很多，技术性能、功能特点各不相同，因此大体可以分为以下几种类型。

（1）从装置结构分，可以分为表计型、集装组合型（积木式结构，可供用户任意组合）。

（2）从采用的逻辑元件电路组成来分，有晶体管型、集成电路型和微机型。

（3）从报警提示信号形式分，有闪光、音响报警和闪光、语音报警两种。

（4）从光字牌的特点分，有白炽灯式光字牌、发光二极管式光字牌和固体组件发光器光字牌。

下面介绍几种目前在火电厂中常用的自动报警装置。

（一）XXS 系列信号报警器

XXS 系列信号报警器有单点集装式、组合集装式和表盘式 3 种。由于其结构简单、检修维护方便，在火电厂中应用较多。

集装式报警器可由用户任意组合使用，如 XXS－B 系列报警器，可以每点独立使用，也可以多台组合使用。每个报警点都有独立的电源和独立的控制系统。多点集装式的基本单元为 24 个报警点，它有 3 块控制板和 1 组 220V 交直流两用电源组成，并输出 1 组 24V 电压，提供给外回路，作为信号输入电压。每块控制板上有 1 个微处理器，每个微处理器控制 8 个报警点，输入高电平或低电平报警可通过开关选择。动合或动断触点型式也可以通过开关选择。

报警触点输出也可以通过开关选择，作为事故预告信号或紧急报警信号，设置方法见图 24－2。

XXS 系列报警器基本工作原理如图 24－3 所示。报警器控制电路采用 89C51 单片微处理器，输入信号通过光电隔离引入，具有较强的抗干扰功能。报警装置显示部分采用 LED 固体发光器件，光字牌颜色有红、黄、绿等可供用户选择。操作按钮分“试验”、“消音”、“复位”、“识别”4 组，可分别接至仪表盘或控制台上。报警器的工作状态由表 24－2 加以说明。

当过程参数正常时，光字牌不亮，音响器不响；当过程参数超限时，输入电路触点动作，报警信号经控制电路处理后，送至音响电路和闪光电路，发出声光报警。在运行人员确认操作后，

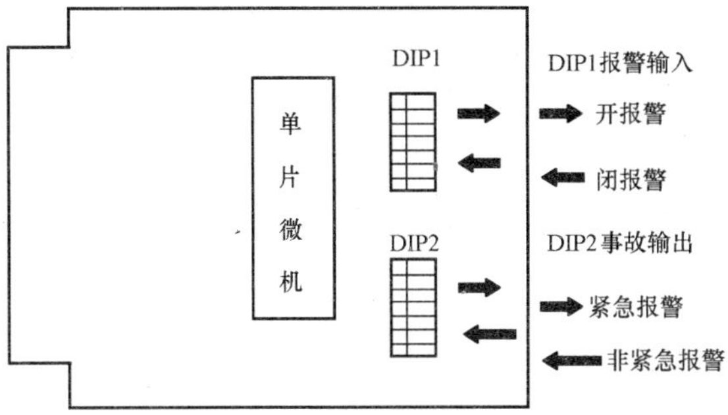

图 24－2　AN－3196 型发光二极管报警装置设置方法

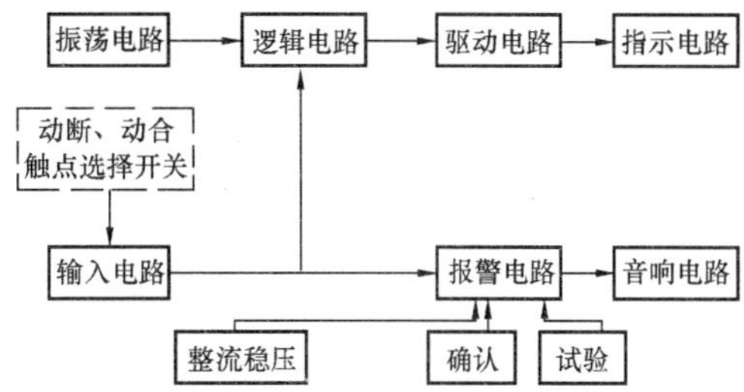

图 24－3　报警器基本工作原理图

报警电路状态翻转，音响消失，而闪光电路转为平光显示。在故障排除后，输入信号复原，信号灯熄灭，完成一个回路的报警任务。在试验状态时，报警器模拟报警状态，检查信号光字牌是否闪亮，音响电路是否正常。

表 24－2　　　**报警器工作状态**

XXS 系列报警器	正　常	报　警		确　认	试　验	消　音	复　位
		首　出	后　续				
光字牌	灭	快　闪	慢　闪	平　光	闪　光	保持原状态	事故撤消则灭
音　响	无　声	响	响	不　响	响	不　响	事故撤消则不响

（二）AN 系列闪光报警器

AN 系列闪光报警器是从美国罗切斯特仪器系统公司引进的带微机的报警系列产品，其主要产品有 AN—3100 报警器；AN—3169LED 报警器；AN—4100 闪光报警系统；AN—5100 信号报警系统。

AN—3100 是一个带多个微处理机的报警系统。在设计上采用组件化结构，系统具有高度的灵活性，能适应许多不同应用场合。系统可包括 1 个或多达 100 个程序组件，监视 1～400 个现场报警信号。

(1) 系统基本组成。一个基本的 AN—3100 系统总体组成框图如图 24－4 所示。主要包括 1 个或多个 AN—3111/AN—3121 程序控制组件（SCM）、AN—3118 继电器输出组件、AN—3125 公用组件、AN—3167 继电器和电源组件、系统总线等。其中，AN—3111 是 1 个带微机的 4 点可视报警程序组件，用于监视现场信号输入状态，组件上的双列直插式开关组用于选择紧急和非紧急报警，还可选择动合或动断触点输入类型。程序控制组件上的跨接线用于选择多种不同的程序以满足工程要求。

(2) 技术性能有如下几项内容：

1）整个报警器系统为单元积木式结构，组装简便，易于扩展。

2）每个单元装有独立的、组件式的微机逻辑控制板，每个单片机可处理 4 个输入点。

3）通过跨接矩阵，可以选择各种标准程序，通过微动开关可选择现场触点输入类型，还可选择紧急或非紧急报警形式。

4）具有良好的扩展功能，如继电器板上可配接中间继电器。

5）显示直观，操作方便，可用任何尺寸的显示窗和 4 种标准颜色中任何 1 种作为输入功能的分组和优先报警的代号；公用组件占一个单元位置，集试验、消音、确认和复位功能于一个装置内；公用组件上的试验按钮，能进行灯和程序逻辑的全功能试验，并且不会失掉新的报警。

(3) 操作程序特点。在 AN—3100 报警装置中，每个“微机报警”单元的组件上，都带有跨接矩阵，只要改变矩阵接线，就可确定该单元的操作程序。除了能在现场根据需要选择操作程序外，还有几个可供挑选的功能，用以变换报警器的闪光和声响报警功能。有关 ISA 报警器程序选择标码和内容列于表 24－3，功能选择说明列于表 24－4。

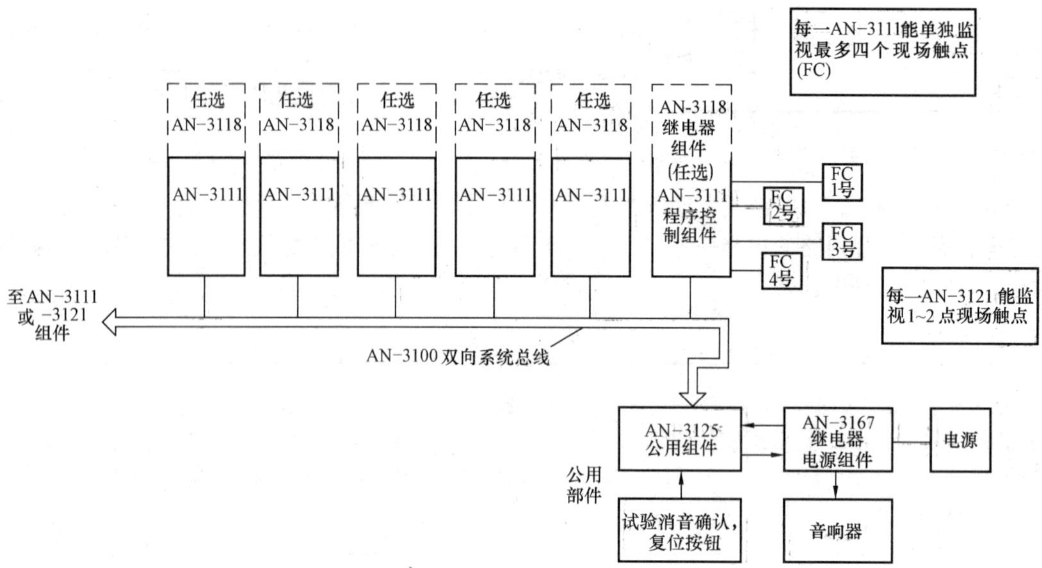

图 24－4　AN－3100 系统总体组成方框图

表 24－3　　ISA 报警器程序选择标码和内容

符　号	标　码	说　明
A	FAA	自动复位
M	FAM	手动复位
R—12	AO/RS	回铃
F2A	FFAA1	首出闪光、后续平光
F3A	TFS	首出和后续的闪光率不同
F3A	FFAM2	首出闪光、后续平光、无首出复位

表 24－4　　ISA 报警器功能说明

选 择 项	功　能	说　明
1	消音按钮	一个独立的按钮，可在不影响灯光显示下消去音响
2	连锁按钮	在清音、确认、复位程序中，要求按钮操作联锁
3	无锁入	取消锁入功能，瞬时报警恢复到正常程序状态，不需要操作确认按钮

续表

选 择 项	功 能	说 明
4	无音响	取消音响器
5	自动消音	一只时间延迟器，30s 设定时间后，消去报警音，不影响灯光显示
6	公用回铃	一种公用音响器，以引起对报警和回铃程序状态的注意
7	无回铃音响	取消回铃音响器
8	公用回铃灯光	相同类型的闪光指示，用来指示报警和回铃程序状态
9	自动瞬时回铃	回铃程序瞬时报警进入，回铃状态不用操作确认按钮

（三）YDB 微机语音闪光报警装置

1.YDB 系列报警装置工作原理

YDB 系列报警装置采用光电隔离输入，以提高抗干扰性能。语音和灯光两部分电路互为独立。装置采用双电源供电，控制器采用双主机并列工作方式，具有自检和自动复位功能，主要工作原理如下。

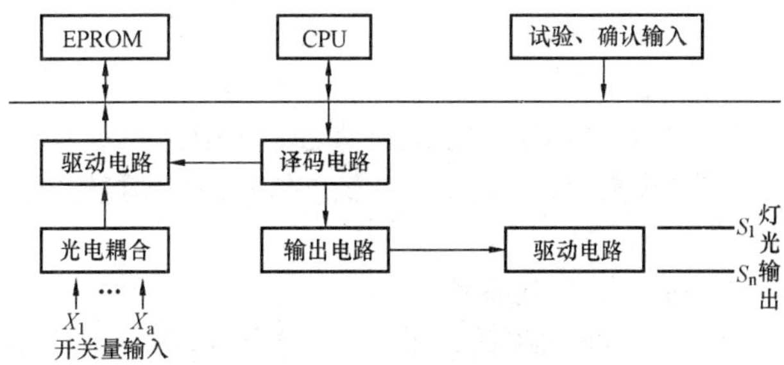

图 24-5　灯光报警系统原理框图

（1）灯光报警系统。灯光报警系统的原理框图见图 24-5。多路开关量故障信号直接送入光电耦合电路，当 CPU 需要读取报警输入信息时，通过译码电路选中要求的报警回路所对应的驱动电路，扫描每一路的开关量状态信息。一旦发现故障信息，CPU 经译码电路选中对应的输出控制电路，打开相应的灯光驱动电路，进行闪光报警。

（2）语言报警系统。语言报警系统的原理框图见图 24-6。在 CPU 对报警回路输入状态的扫描检查中，一旦发现报警信息，立即通过译码和驱动电路，选通语言信息库。语言信息库中贮存了所有监视回路的报警信息的提示语句。当某个报警对象的语言信息地址被选中后，其相应的数字语言信息通过 D/A 转换器转换成音频信息，经过功率放大电路后驱动扬声器发出语音报警，提示运行人员是何种设备系统发生了故障。运行人员通过“确认”按钮，向 CPU 请求停止语音报警，运行人员也可通过“试验”按钮向 CPU 请求语音报警试验。

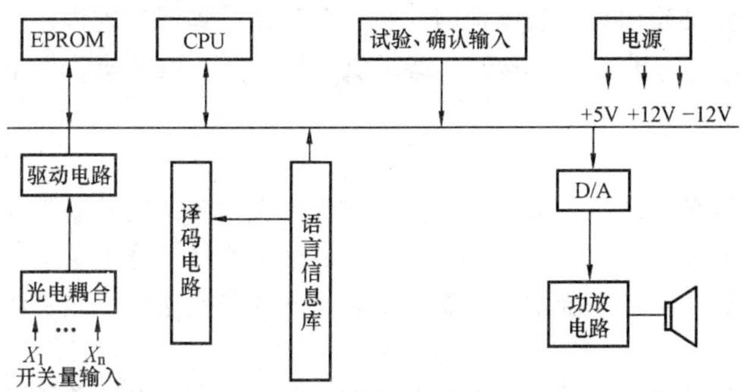

图 24-6　语言报警系统原理框图

2.YDB 系列报警装置主要技术参数

YDB 微机型语音闪光报警装置，主要有以下技术参数。

（1）输入信号：提供 30 路、62 路和 126 路无源触点。

（2）输出信号：提供 30 路、62 路和 126 路灯光输出和语音输出；灯光报警方式有平光、快闪和慢闪3种；语音报警连续3次重复（任一路触点接通时）。

(3) 语音输出功率≥8W（可由用户任意调整）。

(4) 报警信息分辨率≤4ms。

(5) 操纵能力：“试验”操作接口和“确认”操作接口。

(6) 电源：220V±10%，50Hz。

第三节 热工保护原理和要求

一、热工保护基本原理

热工保护就其技术原理来说，属于开关量控制范畴，其工作信息的传递和变换都是以开关量信号进行的。热工保护在投运过程中，对设备工作状态和热力系统介质参数进行严密监视。当设备状态发生异动或参数值超越危险值时，立即采取必要措施，自动启动或停止某些设备，对相关热力系统进行隔离或投入处理，使机组维持原负荷运行或减负荷运行。当发生重大故障危及机组设备安全时，则停止局部运行设备，直至机组跳闸，以避免事故进一步扩大。

在热工保护中常用的控制技术是定值控制和连锁控制两种。

(一) 定值控制

定值控制是热工保护系统对热力系统中的介质参数进行监测，当介质参数达到和超越限值时，热工开关量变送器输出一个触点信号，驱动控制电路执行保护功能。定值保护控制分如下两种情况。

1. 定值启、停设备控制

如汽轮机润滑油系统，系统中有两台交流油泵和一台直流油泵。正常时有一台交流油泵维持润滑油压力，当发生润滑油压力下降到某一规定值时，保护系统将启动另一台交流油泵并列运行。当润滑油压力继续下降到规定低限值时，保护系统将启动直流油泵并列运行。

2. 定值跳闸保护

例如，除氧器低水位保护系统中设有水位低Ⅰ值、低Ⅱ值和低Ⅲ值保护定值。当水位低于Ⅰ值、低于Ⅱ值时，保护系统发出除氧器低水位报警提示信号；当水位低于Ⅲ值时，表明给水系统出现严重故障，危及锅炉供水，保护系统直接输出跳闸信号，通过机组连锁保护系统，迫使机组停止运行。

(二) 连锁控制

连锁控制是指生产过程中具有先后次序，或交叉关联的设备，按照工艺保护要求构成逻辑联系，在这些设备中的任一联系节点上设备发生故障时，即形成逻辑连锁反应，从而实现工艺系统的自动保护控制。例如，由于汽包水位波动超出规定极限值时，将引起紧急停炉保护动作，主燃料切断保护信号（MFT）将迫使送风机、引风机、一次风机、磨煤机、给水泵、汽轮机、发电机相继跳闸，停止机组运行。

二、热工保护基础部件

热工保护系统的主要任务是严密监视热力系统中的介质参数变化和有关设备的运行条件参数变化。这些被监测的物理量参数主要为温度、压力、流量和液位，它们必须变换成开关量信号后才能被保护逻辑控制电路接收。所以在热工保护系统中，大量使用热工开关量变送器，或者叫逻辑开关。

热工开关量变送器是热工保护系统的基础工作部件，主要有压力开关、温度开关、差压开关和液位开关。

三、热工保护信号摄取方法

热工保护系统能否可靠动作的先决条件是热工保护信号是否真实可靠。如果输入信号不能正确反映被监视的参数或设备状态，热工保护系统就无法正常地动作。本节将讨论如何提高信号单元的动作可靠性，以提高整个热工保护系统的可靠性。

热工保护系统的完好状态是由正确“动作”和正确“不动作”两部分组成，相对于这两种完好状态，有两种故障状态，即“不正确动作”和“不正确不动作”。换句话说，系统不应该动作而动作，称为误动作；系统应该动作而不动作，称为拒动作。

（一）可靠性

热工保护的任务是保护机组的设备安全，保证机组安全运行。因此，对其有严格的可靠性要求。

可靠性可以定义为：在一定的使用条件和规定时间内，正确持续完成预定功能的概率。对于不同的系统对象，可以用多种不同的度量指标来评估其可靠性。可靠性可以用多种度量指标予以表达，这里可用动作次数故障率来表述其可靠性。用 p 或 P 分别表示检测元件和信号单元的误动作故障率（误动作率），指在单位时间内（通常为一年）误动作次数的数学期望；用 q 或 Q 分别表示检测元件和信号单元的拒动作故障率（拒动作率），指在单位时间内（如一年）拒动作次数的数学期望，即

$$P(\text{或 } p) = \frac{\text{误动作次数}}{\text{实际动作次数}}$$

$$Q(\text{或 } q) = \frac{\text{拒动作次数}}{\text{应当动作次数}}$$

式中　实际动作次数——正确动作次数与误动作次数之和；

　　应当动作次数——实际动作次数与拒动作次数之和，再扣除误动作的次数。

与可靠性的一般定义相同，人们把某个热工保护系统在实际使用条件下和规定时间内，能完成保护设计功能的概率定义为热工保护系统的平均无故障率。

（二）热工保护信号摄取原则

热工保护系统由信号检测单元、逻辑控制单元和输出单元等环节组成，每一个环节都能准确可靠地工作才能确保系统的功能正常实现。从热工保护系统运行实践来看，信号检测单元是可靠性相对较低的部分。因此，信号摄取方式在热工保护系统的设计过程中必须认真加以考虑。现在常用的热工保护信号摄取方法主要有单一信号法、信号串联法、信号并联法、信号串并混联法、“3 取 2”法和多重表决法等。

1. 单一信号法

单一信号法是指用单个检测元件组成信号单元的方法。显然检测元件误动作时，信号单元也误动作；反之，检测单元拒动作时，信号单元也拒动作。信号单元与检测元件的误动作率、拒动作率相等，即

$$P_1 = p \qquad Q_1 = q$$

下面的可靠性分析，都是以单一信号法为基础进行的。单一信号单元热工保护系统虽然元件少，结构简单，但系统的可靠性太差，因此就产生了串联、并联、串并联、“三取二”及其他信号摄取等方法。

2. 信号串联法

信号串联法可用下面的“与”逻辑表达式来表示

$$Y = A \cdot B$$

式中，A、B 为信号检测元件；Y 为信号单元的输出结果。

从逻辑表达式可以看出，只有当检测元件 A 和 B 都为“真”信号时，逻辑输出结果才为“真”。也就是说一个元件的误动作，不会引起保护系统的误动作。

设两个检测元件的输出信号 A、B 是相互独立的，即一个事件的出现并不影响另一事件出现的概率，则两个事件同时出现的误动作概率，即为这个信号单元的误动作率。假设信号单元的误动作率为 P，两个检测元件的误动作率分别为 P_a 和 P_b 并且设 $P_a = P_b = 1 \times 10^{-3}$，则两个检测元件的输出信号串联以后，信号单元的误动作率计算如下

$$P = P_a P_b = (1 \times 10^{-3}) \times (1 \times 10^{-3}) = 1 \times 10^{-6}$$

计算结果表明，采用信号串联法后，比单个检测元件的误动作率减小了很多。

由计算结果可以看出，两个检测元件串联以后，信号单元输出拒动作率几乎增加了一倍。由此可见，信号串联法仅适用于特别强调减小保护系统误动作率，而对拒动作率要求不高的场合。

3. 信号并联法

在某些热工保护系统中，为了减小拒动作率，将两个以上的检测元件信号并联起来，只要其中有一个检测元件能正常工作，信号单元就能可靠工作。或者说，只有当所有检测元件都故障时，信号单元才有可能发生拒动作。

下面以两个检测元件并联的信号单元为例来估算其拒动作率和误动作率。

信号并联的逻辑表达式为

$$Y = A + B$$

拒动作率表达式为

$$Q = Q_a Q_b$$

误动作率为

$$P = 1 - (1 - P_a)(1 - P_b) = P_a + P_b - P_a P_b$$

显然，采用检测元件并联的方法，信号单元的拒动作率大大下降，而误动作率却增加了近一倍。所以信号并联法只适用于要求拒动作率小，而对误动作率要求不太高的场合。

4. 信号串并联混联法

对于任一个热工保护系统的要求是，既要误动率小，又要拒动率小。在比较上述的信号串联法和信号并联法后，可利用信号串联后误动作率降低和信号并联后拒动作率低的优点，对检测元件信号进行先串联，然后进行并联的组合方式；也可以先进行并联，然后进行串联的组合方法；还可以进行串联并联混合组合方法，以构成准确动作率比较高的信号单元。

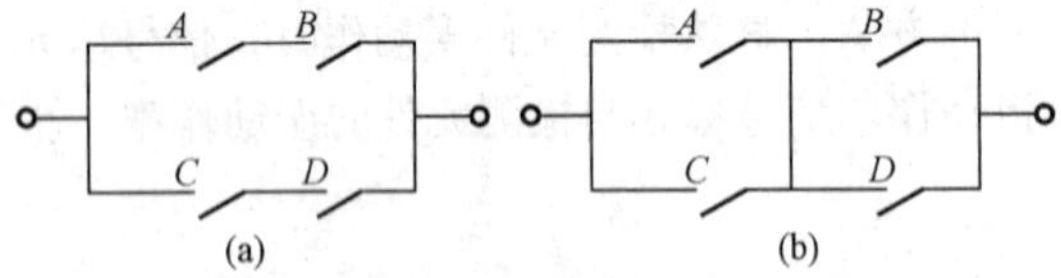

图 24－7　串联并联混合法

（a）串联后并联组合；（b）并联后串联组合

图 24－7 中例举了几种信号串并联及混联组合的信号连接示意图。

（1）图 24－7（a）是信号先串联后并联的组合示意图，信号单元的逻辑表达式为

$$Y = AB + CD$$

两条并联支路命名为 L_1 和 L_2，则信号单元的误动作率和拒动作率可以下列公式计算。

误动作率为

$$\begin{aligned} P_x &= PL_1 + PL_2 - PL_1 PL_2 \\ &= P_a P_b + P_c P_d - P_a P_b P_c P_d \end{aligned}$$

拒动作率为

$$Q_x = (Q_a + Q_b - Q_aQ_b)(Q_c + Q_d - Q_cQ_d)$$

如果检测元件的结构和性能完全相同，即

$$P_a = P_b = P_c = P_d = P$$

$$Q_a = Q_b = Q_c = Q_d = Q$$

若 $P=1\times10^{-3}$，则 $P_x\approx2\times10^{-6}$；若 $P=0.618$，则 $P_x\approx0.618$；若 $P=0.8$，则 $P_x\approx0.87$。

若 $Q=1\times10^{-3}$，则 $Q_x\approx4\times10^{-6}$；若 $Q=0.382$，则 $Q_x\approx0.382$；若 $Q=0.5$，则 $Q_x\approx0.562$。

上述计算数据说明，当单个检测元件的误动作率 P 和拒动作率 Q 都很小时，4 个信号串并联后的信号单元的误动作率 P_x 和拒动作率 Q_x 均可大大降低。当 $P=0.618$、$Q=0.382$ 时，信号单元的误动作率和拒动作率与单一信号法的误动作率和拒动作率相等。如果单个检测元件的 $P>0.618$，$Q>0.382$ 时，则信号单元的误动作率和拒动作率反而比单一信号法增加了。由此可见，提高单个检测元件的可靠性，是减小信号单元误动作率和拒动作率的关键。

(2) 图 24－7 (b) 的逻辑关系式为

$$Y = (A + B)(C + D)$$

其误动作率和拒动作率，请读者可仿照上例进行自行计算分析。

5．“3 取 2”信号法

“3 取 2”信号法在重要保护系统上已被广泛采用，如汽包水位保护、炉膛压力保护、发电机定子绕组冷却水流量低保护等都采用“3 取 2”信号组合法。

图 24－8 是“3 取 2”信号组合原理图。其信号系统有 3 条最小路径，即

$$[A、B],[A、C],[B、C]$$

从图 24－8 可以看出，“3 取 2”信号组合法实际也是一种串并联信号组合结构，它们误动作率和拒动作率，可依照“串并联”信号法来计算。

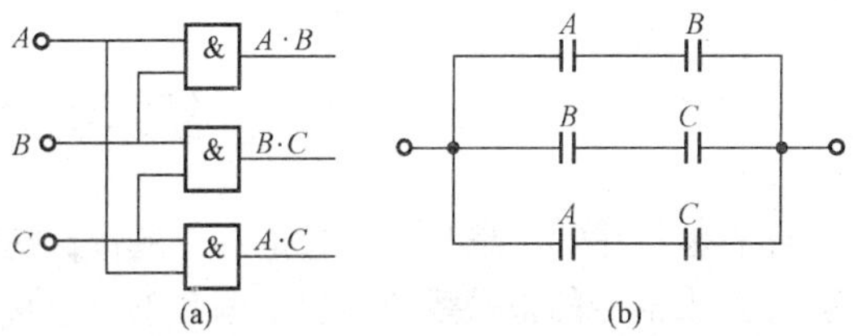

图 24－8 “3 取 2”信号组合法

(a)“3 取 2”逻辑图；(b) 等价的“3 取 2”梯形图

“3 取 2”信号单元的误动作率为

$$P_{2/3} = P_aP_b + P_bP_c + P_cP_a - 2P_aP_bP_c$$

“3 取 2”信号单元的拒动作率为

$$Q_{2/3} = Q_aQ_b + Q_bQ_c + Q_cQ_a - 2Q_aQ_bQ_c$$

如前类似，假设各个检测元件的特性相同，即

$$P_a = P_b = P_c = P_d = P$$

$$Q_a = Q_b = Q_c = Q_d = Q$$

则有

$$P_{2/3} = 3P^2 - 2P^3$$

$$Q_{2/3} = 3Q^2 - 2Q^3$$

在代入检测元件的误动作率和拒动作率后，可以发现，当单个检测元件的误动作率和拒动作率都很小时，“3 取 2”信号单元的误动作率和拒动作率将大大低于单一信号法。当单个检测元件的 P 和 Q 值都 >0.5 时，“3 取 2”信号单元的误动作率和拒动作率也近似为 0.5。当单个检测元件的 P 和 Q 值都 >0.5 时，“3 取 2”信号单元的误动作率和拒动作率反而比单一信号法还要大。

在实际应用中，保护系统选用的检测元件性能指标都比较高，误动作率和拒动作率都很小，所以在采用串并联信号组合法后，使热工保护系统的可靠性得到了很大提高。

6. 多重表决法

在有些热工保护系统中装有多个检测元件来监视同一设备的运行情况。如对锅炉燃烧火焰的监视，在锅炉燃烧管理系统（BMS）中设置了层火焰保护逻辑。即在炉膛的4个角上装有火焰检测器，当每一层的4个火焰检测器中有两个或两个以上检测到火焰时，则逻辑电路表决为“有火焰”；当3个或3个以上未检测到火焰时，则逻辑电路表决为“无火焰”。这种信号摄取方法称为多重信号表决法。

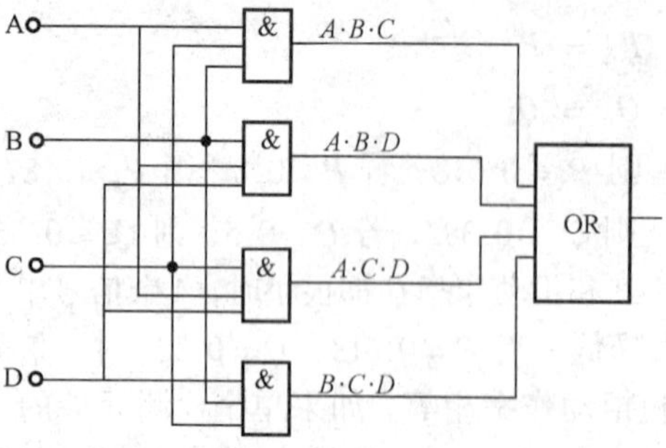

图 24－9　多重表决法

上述的两个表决电路称为2/4表决电路和3/4表决电路。图24－9画出了3/4表决电路的结构示意图。

3/4表决电路的逻辑表达式为

$$Y_{3/4} = A \cdot B \cdot C + A \cdot B \cdot D + B \cdot C \cdot D + C \cdot D \cdot A$$

由“多重表决电路”的逻辑表达式可知，当参与表决的信号检测元件可靠性比较高时，这种多重信号表决电路的误动作率和拒动作率将是极小的。因此，这种方法可大大提高保护电路的动作准确率。

复 习 思 考 题

1. 在电厂中热工信号按报警的严重程度区分有哪几类信号？
2. 热工信号的报警系统一般由哪几部分组成？
3. 自动报警系统的基本要求有哪些？
4. 比较完善的报警系统具备哪些特点？
5. 热工保护基本原理是什么？
6. 热工保护基础部件主要有哪些？
7. 常用的热工保护信号摄取方法主要有哪些？
8. 热工保护的可靠性是如何定义的？
9. 哪种信号摄取方法使热工保护系统的可靠性得到了很大提高？
10. 哪种信号摄取方法可大大提高保护电路的动作准确率？

第二十五章　锅炉系统热工保护

在火力发电厂生产过程中的锅炉，是一个非常复杂的热力设备，除了风烟系统、汽水系统和制粉系统等主要热力过程系统外，还包括了许多辅助设备和辅助系统。在正常启、停和运行过程中，通过热工检测和自动控制等手段，使各个热力系统的运行参数按预定规律变化，或者维持在规定范围以内。然而，由于燃烧工况的随时变化、设备发生故障或运行人员操作不当等因素，往往会发生运行参数超出规定限值，甚至导致设备故障等异常情况。例如，汽包水位过高或过低、炉膛负压过高、主蒸汽压力过高等。此时，热工保护系统就将采取措施，保护设备安全，防止事故扩大，并且在其他热控系统的协调控制下，经过有效处理，尽快恢复正常运行。

锅炉的热工保护设置取决于锅炉容量、热力系统构造特点、选用设备结构和运行方式等诸多因素。锅炉机组的热工保护有以下几方面内容。

（1）限值保护。根据锅炉和辅机的运行工况对锅炉的最大出力的变负荷速度予以限制，对锅炉的各种调节阀门和挡板的最大、最小开度加以限制。

（2）连锁保护。锅炉在启停或运行中，一旦出现误操作，连锁保护装置能自动加以制止。在锅炉运行中如某些辅机发生故障时，与其相关的设备和系统立即动作，如引风机因故障而停止时，送风机也应立即停止，避免造成炉正压运行使炉膛喷火，同时燃料控制系统和协调系统也需进行调整。

（3）紧急停炉保护。当某些重要辅机发生故障时，应迅速降低锅炉的负荷，停止锅炉运行；当锅炉运行中，某些主要参数超过允许值时，保护装置立即动作，采取紧急措施，直至紧急停炉保护，以免事故发生或扩大。

锅炉的自动保护项目随其结构和运行特性的不同有很大的差别，但是总的来说，它应该包括超压保护、燃烧保护和给水保护三大部分。

第一节　锅炉主蒸汽压力保护

锅炉的汽包、过热器、再热器以及蒸汽管道等承压部件在这样高的压力和温度下，有关部件的钢材强度余量已经极小，尤其是高温过热器是在接近材料蠕变的极限状态下进行工作的，若增加压力就有可能会发生爆管事故。为了避免在燃料变化、操作失误或汽轮机甩负荷时锅炉压力超限过度，必须装设主汽压力高保护装置。在锅炉的蒸汽压力超过允许压力时，安全门会自动开启，排放蒸汽，降低蒸汽压力，确保锅炉承压部件安全运行。在排汽时，安全门将发生声音报警，运行人员采取必要的措施。在安全门排汽降压到允许压力以下时，安全门将自动关闭。

对于中型锅炉来说，除了在汽包上安装安全门外，还需要分别在过热器的出口联箱和再热器上安装安全门，防止蒸汽大量从装在汽包上的安全门排出时，流过过热器、再热器的蒸汽流量下降，极端情况下甚至没有蒸汽流过，而烧坏过热器。因为在安全门动作时，并不意味着锅炉灭火，此时过热器、再热器将因为得不到蒸汽冷却而烧毁。为了保证设备和人身安全，锅炉监督部门对锅炉安全门作了严格规定。一般情况下，再热器安全门动作压力最低；过热器安全门动作压力为工作压力的1.02倍；汽包控制安全门的动作压力为工作压力的1.05倍；汽包工作安全门的动作压力为工作压力的1.08倍。

安全门的种类很多，如静重式安全门、杠杆式安全门、弹簧式安全门、脉冲式安全门等。不同安全门的整定参数不同，但各种安全门的控制电路的原理基本相同。一般以改变压力表的触点位置的方法整定安全门的启动参数。个别安全门复归原位往往不太理想，常发生泄漏，所以安全门尽量少动，以减少泄漏的麻烦。常把安全门划分为工作安全门和控制（监督）安全门，不同的安全门采用不同的整定值。控制安全门的动作参数整定在较低水平上，并且其灵敏度也较好。必要时控制安全门先动作，放掉部分蒸汽，在某些情况下可以控制压力不再升高，并同时向司炉发出超压报警。当压力连续升高时，工作安全门动作。由于工作安全门和控制安全门总的过流量是按锅炉最大流量设计的，安全门同时动作时保证锅炉压力不会超过限度。

为了保证设备和人身安全，必须对锅炉安全门作出严格规定，下面是安全门动作过程中的一些专门术语。

（1）工作压力：锅炉正常工作时的蒸汽压力。

（2）开启压力：当锅炉蒸汽压力上升到安全门安装调整的预定值时，门芯自行开启，蒸汽明显排出，此时阀门进口处压力叫开启压力。

（3）排放压力：安全门门芯开启后，设备中压力继续上升，当达到设备允许超过的最高压力时门芯全开，排出额定蒸汽量。此时，阀门进口处的压力叫排放压力。

（4）关闭压力：安全门开启，排出部分蒸汽后，设备中压力逐渐降低，当降至设备压力的预定值时，门芯关闭，蒸汽停止流动，此时阀门的进口压力叫关闭压力。关闭压力通常由阀门厂规定，一般为工作压力的95%。

锅炉压力保护系统与锅炉机组运行特点和热力系统的要求有关，如母管制运行锅炉就与单元制锅炉不同，而无旁路与有旁路的单元制机组主汽压力保护系统也不相同。对母管制运行锅炉，汽压保护系统的动作参数分为两值，在锅炉汽压升高到高Ⅰ值时，保护系统应发出压力偏高报警信号并和高Ⅱ值信号作“与”条件，在压力继续升高到高Ⅱ值时，停掉部分给粉机或打开对空排汽门使主汽压力回降。

图25－1和图25－2所示为单元制的燃煤锅炉无旁路及有旁路系统主汽压力高保护系统框图。

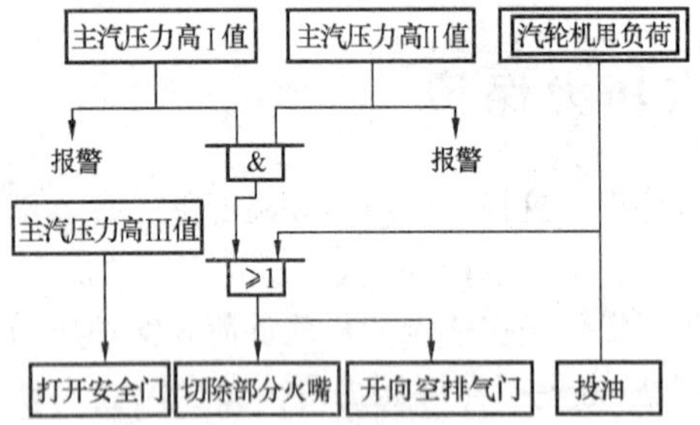

图25－1　无旁路系统主汽压力高保护系统框图

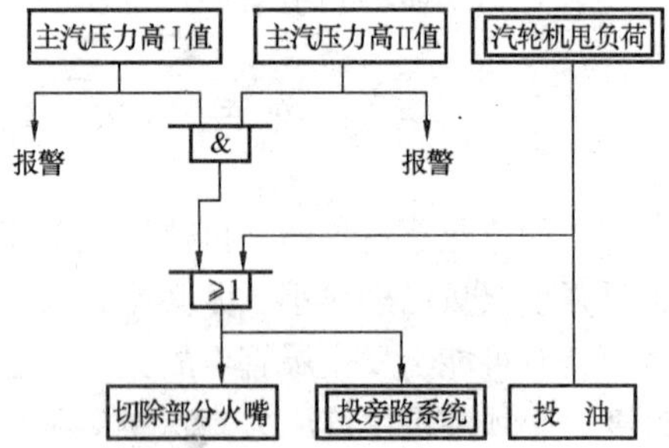

图25－2　有旁路系统主汽压力高保护系统框图

对于单元制有旁路主汽压力高保护系统，当主汽压力高Ⅰ值时，保护系统发出报警信号；此高Ⅰ值信号与高值信号如果同时发生，则停掉部分给粉机，切掉部分火嘴或投旁路系统，使锅炉产生的蒸汽经旁路减温减压后回收。当出现汽轮机甩负荷时，应立即切除部分燃烧器，同时投油以稳定燃烧，但一般因炉内燃烧强度不能立即减弱，仍会产生大量蒸汽使压力继续上升，从而造成安全门动作。因此，一般在打开向空排汽门降压的同时，应投入旁路系统，经旁路减温减压后回收，以提高机组热效率。

当发生大幅度甩负荷等情况时，气压骤然升高，达到高Ⅲ值时，安全门自动打开对空排汽，防止受压设备超压损坏。

普通安全门上的重锤和弹簧的大小是由阀座通道的直径和工作压力的大小来决定的，它们随着锅炉工作压力和容量的增大而增大。目前广泛采用的有静重式安全门、弹簧式安全门、脉冲式安全门等。下面以脉冲式安全门为例进行介绍。

脉冲式安全门结构如下。

常用的安全门由主安全门和脉冲门组成，因此通常被称为脉冲式安全门。脉冲式安全门的工作原理如图 25－3 所示。在锅炉正常工作时，主安全门靠缓冲器 8 中的弹簧将阀门 1 关闭，蒸汽压力作用在阀芯上的力保证阀门关严，而脉冲门则靠杠杆 3 上的重锤保持阀门关闭。当蒸汽压力升高达规定值时，利用开阀电磁铁将脉冲门开启。蒸汽通过脉冲门进入主安全门执行机构的活塞上部。蒸汽压力在活塞上产生向下的力，克服了弹簧的压力，使主安全门开启，将蒸汽排入大气。当蒸汽压力降低到规定值时，关阀电磁铁工作，将脉冲门关闭。主安全门的控制电路如图 25－4 所示。门靠弹簧的压力关闭，停止对空排汽锅炉正常运行时，脉冲式安全门控制杆开关 KK 放在自动位置。开关的触点 7 和 8 合通，触点 5 和 6 合通。当蒸汽压力升高达开阀的规定值时，电触点压力表的低值触点断开而高值触点合通。中间继电器 KM1 动作，合通开阀接触器 KMC1。接触器 KMC1 合通开阀电磁铁，使脉冲门开启。安全门起座，红灯 HR 亮。KMC1 同时合通中间继电器 KM2，为关阀电路作准备。当蒸汽压力低于开阀的规定值时，电触点压力表的高值触点断开。

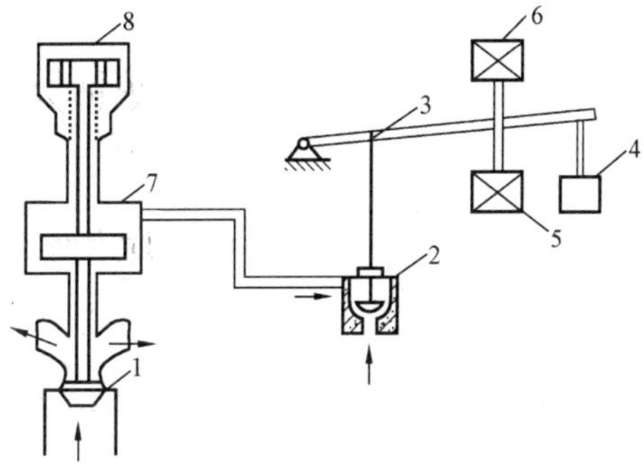

图 25－3　脉冲式安全门工作原理图

1—主安全门；2—脉冲门；3—杠杆；4—重锤；5—开阀电磁铁；6—关阀电磁铁；7—执行机构；8—缓冲器

中间继电器 KM1 自保持并维持脉冲门在开启状态。当蒸汽压力降到关阀的规定值时，电触点压力表的低值触点合适，使中间继电器 KM1 释放，切断开阀接触器 KMC1 和开阀电磁铁 KD 的电路，并合通关阀接触器 KMC2 的电路。关阀接触器 KMC2 使关阀电磁铁 KG 工作，以关闭脉冲门，使安全门回座。在关阀接触器动作时，启动时间继电器 KT。10s 后，KT 的延时触点断开，切断中间继电器 KM2 的自保持电路，使关阀接触器和关阀电磁铁断电。

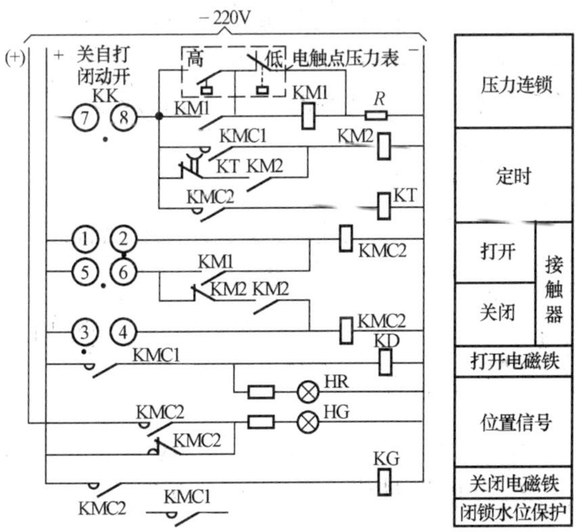

图 25－4　脉冲式安全门的控制电路图

KK—控制开关；KM1 和 KM2—中间继电器；KT—时间继电器；KMC1—开阀接触器；KMC2—关阀接触器触点；KD—电磁铁；KG—关阀电磁铁

如果脉冲安全门的工作失误，也可以人工操作控制开关 KK，控制安全门的开启和关闭。为了避免人工控制安全门时发出的关闭指令过长，关阀位置的绿色信号灯 HG 是接在闪光电源上的。当人工关闭安全门后将控制开关放在自动位置时，绿色信号灯的电源恢复正常，何时绿灯转为平光。

对于汽包锅炉来说，当蒸汽压力降低

时，汽包水位会产生瞬时上升的假水位现象。为了避免假水位造成水位异常的保护动作，在安全门开启时，通过开阀接触器 KMC1 将水位异常保护电路切断。

第二节　汽包锅炉水位保护

一、汽包水位保护的重要性

汽包水位能否在许可的范围内运行，是锅炉安全运行的重要标志之一。汽包锅炉在运行中，只有很好地维持汽包水位正常才能保证机炉安全，因为汽包水位过高将减小蒸汽重力分离行程，破坏汽水分离效果，使蒸汽带水造成过热器中盐类沉积，恶化过热器的工作条件，严重时还可能引起汽轮机水冲击恶性事故；水位过低时，锅炉水循环将遭破坏，水冷壁安全受到威胁。所以水位保护的功能是，在锅炉缺水时能及时保护，避免“干锅”和烧坏水冷壁管；当出现满水时能自动打开放水阀；因此，必须确保汽包水位在合适的范围内运行。水位保护的作用是当发生汽包水位超越高限或低于下限时，将迫使锅炉保护系统切断主燃料，紧急停炉，以避免发生设备损坏事故。

二、汽包水位保护系统

汽包水位保护系统的设计与锅炉的容量、结构和运行方式有关。一般来说，水位保护定值分为 3 个值，分别称为高Ⅰ、高Ⅱ、高Ⅲ值（+50、+150、+250mm），和低Ⅰ、低Ⅱ、低Ⅲ值（-50、-150、-250mm）。高或低Ⅰ、Ⅱ值为报警值，高Ⅲ或低Ⅲ值为停炉值。

在实际使用中，汽包水位 3 个保护定值的组合使用有多种形式。例如在有些锅炉上，当水位升高到高Ⅰ值时，保护系统发出水位高预报警信号，以引起运行人员注意，当水位继续升高到高Ⅱ值时，高Ⅰ值和高Ⅱ值的“与”条件成立，保护系统自动打开事故放水门。水位高Ⅱ值信号同时作为水位高Ⅲ值信号的“与”条件。若水位继续升高到高Ⅲ值时，则保护系统发生紧急停炉指令，强迫停止锅炉运行。

在汽包锅炉上，正常运行时汽包的水位依靠给水自动控制系统保持在汽包中心附近。因此，在出现水位过高或过低等待 5s 而未恢复时，必须立即送出保护信息，使锅炉停止。

在锅炉汽压过高致使安全门开启时，由于蒸汽压力急剧下降，会导致汽包水位出现瞬时的升高。这种假象不应送出水位保护信息。因此，通常在安全门动作时要送出信息闭锁水位保护信息。一般延时 60s 左右闭锁该信号。

某 100MW 机组的锅炉汽包水位保护框图，如图 25-5 所示。

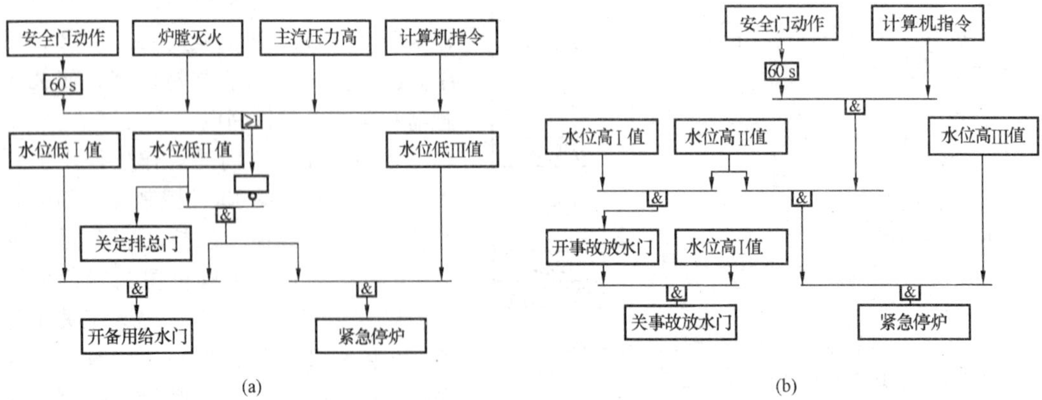

图 25-5　某 100MW 机组的锅炉汽包水位保护框图

（a）水位低保护；（b）水位高保护

一般情况下，汽包水位异常保护的动作值为正常水位 + 250mm 和 – 250mm。

在有些锅炉系统上，特别是采用 DCS 控制系统的锅炉系统上，汽包水位高Ⅲ值或低Ⅲ值紧急停炉保护，常采用“3 取 2”信号法，由计算机通过监视水位模拟量值来输出开关量，以形成保护系统所需要的跳闸信息。其逻辑原理如图 25 – 6 所示。

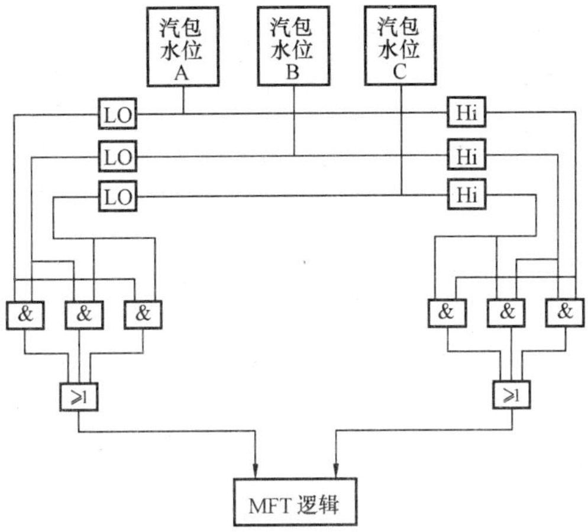

图 25 – 6　DCS 系统锅炉汽包水位保护逻辑原理图

第三节　炉膛灭火保护

当炉膛内的火焰已经熄灭时，如果继续将燃料送入炉膛，是可能引起爆炸而损坏锅炉。因此，当炉膛灭火时，必须停止锅炉的运行。

事实上，锅炉灭火无非是由炉膛燃烧不稳和燃料中断两种原因引起的。针对这两种原因，可以设炉膛正压保护和燃料中断保护。

炉膛燃烧安全控制系统的炉膛运行安全监控保护主要有以下任务。

(1) 在锅炉的启、停和运行过程中，控制轻、重油枪的正常进、退和点火，实现对磨煤机、给煤机等制粉设备的启、停操作，监视各层燃烧器的火焰运行情况。发现异常，则退出油枪或停止制粉设备投用。

(2) 防止炉膛爆炸。当发生危及机组安全和锅炉安全的严重事故时，则产生 MFT 跳闸信号，切断主燃料，防止在炉膛内积存可燃爆的气粉混合物。在发生 MFF 后，维持炉内通风，并进行跳闸后的炉膛吹扫，清除炉膛和尾部烟道中的可燃混合物，以防炉膛爆炸。在每次点火前，都必须进行炉膛吹扫，以确保炉内无可燃混合物。

(3) 对强制循环汽包炉，必须保证炉水循环泵的正常运行。3 台炉水泵中至少应有 1 台在运行。如果不能维持最后 1 台炉水泵的运行，则发出 MFT 信号，强迫紧急停炉。

以上炉膛安全保护任务由燃烧安全管理系统（BMS）承担。

复习思考题

1. 锅炉机组的热工保护主要有哪几方面内容？

2. 锅炉的自动保护项目有哪几项？

3. 何谓限值保护、连锁保护？

4. 何谓紧急停炉保护？

5. 解释安全门动作过程中的一些专门术语：工作压力、开启压力、排放压力、关闭压力？

6. 说明锅炉主蒸汽压力保护的动作过程。

7. 试说明脉冲式安全门的工作原理。

8. 说明汽包水位高保护内容，并画出相应的保护框图。

9. 说明汽包水位低保护内容，并画出相应的保护框图。

10. 锅炉炉膛运行安全监控保护主要有什么任务？

第二十六章　汽 轮 机 保 护

汽轮机的自动保护项目通常包括超速、甩负荷、凝汽器真空低、轴承润滑油压过低和轴向位移过大等。

第一节　汽轮机超速保护

汽轮机是高速转动的机械，正常运行时转速为3000r/min。在正常运行时，由于受到电网频率和负荷的影响，汽轮机的转速是不可能出现过大的波动。但是在突然甩负荷等事故状态下，如果调速系统的动作失灵，关闭过慢，汽轮机的转速会迅速上升。汽轮机超速时的危害是相当严重的，常常会出现转子叶片脱落击穿汽缸等险情。有时转子还会挣脱汽缸盖而造成整机解体，即“飞车”事故。由此可见，汽轮机超速事故轻则损坏设备，重则伤人或波及其他设备。因此对于汽轮机保护来说，首先要考虑的就是防止汽轮机的超速。

为了防止汽轮机超速，当汽轮机转速升高到异常值时就应该迅速切断进入汽轮机的蒸汽。在传统的液动调速系统中就采用了多重的防止超速的措施。其中，最主要的就是危急保安器。由于机械部分可能会失灵，所以还设有后备的保护措施。汽轮机的自动主汽门是利用调速系统中的高压油开启使蒸汽进入汽轮机的。控制主汽门的油是由主油泵出口经过节流孔供应的。控制主汽门的油路被称为安全油系统。危急保安器的错油门开启时就可以泄去安全油路的油压，使主汽门迅速关闭。图26－1是汽轮机安全油路和危急保安器原理图。当汽轮机的转速升高时，装在汽轮机轴1内的离心飞锤2的离心力克服了弹簧3的压力而甩出轴外。凸出轴外的飞锤端部通过杠杆4使危急保安器的滑阀5开启，泄去安全油路的油压。汽轮机的主汽门是由油动机6控制的。当执行机构活塞下部的油压建立时，活塞克服弹簧的压力使主汽门开启。一旦油压泄去，活塞受弹簧的压力将主汽门迅速关闭。

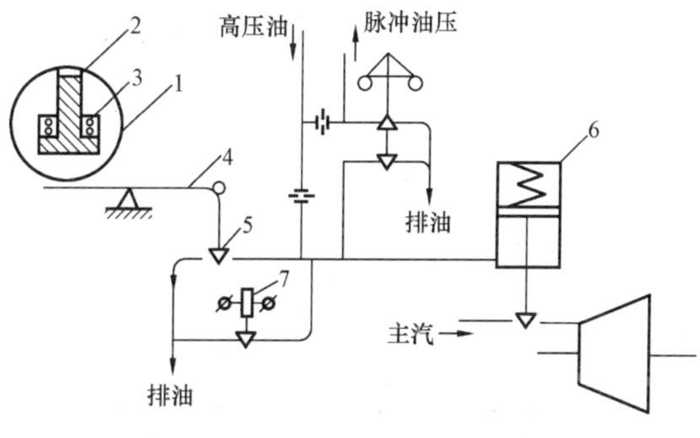

图26－1　汽轮机安全油路和危急保安器原理图
1—汽轮机轴；2—离心飞锤；3—弹簧；4—杠杆；5—滑阀；6—油动机；7—泄油阀

在安全油路中还设有由其他保护条件控制的泄油门。图26－1中的7是由电磁铁控制的泄油阀，供电信息控制汽轮机跳闸时使用。

第二节　甩 负 荷 保 护

汽轮机在运行过程中突然甩负荷，特别是全部甩负荷时，汽轮机转子的转速会迅速升高。如果不能及时处理，导致危急遮断器动作，将会造成停机损失。特别是中间再热机组，机组甩负荷时动态超速现象就更严重。因此，较大的机组均应设置甩负荷保护。

甩负荷保护的框图，如图 26－2 所示。

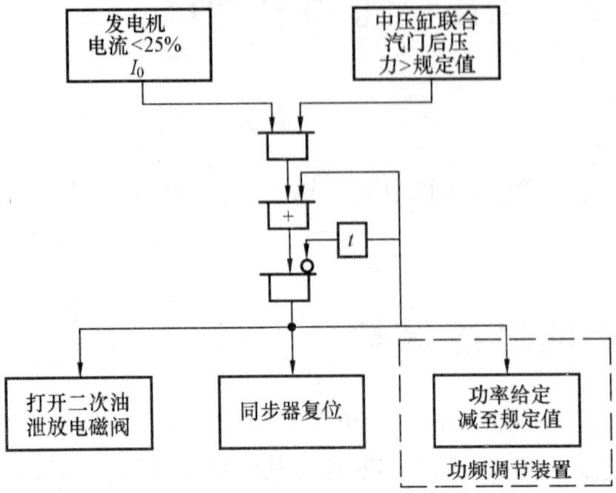

图 26－2　甩负荷保护的框图

汽轮机中压缸进汽压力是和负荷成正比的。在机组甩负荷时，发电机的实际负荷值（电流值）必然会大大低于原来负荷值所对应的中压缸进汽压力值，一般选定对应 60%负荷的中压缸汽压值和对应 25%负荷的发电机电流值作为规定值。

当发电机电流小于规定值而中缸压力仍大于规定值时，即反映了机组的甩负荷状态。这时，保护系统送出指令，接通图 26－2 汽轮机甩负荷保护框图电磁油阀的电源，泄放二次油压，使高、中压调节汽门关闭，并同时送出指令使同步器退向空载位置。待中压联合汽门后汽压降到低于规定值时，再切除保护指令。考虑到中压联合汽门后的压力下降较快，为了避免调节汽门开启后再次出现超速，应通过延时环节使调节汽门关闭 10s 以后才允许重新开启。

对于有功频调节装置的汽轮机，甩负荷保护的指令应同时送入功频调节装置，将功率给定值降到规定值。

第三节　凝汽器真空低保护

汽轮机凝汽器的真空度降低时，应该相应地减少汽轮机的负荷，否则将改变转子叶片受力情况及机组中心，从而引起汽轮机的振动加大、轴向位移加大等不良后果。因此，汽轮机应设置凝汽器真空低保护。当凝汽器真空值低到规定值时送出汽轮机跳闸信息，将汽轮机停止运行。真空低保护的动作值通常为 67～73kPa（500～550mmHg）。凝汽器真空低保护的信息应使用开关量变送器检测。由于汽轮机启动过程中凝汽器的真空值是低于这个动作值的，这时如凝汽器低真空保护的跳闸信息存在，将使汽轮机无法启动。为此，可以采用在检测信息中加入闭锁条件的方法，即使用两个同样规格且具有可调整差值的压力开关同时测量凝汽器的真空值，将两个压力开关的输出触点串联起来作为凝汽器真空低的跳闸信息。

两个压力开关的整定值如下：

主压力开关的触点整定在真空值低到 72kPa（540mmHg）（假定的跳闸值）以下时使触点合通；闭锁用压力开关的触点整定在真空值升到 93kPa（700mmHg）以上时触点合通，而真空降到 67kPa（500mmHg）以下时触点断开。

这样一来，在汽轮机启动过程中当真空低于 93kPa（700mmHg）时，闭锁用压力开关的触点断开，不会发出跳闸信息。只有当真空值升到 93kPa（700mmHg）以上再降低到 72kPa（540mmHg）时，才会发出跳闸信息。而且当真空值降到 67kPa（500mmHg）以下时，跳闸信息将被切断。

第四节　轴承润滑油压低保护

汽轮机转子的轴颈依靠油膜支持在轴承的乌金轴瓦上。轴承润滑的好坏也就是油膜的工作情况，取决于向轴承供油的油压。如果轴承润滑油压降低，润滑用油不足，将会造成油膜的破坏。一旦油膜破坏，则会造成轴瓦乌金损坏的事故，使机组振动加大，动静部分相碰而毁坏。

汽轮机轴承的润滑用油，在汽轮机正常运行时是靠主油泵出口的油经过减压和冷却后供应的。为了保证汽轮机轴承润滑用油，每台汽轮机均配备一台用交流电动机驱动的油泵和一台用直流电动机驱动的油泵，作为辅助润滑之用。由于油泵的工作相当可靠，所以通常是用一台交流电动机和一台直流电动机同轴驱动一台轴承润滑油泵的。在汽轮机运行过程中，如果润滑油压下降到第一值（假定为0.07MPa）时，联动控制系统自动启动交流润滑油泵（或润滑油泵的交流电动机）。当润滑油压下降到第二值（假定为0.03MPa）时，联动控制系统自动启动直流润滑油泵（或润滑油泵的直流电动机）。直到润滑油压降到第三值（假定为0.02MPa）时才发出汽轮机跳闸信息，使汽轮机停止运行。

汽轮机轴承润滑油压的信息可以使用一个带可调整差值的压力开关提供。这个跳闸信息是不会影响汽轮机启动的，因为汽轮机冲转之前必须先启动交流润滑油泵，而润滑油压建立后汽轮机的跳闸信息是会自动解除的。

第五节　轴向位移过大保护

在汽轮机运行过程中，会产生相当大的轴向推力。因此在汽轮机上均设有推力轴承，以平衡这一轴向推力。在正常运行时，汽轮机转子轴的推力盘依靠油膜支持在推力轴承的乌金瓦上。如果汽轮机的负荷过大或者蒸汽参数变化过大，都可能导致轴向推力增大。当轴向推力过大破坏了推力瓦的油膜时，就会造成推力瓦磨坏或汽轮机动静部分碰擦等严重事故。因此，汽轮机应设轴向推力过大的保护。但是，轴向推力的检测问题是很难解决的，所以通常检测汽轮机转子的轴向位移，即通过推力轴承的弹性变形和乌金瓦磨损间接反映转子的轴向推力，此时称为轴向位移保护。一般位移保护动作值整定为0.8～1.2mm。

轴向位移检测装置应设在尽量靠近推力轴承的地方，以排除转子膨胀的影响。

最常见的轴向位移检测装置是根据磁路空气隙变化引起铁芯线圈电感量变化的原理制成的，先将位移值转换为模拟量的电信息，然后将模拟量电信息转换为开关量信息送入保护系统作为汽轮机的跳闸信息。由于检测装置的转换环节过多，影响因素也多，送出的跳闸信息的可靠性就较差。虽然大部分汽轮机使用这种轴向位移检测装置提供保护用的跳闸信息，但是实际使用效果是很不理想的。

个别汽轮机上使用直接接触式的位移开关来提供汽轮机的跳闸信息。位移开关的探头采用耐磨材料制成。探头与汽轮机转子轴上凸肩的平面部分接触，并通过杠杆带动微动开关。当轴向位移过大时，汽轮机的转子通过探头和杠杆带动微动开关，送出跳闸信息。

除此以外，采用得较多而效果较好的轴向位移检测装置是油压式轴向位移检测装置，它的工作原理如图26－3所示。

油压式轴向位移检测装置的结构如图26－3（a）所示。在汽轮机轴上有一个凸缘，在凸缘两侧各安装着一个油喷嘴，由汽轮机的油系统通过节流孔板向油喷嘴供油。当油喷嘴和凸缘平面的距离改变时，喷嘴出口前的油压，也就是节流孔板后的油压也跟着改变。当两者距离越小时，喷嘴出口前的油压越高。因此当喷嘴位置固定而汽轮机轴产生轴向位移时，喷嘴出口前的油压变化就对应着轴向位移的大小。只要掌握了喷嘴和凸缘平面间距离和喷嘴出口前油压的具体关系，就可以利用装在这段油管道上的压力表来检测汽轮机转子的轴向位移值，并且可以将压力开关装在同一位置，提供汽轮机轴向位移保护的开关量信息。

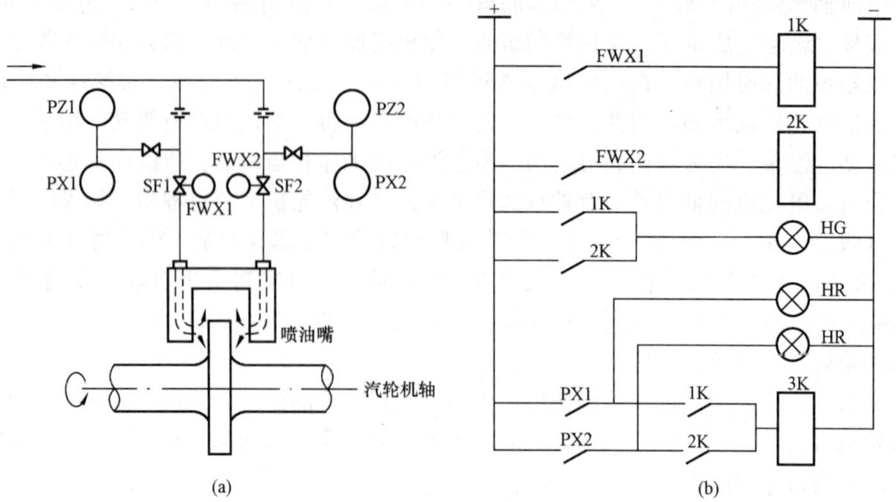

图 26－3　油压式轴向位移检测装置工作原理

（a）结构原理；（b）接线原理

PZ—压力表，PX—压力开关，SF—试验阀，FWX—阀位开关；

HG—试验信号灯；HR—动作信号灯；3K—输出继电器

为了检测汽轮机转子朝两个方向的轴向位移，可以采用两套完全相同的油喷嘴，分别装在汽轮机轴上凸缘的两侧，如图 26－3（a）所示。

某台汽轮机使用的油压轴向位移检测装置利用 0.18MPa 的压力油通过节流孔板向喷嘴供油。在汽轮机正常运行时，油喷嘴出口前的油压约为 0.08MPa。当轴向位移增大使油压上升到 0.12MPa 时，压力开关动作，送出汽轮机跳闸信息。这时相当于推力瓦已磨损 0.76～0.86mm。

这种轴向位移检测装置可以在汽轮机运行过程中试验压力开关的工作情况，而不会影响汽轮机的正常运行。为了试验压力开关的工作情况，在喷嘴和节流孔板之间的管道上设有试验阀 SF。试验阀带有阀位开关 FWX，用来在进行试验时闭锁压力开关的输出。进行试验时只要关闭所需试验一侧的试验阀。随着试验阀的关闭，阀位开关 FWX 先动作，通过中间继电器切断压力开关 PX 输出继电器 3K 的电路，并点亮绿色信号灯 HG。以后压力表的示值将随试验阀的关闭逐渐上升，直到压力开关动作，点亮红灯 HR 为止。这时压力表示出了这种轴向位移检测装置的结构简单，使用方便，而且送出的跳闸信息的可靠性远比电感式轴向位移检测器提供的要高，但油压式轴向位移检测器要求供油压力保持恒定。

第六节　其　他　保　护

汽轮机的常规自动保护系统如图 26－4 所示。除了前面讨论过的几项保护外，在图 26－4 中还列有手动停机按钮、其他保护和其他操作（如开真空破坏门等）。手动停机按钮是每个汽轮机都有的，至于其他保护和其他操作项目则是根据具体汽轮机特性所决定的，在这里只能作一个简单的说明。

1. 手动停机按钮

手动停机按钮是为人工指挥自动保护系统而设。在机组运行过程中，有些异常情况的出现和进一步发展的速度非常快，依靠人工进行处理很难胜任，必须由自动保护系统进行处理。然而也有些异常情况的出现和发展过程是比较缓慢的。而且这些异常过程经过其他自动化系统和值班人员的处理后，往往是能够恢复正常的，即使不能恢复正常而要求汽轮机停止运行时，依靠人工指令使汽轮机跳闸也是来得及的。属于这类的异常情况有蒸汽参数的异常、汽轮机静子和转子之间的相对膨胀差过大或轴承金属温度、排油温度异常等。

此外，这些异常情况的检测手段作为自动保护的信息来说可靠性是较低的。而由人工监视时则可以通过汽轮机的全面工作情况进行综合分析，以排除检测的误差。

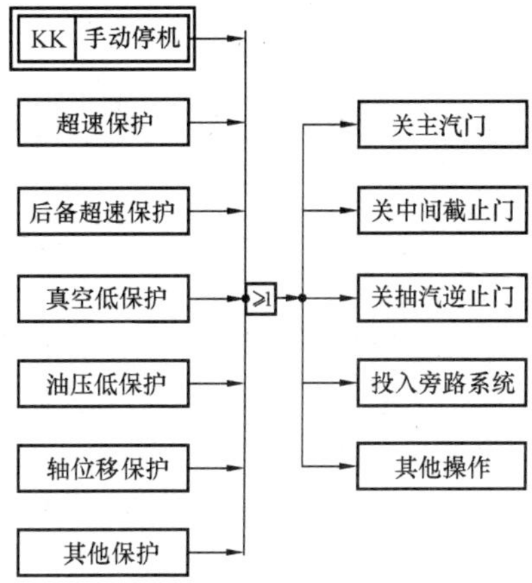

图 26－4　汽轮机跳闸保护系统

2. 凝汽器水位高保护

在汽轮机正常运行时，凝汽器内必须保持一定的水位。水位过高会淹没凝汽器的冷却水管，降低冷却能力。而且因为冷却水管有时可能泄漏，还会影响凝结水质。如果水位继续升高，将会危及汽轮机的转子。因此，有的汽轮机上设有凝汽器水位高的保护。保护信息由液位开关提供，液位开关的动作值约比正常水位高 300mm 左右。

3. 发电机冷却系统故障保护

发电机冷却系统的故障主要出现在水内冷的冷却系统中，有冷却水流量过低、冷却水导电度过高、发电机冷却水出口温度过高和发电机内部冷却水泄漏等几类故障。发电机冷却系统的故障，不仅无法在机组运行过程中进行处理，而且发展下去还可能导致更严重的事故。因此，当发电机冷却系统出现上述故障时，均应送出保护信息使汽轮机跳闸，同时使发电机跳闸。

4. 轴承振动大保护

在汽轮机运行过程中，许多异常状态都可能引起轴承振动变大，如润滑油系统故障、凝汽器真空度过低和汽轮机水击等。出现这类故障时，轴承振动大多会迅速增大，如果不及时停止汽轮机的运行，则可以造成轴承、汽封或转子的损坏。因此，当汽轮机轴承振动过大时，应该迅速停止汽轮机。但是，目前使用的轴承振动检测手段所提供的信息可靠性均较低。因此，在有的汽轮机上虽然设了轴承振动大保护，但是仍然保留了人工切除此保护的开关。

复习思考题

1. 汽轮机的自动保护通常包括哪几项？
2. 试根据汽轮机安全油路原理图说明超速保护的过程。
3. 试根据汽轮机甩负荷保护的框图说明甩负荷保护的过程。
4. 为什么要设置凝汽器真空低保护？
5. 采用什么方法可以闭锁汽轮机启动过程中送出凝汽器真空低保护信息？
6. 在汽轮机运行过程中如何实现轴承润滑油压低保护？
7. 说明油压式轴向位移检测装置工作原理。
8. 汽轮机的自动保护除了通常几项外，还有哪几项保护？

第二十七章　单元机组热工保护

单元机组是一个有机整体，从其多年的运行实践来看，热力系统的设备保护已从过去的定值跳闸保护为主，逐渐发展渗透到机组运行的各个动态工况过程的监视保护；从简单的连锁动作保护，发展成为复杂的智能化事故处理。热工保护与自动调节控制技术，数据采用监测技术，设备顺序启、停控制技术融合一体，协同工作，保护机组的安全启、停和安全、经济运行。

在采用分散控制系统的大型单元机组上，热工保护除了前面所说的有部分项目仍采用常见方式处理外，已有相当多的保护任务由 DCS 系统来实现。当机组主、辅设备发生带有全局性影响的事故时，控制系统将依据事故信号进行严重程度分析、判断，依据预定控制策略、输出控制指令、协同相关设备动作，保证机组安全。目前，单元机组的 DCS 系统热工保护主要有辅机故障减负荷控制（RB）、机组快速甩负荷控制（FCB）、主燃料跳闸保护（MFT）三种方式。

第一节　辅机故障减负荷控制（RB）

当机组的主要辅机发生故障，而锅炉、汽轮机和发电机主体设备正常时，控制系统将强制机组按要求速率减负荷，降低到尚在运行的辅机能够承担的负荷值上，以稳定机组继续安全运行。这种热工保护叫做辅机故障减负荷控制，即 RUNBACK 控制。

一、RB 控制主要辅机

在经历了多年的运行实践和试验摸索后，单元机组的自动控制水平已经发展到了相当高的水平，对一些重要辅机的运行特性和它们对机组运行的动态影响都有了比较成熟的经验和理论。目前已经纳入 RB 控制的辅机主要有如下几类。

（1）一台炉水泵跳闸 RB 控制。

（2）一台送风机跳闸 RB 控制。

（3）一台吸风机跳闸 RB 控制。

（4）一台空气预热器跳闸 RB 控制。

（5）一台一次风机跳闸 RB 控制。

（6）一台磨煤机跳闸 RB 控制。

（7）一台汽动给水泵跳闸而电动给水泵未能联动投运 RB 控制。

二、RB 控制原理

辅机故障减负荷处理是一个多系统协作自动处理过程。例如，在火力发电机组上的重要辅机都是采用两台并列运行或多台并列运行来达到单元机组的满负荷运行。这些辅机也可以单独投入运行使机组带一定负荷运行。两台相同辅机之间有连锁关系，还有公用设备。因此，当某台辅机故障跳闸时，连锁保护系统及顺序控制系统将对设备系统进行必要的隔离和启、停处理；锅炉燃烧安全管理系统（BMS）要根据不同的故障辅机处理要求进行停止一台或两台磨煤机的控制；而汽轮机前压力将通过 DEH 控制；协调控制系统（CCS）将控制方式自动切换到“汽轮机跟踪方式”，以协调锅炉控制子系统和汽轮机控制子系统，按相应辅机的 RUNBACK 目标负荷值和减负荷速率，降低锅炉输入量，稳定主蒸汽压力，使机组能比较平稳地把负荷降到预定值，并且能稳定运行。

在机组正常运行时，协调控制系统（CCS）的负荷指令计算器接受电网调度系统（AGC）来的负荷指令，或者接受操作员设定的机组负荷指令。

三、RB 保护动作后的处理原则

（1）RB 保护动作后，确认所有动作正常，经过一定时间后自动复置 RB 保护信号。

（2）注意监视汽温、水位和锅炉燃烧工况，必要时进行干预。

（3）查清 RB 保护动作原因，尽快恢复单元机组正常运行。

四、RB 复置

单元机组的 RB 保护动作后，经过故障处理，运行人员认为可以解除 RB 保护时，在集中控制室的控制台上按下“FCB/RB”复置按钮，就可使 RB 保护复置。

第二节 机组快速甩负荷控制（FCB）

当锅炉运行正常而汽轮机或发电机发生故障时，一般先将单元机组与电网解列或主汽门关闭，然后维持锅炉和汽轮发电机组在空载状态下运行或带厂用电运行，以利于故障排除后重新带负荷。这种故障处理方法称为机组快速甩负荷控制保护，简称 FCB 保护。FCB 控制的目的是在条件允许情况下，尽可能避免停机损失。

一、FCB 保护种类

根据 FBC 保护动作后机组的不同运行方式，可以分为 5%FCB 保护（甩负荷只带厂用电运行）和 0%FCB 保护（甩负荷停机不停炉）两种。

1.5%FCB 保护

当电网发生故障时，5%FCB 保护动作，使单元机组与电网解列，机组带厂用电运行，以待电网事故消除后能及时并网运行。

2.0%FCB 保护

0%FCB 保护有下面两种故障处理功能：

（1）汽轮机故障处理功能。当单元机组汽轮机故障跳闸后，0%FCB 保护动作使锅炉不灭火维持在最低负荷下运行，等汽轮机故障排除后，锅炉迅速向汽轮机供汽，使单元机组恢复并网发电。

（2）电气故障处理功能。当发电机或主变压器、厂用变压器等出现电气故障，引起发电机跳闸进而联跳汽轮机时，0%FCB 保护动作使锅炉不灭火，自动维持在最低负荷下运行，等电气故障排除后，锅炉迅速向汽轮机供汽，使单元机组并网发电。

二、FCB 保护动作后的主要操作

（1）锅炉跟踪控制。

（2）给水单冲量控制。

（3）过热器的安全门打开，避免主蒸汽压力在短时间内大幅度上升。

（4）投入油枪，以稳定锅炉燃烧。

（5）高压旁路站立即强行快速投入。

（6）电动给水泵自动启动，给水控制器投入自动状态，接受 FCB 保护强制指令，控制汽包水位。

三、FCB保护动作后的主要问题和采取的措施

1. 单元机组负荷平衡

单元机组FCB保护动作后，汽轮机停止运行或只带厂用电运行，造成汽轮机和锅炉之间的负荷失去平衡，即供汽远大于耗汽。为了防止由此引起的蒸汽压力上升，锅炉必须大量减少燃料，并维持燃料至最低限度。同时为了稳定锅炉低负荷时的燃烧，必须自动投入部分油枪助燃。

2. 防止再热器干烧损坏

单元机组FCB保护动作后，汽轮机负荷很低或根本不带负荷。这时锅炉再热器内流过的蒸汽量很小或根本没有蒸汽流过，若不采取有效措施就会造成再热器干烧而损坏。为此，要增设汽轮机旁路系统。当FCB保护动作时，汽轮机旁路系统投入运行，锅炉产出的蒸汽经过高压旁路系统减温减压后进入再热器，再经过低压旁路系统减温减压后进入凝汽器。这样既处理了锅炉多余的蒸汽，又保护了再热器不致被干烧受损。

3. 保证锅炉燃烧稳定

单元机组FCB保护动作后，锅炉的出力需降低到最低稳定负荷，在很短的时间内进入锅炉的燃料将大量地减少，因而很容易造成锅炉灭火，导致FCB保护失去保护作用而引起主燃料跳闸保护（MFT）保护动作。针对这种情况，应采取将单元机组的部分磨煤机停运，维持最低限度煤粉燃烧并投入部分油枪稳定燃烧。

四、FCB保护动作后的处理

（1）FCB保护动作后，按FCB保护的有关控制逻辑自动处理一定时间后，FCB保护自动复置。这时可以根据实际需要进行适当的手动调节。

（2）汽轮机甩负荷后，应注意辅机汽源的切换，特别注意安全门的动作，是否发生水冲击等异常情况。

（3）锅炉在低负荷工况下运行，注意监视锅炉的燃烧情况和汽温的调节。

（4）采用5%FCB保护时，汽轮机转子热应力大，在这种工况下运行不得超过规定时间。

（5）汽轮机再次启动时，应投入汽轮机热应力控制系统。在应力允许的情况下，迅速增加负荷。

（6）采用5%FCB保护时，厂用电频率应维持在48.5Hz到50.5Hz范围内，同时应密切监视各辅机的运行情况。

五、FCB保护的复置

FCB保护动作后，经过故障处理，运行人员认为可以解除FCB保护时，在集中控制室的控制台上按下“FCB/RB”复置按钮，就可以使FCB保护复置。采用5%FCB保护时，汽轮机转子热应力大，在这种工况下运行不得超过规定的时间。

第三节　主燃料跳闸保护（MFT）和机组大连锁

一、主燃料跳闸保护（MFT）

当发电机组在运行过程中发生严重事故，无法继续运行时，热工保护系统将切断全部燃料，停止锅炉运行，迫使机组停运。这种热工保护称为主燃料跳闸保护（MFT）。

1. MFT控制条件

引发MFT有许多重要逻辑条件，例如有以下几种。

（1）一些重要辅机全部跳闸，如送风机全部跳闸、引风机全部跳闸、炉水循环泵全部跳闸、一次风机全部跳闸等。

(2) 一些热力系统运行参数达到危险值，如汽包水位极高或极低、炉膛熄火等等。

(3) RB、FCB 控制失败，事故扩大，导致机组无法继续运行。

2.MFT 保护动作的主要内容

单元机组的 MFT 保护动作时，自动进行下列处理，否则应进行人为手动干预。

(1) 汽轮机跳闸、发电机跳闸。

(2) 汽动给水泵停止运行，电动给水泵自动启动。

(3) 所有给煤机和磨煤机全部停运。

(4) 所有的重油燃烧器全部停运。

(5) 经过延时后，关闭轻油快关门。

(6) 经过延时后，关闭重油快关门。

(7) 所有一次风机全停。

(8) 所有重油泵全停。

3.MFT 保护动作后的处理原则

(1) 汽包水位快速下降，加强水位监视、调节。

(2) 监视、控制炉膛负压。

(3) 查明原因。消除故障。

(4) 做好极热态启动准备，炉膛吹扫，轻、重油泄漏试验。

(5) 锅炉点火前关闭磨煤机出口门。

(6) 尽快恢复蒸汽参数，达到汽轮机冲转要求。

(7) MFT 动作原因不明，应按紧急停炉处理。

4.MFT 的复置

(1) 找到动作原因，消除故障。

(2) 进行“炉膛吹扫”。

(3) 吹扫完毕，MFT 自动复置。

二、机组大连锁保护

单元机组是锅炉、汽轮机和发电机三者有机结合的整体，当任何一方在机组运行中出现异常或发生故障时，都会影响其他两方面的安全运行。因此，单元机组的连锁保护系统除设置锅炉、汽轮机和发电机的保护外，还设置了机、电、炉之间的连锁保护。其作用就是将机电炉更密切地联系起来，无论哪一方发生故障，其他部分都会作出相应的连锁反应。

中间再热式发电机组的大连锁保护系统的原则性框图如图 27－1 所示。大连锁条件及动作情

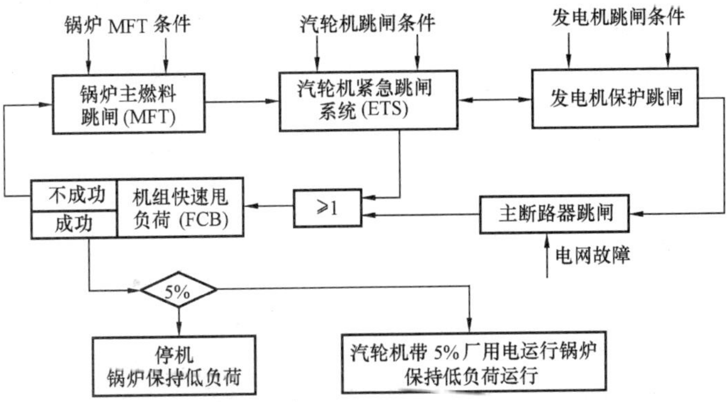

图 27－1 中间再热式发电机组的大连锁保护系统的原则性框图

况如下。

1. 锅炉故障，机组停运

锅炉故障引起锅炉连锁保护动作，切断进入炉膛的所有燃料时，连锁汽轮机跳闸，发电机解列。

2. 汽轮机和发电机互为连锁，故障时 FCB 或 MFT 动作

汽轮机故障跳闸时，就会连锁发电机解列；发电机故障解列时，也会连锁汽轮机跳闸。即汽轮机和发电机互为连锁。不论哪一种连锁都会引起 FCB 保护动作。如果 FCB 保护动作不成功，MFT 保护动作，切断进入炉膛的所有燃料，保护停炉，如果 FCB 保护动作成功，锅炉保持低负荷运行。

3. 电力系统发生故障，FCB 或 MFT 动作

若汽轮发电机运行正常，电力系统发生故障使主变断路器跳闸，也会引起 FCB 保护动作。如果 FCB 保护动作成功，机组仅带厂用电运行，锅炉维持低负荷运行；如果 FCB 保护动作不成功，MFT 保护就动作停炉。

若汽轮发电机运行正常，电力系统发生故障使主变压器的断路器跳闸，也会引起 FCB 保护动作。如果 FCB 保护动作成功，机组仅带厂用电运行，锅炉维持低负荷运行；如果 FCB 保护动作不成功，MFT 保护就动作停炉。

复习思考题

1. 目前，单元机组的 DCS 系统热工保护主要有哪几项？
2. RB 控制原理是什么？
3. 目前已经纳入 RB 控制的辅机主要有哪几个？
4. RB 保护动作后的处理原则。
5. 何谓机组快速甩负荷控制（FCB）？
6. FCB 保护种类有哪些？
7. FCB 保护动作后的主要问题和采取的措施有哪些？
8. 何谓主燃料跳闸保护（MFT）？
9. 画出中间再热式发电机组的大连锁保护原则性框图，试说明其保护动作的逻辑关系。
10. 机组大连锁保护的作用是什么？

第二十八章　顺序控制系统

第一节　顺序控制基本概念

根据预先拟定的步骤和条件，自动地对设备进行一系列的操作，称为顺序控制。顺序控制主要用于机组启停、运行和事故处理。每项顺序控制的内容和步骤是根据生产设备的具体情况和运行要求来决定的，而顺序控制的流程是根据操作顺序和条件编制出来的，并用自动装置来实现。实现顺序控制的自动装置称为顺序控制器。

在火电厂中，对于控制对象数量少的顺序控制，通常称为联动控制。它主要用于机组主辅设备的启停过程中，它所控制的对象一般是2~3个。

第二节　联动控制系统

一、联动控制基本概念

火电厂热力系统中的控制对象是共同协作完成同一任务的。因此，它们之中每一控制对象的控制都不能孤立地进行，而是和其他控制对象的工作状态以及热力系统中各部分的热工参数值有着直接的关系。在人工控制时，值班人员必须密切监视每个控制对象的工作状态和热力系统中各部分的热工参数值，并且根据它们的工作情况对有关对象进行相应的控制。而大部分控制对象之间的关系又都是相当单纯的，如水泵出口水压降低到规定值时应启动备用水泵，水泵启动后应开启泵的出口阀门，转动机械停止后应停止它的轴承润滑油泵，转动机械的润滑油压未建立前不应启动驱动转动机械的电动机，运行中的磨煤机跳闸时应立即停止向该磨煤机供煤的给煤机等。但是，随着机组容量机组增大，控制对象的数量也增多，而且机组的工作情况变化速度也加快，如果依靠人工监视和控制，由于人的反应速度有限，很容易出现顾此失彼的情况。再加以人工控制时可能出现的人为失误，对于保证机组的安全是十分不利的。

上述例子表明，控制对象之间的关系虽单纯，然而影响却可能很严重。显然在润滑油压未建立起来之前，启动转动机械必然会造成转动机械轴承的损坏，以致不能运行。

既然机组的控制对象都已具有远方控制手段，可以在控制室内进行控制，那么就可以根据这些控制对象之间的简单关系，将它们的控制电路通过简单的连接而达到相互间联系在一起，使这些对象的控制相互牵连，形成连锁反应，从而实现自动控制。因此，这种自动控制就叫联动控制，也可以称为连锁控制或联动操作等。

实现联动控制的方法很简单，只要取得表示控制对象之间关系的开关量信息，并将这一信息引入被控制对象的控制电路中，就可以实现联动控制。例如，根据水泵出口水压低应启动备用水泵这一关系，就可以在水泵出口母管上安装一个压力开关，用来测量水泵出口水压。压力开关的触点选用动合触点，它的动作值整定在要求启动备用泵的水压值。当水压值降到该点时，触点闭合，送出水压低信息。将这一触点接到备用水泵控制电路的启动回路，即可实现备用水泵低水压自启动的联动控制。当然，在选择开关量信息时，必须考虑可能出现的矛盾情况。在这个例子里就存在着如何保证人工控制停止全部水泵时（不要求备用水泵自启动时）不会自动启动备用水泵的问题。因为此时水压低信息是存在的。此外，对于多台泵并列运行的系统，还有如何区别备用泵的问题。因为在多台泵并列运行时，任一台泵都是有可能作为备用泵的，水压低联动控制究竟应该控制哪一台泵，是要求电路按某一预定规律自动选择，还是由人预先规定？这些问题都应事先确定。

既然联动控制仅仅是将成组控制对象的控制电路简单地连接在一起，并不需要设置专门的自动装置，其功能仅是执行成组执行机构的连锁动作指令，因而联动控制本身属执行级。每组联动控制都是执行级的一个大单元。在联动控制系统中，“连”接到某一控制对象控制电路中使该对象的控制电路“动”作的信息，叫连锁条件。“条件”指的就是信息。在上例中，备用水泵启动的连锁条件就是水泵出口水压低。所有被控制对象都是具有两个控制方向的，如转动机械的启动和停止，阀门的开启和关闭。因此，对于每个控制对象来说，都有接受两类连锁条件的可能。

也就是说，对于转动机械来说可以实现联动启动或联动停止，对于阀门来说可以实现联动开启或联动关闭。

除了上面所说的连锁条件之外，在前面所举的例子里还可以看到被控制对象之间的另一类关系，即润滑油压未建立之前不应启动转动机械等。这一类关系和上述连锁条件不同，它是禁止控制电路动作的条件，是使被控制对象控制电路关“闭”封“锁”起来的条件。这类条件就叫做闭锁条件。一般闭锁条件在电路中以动断触点来实现者较多。和连锁条件一样，闭锁条件也是可以引入被控制对象的两个控制方向的。对于转动机械来说，可以实现启动的闭锁或停止的闭锁。对于阀门来说，可以实现开启的闭锁或关闭的闭锁。

从上面所说的联动控制的工作特点可以看出，联动控制不仅可以保证被控制对象的安全，像转动机械启动的轴承润滑油压闭锁等，而且可以提高被控制对象的经济性，像转动机械停止后联动停止转机的润滑油泵等。因此，每个控制对象的连锁条件和闭锁条件都应该直接接在该对象的控制电路中，使被控制对象在任何情况下都接受这些条件的约束。

过去由于联动条件和联动电路考虑得不够完善以及联动条件的开关量信息不够可靠，常常要为这些约束条件（连锁条件和闭锁条件）设置人工切投的手段，在控制盘上设多个连锁开关专门切投这些约束条件的任务。事实证明，这种做法不仅使控制盘上的设备过多，从而增加了值班人员的劳动强度，而且也破坏了联动控制对机组安全的保证作用。有的电厂就曾因为切除了连锁条件而造成锅炉炉膛的爆炸，应该引以为戒。

同时大家也应看到，为了使联动控制真正发挥实效，保证机组运行的安全和经济，必须深入细致地研究被控制对象的特性，它们的运行方式和它们之间的关系，找出准确反映被控制对象之间关系的连锁条件和闭锁条件。必须慎重考虑联动控制电路的组成，提高电路适应不同工况的能力，以保证电路的工作不出现矛盾。此外，在获取连锁条件和闭锁条件的信息时，必须选择适当的检测手段，以保证这些信息的可靠性。

在火电厂中，主要的被控制对象除了转动机械就是阀门。为了全面掌握这些对象的联动控制，在分析转动机械和阀门的连锁条件和闭锁条件之前，下面先介绍一下驱动转动机械的电动机和驱动阀门的电动装置以及气动装置等的控制电路，然后介绍几个火电厂中常用的联动控制的典型系统。这些系统的电路都属于执行级，人们统称之为执行级的控制电路。

二、联动控制系统构成原则

1. 转动机械的联动控制

转动机械的联动控制范围，包括驱动转动机械的电动机和转动机械的辅助设备。这些辅助设备可以是阀门、挡板或其他转动机械。辅助设备中的转动机械主要有轴承润滑油泵、冷却风机或密封风机等。转动机械的联动控制除了上述的单台转动机械范围内的联动控制外，还应该能实现多台同类型转动机械之间的互为备用的联动控制。联动控制必须适应转动机械备用工况下的不同操作方式。例如，对于互为备用的水泵来说，备用泵的轴承润滑油泵在水泵没有接到启动指令前应处于运行状态；备用泵的出口水门应处于开启状态。而非备用泵的润滑油泵在水泵未接到启动指令前，则应处于停止状态，水泵的出口阀门也应处于关闭状态。

为了不给联动控制增加不必要的负担，对于转动机械的上述辅助设备中只在检修前后需要进行一次性操作的对象，不参加联动。这些对象的操作应在机组启动准备阶段由人工在就地进行。但是，这些对象中的重要工况信息仍然应该引入联动控制系统，作为其他控制对象的连锁条件或闭锁条件。例如，水泵的入口阀门只是在检修水泵时作隔离用的，其他情况下一直处于开启状态，因此没有必要参加入水泵的联动控制范围。但是，入口水门未开即启动水泵，是会使水泵叶轮损坏的。因此入口水门全开的信息，应引入水泵联动控制范围，作为水泵启动的必要条件。也就是说，入口水门未全开的信息应作为水泵启动回路的闭锁条件，参见本章第三节图 28－1 的热力系统和图 28－2 的框图。

2. 阀门的联动控制

阀门的联动控制范围包括几个关系密切的电动阀门（或气动阀门），或者包括控制阀和与调节阀串联的电动阀门。阀门和阀门之间的联动控制特别适用于热力系统的切换操作。这类操作完全由人工进行时，不仅劳动强度高（要轮流对应操作两个阀门或两个以上的阀门），而且极容易发生人为的误操作，如回热加热汽源的切换操作和加热水系统的旁路切换等，这类操作在机组启动和停止过程中是经常遇见的。

对于电动关断阀和控制阀之间的联动控制，一般地说，可以适用于所有控制阀门前后装有电动关断阀的场合，如锅炉的给水调节阀和给水关断阀就可以进行联动控制。控制器投入后，先送出指令去打开给水关断阀，然后使用调节阀控制给水流量。当调节阀全关时，控制器发出指令去关闭给水关断阀。

3. 连锁和闭锁条件的连接方式

连锁条件和闭锁条件是联动控制的最初始条件。它们所引起控制对象的操作结果，有的仅能影响机组运行的经济性，但有的则会对机组的安全运行产生重大影响。因此，对于能影响机组安全运行的连锁条件和闭锁条件，处理时必须十分慎重。为了避免人为的误操作（这是在任何情况下都是无法完全避免的），凡是能影响机组安全运行的连锁条件和闭锁条件，都必须直接接入被控对象的控制电路内，决不应该通过任何切除手段，以确保安全。即使为了便于转动机械在检修后能够进行独立的试运行，也不应该在这些约束条件的电路中增设开关、插孔、连接片等来切除约束条件。因为绝大多数连锁条件或闭锁条件在任何情况下都是适用的。例如，在任何情况下，大型转动机械的轴承油压未建立起来之前绝对不允许启动该转动机械等。至于在转动机械单独试运行时不会影响机组安全性的并且是必须切除的连锁或闭锁条件，可以在被控制对象的接线端子板处设切除手段。例如，对于驱动油泵的电动机，如果在油箱未注油前进行试运行，则必须切除油位低对启动电动机的闭锁条件。具体实现时，可以在油位低信息的引入端子上并联接入开关或连接片。必要时，只要将开关或连接片短路，即可将油位低闭锁条件切除。

4. 被控制对象的工况显示

在没有采用联动控制之前，所有转动机械和阀门都各有两个信号灯显示各自的工作情况。信号灯装在控制盘上该对象的控制开关或按钮的上方。它们的显示方式，是用红色信号灯表示转动机械在运行或阀门已开启，用绿色信号灯表示转动机械停止运行或阀门已关闭。至于信号灯的闪光，则用来表示其他工作情况。在采用了联动控制之后，一些关系密切的被控制对象已经用连锁或闭锁条件联系在一起。只要控制其中一个对象，其他对象的操作就可以自动完成。显然，在联动控制时，就不必要将所有控制对象的控制开关都保留在控制盘上，因此这些对象的工况显示方式也应作相应的改变。通常采用的方法是分级显示，亦即将所有控制对象的工况显示分别装设在这些控制对象的配电装置上或者其他辅助。控制盘上仅保留一对能反映该联动控制系统总的工况的信号灯，并且利用控制盘上的报警光字牌监视该控制系统内所有对象的异常情况。当光字牌显示该系统内对象发生故障时，再到辅助盘或配电装置处查明具体的故障对象。至于联动控制系统中个别重要对象和有单独控制手段的对象，则仍应在控制盘上保留它们的显示设备。

5. 被控制对象的控制设备

在没有采用联动控制之前，所有转动机械和阀门的控制设备均设在控制盘上，通常转动机械采用控制开关而阀门采用控制按钮。在使用了联动控制之后，为了简化值班人员的控制任务，对于联动控制的每台转机（包括辅助设备）和每组阀门，仅在控制室内的控制盘上设一个总的控制开关或一对总的控制按钮。在联动控制系统内，所有控制对象的独立控制手段均设在该控制对象的配电装置上或其他的辅助盘上。辅助盘可以采用集中方式的设在控制设备室内或继电器室内，也可以采用分散方式的分别设在就地被控制对象的附近。为了在辅助盘上或在控制对象的配电装置处独立控制各被控制对象，可以在这些地方设各控制对象的切换手段，以便切除这些控制对象和联动控制的联系，从联动控制中退出。但是，凡是能影响设备安全性的联动控制对象不能设切换手段，以保证设备的安全。

显然，这些切换手段未复位之前，联动控制是无效的。因此，这些切换手段的状态应由控制盘上的报警系统进行监视。在切换手段来复位时，利用光字牌显示该联动控制已解列，帮助值班人员掌握联动控制系统的工作状态。

6. 转动机械的控制开关

对于转动机械的联动控制，通常保留在控制盘上的控制开关就是原来的转动机械控制开关。转动机械的联动控制，除了该转动机械本身范围内的辅助设备外，还可以和相邻的同类转动机械联动。例如，几台并列运行的泵的联动控制除了每台泵和各自的辅助设备外，还可以在各台泵之间作互为备用的联动控制。在这一情况下，泵的工作状态除了运行和停止状态外，还有在停止时接受联动控制自启动和在运行时发生故障去联动其他泵两种工作状态。因此，转动机械联动控制系统的总控制开关应具有五个位置，以对应五种不同的工作状态，即启动、停止、接受联动、送出联动信息和退出工作。当然，这五种工作状态并不一定对于每台转动机械都是全部需要的。就大部分转动机械而言，使用具有启动、停止和备用三个位置的开关就已经可以满足要求了。

第三节 联动控制举例

一、两台水泵的联动控制

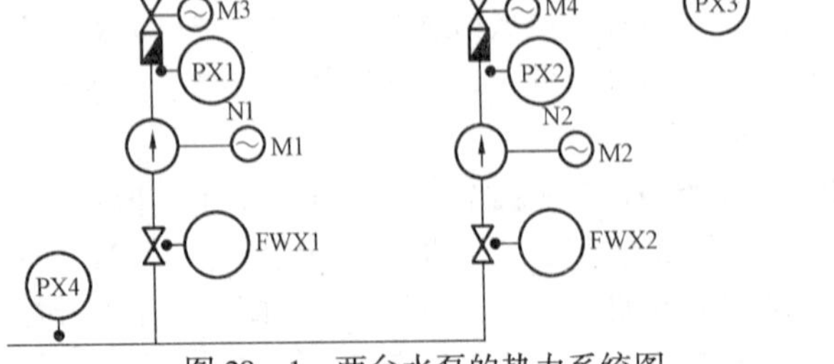

图 28－1 两台水泵的热力系统图

在火电厂的热力系统中，两台互为备用的水泵是采用得很多的，包括凝结水泵、除盐水泵、补充水泵、发电机冷却水泵和发电机氢冷系统的升压水泵等。它们的热力系统如图28－1所示。泵的入口水门是在检修水泵时作隔离用的，在正常情况下是全开的。泵的运行方式为：正常运行时，一台泵工作，另一台泵备用。泵首次启动时，为了避免过载，必须在出口门关闭情况下启动。作为备用泵，为了缩短启动时间，尽快保证系统正常工作，可以在出口门开启情况下启动，启动前有逆止门与系统隔离。泵的入口门始终全开，为了避免差错，泵入口门的全开状态由阀位开关 FWX 提供信息，引入泵启动回路，作为闭锁条件。

两台水泵联动控制流程框图，如图 28－2 所示。

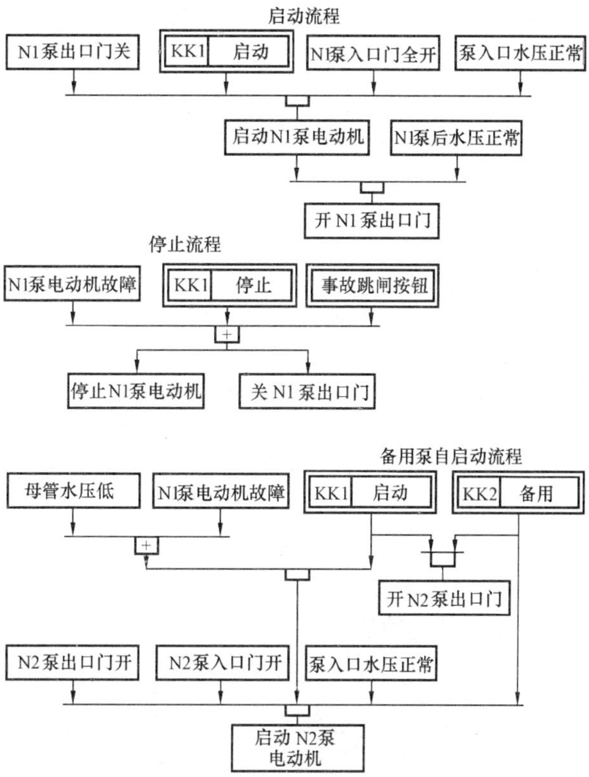

图 28－2　两台水泵联动控制流程框图

根据这一流程框图 28－2，人们可以列出联动控制系统中每个控制对象的连锁条件和闭锁条件。将列出的连锁条件和闭锁条件引入各控制对象的控制电路，即可实现两台水泵的联动控制。

两台水泵控制的对象包括水泵电动机和泵出口水门。它们的连锁条件及闭锁条件如下。

1. 水泵电动机

（1）启动的连锁条件。下列条件之一出现时，电动机立即启动。

1）控制开关 KK 放在启动位置，而泵出口水门全关；

2）控制开关 KK 放在备用位置，而另一台运行泵故障跳闸；

3）控制开关 KK 放在备用位置，而泵出口母管水压低。

（2）启动的闭锁条件。水泵入口阀门全开而且泵入口吸水母管的水压正常（或者入口水箱的水位正常）。

水泵出口门的状态不能作为水泵启动的闭锁条件，是由于启动流程和备用自启动流程中这一条件自相矛盾。

（3）停止的连锁条件。下列条件之一出现时，电动机立即停止。

1）控制开关 KK 放在停止位置；

2）电动机电气故障；

3）按下就地事故跳闸按钮。

（4）停止的闭锁条件。无。

2. 水泵出口水门

（1）开启的连锁条件。下列条件之一：

1）水泵已运行且泵出口水压已建立。

2）控制开关在备用位置而另一台泵已运行。

（2）开启的闭锁条件。无。

（3）关闭的连锁条件。停止电动机的指令。

（4）关闭的闭锁条件。无。

水泵出口水门的关闭，不能使用水泵电动机的停止状态作为连锁条件，而应使用停止电动机的指令作为连锁条件。就是由于前者是矛盾条件，如果使用电动机的停止状态作为泵出口水门关闭的连锁条件，则泵处于备用状态时将无法开启阀门，因为这时阀门的开启条件和关闭条件同时出现，所以阀门的控制出现矛盾。如果使用停止电动机的指令作为关闭阀门的连锁条件，则上述矛盾就不存在，阀门可以顺利地按照连锁条件开启或关闭。

二、汽轮机润滑油泵的联动控制

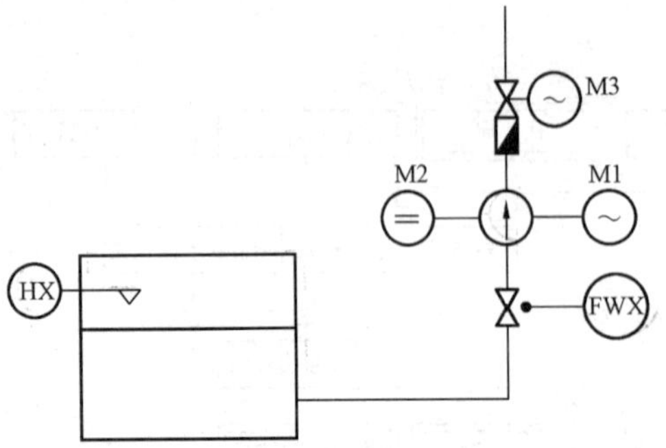

图 28－3　汽轮机润滑油系统

汽轮机的润滑油泵是由同轴的两个电动机驱动的，其中一台是交流电动机，另一台是直流电动机，它的系统如图 28－3 所示。

在汽轮机运行过程中，润滑油泵是作低油压备用的。当汽轮机轴承润滑油压低到Ⅰ值（异常值）时，应自动启动交流电动机驱动润滑泵。如果交流润滑油泵故障跳闸或者汽轮机轴承润滑油压继续降低到Ⅱ值（危险值）时，应启动直流电动机并停止交流电动机。

在汽轮机未启动之前，交流润滑油泵除供给汽轮机轴承润滑外，还要供给盘车系统润滑。油泵首次启动时，应将出口门关闭；而在备用状态启动时，出口门应开启。交流电动油泵必须在调速油泵启动后或盘车系统退出工作后才允许停止。

汽轮机润滑油泵联动控制的对象，包括驱动油泵的交流电动机 M1、直流电动机 M2 和泵的出口阀门 M3。

它们的联动控制框图如图 28－4 所示，每个控制对象的连锁条件和闭锁条件如下。

1．驱动油泵的交流电动机［见图 28－4（a）］

（1）启动的连锁条件。下列条件之一：

1）控制开关 KK 放在启动位置。

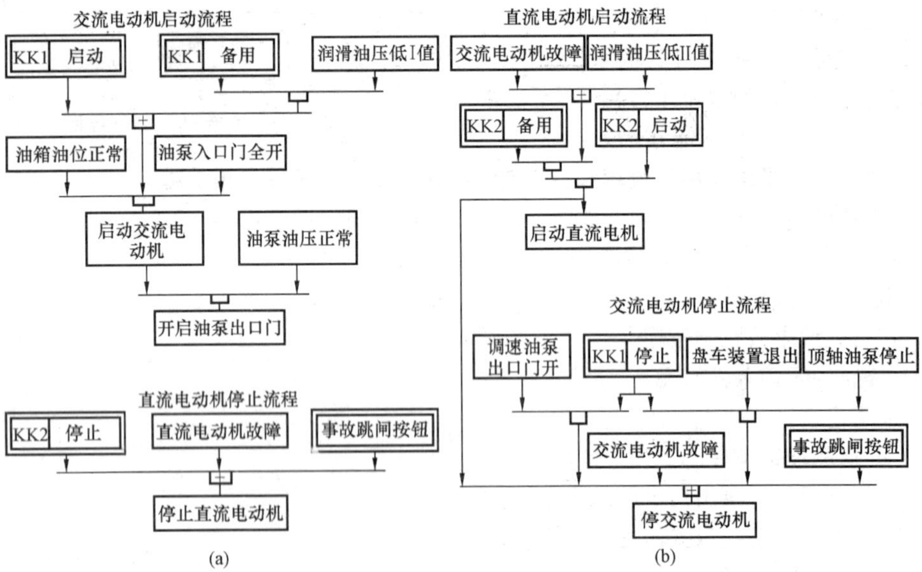

图 28－4　汽轮机润滑油泵联动控制框图

（a）交流电动机启动流程；（b）直流电动机启动流程

2）控制开关 KK 放在备用位置而汽机润滑油压力低到Ⅰ值。

（2）启动的闭锁条件。油泵入口门全开且油箱油位正常。

（3）停止的连锁条件。符合下列条件之一：

1）交流电动机故障。

2）按下事故跳闸按钮。

3）启动直流电动机的指令。

4）控制开关 KK 放在停止位置且调速油泵出口阀门全开。

5）控制开关 KK 放在停止位置且顶轴油泵和盘车装置均已停止。

（4）停止的闭锁条件。无。

2. 驱动油泵的直流电动机［见图 28－4（b）］

（1）启动的连锁条件。符合下列条件之一：

1）控制开关 KK 放在启动位置；

2）控制开关 KK 放在备用位置且交流电动机事故跳闸；

3）控制开关 KK 放在备用位置且汽机润滑油压降到Ⅱ值。

（2）启动的闭锁条件。油泵入口门全开且油箱油位正常。

（3）停止的连锁条件。下列条件之一：

1）控制开关 KK 放在停止位置；

2）直流电动机故障；

3）按下事故跳闸按钮。

（4）停止的闭锁条件。无。

3. 油泵出口阀门

（1）开启的连锁条件。交流电动机已启动且油泵出口油压正常。

（2）开启的闭锁条件。无。

（3）关闭的连锁条件。控制开关 KK 放在停止位置且汽轮机主汽门在关闭位置。

油泵出口阀门，在汽轮机停止后才能关闭。因此，在汽轮机再次启动时，也就是油泵首次启动时，出口阀门是关闭的，而在汽轮机运行过程中，油泵即使停止，出口阀门也不会关闭，从而满足了油泵处于备用时出口阀门应全开的要求。

三、电动给水泵的联动控制

电动给水泵的容量大、压力高而且有调速功能，因此在结构和运行方式上都有着自己的特点。电动给水泵的热力系统如图 28－5 所示。

电动机 M1 经过齿轮变速箱升速后再通过液压耦合器驱动水泵。液压耦合器的工作介质是压力油。水泵的调速器通过改变耦合器的进油和排油就可以改变泵的转速，并改变泵的负荷。在电动机的轴上带有一台主油泵。主油泵供给液压耦合器和各个轴承的润滑用油。在泵的启动和停止过程中，为了保证轴承的润滑，水泵还配有一台用独立电动机 M2 驱动的辅助油泵。水泵启动时，为了使电动机在低负载下启动，要求用调速器将水泵的转速降到最低值。因此，在停止水泵时，应先使调速器将水泵的转速降到最低值后再停止水泵的电动机。水泵

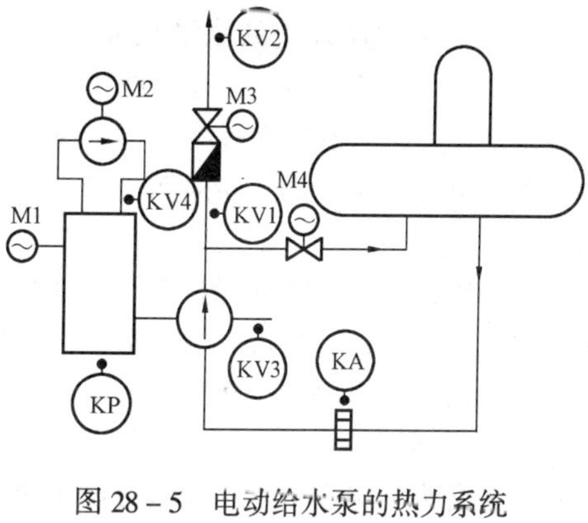

图 28－5　电动给水泵的热力系统

启动后，需要保持一定流量的给水，以冷却泵体。因此，在泵的出口门 M3 前设有再循环管路和再循环阀门 M4，将水排回除氧器水箱。再循环阀门根据泵出口流量直接控制，当泵的流量低于规定值时就要开启再循环门，使泵有足够的流量。一般情况下，再循环门的动作值是泵最大流量的 30%。

为了避免在启动时电动机过载，要求水泵在空载条件下启动。因此第一台水泵启动时，也就是当水泵出口母管压力等于零的情况下启动水泵时，应先将泵出口阀门关闭后再启动。而在其他情况下启动水泵时，无论是泵的切换或备用泵自启动，由于水泵出口母管压力已经建立，为了缩短水泵的启动时间以适应尽快接带负载的要求，应在泵出口阀门开启情况下启动水泵。而泵出口的逆止门，在泵启动前处于关闭位置，可以保证泵的可靠隔离。

给水泵联动控制系统的控制对象包括给水泵电动机、辅助油泵、泵出口阀门和再循环阀门，它们的联动控制框图分别如图 28－6（a）～（d）所示。

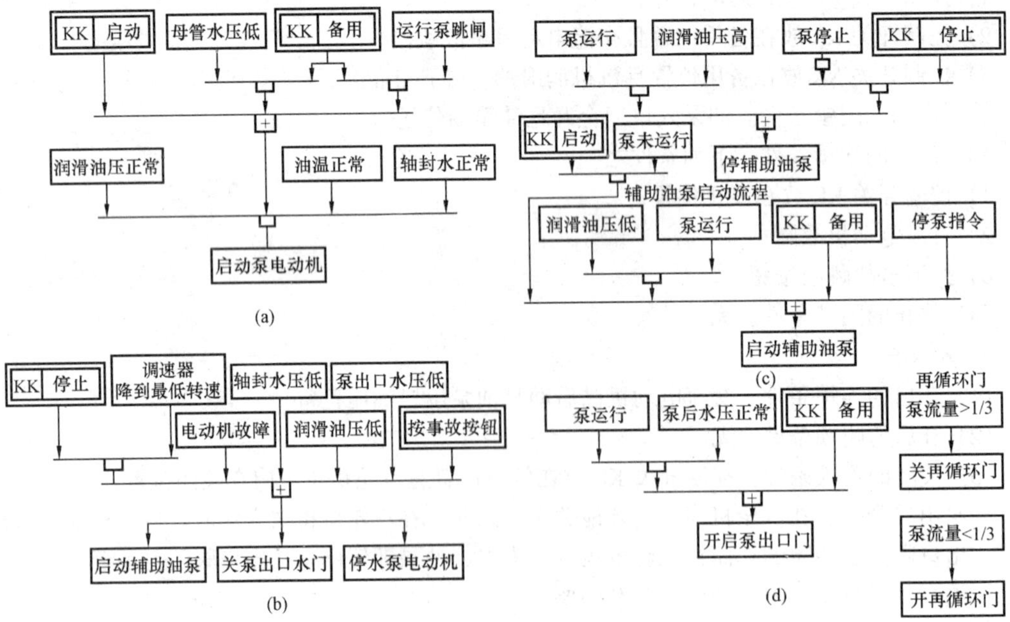

图 28－6　电动给水泵联动控制框图

（a）水泵电动机；（b）辅助油泵；（c）泵出口阀门；（d）再循环阀门

四、锅炉燃烧系统的联动控制

锅炉燃烧系统的型式较多，使用的辅机不同，管道的连接方式也不同，因此它们之间的运行方式差别较大，当然也就影响了每个控制对象的连锁条件和闭锁条件。这里以采用回转式空气预热器和中速滚球磨煤机（亦称 E 型磨）的直吹式燃烧系统为例，分析各个控制对象的连锁条件和闭锁条件。

采用回转式空气预热器和中速滚球磨的直吹式燃烧系统的构成如图 28－7 所示。这套系统由两台送风机、两台引风机、两台空气预热器和八套中速磨制粉系统所组成。送风机出口分出部分低温风供给制粉系统，以作为调节磨煤机温度之用。两台送风机出口均设有低温风联络挡板。

为了保证回转式空气预热器的工作可靠，每台空气预热器除了由一台交流电动机驱动外，还配备有一台直流电动机。当交流电动机由于故障跳闸时，直流电动机自动接替工作。空气预热器

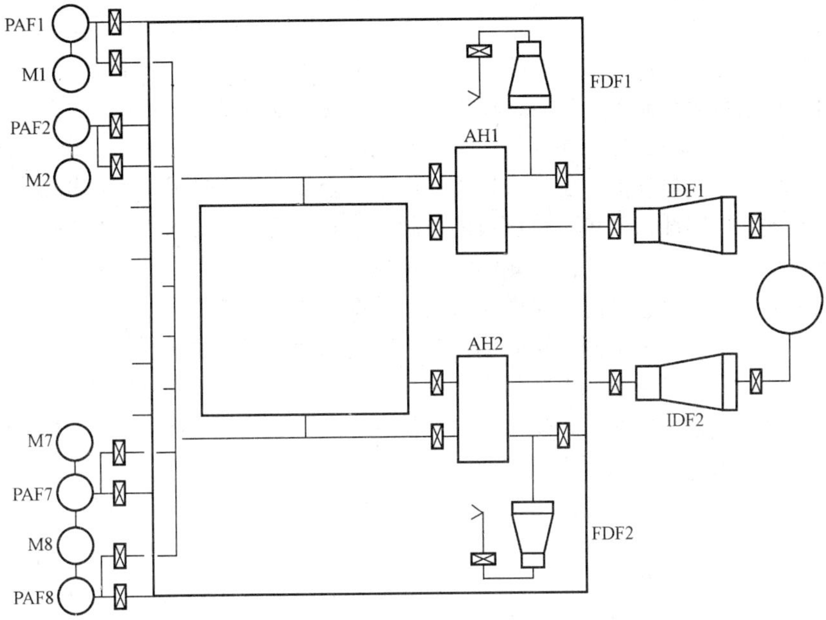

图 28－7　采用回转式空气预热器和中速滚球磨直吹式燃烧系统构成图

FDF—送风机；IDF—引风机；AH—空气预热器；PAF——次风机；M—磨煤机

的出入口设有挡板，主要有烟气入口挡板和空气出口挡板。它们是用来在单台送风机退出工作时切除空气预热器用的。空气预热器出口的热风除送入炉膛作为二次风外，还要送入制粉系统作为一次风。

给煤机将煤送入磨煤机。一次风机将热风与低温风混合后经过升压送入磨煤机，并将磨煤机中的煤粉送入炉膛（这一部分在图 28－7 中从略）。

锅炉燃烧系统中的各个辅机之间的关系非常密切。因此，除了每台辅机与本身的各个两台送风机均停止时，由于炉内通风已经中断，再向炉内输送燃料很容易造成炉膛爆炸。因此，这时机组自动保护系统将动作，发出指令去停止全部磨煤机和一次风机，停止向炉内供应任何燃料。

制粉系统的正常停止顺序是先停止给煤机，待磨煤机内的煤全部粉碎并由一次风带走后再停止磨煤机，最后停止一次风机。在故障情况下，如果一次风机因故障而跳闸时，则应立即停止磨煤机。磨煤机停止时，也应立即停止给煤机，以避免磨煤机堵煤而造成设备损坏事故。

五、锅炉送引风机的联动控制

在锅炉运行和停止过程中，当烟气温度高于环境温度时，停止正回转式空气预热器的运行是会造成设备损坏的。因此，回转式空气预热器的运行必须非常可靠。通常，由一台交流电动机和一台直流电动机共同驱动。在正常情况下，交流电动机工作，驱动空气预热器。当交流电动机在运行过程中由于故障跳闸退出工作时，直流电动机自动启动，接替交流电动机的工作，并发出报警信息。在锅炉运行过程中，回转式空气预热器是最先启动和最后停止的转动机械，而且不会出现预热器先跳闸的情况。

引风机本身同轴带动着一台润滑油泵，供引风机运行时的轴承润滑之用。此外还配有一台独立驱动的电动辅助油泵，其作用和运行方式与本节三、电动给水泵的联动控制相同。

为了避免引风机启动时负载过重，通常都是在引风机出入口挡板全关条件下启动引风机。在引风机启动后再开启它的出入口挡板。当引风机停止后要关闭这些挡板。由于引风机入口挡板是接受自动控制器控制的调节挡板，在引风机停止后，应将连锁强制关闭信息送入自动控制系统使挡板强制关闭。而在引风机启动正常后，通常约在引风机电动机的断路器合闸 30～60s 后，即可切断引风机入口挡板的强制关闭信息，使挡板重新接受自动控制器的控制。

送风机未配润滑油泵，因此在任何一台引风机启动后即可启动送风机。送风机也要求在空载下启动，因此在送风机启动前它的出入口挡板也要求全部关闭。送风机入口挡板是接受自动控制器控制的调节挡板，因此送风机入口挡板的控制要求和上述引风机入口挡板的控制相同。

送风机启动后，应联动投入同一侧的空气预热器，也就是开启空气预热器的烟气侧入口挡板和空气侧的出口挡板，并且同时开启送风机出口的低温风联络挡板。

送风机停止后，要根据不同情况联动控制有关的挡板。当一台送风机停止而另一台送风机仍在运行时，则应切除已停止送风机侧的空气预热器（关闭空气预热器烟气侧入口挡板和空气侧出口挡板，关闭已停止送风机的出口低温风联络挡板和送风机入口挡板。当两台送风机均停止时，则应投入两侧空气预热器。这时本侧空气预热器已在投入状态，不再进行任何控制。而另一侧空气预热器，由于该侧送风机停止时已被切除，此时应重新投入，并将送风机入口挡板全开。这样做的目的是利用自然通风将炉膛内可燃气体全部排出，这时可以考虑再将送风机入口挡板强制全关，以免炉膛温度降低过快。锅炉送、引风机联动控制系统的控制对象，包括空气预热器的交流电动机和直流电动机，引风机的辅助油泵，引风机电动机，引风机入口挡板（调节），引风机出口挡板，送风机电动机，送风机入口挡板（调节），空气预热器烟气侧入口挡板，空气预热器空气侧出口挡板，送风机出口的低温风联络挡板等。图 28－8 是回转式空气预热器的联动控制框图。它的连锁条件和闭锁条件如下。

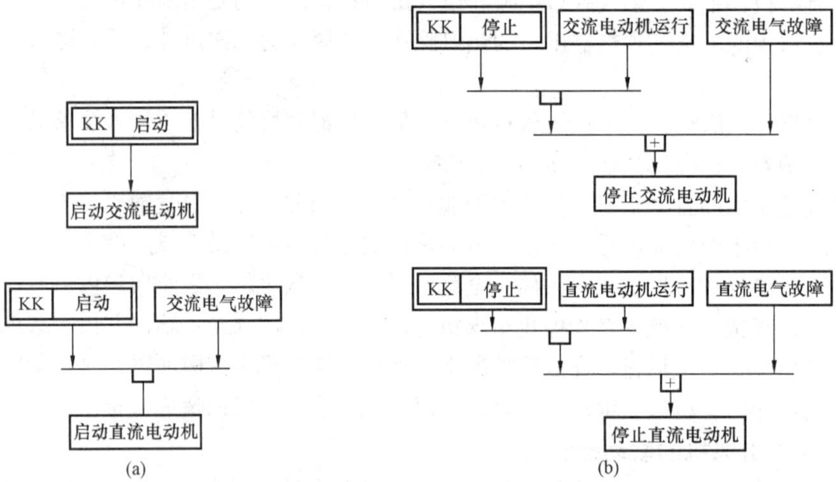

图 28－8　回转式空气预热器联动控制框图

（a）启动电动机；（b）停止电动机

1. 回转式空气预热器的交流电动机

（1）启动的连锁条件。空气预热器的控制开关 KK 放在启动位置。

（2）启动的闭锁条件。无。

（3）停止的连锁条件。下列条件之一（见图 28－8）：

1）预热器的控制开关 KK 放在停止位置且交流电动机正在运行。

2）交流电气故障。

（4）停止的闭锁条件。无。

2. 回转式空气预热器的直流电动机

（1）启动的连锁条件。下列条件全部［见图 28－8（a）］：

1）预热器控制开关 KK 放在启动位置。

2）交流电气故障。

（2）启动的闭锁条件。无。

（3）停止的连锁条件。下列条件之一［见图 28－8（b）］：

1）预热器控制开关 KK 放在停止位置且直流电动机正在运行。

2）直流电气故障。

（4）停止的闭锁条件。无。

3. 引风机辅助油泵的电动机

引风机辅助油泵的联动控制框图如图 28－9所示，它的连锁条件和闭锁条件如下。

（1）启动的连锁条件。下列条件之一［见图 28－9（a）］：

1）引风机控制开关 KK 放在启动位置。

2）引风机运行而润滑油压力低。

3）引风机运行而引风机控制开关 KK 放在停止位置。

（2）启动的闭锁条件。无。

（3）停止的连锁条件。下列条件之一［见图 28－9（b）］：

1）引风机运行而轴承润滑油压过高超过 3min 时。

2）引风机辅助油泵的电气故障。

3）引风机控制开关 KK 放在停止位置且引风机已经停止 30min 后。

（4）停止的闭锁条件。无。

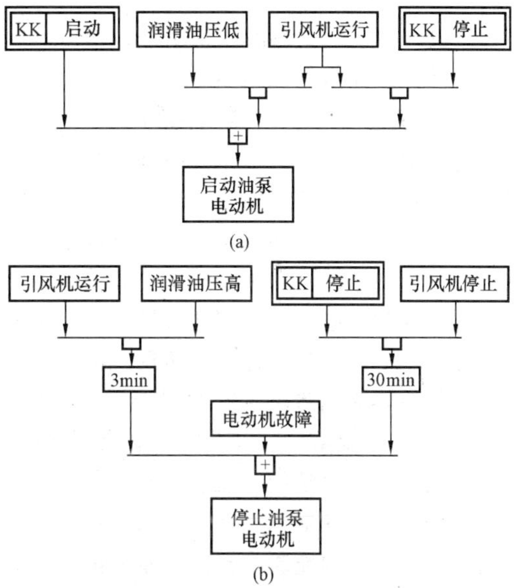

图 28－9　引风机辅助油泵联动控制框图

（a）启动油泵；（b）停止油泵

4. 引风机电动机

引风机的联动控制框图如图 28－10 所示，它的连锁条件和闭锁条件如下。

（1）启动的连锁条件。引风机控制开关 KK 放在启动位置。

（2）开启的闭锁条件。无。

（3）关闭的连锁条件。符合下列全部条件。

1）引风机已停止运行；

2）另一台引风机正在运行。

（4）关闭的闭锁条件。无。

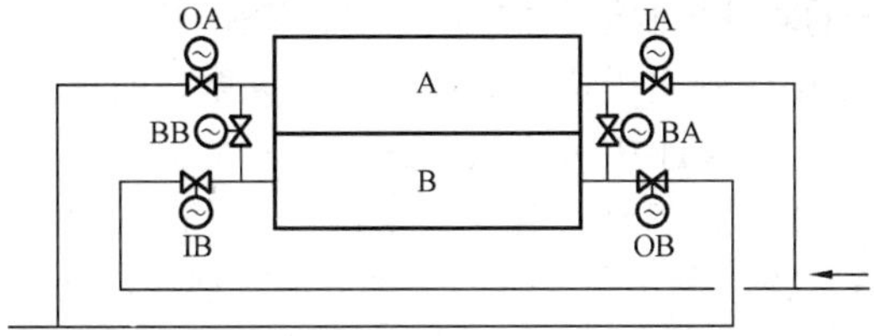

图 28－10　凝汽器冷却水系统

ⅠA—A 侧入口门；ⅠB—B 侧入口门；OA—A 侧出口门；OB—B 侧出口门；BA—反洗门 A；BB—反洗门 B

5. 引风机出口挡板

（1）开启的连锁条件。符合下列条件之一：

1）引风机已运行；

2）引风机已停止且另一台引风机也已停

止。

(2) 开启的闭锁条件。无。

(3) 关闭的闭锁条件。符合下列全部条件：

1) 引风机已停止运行；

2) 另一台引风机正在运行。

(4) 关闭的闭锁条件。无。

6. 引风机入口挡板（调节挡板）

(1) 开启的连锁条件。下列全部条件出现时送强制开启信息给自动控制器：

1) 引风机已停止运行。

2) 另一台引风机也已停止运行。

(2) 关闭的连锁条件：下列全部条件出现时送强制关闭信息给自动控制器。

1) 引风机已停止运行。

2) 另一台引风机正在运行。

(3) 投入自动控制器的连锁条件：在引风机运行30s后，切断送给自动控制器的所有强制信息，使自动控制器恢复控制挡板的功能。

六、凝汽器冷却水的联动控制

汽轮机凝汽器采用河水作为冷却水时，在凝汽器运行一段时间后，河水中的杂质会附着在凝汽器的冷却管壁上或甚至堵塞冷却管，使凝汽器的冷却效率降低，严重时还会影响汽轮机的出力。为了清除冷却管内的杂质，通常可以采用胶球清洗装置进行清洗，或者采用反向冲洗的方法除去冷却管内的杂质。采用胶球清洗装置的清洗效果较好，但是设备复杂，投资高，实现胶球清洗装置的自动化时必须采用程序控制装置。采用反洗法清洗凝汽器时，效果虽然不如胶球清洗装置，但是结构简单，投资低。采用反洗法清洗凝汽器时的自动化仅用联动控制便可实现。采用反洗法清洗凝汽器时的管路系统如图28-10所示。

从图28-10中系统可以看出，凝汽器冷却水系统由6个阀门组成，除了常规的出入口阀门外，还增加了两个反洗门。在启动凝汽器的冷却水时，应先关闭两个反洗门。在两个反洗门都关闭后，才能向凝汽器通入冷却水。通水时，应先开启入口阀门，待冷却水充满凝汽器冷却水侧时再开启出口阀门。停止凝汽器冷却水时的顺序正好相反，应先关闭出口阀门，再关闭入口阀门，以免凝汽器冷却水侧漏入空气。

当凝汽器运行一段时间需要清洗时，应先停止被清洗侧的冷却水。也就是说，应先关闭冷却水出口门和入口门，然后打开两个反洗门。冷却水通过另一侧的入口门进入被清洗侧的出口，并由被清洗侧的入口通过另一侧的出口门排走，凝汽器铜管内的水反流。清洗完毕后，应该重新恢复系统。也就是说，关闭两个反洗门并重新启动被清洗侧的冷却水。

另一侧凝汽器的清洗过程同上。凝汽器冷却水的联动控制框图如图28-11所示。

为了便于看清所有阀门的操作流程，图28-11中仅画出了这些阀门的操作关系，而没有把所有的连锁条件和闭锁条件表示出来。因此，在框图28-11中可以发现一些矛盾情况，矛盾情况主要出现在两个公用的阀门上，即反洗门A和B上。在启动过程中，反洗门A和B关闭后，既会联动开启A入口门也会联动开启B入口门。在反洗过程中，反洗门A和B的开启条件既是A入口门关闭，又是B入口门关闭，而冷却水停止后，出现了A入口门和B入口门均关闭的条件，但这时却完全没有必要开启反洗门A和B。此外，由于凝汽器的任何一侧反洗时，冷却水必须通过另一侧的出入口阀门。因此，任一侧凝汽器进行反洗时的条件必须是另一侧凝汽器的冷却水侧已启动。下面所列的各个阀门的连锁条件和闭锁条件就已经考虑了这些矛盾情况。试将它们和图

28－11 的联动框图进行比较，就可以看出它们之间的差别。

1.A 入口门

(1) 开启的连锁条件，符合下列全部条件。

1) A 侧控制开关放在启动位置；

2) 反洗门 A 关闭；

3) 反洗门 B 关闭。

(2) 关闭的连锁条件：A 出口门关闭。

2.A 出口门

(1) 开启的连锁条件：A 入口门开启。

(2) 关闭的连锁条件：符合下列条件之一。

1) A 侧控制开关放在停止位置；

2) B 侧控制开关放在反洗位置，而 B 侧控制开关放在启动位置。

3. 反洗门 A 和 B

(1) 开启的连锁条件：符合下列条件之一。

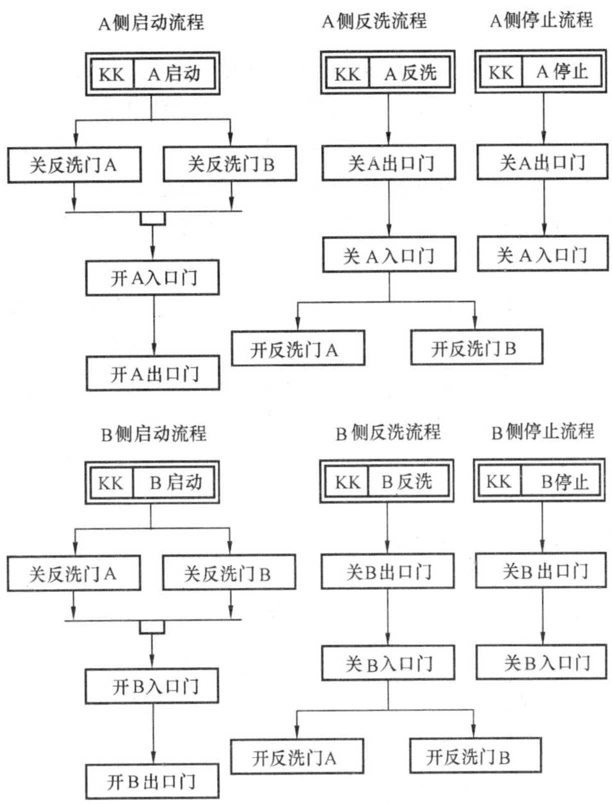

图 28－11　凝汽器冷却水的联动控制框图

1) A 侧控制开关放在反洗位置，B 侧控制开关放在启动位置且 A 入口门已关闭；

2) B 侧控制开关放在反洗位置，A 侧控制开关放在启动位置且 B 入口门已关闭。

(2) 关闭的连锁条件符合下列条件之一。

1) A 侧控制开关放在启动位置且 A 入口门已关闭。

2) B 侧控制开关放在启动位置且 B 入口门已关闭。

B 侧出入口门控制的联动条件与 A 侧类同，读者可自行分析。

第四节　顺序控制器特点

实现顺序控制功能的专用自动装置称为顺序控制器。顺序控制器是这样进行工作的。顺序控制器可以接受人工的指令或其他上一级自动装置的指令开始工作，也可以在规定的外界条件出现时自动开始工作。顺序控制器工作时，先发出指令指挥第一步骤中的相应执行机构按照规定的要求动作，并且根据引入顺序控制器的每个控制对象的状态信息和生产过程中的热工参数信息监视控制对象的工作情况。当第一步骤的所有控制对象的动作均已结束，并且进行下一个步骤控制的条件和时限均已达到时，顺序控制器就要发出指令指挥下一个步骤的控制。每一步骤均重复上述过程，便能依次完成全部控制操作。在顺序控制器工作过程中，当执行机构、检测信息甚至顺序控制器本身发生故障时，顺序控制器应及时送出报警信息，并根据不同情况进行力所能及的处理。通常，顺序控制器可以停止在发生故障的步骤上或者改变控制顺序，使被控制系统转到安全的状态。

顺序控制器的种类很多，按照组成顺序控制器的元件来分，有继电器式、晶体管式或集成元件式。按照应用范围来分，有固定接线式和通用式。通用式顺序控制器依结构又可以分为矩阵式和机械转鼓式。此外，还有准计算机式的可编程序控制器等。

顺序控制器都是进行开关量信息的逻辑运算和控制的装置，因此任何开关元件均可构成顺序控制器。而最原始的开关元件——继电器就是最早占领顺序控制器这一领域的。以后，随着晶体管和集成元件的出现，也相应地产生了晶体管式顺序控制器和集成元件式顺序控制器。然而继电器在顺序控制器中仍有相当的影响。目前最新一代的顺序控制器——可编程序控制器，为了使用上的方便，也大多采用按继电器逻辑电路进行编制程序的方法。

固定接线式顺序控制器是为特定对象设计的，它由继电器或其他开关元件组成。它的电路按照服务对象的控制要求进行连接，因此它的装置比较紧凑，但是灵活性却很差。当被控制对象的操作过程改变时，为了适应这一改变，固定接线式顺序控制器必须重新修改电路的接线。这样做显然是相当困难的。

为了适应不同对象顺序控制，也为了适应控制对象操作过程的改变，出现了通用性较强的通用式顺序控制器。它的控制规律和顺序可以根据控制对象的操作规律在一定范围内任意改变，因此灵活性较高，应用范围也较广。各种通用式顺序控制器之间的结构和功能也有许多差别，目前最常见的就是矩阵式顺序控制器和机械转鼓式顺序控制器。

可编程序控制器（PLC）是20世纪60年代末期出现的最新型的自动控制装置，它是利用计算机的原理和技术设计的专用自动装置。和通用控制计算机进行比较，无论在结构上和使用上，可编程序控制器都要简单得多。可编程序控制器可以用来代替过去使用继电器或其他逻辑元件所组成的自动控制装置。对于操作过程不同的控制对象，只要改变它存贮器内的程序即可使用。可编程序控制器的编程方法也比较简单，不必使用计算机的语言，大部分产品都可以直接按继电器触点电路的规则进行编程，因此使用起来相当方便。

第五节　顺序控制在火电厂中的应用

顺序控制是根据预定的顺序逐步进行各阶段控制的控制方法。因此，在火电厂中，顺序控制特别适用于控制对象数量较多而又需要经常操作（启动和停止）的系统。这类系统包括以下几方面。

一、汽包锅炉的定期排污系统

汽包锅炉的定期排污系统的控制特点前面已经分析过了。定期排污系统中控制对象的数量取决于锅炉的下联箱数量和锅炉的容量。通常蒸发量400t/h的汽包锅炉的联箱排污门约为18个，总排污门1个。定期排污系统的控制根据炉水分析结果决定，一般情况下约每8h排污一次。

二、锅炉吹灰系统

锅炉运行过程中各部分受热表面都会积灰。积灰不仅会影响受热面管壁的传热效果，严重时还会形成结焦，影响受热面的寿命，甚至损坏受热面。因此，在大型锅炉上均设有吹灰器，用来定期吹扫锅炉各部分受热面上的积灰。吹灰器通常使用降压的蒸汽进行吹扫。对于水冷壁管的吹灰，有时也可以使用水作为吹扫介质。为了防止被炉膛内的高温烧坏，吹灰器通常都是退出炉外的，吹灰时再伸入炉膛或烟道。有的过热器吹灰器伸入尾部烟道的深度可以达到7m上下。所有吹灰器均配有电动机作为动力来推进和退出吹灰器，并驱动吹灰器作旋转运动以加强吹扫效果。为了提高锅炉运行的经济性，大型锅炉均配有数量可观的吹灰器，通常都在占50台以上，特别是燃用劣质煤的锅炉配备的吹灰器更多，一般可以达到100台以上。锅炉吹灰时，首先应启动吹灰用的汽源管道。然后依次成对地投入吹灰器，使吹灰器伸入炉膛或烟道内进行吹灰。经过一定时间后再将吹灰器退出炉外。目前，吹灰的顺序控制大多使用固定接线式顺序控制器或可编程序控制（PLC）进行控制。

三、汽轮机凝汽器的胶球清洗系统

汽轮机凝汽器长期工作后，冷却水中所夹带的杂质和污物会附着在凝汽器铜管的冷却水侧，使凝汽器的冷却效果降低，影响凝汽器的真空度和汽轮机的效率。通常汽轮机排汽室温度降低1℃，折合成发电的煤耗约可降低2.5g/kWh。

因此，为了提高汽轮机的效率，必须经常保持凝汽器铜管内表面的清洁。传统的方法是采用人工清洗。每清洗一次约需劳动量在200工时以上，劳动强度大，费用高，而且清洗时必须停用局部凝汽器，直接影响机组的负荷。

为了解决这一问题，提出了各种不停机清洗凝汽器的方法。本章第一节三（六）“凝汽器冷却水的联动控制”中介绍了用反冲洗清洗凝汽器的方法，结构简单，操作方便，但是只能适用于冷却水中污物较少的场合。对于采用河水等夹带污物较多的冷却水来说，效果较差。近年来开始采用胶球清洗的方法。使用直径稍大于凝汽器铜管内径的软胶球，加入凝汽器冷却水的入口管。冷却水将胶球带入凝汽器并迫使胶球强行通过铜管，就可以将管内附着的污物全部清洗干净。在凝汽器出口冷却水管道上设有回收胶球的滤网，使用过的胶球被滤网拦住并通过胶球泵回收到加球室，以备下次再次使用。

胶球清洗系统的控制对象约在15个左右，通常每星期工作一次，或者根据凝汽器出入口冷却水温差升高的程度启动工作。胶球清洗系统使用的顺序控制器型式较多，有继电器固定接线的、矩阵式的，也有用可编程序控制器（PLC）来实现的。

四、化学水除盐系统

化学水除盐系统用来清除锅炉用水中的溶解盐，通常由阳离子交换器、阴离子交换器、混合离子（由阳离子交换树脂和阴离子交换树脂混合组成）、交换器和中间水泵等组成。水处理的主要方法是离子交换法。利用离子树脂将水中溶解的离子吸收。一般采用阳离子交换树脂吸收水中的阳离子，用阴离子树脂吸收水中的阴离子。当水处理运行一定的时间后或者处理了一定流量的水以后，离子交换树脂就会失效，水质将呈现不合格，这时需要停止运行，对树脂进行再生，恢复它的交换能力。因此，水处理设备运行和树脂再生是周期性轮流进行的。一般离子交换树脂运行一昼夜，再生3~4h，树脂再生时，程序步骤多达10多步，操作比较频繁，阀门较多、较大，还有一定数量的电动机参与程控，人工操作费时费力，劳动强度大，若操作不及时，还会造成时间和材料的浪费。

以上仅为每台离子交换器的情况。通常一台阳离子交换器、二台阴离子交换器和一台混合离子交换器结合成一组共同工作。当处理水量大时就需要使用多组离子交换器并列工作。又因为化学水处理设备再生产过程中，相对独立性较大，程序控制原理基本上都是按照条件时间顺序进行自动操作的，因此化学水处理控制系统比较容易实现。化学水处理系统是火电厂中最早采用顺序控制技术的。目前火电厂化学水处理用的顺序控制器种类很多，有继电器固定接线式、逻辑元件固定接线式、机械转鼓式、矩阵式，可编程序控制器（PLC）也得到广泛的应用。

五、输煤系统

输煤系统是火电厂的一个重要部分。承担的主要任务是：在厂区内调动运煤车皮，在规定的时间内将运煤车皮卸空，或者从煤码头卸煤；在煤场储存一定数量的备用煤；将不同品种的煤按要求进行混合；对进厂的煤进行计量，粗加工和除去杂物后及时地输送到锅炉房，根据需要分别分配给各台锅炉的煤仓。输煤系统的安全、可靠运行是保证火力发电厂全厂安全、高效运行的不可缺少的环节。输煤系统的运行特点如下：

(1) 运行环境差和劳动强度大。由于各种因素使得输煤系统的运行环境恶劣、粉尘、脏污，有时甚至潮湿，需要占用大量的劳动力，劳动强度大。

(2) 一次启动设备多且安全连锁要求高。同时启动的设备高达几十台，在启动或停止过程中有严格的连锁要求。逆煤流方向启动，顺煤流方向逐台停止运行。

(3) 设备必须保持完好状态。为了保证锅炉连续用煤，输煤系统平均每天需运行10h以上，为此必须保持输煤设备的完好状态。

输煤系统的工艺流程随着锅炉容量、燃料品种、进厂煤的运输方式、环境气候条件、卸煤方式和场地条件不同，而有很大的差别。输煤系统使用的设备多，分布范围广。

输煤系统采用逆流程启动，顺流程停机。配煤时为顺序配备，交叉配煤，低煤位优先配煤方式。系统异常时，采用逆流程连锁停机。整个系统为筒仓前、后两部分，这两部分又分别分为上煤、配煤两部分。从控制角度分析，上煤部分和配煤部分之间既有独立性又相互联系。系统设计要求程序控制装置能对输煤系统各控制设备实现各种工况下的自动控制、手动集控和就地手控。

因此输煤系统比较容易实现顺序控制。目前火电厂输煤顺序控制器种类很多，有继电器固定接线式、逻辑元件固定接线式、机械转鼓式、矩阵式，可编程序控制器（PLC）也得到广泛的应用。

六、汽轮机启动

在汽轮机的启动过程中必须进行大量的控制，包括启动凝汽器的冷却系统、凝汽器的抽真空系统、润滑油泵、盘车装置、汽封系统、旁路系统、凝结水泵、发电机冷却系统，以及汽轮机冲转暖机、升速和进行发电机的同期并车等。其中，有的控制项目必须在汽轮机冲转之前完成，有的又必须在汽轮机冲转之后配合汽轮机升速过程进行。

由此可见，汽轮机启动过程中的操作是相当多的，而且要求彼此之间密切配合。如果全部依靠人工进行，不仅劳动强度大而且很难及时进行，必然会延长汽轮机的启动过程。为了缩短汽轮机的启动过程，大型汽轮机均配备有顺序控制器。由于汽轮机启动过程中的大量控制操作必须和汽轮机的升速过程配合，因此汽轮机启动的顺序控制器必须和汽轮机自动升速装置配合工作。汽轮机自动升速装置和顺序控制器通常结合在一起组成汽轮机自启动装置。目前汽轮机自启动装置既有固定接线式的，也有矩阵式的，还有可编程式的。

除此之外，目前常见的还有输煤系统、储仓式制粉系统等的顺序控制，这些系统都具有操作频繁、控制对象多的特点。

复习思考题

1. 何谓顺序控制？
2. 何谓联动控制？
3. 何谓连锁条件、闭锁条件？
4. 试画出两台水泵的联动控制中运行泵的控制流程框图。
5. 试画出两台水泵的联动控制中备用泵的控制流程框图。

6. 何谓顺序控制器?

7. 说明顺序控制器是如何工作的?

8. 顺序控制器的种类有哪些?

9. 在火电厂中顺序控制有哪些应用?

10. 目前在火电厂中顺序控制中广泛采用的顺序控制器是什么?